NEUES GROSSES
TIERLEXIKON
IN FARBE

NEUES GROSSES
TIERLEXIKON
IN FARBE

Sonderausgabe

Projektleitung: Ursula Kopp
Verlagsredaktion: Thomas Martin
Redaktion: Verlagsbüro Kopp unter Mitarbeit von:
Dipl.-Biologin Sonnhild Bischoff (Fische und Niedere Tiere)
Dr. Helga Hofmann (Säugetiere)
Ursula Kopp (Insekten)
Angelika Lang (Vögel, Amphibien und Reptilien)
Bildbeschaffung: Fotoservice Silvestris, Waltraud Staudinger
Bildredaktion: Angelika Rieckenberg
Layout und Grafik: Christine Mills
Herstellungsleitung: Uwe Eckhard
Herstellung: Verlagsbüro Kopp
Satz: Filmsatz Schröter, München

Umschlaggestaltung: Inga Koch

Besuchen Sie uns im Internet www.compactverlag.de

ISBN 3-8174-5080-X
5150802

Vorwort

Das »Große Tierlexikon in Farbe« zeigt und beschreibt in rund 1200 Stichwörtern und über 1000 farbigen Abbildungen einen repräsentativen Querschnitt des gesamten Tierreichs. Der Schwerpunkt der Artenauswahl liegt bei den Säugetieren und Vögeln, aber auch Fische, Lurche und Kriechtiere, Insekten sowie Niedere Tiere werden mit ihren bekanntesten und interessantesten Arten vorgestellt. Am Anfang des Buches stellen Übersichtsartikel jede der sechs Tiergruppen mit ihren allgemeinen Merkmalen, aber auch außergewöhnlichen Lebens- und Verhaltensweisen vor.

Es sind drei Steckbrief-Arten zu unterscheiden: Einzel-Steckbriefe, die eine einzelne Art detailliert beschreiben (z. B. Afrikanischer Elefant, Amsel, Adlerrochen, Anakonda), Steckbriefe, die eine Tiergruppe mit vielen gemeinsamen Merkmalen vorstellen (z. B. Flughunde, Flohkrebse, Fühlerfische, Gespenstheuschrecken) und gelb umrandete Gruppen-Steckbriefe, die unter Verweis auf Einzel-Steckbriefe eine übergeordnete Tiergruppe kurz zusammenfassen und ihre Hauptmerkmale anführen. Kennt man Tierarten oder -familien auch mit einem anderen Namen, sind diese unter einem Querverweis (→) zu finden.

Den Kopf des Steckbriefs bilden deutscher und wissenschaftlicher Name der vorgestellten Tierart oder -gruppe sowie deren Zugehörigkeit zu einer größeren, allgemein bekannten Tiergruppe. Die Zuordnung einer Tierart zu den sechs Tiergruppen erfolgt durch ein entsprechendes Symbol.

Damit der Leser eine gesuchte Tierart rasch findet, sind die im allgemeinen Sprachgebrauch üblichen, fachlich nicht immer ganz korrekten Namen angegeben. Zusätze wie z. B. »Gemeiner«, »Gewöhnlicher«, »Europäischer« erscheinen jedoch innerhalb des Steckbriefs.

In der Zoologie ist bei der Benennung und Zurodnung der einzelnen Tierarten zu Gattungen, Familien oder Ordnungen vielfach noch nicht das letzte Wort gesprochen. Im vorliegenden Buch wurden die derzeit gängigen wissenschaftlichen Namen verwendet.

Landsäugetiere

Meeressäuger

Vögel

Fische

Lurche/Kriechtiere

Insekten

Niedere Tiere

♂

Männchen

♀

Weibchen

Afrikanischer Elefant

Leopard

Flachlandgorilla

Mufflon

Säugetiere – Eroberer aller Lebensräume

Von der großen Gruppe der Wirbeltiere, zu denen auch die Fische, Amphibien, Reptilien und Vögel gehören, stehen die Säugetiere – auch der Mensch zählt zu ihnen – auf der höchsten Entwicklungsstufe. Weltweit leben etwa 4500 Arten, rund 200 davon in Europa. In ihrem Körperbau sind die Säugetiere vielgestaltiger als alle anderen Tiergruppen, gemeinsam sind ihnen jedoch grundlegende Merkmale:

Sie sind *warmblütige* Tiere, deren Körpertemperatur weitgehend von der Umgebungstemperatur unabhängig ist und nur geringe Schwankungen aufweist.

Sie tragen ein *Haarkleid*, das bei einigen Tieren (z. B. Igel, Stachelschwein) zu Stacheln umgebildet ist, aber auch stark reduziert oder vollständig zurückgebildet sein kann (z. B. Wale, Mensch). Es bietet nicht nur wirksamen Schutz gegen Kälte, sondern dient bei entsprechender Färbung als Tarnkleid oder hat Signalfunktion für Artgenossen. Besondere, sehr lange Haare, die *Sinneshaare* oder »Schnurrhaare«, werden als Tastorgan eingesetzt.

Die *Jungen* der Säugetiere wachsen im Mutterleib heran und werden mehr oder weniger vollständig entwickelt geboren. In Australien aber leben auch Säugetiere, die Eier legen (z. B. Schnabeltier, Schnabeligel). Die Beuteltiere Australiens und Südamerikas stellen ebenfalls eine Ausnahme dar. Deren winzige Junge ziehen im embryonalen Zustand von der Gebährmutter in den Bauchbeutel der Mutter um und setzen dort ihre Entwicklung fort. Noch sehr unfertig geborene Junge nennt man *Nesthocker*. Sie sind bei der Geburt blind, taub sowie oft noch ganz nackt und in den ersten Lebenstagen voll auf Nestgeborgenheit, mütterliche Wärme und Fürsorge angewiesen (z. B. Raubtiere, Insektenfresser, Nagetiere). Die Jungtiere anderer Arten kommen wiederum so weit entwickelt zur Welt, daß sie bereits wenige Minuten oder Stunden nach der Geburt aufstehen und der Mutter folgen können. Diese Tierkinder bezeichnet man als *Nestflüchter* (z. B. Huftiere, Feldhase). Zu ihnen gehören auch die jungen Wale. Bei einigen Arten (Hirschen, Antilopen) bleiben die Kitze in den ersten Tagen noch in einer Deckung liegen und warten, bis die Mutter sie zum Säugen aufsucht. Diese Tierkinder nennt man *Ablieger*.

Die Weibchen der Säugetiere bilden in besonders dafür ausgebildeten Drüsen an Brust oder Bauch eine nährstoffreiche Flüssigkeit, die ihren Jungen als erste Nahrung dient: die *Milch*. Das Säugen der Jungtiere ist für diese Tierklasse so charakteristisch, daß es ihr den Namen gab.

Eine Gruppe von Spezialisten

Im Laufe ihrer stammesgeschichtlichen Entwicklung haben sich die Säugetiere an alle nur denkbaren Lebensräume und Lebensweisen angepaßt und sich dabei auf vielfältigste Weise spezialisiert. Dies zeigt sich in augenfälligen Unterschieden von Körperbau und -gestalt.

Die ursprünglichen, fünfstrahligen Extremitäten haben die erstaunlichsten Umgestaltungen erfahren. Bei den Fledermäusen entwickelten sie sich zu Flügeln, bei den Robben und Walen zu Flossen, beim Maulwurf zu kurzen, kräftigen Grabschaufeln. Gute Schwimmer, wie Biber und Fischotter, bildeten Schwimmhäute zwischen den Zehen aus. Lange, schlanke Beine und harte Hufe machen die Huftiere zu schnellen, ausdauernden Läufern. Bei den *Unpaarhufern* (Pferde, Tapiere und Nashörner) ruht das Körpergewicht fast ausschließlich auf der 3. Zehe, die übrigen Huftiere, die *Paarhufer*, treten dagegen auf der 3. und 4. Zehe auf.

Erfolgsprinzip Anpassung

Nicht nur die Beine, auch viele andere Körpermerkmale lassen die Anpassung der Säugetiere an ihren jeweiligen Lebensraum erkennen.
So haben Delphine, Robben und Fischotter, die sich als Fischjäger schnell und gewandt im Wasser bewegen müssen, einen stromlinienförmigen Körper. Als Bewohner enger Erdröhren verfügen Wühlmäuse und Maulwürfe über einen spindelförmigen Körper; lange Beine oder große Ohren wären für sie nur hinderlich. Bei »Schwimmern« wie Biber, Wasserschwein und Flußpferd liegen die *Augen* so weit oben am Kopf, daß das Tier im Wasser ruhend die Umgebung beobachten kann, ohne den Kopf weit aus dem Wasser heben zu müssen. Die Augen der Raubtiere sind nach vorne gerichtet, was ihnen ein räumliches Sehen und somit ein gezieltes Anspringen ihrer Beute ermöglicht. Pflanzenfresser brauchen ihre Nahrung nicht sehr scharf zu sehen. Für sie ist es vielmehr lebenswichtig, ihre Umgebung stets aufmerksam im Blick zu behalten, um nicht von einem Feind beim Grasen überrascht werden. Bei Huf,- Nage- und Hasentieren liegen daher die Augen sehr weit seitlich am Kopf, wodurch sich ein weites Gesichtsfeld ergibt. Ausgesprochen große Augen weisen auf die nächtliche Lebensweise eines Säugetiers hin.
Am *Gebiß* eines Säugetiers läßt sich die Art seiner Nahrung erkennen. Fleischfresser haben dolchartige Eck-(Fang-) und scharfkantige Backenzähne, mit denen die Nahrung zerschnitten wird. Im Gebiß von Pflanzenfressern sitzen Schneidezähne, mit denen Pflanzenteile abgeraspelt werden, und breitkronige Backenzähne zum Zermahlen der schwerverdaulichen Pflanzenkost. Allesfresser vereinigen in ihrem Gebiß die charakteristischen Merkmale von Fleisch- und Pflanzenfressern: große Fang- und breite Mahlzähne.

In Hitze und Kälte

Auch in den unwirtlichsten Regionen wissen Säugetiere zu überleben. So ist z. B. ein Dromedar in der Lage, über eine Woche durch die Wüste zu laufen, ohne zu trinken oder zu fressen. Kommt es dann an eine Tränke, kann es mehr als 100 l Wasser auf einmal trinken. Kleinere Tiere (z. B. Wüstenfuchs und Wüstenspringmaus) weichen der sengenden Sonne aus, indem sie tagsüber in tiefe Erdlöcher kriechen, aus denen sie erst in der Dämmerung zur Nahrungssuche hervorkommen.
Bewohner polarer Regionen (z. B. Eisfuchs und Eisbär) schützen sich durch einen dichten Pelzmantel vor der eisigen Kälte, Meeressäuger (Wale und Robben) mit einer dicken Speckschicht unter der Haut.
Viele Säugetiere verbringen den Winter weitestgehend in ihrem Bau. Um in einer für sie nahrungsarmen Zeit Energie zu sparen, sind sie so wenig wie möglich aktiv und zehren von ihren im Sommer angefressenen Fettpolstern oder von gesammelten Nahrungsvorräten. *Winterruhe* nennt man die Zeit, in der ein Tier in einem geschützten Lager fast ständig schläft (Bär, Dachs, Eichhörnchen). Beim *Winterschlaf* (Bilche, Murmeltier, Fledermäuse) hingegen sinken Puls, Atmung und Körpertemperatur auf ein Mindestmaß ab, der Organismus lebt sozusagen »auf Sparflamme«.

Bechsteinfledermaus

Weddell-Robbe

Eichhörnchen

Eisbär

Uhu

Kuhreiher

Kampfläufer

Andenflamingo

Vögel – Beherrscher der Lüfte

Die Erde war nicht immer von Vögeln bewohnt. Die Entwicklung der Vorfahren unserer heutigen Vögel vollzog sich über einen langen Zeitraum. Ursprünglich stammen sie von Reptilien ab. Der älteste bekannte Vogel ist der Urvogel (*Archaeopteryx*), der vor ca. 100 Millionen Jahren lebte. Er stellte gewissermaßen ein Bindeglied zwischen Reptilien und Vögeln dar, denn er zeigte Merkmale beider Tierklassen. Die Vögel sind wie die Säugetiere warmblütig. Heute sind weltweit 9000 Arten bekannt.

Kennzeichen Feder

Das augenfälligste gemeinsame Kennzeichen aller Vögel – das sie auch von allen anderen Tieren unterscheidet – sind die Federn. Sie entwickelten sich aus den Schuppen der Reptilien. Je nach Funktion unterscheidet man verschiedene Federtypen:
Zu den *Konturfedern*, die dem Vogel den Flug ermöglichen, gehören die Schwungfedern (Flügel), die Steuerfedern (Schwanz) und die Deckfedern, die dem Vogelkörper die aerodynamische Form geben.
Die *Dunen* bilden das erste und wärmende Federkleid vieler Jungvögel; beim erwachsenen Vogel sitzen sie unter dem Deckgefieder und halten ihn ebenfalls warm.
Puderdunen dienen der Gefiederpflege und lösen sich in einem feinen Puder auf.
Borstenfedern am Schnabelgrund mancher Vogelarten entsprechen den Schnurrhaaren der Säugetiere.
Federn sind tote Gebilde, die sich durch mechanische Beanspruchung stark abnutzen. Deshalb müssen sie in regelmäßigen Abständen erneuert werden. Diesen periodischen Federwechsel nennt man *Mauser*.

Zum Fliegen geboren

Ein weiteres Kennzeichen der Vögel ist die Flugfähigkeit. Einige Vogelarten wie der Strauß oder die Pinguine haben die Flugfähigkeit in Anpassung an ihre Lebensweise wieder aufgegeben. Wichtige Voraussetzung für das Fliegen ist ein geringes Gewicht, das durch Knochen mit Hohlräumen, ein ausgedehntes Luftsacksystem, Reduktion einiger Organe und fehlende Zähne erreicht wird. Auch die Federn, die eine aerodynamisch günstige Hülle bilden, sind sehr leicht. So wiegt z. B. das gesamte Federkleid des Haussperlings (ca. 3600 Federn) gerade 1,9 g, das sind knapp 7 % seines Körpergewichts. Je nach Lebensweise haben die Vögel verschiedene Arten des Fluges entwickelt:
Im *Gleitflug*, der einfachsten Methode des Fliegens, wird am wenigsten Energie aufgewendet, denn der Vogel gleitet von einem erhöhten Punkt mit starrer Flügelhaltung abwärts.
Beim energiesparenden *Segeln* vertrauen sich die Vögel aufsteigenden Luftsäulen, sog. Thermiken, an, in denen sie kreisend an Höhe gewinnen, um dann gleitend zum Fuß einer neuen Thermiksäule zu gelangen.
Der *Schlagflug* verbraucht relativ viel Energie, denn der Vogel schlägt ständig mit den Flügeln, um vorwärts zu kommen.
Eine hochspezialisierte und energieaufwendige Form des Fliegens ist der *Rüttelflug*, bei dem der Vogel in der Luft auf der Stelle »steht«.

Die »Sprache« der Vögel

Federn dienen nicht nur zum Fliegen und Schutz vor Kälte, sondern auch der *Kommunikation*. Durch spezielle Zeichnungen und Muster sind die Vögel auffällig gefärbt, aber auch besonders getarnt. Solche auffälligen Gefiederfärbungen sowie bestimmte Federformen werden v. a. während der Balz, zur Revierabgrenzung oder zur Abschreckung von Kontrahenten eingesetzt.
Natürlich kommunizieren die Vögel in erste Linie mit ihrer *Stimme*. Von allen Tieren haben sie das vielfältigste Lautinventar. Man unterscheidet stimmliche und mechanische Laute (»Instrumentallaute«). Letztere werden durch Hilfsmittel, z.B. Schnabelklappern, Trommeln an Stämmen o.ä. hervorgerufen. Die stimmlichen Laute entstehen in der *Syrinx*, dem Stimmbildungsorgan der Vögel. Es gibt Rufe, die z. B. der Stimmfühlung zwischen Paarpartnern oder Eltern und Jungen dienen, Artgenossen warnen oder aber Aggression ausdrücken. Mit ihren vielfältigen Gesängen markieren oder verteidigen Vögel ihr Revier, locken Weibchen an oder finden sich die Partner eines Paares.

Überleben heißt sich Anpassen

Ihre Flugfähigkeit und die Warmblütigkeit macht die Vögel unabhängig vom Klima. Deshalb haben sie nahezu alle Lebensräume auf der Erde besiedelt. Eine dicke Fettschicht in der Unterhaut erlaubt es z.B. einigen Pinguinarten, sogar in der eisigen Kälte der Antarktis zu leben und zu brüten. Andere Arten wiederum sind in der Lage, sich in dunklen Höhlen mittels Echoortung zu orientieren. Um dem winterlichen Nahrungsmangel in den kalten Klimazonen zu entgehen, ziehen viele Arten in wärmere Regionen. Auf diesem *Vogelzug* orientieren sich die Vögel u. a. an dem Stand der Sonne, der Sterne oder am Erdmagnetfeld.
Vögel nutzen die unterschiedlichsten *Nahrungsquellen*, wodurch das Aussehen der einzelnen Arten entscheidend geprägt wurde. Je nach Art der Nahrung unterscheidet man Fleisch-/Fisch-, Pflanzen- oder Allesfresser. Entsprechend entwickelten sich Anpassungen an das Klettern, Laufen, Schwimmen, Tauchen oder Stoßtauchen. Dies zeigt sich v. a. in der Form und Größe des Schnabels, der Füße sowie der Flügel und des Schwanzes. *Tag-* oder *Nachtaktivität* bestimmen die Ausprägung des Gesichts- und Gehörsinnes, manche Vogelarten können auch gut riechen.

Fortpflanzung

Alle Vögel legen hartschalige Eier. Sie bebrüten diese selbst und schaffen dadurch eine konstant hohe Entwicklungstemperatur. Ausnahme sind die Großfußhühner, die eine Art Brutschrank für die Eier entwickelten sowie Brutparasiten, wie der → Kuckuck, die andere Vogelarten für sich brüten lassen.
Zum Schutz der Eier bauen viele Vögel *Nester*. Diese werden im Normalfall entweder in selbstgefertigten Stamm- oder Erdhöhlen eingerichtet, als napf-, beutel- oder kugelförmige Gebilde aus Gras, Wurzeln oder Pflanzenwolle errichtet, als große Horste aus Zweigen und Ästen gebaut oder als einfache Mulde im Boden angelegt.
Je nach Art schlüpfen die Jungen als nackte und blinde *Nesthocker*, die relativ lange gefüttert und gehudert werden müssen, als bereits bedunte *Platzhocker*, die zwar das Nest verlassen, aber noch gefüttert werden, oder als bedunte *Nestflüchter*, die unter Aufsicht der Eltern sofort laufen bzw. schwimmen können und sich selbständig ernähren.

Mäusebussard

Höckerschwan

Kohlmeise

Haubentaucher

Mandarinfisch

Rotfeuerfisch

Diskusfisch

Regenbogenforelle

Fische – Leben im Wasser

Vor etwa 400 Milionen Jahren waren die Meere von seltsam aussehenden, gepanzerten Lebwesen besiedelt, die zwar keinen Kiefer, aber bereits eine Wirbelsäule besaßen. Diese sog. Schalenhäuter waren die ersten Wirbeltiere und die Vorfahren der heutigen Fische, die man in drei Gruppen einteilt: *kieferlose Wirbeltiere*, zu denen Neunaugen, Inger und Schleimaale zählen, *Knorpelfische* ohne knöchernes Skelett, zu deren Vertreter einige der größten und gefräßigsten Meerestiere (Haie, Rochen) gehören sowie *Knochenfische*, die den Hauptteil der etwa 18 000 Fischarten ausmachen und alle marinen Lebensräume erobert haben. Grob definiert sind Fische im Wasser lebende Wirbeltiere, die statt mit Lungen über Kiemen atmen. Ihr häufig stromlinienförmiger Körper ist in der Regel mit *Knochenplatten, Schuppen* oder *Hautzähnen* bedeckt, kann aber auch unbeschuppt, schleimig und nackt sein. Ihre Gliedmaßen werden als Flossen bezeichnet. Im Normalfall besitzt ein Fisch paarige Brust- und Bauchflossen und unpaarige Rücken- und Afterflossen sowie eine senkrecht stehende, symmetrische oder asymmetrische Schwanzflosse, die der Steuerung dient. Fische sind wechselwarme Tiere, d. h. ihre Körpertemperatur ist abhängig von der sie umgebenden Wassertemperatur und ändert sich ständig. Eine Ausnahme bildet der Thunfisch, der ständig schwimmt und dabei soviel Wärme erzeugt, daß seine Körpertemperatur stets über der des umgebenden Wassers liegt. Einige Arten halten sich zeitlebens in den Gewässern des Binnenlandes auf (*Süßwasserfische*), andere im Meer (*Meeresfische*).

Schuppe ist nicht gleich Schuppe

Die Art der Schuppenausbildung ist typisch für die einzelnen Fischgruppen. Man unterscheidet 4 Arten von Schuppen: Knorpelfische besitzen *Zahnschuppen*, Hautzähne, die aus einer harten, knochenartigen Masse bestehen. *Schmelzschuppen*, knöcherne, rautenförmige Schuppenplatten, die mit einer Schmelzschicht überzogen sind, tragen z. B. Quastenflosser und Störe. Die Schuppen der Knochenfische sind flache Gebilde, die von Haut umschlossen in einer Schuppentasche liegen und ständig weiterwachsen. Die Schuppen können in schrägen Reihen angeordnet sein oder dachziegelartig übereinander liegen, rund und glattrandig (*Rundschuppen*) oder am Hinterrand gezähnt (*Kammschuppen*) sein.

Atmen unter Wasser

Fische atmen in der Regel über *Kiemen*. Eine Ausnahme bilden die Lungenfische, sie können zeitweise auch ihre Schwimmblase wie eine Lunge als Atemorgan benutzen. Die Kiemen liegen beiderseits am Kopf hinter der Mundhöhle, sind durch einen *Kiemendeckel* geschützt und haben nach außen eine große, spaltförmige Öffnung. Die Atmung erfolgt in den *Kiemenblättchen*, zarten, von fein verzweigten Blutgefäßen durchzogenen Hautfalten, die von der Mundhöhle aus mit Wasser umspült werden. Aus der im Wasser gelösten Luft geht Sauerstoff in das Blut über, während Kohlendioxid aus dem Blut in das Wasser übertritt. Damit die Atmung nicht stockt, müssen die Kiemenplättchen ständig mit Wasser umspült werden. Der Fisch nimmt daher andauernd Wasser durch den Mund auf, drückt es durch die Kiemenspalten in die Kiemenhöhle, an den Kiemenplättchen vorbei und stößt es durch die beiden Kiemenöffnungen aus.

Schweben mit Hilfe der Schwimmblase

Außer den Knorpel- und Plattfischen besitzen fast alle Fische ein einzigartiges Organ, die *Schwimmblase*. Sie ermöglicht es ihnen, den Körper in der Schwebe zu halten oder schnell im Wasser aufzusteigen und abzusinken. Die Schwimmblase, ein häutiger Sack, der in mehrere Kammern unterteilt sein kann, liegt immer über dem Darm und ist prall mit Gas gefüllt. Der Fisch kann den Gasdruck in der Blase verändern und ihn so den verschiedenen Wassertiefen anpassen. Die Füllung der Schwimmblase erfolgt je nach Fischart entweder durch einen Verbindungskanal zum Schlund oder durch Gasdrüsen der Innenwand, dem sog. »Roten Körper«. Fische, die keine Schwimmblase besitzen, müssen entweder ständig schwimmen (Haie, Störe) oder aber auf dem Boden bleiben (Schollen, Rochen).

Makrele

Mehr als fünf Sinne

Da im Wasser meist schon in einer Tiefe von wenigen Metern Halbdunkel herrscht, haben die meisten Fische, wie zahlreiche andere Dämmerungstiere auch, große *Augen* mit weiten Pupillen. Augenlider und Tränendrüsen fehlen.
Das *Ohr* dient in erster Linie als Gleichgewichtsorgan, weniger dem Hören. Bei Fischen, die Töne von sich geben (z. B. Knurrhähne), ist das Hörvermögen besser entwickelt als bei »stummen« Fischen.
Die *Nase*, die aus zwei flachen Gruben besteht, trägt nur unwesentlich zur Atmung bei, diese erfolgt wiegesagt in erster Linie über die Kiemen. Besonders gut entwickelte Riechzellen besitzen aasfressende Fische, die ihre Nahrung über weite Entfernungen orten können.
Tastwerkzeuge sind die Lippen, die bei Bodenfischen sehr oft empfindliche Bartfäden mit zahlreichen Sinneszellen tragen. Der *Geschmackssinn* sitzt in der Mundhöhle, aber auch in den Bartfäden.
Die *Seitenlinie* ist ein weiteres für Fische chrakteristisches und wichtiges Sinnesorgan. Es erstreckt sich auf beiden Seiten des Körpers vom Kopf bis zum Schwanz. Mit seiner Hilfe nehmen Fische den Wasserdruck wahr. Befindet sich im Wasser ein größeres Hindernis, so ändert sich der Wasserdruck, der auf das Seitenlinienorgan einwirkt, und der Fisch wird gewarnt.
Einige Fischarten (z. B. Elektrische Welse, Nilhechte) verfügen über eine andere Orientierungshilfe – die Echolot-Ortung –, die mittels Stromstöße arbeitet. Die Fische bauen mit Hilfe spezieller *elektrischer Organe* ein elektrisches Feld um sich herum auf. Jedes Hindernis verändert das elektrische Feld, so daß der Fisch Beute oder Hindernisse wie mit »Radar« orten kann.
Fische, die in größeren Tiefen leben, orientieren sich mit Hilfe von *Leuchtorganen*, die zum Erkennen der Art und des Geschlechts, aber auch zum Anlocken von Beute dienen.

Schleie

Weißhai

Eier in Massen

Die meisten Fische legen Eier, deren Anzahl mehrere Millionen (z. B. Dorsch) betragen kann. Arten, die keine Brutpflege betreiben, also den abgegebenen Laich unbewacht lassen, müssen naturgemäß mehr Eier legen als brutpflegende Arten. Die Anzahl der Eier ist deshalb so hoch, weil für das einzelne die Chance, sich zum ausgewachsenen Fisch zu entwickeln, sehr gering ist. Bei einigen Fischarten (z. B. Zahnkarpfen) werden die Eier in den Eierstöcken zurückgehalten, und die Jungen schlüpfen dort aus *(ovovivipar)*.

Blaustreifen-Grunzer

Kreuzotter

Pfeilgiftfrosch

Leistenkrokodil

Griechische Landschildkröte

Lurche und Kriechtiere – wechselwarme Variationen

Zur Klasse der Lurche oder Amphibien werden heute etwa 3000 Arten gerechnet, die in drei Ordnungen aufgeteilt sind: *Schwanzlurche*, zu denen u. a. Salamander, Molche und Olme gehören, die *Froschlurche* – die allbekannten Frösche – sowie *Blindwühlen*, die in ihrem Aussehen eher einem Wurm als einem Frosch oder Molch ähneln.
Die Klasse der Kriechtiere oder Reptilien umfaßt derzeit etwa 6300 Arten, die in vier sehr unterschiedlich gegliederten Ordnungen zusammengefaßt werden: *Krokodile, Schildkröten, Schuppenkriechtiere* (mit Schlangen und Echsen) sowie *Schnabelköpfe* mit nur einer einzigen Art, der → Brückenechse.
Sowohl Lurche als auch Kriechtiere sind wechselwarm, das heißt, die Lebensprozesse hängen von der Umgebungstemperatur ab.
Verbreitungsschwerpunkt beider Klassen liegt in den Tropen; in Richtung kühlere Klimazonen nimmt die Artenzahl deutlich ab, in der Arktis und Antarktis gibt es weder Lurche noch Reptilien. Während die Lurche Salzwasser meiden und nur wenige Arten im Brackwasser vorkommen, haben die Kriechtiere auch diesen Lebensraum erobert.
Den Winter oder längere Zeiten mit tiefen Temperaturen verbringen sie in einer Kältestarre in geeigneten Verstecken *(Winterruhe)*, wobei die Körperfunktionen auf Sparflamme gesetzt werden. Auch zu große Wärme meiden sie. Lurche sind meist nachtaktiv, nur dauernd im Wasser oder im feuchten Regenwald lebende Arten sind tag- und nachtaktiv; Kriechtiere sind meist tagaktiv, vor Beginn ihrer Aktivitätsphase lassen sie sich häufig erst von der Sonne aufwärmen.

Lurche – Wanderer zwischen den Welten

Die Lurche gelten als die ursprünglichsten landbewohnenden Wirbeltiere. Ihre Vorfahren entwickelten sich vor etwa 400 Millionen Jahren aus Fischen, die mit dem auch heute noch lebenden → Quastenflosser verwandt sind.
Den Entwicklungsschritt vom Wasser- zum Landbewohner vollziehen die meisten Lurche noch immer während der Fortpflanzung nach, denn die Eiablage sowie die Entwicklung der Eier *(Laich)* findet im Wasser statt. Aus den Eiern schlüpfen meist fischähnliche Larven mit äußeren Kiemen. Diese wandeln sich schrittweise zu lungenatmenden, vierfüßigen, landbewohnenden Lurchen *(Metamorphose)*. Deshalb heißen die Lurche auch Amphibien (von griechisch *amphibios*, »amphi« – auf beiden Seiten, »bios« – Leben).
Manche Arten sind hingegen nicht mehr auf das Wasser angewiesen und haben sich in ihrer Lebensweise an das Landleben angepaßt:
Fortpflanzung: Die Eier werden gegen Austrocknung geschützt, oder die Larvalentwicklung findet teilweise bzw. ganz im Ei statt. Ein weiterer Schritt sind Brutpflegevorrichtungen am oder im Körper, in denen sich die Eier entwickeln (→ Beutelfrösche), bis hin zur vollständigen Entwicklung der Jungen im Körper der Mutter (→ Magenbrüter). Einige Arten wie der → Grottenolm pflanzen sich als Larven fort; diese Erscheinung nennt man *Neotenie*.
Fortbewegung: Aus den Flossen der Quastenflosser entwickelten sich die Beine der Lurche, die weitere Abwandlungen erfuhren, etwa ein zusätzliches Sprunggelenk durch stark verlängerte Fußwurzelknochen (→ Springfrosch), Haft-

lamellen oder -scheiben zum Klettern (→ Laubfrosch) und Hautsäume zum Gleiten (Flugfrosch). Bei den im Boden wühlenden Blindwühlen verschwanden sie wieder.
Schutz vor Austrocknung: Die nackte Haut ist so dünn, daß sie diese Funktion nicht übernehmen kann. Zum Feuchthalten dienen zahlreiche Schleimdrüsen. Verdunstetes Wasser wird entweder durch Aufnahme von Feuchtigkeit aus der Vegetation oder durch ein Bad ersetzt.
Atmung: Den im Wasser gelösten Sauerstoff nahmen die Ur-Lurche über Kiemen auf. Dies sind feinhäutige, reich durchblutete Gebilde, die an Land in sich zusammenfallen und vertrocknen würden und so nicht mehr zur Sauerstoffaufnahme taugen. Die »modernen« Lurche entwickelten als neues Atemorgan Lungen – das Atmungsorgan aller anderen höheren Wirbeltiere – die gegen Austrocknung geschützt und in sich stabil sind. Winterruhende und in feuchter Umgebung lebende Lurche atmen über die Haut, wieder andere über die feuchte Schleimhaut in Mund und Kehle.
Sinnesorgane: Im Wasser lebende Lurche haben ein gut entwickeltes Seitenlinienorgan (→ Einleitungskapitel Fische Seiten 10/11)), das an Land keine Funktion hat. Die Augen sind relativ gut entwickelt und werden v. a. beim Beutefang eingesetzt. Ein »neues« Sinnesorgan ist das Mittelohr mit Trommelfell zur Schallwahrnehmung, das erstmals bei den Froschlurchen auftritt. Mit Hilfe von Schallblasen können Frösche und Kröten laut rufen und damit einen Geschlechtspartner anlocken.

Kriechtiere – unabhängig vom Wasser

Die Kriechtiere oder Reptilien entwickelten sich aus Vorfahren der heutigen Lurche, erstmals traten sie vor ca. 300 Millionen Jahren auf. Ihre Blütezeit erlebten sie im Erdmittelalter mit den Sauriern, die aus bislang noch ungeklärten Gründen gegen Ende der Kreidezeit ausstarben.
Die Hautoberfläche der Reptilien ist von stark verhornten Schuppen bedeckt, die vor Austrocknung schützen. Bei Schildkröten, Krokodilen und Alligatoren sind die Schuppen durch Knochenplatten verstärkt, die einen festen Panzer bilden. Die Oberhaut der Schlangen wird von Zeit zu Zeit als Ganzes (»Natternhemd«) oder in Fetzen abgestreift bzw. bei Krokodilen und Schildkröten abgeschilfert.
Atmung: Die Reptilien sind ausschließlich Lungenatmer. Bei den Seeschlangen übernimmt zusätzlich das reich durchblutete Zahnfleisch Kiemenfunktion.
Fortbewegung: Kriechtiere bewegen sich auf vier Beinen laufend oder kletternd vorwärts. Bei Schlangen und Schleichen sind die Beine rückgebildet, sie bewegen sich seitlich schlängelnd fort, bei den Meeresschildkröten haben sie sich zu Paddeln umgewandelt. Manche Arten bewegen sich auch im Gleitflug (Flugdrachen), andere wühlen im Boden.
Fortpflanzung: Die meisten Arten legen Eier, die von einer pergamentartigen oder kalkhaltigen Schale umgeben sind. Beschalte Eier machen eine innere Besamung notwendig; die Männchen haben dafür meist ein ausstülpbares Begattungsorgan entwickelt. Die Eiablage findet an Land statt, das Ausbrüten der Eier übernimmt die Bodenwärme. Einige Arten sind auch lebendgebärend *(vivipar)*. Die Jungtiere sehen ihren Eltern ähnlich, es gibt kein Larvenstadium.
Chemischer Sinn: Neben ihrem gut ausgebildeten Gesichts-, Gehör- und Geruchssinn besitzen die Schuppenkriechtiere als zusätzliches Riechorgan das sogenannte Jacobsonsche Organ im Gaumendach; sie nehmen über die Zunge chemische Substanzen aus der Luft oder vom Boden auf und führen diese dem Riechorgan zu.

Feuersalamander

Grüner Leguan

Kammolch

Knoblauchkröte

Schwalbenschwanz

Südlicher Blaupfeil

Marienkäfer

Gottesanbeterin

Insekten – Vielfalt auf sechs Beinen

Insekten stellen die bei weitem artenreichste Gruppe im Tierreich dar. Weltweit sind bislang etwa 1 Million Arten bekannt, Wissenschaftler rechnen damit, daß es vor allem in den tropischen Gebieten der Erde noch weitere 20–30 Millionen Arten zu entdecken gibt. Eine über 350 Millionen Jahre und bis heute andauernde Entwicklung sowie die Besiedelung nahezu aller Lebensräume brachten eine ungeheure Arten- und Formenvielfalt hervor. Diese wird in der zoologischen Systematik in über 30 Ordnungen eingeteilt und dem Stamm der *Gliederfüßer* zugeordnet.

Körperbau

Trotz der äußerlichen Verschiedenheiten weist der Körperbau aller Insekten die einheitliche Einteilung in Kopf, Brust und Hinterleib auf. Daneben zeigen Insekten die Merkmale der Gliederfüßer: gegliederte Extremitäten (Beine, Fühler, Mundwerkzeuge), ein Außenskelett aus Chitin und hochentwickelte Sinnesorgane (Komplex- oder Facettenaugen, Sinneshaare).
Der *Kopf* als kleinster Körperabschnitt trägt die Mundwerkzeuge, 1 Paar Fühler und die Augen. Die Mundwerkzeuge können kauend-beißend (z. B. Käfer), stechend-saugend (z. B. Wanzen, Mücken, Flöhe), leckend-saugend, (z. B. Fliegen) und saugend (Schmetterlinge) sein. Die Fühler unterscheiden sich in Form, Länge und Gliedzahl und dienen häufig als wichtiges Unterscheidungsmerkmal der Geschlechter und Arten. Die Komplex- oder Facettenaugen setzen sich aus vielen Einzelaugen zusammen, die jeweils ein Teilbild entwerfen. Aus diesen zahlreichen Einzelbildern entsteht das Gesamtbild, das ein Insekt wahrnimmt.
Die *Brust* teilt sich in drei Abschnitte (Segmente), die mit je einem Beinpaar besetzt sind. Sechs Beine sind charakteristisch für die Insekten, man nennt sie deshalb auch *Hexapoden* (»Sechsfüßer«). Bei geflügelten Insekten sitzen am mittleren und hinteren Brustsegment je ein Paar Flügel. Neben den grundsätzlich flügellosen sog. Urinsekten (z. B. Silberfischchen und Springschwanz) tragen auch von den entwickelten Insekten viele Arten und Familien keine Flügel (z. B. Flöhe und Läuse). Bei den → Zweiflüglern ist nur das erste Flügelpaar voll ausgebildet, das zweite zu Schwingkölbchen reduziert.
Der *Hinterleib* trägt keine Gliedmaßen, aber zuweilen Schwanzanhänge. Er enthält die Geschlechtsorgane, den Großteil des Verdauungssystems sowie das Blutsystem. Beim letzteren handelt es sich um ein offenes Kreislaufsystem; von einem im Rücken liegenden langen, schlauchförmigen »Herz« wird das Blut in die Freiräume des Körpers gepumpt.
Für die Atmung sorgt ein Tracheensystem aus miteinander verbundenen, sich verzweigenden und über Stigmen nach außen öffnenden Röhren.

Entwicklung

Die meisten Insekten verwandeln sich im Laufe ihres Lebens auf sehr deutliche Art und Weise. Aus dem Ei schlüpft eine Larve, die sich mehrere Male häutet und dann zu einer Puppe entwickelt. Diese wandelt sich zum erwachsenen Insekt. Ist diese Verwandlung – auch *Metamorphose* genannt – abgeschlossen, schlüpft das fertige Insekt. Grundsätzlich lassen sich zwei verschiedene Entwicklungsabläufe unterscheiden: die unvollkommene Verwandlung (*hemimetabole Metamorphose*), bei der die Larven über mehrere Stadien dem Geschlechtstier immer ähnlicher werden, und die vollkommene Verwandlung (*holometabole Metamorphose*), bei der sich während eines Ruhestadiums in einer Puppe die vollständige Verwandlung zum Vollinsekt vollzieht (z. B. Schmetterlinge). Larve, Puppe und Vollinsekt ähneln sich dabei nicht.

Vom Verhalten der Insekten

Das Insekt wird durch seine Sinnesorgane über die Außenwelt informiert. Davon vermag es jedoch nur einem bestimmten Ausschnitt wahrzunehmen. Aus diesen wahrgenommenen Reizen baut sich eine spezifisch arteigene Umwelt auf. Dem Zentralnervensystem ist eine Art Reizfilter vorgeschaltet, der von den unzähligen Reizen der Außenwelt nur die für die Arterhaltung notwendigen zur Wirkung kommen läßt. Diese Auslöser oder Schlüsselreize lassen eine entsprechende Reaktionshandlung ablaufen. Man nennt diese im Nervensystem vorgegebene Struktur den angeborenen Auslösemechanismus (AAM). Hätte das Insekt diese hemmende Vorschalteinrichtung nicht, würde es in einem Bewegungschaos zugrundegehen. Die Schlüsselreize können optisch (z. B. farbige Blüten), akustisch (z. B. das werbende Zirpen der Grillenmännchen) oder chemischer Natur sein (z. B. die Duftstoffe der Schmetterlinge). Bei den Ameisen wiederum spielen Berührungsreize eine große Rolle. Sie »betrillern« sich mit den Fühlern.
Alle als Antwort auf diese verschiedenen Reize folgenden Bewegungen und Verhaltensweisen sind sinnvoll. Sie regeln das gesamte Leben einer Art innerhalb ihres natürlichen Lebensraums. Dennoch handelt es sich nicht um ein überlegtes Tun, vielmehr laufen alle Bewegungen automatisch ab. Sie sind so starr, daß sie in bestimmten Situationen innerhalb einer veränderten Umwelt nicht mehr passen und dann in einen automatischen Leerlauf übergehen. Sehr einfache Reizreaktionen bezeichnet man als Reflexe; reihen sich diese zu komplizierteren Handlungen aneinander, spricht man von Instinkthandlungen. Das Leben von Insekten wird nahezu ausschließlich von Reflexen und Instinkthandlungen bestimmt. Sie regeln auch die so kompliziert erscheinende Brutfürsorge (z. B. bei den Ohrwürmern, Rüsselkäfern, Aaskäfern, Pillendrehern) und Brutpflege (z. B. bei den staatenbildenden Insekten).

Insekten und Pflanzen

Ohne Insekten sähe die Welt anders aus, denn sie ermöglichen im weitesten Sinne vielen Landpflanzen ihr Erscheinungsbild. Auch das Leben von Wirbeltieren machen Insekten erst möglich, denn etwa 80% aller Wildpflanzen – die Nahrung von Pflanzenfressern – werden von ihnen bestäubt. Insekten besuchen Blüten, weil sie bei ihnen Pollen und Nektar als Nahrung für sich und ihre Brut finden. Sie werden durch farbige Blütenhüllen, Narben, Staubblätter, aber auch Düfte angelockt. Bei ihrer Nahrungssuche bestäuben die Insekten dann unabsichtlich die Blüten. So sind Pflanze und Insekt aufeinander angewiesen.
Laubstreu und Humus des Waldes sind Hauptlebensraum der → Springschwänze. Hier hausen diese unbeachteten, oft nur $^1/_4$ mm großen Urinsekten in bisweilen unvorstellbaren Mengen (bis zu $^1/_2$ Million auf 1 Kubikmeter). Durch Zersetzung der Laubstreu gehören diese Massen zu den wichtigsten Humusbereitern.

Maikäfer

Honigbiene

Kartoffelkäfer

Raupenfliege

Orange Rohrkoralle

Tarantel

Weinbergschnecke

Italienischer Skorpion

Niedere Tiere – Wunderwelt im Kleinen

Niedere Tiere, auch Wirbellose genannt, machen etwa 95 % aller Tierarten aus. Entsprechend dieser Vielzahl unterscheiden sich all diese Tiere untereinander in mannigfaltiger Hinsicht: Manche von ihnen ernähren sich von anderen Tieren oder sogar Artgenossen, andere sind reine Pflanzenfressr, wieder andere leben als Schmarotzer. Viele von ihnen leben im Wasser, andere an Land. Die Mehrzahl der wirbellosen Tiere ist klein bis mikroskopisch klein, einige können aber auch beachtliche Größen erreichen, wie z. B. die Riesenmuschel der Korallenriffe des Südpazifiks, die einen Durchmesser von 1,5 m und ein Gewicht von mehr als 200 kg erreicht, der Riesentintenfisch, der bis 20 m lang und mehrere Zentner schwer werden kann oder der Australische Riesenregenwurm mit einer Körperlänge von 2–3 m.

Ohne Wirbelsäule und dennoch stabil

Wirbellose Tiere besitzen anstelle einer Wirbelsäule ganz verschiedene innere oder äußere Stützelemente:
Bei den *Schwämmen* bildet ein Sponginskelett, in das Kalk- oder Kieselsäurenadeln eingelagert sind, das Stützgerüst des Körpers.
Weichtiere stützen und schützen ihren Körper mit einem Gehäuse aus Kalk, Calcit oder Aragonit. Das Gehäuse kann so groß sein, daß der gesamte Körper von ihm bedeckt wird, wie bei den Muscheln und den Gehäuseschnecken, kann aber auch stark reduziert sein und im Inneren des Körpers verborgen liegen, wie bei Tintenfisch (Schulp), Krake oder Nacktschnecke.
Gliederfüßer wie Spinnentiere, Tausendfüßer oder Krebstiere (auch die Insekten) besitzen ein hartes Außenskelett aus Chitin, das nicht mitwächst und daher von Zeit zu Zeit erneuert werden muß (Häutung).
Stachelhäuter haben ein Innenskelett, das aus Kalkplatten besteht, die durch Bänder, Gelenke oder Muskeln miteinander verbunden sind.
Hohltiere geben ihrem Körper den notwendigen Halt, indem sie sich mit Wasser vollpumpen.
Tiere mit einem äußeren Skelett sind in der Regel klein, da mit zunehmender Körpergröße sich auch das Gehäuse oder der Panzer vergrößern müßte. Das jedoch wäre mit einer starken Gewichtszunahme verbunden, die die Beweglichkeit des Tieres stark einschränken oder gar unterbinden würde. Nur im Wasser lebende Tiere können beträchtliche Größen erreichen, da bei ihnen der Auftrieb das Gewicht ausgleicht.

Leben auf Kosten anderer

Unter den Niederen Tieren gibt es eine große Anzahl parasitisch lebender Arten, die bei Mensch und Tier schwere Krankheiten verursachen können. Vor allem bei den Einzellern sind in allen 4 Gruppen tödlich wirkende Parasiten zu finden, wie z. B.:
bei den Geißeltierchen die *Trypanosomen*, die Erreger der Schlafkrankheit,
– bei den Wurzelfüßern *Entamoeba histyolytica*, die schwere Hirnhautentzündung hervorruft,

- bei den Sporentierchen 4 Arten der Gattung *Plasmodium*, Erreger der weltweit immer noch gefürchteten Malaria.
- bei den Wimpertieren der Darmparasit *Balantidium coli*, der zu schweren Durchfallerkrankungen führt.

Arten- und Formenreichtum der Vielzeller

Zu den wirbellosen Vielzellern zählen ganz unterschiedliche Tiergruppen, die sich in Aussehen, Verhalten und Lebensweise deutlich unterscheiden.
Die einfachsten Vielzeller sind die *Schwämme*, festsitzende Wassertiere. Der größte Teil der ca. 5000 Arten lebt im Küstenbereich der Meere, einige wenige kommen in Tiefen bis 6000 m vor, etwa 100 Arten halten sich im Süßwasser auf. Form, Größe und Farbe variieren sehr stark. Es gibt Schwämme, die nur wenige Millimeter groß sind, aber auch Formen mit bis zu 2–3 m Durchmesser oder Länge. Die Oberfläche ihres Körpers ist von unzähligen Poren durchsetzt, durch die ständig Wasser strömt, das Sauerstoff und Nahrung liefert.
Hohltiere sind zumeist im Meer lebende Organismen, die zum Beutefang entweder Nesselzellen (Nesseltiere wie Polypen, Quallen und Korallen) oder Klebzellen (Rippenquallen) verwenden. Fast alle Nesseltiere sind Fleischfresser mit großem Appetit, die mit Hilfe der Nesselzellen zunächst ihre Beute – oftmals sehr große Tiere – lähmen und dann in ihrem zentralen Hohlraum verdauen.
Die allgemein als *Würmer* bezeichnete Tiergruppe besteht aus 7 großen Gruppen, von denen die Rund-, Platt- und Ringelwürmer wohl die bekanntesten sind. Unter den Rund- und Plattwürmern sind v. a. die parasitisch lebenden Arten wie Spulwurm, Bandwurm oder Leberegel bekannt. Ringelwürmer zeichnen sich durch einen aus aufeinanderfolgenden Ringen bestehenden Körper aus. Ihre wichtigsten Vertreter sind die mehr als 2000 Regenwurm-Arten, die fast über die ganze Erde verbreitet sind.
Mit ca. 100 000 Arten bilden die *Weichtiere* eine äußerst artenreiche Gruppe, zu der Schnecken, Muscheln und Kopffüßer zählen. Ihre Vertreter kommen sowohl im Meer und Süßwasser als auch an Land vor. Kennzeichnend ist die Dreiteilung des Körpers in Kopf, Eingeweidesack und Fuß. Der Kopf enthält einen großen Teil der Sinnesorgane und Nervenzentren. Mit dem Fuß kann das Tier kriechen (Schnecken), sich eingraben (Muscheln) oder schwimmen (Krake). Im Eingeweidesack liegen alle Organe.
Die artenreichste Tiergruppe bilden jedoch die *Gliederfüßer* (Insekten, Krebstiere, Spinnentiere, Tausendfüßer). Alle Gliederfüßer zeichnen sich dadurch aus, daß ihr Körper aus einer bestimmten Anzahl von Segmenten aufgebaut ist, die mit beweglichen, ebenfalls gegliederten Anhängen versehen sind. Der Körper ist von einem starren Panzer aus Chitin umgeben.
Die letzte Gruppe bilden die *Stachelhäuter*, ausschließlich im Meer lebende Arten, zu denen Seesterne, Seeigel, Seegurken und Seelilien gehören. Für sie alle ist eine fünfstrahlige Symmetrie im Körperbau und ein innenliegendes Skelett charakteristisch.

Wirbeltier oder nicht?

Eine besondere Stellung im Tierreich nehmen die *Manteltiere* ein, denen die festsitzenden Seescheiden, die freibeweglichen Salpen und geschwänzten Manteltiere zugeordnet werden. Die Larvenformen der Manteltiere besitzen eine Art Wirbelsäule (Chorda) in ihrem Schwanz, die mit weiterer Entwicklung allerdings wieder verschwindet.

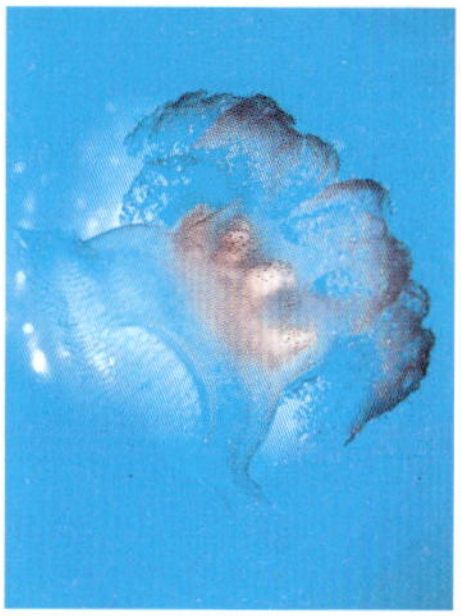
Qualle

Einsiedlerkrebs

Tausendfüßer

Herzmuschel

A

Aal → Flußaal

Abendsegler

Nyctalus noctula

Unterordnung: Fledermäuse

Der heimische Abendsegler, ein Vertreter der Glattnasen-Fledermäuse, ist eine der größten Fledermausarten Europas. Meist startet er bereits in der frühen Dämmerung, nicht selten schon am Nachmittag, zu seinem Jagdflug.

Kennzeichen: Körpergröße 7–8 cm, Flügel schmal, Spannweite 30–40 cm. Fell gelblich- bis rötlichbraun, Ohren kurz und rundlich.

Verbreitung: Ganz Europa außer Nordskandinavien, Irland und Island.

Lebensraum: Laub- und Mischwälder, Parks, Gärten, auch mitten in der Stadt.

Lebensweise: Dämmerungs- und nachtaktiv. Sehr gesellig; fliegt meist hoch über den Bäumen. Sommerquartiere in Baumhöhlen, Vogelnistkästen, auch Mauerspalten, ♂ und ♀ getrennt. Überwinterung zu großen Trauben zusammengedrängt in Baum- oder Felshöhlen, oft Hunderte von Kilometern von den Sommerquartieren entfernt.

Fortpflanzung: Im Juni 1–2 Junge; werden nackt und blind geboren, 4–6 Wochen gesäugt, sind dann flugfähig und bald darauf selbständig.

Nahrung: Fluginsekten.

Besonderes: Rasanter Flieger, erreicht Fluggeschwindigkeit bis zu 50 km/h.

Abendsegler

Adlerrochen

Myliobatidae

Ordnung: Rochen

Adlerrochen sind Knorpelfische mit einem peitschenförmigen Schwanz, der bei vielen Arten an der Basis einen Giftstachel trägt. Körper abgeflacht und an den Seiten flügelartig ausgezogen. Die Familie umfaßt etwa 25 Arten, von denen die meisten in tropischen Gewässern leben. Der Gewöhnliche Adlerrochen (*Myliobatis aquila)* kommt auch an europäischen Küsten vor.

Adlerrochen

Kennzeichen: Körper etwa 1 m lang, Schwanz etwa 2 m, mit Giftstachel; 1 Rückenflosse, keine Schwanzflosse, sehr große Brustflossen. Rücken dunkelbraun, Unterseite beige. Markanter, deutlich vom Körper abgesetzter Kopf mit schnabelartiger Schnauze.

Vorkommen: Mittelmeer, Ostatlantik. In Küstennähe über Sandboden.

Lebensweise: Schwarmfisch. Schwimmt durch Auf- und Niederschlagen der flügelartig ausgezogenen Körperseiten.

Fortpflanzung: Bringt 3–7 lebende Junge zur Welt, die sich im Mutterleib in Eiern entwickeln *(ovovivipar)*.

Nahrung: Muscheln, Schnecken, Krebstiere.

Besonderes: Mit dem Giftstachel werden Feinde nur abgewehrt, er dient nicht als Angriffswaffe.

Admiral

Vanessa atalanta

Familie: Fleckenfalter

Der Admiral zählt bei uns zu den bekanntesten und schönsten Schmetterlingen.

Kennzeichen: Unverwechselbar. Flügelspannweite 5–6 cm. Samtschwarz mit zinnoberroter Binde; Vorderflügelspitzen mit weißen Flecken.

Vorkommen: In ganz Europa, Nordafrika, Kleinasien, Nord- und Südamerika, bis in 2000 m Höhe. Baumbestandenes Gelände, lichte Wälder, Parks und Gärten.

Flugzeit: Fliegt in Mitteleuropa ab Mai aus dem Süden ein, dann von Juli bis Oktober in 2–3 Generationen; wandert im Herbst wieder ab und überwintert im Süden oder stirbt.

Lebensweise: Besucht Blüten, saugt an ausfließendem Baumsaft und Fallobst. ♀ legt die Eier einzeln an die Blätter der Raupenfutterpflanze.

Raupe: Schwarz, grün oder gelbbraun gefärbt, mit kurzen Dornen. Lebt an der Großen Brennessel, deren Blätter sie tütenförmig zusammenrollt und von innen anfrißt. Verpuppt sich und hängt an der Unterseite des Blattes.

Besonderes: Der Wanderfalter zieht – meist als Einzelgänger – jährlich mehrere tausend Kilometer nordwärts.

Admiral

Affenadler

Pithecophaga jefferyi

Familie: Habichtartige

Der Affenadler ist einer der seltensten Greifvögel der Welt.

Kennzeichen: Mit einer Länge von ca. 95 cm einer der größten Adler der Welt. Auffällige Haube aus bis zu 9 cm langen Federn am Oberkopf und im Nacken; kann aufgestellt werden und umrahmt dann das dunkle Gesicht. Hellblaue Augen; mächtiger, seitlich zusammengedrückter Schnabel. Heller Bauch und Unterschwanz, dunkel graubrauner Rücken.

Affenadler

Vorkommen: Nur auf den Philippinen; v.a. auf den Inseln Mindanao und Luzon.

Lebensweise: Waldbewohner. Jagt von einer Warte aus v.a. baumbewohnende Säugetiere wie Affen, Fluglemuren oder Hörnchen sowie Vögel. Kann mit seinen kurzen, runden Flügeln und dem langen, rechteckigen Schwanz hervorragend zwischen den Stämmen manövrieren.

Brut: 1 Brut, 1 (–2) Eier. Brutdauer 2 Monate. Nest eine riesige Plattform aus Zweigen hoch in einem Baum; wird über mehrere Jahre immer wieder benutzt.

Besonderes: Der Affenadler wurde erst 1894 auf den Philippinen entdeckt.

Afrikanische Eierschlange → Eierschlangen

Afrikanischer Elefant

Loxodonta africana

Familie: Elefanten

Der mächtige Afrikanische Elefant ist das größte heute lebende Landsäugetier.

Kennzeichen: Massiger Körper mit dikker, nahezu unbehaarter Haut, 6–7,5 m lang, bis zu 4 m hoch und bis 7,5 t schwer; Ohren größer als beim → Asiatischen Elefanten; Stoßzähne bei Bullen bis über 3 m lang, bei Kühen kleiner und dünner; Rüsselspitze mit 2 gegenständigen »Fingern«.

Afrikanischer Elefant mit Jungem

Vorkommen: Afrika südlich der Sahara. In Savannen, Steppengebieten, lichten Wäldern und sogar Halbwüsten, im Bergland bis in 5000 m Höhe.

Lebensweise: Kühe und Jungtiere bilden Muttergruppen, erwachsene Bullen eigene Trupps, alte Bullen meist Einzelgänger; oft Zusammenschluß mehrerer Gruppen zu großen, losen Herden.

Fortpflanzung: Tragzeit 22 Monate; gewöhnlich 1 Junges pro Geburt, Geburtsgewicht 100–120 kg; wird mindestens 2 Jahre, z. T. länger, gesäugt.

Nahrung: Ausschließlich pflanzlich, in erster Linie Laub und Gras, aber auch Früchte, Rinde und Wurzeln.

Besonderes: Der Elefantenrüssel entspricht anatomisch der Nase und Oberlippe gleichermaßen. Er ist ein »Universalwerkzeug«, mit dem das Tier Nahrung und Wasser aufnimmt und zum Maul führt, den es als Schlagwaffe ebenso wie als Schnorchel gebraucht. In den dichten Wäldern Westafrikas und des Kongogebiets lebt der Waldelefant, eine kleinere Unterart des riesigen Steppenelefanten.

Aga-Kröte

Bufo marinus

Familie: Kröten

Die Gattung *Bufo* ist mit über 200 Arten die größte Gruppe in der Familie Kröten. Sie ist – außer in Australien, Neuguinea, Madagaskar und auf einigen pazifischen Inseln – fast weltweit verbreitet.

Kennzeichen: Mit einer Länge von 20–25 cm und einem Gewicht von über 500 g zählt die Aga zu den Riesen unter den Kröten. Graubraun bis grünlich gefärbt, oberseits undeutlich gefleckt. Ohrdrüsen groß, beinahe dreieckig.

Stimme: Ruf der ♂ ein tiefer Triller, klingt im Chor wie schnarrendes Bellen.

Vorkommen: S- und Mittelamerika, südliches Texas. Vom Tiefland bis in 2000 m Höhe. Häufig in der Nähe des Menschen; selbst mitten in großen Städten.

Lebensweise: Hält sich tagsüber meist versteckt. Ist v. a. nachts aktiv. In Städten Beutejagd oft im Schein der Straßenlaternen.

Fortpflanzung: Paarungszeit in den Tropen das ganze Jahr über. Die Eier werden in langen Schnüren abgelegt. Larven schlüpfen bereits nach 3 Tagen; Verwandlung zur Kröte nach 6–7 Wochen.

Nahrung: Insekten, Schnecken oder Kleinsäuger.

Besonderes: Auf einigen westindischen Inseln, in Florida und in Australien wurden Aga-Kröten zur biologischen Schädlingsbekämpfung angesiedelt. Wo natür-

Aga-Kröte

liche Feinde fehlten, vermehrten sie sich so stark, daß sie selbst zum Feind der heimischen Lurchfauna wurden. Der Laich und das Sekret der Hinterohrdrüse sind giftig.

Agutis

Dasyproctidae

Ordnung: Nagetiere

Die z. T. recht großen Nager wirken wie hochbeinige Meerschweinchen, mit denen sie auch tatsächlich nahe verwandt sind. Der größte Vertreter dieser Tierfamilie ist das Tieflandpaka *(Agouti paca)*. Von den eigentlichen Agutis ist vor allem das hübsche Goldaguti *(Dasyprocta leporina)* öfter in zoologischen Gärten anzutreffen.

Gelbrücken-Aguti

Kennzeichen: Pakas bis 60 cm groß, die übrigen Agutis 35–50 cm; Fell braun bis schwarzbraun, z. T. mit Längsreihen weißer Punkte an den Seiten, Goldaguti am Rücken glänzend goldbraun; Ohren kurz und rundlich; Stummelschwanz.
Vorkommen: Regenwälder Süd- und Mittelamerikas.
Lebensweise: Pakas rein nachtaktiv, schlafen tagsüber in selbstgegrabenen Erdhöhlen; Agutis überwiegend tagaktiv. Streifen paarweise oder einzeln durch den Urwald; wahrscheinlich monogam. Jährlich 1–3 Junge, die in Erdhöhlen aufwachsen.
Verhalten: Fressen nach Art des Eichhörnchens, indem sie auf den Hinterbeinen sitzen und die Nahrung zwischen den Vorderpfoten halten.
Nahrung: Hauptsächlich Früchte, auch Blätter und Rinde.

Albatros → Wanderalbatros

Allfarblori

Trichoglossus haematodus

Ordnung: Papageien

Die Loris zählen zu den farbenprächtigsten Papageien und haben dadurch die Menschen schon lange auf sich aufmerksam gemacht. Sie sind leicht zu zähmen und oft sprechbegabt.
Kennzeichen: 25–30 cm. Oberseite und Schwanz leuchtend grün. Schnabel rot. Je nach Rasse Bauch blauviolett oder grün, Kopf blau oder grün, Brust gelb bis rot; im Nacken ein gelbes bis rotes Band.
Stimme: Lärmendes Schreien im Flug, sanftes Zwitschern in den Schlafbäumen.
Vorkommen: In N- und O-Australien sowie auf vielen Inseln im SW-Pazifik bis Indonesien. Bewohnt lichte Wälder, auch Parks und Gärten, Kokoshaine.
Lebensweise: Schwarmvogel. Kommt nur zum Trinken auf den Boden. 1 Brut (August–Januar), 2 Eier. Höhlenbrüter; Nest liegt häufig in einem hohlen Baum. Nistmaterial meist vermodertes Holz. Nur ♀ brütet. Jungen nach 7–8 Wochen flügge.
Nahrung: Vor allem weiche saftige Früchte, Pollen, Nektar; als Anpassung daran ist die Zungenspitze pinselförmig ausgefranst (daher Name der Gattungsgruppe Pinselzungenloris). Daneben auch Samen oder Insekten.
Besonderes: Pinselzungenloris spielen eine wichtige Rolle bei der Bestäubung vieler Baum- und Straucharten, v. a. von Kokospflanzen.

Blauwangenlori

Alpenbock

Alpenbock
Rosalia alpina
Familie: Bockkäfer

Durch den Verlust geeigneter Biotope (alte und morsche Bäume) ist der Alpenbock, einer der schönsten Käfer Europas, in seinem Bestand bedroht.

Kennzeichen: Aufgrund seiner himmelblauen Behaarung und der samtschwarzen Zeichnung an Flügeln und Halsschild unverwechselbar. Die Fühler der ♂ sind fast doppelt so lang wie die der ♀.

Vorkommen: Nördlich der Alpen nahezu vollkommen verschwunden; einzelne Fundorte bei uns nur noch in Oberbayern und Baden-Württemberg. Laubmischwälder der Gebirge, vor allem an Buchenklaftern.

Lebensweise: Sonnt sich gerne auf geschlagenem Buchenholz und an den Brutbäumen. ♀ legen ihre Eier unter der lockeren Rinde alter Bäume ab. Die Larven leben dort bis zu ihrer Verpuppung im Boden etwa 3 Jahre.

Nahrung: Käfer saugen Baumsaft, Larven fressen Holz der Brutbäume.

Besonderes: Der lokale Bestand dieses bedrohten Käfers könnte durch den gezielten Erhalt alter Buchenklaftern gesichert werden.

Alpenmolch → Bergmolch

Alpenmurmeltier
Marmota marmota
Familie: Hörnchen

Die großen, possierlichen Nagetiere lassen sich bei Bergwanderungen häufig beobachten.

Kennzeichen: Körpergröße 50–60 cm; Fellfärbung grau bis gelblichbraun; Ohren klein, fast ganz im Fell verborgen; Schwanz mäßig buschig, 15–20 cm lang.

Vorkommen: Zentral- und Westalpen; in den Ostalpen und den Pyrenäen eingebürgert. Bergwiesen und Geröllfelder oberhalb der Baumgrenze, auf gerodeten Almflächen auch tiefer.

Lebensweise: Tagaktiv; gräbt weitverzweigte Erdbaue, die kolonieartig beieinanderliegen. Bildet Familiengruppen aus einem Paar, das in strikter Einehe lebt, und dessen Nachwuchs von verschiedenen Jahrgängen.

Verhalten: Macht häufig »Männchen«, um nach Feinden Ausschau zu halten; bei Alarm schrille Pfiffe.

Fortpflanzung: Paarungszeit im April/Mai; Tragzeit rund 34 Tage. Meist 2–3 Junge, die nackt und blind zur Welt kommen; werden $1\frac{1}{2}$ Monate lang gesäugt und erst im 3. Lebensjahr fortpflanzungsfähig.

Nahrung: Gräser, Kräuter, Wurzeln, Beeren.

Besonderes: Im Spätherbst zieht sich die ganze Familie in ihren Bau zurück, verschließt dessen Eingänge mit Erde und Heu und fällt, eng aneinandergedrängt, in den *Winterschlaf.*

Alpenmurmeltier

Alpensalamander
Salamandra atra
Familie: Salamander

Der Alpensalamander ist in Mitteleuropa auch unter dem populären Namen »Bergmandl« bekannt.

Kennzeichen: 10–13 (–16) cm lang. Vollkommen schwarzer, schlanker Salamander. Haut glänzend, mit vielen kleinen Warzen besetzt, aus denen er bei Gefahr ein giftiges Sekret abgibt. Querfurchen entlang der Rumpfseiten.

Verbreitung: Vor allem in den Alpen. Teilpopulationen auch im Westen der Balkanhalbinsel. Besiedelt Laub- und Laubmischwälder, Zwergstrauchheiden und die Felsregion von 700–3000 m Höhe.

Lebensweise: Versteckt sich tagsüber unter Stubben, totem Holz, in Spalten oder Mauselöchern. Winterruher.

Alpensalamander

Fortpflanzung: Hat sich vom Wasser als Fortpflanzungsmedium unabhängig gemacht. Von den etwa 60 Eiern schlüpfen nach einer Tragzeit von 2–3 Jahren nur 2 Junge, diese sind aber fertig entwickelte, ca. 4 cm lange Salamander. Im Laufe ihrer Larvalentwicklung im Mutterleib ernähren sie sich von den restlichen unbefruchteten Eiern.
Nahrung: Erbeutet v.a. Insekten und deren Larven, Spinnen, Schnecken, Würmer und Tausendfüßer.
Besonderes: In einem engbegrenzten Gebiet in Norditalien lebt die erst 1982 entdeckte Unterart Aurora-Alpensalamander *(S. a. aurorae)*, die durch ihre gelbliche Rückenzeichnung an einen → Feuersalamander erinnert.

Alse

Alosa alosa

Familie: Heringe

Die Alse ist ein heringsähnlicher Meeresfisch, der zum Ablaichen in Süßgewässer wandert.
Kennzeichen: Körper bis 70 cm lang. Schillernd blau-grün gefärbt mit einem deutlichen dunklen Fleck hinter der Kiemenspalte.
Vorkommen: An den Küsten des Nordatlantiks, im Mittelmeer und im westlichen Teil der Nordsee.
Fortpflanzung: Die mit 3–4 Jahren geschlechtsreifen Tiere ziehen im März die Flüsse hinauf, um im Süßwasser abzulaichen und danach wieder ins Meer zurückzukehren. Nach 2–8 Tagen schlüpfen aus den frei am Boden liegenden Eiern farblose Larven. Die Jungfische halten sich bis zum Herbst im Süßwasser auf und wandern dann ins Meer.
Nahrung: Plankton, kleine Krebstiere, Herings-, im Süßgewässer Insektenlarven.

Ameisen → Rote Waldameise

Ameisenbär → Großer Ameisenbär, → Tamandua, → Zwergameisenbär

Ameisengrillen → Grillen

Ameisenigel → Schnabeligel

Ameisenjungfer

Myrmeleon formicarius

Ordnung: Netzflügler

Die Ameisenjungfern sind die artenreichste Familie unter den → Netzflüglern.
Kennzeichen: Flügelspannweite 8 bis 10 cm. Langer, schlanker Hinterleib; schmale, dicht geaderte, häufig gefleckte Flügel, die in Ruhe dachartig übereinandergelegt werden. Deutlich sichtbare, dicke, keulenförmige Fühler.
Vorkommen: Mitteleuropa. An niedrigen Pflanzen, in Sträuchern und Bäumen.
Lebensweise: Fliegt vorwiegend in den warmen Sommermonaten. Die dämmerungs- und nachtaktiven Tiere sind tagsüber nur selten bei ihrem langsamen Flatterflug zu beobachten. Das erwachsene Insekt lebt nur wenige Tage bis Wochen. ♀ legt die Eier einzeln in den Sand. Ende Juli schlüpfen die Larven.
Nahrung: Kleine Raupen und Insekten, Blattläuse, auch Pollen.
Besonderes: Die Larven sind unter dem Namen »Ameisenlöwen« bekannter als die Vollinsekten. Sie heben im lockeren Sandboden Trichter und Gruben aus und lauern am Grund auf Beute (vorwiegend Ameisen). Diese wird mit großen Saugzangen, die die Larven am Kopf tragen, ausgesaugt.

Ameisenlöwen → Ameisenjungfer

Ameisenjungfer

Ameisenlöwe

Amöben
Amoebina
Klasse: Wurzelfüßer

Amöbe

Amöben sind mikroskopisch kleine, einzellige Tierchen ohne feste Körpergestalt, die sich mit Hilfe von Scheinfüßchen *(Pseudopodien)*, d. h. sich je nach Bedarf bildenden Körperausstülpungen fortbewegen können. Nahrungsteilchen werden umflossen und in den Zellkörper eingeschlossen *(Phagocytose)*. Am bekanntesten sind: die Süßwasseramöbe *(Amoeba proteus)*, die als Studienobjekt in Schulen vorgeführt wird, und die parasitisch im menschlichen Darm lebende *Entamoeba histolytica*, der Verursacher der Amöbenruhr.

Amsel
Turdus merula
Familie: Drosseln

Amsel

Ehemals ein scheuer Waldvogel, ist die Amsel dank ihrer enormen Anpassungsfähigkeit heute einer der häufigsten Vögel Europas.

Kennzeichen: 25 cm. ♂ schwarz mit gelbem Schnabel und Augenring, ♀ braunschwarz mit hellerer Kehle und Brust.

Stimme: Gesang volltönend und flötend, aus verschiedenen Strophen; bereits ab Mitte Februar zu hören. Rufe bei Beunruhigung »tschak-tschak«, wenn aufgescheucht, laut zeternd; Warnruf vor Luftfeinden ein hohes »Zieh«.

Vorkommen: Europa, NW-Afrika, Asien. Weit verbreitet in Wäldern und Gehölzen aller Art, in Gärten und Parks. Einer der häufigsten Stadtvögel.

Verhalten: Bei der Nahrungssuche am Boden hüpfend. Stelzt beim Landen oder wenn sie plötzlich stehenbleibt als einzige Drossel den Schwanz. Teilzieher.

Brut: 2–3 Bruten (März–Juli) mit je 3–5 Eiern. Nest ein stabiler Napf aus Grashalmen und Wurzeln, innen mit feuchter Erde ausgekleistert und mit Gras ausgepolstert. Neststandort meist niedrig in Bäumen oder Sträuchern, aber auch auf Balkonen, Fenstersimsen oder in Mauernischen.

Anakonda
Eunectes murinus
Familie: Riesenschlangen

Mit bis zu 9 m Länge ist die Anakonda das längste heute lebende Reptil.

Kennzeichen: Große, bis zu 200 kg schwere Riesenschlange. Auf gelblichgraubraunem Grund 2 Reihen dunkler, ovaler Flecken. Dadurch gut getarnt in der Sumpfvegetation.

Vorkommen: Tropische Regenwälder mit Sümpfen, Bächen und Flüssen des Amazonas- und Orinocobeckens.

Lebensweise: Nachtaktiv. Einzelgänger. Lebt mehr im Wasser als am Land. Als Anpassung an die schwimmende Fortbewegungsweise liegen die Nasenlöcher auf der Oberseite der Schnauze. Kann gut klettern, flieht vor Feinden die Bäume hinauf. Lauert ihren Beutetieren regungslos im Wasser liegend auf, wenn diese zum Trinken an das Ufer kommen. Tötet die Beute durch Umschlingen und Ersticken.

Fortpflanzung: Lebendgebärend. Die ca. 20–40 (–80) Jungen sind bei der Geburt bereits 70 cm lang. Geschlechtsreif erst mit 3–4 Jahren. Die Paarungszeit fällt in die Regenzeit.

Nahrung: Säugetiere bis Hirschgröße, auch Jaguare, Vögel, Fische, junge Kaimane.

Große Anakonda

Andenflamingo

Phoenicoparrus andinus

Familie: Flamingos

Aufgrund seiner gelben Beine heißt der Andenflamingo auch Gelbfußflamingo. Ebenfalls in den Anden lebt der Jamesflamingo *(Phoenicoparrus jamesi)*.

Anden-Flamingos

Kennzeichen: Bis 120 cm groß. Wie alle Flamingos mit rosarotem Gefieder. Schwarze Schwungfedern und rosafarbene Flügeldecken im Flug sichtbar. Nur 3 Zehen.
Vorkommen: In den Anden von Chile, NW-Argentinien, W-Bolivien und S-Peru in Höhen zwischen 2000 und 4500 m. Am Rande von vegetationslosen Salzwasserseen und in Brackwassersümpfen.
Brut: Koloniebrüter. Brutzeit fällt mit Regenzeit Ende November/Anfang Dezember zusammen. Nest ein von beiden Paarpartnern gebauter Schlamm- und Steinhügel. 1 Ei; Brutdauer 28–30 Tage, Nestlingszeit bis 3 Monate. Das Junge wird von beiden Eltern mit einem leuchtendroten Nährsekret gefüttert, das von der Speiseröhre abgesondert wird.
Nahrung: Winzige Blau- und Kieselalgen, die die Vögel aus dem Salzwasser seihen.
Besonderes: Sie pumpen Wasser mit der Zunge in den Schnabel und pressen es durch Lamellen an den Schnabelseiten wieder hinaus. In den Lamellen werden die Nahrungsteilchen herausgefiltert. Dabei weist die große obere Hälfte des stark gekrümmten Schnabels nach unten.

Anden-Klippenvogel → Cayenne-Klippenvogel

Anemonenfische

Amphiprion

Familie: Riffbarsche

Anemonenfische leben in enger Gemeinschaft mit Seeanemonen, die ihnen Schutz und oft auch Nahrung bieten.
Kennzeichen: Körper 6–15 cm lang; kräftig rostrot mit weißen Längs- oder Querbinden. Jungtiere haben meist mehr Querbinden als erwachsene Fische.
Vorkommen: Indopazifik. Über Korallenriffen.
Lebensweise: Schwarmfische, die sich zum Schlafen, Ablaichen oder Schutz vor Feinden in die Tentakelkrone von Seeanemonen verziehen, manchmal sogar ihren Wirten Nahrungsteilchen aus dem Tentakelschlund holen. Jede Fischart hat ihre eigene Wirtsart.
Nahrung: Tierisches Plankton.

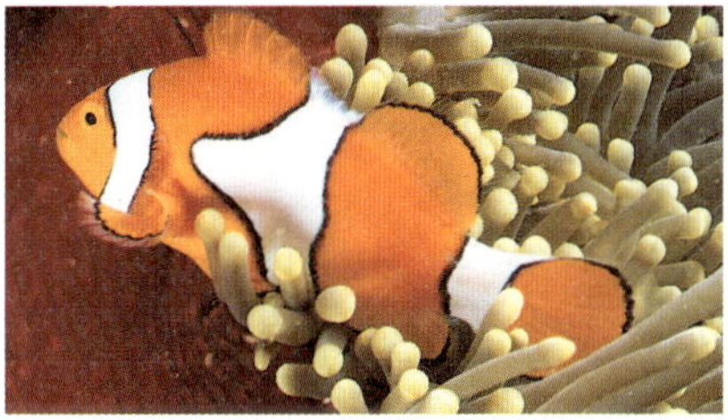

Orange-Anemonenfisch

Besonderes: Gesunde Anemonenfische bleiben von ihren Wirten unbehelligt, kranke Tiere dagegen werden – wie andere Beutetiere – vom Nesselgift der Seeanemonen betäubt, in den Schlund gezogen und gefressen.

Schwarzer Anemonenfisch

Anemonenfisch mit Seeanemone

Anglerfische
Lophiiformes
Überordnung:
Echte Knochenfische

Meeresfische, die in allen Meeren und allen Meerestiefen vorkommen. Bei allen Angehörigen dieser Ordnung ist der erste Strahl der Rückenflosse stark verlängert und trägt an seiner Spitze ein Gebilde, das stark an einen Angelköder erinnert und auch als solcher von dem Fisch verwendet wird. Die Brustflossen sind bei vielen Arten so verändert, daß die Fische mit ihrer Hilfe am Meeresboden kriechen oder schreiten können. → Seeteufel, → Fühlerfisch.

Anis
Crotophaga
Familie: Kuckucke

Die Familie Kuckucke ist mit 138 Arten auf allen Kontinenten vertreten.
Kennzeichen: Mittelgroße, schwarzgefärbte Kuckucke mit langem Schwanz. Schwarzer Schnabel mit hohem, seitlich zusammengedrücktem First.

Glattschnabel-Anis

Vorkommen: Mittel- und S-Amerika. Drei Arten, die größte, der Riesenani *(Crotophaga major)*, lebt im Regenwald. Die beiden anderen, der Glattschnabelani *(C. ani)* und der Riefenschnabelani *(C. sulcirostris)* in offener Landschaft, an Waldrändern, bisweilen auch in Ortschaften. Häufig in der Nähe von Weidevieh, wo sie die aufgescheuchten Insekten erbeuten.
Brut: Anis brüten gemeinsam und verteidigen auch den Nestbezirk. Mehrere ♀ legen ihre Eier in dasselbe umfangreiche Nest und brüten einzeln oder gemeinsam am Tag, ♂ in der Nacht. Eier blau mit weißem Kalküberzug, der im Laufe der Bebrütung zerkratzt wird. Brutdauer 13–14 Tage. Jungvögel verlassen bereits nach ca. 1 Woche tagsüber das Nest.

Anoa
Bubalus depressicornis
Unterfamilie: Rinder

Zusammen mit dem noch etwas zierlicheren Berganoa *(Bubalus quarlesi)* stellt der Tieflandanoa, meist kurz Anoa oder Gemsbüffel genannt, das kleinste heute lebende Wildrind dar.
Kennzeichen: Zierliches, antilopenähnliches Rind mit schlanken Beinen, Schulterhöhe nur etwa 90 cm; kurzhaariges, dunkelbraunes bis schwarzes Fell, weißliche Abzeichen an Kopf, Hals und Beinen; Hörner kurz, weit auseinanderstehend, schräg nach hinten gerichtet.
Vorkommen: Ausschließlich auf Sulawesi (früher Celebes). In dichten, wasserreichen Waldgebieten.
Lebensweise: Streift gewöhnlich allein oder paarweise durchs Unterholz, meidet menschliche Siedlungen oder Kulturflächen. Hält sich gern im Wasser auf, oft bis zum Kopf untergetaucht. Kälber kommen das ganze Jahr über zur Welt, Zwillinge selten.
Verhalten: Kommen ihm Menschen zu nahe, flüchtet der Anoa nicht, sondern greift heftig an, wobei seine geraden Hörner sehr gefährliche Waffen darstellen.
Nahrung: Gern Sumpf- und Wasserpflanzen, auch Gras und Laub.

Anolis
Anolis
Familie: Leguane

Anolis sind mit Abstand die artenreichste Gattung der Leguane. Der bekannteste Vertreter und ein beliebtes Terrarientier ist der Rotkehlanolis *(Anolis carolinensis)*, der in den südlichen USA und auf Kuba in unmittelbarer Nähe des Menschen lebt.

Kennzeichen: 10–60 cm lang und schlank. Schwanz nimmt fast $^{2}/_{3}$ der Körperlänge ein. Oft lebhaft gefärbt und gemustert. ♂ mit großem, auffällig gefärbtem Kehllappen, der bei Erregung aufgestellt wird. Einige Arten mit zu einem Rücken- oder Nackenkamm aufrichtbarer Hautfalte.

Vorkommen: Tropen und Subtropen Amerikas.

Lebensweise: Vorwiegend Baum- und Strauchkletterer, die nur zum Vergraben der Eier auf den Boden kommen. Halten sich mit hakenbesetzten Haftpolstern auf der Unterseite der verbreiterten mittleren Finger- und Zehenglieder am Untergrund fest (anderer Name Saumfinger!).

Nahrung: Je nach Größe Insekten bis kleine Wirbeltiere.

Besonderes: Treffen 2 erwachsene ♂ aufeinander, umkreisen sie einander mit nickenden Kopfbewegungen, aufgestelltem Kehllappen und Nackenkamm. Auf dieses Imponierdrohen folgt meist eine wilde Beißerei.

Anoli

Apollo
Parnassius apollo
Familie: Ritterfalter

Die → Ritter- oder Edelfalter leben hauptsächlich in den Tropen. Der Apollo zählt zu den 6 in Mitteleuropa vorkommenden Arten.

Apollofalter

Kennzeichen: Flügelspannweite 6–8 cm. Flügel weißlich, fast durchsichtig, mit schwarzen Flecken, Hinterflügel mit orangefarbenen bis roten, schwarzgeränderten Augenflecken.

Vorkommen: In ganz Europa in gebirgigen Gegenden. Auf steinigen Hängen und Felssteppen.

Flugzeit: In einer Generation von Mai bis September.

Lebensweise: Besucht im langsamen Flatter- oder Segelflug vorzugsweise violette Blüten. ♀ heftet die Eier einzeln an die Raupenfutterpflanze, an Steine, Halme oder Zweige.

Raupe: Schwarz, mit blauen Warzen und orangeroten Flecken, kurz behaart. Frißt an Großer und Weißer Fetthenne. Verpuppt sich zu einer bläulich-weiß bereiften Puppe in einem feinen Gespinst. Überwintert im Ei.

Besonderes: Vor Sonnenaufgang ist der Apollo nicht flugfähig. Bei 10 °C breitet der Falter seine Flügel aus und sucht eine günstige Haltung zur Sonne. Durch wiederholte Änderung der Flügelöffnungswinkel erreicht der Falter rasch die optimale Körpertemperatur zwischen 37° und 39 °C.

Arapaima
Arapaima gigas
Ordnung: Knochenzüngler

Der Arapaima ist einer der größten Süßwasserfische und ein gieriger Fischjäger.
Kennzeichen: Körper bis 3 m lang und mit dicken, großen, dunklen, grünlichschimmernden Schuppen besetzt. Zunge bezahnt.
Vorkommen: Südamerika (Guayana und Peru). Im seichten, dicht bewachsenen Wasser des Amazonas und seiner Nebenflüsse.
Fortpflanzung: Die ♀ laichen im Oktober/November in flache Gruben ab, die die Alttiere in den weichen Flußboden gegraben haben. Die ♂ bewachen die Eier und etwa 3 Monate lang die frischgeschlüpften Larven. Eine am Hinterkopf des ♂ ausgeschiedene Substanz sorgt dafür, daß sich die Brut nicht zu weit vom Kopf des Vaters entfernt. Stirbt der Vater in der Aufzuchtszeit, dann suchen sich die Jungfische ein anderes Brutpflege betreibendes ♂ und schließen sich dessen Brut an.
Nahrung: Fische.
Besonderes: Der Arapaima ist in der Lage, mit seiner Schwimmblase Sauerstoff aus der Luft aufzunehmen.

Ararauna → Gelbbrustara

Argali → Wildschafe

Asiatischer Elefant
Elephas maximus
Familie: Elefanten

Oft wird der Asiatische Elefant fälschlich »Indischer Elefant« genannt, doch bezeichnet dieser Name nur eine von 4 regionalen Unterarten dieses grauen Riesen.
Kennzeichen: Mit einer Körperlänge von 5,50–6,50 m und einer Standhöhe von 2,40–2,90 m etwas kleiner als der → Afrikanische Elefant, auch Ohren deutlich kleiner; Rüsselspitze mit 1 »Finger«; meist nur Bullen mit Stoßzähnen.
Vorkommen: Vorder- und Hinterindien, Sri Lanka. In Savannen sowie Waldgebieten mit großen Lichtungen.
Lebensweise: Bullen einzelgängerisch, Kühe und Jungtiere in kleinen Familiengruppen oder Herden bis über 100 Tieren unter der Führung einer erfahrenen Leitkuh. Lebensdauer 40 Jahre und mehr.

Asiatischer Elefant

Verhalten: Temperaturregulierung des Körpers durch Fächeln mit den Ohren; Ohrenbewegungen auch Ausdruck der Stimmungslage. Badet oder suhlt sich gern, besprüht sich mit Wasser oder Sand zur Pflege der Haut.
Fortpflanzung: Tragzeit rund 22 Monate; 1 Kalb (selten Zwillinge) etwa alle 4 Jahre; wird mit ca. 2 Jahren entwöhnt.
Nahrung: Pflanzenkost, vor allem Gras.
Besonderes: Der Asiatische Elefant wird seit mehreren Jahrtausenden gefangen, gezähmt und als Arbeits- und Reittier eingesetzt, ohne jedoch zum echten Haustier zu werden.

Äskulapnatter

Elaphe longissima
Familie: Nattern

Diese ungiftige Natter erhielt ihren deutschen Namen nach dem römischen Gott der Heilkunst, *Aesculapius.*
Kennzeichen: 140–160 (–200) cm lang. Schlank, oberseits glänzend gelb- bis olivbraun, unterseits rahmfarben. Kopfoberseite ohne Zeichnung.
Vorkommen: Mittel- und S-Europa, W-Asien. Bewohnt sonnenbeschienenes, oft steiniges Gelände mit dichtem Buschwerk, gestrüppreiche Waldränder sowie Legsteinmauern oder Ruinen.
Lebensweise: Vorwiegend bodenbewohnend sowie in niedrigen Sträuchern. Kann aufgrund der gekielten Bauchschilder hervorragend auf Bäumen mit rauher Rinde klettern. Winterruher.
Fortpflanzung: Paarungszeit im Mai. Ablage der 5–8 weißen, länglichen Eier im Juli unter Steinen, in Stubben oder feuchtem Erdreich. Die ca. 20 cm langen Jungschlangen schlüpfen im September.
Nahrung: Kleine Wirbeltiere wie Mäuse, Vögel oder Eidechsen; auch Vogeleier und Jungvögel.
Besonderes: Vor der Paarung messen die Männchen häufig ihre Kräfte in einem sog. Kommentkampf. Dabei umschlingen sie sich und versuchen, den Gegner niederzudrücken.

Äskulapnatter

Aspisviper

Vipera aspis
Familie: Vipern

Die Vipern sind mit ca. 60 Arten nur in Europa, Asien und Afrika verbreitet. Der bekannteste einheimische Vertreter dieser Familie ist die → Kreuzotter.
Kennzeichen: 60–75 cm lange Schlange mit vom Körper deutlich abgesetztem, dreieckig wirkendem Kopf. Grundfärbung oberseits von grau über braun bis gelblichbraun variierend. Rückenzeichnung aus dunklen, versetzt stehenden Rechtecken.
Vorkommen: Von den Pyrenäen über Mittel- und S-Frankreich, die Schweiz bis nach Italien. Restvorkommen im südlichen Schwarzwald. Bevorzugt trockene, sonnige Bereiche wie Waldränder, steinige Hänge oder Böschungen mit Buschwerk.
Lebensweise: Bodenlebend. Tag-, im Hochsommer auch dämmerungsaktiv. Paarungszeit v. a. im Mai. Geburt der 5–15 lebenden Jungen Ende August/September. Winterruher.
Nahrung: Hauptsächlich Kleinsäuger, daneben auch Eidechsen oder Kleinvögel.
Besonderes: Beute wird durch Giftbiß getötet. Der Giftbiß kann auch Menschen gefährlich werden.

Aspisviper

Asseln

Isopoda
Klasse: Krebstiere

Sehr formenreiche Gruppe von Krebstieren, die sowohl im Wasser (Meer- und Süßwasser) als auch an Land vorkommen. Ihr Körper ist abgeflacht, ein Panzer fehlt. Die Brustbeine sind zu Laufbeinen ausgebildet, die Hinterbeine sind blattförmig verbreitert. Etliche Arten sind Fisch-Schmarotzer. → Kellerassel, → Rollassel, → Wasserassel.

Asselspinne → Küstenasselspinne

Atlasspinner

Attacus atlas

Familie: Augenspinner

Die Augenflecken auf den Flügeln gaben dieser Schmetterlingsfamilie ihren Namen. Der Atlasspinner gehört zu den bekanntesten tropischen Arten.

Atlasspinner

Kennzeichen: Flügelspannweite 25 cm. Sehr großer Körper. Rotbraune, großflächige Flügel mit dreieckigen Augenflecken.
Verbreitung: Südchina, Himalaja, fast ganz Indien.
Lebensweise: Dämmerungs- und nachtaktiv. ♀ locken ♂ mit Duftdrüsen zur Begattung an. Lebensdauer nur kurz; unmittelbar nach dem Schlüpfen beginnt der Hochzeitsflug. ♂ sterben bald danach, ♀ erst nach der Eiablage.
Raupe: Riesig. Verspinnt sich zwischen den Blättern ihrer Futterpflanze in einem spindelförmigen Kokon, der mit einem starken Faden an Zweigen befestigt wird.
Besonderes: Die tropischen Augenspinner-Arten sind deutlich größer als die mitteleuropäischen. Der Atlasspinner zählt neben dem Herkulesspinner *(Coscinocera hercules)* aus Neuguinea zu den Riesen unter den Schmetterlingen.

Auerhuhn

Tetrao urogallus

Unterfamilie: Rauhfußhühner

Das Auerhuhn ist das größte heimische Rauhfußhuhn. Dieser Name kommt von der Befiederung der Füße, die bis zu den Zehen reicht.

Kennzeichen: ♂ bis 90 cm, ♀ ca. 1/3 kleiner. ♂ schwarz mit braunschwarzen Flügeln und grünschillerndem Brustgefieder. Schwanz schwarz mit hellen Querbinden; wird bei der Balz aufgestellt und gefächert. Weißer Bugfleck. Rote Überaugenwülste (= Rosen). ♀ mit braun-beige-weißlich-rostfarben gesprenkeltem Tarngefieder.
Stimme: Balzstrophe des ♂ aus schleifenden, wetzenden und knallenden Lauten. Rufe fasanartig.
Vorkommen: Europa, nördliches Asien nach Osten bis zum Baikalsee. Bewohnt große zusammenhängende, naturnahe Wälder in Hoch- und Mittelgebirgen.
Fortpflanzung: Auf abgestorbenen Bäumen Baumbalz, auf kleinen Lichtungen im Wald Bodenbalz der Hähne. ♂ balzen stets einzeln. Nestbau und Jungenaufzucht ist alleinige Aufgabe des ♀. Nest eine flache Mulde unter Bäumen oder umgefallenen Stämmen. 1 Brut (April–Juni). 5–10 Eier; Brutdauer 24–26 Tage, Junge sind Nestflüchter und nach ca. 4 Monaten selbständig.
Nahrung: Im Sommer Blätter und Beeren von Blau- und Preiselbeeren, Knospen und Triebe von Laubgehölzen; im Winter Nadeln von Kiefern und Fichten. Die Jungen werden v.a. mit kleinen Insekten sowie Ameisen und deren Puppen aufgezogen.

Auerhahn balzend

Auerochse

Bos primigenius

Unterfamilie: Rinder

Der Auerochse oder Ur ist die Stammform aller europäischer Hausrinder sowie der Zebus, der sog. Buckelrinder, die in Afrika und Asien verbreitet sind

Auerochse

Zebu

Kennzeichen: Schulterhöhe 1,70 bis 1,80 m; Fell beim ♂ schwarzbraun mit hellem Aalstrich am Rücken, bei ♀ und Kälbern rötlichbraun; weißliche, leicht geschwungene Hörner mit schwarzen Spitzen.
Vorkommen: Ehemals in lichten Auwäldern von Westeuropa bis Ostasien und Nordafrika.
Lebensweise: Lebte in kleinen Herden, wohl unter der Führung einer Leitkuh, Stiere außerhalb der Paarungszeit in Trupps oder als Einzelgänger.
Nahrung: Gras und Kräuter, auch Laub.
Besonderes: Den mächtigen Auerochsen kennt man heute nur noch aus der Überlieferung und von Knochenfunden. 1627 wurde das letzte europäische Exemplar abgeschossen, im 18. Jh. starb die Art auch in Asien aus. In unserem Jahrhundert gelang in zoologischen Gärten eine »Rückzüchtung« aus verschiedenen Hausrinderrassen. Es entstand ein Rindertyp, der dem Auerochsen sehr ähnlich sieht. Doch sind diese Tiere keine echten Ure, denn eine ausgestorbene Tierart läßt sich durch Züchtung nicht wieder zum Leben erwecken.

Augenfalter

Satyridae

Ordnung: Schmetterlinge

Die Familie der Augenfalter ist mit 1500 Arten weltweit verbreitet und hat in den Tropen ihre größte Vielfalt. In Mitteleuropa ist sie mit etwa 30 Arten vertreten. Zu ihnen zählen das → Schachbrett , das Große Ochsenauge *(Maniola jurtina)* und das Kleine Wiesenvögelchen *(Coenonympha pamphilus)*.
Kennzeichen: Gemeinsames, typisches Merkmal sind die an der Basis aufgetriebenen Adern ober- und unterseits der Vorderflügel. Flügel meist schwärzlich oder dunkelbraun, mit blinden oder gekernten Augenflecken.

Augenfalter

Augenkröte

Pleurodema brachyops

Familie: Südfrösche

Der deutsche Name »Südfrösche« besagt, daß diese Familie ihre Hauptverbreitung auf den Südkontinenten hat. Besonders viele Arten findet man in Australien sowie in S- und Mittelamerika.
Kennzeichen: 3–4 cm. Olivfarbene Flecken auf der graugrünen Oberseite. Beim Hüpfen wird die hellrote Färbung am Oberschenkel sichtbar.
Verbreitung: Kolumbien, Venezuela, N-Brasilien.
Lebensweise: Träger Bodenbewohner, der kaum springt. Verträgt auch brackiges bis salzhaltiges Wasser. Paarungszeit fällt mit Regenzeit Anfang Dezember zusammen.
Besonderes: Der Name stammt von 2 großen Drüsen mit einer auffälligen hellblauen Augenzeichnung hinten an den Flanken. Bei Bedrohung stellt sich die Augenkröte mit den Hinterbeinen auf und präsentiert dieses Muster, das Feinde abschrecken soll. Man vermutet, daß diese Drüsen schlechtschmeckende oder giftige Stoffe ausscheiden.

Augenspinner
Saturniidae
Ordnung: Schmetterlinge

Die Familie umfaßt rund 1200 Arten, die überwiegend in den tropischen Gebieten Afrikas und Amerikas beheimatet sind. Zu den asiatischen Vertretern zählt der → Atlasspinner. Einige Formen sind hier als Seidenlieferanten bekannt. In Mitteleuropa kommen etwa 6 Arten vor. Zu ihnen zählt das → Große Nachtpfauenauge und das Kleine Nachtpfauenauge *(Eudia pavonia)*.
Kennzeichen: Meist fehlender Saugrüssel. ♂ häufig mit doppelt gekämmten Fühlern. Viele Arten mit großen, farbig eingefaßten Flecken in der Flügelmitte (»Augen«).

Kleines Nachtpfauenauge

Augentierchen → Geißeltierchen

Aurora-Alpensalamander → Alpensalamander

Auster
Ostrea edulis
Familie: Klappmuscheln

Die Europäische Auster kann in felsigen Gegenden in Massen vorkommen und sogenannte Austernbänke bilden. Da das Fleisch dieser Muschel als Delikatesse gilt, wird sie vielfach gezüchtet.
Kennzeichen: Schale rundlich-oval und mit blättrigen Lamellen bedeckt, schmutzigweiß bis grau, 5–10 cm breit.

Austern

Vorkommen: An allen Küsten Europas. Auf Hartböden und Felsen in der Brandungszone.
Lebensweise: Austern leben in mehr oder weniger großen Ansiedlungen festsitzend in geringer Wassertiefe. Da sie ihre Schalen hermetisch abdichten können, überstehen sie auch Ebbezeiten. Austern können 10–15 Jahre alt werden.
Fortpflanzung: Austern sind mit 2 Jahren geschlechtsreif. Abgelaicht wird meist bei Springflut und einer Wassertemperatur von 15 °C. Eine Auster kann bis zu 1 Million Eier abgeben. Die aus den Eiern schlüpfenden Larven leben 1–2 Wochen freischwimmend, setzen sich dann aber zeitlebens auf hartem Untergrund fest.
Nahrung: Im Wasser treibende kleine Algen.
Besonderes: Austernfleisch enthält sehr viel Vitamin C.

Austernfischer
Haematopus ostralegus
Familie: Austernfischer

Der Austernfischer ist eine der bekanntesten Erscheinungen im Wattenmeer.
Kennzeichen: 40–45 cm. Unverkennbar durch das schwarz-weiße Gefieder, den roten Schnabel und die roten Beine.
Stimme: Ein lautes, weit zu hörendes »Kliep-kliep«, bei Erregung auch mehrfach gereiht. Während der Balz trillernde Strophen.

Vorkommen: Sowohl zur Brut- als auch Zugzeit an Küsten aller Art von Europa, N-Afrika und Asien. Vereinzelt auch im Binnenland an Seen und Flüssen. Teilzieher.
Brut: Nest eine flache Mulde, die mit Steinchen und Muschelschalen ausgelegt wird. 1 Brut (April–Juli), 3–4 Eier; Brutdauer 26–28 Tage. Beide Partner brüten. Junge sind Nestflüchter. Ducken sich bei Gefahr auf den Boden, verschwimmen durch Tarngefieder mit dem Untergrund.
Nahrung: Muscheln, Schnecken, Wattwürmer und kleine Krebse.

Austernfischer

Australischer Zirpfrosch
→ Zirpfrosch

Axishirsch
Axis axis
Familie: Hirsche

Der anmutige Axishirsch oder Chital trägt nicht nur als Kitz, sondern zeitlebens weiße Tupfen.
Kennzeichen: Körperlänge 1,10–1,40 m; Fell rotbraun mit weißer Fleckenzeichnung, weißer Kehlfleck und Bauch; Schwanz 20–30 cm lang; ♂ mit meist sechsendigem Stangengeweih, dessen unterste Enden, die sog. Augsprossen, unmittelbar am Ansatz des Geweihs auf der Stirn entspringen.

Verbreitung: Vorderindien und Sri Lanka, in Europa an einigen Stellen als Jagdwild eingebürgert, ebenso in Südamerika, Australien und Neuseeland.
Lebensraum: Monsunwälder, Dornbuschgebiete und Grasländer, in Europa Laubwälder, Flußauen und Parklandschaften; bevorzugt in Wassernähe.
Lebensweise: Dämmerungs-, aber auch tagaktiv; meidet die Nähe menschlicher Siedlungen nicht; schwimmt gut, flüchtet oft ins Wasser; bildet große, gemischte Herden aus nicht selten mehreren hundert Tieren, nur alte ♂ meist als Einzelgänger.
Fortpflanzung: Wie bei vielen tropischen Hirschen fällt die Paarungszeit nicht in eine bestimmte Jahreszeit. Infolgedessen werden das ganze Jahr über Kälber (jeweils 1–2) geboren.
Nahrung: Laub, Früchte, Gräser, Kräuter.

Axishirsch

Axolotl

Axolotl-Albino

Axolotl

Ambystoma mexicanum

Familie: Querzahnmolche

Die Querzahnmolche sind eine Familie der Schwanzlurche. Ihr Name bezieht sich auf die in Querreihen angeordneten Gaumenzähne.

Kennzeichen: Bis 30 cm langer, plumper Molch; meist dunkel gefärbt, gezüchtete Tiere auch albinotisch. Äußere Kiemen. Breite Flossensäume am Schwanz.

Vorkommen: Der Axolotl ist wildlebend nur im Xochimilcosee, 20 km südöstlich der Stadt Mexiko, zu finden.

Lebensweise: Verläßt auch als geschlechtsreifes Tier nie das Wasser. Eier werden in Form von Ballen abgelegt, die etwa 400 Stück enthalten.

Besonderes: Beim Axolotl findet keine *Metamorphose* statt, er behält sein ganzes Leben lang die Merkmale einer Larve (Kiemen, Flossensaum) und pflanzt sich auch als Larve fort. Diese Erscheinung nennt man *Neotenie*.

Aztekenbartvogel

Semnornis frantzii

Familie: Bartvögel

Bartvögel, zur Ordnung der Spechtvögel gehörend, sind mit über 80 Arten über das tropische Amerika, Afrika und S-Asien verbreitet. Am Schnabelgrund stehen die für die Familie namengebenden steifen Borstenfedern.

Kennzeichen: Etwas größer als Star. Grünlichgelb an Kopf, Brust und Bauch. Übriges Gefieder unauffällig olivgrün. ♂ mit Nackenband aus längeren, lackschwarzen Federn.

Vorkommen: Feuchte Regenwälder von Panama und Costa Rica bis in 2000 m Höhe.

Lebensweise: Wie alle Spechtvögel Höhlenbrüter, der seine Höhle selbst mit dem kräftigen Schnabel in morsches Holz beißt, nicht meißelt. Außerhalb der Brutzeit gesellig, zur Brutzeit paarweise. 1 Brut (ab März), 4–5 Eier. Brutdauer 13–14 Tage. Jungvögel anfangs nackt und blind, mit Sitzschwielen an den Fersen. Flügge nach ca. 4 Wochen. Kommen aber noch für einige Wochen abends zum Nest zurück, wo sie gemeinsam mit den Eltern schlafen.

Nahrung: Blüten und Früchte, Jungvögel anfangs auch Insekten. Größere Früchte halten sie mit einem Fuß fest und reißen Stücke heraus.

Besonderes: Wesentlich farbenfroher als die beschriebene Art ist der Tukanbartvogel *(Semnornis ramphastinus)*.

Azurblauer Dornschwanzleguan
→ Dornschwanzleguane

Tukanbartvogel

B

Bachröhrenwurm

Tubifex tubifex

Ordnung: Wenigborster

Der Bachröhrenwurm ist ein beliebtes Lebendfutter für Aquarienfische.

Kennzeichen: Roter, bis 8,5 cm langer Wurm mit gleichmäßig geringeltem Körper. An jedem Körpersegment sitzen oben und unten jeweils ein Bündel kurze Borsten.

Vorkommen: Weltweit. Im Schlamm stehender oder fließender Süßgewässer.

Bachröhrenwürmer

Lebensweise: Der Bachröhrenwurm lebt mit dem Kopf voraus in selbstgegrabenen, senkrecht nach unten führenden Gängen oder in aus Schlammteilchen aufgebauten Röhren. Durch dauernde Bewegung seines Hinterleibes strudelt er aus den höher gelegenen Wasserschichten sauerstoffreicheres Atemwasser herbei. Je sauerstoffärmer das Wasser ist, desto weiter streckt der Wurm seinen Hinterleib empor und desto heftiger bewegt er ihn hin und her.
Fortpflanzung: Die zwittrigen Tiere befruchten sich gegenseitig. Die Eier werden in einem Kokon abgelegt.
Nahrung: Pflanzliche und tierische Abfallstoffe, die sich im Schlamm befinden.

Bachstelze
Motacilla alba
Familie: Stelzen

Die Bachstelze ist die häufigste Stelze in Mitteleuropa.
Kennzeichen: 18 cm. Kontrastreich schwarz-weiß-grau gezeichnet. Schwanz lang und schlank. Lange, schwarze Beine.
Stimme: Ruf ein durchdringendes »Zipp«, oft gereiht. Gesang ein hastiges Zwitschern aus rufähnlichen Elementen.
Verbreitung: Europa, Asien, NW-Afrika.
Lebensraum: Häufiger Kulturfolger in Dörfern und Städten, in offenem Kulturland, besonders in der Nähe von Gewässern.
Lebensweise: Teilzieher. Trippelt schnell mit ruckartigen Kopfbewegungen am Boden. Wippt ständig mit dem Schwanz. Nest in Halbhöhlen und Nischen aller Art, oft an Gebäuden, vom ♀ gebaut. 2 Bruten (April–August). 4–6 Eier; Brutdauer 12–14 Tage, Nestlingszeit 14–15 Tage.
Nahrung: Insekten, Spinnen. Gelegentlich erbeutet sie fliegende Insekten im Jagdflug.

Bachstelze

Badeschwamm
Spongia officinalis
Ordnung: Netzfaserschwämme

Das getrocknete und gebleichte Faserskelett des Badeschwammes besitzt eine außergewöhnliche Saugfähigkeit, was den Schwamm zu einem begehrten Handelsartikel macht.
Kennzeichen: Klumpiges, graubraunes bis schwarzes Gebilde; Durchmesser etwa 1 m, Höhe 15–20 cm. Mit relativ wenigen Ausströmöffnungen, die die Oberfläche des Schwammes kraterförmig überragen. Das Skelett besteht nur aus Sponginfasern.
Vorkommen: In warmen Meeren, vor allem Östliches Mittelmeer, Golf von Mexiko, Karibik, Rotes Meer, Indischer Ozean. Vom Flachwasser bis in 50 m Tiefe.
Lebensweise: Lebt in mehr oder weniger großen Kolonien und nimmt seine Nahrung durch Strudeln und Filtrieren über Poren, die über die gesamte Außenhaut verteilt sind, aus dem Wasser auf.
Fortpflanzung: → Schwämme.
Nahrung: Kleine im Wasser schwebende tierische und pflanzliche Teilchen.

Badeschwamm

Bambusbär → Großer Panda

Bandiltis → Zorilla

Bandwürmer

Cestoda

Stamm: Plattwürmer

Bandwürmer sind mund- und darmlose Parasiten, die im Darm von Wirbellosen oder Wirbeltieren leben und weltweit vorkommen.

Kennzeichen: Der flache, lange, weißliche Körper besteht aus zahlreichen Gliedern *(Proglottiden)*. Der kugelig verdickte Kopf *(Scolex)* trägt Haftorgane, die je nach Art aus Hakenkränzen, Saugnäpfen oder Sauggruben bestehen.

Fortpflanzung: In jedem Glied reifen vom Kopf nach hinten zunächst die männlichen, dann die weiblichen Fortpflanzungsorgane, so daß die hinteren weiblichen Glieder von den weiter vorn gelegenen männlichen begattet werden können. Sind im letzten Körperglied die Eier herangereift, trennt es sich ab und wird mit dem Kot vom Wirtstier ausgeschieden. Die Eier müssen nun von einem entsprechenden Zwischenwirt aufgenommen werden, in dem sich die Bandwurmlarve (Finne) entwickelt. Durch Verzehr des Zwischenwirtes gelangen die Larven wieder in den Endwirt, in dem sie sich dann zum Bandwurm entwickeln können.

Besonderes: Im Mensch können sich durch den Verzehr von rohem, mit Finnen versetztem Fleisch der Schweinebandwurm *(Taenia solium)* oder der Rinderbandwurm *(Taenia saginata)* entwickeln. Ein Befall mit einem dieser beiden Bandwurm-Arten führt in der Regel zu Darmkrämpfen oder Darmkatarrh, ist aber keinesfalls lebensbedrohlich. Gefährlich für den Menschen sind Hundebandwurm *(Echinococcus granulosus)* und Fuchsbandwurm *(Echinococcus multilocularis)*. Gelangen die vom Hund oder Fuchs ausgeschiedenen Eier in den menschlichen Körper, dann entwickeln sich hier faust- bis kindskopfgroße Blasenfinnen, die schwere Erkrankungen verursachen und oft sogar zum Tode führen können.

Bankivahuhn

Gallus gallus

Unterfamilie: Glattfußhühner

Das Bankivahuhn ist die Stammform aller Haushuhnrassen.

Kennzeichen: Aussehen wie Haushuhn der Rasse »Italiener«, aber kleiner. ♂ mit rotem, fleischigem Kamm und Kehllappen; weiße Ohrscheibe; Schwanzfedern sichelförmig gebogen; Sporn am Lauf. Außerhalb der Brutzeit schlichter gefärbt ohne Schmuckfedern am Hals und ohne die langen Schwanzfedern; Kamm schrumpft. ♀ kleiner, Kamm und Kehllappen kaum sichtbar.

Stimme: Das typische »Kickericki«, aber kürzer.

Bankivahahn

Vorkommen: Indien über SO-Asien bis Java. Auf vielen Inseln bis zu den Philippinen und nach Polynesien eingeführt. Besiedelt sowohl Regenwald als auch trockene Wälder und kleine Haine mit reichlich Deckungsmöglichkeit.

Lebensweise: Durch Krähen bekundet der Hahn seinen Revieranspruch. Meist schart er 3–5 Hennen um sich. Das flache Nest wird am Boden versteckt vom ♀ angelegt. Brutzeit März–Mai. 5–6 Eier. Küken sind Nestflüchter, können bereits im Alter von 8 Tagen flattern. Nach der Brutzeit versammeln sich die Hühner in kopfstarken Trupps.

Nahrung: Insekten, Würmer, Sämereien.

Banteng

Bos javanicus

Unterfamilie: Rinder

Das in Südostasien beheimatete Wildrind zählt zu den vom Aussterben bedrohten Arten.

Kennzeichen: Körperlänge bis 2 m, Schulterhöhe bis 1,60 m; ♂ dunkelbraun bis schwarz, ♀ und Jungtiere rotbraun, Unterbeine und »Spiegel« am Hinterteil bei beiden Geschlechtern weiß; Hörner beim ♂ breit ausladend, halbkreisförmig nach oben gebogen, beim ♀ wesentlich kleiner.

Verbreitung: Indochina, Borneo und Java.

Lebensraum: Sumpfige wie auch trokkene Niederungs- und Bergwälder mit grasigen Lichtungen.

Lebensweise: Lebt als sog. Kulturflüchter sehr zurückgezogen, tritt nur in den Dämmerungsstunden zum Äsen aus dem Waldversteck. Bildet Mutterherden mit Kühen, Jungtieren und Kälbern sowie davon getrennte Bullengruppen, ältere ♂ Einzelgänger; nur zur Fortpflanzungszeit schließen sich die Stiere einzeln den Kühen an. Nach rund 9 Monaten Tragzeit in der Regel nur 1 Kalb, das 6–9 Monate lang gesäugt wird.

Nahrung: Gras, Laub und frische Triebe von Sträuchern und Bäumen.

Besonderes: Eine Haustierform des Bantengs ist das Balirind, das auf Java und Bali verbreitet gehalten und gezüchtet wird.

Barasingha

Cervus duvauceli

Familie: Hirsche

Der große, scheue Barasingha wird mit dem Leierhirsch *(Cervus eldi)* zu den Zackenhirschen zusammengefaßt, denn die ausgewachsenen ♂ beider Arten tragen ein für asiatische Hirsche ungewöhnlich vielendiges Geweih.

Kennzeichen: Hochbeiniger Hirsch mit relativ kurzem Kopf und großen, tütenförmigen Ohren; Fell im Sommer gelbbraun, mit blasser Fleckzeichnung im Winter langhaariger und dunkler; Geweih mit bis zu 20 Enden.

Vorkommen: Früher Sümpfe, Flußniederungen und feuchte Grasländer in weiten Teilen Indiens, heute nur noch in einzelnen Rückzugsgebieten (großteils Reservate) in Zentral- und Hinterindien, Assam und Nepal.

Lebensweise: Bildet während der winterlichen Trockenzeit Junggesellenverbände und große gemischte Rudel, die sich im Sommer wiederum in kleine Trupps aufteilen.

Verhalten: Stößt bei Erschrecken bellenden Warnlaut aus. In der Paarungszeit läßt ♂ eigentümlich gedehnte, zweisilbige, helle Brunftrufe hören.

Fortpflanzung: Nach einer Tragzeit von rund 7½ Monaten bringen die Hirschkühe 1, selten 2 lebhaft gefleckte Kälber zur Welt.

Nahrung: Gras, mit Vorliebe auch Sumpf- und Wasserpflanzen.

Barasingha mit Jungem

Bantengs mit Jungem

Barasingha

Barbe

Barben

Barbus

Familie: Weißfische

Barben sind mittelgroße, langgestreckte Fische mit zwei Paar Mundfäden (Barteln), unterständigem Maul, dicken, fleischigen Lippen und abgeflachter Bauchseite. Die bekannteste Art ist die Flußbarbe *(Barbus barbus)*.

Kennzeichen: Körperlänge 30–50 (max. 90) cm. Rücken und Flossen graugrün, Flanken goldschillernd, Unterseite weißlich.

Vorkommen: Europa. Ausschließlich fließende Gewässer mit klarem Wasser und sandigem oder kiesigem Grund.

Lebensweise: Schwarmfisch. Hält sich tagsüber am Gewässergrund auf (Grundfisch) und geht erst in der Dämmerung auf Nahrungssuche. Überwintert in ausgewaschenen Höhlen am Uferrand.

Fortpflanzung: Die Barbe wird im 3.–5. Lebensjahr geschlechtsreif. Zur Laichzeit im Mai bis Juni ziehen die laichreifen ♀ in Schwärmen flußaufwärts und legen ihre Eier über flachen Kiesbänken ab.

Nahrung: Vorwiegend Insektenlarven, Krebstiere, Würmer.

Besonderes: Von der Barbe gibt es eine Goldform, deren Körper goldrot bis orange gefärbt ist.

Bärenspinner

Arctiidae

Ordnung: Schmetterlinge

Der Name dieser rund 8000 Arten umfassenden Familie geht auf die dichte Behaarung der großen Raupen (»Bären«) zurück. Zu den etwa 50 in Mitteleuropa vorkommenden Arten gehören der → Braune Bär und der Blutbär *(Tyria jacobaeae)*.

Kennzeichen: Die meist kräftigen Falter mit breiten Flügeln zeichnen sich durch bunte Vielfalt (was sich auch in den verschiedenen Artnamen niederschlägt) aus.

Bärenspinner (Wegerichbär)

Bärbling → Zebrabärbling

Baribal → Schwarzbär

Barsch → Flußbarsch

Bartbaumsegler

Hemiprocne mystacea

Familie: Baumsegler

Im Gegensatz zu den eigentlichen Seglern, wie dem → Mauersegler, die die meiste Zeit ihres Lebens fliegend verbringen, kann man Baumsegler auch auf Bäumen sitzend antreffen.

Kennzeichen: 33 cm. Oberseits dunkelgrau mit schwarzen Schultern und Nacken, unterseits hell. Schwanz tief gegabelt. Lange Flügel. ♂ mit von weißen Streifen gesäumten rotbraunen Wangen, die nach hinten zu schmalen Schmuckfedern auslaufen. Die Bartfedern reichen bis über die Flügel.

Vorkommen: Neuguinea. Umliegende Inseln von den Salomon-Inseln bis zu den Molukken. Offene Wälder, Waldränder, Lichtungen.

Lebensweise: Baumsegler können im Gegensatz zu den eigentlichen Seglern gut sitzen. Nest ein winziger Napf aus mit Speichel zusammengeklebten Rindenstückchen und Federn; wird seitlich an einen Ast geklebt. Gerade so groß, daß das einzige Ei Platz hat; dies wird ebenfalls hineingeklebt. Beim Brüten sitzt der Vogel mehr auf dem Ast als auf dem Nest.

Nahrung: Der Bartbaumsegler jagt nach Schnäppermanier Fluginsekten von einer erhöhten Warte aus oder wie Segler im rasanten Flug.

Bartgeier

Gypaetus barbatus
Familie: Habichtartige

Im Gegensatz zu seiner übrigen aasfressenden Geierverwandtschaft hat der Bartgeier keine nackten Hautstellen am Kopf.

Kennzeichen: 100–114 cm. Typisches Flugbild durch lange, schmale Flügel und auffallend langen, keilförmigen Schwanz. Kopf und Unterseite weißlich. Rücken, Flügel und Schwanz schwärzlich, auf dem Rücken mit hellem Tropfenmuster. Charakteristische Gesichtszeichnung durch schwarzen Augenstreif und schwarzen Bart (Name!).

Verbreitung: S-Europa ostwärts bis Zentralasien, Afrika. In den mitteleuropäischen Alpen wieder angesiedelt.

Lebensraum: Abgeschiedene Hoch- und Mittelgebirgslagen mit steilen Felspartien und Hochebenen.

Lebensweise: Verbringt den Tag fast nur segelnd. Dauerehe. Großer Horst in Nischen von unzugänglichen Felswänden aus Ästen, Zweigen und Knochen; Polsterung mit Heu und Tierhaaren. 1 Brut (Januar–April). 1–2 Eier; Brutdauer 53–58 Tage, Junge nach 107–117 Tagen flügge. Jahresvogel.

Nahrung: Frischtote Huftiere wie Gemsen, Steinböcke oder Schafe, auch Haustiere. Frißt v. a. die Knochen, die er in großen Stücken hinunterschlingen kann.

Besonderes: Um an das Mark der Knochen zu kommen, lassen die Bartgeier die Knochen aus großer Höhe auf dem Felsen zerschellen. Weil sie angeblich Schafe gezielt zum Absturz bringen sollen, werden sie auch Lämmergeier genannt.

Bartgeier

Bartmeise

Panurus biarmicus
Familie: Papageimeisen

Die Bartmeise ist der einzige europäische Vertreter der Papageimeisen; deren Hauptverbreitungsgebiet liegt in Asien.

Kennzeichen: 16–17 cm. Überwiegend zimtbraun gefärbt. ♂ mit blaugrauem Kopf und auffälligem Bartstreif (Name!). Langer, gestufter Schwanz.

Vorkommen: Verbreitungsschwerpunkt in Mittelasien bis Mandschurei. In Europa dehnt sie seit etwa 30 Jahren ihr Verbreitungsgebiet nach Westen aus. Ausschließlich Gebiete mit ausgedehnten Schilf- und Röhrichtbeständen.

Bartmeise

Lebensweise: Jahresvogel. Gesellig, zieht im Herbst oft in Trupps aus bis zu 50 Vögeln umher. Klettert geschickt im Röhricht, umklammert dabei mit den Zehen immer zwei Halme. ♂ und ♀ bauen knapp über dem Grund im Röhricht ein tiefes Napfnest aus Schilfblättern. 2–3 Bruten (April–Juli). 5–7 Eier; Brutdauer 12–13 Tage, Nestlingszeit 9–13 Tage.

Nahrung: Im Sommer Insekten, im Winter Sämereien.

Besonderes: Um die winterliche Samennahrung verwerten zu können, gestaltet die Bartmeise ihren Magen jeden Herbst um: Er wird größer, außerdem bilden sich an der Innenwand Reibplatten aus, womit die Samen zerkleinert und verdaut werden können. Im Frühjahr bekommt sie wieder den »Sommermagen«.

Bartvogel → Aztekenbartvogel

Basilisken

Basiliscus

Familie: Leguane

Die bekanntesten Arten sind der Helmbasilisk *(Basiliscus basiliscus)* und der Stirnlappen-Basilisk *(B. plumifrons)*.

Basilisk

Kennzeichen: Gesamtlänge 80 cm, davon ca. 50 cm Schwanz. Bräunlich gefärbt mit dunklen Flecken oder Streifen. Auffälliger Kopfhelm und hoher Rükkenkamm, nur bei erwachsenen Tieren ausgeprägt.
Verbreitung: Von S-Mexiko über Mittelamerika bis Ecuador.
Lebensweise: Baumbewohner, oft auf Zweigen über einer Wasserfläche. Bei Gefahr rennen sie aufrecht auf den Hinterbeinen. Schwimmen und tauchen sehr gut.
Nahrung: Früchte, Kleintiere.
Besonderes: Basilisken können auch aufrecht auf den Hinterbeinen über eine Wasseroberfläche laufen und dabei eine Geschwindigkeit von mehr als 10 km/h erreichen.

Basilisk läuft über das Wasser

Baumhopf

Phoeniculus purpureus

Familie: Baumhopfe

Allen 8 Arten dieser Familie gemeinsam ist ein langer, gestufter Schwanz sowie ein langer, abwärtsgebogener Schnabel.
Kennzeichen: 38–40 cm. Schwarz mit grünem Metallglanz. Füße rot. Weiße Flecken im Schwanz. Im Flug auffällige weiße Flügelbinde.
Stimme: Laute, gackernde Rufe, oft von allen Vögeln eines Gebietes im Chor vorgetragen.
Vorkommen: Afrika südlich der Sahara. Weites Waldland, Dornbuschgebiete.
Lebensweise: Klettert zur Nahrungssuche nach Baumläuferart am Stamm hoch. Stützt sich dabei am Schwanz ab. Auch kopfunter hangelnd im Gezweig. Höhlenbrüter. Nur das ♀ brütet. Bei der Aufzucht der Jungen helfen nichtbrütende Artgenossen mit.

Baumhopf

Nahrung: Kleintiere wie Insekten und deren Entwicklungsstadien, Spinnen.
Besonderes: Bei Beunruhigung im Nest führen die Jungen pendelnde Bewegungen mit dem Kopf aus, stoßen ihn hin und wieder blitzschnell vor und zischen dazu. Man vermutet, daß sie eine zur Abwehr bereite Giftnatter imitieren. Außerdem produzieren sie in der Bürzeldrüse ein unangenehm riechendes Sekret.

Baumkänguruhs

Dendrolagus

Familie: Känguruhs

Die 7 Känguruharten, die zur Gattung der Baumkänguruhs zusammengefaßt sind, geben, im Geäst sitzend, immer wieder ein verblüffendes Bild ab.

Kennzeichen: 50–80 cm Scheitelhöhe im Sitzen, Schwanz etwa körperlang; Fell rot- bis dunkelbraun oder grau.

Vorkommen: 5 Arten in den Regenwäldern Neuguineas, 2 Arten in den Wäldern Nordostaustraliens.

Lebensweise: Dämmerungs- und nachtaktiv, verschlafen den Tag auf Bäumen; überwiegend allein oder paarweise anzutreffen, nur das Doria-Baumkänguruh *(Dendrolagus dorianus)* lebt in kleinen sozialen Gruppen.

Fortpflanzung: Je Geburt 1 Junges, das wie bei allen Beuteltieren die erste Zeit seines Lebens im Beutel der Mutter heranwächst.

Nahrung: Blätter, Früchte, weiche Rinde, teilweise auch Gras und Kräuter.

Besonderes: Die verschiedenen Arten von Baumkänguruhs sind unterschiedlich gut an die kletternde Lebensweise angepaßt. Während das Graue Baumkänguruh *(D. inustus)* noch wie ein Bodenkänguruh wirkt und sich auf Bäumen schwerfällig und am liebsten auf waagrechten, dicken Ästen bewegt, ist z.B. das bärenartige Matschie-Baumkänguruh *(D. matschiei)* ein »fortgeschrittenerer« Kletterer, der sehr geschickt im Geäst umherturnt.

Matchie-Baumkänguruh

Baummarder

Martes martes

Familie: Marder

Zusammen mit → Steinmarder und → Zobel zählt der Baummarder oder Edelmarder zu den Echten Mardern, diese wiederum werden zur großen Unterfamilie der Wieselartigen gestellt.

Kennzeichen: Körperlänge 40–55 cm, Schwanz buschig, 20–30 cm lang; Färbung einheitlich braun, an Kehle und Brust scharf abgesetzter gelblicher Latz.

Verbreitung: Ganz Europa (mit Ausnahme Islands und Südspaniens), Kleinasien und Westsibirien.

Lebensraum: Zusammenhängende Waldgebiete, im Gebirge bis hinauf zur Baumgrenze.

Baummarder

Lebensweise: Vorwiegend dämmerungs- und nachtaktiv; Einzelgänger; meidet im Gegensatz zum Steinmarder die Nähe menschlicher Siedlungen; klettert geschickt auf Bäumen, jagt aber auch am Boden; bewohnt Baumhöhlen hoch über dem Erdboden, bisweilen auch Eichhörnchen- oder Greifvogelnester.

Fortpflanzung: Paarungszeit (Ranz) im Hochsommer; im Frühjahr Geburt von 3–5 Jungen, die mit rund 4 Monaten bereits selbständig sind.

Nahrung: Mäuse, Eichhörnchen, Kleinvögel und deren Gelege, Insekten, auch Waldfrüchte.

Baumschliefer

Dendrohyrax

Familie: Schliefer

Die murmeltierähnlichen Schliefer, zu denen neben 3 Arten von Baumschliefern auch die Busch- und → Klippschliefer gehören, wurden lange Zeit für Nagetiere gehalten. Tatsächlich sind sie am nächsten mit den Elefanten und Seekühen verwandt.

Kennzeichen: 35–60 cm groß, Körperbau gedrungen, Schwanz äußerlich nicht sichtbar; Fell graubraun bis dunkelbraun, weißer bzw. gelber Haarkranz um eine Rückendrüse. Die Endglieder der Zehen tragen kleine Hufe, ähnlich unseren Fingernägeln.

Vorkommen: Mittleres Afrika. Je nach Art in Bergwäldern, Steppenwäldern oder im Regenwald.

Lebensweise: Nachtaktiv; halten sich überwiegend auf Bäumen auf, gelegentlich auch am Boden auf felsigem Terrain. Leben einzelgängerisch, ♂ markieren ihr Revier durch lautstarke Rufe.

Fortpflanzung: Pro Wurf 1–2 Junge, die 3–7 Monate lang gesäugt werden.

Nahrung: Nahezu ausschließlich Laub.

Besonderes: Die langanhaltenden und in der Lautstärke stetig anschwellenden Rufreihen der Baumschliefer gehören zu den charakteristischen Lauten der afrikanischen Nacht.

Baumschliefer

Baumstachler

Erethizontidae

Ordnung: Nagetiere

Es ist nicht eindeutig geklärt, ob die amerikanischen Baumstachler näher mit den bodenlebenden → Stachelschweinen der Alten Welt oder mit den → Meerschweinchen verwandt sind.

Nordamerikanischer-Baumstachler

Kennzeichen: Körpergröße 40–80 cm, Schwanz mehr oder weniger lang, fungiert z. T. als Greifschwanz. Borstenhaare mindestens an Kopf und Rücken, z. T. am ganzen Körper einschließlich des Schwanzes als Stacheln ausgebildet.

Vorkommen: Der Nordamerikanische Baumstachler oder Urson *(Erethizon dorsatum)* in den nördlichen USA und Kanada, der Bergstachler *(Echinoprocta rufescens)* und die Greifstachler (Gattung *Coëndou*) in Südamerika, der Borsten-Baumstachler *(Chaetomys subspinosus)* in Brasilien. Wälder aller Art.

Lebensweise: Nachtaktiv; klettern mit langsamen Bewegungen, aber sehr geschickt im Geäst; schlafen tagsüber in Baumhöhlen oder Erdlöchern oder auch in Astgabeln sitzend.

Fortpflanzung: Jährlich 1–2 Junge, deren Stacheln bei der Geburt noch weich sind, aber rasch erhärten. Können nach wenigen Tagen bereits klettern.

Nahrung: Überwiegend Pflanzenteile, Blätter, Triebe, Rinde.

Baumsteiger

Dendrobates

Familie: Baumsteigerfrösche

Viele Baumsteigerfrösche sind aufgrund ihrer leuchtenden Farben beliebte Terrarientiere, wie z. B. das → Erdbeerfröschchen.

Kennzeichen: 1,5–5 cm groß. Leuchtend grellbunt und kontrastreich gefärbt; dient als Warntracht, denn die Frösche sondern ein sehr starkes Hautgift ab.

Vorkommen: Tropische Wälder Mittel- und S-Amerikas.

Lebensweise: Bodenlebend, manche Arten bewohnen auch Baumkronen. Eier werden an Land abgelegt und, je nach Art, entweder vom ♂ oder ♀ bewacht oder regelmäßig besucht und befeuchtet. Nach dem Schlüpfen trägt ein Elternteil die Kaulquappen auf dem Rücken zum nächsten Gewässer, einem Tümpel, wassergefüllten Baumloch oder einem Bromelientrichter. Von einigen Arten sind Kommentkämpfe vor der Eiablage bekannt.

Nahrung: Springschwänze, Ameisen, Milben und Spinnen.

Besonderes: Mit dem Gift einiger Baumsteigerfrösche und der nah verwandten Blattsteiger (Gattung *Phyllobates*) bestreichen die Indianer Südamerikas ihre Pfeile, bevor sie auf die Jagd gehen. Deshalb heißen diese Frösche auch Pfeilgiftfrösche. Das Gift dieser Frösche gehört zu den stärksten tierischen Giften überhaupt.

Goldbaumsteiger

Baumwollschwanz-Kaninchen

Sylvilagus

Familie: Hasenartige

In 13 Arten und zahlreichen Unterarten sind die Baumwollschwanz-Kaninchen über die Länder der Neuen Welt verbreitet, wo ihnen die gleiche Bedeutung zukommt wie den → Wildkaninchen in der Alten Welt.

Baumwollschwanz-Kaninchen

Kennzeichen: Typische Kaninchen, die sich alle recht ähnlich sehen. Charakteristisch ist der puschelige Schwanz, der oberseits braun oder grau ist wie das übrige Fell, unterseits aber flaumig weiß, und damit einer reifen Baumwollkapsel gleicht.

Verbreitung: Von den nördlichen USA bis Argentinien.

Lebensraum: Nahezu überall, von wüstenähnlichen Landstrichen über Gebirge, Felder oder Dünen bis hin zu großstädtischen Parkanlagen.

Lebensweise: Dämmerungs- und nachtaktiv; leben nicht in Kolonien wie das Europäische Wildkaninchen, graben auch keine eigenen Baue, beziehen aber nicht selten die Erdhöhlen anderer Tiere.

Fortpflanzung: Bei den meisten Arten mehrere Geburten im Jahr mit jeweils 2–7, z. T. noch mehr Jungen. Die nackten, blinden Jungen kommen in einer Bodenkuhle, die weich mit Gras und mütterlicher Unterwolle ausgepolstert ist, zur Welt.

Nahrung: Reine Pflanzenkost.

Beilbauchfische

Gasteropelecidae

Unterordnung: Salmler

Die Angehörigen dieser Familie werden auch »fliegende Fische« genannt, da sie in der Lage sind, sich über die Wasseroberfläche zu erheben und sich während des Fluges mit ihren stark vergrößerten Brustflossen antreiben zu können. Der kleinste Vertreter dieser Familie ist der Marmorierte Beilbauchfisch *(Carnegiella strigata)*.

Beilbauchfisch

Kennzeichen: Körperlänge 4–5 cm. Körper schlank mit tiefsitzender Brust und schmal auslaufendem Rumpf (Beilform). Grünlich-gold schimmernd mit dunkler Seitenlinie.
Vorkommen: Mittel- und Südamerika. In Süßgewässern.
Lebensweise: Oberflächenfisch, der in Schwärmen dicht unter der Wasseroberfläche steht.
Nahrung: Insekten, die auf die Wasseroberfläche fallen, Insektenlarven.
Besonderes: Beilbauchfische versuchen ihren Feinden zu entkommen, indem sie sich nach kurzem Anlauf aus dem Wasser erheben und fliegen. Die Flugrichtung kann nicht geändert werden. Wenn der Fisch in der Luft ist, kann man deutlich das schwirrende Geräusch hören, das die flatternden Brustflossen verursachen.

Beluga → Weißwal

Beo

Gracula religiosa

Familie: Stare

Der Beo ist aufgrund seiner Sprechbegabung und seines vielseitigen Lautinventars ein beliebter Käfigvogel.
Kennzeichen: 29–30 cm. Metallisch glänzendes schwarzes Gefieder. Im Flügel weißes Feld. An Kopf und Nacken gelbe Hautlappen und nackte Stellen, Schnabel orange mit gelber Spitze. Beine gelb.
Vorkommen: Von Indien/Sri Lanka über Malaysia bis Indonesien. Weitverbreitet in den Bergwäldern, besonders in den Vorbergen, bis in 2000 m Höhe. Hält sich v. a. in der Kronenregion der Bäume auf.
Lebensweise: Durchstreifen in lärmenden Trupps ihren Lebensraum. Lassen im Flug ein angenehmes Flügelsummen vernehmen, außerdem laute Pfiffe. Leben in Dauerehe. Brüten trotzdem koloniewiese in Baumhöhlen, oft in verlassenen Spechthöhlen. 1 Brut (Mai–Juni). 2–3 Eier; Brutdauer 13–15 Tage, Nestlingszeit 21–23 Tage.
Nahrung: Vor allem Früchte, aber auch Nektar, Insekten und kleine Reptilien.
Besonderes: Als Käfigvogel gehaltene Beos sind recht anspruchsvoll. Sie benötigen eine große Voliere mit viel Flugmöglichkeit, da sie sonst schnell zu fett und dann träge werden.

Beo

Berberaffe
Macaca sylvana
Familie: Meerkatzenartige

In der formenreichen Gattung der Makaken, zu der neben dem Berberaffen oder Magot u. a. auch der → Rhesusaffe zählt, sind geschwänzte und ungeschwänzte Arten vertreten.

Kennzeichen: Körpergröße 60–70 cm, schwanzlos; dichtes, ocker- bis graubraunes Fell; brünstige ♀ mit Gesäßschwellung.

Vorkommen: Nordafrika (Atlasgebirge) sowie Gibraltar. Felsiges Gelände mit Strauchbewuchs.

Lebensweise: Tagaktiv; bildet Familientrupps aus 15–30 Tieren, angeführt von einem starken ♂; zumeist am Boden, klettert nur zum Schlafen und bei Gefahr auf Bäume.

Verhalten: Als Drohgeste »Gähnen«, wobei dem Gegner die scharfen Eckzähne gezeigt werden.

Fortpflanzung: Jeweils 1 Junges, das mit dünnem, schwarzem Fell geboren und von der Mutter ständig mit herumgetragen wird, wobei es sich aus eigener Kraft an deren Fell festklammert.

Nahrung: Kräuter, Triebe, Früchte, Samen, Insekten und andere Kleintiere.

Besonderes: Die Berberaffen auf dem Felsen von Gibraltar sind die einzigen wildlebenden Affen in Europa.

Berberaffe mit Jungtier

Berglemming
Lemmus lemmus
Unterfamilie: Wühlmäuse

Die kleinen Nagetiere wurden vor allem durch ihr periodisches Massenauftreten bekannt.

Kennzeichen: 13–15 cm groß, kompakter Körperbau mit kurzen Beinchen, Stummelschwänzchen und winzigen Ohren; Fell rot- oder gelbbraun mit schwarzer Scheckung, ausgesprochen bunt wirkend.

Berglemming

Vorkommen: Skandinavien. Tundra, moorige Flächen der Zwergsträucher- und Birkenregion.

Lebensweise: Einzelgängerisch und sehr unverträglich; legt umfangreiche ober- und unterirdische Gangsysteme an; lauft sehr flink und schwimmt gut; gräbt im Winter unter der Schneedecke Tunnel, in denen er sich bei der Nahrungssuche bewegt.

Fortpflanzung: Bei reichlichem Nahrungsangebot und gutem Wetter können ♀ alle 3 Wochen 1–13 (durchschnittlich 6) Junge gebären, die ihrerseits mit rund 1 Monat bereits geschlechtsreif werden.

Nahrung: Gräser, Kräuter und Moose.

Besonderes: Alle paar Jahre kommt es zu Massenvermehrungen, die oft in spektakulären Wanderzügen gipfeln. Die Tiere sterben dann oft an Erschöpfung, vor allem bei anstrengenden Passagen wie z. B. beim Überqueren von Gewässern. Die Behauptung, daß Lemminge gezielt »Massenselbstmord« begehen, gehört ins Reich der Märchen.

Bergmolch

Bergmolch

Triturus alpestris

Familie: Salamander

Der Berg- oder Alpenmolch ist der farbenprächtigste der 4 einheimischen, im Wasser lebenden Molcharten.

Kennzeichen: ♂ bis 9 cm, ♀ bis 12 cm. Während des Wasseraufenthalts Rücken des ♂ blaugrau marmoriert; auf Kamm und Flanken schwarze Flecken auf gelblichem Grund. ♀ oberseits grau-braun marmoriert, ohne Kamm. Unterseite bei ♂ und ♀ einfarbig orange. Schwanz seitlich zusammengedrückt. Während des Landaufenthalts stumpfe, wasserabweisende Hautoberfläche, dunkler als im Wasser.

Vorkommen: Mitteleuropa, N- und O-Frankreich, südlich bis Mittelitalien und Griechenland, östlich bis in die Ukrainischen Karpaten. Isolierte Vorkommen auch in Spanien. Vom Flachland bis ins Hochgebirge in kleinen Gewässern und Tümpeln, oberhalb der Baumgrenze.

Lebensweise: Im Wasser tag- und nachtaktiv, an Land nur nachtaktiv. Zur Paarungszeit ausführliches Balzspiel des ♂. Eier werden entweder einzeln zwischen Wasserpflanzen abgelegt oder auf den Grund des Gewässers. Winterruher.

Nahrung: Im Wasser v. a. Kleinkrebse, Würmer und Wasserinsekten, aber auch andere Lurchlarven. An Land Insekten, Schnecken, Würmer und Spinnen.

Besonderes: Im Balkan bleiben manche Populationen zeitlebens im Wasser. Sie durchlaufen keine *Metamorphose*, sondern werden als Larven geschlechtsreif *(Neotenie)*.

Bergzebras

Bergzebra

Equus zebra

Familie: Pferde

Alle Zebras sind schwarz-weiß gestreift, bei genauer Betrachtung läßt sich jedoch das Bergzebra, das in 2 Unterarten im südlichen Afrika vorkommt, durchaus von den → Steppenzebras unterscheiden.

Kennzeichen: Widerristhöhe etwa 1,25 m; Körperbau eselsartig; herabhängende Hautfalte (Wamme) am Hals; Rückenstreifung bis zum Schwanz fortgesetzt, auf den Keulen auffällige Grenze zur querlaufenden Beinstreifung; Bauch weiß, Beine bis zu den Hufen hinab geringelt.

Vorkommen: Südafrikanische Kapprovinz sowie Namibia und Südangola. Trockenes, steiniges Bergland bis zur Halbwüste.

Lebensweise: Bildet kleine, dauerhafte Familienverbände aus 1 Hengst, mehreren Stuten und deren Fohlen, überzählige Hengste in Junggesellengruppen. Trupps streifen auf der Suche nach Wasser und Nahrung kilometerweit umher; sehr trittsicher auch in steilem Gelände.

Fortpflanzung: Nach einer Tragzeit von 1 Jahr 1 Fohlen (Zwillinge selten).

Nahrung: Gras, auch Laub und Rinde.

Beutelflughörnchen → Gleitbeutler

Beutelfrösche

Gattung Gastrotheca

Familie: Laubfrösche

Der Gattungsname *Gastrotheca* bedeutet »Bauchbehälter«. Diese Bezeichnung ist irreführend, denn die Weibchen dieser Frösche tragen auf dem Rücken einen Beutel.

Kennzeichen: 2–10 cm. Durch grünliche bis bräunliche Färbung mit dunkler Rückenmusterung gut getarnt. Haftscheiben an den langen Zehen verhindern ein Abrutschen von Zweigen und Blättern.

Vorkommen: Von Panama südlich bis N-Argentinien. Im Regenwald, aber auch in Hochebenen der Anden bis in 4000 m Höhe.

Fortpflanzung: Beutelfrösche betreiben Brutpflege. Bei der Paarung drückt das ♀ seine Hinterbeine so durch, daß sein Rücken eine zum Kopf hin um 30° geneigte Fläche ergibt. Sobald ein Ei aus der Kloake austritt, wird es vom ♂ besamt und rutscht dann in den nach unten offenen Beutel. Je nach Art entwickeln sich in dieser Bruttasche 20–200 Eier zu

fertigen Fröschchen oder zu Larven, die vom ♀ einzeln in wassergefüllte Trichter von Bromelien entlassen werden. Dazu öffnet es den Beutel mit der längsten Zehe eines seiner Hinterfüße.
Nahrung: Als erwachsene Frösche Insekten und andere Kleintiere. Larven weiden Algen ab.

Beutelmeise

Remiz pendulinus
Familie: Beutelmeisen

Die Beutelmeise ist die einzige Art dieser Familie, die außerhalb Afrikas vorkommt.
Kennzeichen: 11 cm. Oberseits kastanienbraun. Kopf grau mit schwarzer Stirn und schwarzer Augenmaske. Unterseite hell. Zarter Schnabel. Verrät sich meist durch ein hohes, gedehntes »Zieh«.
Verbreitung: Von S- und O-Europa quer durch das mittlere Asien.
Lebensraum: Ausgedehnte Schilfgebiete, Auwälder und Dickichte in Gewässernähe.
Lebensweise: Klettert auf der Suche nach Nahrung rastlos im Gezweig hoher Bäume oder zwischen Schilfhalmen. Nach der Brutzeit in kleinen Trupps umherstreifend. Teilzieher.

Beutelmeise beim Nestbau

Brut: Zu Beginn der Brutzeit fertigt das ♂ ein sog. Henkelkörbchen, das er an den äußersten Zweigenden von Pappeln oder Weiden aufhängt. Stellt sich trotz eifrigen Singens kein ♀ ein, beginnt es woanders neu. Zusammen mit einem ♀ vollendet es den Rohbau zu einem birnenförmigen Beutelnest aus Pflanzenwolle mit seitlicher Eingangsröhre. Sobald das ♀ brütet, bemüht sich das ♂ um eine neue Partnerin.
Nahrung: Insekten, Spinnen; im Winter auch Samen.

Beutelteufel

Sarcophilus harrisii
Ordnung: Beuteltiere

Der mit geöffnetem Maul durchaus furchterregend aussehende Beutelteufel, auch Tasmanischer Teufel genannt, ist der größte Vertreter der Familie der Raubbeutler.

Beutelteufel

Kennzeichen: 60–70 cm groß, gedrungener Körper; dicker Kopf mit großen, häutigen Ohren; kräftiges Raubtiergebiß; Schwanz etwa 25 cm lang, struppig behaart; Fellfärbung schwarz, meist weiße Kragenzeichnung.
Vorkommen: Nur in den Wäldern Tasmaniens.
Lebensweise: Nachtaktiver Einzelgänger, ruht tagsüber in einer Erdhöhle oder im Dickicht; beansprucht 10–20 ha großes Streifgebiet; ist auf der Nahrungssuche lauffreudig und flink.
Fortpflanzung: Pro Wurf 2–4 Junge, die rund 5 Monate ausschließlich im Beutel der Mutter bleiben, insgesamt etwa 7 Monate lang gesäugt werden.
Nahrung: Vor allem Aas, auch Insekten und andere Kleintiere bis hin zu kleinen Säugetieren.

Bezoarziege

Capra aegagrus

Unterfamilie: Ziegenartige

Die Hörner der Bezoarziege lassen ahnen, daß diese Wildziege eng mit dem → Steinbock verwandt ist.

Kennzeichen: Ziegengroß; Hörner säbelartig nach hinten gekrümmt, beim ♂ bis 1,30 m lang, beim ♀ nur 20–30 cm; Fell rötlichbraun mit dunklem Aalstrich, erwachsene Böcke im Winter aschgrau, ganzjährig mit auffälligem dunklem Schulterstreifen; ♂ außerdem mit langem »Bocksbart«.

Verbreitung: Kreta und einige griechische Inseln, Türkei über Iran bis Afghanistan und zum Kaukasus.

Lebensraum: Gebirgsregion zwischen 1200 und 2200 m Höhe, gelegentlich noch höher; steile, felsige Hänge mit bewaldeten oder strauchigen Arealen.

Lebensweise: Außerhalb der Brunftzeit ♂ und ♀ in getrennten Rudeln von oft 40–50 Tieren, alte Böcke Einzelgänger; sichere Felsenkletterer.

Fortpflanzung: Paarungszeit im Herbst; im Frühjahr 1–2 Kitze, die schon nach wenigen Tagen der Mutter im felsigen Gelände folgen können.

Nahrung: Gräser, Kräuter, Laub und Baumtriebe.

Besonderes: Die Bezoarziege wurde vermutlich schon 7000 Jahre v. Chr. domestiziert. Ihre Nachkommen, die Hausziegen, gehören damit zu den ältesten Haustieren der Menschheit.

Kreta-Bezoarziegen

Biber

Castor fiber

Ordnung: Nagetiere

Verwandtschaftlich steht der Biber den Hörnchen nahe, zeigt allerdings eine vollkommen andere Lebensweise.

Biber

Kennzeichen: Körpergröße 75–100 cm; Schwanz abgeplattet, beschuppt, 30 bis 35 cm lang; Fell sehr dicht, grau- bis schwarzbraun.

Verbreitung: Früher ganz Europa, Nord- und Mittelasien sowie Nordamerika, heute in Europa nur noch inselartig, z. T. wieder angesiedelt.

Lebensraum: Stehende und fließende Gewässer in unterholzreichen Auwäldern.

Lebensweise: Dämmerungs- und nachtaktiv; hervorragender Schwimmer, kann bis zu 15 Minuten lang tauchen. Lebt in Familienverbänden aus Elternpaar, das zeitlebens zusammenbleibt, und dessen Nachwuchs der letzten 2–3 Jahre; gräbt Höhlen in die Uferböschungen oder baut »Burgen« aus Ästen und Schlamm, deren Eingänge stets unter Wasser sind. Fällt Bäume bis zu 70 cm Stammdurchmesser; reguliert den Wasserstand seines Wohngewässers durch Dammbauten. Hält keinen Winterschlaf, sondern lebt im Winter von den Nahrungsvorräten, die er unter Wasser angelegt hat.

Verhalten: Warnt Familienmitglieder bei Gefahr, indem er mit dem Schwanz laut platschend auf die Wasseroberfläche schlägt.

Fortpflanzung: Jährlich 1–5 (meist 2–3) Junge, die voll entwickelt geboren wer-

den und mit wenigen Tagen schon schwimmen können.
Nahrung: Uferstauden, Laub, Rinde, weiches Holz.
Besonderes: Die eher rötlichbraune und etwas größere nordamerikanische Form des Bibers wird vielfach als »Kanadabiber« vom Eurasischen Biber unterschieden.

Biberratte → Nutria

Bienen → Honigbiene, → Wildbiene

Bienenfresser
Merops apiaster
Familie: Spinte

Spinte sind elegante Insektenfresser mit farbenfrohem Gefieder. Von den 23 Arten kommt keine in Amerika vor.
Kennzeichen: 28 cm. Farbenprächtiges Gefieder mit türkisfarbenen, kastanienbraunen und leuchtendgelben Tönen; schwarze Augenmaske. Schnabel lang, abwärtsgebogen. Mittlere Schwanzfedern spießförmig verlängert. Flugruf klingelnd »glüpp«, oft gereiht.
Verbreitung: S- und SO-Europa bis Mittelasien, NW- und S-Afrika.

Bienenfresser

Lebensraum: Sonnige offene, abwechslungsreiche Landschaften mit einzelstehenden Bäumen und Steilwänden, oft in Nähe von Gewässern.
Brut: Koloniebrüter. ♂ und ♀ graben mit Füßen und Schnabel eine ca. 1–2 m lange Röhre in eine senkrechte Sand- oder Lehmwand, die am Ende zu einer Kammer erweitert wird. 1 Brut (Mai–Juli). 4–8 kugelrunde Eier; Brutdauer 20–22 Tage, Junge nach 31–33 Tagen flügge, werden auch danach noch von beiden Altvögeln gefüttert. Sommervogel.
Nahrung: Fliegende Insekten wie Libellen, Bienen, Hummeln oder Wespen, die von einer Sitzwarte (z. B. Telegrafenleitung, Pfosten, dürrer Ast) aus im Flug erbeutet werden.
Besonderes: Der Giftstachel wird mit verschluckt, vorher aber durch Reiben auf der Sitzwarte unschädlich gemacht.

Bindenerdracke
Brachypteracias leptosomus
Familie: Erdracken

Die Erdracken sind eine Familie der Rackenvögel mit 5 Arten.
Kennzeichen: 33 cm. Oberseits bräunlich mit violettem Schimmer an Kopf und Nacken sowie Grüntönen auf dem Rücken; Bürzel leuchtend blaugrün. Weißes Tropfenmuster auf den braunen Wangen, 2 undeutliche Flugelbinden. Helle Unterseite quergebändert. Kräftiger Schnabel; kurze runde Flügel und relativ langer Schwanz; schwarze (namengebende) Schwanzbinde.
Vorkommen: Ausschließlich auf Madagaskar. In dichten Wäldern.
Lebensweise: Langsamer und behäbiger Bodenvogel. Sehr versteckt lebend. Nur leise Rufe, sonst schweigsam. Flug schwerfällig, höchstens vom Boden auf einen niedrigen Ast. Brut in Erdhöhlen. Eier mit für Höhlenbrüter typischer weißer Farbe.
Nahrung: Insekten und kleine Wirbeltiere wie Frösche oder Echsen. Nahrungssuche am Boden oder im Boden scharrend.

Bindenwaran → Warane

Bisamratten

Bisamratte

Ondatra zibethicus

Unterfamilie: Wühlmäuse

Die größte aller Wühlmäuse ist eine hervorragende Schwimmerin. Aus Nordamerika stammend, wurde sie zu Beginn unseres Jahrhunderts in Europa eingebürgert, von wo aus sie sich mittlerweile bis China ausgebreitet hat.

Kennzeichen: Körpergröße 25–35 cm; Fell rötlichbraun, glänzend; Schwanz nahezu unbehaart, seitlich abgeplattet, fast körperlang.

Verbreitung: Nordamerika sowie gemäßigtes Europa und Asien.

Lebensraum: Dichtbewachsene Ufer ruhiger Gewässer.

Lebensweise: Überwiegend dämmerungs- und nachtaktiv; gräbt Wohnhöhlen in Uferböschungen oder errichtet kegelförmige »Burgen« aus Schilf. Letztere dienen den Tieren, die keinen Winterschlaf halten, zugleich als Nahrungsvorrat.

Fortpflanzung: Mehrere Würfe pro Jahr mit je 5–8 Jungen, die mit 3–5 Monaten ihrerseits bereits geschlechtsreif sind.

Nahrung: Wasser- und Uferpflanzen, auch Muscheln und Krebse.

Besonderes: Ihren deutschen Namen verdankt die Bisamratte einem stark nach Bisam oder Moschus duftenden Sekret, mit dem das ♂ Duftmarken in seinem Revier setzt.

Bison

Bison bison

Unterfamilie: Rinder

Der Bison kommt in 2 Unterarten vor, dem aus Westernfilmen bekannten Steppenbison und dem etwas kleineren Waldbison, der eher dem europäischen → Wisent ähnelt.

Kennzeichen: Schulterhöhe bis 1,90 m, Gewicht der Bullen bis über 800 kg, der ♀ nur gut 500 kg. Massiger, lang behaarter Vorderkörper, abfallende Rükkenlinie, Kopf tief angesetzt; Hörner relativ kurz, halbkreisförmig nach außen und oben gebogen.

Vorkommen: Früher in fast ganz Nordamerika, heute nur noch in Schutzgebieten; Steppenbison in den Prärien der USA, Waldbison in offenen Waldgebieten Kanadas.

Lebensweise: Bilden Verbände aus bis zu 30 Tieren, Bullen häufig getrennt von den Mutterherden.

Wanderungen: Präriebisons schlossen sich früher auf ihren Wanderungen zu neuen Weidegebieten zu riesigen Herden zusammen. Ab dem Sommer langsamer Zug nach Süden, im Frühjahr Rückwanderung in Richtung Norden; benutzten dabei stets dieselben Wege.

Nahrung: Steppenbison vor allem Gras und Kräuter, Bergbison überwiegend Blätter und Triebe von Bäumen und Sträuchern.

Besonderes: Bis zu seiner annähernden Ausrottung durch die europäischen Einwanderer war der Bison Lebensgrundlage der Indianer, deren Kultur er entscheidend prägte.

Bisonbulle

Bitterling

Rhodeus sericeus amarus

Familie: Weißfische

Der Bitterling gehört zur Laichzeit zu den schönsten Fischen der nördlichen Süßgewässer.

Kennzeichen: Körperlänge 5–9 cm. ♂ und ♀ unscheinbar silbrig gefärbt mit dunkel umrandeten Schuppen. Zur Laichzeit ♀ mit langer Legeröhre, ♂ in herrlichem Balzkleid: Seiten schillernd violettblau, Bauchseite rot, Flossen hellrot mit schwarzem Saum.

Bitterling mit Malermuschel

Vorkommen: Mittel-, Ost- und Südeuropa. In stehenden oder langsam fließenden Gewässern, in denen auch Teich- oder Malermuscheln vorkommen, im Bereich der Uferregion.
Lebensweise: Gesellig lebend.
Fortpflanzung: Laichzeit April bis Juli. Das ♀ legt mit Hilfe seiner langen Legeröhre 80–100 Eier in die Mantelhöhle der Muschel. Gleichzeitig gibt das ♂ seinen Samen über der Muschel ab. Mit dem Atemwasser gelangen die Samenzellen zu den Eiern und befruchten sie. Nach 2–3 Wochen schlüpfen die Fischlarven und setzen sich an den Kiemenblättchen der Muschel fest. Mit einer Körperlänge von etwa 1 cm lassen die Fischchen los und gelangen mit dem Atemwasser nach außen.
Nahrung: Vorwiegend Algen, aber auch Kleinkrebse und Insektenlarven.

Bläßhuhn

Fulica atra

Familie: Rallen

Rallen sind mit 124 Arten über alle Kontinente verbreitet. Die meisten sind scheue Sumpfbewohner.
Kennzeichen: 36–40 cm. Rundlich wirkender Wasservogel. Bis auf weißen Schnabel und weißes Stirnschild schwarz gefärbt. Zehen mit seitlichen Lappen.
Verbreitung: Von Europa in einem breiten Band durch Asien, SO-Asien bis Australien, NW-Afrika.
Lebensraum: Seen, Teiche und langsam fließende Flüsse mit reichhaltiger Ufervegetation im Flachland. Auch auf Parkgewässern in Städten.
Lebensweise: Im Winter oft in großen Scharen auf eisfreien Gewässern; häufig mit Enten vergesellschaftet. Zur Brutzeit sehr territorial und anderen Wasservögeln gegenüber unverträglich. Langer, platschender Anlauf, um von der Wasseroberfläche aus starten zu können. Taucht auf der freien Wasserfläche mit einem kleinen Sprung unter; nickt beim Schwimmen mit dem Kopf. Teilzieher.
Brut: ♂ und ♀ bauen ein großes Nest aus Wasserpflanzen, meist in dichter Ufervegetation, aber auch frei schwimmend. 1 Brut (April–Juli). 5–12 Eier; Brutdauer 23–24 Tage, Nestlingszeit ca. 8 Wochen. Junge sind Nestflüchter.
Nahrung: Wasserpflanzen, Algen, kleine Wassertiere, aber auch Sämereien oder Gras auf ufernahen Wiesen.
Besonderes: Bei Revierkämpfen legen sich die Kontrahenten im Wasser weit zurück, stützen sich auf die Flügel und attackieren die Brust des Gegners mit den Füßen.

Bläßhuhn mit Jungen

Blatthornkäfer

Lamellicornia

Ordnung: Käfer

Mit weltweit 20 000 Arten (davon nur 150 bei uns beheimatete) stellen die Blatthornkäfer eine der umfangreichsten Käferfamilien. Zu ihr gehören die → Hirschkäfer, die → Rosenkäfer und die → Mistkäfer.
Typisch für die Blatthornkäfer sind die Fühler mit einseitig ausgerichteten Lamellen an der Spitze.
Lebensweise: Fast alle Arten ernähren sich ausschließlich von Pflanzengewebe. Die Käfer leben nur kurz, die Larvenentwicklung hingegen dauert meist mehrere Jahre. Die Larven (Engerlinge) sind dick und weißlichgelb, am Kopf mit kräftigen Mundwerkzeugen. Viele Arten betreiben Brutpflege.

Blattkäfer

Chrysomelidae

Ordnung: Käfer

Diese große Käferfamilie umfaßt 35 000 Arten, 500 davon kommen in Deutschland vor. In den Tropen finden sich Arten mit besonders auffälliger Färbung und ungewöhnlichen Formen.

Kennzeichen: Meist oval und stark gewölbt. Der Kopf wird teilweise vom Halsschild überdeckt. Füße viergliedrig, mit breiter, bürstenartiger Sohle.

Lebensweise: Da Käfer und Larven Pflanzen fressen, sind viele Arten als Schädlinge gefürchtet, wie der bekannte → Kartoffelkäfer, der → Pappelblattkäfer, der Erlenblattkäfer *(Agelastica alni)* und der Weidenblattkäfer *(Lochmaea capreae)*. Blattkäfer ernähren sich entweder nur von einer Pflanzenart oder wenigen verwandten Arten.

Blattkäfer

Blattläuse

Aphidina

Ordnung: Pflanzenläuse

Von den 3600 bekannten Blattlaus-Arten fügen viele Kulturpflanzen ernsten Schaden zu. Auch Zimmerpflanzen werden häufig von ihnen befallen. In Mitteleuropa kommen etwa 850 Arten vor.

Blattläuse

Kennzeichen: Bis 7 mm (meist 3 mm) groß. Geflügelte und ungeflügelte Formen, auch bei der gleichen Art. Am Hinterleib meist 2 verschließbare Spalten, an der Spitze oft mit röhrenförmigen Gebilden *(Siphone)*, charakteristisch vor allem für die Röhrenläuse *(Aphididae)*.

Lebensraum: Wild- und Kulturpflanzen.

Lebenswelse: Blattläuse können im Gegensatz zu anderen Pflanzensaugern nicht springen. Sitzen in der Regel in großer Anzahl auf ihrer Wirtspflanze und stecken diese mit ihren Mundwerkzeugen an.

Fortpflanzung: Bei günstigen Klimabedingungen und Nahrungsüberfluß sind Blattläuse in der Lage, sich auch durch die sog. »Jungfernzeugung« fortzupflanzen. Dabei entwickelt sich ohne Zutun des ♂ aus einer unbefruchteten Eizelle ein Embryo.

Besonderes: Durch die Siphone wird eine Körperflüssigkeit ausgeschieden, die möglichen Angreifern die Mundwerkzeuge und Sinnesorgane verklebt.

Blattwespen

Tenthredinidae

Unterordnung: Pflanzenwespen

Von den 4000 bekannten Arten sind etwa 900 nur schwer zu bestimmende in Europa vertreten.

Kennzeichen: 9 – 11 mm lang. Auffällige Wespenfärbung, Hinterleib und Beine gelb/schwarz geringelt. Hinterleib sitzt in voller Breite an der Brust (im Gegen-

satz zur »Taille« der Wespen). Blattwespen haben keinen Stachel. ♀ mit kurzem, gesägtem Legebohrer.
Vorkommen: Große Teile Europas und Asiens bis Japan. Buschreiches Gelände, Laubwälder, Gärten. Besucher von Doldenblüten.
Fortpflanzung: ♀ legen ihre Eier in Pflanzenstengeln oder in die Rinde von Zweigen ab, wo sie überwintern. Die raupenähnlichen Larven (Afterraupen) haben 6–8 Paare von Bauchfüßen. Typisch ist die S-förmige Schreckstellung.
Nahrung: Die erwachsenen Tiere jagen Insekten und deren Larven und saugen sie aus, die Larven ernähren sich von den Blättern verschiedener Laub- und Nadelbäume.
Besonderes: Die Larven der Grünen Blattwespe *(Rhodogaster viridis)* jagen gerne die Larven des → Kartoffelkäfers und erweisen sich so als nützlich im Kampf gegen diesen Schädling.

Blauer Doktorfisch → Doktorfische

Blaues Ordensband

Catocala fraxini

Familie: Eulenfalter

Von der artenreichen Familie der → Eulenfalter kommen etwa 950 in Europa vor, 450 davon sind bei uns heimisch. Das Blaue Ordensband ist die größte einheimische Art.

Blaues Ordensband

Kennzeichen: Flügelspannweite 9 cm. Vorderflügel graubraun, rindenartig gezeichnet; Hinterflügel schwarzbraun, mit breitem, blauem Band und weißem Bogensaum.
Flugzeit: In einer Generation Ende Juli bis Ende August.
Vorkommen: In ganz Europa (nicht im äußersten Süden), bis in 1600 m Höhe. In Laubmischwäldern und Flußauen.
Lebensweise: Nachtaktiv, sitzt tagsüber an Baumstämmen (durch seine Fügelzeichnung gut getarnt). Fliegt bei Störung sofort davon. Saugt an Baumsaft und reifen Früchten. ♀ legt die Eier einzeln in Rindenspalten. Überwinterung als Ei.
Raupe: Grau, braun gesprenkelt, unbehaart. Lebt vorwiegend auf Pappeln, seltener auf anderen Laubbäumen. Verpuppt sich in einem lockeren, braunen Kokon zwischen welkem Laub am Boden.

Blaufisch

Pomatomus saltatrix

Familie: Blaubarsche

Der Blaufisch zählt zu den blutrünstigsten Raubfischen. Er tötet selbst dann noch, wenn er schon satt ist.
Kennzeichen: Körper bis 150 cm lang (im Mittelmeer 40–90 cm) und 13 kg schwer; Rücken blau, Seiten und Bauch silbrig bis weißlich, großer, dunkler Fleck am Ansatz der Brustflosse; Schwanzflosse groß und gegabelt; Kiefer mit kräftiger Bezahnung.
Vorkommen: In allen tropischen und subtropischen Meeren mit Ausnahme des mittleren und östlichen Stillen Ozeans. In 10–200 m Tiefe.
Lebensweise: Angriffslustiger, schneller Schwarmfisch, der nahe der Wasseroberfläche anderen Fischschwärmen nachjagt und ein wahres Schlachtfeld hinterläßt.
Nahrung: Schwarmfische.
Besonderes: Der Blaufisch jagt seine Beute wie ein Wolfsrudel. Er trennt einen Teil des Fischschwarmes ab und treibt ihn in seichte Gewässer, wo ihm der Rückzug abgeschnitten ist.

Blauflügel-Prachtlibelle

Calopterix virgo

Unterordnung: Kleinlibellen

Die auffälligsten einheimischen Kleinlibellen sind die Prachtlibellen mit ihren schön gefärbten Flügeln. Die Blaufügel-Prachtlibelle sowie die sehr ähnliche Gebänderte Prachtlibelle *(Calopterix splendens)* kommen in ganz Europa vor.

Kennzeichen: Körper 5 cm lang, bläulichgrün glänzend. Flügel der ♂ einheitlich schwarzblau schillernd (bei der Gebänderten Prachtlibelle mit schwarzblauer Binde). Flügelspannweite 7 cm. ♀ wesentlich unscheinbarer.

Vorkommen: In ganz Europa, bis in 1000 m Höhe. Saubere Bäche mit Wasserpflanzen und buschbewachsenen Ufern.

Lebensweise: ♂ besetzen über mehrere Tage bestimmte Reviere und verteidigen sie gegen Artgenossen. Kommt ein ♀, bewegt der Revierinhaber in einer Art Hochzeitstanz seine Flügel in schraubenförmigen Drehungen. Das Weibchen signalisiert durch sein Verhalten Zustimmung oder Ablehnung. Die Begattung erfolgt im Sitzen.

Fortpflanzung: Nach der Paarung zeigt das ♂ dem ♀ die Eiablagestelle (Wasserpflanzen). Dort stechen die ♀ ihre Eier in schwimmende Pflanzenteile ein.

Nahrung: Mücken und andere Insekten. Die Larven ernähren sich von verschiedenen Wasser-Kleintieren, die sie mit ihrer zu einer Fangmaske umgebildeten Unterlippe erbeuten.

Besonderes: Aufgrund der zunehmenden Wasserverschmutzung ist die Blauflügel-Prachtlibelle heute vielerorts in ihrem Bestand bedroht.

Blauflügel-Prachtlibelle

Blaufußtölpel

Sula nebouxii

Familie: Tölpel

Der Name der Familie »Tölpel« bezieht sich auf ihren ungeschickten Gang an Land. Im Flug sind sie dagegen um so eleganter.

Blaufußtölpel

Kennzeichen: ♂ bis 76 cm, ♀ bis 84 cm. Braune Flügel, weiß-braun gestrichelter Rücken, Schwanz und Kopf. Unterseite weiß. Leuchtendblaue Füße mit Schwimmhäuten, grauer Schnabel.

Vorkommen: Entlang der pazifischen Küste Amerikas von Kalifornien bis Peru auf der Küste vorgelagerten Inseln; Galapagosinseln.

Brut: Koloniebrüter. Die 2 Eier werden abwechselnd von ♀ und ♂ mit den gut durchbluteten Schwimmhäuten bebrütet. Brutdauer 41 Tage, Nestlingszeit 102 Tage. Meist wird nur 1 Junges flügge.

Nahrung: Fische, die er nach Tölpelmanier stoßtauchend erbeutet. Taucht auch von der Wasseroberfläche aus.

Besonderes: Während der Balz stolziert das ♂ gravitätisch um das ♀ und präsentiert auffällig seine blauen Füße. Dazwischen zeigen beide Paarpartner das sog. »Skypointing«; dabei recken sie Schwanz und Schnabel zum Himmel, die Flügel werden so verdreht, daß die Spitzen ebenfalls nach oben weisen.

Blaugrüne Mosaikjungfer

Aeshna cyanea

Unterordnung: Großlibellen

Die Großlibellen sind im Gegensatz zu den Kleinlibellen sehr gute Flieger. Die Vorder- und Hinterflügel sind bei ihnen unterschiedlich ausgebildet.

Kennzeichen: Körper bis 8 cm lang, leuchtend blau und grün, mit schwarzer Zeichnung. Flügelspannweite bis 11 cm.

Vorkommen: In ganz Europa. An Gewässern aller Art.

Lebensweise: Einzelgänger, der sein Revier vehement gegen Rivalen verteidigt. Flugzeit von Mitte Juni bis Anfang November, oft noch in den Abendstunden. ♀ legt die Eier in abgestorbenes oder lebendes Pflanzengewebe ab, wo sie überwintern. Larvenentwicklung meist 2 Jahre.

Nahrung: Die Libellen jagen im Flug Mücken, Schmetterlinge und andere fliegende Insekten; die Larven ernähren sich im Wasser von kleinen Wirbellosen.

Besonderes: Die Blaugrüne Mosaikjungfer ist wenig scheu und verirrt sich deshalb ab und an in Wohnräume. Vorsichtig fangen und ins Freie bringen.

Blaugrüne Mosaikjungfer

Blauhai

Prionace glauca

Familie: Blauhaie

Der Blauhai überfällt alles, was er wahrnimmt und greift auch Menschen an, die sich zu weit ins Meer hinauswagen und ihm in die Quere kommen. Er wird deshalb auch Menschenhai genannt.

Kennzeichen: Kräftiger, langgestreckter Körper, bis 4 m lang. Mit großer, dreieckiger 1. Rückenflosse. Oberseite dunkelblau, Flanken und Bauch heller. Glatte, nur mit kleinen Zähnen besetzte Haut. Schnauze spitz und lang; große dreieckige Zähne.

Vorkommen: In allen Meeren der tropischen, subtropischen und gemäßigten Zonen. Selten in Küstennähe.

Lebensweise: Meist nachtaktiver Hochseebewohner, der in Schwärmen seinen Nahrungstieren folgt und dabei große Wanderungen unternimmt.

Fortpflanzung: Mit einer Körperlänge von etwa 2 m werden die ♀ geschlechtsreif. Sie bringen pro Wurf 4–60 lebende Junge zur Welt. Die frisch geborenen Junghaie haben bereits eine Länge von 50 cm.

Nahrung: Schwarmfische, aber auch andere Haie und Tintenfische.

Besonderes: Blauhaie sind bei Fischern und Walfängern sehr unbeliebt, da sie Fangnetze zerbeißen, um an Futter zu gelangen oder große Stücke aus gefangenen Walen herausbeißen.

Blauhai

Bläulinge

Lycaenidae

Ordnung: Schmetterlinge

Die eher kleinen Bläulinge zählen zu den bekanntesten Tagfaltern. Auffallend sind ihre leuchtendblauen oder roten Farben. Die meisten und schönsten Arten finden sich in den Tropen. Zu den in Europa bekanntesten Bläulingen gehören der → Kleine Feuerfalter, der → Silbergrüne Bläuling, der Hauhechel-Bläuling *(Polyommatus icarus)* und der Ulmenzipfelfalter *(Satyrium w-album)*.

Lebensweise: Viele Bläulingsraupen leben mit Ameisen in einer Symbiose. Die Raupen scheiden eine Art »Honigtau« aus, der die Ameisen anlockt. Als Ameisenlarven getarnt, dringen die Raupen in die Ameisennester ein und halten sich dort schadlos.

Hauhechel-Bläuling

Blaumeise

Parus caeruleus

Familie: Meisen

Neben der → Kohlmeise ist die Blaumeise die häufigste Meise bei uns. Im Winter kommt sie gern an Futterstellen, wo sie Fett und Talg bevorzugt.

Kennzeichen: 11,5 cm. Unverkennbar blaugelb gefärbt mit olivgrünem Rükken; Wangen und Stirn weiß, Augenstreif und Kinn schwarz.

Vorkommen: Europa bis Vorderasien, NW-Afrika. Bewohnt Laub- und Mischwälder, Feldgehölze, Gärten und Parkanlagen. Bevorzugt Eichen. Geht bis in ca. 1000 m Höhe. Im Winter häufig im Schilf.

Lebensweise: Brütet in Höhlen oder Nischen von Bäumen, Mauern o. ä., bezieht aber auch Nistkästen mit einer Schlupflochweite von höchstens 27 mm. Turnt geschickt an Zweigen, auch mit dem Bauch nach oben. Nach der Brutzeit häufig mit anderen Meisen vergesellschaftet. Jahresvogel.

Nahrung: Im Sommer Insekten und deren Larven sowie Spinnen; im Herbst Beeren und Samen, im Winter neben Insekten v.a. Sämereien.

Besonderes: Die Blaumeise legt mit 12–15 Eiern die meisten Eier aller Singvögel.

Blaumeise

Blaumerle

Monticola solitarius

Familie: Drosseln

Obwohl ihr wissenschaftlicher Name mit »Einsiedler« übersetzt werden kann, ist in Südeuropa die Blaumerle auch in Städten anzutreffen.

Kennzeichen: 20–20,5 cm. ♂ dunkel blaugrau, ♀ mehr bräunlich mit halbmondförmiger Fleckung unterseits. Langer Schnabel.

Stimme: Gesang melodisch flötend, an Amsel erinnernd, aber mit kratzenden Motiven; von einer Warte aus oder (seltener) im Singflug vorgetragen, bei Störungen Rufe »tschak« oder kleiberartig »jihp«.

Vorkommen: S-Europa, NW-Afrika, südliches Asien. Sonnige Felswände und Schluchten mit spärlicher Vegetation, felsige Meeresküsten; aber auch in Ruinen und ähnlichen Gemäuern, Steinbrüchen. Bis in Höhen von knapp 4000 m (im Himalaja).

Blaumerle

Lebensweise: Scheuer, verborgen lebender Vogel, der bei Beunruhigung schnell hinter Felsblöcken verschwindet. Sitzt oft frei auf Felsblöcken oder Graten und fängt vorbeifliegende Insekten im Flug. Kehrt dann auf die Warte zurück.

Brut: Lockeres Nest in Felsspalten oder Mauerlöchern; nur ♀ baut und bebrütet die 3–5 Eier 13–14 Tage lang. 1–2 Bruten (April–Juni).

Nahrung: Insekten, deren Larven, Spinnen, Würmer; hin und wieder Beeren.

Blaunachtigall

Luscinia cyane
Familie: Drosseln

Alle 11 Arten der Gattung *Luscinia* leben verborgen im dichten Unterholz.

Kennzeichen: 13,5 cm. Gedrungen; Schwanz relativ kurz, Beine lang. ♂ oberseits dunkel blaugrau, unterseits weiß. Entlang des Übergangs von blauer Ober- zu weißer Unterseite schwärzlich. ♀ viel schlichter; oberseits olivgraubraun, manchmal mit einzelnen blauen Federchen; an Kopf und Brust schwach geschuppt; Bauchmitte weißlich.
Stimme: Ruft laut »tschak tschak«, sehr schnell wiederholt. Der Gesang beginnt mit zarten »sit-sit-sit«-Lauten und geht dann in schnelle, laute, explosive Töne über, die gereiht werden.
Vorkommen: Vom Altai durch S-Sibirien bis Sachalin und Japan. Auf dem Zug südlich bis S-China, Sumatra und Borneo. Unterwuchsreiche Wälder, oft in Flußnähe.
Lebensweise: Scheuer, versteckt lebender Erdsänger. Hält sich meist in Bodennähe auf; läuft mit leicht gestelztem Schwanz. Nur zum Gesangsvortrag auf Baumspitzen. Bei Erregung rotschwanzartiges Schwanzzittern. Zugvogel, erscheint Mitte April wieder im Brutgebiet. Neststandort meisterhaft getarnt, unter umgefallenen Stämmen, abgebrochenen Ästen, in Steilwänden oder Uferabbrüchen. 1 Brut. 5–6 leuchtendblaue Eier; Brutdauer 13–14 Tage.
Nahrung: Vor allem Insekten, im Herbst auch Früchte.

Blauracke

Coracias garrulus
Familie: Racken

Die Racken bewohnen mit 12 Arten die tropischen Savannen und Waldgebiete der Alten Welt. Die Blauracke ist die einzige Art, die auch in Europa vorkommt.

Kennzeichen: 30–32 cm. Bis auf zimtfarbenen Rücken und Schultern sowie schwarze Handschwingen überwiegend türkisblau. Flügelbug sowie Schwungfedern von unten tief ultramarinblau.
Stimme: Rauhe, klangvolle Rufe wie »rack-rack«. Gesang krähenartig krächzend.
Verbreitung: S- und O-Europa, ostwärts bis Mittelasien, NW-Afrika.
Lebensraum: Warme, offene Landschaften mit alten Bäumen; lichte Waldgebiete, v.a. Eichen- oder Kiefernbestände; Feldgehölze.
Brut: Beeindruckende Flugbalz des ♂. Nistet in Baumhöhlen, meist verlassenen Höhlen des Schwarzspechts; in S-Europa auch in Erdlöchern oder Mauerlöchern. 1 Brut (Mai–Juli). 4–6 Eier; Brutdauer 18–19 Tage, Junge nach 26–28 Tagen flügge. Sommervogel.
Nahrung: Große Insekten wie Käfer oder Libellen; kleine Wirbeltiere und Würmer.
Besonderes: Die von Albrecht Dürer seinerzeit als Heimatvogel dargestellte Blauracke ist heute in Mitteleuropa nur noch selten anzutreffen (Mark Brandenburg, Österreich).

Blauracke

Blaustirn-Blatthühnchen

Actophilornis africana

Familie: Blatthühnchen

Blatthühnchen besitzen von allen Vögeln die im Verhältnis längsten Zehen und die längste Kralle an der Hinterzehe.

Kennzeichen: 28–30 cm; ♀ größer als ♂. Bis auf schwarzen Hinterkopf und Nacken, weißen Vorderhals und Wangen sowie gelbe Oberbrust rotbraun gefärbt. Stirnschild und Schnabel namengebend blau.

Stimme: Ein gellendes Kreischen, auch Trillerlaute.

Vorkommen: Afrika südlich der Sahara. Dichtbewachsene, stehende Gewässer im Binnenland und an der Küste. Auch in Sümpfen und an langsam fließenden Flüssen.

Lebensweise: Fast überall häufig. Mit seinen langen Zehen vermag es ohne einzusinken über die schwankende Pflanzendecke zu laufen. Guter Schwimmer, taucht auch bei Gefahr.

Brut: Nur das ♂ baut das schwimmende Nest und bebrütet die 3–4 Eier 22–24 Tage lang. Die Jungen sind Nestflüchter.

Nahrung: Insekten und deren Larven, Schnecken und Krebstiere, die von den Schwimmblättern abgelesen werden; auch Pflanzenteile.

Blaustirn-Blatthühnchen

Blauwal

Balaenoptera musculus

Unterordnung: Bartenwale

Der Riese unter den Walen zählt zur Familie der Furchenwale und ist eng mit dem → Buckel- und → Finnwal verwandt.

Blauwal-Schwanzflosse

Kennzeichen: Erreicht bei einer Körpergröße von 20–30 m ein Gewicht von 100–150 t; Färbung blaugrau mit unregelmäßiger, heller Fleckung; lange, tiefe Kehlfurchen; Rückenflosse sehr klein. Blas (Wasserdampffontäne beim Ausatmen) senkrecht nach oben, 6–9 m hoch.

Vorkommen: Weltweit in allen großen Ozeanen.

Lebensweise: Schwimmt allein, paarweise oder in kleinen Familiengruppen umher; lebt in Einehe.

Verhalten: Taucht bis zu 50 Minuten lang, holt dann meist 10–15mal an der Oberfläche Luft.

Wanderungen: Blauwale ziehen – wohl zur Geburt der Jungen sowie der Säuglinge wegen, die noch nicht genügend Unterhautfett (Blubber) haben – über den Winter von den kalten Gewässern am Rand der Arktis und Antarktis in gemäßigte und warme Breiten. Da sie dort aber nicht genug Nahrung finden, wandern sie im Frühjahr in die planktonreichen polaren Gewässer zurück.

Fortpflanzung: Tragzeit rund 11 Monate; alle 2 Jahre 1 Kalb; wird 6–7 Monate lang gesäugt.

Nahrung: Fast ausschließlich kleine Planktonkrebse (Krill).

Besonderes: Der Blauwal ist das größte Tier der Welt.

Blindmäuse

Spalax

Ordnung: Nagetiere

Blindmäuse unterscheiden sich so deutlich von den übrigen Mäuseverwandten, daß man ihnen in der zoologischen Systematik den Rang einer eigenen Familie gibt. Es sind 3 Arten bekannt, die sich sehr ähneln.

Kennzeichen: Walzenförmiger Körper, 15–30 cm groß, schwanzlos, keine Ohrmuscheln; breite, verhornte Schnauze, weit vorstehende Nagezähne; winzige Augen, die funktionslos unter der Haut liegen.

Verbreitung: Südosteuropa bis zum Kaukasus, Klein- und Vorderasien.

Lebensraum: Steppen und landwirtschaftliches Kulturland von Niederungen bis über 2500 m Höhe.

Lebensweise: Einzelgängerisch; legen ausgedehnte unterirdische Gangsysteme mit Wohn- und Vorratskammern an, z. T. bis in 2 m Tiefe; benützen beim Graben vor allem den Kopf mit den großen Schneidezähnen; werfen Erdhügel auf wie der → Maulwurf; kommen – wenn überhaupt – nur in der Nacht an die Oberfläche. Pro Wurf 2–4 Junge.

Nahrung: Überwiegend Wurzeln, Knollen, Pflanzenzwiebeln, auch Stengel und Blätter.

Blindschleiche

Anguis fragilis

Familie: Schleichen

Schleichen haben einen eidechsen- oder schlangenähnlichen Körper. Einige Arten, wie auch die Blindschleiche, haben keine Füße.

Kennzeichen: 40–50 cm. Oberseits grau- bis gelblichbraun oder kupferfarben glänzend, manchmal mit dunklem Mittelstreifen.

Vorkommen: Europa bis auf Mittel- und N-Skandinavien, Irland und S-Spanien sowie auf vielen Mittelmeerinseln; ostwärts bis zum Ural und SW-Asien. Sonnenbeschienenes bis halbschattiges, mäßig feuchtes Gelände bis über 2400 m Höhe. Unterholzreiche, naturnahe Laubwälder, Feuchtwiesen, auch Gärten und Parkanlagen.

Lebensweise: Dämmerungsaktiv, nach warmem Regen auch tagaktiv. Paarungszeit im Frühjahr, Tragzeit 4–6 Monate je nach Temperatur, manchmal auch über den Winter. Die 8–12 Jungen schlüpfen im Körper des ♀ aus den Eiern und werden bereits als kleine Schleichen geboren; sie sind sofort selbständig. Winterruher.

Nahrung: Nacktschnecken, Würmer, Insekten, Spinnen, Asseln.

Besonderes: Die Blindschleichen stehen bei uns unter Naturschutz.

Blindschleiche

Bobolink → Reisstärling

Blutegel

Hirudo medicinalis

Ordnung: Egel

Der Blutegel wurde lange Zeit in der Medizin zum »Aderlaß« benutzt, da er sich in relativ kurzer Zeit mit Blut vollsaugen kann.

Kennzeichen: Körper geringelt, 10 bis 15 cm lang. Oberseite dunkelgrün mit 6 rötlichen Fleckenreihen, Unterseite gelblichgrün mit schwarzen Flecken. Vorder- und Hinterende mit je einem Saugnapf. 3 mit Zähnchen besetzte Kieferplatten, die in der Haut ihrer Opfer eine charakteristische Wunde (Mercedes-Stern) hinterlassen.

Vorkommen: Mitteleuropa. In seichten pflanzenreichen Gewässern.

Lebensweise: Blutegel sind lichtscheu und halten sich in der Regel zwischen Steinen oder Pflanzenteilen auf und heften sich mit ihren Saugnäpfen fest. Den Winter überstehen sie eingegraben im Schlamm.

Nahrung: Erwachsene Blutegel leben ausschließlich von Säugerblut. Junge Blutegel ernähren sich zunächst räuberisch von anderen im Wasser lebenden Würmern und Insektenlarven, später saugen sie an Fischen und Lurchen.

Besonderes: Bei einer Mahlzeit kann ein erwachsener Blutegel das Fünffache seines Körpergewichtes an Nahrung aufnehmen. Vollgefressene Blutegel kommen bis zu einem Jahr ohne Nahrung aus.

Blutegel

Blutzikade

Cercopis vulnerata

Familie: Schaumzikaden

Die Blutzikade, die wohl farbenprächtigste Schaumzikade und neben der → Wiesenschaumzikade die häufigste Zikade in Mitteleuropa.

Kennzeichen: 11 mm lang. Schwarz, mit roten Flecken und Binden. Flügel liegen in Ruhe dachartig über dem Hinterleib.

Vorkommen: In ganz Europa. Vorwiegend auf sonnigen Gebirgshängen mit Büschen und ausgedehnten Grasflächen.

Lebensweise: Die Larven leben bis 15 cm tief unter der Erde in ein Schaumnest eingehüllt an den Wurzeln krautiger Pflanzen.

Blutzikade

Nahrung: Vollinsekt und Larven saugen Pflanzensäfte. Häufig auch an Kernobstfrüchten, die somit ihren Marktwert verlieren.

Besonderes: Den Schaum, der an krautigen Pflanzen wie an Bäumen hängt (im Volksmund deshalb »Kuckucksspeichel« genannt), erzeugen die Larven durch ihren flüssigen Kot. Er schützt sie vor Feinden und Austrocknung. Der Schaum enthält Proteine und bestimmte Substanzen, die mit den durch einen Luftkanal an der Unterseite des Hinterleibes eingepumpten Luftbläschen die Schaumhülle bilden.

Bobak

Marmota bobac

Familie: Hörnchen

Murmeltiere der Alten und Neuen Welt sehen alle recht einheitlich aus und gleichen unserem → Alpenmurmeltier. Andere asiatische Vertreter der stattlichen Nagetiere sind neben dem Bobak oder Steppenmurmeltier das Himalaja-Murmeltier *(Marmota himalayana)*, das Graue Murmeltier *(M. baibacina)* und der Tarbagan *(M. sibirica)* in Zentralasien sowie das Kappenmurmeltier *(M. camtschatica)* im äußersten Ostsibirien.

Kennzeichen: Etwas größer und stärker als das Alpenmurmeltier, Grundfärbung heller graubraun.

Vorkommen: Steppen und Waldsteppen Zentralasiens bis Ostsibirien.

Lebensweise: Gesellig; gräbt ausgedehnte Erdbaue in den Steppenboden, die kolonieartig beieinanderliegen.

Nahrung: Gräser, Kräuter, Sämereien.

Besonderes: Die asiatischen Murmeltiere werden als Landwirtschaftsschädlinge verfolgt. Ihre Flöhe können den Menschen gefährlich werden, denn sie übertragen den Pesterreger.

Bockkäfer

Cerambycidae

Ordnung: Käfer

Von den 35 000 bekannten Bockkäfer-Arten kommt der größte Teil in den Tropen vor. 250 Arten sind in Europa beheimatet. Zu ihnen gehören der seltene und gefährdete → Alpenbock, der → Moschusbock und der gefürchtete → Hausbock. Nur wenige Bockkäfer sind kleiner als 1 cm, viele werden über 5 cm groß. In Brasilien lebt eine seltene Art, die als der größte bislang bekannte Käfer gilt: der *Titanus giganteus* mit bis zu 20 cm Körperlänge. Gemeinsames Merkmal sind die kräftigen Fühler, die langgestreckten Beine und der meist längliche, stattliche Körper.

Bockkäfer

Bohrmuschel → Schiffsbohrmuschel

Bohrschwamm

Cliona celata

Familie: Bohrschwämme

Der Bohrschwamm trägt wesentlich zur Erosion von Muschelbänken und Kalkgestein bei, da er kalkhaltige Substanzen anbohrt und abbaut.

Kennzeichen: Leuchtendgelber bis orangefarbener Kieselschwamm von rundlicher oder kompakter Form. Durchmesser bis 40 cm. Die Ausströmöffnungen reichen etwa 10 mm über die Oberfläche.

Vorkommen: Europäische Atlantikküste, Nord- und westliche Ostsee, Mittelmeer. In der Flachwasserzone.

Lebensweise: Lebt zurückgezogen in selbstgebohrten Höhlungen in Kalkgestein, Schnecken- und Muschelschalen und bildet kompakte Stöcke mit einem weit verzweigten Kanalsystem.

Fortpflanzung: → Schwämme.

Nahrung: Plankton.

Besonderes: Der Bohrschwamm kann in Austernbänken großen Schaden anrichten (Honigkuchenkrankheit).

Bohrwurm → Schiffsbohrwurm

Borkenkäfer → Buchdrucker

Brachschwalbe → Rotflügel-Brachschwalbe

Brandgans

Tadorna tadorna

Unterfamilie: Enten

Neben der Brandgans kommt als weitere Art der Gattung *Tadorna* in Europa nur noch die Rostgans *(T. ferruginea)* vor. Sie ist ein beliebtes Parkgeflügel.

Brandgans

Kennzeichen: 60 cm. Kontrastreich weiß-rostfarben-schwarzgrün gezeichnete Ente mit Gänsegestalt. Schnabel rot, beim ♂ mit rotem Höcker.

Vorkommen: Küsten des gemäßigten Europa und der vorgelagerten Inseln sowie Feuchtgebiete in Innerasien. Zunehmend auch an meernahen Gewässern im Binnenland.

Lebensweise: Zur Balzzeit äußern die ♂ hohe pfeifende Laute, während sie den Kopf zurückwerfen. ♀ brüten in alten Kaninchen- oder Fuchsbauten, unter Mauerplatten oder in selbstgegrabenen Röhren. ♂ halten Wache davor. Nach dem Schlüpfen versammeln sich die Jungen in großen »Kindergärten« im Watt, die von einigen Altvögeln bewacht werden. Die anderen ziehen zum Mauserplatz. Teilzieher.

Nahrung: Schnecken, Muscheln, Krebse, Wattwürmer und Insekten; Samen. Eingegrabene lebende Tiere holen sie durch Trampeln auf der Stelle ans Tageslicht. Durchseihen das flache Wasser mit seitlich pendelnden Kopfbewegungen.

Besonderes: Zur Mauserzeit von Juli–August versammelt sich ein Großteil der europäischen Population auf dem Großen Knechtsand in der Deutschen Bucht.

Brandmaus

Apodemus agrarius

Familie: Echte Mäuse

Der eng mit unserer → Waldmaus verwandte Nager gehört zur osteuropäisch-asiatischen Tierwelt und hat etwa an der Elbe seine westliche Verbreitungsgrenze erreicht.

Kennzeichen: 9–11 cm groß, Schwanz fast nackt, etwas weniger als körperlang; Fell gelblich- bis rotbraun, schwarzer Rückenstreifen (Aalstrich) von der Stirn bis zur Schwanzwurzel.

Verbreitung: Von Ostdeutschland über Mittelasien bis China, westlich der Elbe nur regional.

Lebensraum: Gebüsche, Waldränder, Feldraine, Gärten, Parks, Flußufer, im Winter oft in Ställen und Scheunen.

Lebensweise: Vorwiegend tagaktiv; huscht flink umher, klettert auch im niedrigen Gezweig; lebt in kleinen Familiengruppen; gräbt flache Erdbaue mit Nest- und Vorratskammern.

Fortpflanzung: 3–4 Würfe im Jahr mit meist 5–8 Jungen, die mit 2 Monaten ihrerseits geschlechtsreif sind.

Nahrung: An Pflanzenkost fast ausschließlich Samen und Früchte; nimmt für Mäuse ungewöhnlich viel tierische Nahrung, wie Insekten, Schnecken, Würmer und Aas, zu sich.

Brasse → Meerbrasse

Braunbär

Ursus arctos

Familie: Großbären

Vom Braunbären sind zahlreiche regionale Unterarten bekannt. Die wohl bekannteste ist der Grizzlybär Nordamerikas, die größten dagegen sind der Kodiakbär in Alaska sowie der Kamtschatkabär in Nordostasien.

Kennzeichen: Größe und Gewicht höchst unterschiedlich, von 1,70 m Körperlänge und 70 kg in den Alpen bis 3 m Körperlänge und bis zu 1000 kg beim mächtigen Kodiakbären; Fellfärbung von beige über zimtbraun bis fast schwarz.

Braunbär

Verbreitung: Europa, Nordafrika, Nordasien und ganz Nordamerika, in Europa heute allerdings nur noch in Skandinavien, Rußland und auf dem Balkan sowie Restvorkommen in den Alpen, Abruzzen und Pyrenäen, in Nordamerika fast ausschließlich in Kanada und Alaska.
Lebensraum: Arktische oder alpine Tundren, Nadelwälder, gelegentlich auch in der Mischwaldzone.
Lebensweise: Tag- und nachtaktiv, Einzelgänger, bei ausreichendem Nahrungsangebot jedoch untereinander verträglich; schwimmt und klettert gut; hält nach neuesten Erkenntnissen nicht nur eine *Winterruhe*, sondern einen echten *Winterschlaf* mit stark abgesenkten Körperfunktionen; Geburt der 2–3 Jungen in der Überwinterungshöhle.
Verhalten: Richtet sich häufig auf den Hinterbeinen auf, um die Umgebung zu kontrollieren oder zu drohen.
Nahrung: Beeren, Baumfrüchte, Wurzeln, Triebe; Insekten, Vögel, Fische, Eier, Aas, zuweilen Wild oder Haustiere.
Besonderes: Vor 50 Jahren war der Braunbär in Europa nahezu ausgerottet. Heute nimmt u. a. aufgrund strenger Schutzmaßnahmen der Bestand wieder zu oder ist zumindest gesichert.

Brauner Bär

Arctia caja

Familie: Bärenspinner

Die wohl bekannteste Art dieser Schmetterlingsfamilie kommt in ihren Verbreitungsgebieten stellenweise sehr häufig vor.
Kennzeichen: Flügelspannweite 5–7 cm. Vorderflügel braun, mit weißer Fleckzeichnung, Hinterflügel und Hinterleib orange mit schwarzen Tupfen. ♀ deutlich größer als ♂.
Vorkommen: In ganz Europa, bis in 1800 m Höhe. Lichte Wälder, Flußniederungen, Gärten und Parks.
Flugzeit: In einer Generation Ende Juni bis September.
Lebensweise: Der nachtaktive Falter ruht tagsüber meist auf den Blättern von krautigen Pflanzen. Einen Tag nach der Paarung legt das ♀ etwa 1000 Eier an die Blattunterseiten der Raupenfutterpflanzen. Die Raupen schlüpfen bereits nach 10 Tagen. Überwinterung als junge Raupe.
Raupe: Schwarzbraun mit dichten, langen, rotbraunen, auf kleinen Warzen stehenden Haarbüscheln. Tagaktiv, frißt erst die Eischalen und lebt dann auf Brennnessel, Himbeere, Heidekraut, Ginster u. a. Verpuppt sich in einem Gespinst zwischen Pflanzenstengeln in Bodennähe.
Besonderes: Bei Störung läßt sich die Raupe vom Blatt fallen, rollt sich fest ein und stellt sich tot.

Brauner Bär

Breitflügel-Fledermaus

Eptesicus serotinus
Unterordnung: Fledermäuse

Die Breitflügel-Fledermaus aus der Familie der Glattnasen-Fledermäuse wird auch Spätfliegende Fledermaus genannt, denn sie verläßt ihr Tagesquartier gewöhnlich erst nach Einbruch der Dunkelheit.

Breitflügel-Fledermaus

Kennzeichen: Körpergröße 6–8 cm, Flügelspannweite ca. 35 cm; Fell am Rücken dunkelbraun, bauchseits gelblichbraun; Ohren relativ kurz, annähernd dreieckig.
Verbreitung: Mittel- und Südeuropa, Nordwestafrika, gemäßigte Klimazonen Asiens.
Lebensraum: Offenes Gelände mit Baumbestand, häufig in Siedlungsnähe.
Lebensweise: Nachtaktiv; Flug langsam, meist in 6–10 m Höhe. Sommerquartiere in Fels- und Mauerspalten, auch in Baumhöhlen; ♂ im Sommer Einzelgänger; Winterschlaf in Felsspalten oder -höhlen.
Fortpflanzung: Pro Jahr 1 Junges, das nackt und blind geboren wird und mit etwa 2 Monaten flugfähig und selbständig ist.
Nahrung: Insekten.
Besonderes: Bei der Jagd nach Insekten kann sie im Rüttelflug in der Luft stillstehen und so Beutetiere auch von Zweigen oder Mauerwerk auflesen.

Breitmaulnashorn

Ceratotherium simum
Ordnung: Unpaarhufer

Diese größte Nashornart wird oft auch – anatomisch korrekter – Breitlippennashorn genannt oder – aufgrund eines sprachlichen Irrtums – Weißes Nashorn. Das burische Wort »wijde«, was soviel wie »breit« bedeutet, verstanden die Engländer nämlich als »white«, also weiß.
Kennzeichen: Körperlänge bis 3,75 m, Gewicht bis 2,3 t. Haut derb, unbehaart, schiefergrau; Kopf klobig, mit 2 Nasenhörnern, Lippen wulstig und sehr breit.
Vorkommen: Nur noch eng begrenzte Areale im mittleren und südlichen Afrika. Grassteppen mit eingestreuten Busch- und Baumgruppen.
Lebensweise: Kühe mit ihren Kälbern bilden lose Ansammlungen, erwachsene Bullen sind Einzelgänger und streng territorial. Ein dominanter Bulle beansprucht ein Revier von 1–2 km^2, das er mit Harn und Kot markiert. Regelmäßiges Schlammsuhlen.
Fortpflanzung: Alle 4 Jahre 1 Junges, das 2 Jahre lang gesäugt wird.
Nahrung: Gras.
Besonderes: Das Breitmaulnashorn ist nach dem Elefanten das zweitgrößte Landsäugetier der Welt.

Breitmaulnashorn

Brillenkaimane

Caiman

Familie: Alligatoren

Die Brillenkaimane haben ihren Namen von einer brillenstegähnlichen Knochenleiste vor den Augen. Es gibt nur 2 Arten, den Krokodilkaiman *(C. crocodilus)* und den Breitschnauzenkaiman *(C. latirostris)*.

Brillenkaiman

Kennzeichen: 2–2,5 m. Dunkeloliv gefärbt. Jungtiere mit schwärzlichen Flekken und Querstreifen. Stark entwickelte Hautknochenplatten am Bauchpanzer.
Verbreitung: Mittelamerika bis ins mittlere S-Amerika.
Lebensraum: Stehende oder sehr langsam fließende Gewässer sowie Altwasserarme mit schlammigem Untergrund.
Fortpflanzung: Paarung im Flachwasser. ♀ baut vor Sonne geschütztes Nest, in dessen Mitte es 25–30 Eier vergräbt. Das Ausbrüten besorgen die Sonne und das verrottende Pflanzenmaterial, das das ♀ über die Eier legt. Nach 4–8 Wochen schlüpfen die 15–25 cm langen Jungkaimane. ♂ werden erst mit 7 oder 8 Jahren geschlechtsreif, ♀ bereits mit 4 Jahren.
Nahrung: Im Wasser lebende Wirbellose und Fische, kleine Säugetiere und Aas.

Brillenstärling

Xanthocephalus xanthocephalus

Familie: Stärlinge

Der wissenschaftliche Familienname der Stärlinge *(Icteridae)* leitet sich von griech. »icteros« = »Gelbsucht« ab und weist auf das häufig gelb-schwarze Federkleid hin.
Kennzeichen: ♂ 26 cm, ♀ 22 cm. Gefieder des ♂ schwarz, Kopf und Brust leuchtend gelb. Weißes Flügelabzeichen. ♀ insgesamt eher graubraun, Brust und Kehle matt gelb; ohne Flügelfeld.
Stimme: Gesang beginnt mit einem rauhen Ton, endet in einem langen abfallenden Schwirren. Rufe: ein heiseres Gekrächze.
Vorkommen: Schilfflächen, Feuchtgebiete und Präriesümpfe in den mittleren und westlichen USA. Überwintert von Kalifornien bis Mexiko. Im Herbst und Winter regelmäßig auch an der Ostküste.
Lebensweise: Koloniebrüter. Die Brutzeit fällt mit der Entwicklung großer Wasserinsekten, dem Hauptfutter der Jungen, zusammen. Während der Futtersuche oft in offener Kulturlandschaft oder in Getreidefeldern.
Nahrung: Erwachsene v.a. Sämereien, Jungvögel werden mit Insekten aufgezogen.

Brillenstärling

Brillenvögel

Zosteropidae

Unterordnung: Singvögel

Die weißen Augenringe gaben dieser Singvogelfamilie ihren Namen.

Ganges-Brillenvögel

Kennzeichen: Ziemlich kleine, baumbewohnende Singvögel mit einem Ring weißer Federchen um das Auge. Gefieder grün bis olivgrün mit weißer, gelber oder grauer Unterseite. Kaum Unterschiede in der Gestalt und Lebensweise zwischen den einzelnen Arten.

Stimme: Die meisten Arten haben einen angenehmen, trillernden Gesang und werden deshalb auch gern als Käfigvögel gehalten. Die häufigste Art in menschlicher Obhut ist der von Afghanistan über Indien bis SW-China und den Kleinen Sundainseln vorkommende Gangesbrillenvogel *(Zosterops palpebrosa)*.

Vorkommen: Tropen von Afrika, Asien bis Australien. Wälder und Dickichte.

Lebensweise: Gesellig; streifen außerhalb der Brutzeit in Trupps von 3–20 Vögeln umher. Oft dicht gedrängt auf gemeinsamen Schlafplätzen.

Brut: Das napfförmige Nest wird in eine Zweiggabel gehängt. 2–4 Eier, werden von ♂ und ♀ bebrütet. Allerdings ist von vielen Arten über das Brutverhalten noch wenig bekannt.

Nahrung: Insekten, Früchte, Beeren; häufig auch Nektar. Zum Aufnehmen von süßen Säften und Nektar ist die Zungenspitze aufgefasert.

Brückenechse

Sphenodon punctatus

Ordnung: Schnabelköpfe

Die Eingeborenen nennen die Brückenechse wegen der Hornzähne am Rücken »Tuatara« – Stachelträger.

Kennzeichen: 50–70 cm lang, bis 1 kg schwer. ♀ deutlich kleiner und nur $^1/_2$ so schwer. Braun mit hellgrauen Flecken. Nacken- und Rückenkamm aus beweglichen, verlängerten Hornplättchen. Große Augen mit senkrechter Pupille. Bellend-quakende Laute bei der Balz oder bei Beunruhigung.

Vorkommen: Nur noch auf einigen Inseln im Norden vor Neuseeland.

Lebensweise: Einzelgänger. Dämmerungs- und nachtaktiv. Lebt in Erdhöhlen oder den Bruthöhlen der Sturmvögel. Klettert und schwimmt recht gut. Kann die Farbe wechseln, erscheint in der Dämmerung oliv mit hellen Flecken, bei Tageslicht dunkler, ohne Flecken. Hohe Lebenserwartung von 75 Jahren und mehr. Ein Tier wurde über 70 Jahre in Gefangenschaft gehalten. Geschlechtsreif nach ca. 20 Jahren. ♀ legt ca. 15 weiße, pergamentschalige Eier in selbstgegrabene Höhle. Die Jungen schlüpfen nach 13–15 Monaten.

Nahrung: Insekten, Schnecken, Würmer, Vögel und Eier.

Besonderes: Die Tuatara gilt als »lebendes Fossil«, eine Überlebende aus längst vergangener Zeit. Sie hat sich seit 200 Mio. Jahren nicht verändert und weist u.a. im Knochenbau des Schädels noch urtümliche Merkmale auf. Sie wurde erstmals 1831 beschrieben.

Brückenechse

Brüllaffen

Alouatta

Familie: Kapuzinerartige

Brüllaffen gehören zu den großen Vertretern der Neuweltaffen. Sie kommen in 6 verschiedenen Arten vor, die sich vor allem in der Fellfärbung unterscheiden.

Kennzeichen: Körpergröße 50–70 cm; Schwanz etwa körperlang, als Greifschwanz ausgebildet; mit unbehaarter, schwieliger Greiffläche an Händen und Füßen.

Vorkommen: Waldgebiete Süd- und Mittelamerikas.

Lebensweise: Tagaktiv; halten sich fast ausschließlich in Baumkronen auf, wo sie meist bedächtig umherklettern. Beim Hangeln im Geäst dient der Greifschwanz als »fünfte Hand«. Leben in Gruppen von 4–20 Tieren mit einem oder mehreren ♂. Die Wohngebiete verschiedener Gruppen überschneiden sich häufig, werden nicht verteidigt. Die Tiere weichen sich aber gegenseitig aus.

Verhalten: Durch Brüllgesänge, die bis zu 5 km weit zu hören sind, geben die Trupps anderen Gruppen ihren derzeitigen Aufenthaltsort bekannt. Auch bei Gefahr wird gemeinschaftlich »gebrüllt«.

Fortpflanzung: Alle 1–2 Jahre 1 Junges, selten auch Zwillinge.

Nahrung: Blätter und frische Triebe, auch Baumfrüchte.

Brüllaffe

Buchdrucker

Ips typographus

Familie: Borkenkäfer

Die Familie der Borkenkäfer kommt in Mitteleuropa mit 120 Arten vor. Viele Arten sind Forstschädlinge, wie der Buchdrucker und der Kupferstecher *(Pitygenes chalcographus)*.

Buchdrucker

Buchdrucker-Fraßgänge

Kennzeichen: 6 mm lang. Körper lang und walzenförmig, glänzend schwarz, bräunlich behaart. Kräftige Beine.

Vorkommen: Europa und Nordasien, im Gebirge bis zur Baumgrenze. Nadelwälder.

Lebensweise: Der Buchdrucker befällt in erster Linie bereits (z. B. durch Raupenfraß) vorgeschädigte, bei Massenvermehrungen jedoch auch gesunde Bäume. ♀ legen zur Eiablage Gänge zwischen Holz und Rinde an (»Rindenbrüter«). Die ausgeschlüpften Larven fressen sich vom Muttergang aus in alle Richtungen weiter und lassen so die typischen Fraßbilder entstehen. Je größer die Larven, desto breiter werden auch die Fraßgänge. Am Ende des Larvenganges verpuppt sich die Larve.

Nahrung: Junge Holzschichten von Fichten, Kiefern oder Lärchen.

Besonderes: Von den Borkenkäfern werden auch Pilze verbreitet, die den Befall begünstigen.

Bücherskorpion

Chelifer cancroides

Ordnung: Afterskorpione

Der Bücherskorpion zählt zu den Nützlingen, da er sich von Schädlingen in der Wohnung ernährt.

Kennzeichen: Etwa 3 mm lang, flachgedrückt und skorpionsähnlich, allerdings ohne Giftstachel. 2. Gliedmaßenpaar stark vergrößert und mit Scheren versehen. Rötlich-braun gefärbt.

Vorkommen: Weltweit. Zwischen alten Büchern, in Herbarien und Insektensammlungen.

Fortpflanzung: Das ♂ setzt ein gestieltes Samenpaket ab, das vom ♀ aufgenommen wird. Die befruchteten Eier werden in eine zuvor vom ♀ gesponnene Brutkammer abgelegt. Die aus den Eiern schlüpfenden Larven *(Nymphen)* müssen sich dreimal häuten, bevor sie geschlechtsreif sind.

Nahrung: Staubläuse, Milben, Springschwänze, Eier und Larven vieler Insekten.

Bücherskorpion

Buchfink

Fringilla coelebs

Familie: Finkenvögel

Der Buchfink ist einer der häufigsten Vögel Mitteleuropas in Gärten und Parks.

Buchfinkmännchen

Kennzeichen: 15 cm. ♂ mit blaugrauem Oberkopf und Schnabel, rötlichbraunen Kopfseiten und Brust, braunem Rücken und olivgrünem Bürzel. ♀ insgesamt unscheinbarer graubraun. Beide mit 2 auffälligen weißen Binden im dunklen Flügel und weißen Schwanzkanten.

Stimme: Der typische Finkenschlag, der mit schmetternden Strophen beginnt und einem Schnörkel endet; wird häufig übersetzt mit »Was bin ich für ein schöner Bräutigam«. Rufe: hart »pink« oder »schrrüt«.

Vorkommen: Europa bis W-Asien; NW-Afrika. Wälder aller Art, Kulturlandschaft mit Baumbestand; auch in Gärten und Parkanlagen.

Lebensweise: Trippelt am Boden mit ruckartigen Kopfbewegungen. Außerhalb der Brutzeit oft in großen Trupps umherziehend, suchen auf Feldern oder in Gärten nach Sämereien. Teilzieher.

Brut: Nur das ♀ baut das napfförmige Nest und brütet. 2 Bruten (April–Juli). 3–6 Eier; Brutdauer 13 Tage, Nestlingszeit 13–14 Tage.

Nahrung: Sämereien, Körner, Früchte, Insekten, Spinnen.

Buckelwal

Megaptera novaeangliae

Unterordnung: Bartenwale

Wie der → Blauwal und der → Finnwal gehört der Buckelwal zur Familie der Furchenwale.

Kennzeichen: Körperlänge 14–19 m, ♀ etwas größer als ♂; Färbung oberseits schwarz, unterseits graugefleckt bis weiß; Brustflossen schmal und sehr lang; Kopf und Brustflossen mit unregelmäßigen Knubbeln und Auswüchsen bedeckt (Name!). *Blas* (siehe Blauwal) sehr breit, nur etwa 2 m hoch.

Vorkommen: Weltweit in den großen Ozeanen. Vorwiegend in Küstennähe.

Lebensweise: Lebt in Familienverbänden von 3 bis höchstens 20 Tieren; Verständigung durch vielfältige Unterwassergesänge.

Verhalten: Schwimmt sehr langsam, springt nicht selten mit dem ganzen Körper aus dem Wasser.

Wanderungen: Regelmäßige jahreszeitliche Wanderung zwischen polaren Nahrungs- und subtropischen bis tropischen Überwinterungsplätzen, dabei stets festen Routen folgend.

Fortpflanzung: Tragzeit $11\frac{1}{2}$ Monate; alle 2 Jahre 1 Kalb (Zwillinge sehr selten), das rund 11 Monate lang gesäugt wird.

Nahrung: Planktonkrebschen (Krill), auch kleine Schwarmfische.

Besonderes: Buckelwale »komponieren» ihre langatmigen und vielstrophigen Lieder jedes Jahr neu.

Buckelwal

Bülbüls

Pycnonotidae

Unterordnung: Singvögel

Ihren deutschen Namen – Haarvögel – haben Bülbüls von ihren auffälligen, verlängerten Nackenfedern bekommen.

Bülbül

Kennzeichen: Mittelgroße, drosselähnliche Singvögel mit den Hauptfarben Olivgrün, Gelblichgrau und Braun. Einige Arten mit auffällig gefärbten Unterschwanzdecken oder Kopfabzeichen bzw. spitzen Scheitelhauben.

Vorkommen: Afrika, Madagaskar, Maskarenen, S- und SO-Asien bis zu den Molukken und Philippinen. Wälder aller Art, Buschland und Gärten. Vom Tiefland bis in Gebirgslagen. Viele haben sich dem Menschen angeschlossen, sind ihm in Siedlungen gefolgt und wurden vielerorts angesiedelt, wie der Rotohrbülbül *(Pycnonotus jocosus)* in Australien und Florida oder der Rußbülbül *(P. cafer)* in Singapur und auf den Fidschi-Inseln.

Lebensweise: Gesellig und stimmfreudig. Napfförmiges Nest, in Astgabeln gebaut. 2–5 Eier; Brutdauer 12–14 Tage, Nestlingszeit 14–18 Tage.

Nahrung: Vor allem Beeren, Früchte, Knospen. Manche Arten auch Insekten und Würmer.

Bulldog-Fledermäuse

Molossidae

Unterordnung: Fledermäuse

Die sehr artenreiche Familie der Bulldog-Fledermäuse zählt zur Gruppe der Glattnasen-Verwandten. In Europa ist nur die Art *Tadarida teniotis* vertreten.

Bulldog-Fledermaus-Schwarm

Kennzeichen: Körpergröße je nach Art 4–13 cm, Flügel lang und schmal; Kopf dick, mit flacher Schnauze, oft sehr faltig; Ohren groß und breit; Schwanz ragt weit über den Rand der Flughaut hinaus. Durchdringender Moschusgeruch.

Vorkommen: Warme Regionen der Alten und Neuen Welt. Tagesquartiere in Felshöhlen, aber auch in Baumhöhlen, auf Dachböden, in Scheunen, alten Bergwerksstollen oder ähnlichen Schlupfwinkeln.

Lebensweise: Einige Arten eher ungesellig, die meisten aber leben in mehr oder weniger großen Kolonien. Fliegt häufig zusammen mit Schwalben. Sommerquartier und Wochenstuben in Fels- und Mauerspalten, zum *Winterschlaf* auch in großen Felshöhlen. Dämmerungs- und nachtaktiv; rasante Flieger.

Fortpflanzung: Pro Jahr 1 Junges, selten auch Zwillinge.

Nahrung: Große Fluginsekten.

Besonderes: Die Art *Tadarida brasiliensis* bildet in Höhlen im Südwesten der USA und in Mexiko die größten bekannten Fledermauskolonien mit teilweise mehreren Millionen Tieren.

Buntbarsche

Cichlidae

Ordnung: Barschartige

Zu den Buntbarschen gehören rund 600 äußerst vielgestaltige Arten. Sie sind in Süd-, Mittel und Nordamerika, Madagaskar, Afrika und Asien verbreitet. Die meisten von ihnen leben in stehenden oder fließenden Süßgewässern, einige Arten auch im Brackwasser. Viele Buntbarsche gehören zu den schönst gefärbten Fischen und werden als Aquarienfische gehalten, einige Arten sind begehrte Nutzfische. Die Brutpflege reicht vom einfachen Ablaichen bis zum Maulbrüten, wird von beiden Elternteilen, nur von der Mutter oder nur vom Vater wahrgenommen. → Diskus, → Segelflosser.

Mosambique-Buntbarsch

Buntbock

Damaliscus dorcas

Familie: Hornträger

Die auffällig gezeichnete Antilope gehört zur Unterfamilie der Kuhantilopen und damit zur engeren Verwandtschaft der → Gnus.

Kennzeichen: Schulterhöhe 85–100 cm; leierartig geschwungene Hörner, bis 50 cm lang; Körperfarbe dunkelbraun bis schwarz, Gesicht mit weißer Blesse, auch Bauch, Spiegel und Streifen an den Beinen weiß. Kälber zunächst ockerbraun mit dunkler Nase.

Vorkommen: Südliches Südafrika. In offenem Grasland mit einzelnen Büschen und Bäumen.

Lebensweise: Bildet sowohl getrennte Rudel aus ♂ oder ♀ wie auch gemischte Verbände, ältere Böcke werden zu territorialen Einzelgängern.

Verhalten: Stets stellen sich einzelne Tiere des Rudels als Wachtposten auf. Sie stehen dazu gern auf Termitenhügeln.

Fortpflanzung: Von August bis Oktober, nach der regenreichen Jahreszeit, je 1 Kalb, das als *Ablieger* in den ersten Lebenswochen an Ort und Stelle liegenbleibt und sich ins Gras drückt.

Nahrung: Gräser und Kräuter.

Besonderes: Eine häufig in Zoos gehaltene Unterart des Buntbocks ist der kräftig rotbraun gefärbte Bleßbock *(Damaliscus dorcas phillipsi).*

Buntbock

Buntspecht

Picoides major

Familie: Spechte

Der Buntspecht ist der häufigste Specht in unseren Breiten.

Kennzeichen: 23 cm. Kontrastreich schwarz-weiß gefärbt mit auffälligen weißen Schulterflecken. Unterschwanz rot. ♂ mit rotem Fleck am Hinterkopf, Jungvögel mit roter Kopfplatte, ♀ ohne Rot am Kopf. Ruft hart, metallisch »kick«.

Buntspecht

Vorkommen: Europa, Asien, NW-Afrika. Häufiger Bewohner von Laub- und Nadelwäldern. Auch innerhalb von Städten in Gärten und Parkanlagen.

Lebensweise: Jahresvogel. Klettert bei der Nahrungssuche spiralförmig an Baumstämmen hoch. Stochert mit dem kräftigen Meißelschnabel unter Rinde oder im morschen Holz nach Beute. Zur Paarungszeit lautes Trommeln. Zimmert jedes Jahr eine Höhle in morsche Bäume. 1 Brut (April–Juni). ♀ bebrütet die 5–7 Eier 9–12 Tage lang.

Nahrung: Insekten und deren Larven, Jungvögel und Eier; Früchte. Im Winter v.a. Nadelbaumsamen und Nüsse. Geht auch an Futterhäuschen.

Besonderes: Zur Bearbeitung von Zapfen oder Nüssen klemmt der Buntspecht diese in sog. »Spechtschmieden«, das sind zurechtgemeißelte Rindenspalten oder Astlöcher.

Burunduk → Streifenhörnchen

Bunter Furchenkrebs → Furchenkrebse

Zwerg-Galago

Riesen-Galago

Buschbabys

Galago

Unterordnung: Halbaffen

Die afrikanischen Buschbabys Galagos sind in 6 recht unterschiedlich großen Arten vertreten. Gemeinsam ist ihnen ein lautes, nächtliches Quäken, das an das Weinen eines Babys erinnert.

Kennzeichen: Körpergröße von 12 cm beim Zwerggalago *(Galago demidovii)* bis zu 35 cm beim Riesengalago *(G. crassicaudatus)*; langer, buschig behaarter Schwanz; große, häutige Ohrmuscheln, sehr große Nachttieraugen.

Verbreitung: Fast ganz Afrika südlich der Sahara.

Lebensraum: Wälder aller Art, auch Bergwälder bis in 3500 m Höhe, Zwerg- und Riesengalago gern in der Nähe menschlicher Siedlungen.

Lebensweise: Nachtaktiv; klettern und springen sehr geschickt durchs Geäst. Leben in kleinen sozialen Gruppen, streifen auf Nahrungssuche aber meist einzeln durch ihr Revier, lassen dabei laute Kontaktrufe hören; kommen morgens wieder zusammen, um sich am gemeinsamen Schlafplatz, z. B. in einem Baumloch zusammenzukuscheln.

Fortpflanzung: 1–2 Junge, die von der Mutter bei den nächtlichen Wanderungen mitgeschleppt werden.

Nahrung: Pflanzliche Kost ebenso wie Insekten, Spinnen, Vogeleier und kleine Wirbeltiere.

Besonderes: Buschbabys haben ein enormes Sprungvermögen. Aus dem Stand können sie bis zum Zehnfachen ihrer Körpergröße senkrecht in die Höhe schnellen.

Buschbock

Tragelaphus scriptus

Familie: Hornträger

Die elegante, mittelgroße Antilope wird zur Unterfamilie der Waldböcke gezählt. Etliche regionale Unterarten und Rassen unterscheiden sich hauptsächlich in der Grundtönung des Fells und der Ausprägung der weißen Abzeichen.

Buschbock

Kennzeichen: Schulterhöhe beim ♂ 70–100 cm, ♀ etwas kleiner, Schwanz ca. 30 cm lang; ♂ mit schraubig gewundenen Hörnern, ♀ hornlos; kurze, aufrichtbare Rückenmähne; Fell rot- bis dunkelbraun, am Bauch oft schwarz, weiße Flecken- und Streifenzeichnung an Kopf, Hals und Flanken; ♀ durchweg heller als ♂. Schreck- und Warnruf wie lautes Hundegebell.

Vorkommen: Weite Teile Afrikas südlich des Äquators. Buschdickichte und unterwuchsreiche Wälder vom Flachland bis ins hohe Bergland, meist in Wassernähe.

Lebensweise: Vorwiegend dämmerungsaktiv, weicht in Siedlungsnähe auf die Nacht aus; Einzelgänger, selten zu zweit; sehr ortstreu.

Fortpflanzung: 1 Kitz, das in den ersten Lebenswochen still im Dickicht liegenbleibt.

Nahrung: Überwiegend Laub, Knospen, Triebe, Früchte, auch Gras und Kräuter.

Buschschwein

Potamochoerus porcus

Familie: Schweine

Die Schweine, die zur Ordnung der Paarhufer und innerhalb dieser zu den Nichtwiederkäuern gehören, haben im afrikanischen Buschschwein ihren buntesten Vertreter. 13 Unterarten sind von ihm bekannt.

Kennzeichen: In Körperbau und Größe dem europäischen → Wildschwein ähnlich, aber farbiger: relativ langhaariges Fell, kräftig rotbraun oder braun bis fast schwarz, weiße Hals- und Rückenmähne, schwarz-weiße Gesichtsmaske. ♂ mit knubbeligen Knochenfortsätzen im Gesicht.

Verbreitung: Afrika südlich der Sahara, ausgenommen Südwestafrika.
Lebensraum: Wälder aller Art, von Regenwald über Galeriewälder entlang von Flüssen bis zu lichten Bergwäldern und dornigem Buschwald.
Lebensweise: Überwiegend nachtaktiv, ruht tagsüber im Dickicht oder in einem Sumpf; lebt in kleinen Rotten von 2–12 Tieren unter der Führung eines Ebers; zieht auf Nahrungssuche weit umher; z.T. Kulturfolger.
Fortpflanzung: 1–4 Junge pro Wurf; kommen in einer Erdhöhle zur Welt.
Nahrung: Gräser und Kräuter, Wurzeln, Knollen, Früchte (auch Feldfrüchte), Pilze, Insekten und andere Kleintiere, Aas.
Besonderes: In West- und Zentralafrika lebende Unterarten tragen auffällige Haarbüschel an den Ohren. Sie werden deshalb als Pinselohrschweine bezeichnet.

Buschschwein

Butterfisch

Pholis gunellus

Unterordnung: Schleimfischartige

Der kleine, langgestreckte Meeresfisch kommt nur auf der Nordhalbkugel vor.
Kennzeichen: Schlanker, 20–30 cm langer Körper, der seitlich stark zusammengedrückt ist. Vom Kopf bis zum Schwanz reichende, niedrige Rückenflosse. Haut schleimig und mit kleinen Schuppen bedeckt. Braungelb gefärbt mit schwarzen Augenflecken entlang der Rückenflosse.
Vorkommen: Nördlicher Atlantik, Pazifik. In Flachwassergebieten, die mit Algen und Tang bewachsen sind.
Lebensweise: Versteckt lebender Bodenfisch. Einzelgänger. Liegt gerne unter Steinen. Zum Schutz vor Austrocknung vergräbt er sich bei Ebbe im Tang.
Fortpflanzung: Mit 3 Jahren geschlechtsreif. Laichzeit November–März. Laichablage in leere Muscheln oder Höhlungen von Steinen. Beide Elternteile bewachen abwechselnd die Brut. Brutzeit 2 Monate. Die schlüpfenden Fischlarven leben etwa 6 Monate freischwimmend auf hoher See, danach kommen sie wieder in Küstennähe und gehen zum Bodenleben über.
Nahrung: Kleine Krebstiere, Weichtiere, Fischlaich.

C

Cayenne-Klippenvogel

Rupicola rupicola

Familie: Schmuckvögel

Die Männchen dieser Art sowie des Anden-Klippenvogels *(R. peruviana)* sind aufgrund ihrer Farbenpracht beliebte Zoovögel. Die Klippenvögel heißen auch Felsenhähne.
Kennzeichen: 32 cm. ♂ leuchtend orange gefärbt mit zerschlissenen Federn am Rücken und Schwanz; Flügel und Schwanz dunkel, im Flügel helles Feld; am Kopf dunkel geränderter Federkamm. ♀ dunkel graubraun, Federkamm kleiner. Kräftige Füße.
Vorkommen: Von S-Venezuela bis N-Brasilien. In tropischen Wäldern mit zerklüfteten Schluchten und Tälern, in denen nackter Fels zutage tritt.
Lebensweise: Sehr scheu und trotz des auffälligen Gefieders außerhalb der Balz kaum zu beobachten.
Brut: Nest ein großer Napf aus Schlamm und Pflanzenmaterial, wird nur vom ♀ in Felsspalten gebaut. Wird mehrere Jahre hintereinander benutzt. Mehrere ♀ brüten kolonieweise. 2 bräunliche Eier.
Nahrung: Früchte, Insekten.
Besonderes: Die ♂ balzen fast das ganze Jahr an traditionellen Plätzen auf Felsabsätzen in Gruppen bis zu 25 ♂. Jedes ♂ hat einen Hof innerhalb einer großen Arena, wo es seine wunderlich anmutenden Sprünge und Tänze aufführt.

Anden-Klippenvogel

Europäisches Chamäleon

Chamäleon

Chamaeleo chamaeleon

Familie: Chamäleons

Das Gewöhnliche Chamäleon ist die bekannteste Art seiner Gattung. Chamäleons kommen mit über 80 Arten in Afrika, Asien und Südeuropa vor.

Kennzeichen: Gesamtlänge 20–30 cm. Je nach Umgebung und Stimmung in allen Schattierungen grün bis braun gefärbt mit oder ohne Musterung. Großer Kopf mit tiefer Mundspalte; kegelförmig herausragende Augen. Schwanz eingerollt, als Greifschwanz einsetzbar. Greifzangenartige Vorder- und Hinterfüße.

Vorkommen: Hauptsächlich in N-Afrika, aber auch in S-Europa, auf Kreta, Malta und den Kanarischen Inseln sowie im Vorderen Orient. In Europa bodentrockene, küstennahe Dünenbereiche und Küstenwälder mit Gebüsch; auch in küstennahen verwilderten Gärten. In Afrika am Rande von Oasen.

Lebensweise: Unverträglicher Einzelgänger. In Europa fast ausschließlich im Gebüsch; ♀ kommt nur zur Eiablage auf den Boden. Der besondere Bau der Füße eignet sich hervorragend zum Klettern und Festhalten an Ästen. In Afrika überwiegend auf dem Boden; lebt dort in selbstgegrabenen Höhlen. Winterruher.

Fortpflanzung: Ca. 2 Monate nach der Paarung scharrt das ♀ eine kleine Bodenmulde. Eiablage Ende Oktober/Anfang November. Nach ca. 8–9 Monaten schlüpfen die 20–40 vollentwickelten Jungen.

Verhalten: Das Chamäleon hat zwei Jagdstrategien: Es schleicht sich so langsam an, daß die Beutetiere, überwiegend Insekten, sein Kommen nicht bemerken, oder es sitzt unbeweglich und wartet, bis ein Insekt auf ca. 20 cm herankommt; schleudert dann seine lange, an der Spitze klebrige Zunge in Bruchteilen von Sekunden heraus und hat dabei eine ziemlich hohe Trefferquote.

Besonderes: Das Farbwechselvermögen ist sprichwörtlich. Die Augen können unabhängig voneinander bewegt werden und dabei verschiedene Informationen aufnehmen.

Chimären → Seedrachen

Chinchillas

Chinchilla

Ordnung: Nagetiere

In freier Natur kommen die mit den Meerschweinchen verwandten Nager nur noch selten vor. Es lassen sich das Große oder Kurzschwanz-Chinchilla *(Chinchilla chinchilla boliviana)* und das Kleine oder Langschwanz-Chinchilla *(C. lanigera)* unterscheiden.

Kennzeichen: Körpergröße 25–30 cm; seidenweiches, graues Fell; langer, buschiger Schwanz; Hinterbeine kräftiger als Vorderbeine, zu Sprungbeinen entwickelt; große, häutige Ohrmuscheln, große Nachttieraugen.

Vorkommen: In den südamerikanischen Anden und Kordilleren in 3000 – 4000 m Höhe. Mattenregion und Steinwüsten bis hinauf zur Schneegrenze.

Lebensweise: Nachtaktiv; rennen und klettern flink umher, springen geschickt; Unterschlupf zum Schlafen und bei Gefahr in Felsspalten. Leben in kleinen Familienverbänden; 1–2 Würfe im Jahr mit je 1–2 (gelegentlich bis 4) Jungen; Lebenserwartung 8–10 Jahre.

Nahrung: Trockene Gräser, Wurzeln, Laub und Zweige.

Besonderes: In der Pelztierzucht wurden beide Arten willkürlich miteinander gekreuzt, so daß heute bei den als Pelz- oder auch als Heimtiere gehaltenen Chinchillas die Artmerkmale völlig verwischt sind.

Chinchilla

Chinesisches Wasserreh

Hydropotes inermis
Familie: Hirsche

Wasserhirsche stellen die urtümlichste Gruppe der Hirsche dar. Das Chinesische Wasserreh ist ihr einziger heute noch lebender Vertreter.
Kennzeichen: Ähnlich einem kleinen, rundrückigen Reh, Schulterhöhe etwa 50 cm; Sommerfell glänzend rotbraun, Winterfell dunkel graubraun; beide Geschlechter geweihlos; ♂ lange, hauerartige Eckzähne im Oberkiefer.
Verbreitung: Flußniederungen Nordostchinas.
Lebensraum: Feuchte Uferdickichte und Riedgrasbestände.
Lebensweise: Führt ein heimliches Leben in der dichten Vegetation, einzeln oder paarweise unterwegs oder auch Muttertiere mit 1–2 Jungtieren.

Chinesisches Wasserreh mit Jungem

Verhalten: Drückt sich bei nahender Gefahr regungslos ins Dickicht, springt erst im letzten Moment zu einer kurzen Flucht heraus. Böcke markieren und verteidigen feste Territorien, setzen die säbelartigen Eckzähne bei Rivalenkämpfen als Waffen ein.
Nahrung: Gras und Sumpfpflanzen.
Besonderes: Die Tiere wurden in mehreren europäischen Parks (England, Frankreich) ausgesetzt, sind z.T. aus den Gehegen entkommen und verwildert.

Chipmunks → Streifenhörnchen

Ciliaten → Wimpertiere

Clownfische → Anemonenfische

D

Dachs

Meles meles
Familie: Marder

Silberdachs

Der Europäische Dachs, regional auch Gräving genannt, ist ein typischer Vertreter der Dachse, einer recht einheitlichen Unterfamilie der Marder.
Kennzeichen: Körpergröße 60–90 cm; sehr kontrastreiche, schwarz-weiße Streifenzeichnung am Kopf, Rücken silbergrau meliert, Beine und Bauch schwarz.
Verbreitung: Ganz Europa außer Nordskandinavien, Island und den Mittelmeerinseln; gemäßigtes mittleres und östliches Asien.
Lebensraum: Lichtungsreiche Laub- und Mischwälder, Steppen, Heckenlandschaften, Parkanlagen.
Lebensweise: Dämmerungs- und nachtaktiv; gräbt umfangreiche Erdbaue, die oft von mehreren Familien und über Generationen hinweg bewohnt werden; führt lebenslange Einehe, im Frühling 1–6 (meist 2) weißlich behaarte Junge. Verläßt in kalten, schneereichen Wintern den Bau oft wochen- oder gar monatelang nicht, zehrt in dieser Zeit von den Fettpolstern, die er sich im Herbst angefressen hat.
Verhalten: Streift meist allein durch sein Revier; benutzt dabei feste Wechsel und Kotplätze.
Nahrung: Gleichermaßen tierische wie pflanzliche Kost: Insekten, Würmer, Frösche, Mäuse und andere Kleintiere, Aas, Wurzeln, Knollen, Früchte.
Besonderes: In den östlichen und südlichen USA lebt als Pendant zum europäischen »Meister Grimbart« der Amerikanische Dachs oder Silberdachs *(Taxidea taxus)*. Er ist kleiner, heller grau und weniger kontrastreich gezeichnet.

Dachs

Dachsammer

Zonotrichia leucophrys

Familie: Ammern

Ammern sind nahezu weltweit in 284 Arten verbreitet. Die Gattung *Zonotrichia* ist mit 5 Arten nur in Amerika zu Hause.

Kennzeichen: 16–18 cm. Auffällig schwarz-weiß gestreifter Oberkopf, Wangen, Hals und Brust grau. Rücken und Flügel braun mit schwärzlicher und weißer Strichelung. Ziemlich langer Schwanz.

Stimme: Gesang aus einem oder mehreren dünnen Pfeiflauten, gefolgt von einem zwitschernden Triller. Ruft laut »pink« oder scharf »tsiiet«.

Vorkommen: In mehreren Unterarten im N, W und SW der USA. Lichte Wälder, buschige Grasländer, Parkanlagen, Straßenränder. Zugvogel; überwintert im südlichen N-Amerika und entlang der Pazifikküste bis Mexiko.

Lebensweise: Im Winter häufig in Trupps umherstreifend. Nahrungssuche am Boden, im Herbst oft mit anderen Arten auf Unkrautflächen.

Brut: Großes Napfnest, meist am Boden oder niedrig in Büsche gebaut, aus Zweigen, Gras, feinen Wurzeln oder Rinde. 4 Eier; Brutdauer 12–14 Tage. Nur das ♀ brütet, ♀ und ♂ füttern.

Nahrung: Sämereien, grüne Pflanzenteile, Insekten.

Dachsammer

Damagazelle

Gazella dama

Familie: Hornträger

Gazellen sind wohl die anmutigsten Vertreter der Wiederkäuer. Die größte und zugleich eine der schönsten unter ihnen ist die Damagazelle.

Damagazelle

Kennzeichen: Schulterhöhe 90–120 cm; sehr schlank, hochbeinig, mit langem Hals; beide Geschlechter mit kurzen, leierartig nach hinten geschwungenen Hörnern; Fell rotbraun mit – je nach Unterart – mehr oder weniger großen weißen Partien.

Vorkommen: Südliche Sahara und Nordsudan. Offene Steppe, Dornbuschsavanne, Halbwüste bis Wüste.

Lebensweise: Trotz der in ihrem Lebensraum herrschenden Hitze tagaktiv. Gesellig, in Verbänden von 10 bis über 100 Tieren. Gewöhnlich nur 1 Kitz pro Geburt.

Verhalten: Um Akazienlaub von höheren Ästen zu zupfen, richten sich Damagazellen oft auf den Hinterläufen auf.

Wanderungen: Weite jahreszeitliche Wanderungen, während der Regenzeit nach Norden in die Sahara hinein, in der Trockenzeit wieder südwärts in die Sahelzone.

Nahrung: Laub von Sträuchern und Bäumen, auch Gras und Kräuter.

Besonderes: Die größte und kontrastreichste Unterart, die Mhorrgazelle *(Gazella dama mhorr)*, wurde in freier Natur ausgerottet. Nachzuchten von überlebenden Zoobeständen wurden mittlerweile in ihrer alten Heimat gezielt wiedereingebürgert.

Damhirsch

Dama dama

Familie: Hirsche

Sein ausladendes Schaufelgeweih, das er als einziger der Echthirsche trägt, macht den Damhirsch unverwechselbar.

Kennzeichen: Schulterhöhe rund 90 cm, Fell im Sommer rotbraun mit weißer Fleckenzeichnung, im Winter graubraun, Fleckung dann nur undeutlich, Spiegel und Schwanz weiß und schwarz; ♂ mit vielendigem Schaufelgeweih.

Verbreitung: Früher Kleinasien und Mittelmeerländer, von dort seit dem Mittelalter auch in den übrigen Ländern Europas eingebürgert (außer in Nordskandinavien und Island), ebenso in Nord- und Südamerika sowie in Neuseeland.

Lebensraum: Laub- und Mischwälder im Flachland, offene Parklandschaften.

Lebensweise: Überwiegend dämmerungsaktiv; ♀ bilden zusammen mit Jungtieren große Rudel, ♂ kleine Trupps, alte ♂ Einzelgänger; im Herbst erbitterte Rivalenkämpfe um die ♀. Brunftrufe erinnern entfernt an ein Rülpsen oder Husten.

Fortpflanzung: Paarungszeit Oktober/November; Tragzeit $7^1/_2$ Monate, 1 Kalb

Damhirsch

(selten Zwillinge), das 2–3 Wochen lang im Gebüsch versteckt liegt, erst dann im Rudel mitläuft.

Nahrung: Gräser und Kräuter, Baumfrüchte, im Winter auch Rinde.

Besonderes: Der Damhirsch wird häufig als Gatterwild gehalten und in verschiedenen Farbschlägen, von fast schwarzen über fahlbraunen (»porzellanfarbenen«) bis weißen, gezüchtet.

Danaiden → Monarchfalter

Darwinfinken

Geospiziniae

Familie: Ammern

Diese Singvogelgruppe wurde nach dem großen Naturforscher Charles Darwin benannt.

Kaktusgrundfink

Kennzeichen: Sperlingsgroße, unauffällige Singvögel. Vorherrschende Gefiederfarben graubraun bis schwärzlich. Mit 16,5 cm ist der Großgrundfink *(Geospiza magnirostris)* der größte der Darwinfinken und hat auch den kräftigsten Schnabel.

Vorkommen: In 13 Arten nur auf den Galapagosinseln, mit 1 Art auf den Cocosinseln.

Lebensweise: Besiedeln alle Zonen auf den Galapagosinseln. Außerhalb der Brutzeit Vögel mit den gleichen Nahrungsansprüchen in Trupps zusammen.

Brut: Brutzeit zwischen Januar und Mai. Nest kugelförmig mit seitlichem Eingang; es besteht aus Gräsern, Flechten, Zweigen und wird in Büschen und Bäumen oder in einem Kaktus gebaut. 1–5, meist aber 3 Eier.

Nahrung: Je nach Art Insekten, Samen und Körner, Knospen, Nektar, Früchte. Schnabelform ist an Nahrung angepaßt. Der Spechtfink *(Camarhynchus pallidus)* ist eine der wenigen Vogelarten, die – wenn der Schnabel nicht ausreicht – zum Herumstochern in der Rinde ein »Werkzeug« zu Hilfe nehmen. Als Anpassung an die Nektar- und Fruchtfleischnahrung ist die Zungenspitze des Kaktusgrundfinken *(Geospiza scandens)* aufgefasert.

Besonderes: Bei der Beobachtung der Darwinfinken erhielt Darwin entscheidende Anregungen für seine Theorie der natürlichen Auslese. Durch Ausnutzung unterschiedlicher Nahrung haben sich im Laufe der Evolution aus einer einzigen Stammform die heute bekannten 13 Arten entwickelt.

Davidshirsch
Elaphurus davidianus
Familie: Hirsche

Sein Entdecker, der Jesuitenpater David, hielt diesen großen Hirsch, auch Milu genannt, für eine Art chinesisches Rentier, doch ist er nahe mit unserem → Rothirsch verwandt.

Davidshirsche

Kennzeichen: Gedrungener Körperbau, Schulterhöhe bis 1,20 m; Sommerfell rot- bis ockerbraun, Winterfell grau; Schwanz lang, dem eines Esels ähnlich; ♂ mit mächtigem, bizarrem Geweih, dessen Verzweigungen alle nach hinten gerichtet sind. Bei jedem Schritt laut vernehmliches Knacken der Gelenke.
Vorkommen: Ursprünglich in sumpfigen Ebenen Nord- und Mittelchinas, in freier Wildbahn 1939 ausgerottet. Überlebte jedoch in Wildparks und zoologischen Gärten; mittlerweile an 2 Stellen erfolgreiche Wiedereinbürgerung in der alten Heimat.
Lebensweise: Außerhalb der Brunftzeit in großen Rudeln, während der Brunft im Juni/Juli schart ein ♂ eine kleine Gruppe von ♀ um sich. Geburt der 1–2 Kälber meist im April.
Nahrung: Gras und Kräuter.
Besonderes: Um 1900, nachdem die letzten chinesischen Bestände dieser Hirschart infolge von Flutkatastrophen und Kriegswirren ausgelöscht waren, wurde in gemeinsamer Aktion verschiedener zoologischer Gärten eine europäische Zuchtgruppe gebildet. Aus damals nur 6 zuchtfähigen Tieren erwuchs seither wieder ein Weltbestand von über 1400 Davidshirschen.

Delphin
Delphinus delphis
Familie: Delphine

Der Gewöhnliche Delphin ist einer der häufigsten und wohl der bekanntesten Wale. Wie alle Delphine gehört er zur Unterordnung der Zahnwale.
Kennzeichen: Etwa 2 m Körperlänge, typische Delphingestalt mit schlankem »Schnabel« und dreieckiger, leicht nach

Delphin

hinten gekrümmter Rückenflosse; oberseits grau in den verschiedensten Tönungen, bauchseits weißlich, an den Flanken weiße, gelbliche oder hellgraue Streifen.
Vorkommen: Weltweit in tropischen und warmen Meeren einschließlich des Mittelmeers, mit dem Golfstrom auch bis vor die Britischen Inseln und Skandinavien, bisweilen auch in der Nordsee. Bevorzugt in küstennahen Gewässern.
Lebensweise: Schwimmt meist in Gruppen von 15–30 Tieren, zuweilen auch Ansammlungen von mehreren hundert Tieren.
Verhalten: Neugierig und kontaktfreudig; begleitet gern Schiffe, zeigt dabei seine eleganten, spielerischen Sprünge.
Fortpflanzung: Tragzeit 10–11 Monate; alle 2 Jahre 1 Junges, das über 1 Jahr gesäugt wird.
Nahrung: Meist Schwarmfische des Oberflächenwassers, auch Tintenfische.
Besonderes: Zur Orientierung unter Wasser haben Delphine ein Echolotsystem im Ultraschallbereich entwickelt. Außerdem verständigen sie sich mit einer Vielzahl von Pfeif- und Quieklauten – die auch für den Menschen hörbar sind – untereinander.

Desmane
Desmaninae
Familie: Maulwürfe

Die merkwürdigen, am und im Wasser lebenden Desmane oder Bisamrüßler sehen aus wie eine Mischung aus Spitzmaus, Maulwurf und Ratte. Sie sind nur an zwei Stellen auf der Welt zu finden: der Pyrenäen-Desman *(Galemys pyrenaicus)* im Norden der Iberischen Halb-

insel und der Russische Desman *(Desmana moschata)* im Wolga- und Dongebiet.
Kennzeichen: 10–20 cm groß, kompakter Körperbau, etwa körperlanger »Rattenschwanz«; Fell rotbraun bis grau; Schnauze zu sehr beweglichem Rüssel ausgezogen, lange Tasthaare, winzige Augen, Ohren im Fell verborgen.
Lebensraum: Fließende Gewässer mit reich strukturierten Ufern, von Gebirgsbächen bis zu breiten Flüssen, der Russische Desman auch an Seen und Tümpeln.
Lebensweise: Überwiegend nachtaktiv; schwimmt und taucht hervorragend, sucht am Gewässergrund im Schlick und unter Steinen nach Nahrung; gräbt eine Wohnhöhle in die Uferböschung, deren Ausgangsröhre unter Wasser mündet; darin im Frühjahr 2–5 Junge.
Nahrung: Würmer, Schnecken, Insekten und andere Kleintiere, insbesondere wasserlebende Arten.

Dickhörnige Seerose → Seerosen

Dickhornschaf
Ovis canadensis
Gattung: Schafe

Wie viele Ziegenartige ist dieses Bergschaf ein überaus gewandter Kletterer.
Kennzeichen: Schulterhöhe ca. 1 m, ♀ etwas kleiner; Widder mit mächtigen, vor allem am Ansatz sehr dicken Hörnern; Fellfärbung braun, Maul und Spiegel (runder Fleck am Hinterteil) weiß.
Verbreitung: Im Westen Kanadas und der USA.
Lebensraum: Felsregionen oberhalb der Baumgrenze bis zu Gletschern, in einer Unterart auch in Wüsten Arizonas.
Lebensweise: Bildet Rudel bis zu 50 Tieren, nach Geschlechtern getrennt, alte Widder oft Einzelgänger. Trittsichere Felskletterer.
Verhalten: Widderkämpfe durch heftiges Aufeinanderprallen mit den Hörnern.
Fortpflanzung: Brunft im Spätherbst; jeweils 1 Lamm, wird im Mai geboren, kann nach 1 Woche bereits der Mutter in der Felsregion folgen.
Nahrung: Gräser und Kräuter.
Besonderes: Im nordwestlichen Kanada und in Alaska schließt sich das Verbreitungsgebiet des nahe verwandten Dallschafs *(Ovis dalli)* an, das auch oft Dünnhornschaf genannt wird. Damit ist der augenfälligste Unterschied zum Dickhornschaf bereits ausgedrückt. Zwei Unterarten des Dallschafs sind weiß.

Dallschafwidder

Dickhornschaf

Dickkopffalter
Hesperiidae
Ordnung: Schmetterlinge

Der Name dieser eher kleinen Tagfalter bezieht sich auf ihre Köpfe, die meist ebenso breit wie der kräftige Brustabschnitt sind. Die gekeulten Fühler stehen weit auseinander und tragen hie und da Endhaken. In Ruhestellung werden die Vorderflügel zusammengeklappt, die Hinterflügel bleiben ausgebreitet. ♂ senden mittels Duftschuppen Lockstoffe für die ♀ aus.
Verbreitung: Von den etwa 3000 bekannten Arten sind die meisten in den Tropen beheimatet, wo sie auch in leuchtenden Farben auftreten. Nur etwa 20, zumeist unscheinbare Arten kommen in Europa vor; zu ihnen gehören der → Komma-Dickkopffalter, der Rostfarbige Dickkopffalter *(Ochlodes venatus)* und der Kronwicken-Dickkopffalter *(Erynnis tages)*.

Kronwicken-Dickkopffalter

Damara-Kirkdikdik

Dikdiks

Madoqua

Familie: Hornträger

Die zierlichen Dikdiks zählen zur Unterfamilie der Böckchen. Vielfach werden die Miniaturantilopen auch treffend Windspielantilopen genannt.

Kennzeichen: Schulterhöhe nur etwa 30–40 cm; Fellfärbung rötlich- oder graubraun, Augen oft weiß umrandet; nur ♂ mit knapp 10 cm langen Hornspießchen; Nase z. T. zu kurzem, beweglichem Rüsselchen verlängert.

Vorkommen: Ostafrika, um das »Horn von Afrika« herum, 1 Art auch in Südwestafrika. Strauchige Steppen und Halbwüsten auf steinigem oder sandigem Boden.

Lebensweise: Überwiegend dämmerungs- und nachtaktiv, ruhen tagsüber im Buschdickicht; leben einzeln oder paarweise, wobei Paarbindung oft lebenslang anhält. Jedes Paar besetzt ein relativ kleines Revier, das mit Kot und Duftdrüsensekret markiert und heftig verteidigt wird. Bei Beunruhigung scharfe, laute Pfiffe als Warnlaute.

Fortpflanzung: Pro Geburt 1 Kitz, das in den ersten 2–3 Wochen im Dickicht liegenbleibt, dann mit den Eltern mitläuft, bis es mit seiner Geschlechtsreife aus deren Revier vertrieben wird.

Nahrung: Buschlaub, Knospen, Triebe, Früchte.

Diskusfische (Zuchtform)

Diskus

Symphysodon aequifasciata

Familie: Buntbarsche

Der Diskus ist das »Säugetier« unter den Fischen: Er ernährt seine Jungen mit einer eiweißhaltigen Schleimabsonderung der Haut.

Kennzeichen: Körper scheibenförmig, bis 15 cm lang. Braun bis gelbgrün gefärbt mit 9 dunklen Querstreifen.

Vorkommen: Südamerika. Stromgebiet des Amazonas.

Fortpflanzung: Nach dem Ablaichen wird die Brut von beiden Elterntieren abwechselnd bewacht. Die schlüpfenden

Türkis-Diskusfisch

Jungfische werden von den Eltern zunächst an Pflanzenteilen festgeheftet.

Besonderes: Sobald sich die Fischchen selbständig bewegen können, schwimmen sie zu einem der Elterntiere, deren Haut inzwischen von graugelbem Schleim überzogen ist. Er dient der Brut als Erstnahrung. Sobald ein Elternteil »abgegrast« ist, wendet sich der Jungfischschwarm dem anderen zu.

Distelfalter

Vanessa cardui

Familie: Fleckenfalter

Neben dem → Admiral gehört der Distelfalter zu den bekanntesten Wanderfaltern, die vom Süden her nach Mitteleuropa einfliegen.

Distelfalter

Kennzeichen: Flügelspannweite 6 cm. Hellorange, mit schwarzen, auf den Vorderflügeln auch weißen Flecken. Auf der Unterseite der Hinterflügel jeweils 5 Augenflecken.

Vorkommen: In ganz Europa, bis in 2000 m Höhe. Offenes Gelände, Gärten.

Flugzeit: Wandert ab April zu, fliegt in 2–3 Generationen von Juni bis Oktober.
Lebensweise: Besucher von Blüten; saugt auch an Fallobst. ♀ legt die Eier einzeln an den Raupenfutterpflanzen ab. Überwinterung als Falter, aber nur im Süden, nördlich der Alpen stirbt er.
Raupe: Grau bis schwarz, an den Seiten gelbe Linien. Lebt auf Disteln, Brennessel, Beifuß u.a. Verpuppt sich in einem goldgefleckten, graubraunen Gespinst.
Besonderes: Distelfalter ziehen manchmal in großen Scharen weit nach Norden, sogar bis Island.

Distelfink → Stieglitz

Dögling → Entenwal

Doktorfische
Acanthurinae
Ordnung: Barschartige Fische

Alle ca. 100 Arten dieser Unterfamilie besitzen zu beiden Seiten des Schwanzstiels kleine, außerordentlich scharfe, bewegliche Knochendornen, die sogenannten »Doktormesser«, die ihnen den Namen gaben. Der Blaue Doktorfisch *(Acanthurus coeruleus)* zeichnet sich dadurch aus, daß er als Jungfisch eine gelbe, als geschlechtsreifes Tier eine blaue Körperfärbung hat.
Kennzeichen: Körper hochrückig und schmal. Kleines, schnauzenartig nach vorn gezogenes Maul.
Vorkommen: Alle tropischen Meere. Vor allem über Korallenriffen.
Lebensweise: Friedfertiger Schwarmfisch, der ständig in Bewegung ist. Verteidigt sich durch Aufstellen des Doktormessers, mit dem er Angreifern die Flanken aufschlitzen kann. Die frischgeschlüpften Doktorfische machen eine Larvenentwicklung durch und unterscheiden sich vollkommen von den Alttieren.
Nahrung: Algenaufwuchs, der von Felsen und Korallen abgeschabt wird.

Doktorfisch

Dominikanerwitwe
Vidua macroura
Familie: Webervögel

Die Witwenvögel kommen in 10 Arten ausschließlich in Afrika vor. Sie sind Brutschmarotzer bei Prachtfinken.

Dominikanerwitwe

Kennzeichen: ♂ im Prachtkleid 33 cm, ♀ 12 cm. ♂ im Prachtkleid schwarzweiß gefärbt mit sehr langen schwarzen Schwanzfedern und rotem Schnabel. ♀ kurzschwänzig. Schnabel rosa.
Vorkommen: Savannen und Kulturland sowie offenes Buschland in Afrika südlich der Sahara.
Lebensweise: Nahrungssuche in kleinen Verbänden am Boden. Pro Gruppe nur 1 ♂ im Prachtgefieder.
Brut: Die Dominikanerwitwe ist Brutparasit beim → Wellenastrild. Das ♀ legt immer nur 1 Ei in das Nest dieses Wirtsvogels. Das Schnabelinnere der Nestlinge von Dominikanerwitwe und Wellenastrild stimmen genau überein.
Nahrung: Fast ausschließlich Samen.
Besonderes: Während der Balz führt das ♂ einen auffälligen Tanz auf. Dazu schwebt es über dem ♀ in Spiralen auf und nieder und vollführt auch Loopings.

Doppelhornvogel
Buceros bicornis
Familie: Nashornvögel

Gemeinsames Merkmal aller Nashornvögel sind große Schnäbel mit oft seltsamen Aufsätzen. Diese Gebilde sind allerdings aufgrund der Hohlkonstruktion recht leicht.

Kennzeichen: ♂ bis 130 cm, ♀ 100 cm, überwiegend schwarz-weiß gefärbt; Hals, Brust und Hinterkopf fahl ockerfarben. Charakteristischer Schnabelaufsatz reicht hinauf bis zum Scheitel. Vorder- und Hinterrand des Aufsatzes beim ♂ schwarz, beim ♀ rötlich. Augen des ♀ hell mit rotem Rand, beim ♂ rot mit schwarzem Rand. Im Flug fallen die schwarze Schwanzbinde sowie der weiße Flügelstreif und -hinterrand auf. Weithin hörbares, pfeifendes Flügelgeräusch. Rufe bellend.

Vorkommen: Tropische Regenwälder von W-Indien ostwärts bis Thailand, Malaysia und südlich bis Sumatra.

Lebensweise: Hält sich paarweise oder in Trupps hauptsächlich im oberen Kronenbereich auf. Sucht dort auch nach Nahrung. Hüpft geschickt auf den Ästen entlang. Brütet in geräumigen Baumhöhlen in ca. 20 m Höhe. 2 Eier; Brutdauer 28–31 Tage, Nestlingszeit ca. 2–3 Monate.

Nahrung: Früchte, v. a. Feigen, werden geschickt mit dem riesigen Schnabel abpflückt; aber auch Insekten, Schnecken und kleinere Wirbeltiere.

Doppelhornvogel

Besonderes: Zum Brüten mauert das ♀ den Eingang der Baumhöhle von innen bis auf einen schmalen Schlitz zu, durch den es vom ♂ gefüttert wird. Während der Brutphase mausert es die Flug- und Schwanzfedern.

Dorkasgazelle
Gazella dorcas
Familie: Hornträger

Diese »klassische«, schon in der Antike bekannte und in der arabischen Dichtkunst vielfach besungene Gazelle ist die kleinste Vertreterin ihrer Gattung.

Dorkasgazelle

Kennzeichen: Schulterhöhe rund 60 cm; beide Geschlechter mit S-förmig nach hinten geschwungenen Hörnern, beim ♂ 25–40 cm lang, beim ♀ deutlich kürzer und dünner; Fell sandfarben, am Bauch weiß; Läufe sehr zierlich.

Vorkommen: Nordafrika, Arabische Halbinsel, nördlich bis Syrien. Halbwüste und Wüste, bevorzugt steiniges Terrain gegenüber Sandwüste; auch Grassavanne.

Lebensweise: Bildet nach Geschlechtern getrennte Rudel oder auch größere gemischte Herden; Altböcke werden territorial und markieren ihr Revier mit Harn und Kot.

Fortpflanzung: Gewöhnlich nur 1 Kitz, das in den ersten Lebenswochen als *Ablieger* in eine Bodenmulde oder ins Gestrüpp geduckt liegenbleibt, dann erst der Mutter folgt.

Nahrung: Gräser, Kräuter, Laub, sukkulente Pflanzen.

Besonderes: Die genügsame Wüstenbewohnerin kann ihren Wasserbedarf über lange Zeit allein aus der Pflanzennahrung decken.

Dornhaie

Squalidae

Unterordnung: Stachelhaie

Charakteristisch für die Dornhaie sind die 2 kräftigen Stachel, die vor den Rückenflossen sitzen und mit einer Giftdrüse versehen sind. Die Familie umfaßt etwa 50 Arten. Die bekannteste ist der Dornhai *(Squalus acanthias)*.

Kennzeichen: Körper langgestreckt und schmal, bis 1,20 m lang. ♀ größer als ♂. Oberseite dunkelgrau mit weißen Flekken, die mit zunehmendem Alter kleiner werden und dann ganz verschwinden.

Vorkommen: Nordatlantik, Nordsee, Mittelmeer, Schwarzes Meer. Vorwiegend in küstennahem Flachwasser.

Lebensweise: Gefräßiger Schwarmfisch.

Fortpflanzung: Geschlechtsreif mit etwa 70 cm Körperlänge. Lebendgebärend *(ovovivipar)*. Tragzeit 18–20 Monate. Pro Wurf 4–8 Junge. Frisch geschlüpfte Jungtiere bereits 20–25 cm lang.

Nahrung: Dorsche, Heringe, Makrelen, Krebse.

Dornhai

Dorsch → Kabeljau

Drachenfische

Trachinidae

Ordnung: Barschartige Fische

Drachenfische sind bodenbewohnende giftige Meeresfische. Die Familie umfaßt nur 4 Arten, von denen 3 in europäischen Gewässern und 1 an der chilenischen Küste vorkommen. Am bekanntesten ist das Große Petermännchen *(Trachinus draco)*.

Großes Petermännchen

Kennzeichen: Körper langgestreckt, seitlich zusammengedrückt, schuppenlos, bis 45 cm lang; gelbbraun mit graublauen Streifen. 1. Rückenflosse schwarz mit 5–6 Stacheln, an deren Grund Giftdrüsen sitzen. 1 Giftstachel am Kiemendeckel. Maul groß und schief aufwärts gerichtet, Augen hoch am Kopf sitzend. Brustflossen stark entwickelt und gut zum Einbuddeln geeignet.

Vorkommen: Küstengebiete Nordeuropas, Mittelmeer und Schwarzes Meer. Von 5–15 m Tiefe, in oder über feinsandigem oder schlammigem Boden.

Lebensweise: Einzelgänger. Lebt tagsüber im Feinsand oder Schlamm eingegraben, so daß nur die Augen und Rückenstachel herausschauen und lauert auf Beute.

Nahrung: Garnelen, kleine Fische.

Besonderes: Das Gift führt beim Menschen zu starken Entzündungen, Schwellungen und Schmerzen.

Drachenköpfe
Scorpaenidae
Ordnung: Panzerwangen

Die Angehörigen dieser Familie zeichnen sich durch eine große Farben- und Formenvielfalt aus. Sie sind kräftig gebaut. Der große breite Kopf trägt ein breites Maul und ist mit vielen Knorpel- oder Hautstacheln besetzt. An den Stachelstrahlen der Rücken-, After- und Bauchflossen sitzen Giftdrüsen. Es gibt mehrere hundert Arten, von denen die meisten als Bodenfische in felsigen Gebieten der gemäßigten und subtropischen Meere vorkommen. → Goldbarsch, → Roter Drachenkopf oder Meersau, → Rotfeuerfisch, → Steinfisch.

Drachenmuräne → Muränen

Dreifinger-Faultier
Bradypus tridactylus
Unterordnung: Faultiere

In der wissenschaftlichen Systematik werden die Faultiere zusammen mit den → Ameisenbären und → Gürteltieren in die Ordnung der sog. Nebengelenktiere gestellt, so benannt nach einer zusätzlichen gelenkigen Verbindung einzelner Rückenwirbel.
Kennzeichen: Fell strohig derb, graubraun, oft mit grünlicher Tönung durch Algenbewuchs; an Vorder- und Hinterbeinen je 3 kräftige Krallen. Vor allem in der Paarungszeit langgezogene, zweisilbige Rufe wie »a-iii« (Name!).
Vorkommen: Tropenwälder im nördlichen Südamerika.
Lebensweise: Hängt bauchoben im Geäst, hangelt sich mit Hilfe langer, gebogener Krallen die Äste entlang; äußerst langsame Bewegungen; steigt nur auf den Boden herab, wenn ein Baumwechsel von Ast zu Ast nicht möglich ist; am Boden mühsam auf die Ellbogen gestützt kriechend. Schläft durchschnittlich 15 Stunden am Tag.

Dreifinger-Faultier

Fortpflanzung: Jeweils 1 Junges; wird von der Mutter im Baum hängend geboren, kriecht sogleich auf ihren Bauch, wo es sich im Fell festklammert und überall mit herumgetragen wird.
Nahrung: Blätter ganz bestimmter Baumarten.
Besonderes: Das Dreifinger-Faultier, auch Ai genannt, hat 9 statt 7 Halswirbel, wie es für Säugetiere typisch ist. Es kann dadurch seinen Kopf nach Art der Eulen um glatte 180° drehen.

Dromedar
Camelus dromedarius
Familie: Kamele

Das Dromedar oder Einhöckrige Kamel gibt es nur noch als Haustier. Mit dem Zweihöckrigen Kamel oder → Trampeltier ist es so eng verwandt, daß es sich mit ihm ohne weiteres kreuzen läßt.
Kennzeichen: Kopf-Rumpflänge bis 3 m, Schulterhöhe 1,80–2,10 m; sehr langbeinig; Fell relativ kurzhaarig, meist sandbraun, doch auch weiß oder schwarz; 1 Rückenhöcker, der Fett- und Bindegewebe enthält und ein Energiedepot darstellt, wird bei Nahrungsmangel rückgebildet.

Verbreitung: Die wilden Vorfahren waren in Arabien und Nordafrika verbreitet. Die heute in Australien freilebenden Dromedare sind Nachfahren verwilderter Reittiere.
Lebensraum: Wüsten und Halbwüsten.
Lebensweise: Bildet kleine Verbände aus 1 Hengst, einigen Stuten und deren Nachkommen; überzählige Hengste einzeln oder in Junggesellentrupps.
Fortpflanzung: Nach 12–13 Monaten Tragzeit jeweils 1 Junges, das der Mutter nach wenigen Stunden folgen kann und gut 1 Jahr lang gesäugt wird.
Nahrung: Laub, Zweige, Kräuter, Gras.
Besonderes: Kommt bis zu mehreren Wochen ohne Wasser aus. Erträgt Wasserverluste bis zu 40% seines Körpergewichts. Indem es enorme Mengen Wasser (100–150 l) auf einmal trinkt, gleicht es diese wieder aus.

Dromedar

Drosselrohrsänger → Rohrsänger

Drückerfische

Balistidae

Ordnung: Kugelfischverwandte

Die prächtig gefärbten Fische kommen mit etwa 30 Arten in den warmen Teilen der großen Ozeane vor.
Kennzeichen: Körper seitlich zusammengedrückt, hochrückig. Der Kopf nimmt fast ein Drittel des gesamten Körpers ein. 1. Rückenflosse mit einem großen, starken und einem kleineren Stachelstrahl. Wird der 1. Stachel aufgerichtet, bewegt sich auch der zweite nach vorn und sorgt dafür, daß der 1. Stachel aufgerichtet bleibt. Dieser Mechanismus erinnert an den Abzug eines Gewehres, daher auch der Name »Drückerfisch«.
Vorkommen: Tropische Meere. Küstenstreifen, Korallenriffe.
Lebensweise: Drückerfische sind kämpferische Einzelgänger, die sich bei Gefahr blitzschnell in Felsspalten oder zwischen den Ästen von Korallenstöcken verstecken. Dann richten sie ihre Rükkenflossenstachel auf, so daß sie fest verankert sind und kein Freßfeind sie aus ihrem Versteck ziehen kann.
Nahrung: Krebse, Mollusken und Kleinfische.
Besonderes: Manche Arten gelten als giftig, wobei es sich hier wohl um eine Sekundärwirkung handelt, die abhängig von der Nahrung ist. Zu den bekanntesten giftigen Drückerfischen gehört der → Leoparden-Drückerfisch. Die Vergiftungserscheinungen treten schon wenige Stunden nach seinem Genuß ein.

Drückerfisch

Dsungarischer Zwerghamster → Zwerghamster

Ducker

Cephalophinae

Familie: Hornträger

Schopfducker

Zu den hasen- bis rehgroßen, rundrückigen Miniaturantilopen zählen der Busch- oder Kronenducker *(Sylvicapra grimmia)* sowie etwa 13 Arten von Wald- oder Schopfduckern (Gattung *Cephalophus*).

Kennzeichen: Schulterhöhe 30–80 cm; auf der Stirn ein dicker Haarschopf, der die kurzen Hörnchen teilweise oder ganz verbirgt; Kopf ramsnasig, mit 2 großen, schlitzförmigen Wangendrüsen; Fellfärbung der einzelnen Arten sehr unterschiedlich, von einfarbig graubraun über schwarz-weiß-grau oder schwarz mit ockergelbem Rücken bis zu rotbraun mit schwarzen Streifen.

Verbreitung: Afrika südlich der Sahara.

Lebensraum: Alle Waldducker bewohnen dichten Regenwald, einzig der Buschducker bevorzugt die lichte Baum- und Buschsteppe.

Lebensweise: Vorwiegend dämmerungs- und nachtaktiv; besetzen paarweise feste Reviere, die beide Tiere mit dem Sekret ihrer Wangendrüsen markieren und gegen Eindringlinge verteidigen.

Verhalten: Flüchten bei Gefahr nicht oder zumindest nicht weit, sondern ducken sich in die Vegetation, ihrer Tarnfärbung vertrauend.

Fortpflanzung: Gewöhnlich nur 1 Kitz pro Geburt, das während der ersten Lebenswochen im Dickicht liegenbleibt.

Nahrung: Pflanzenkost aller Art, aber auch Termiten, Ameisen und andere Insekten, Schnecken, Vogeleier o. ä. tierische Beikost.

Rotducker

E

Eichelhäher

Garrulus glandarius

Familie: Krähenvögel

Der lebhafte, buntgefiederte Vogel ist vor allem auch wegen seiner durchdringenden Stimme allbekannt.

Kennzeichen: 33–34 cm. Überwiegend rosabraun gefärbt. Weiße Scheitelfedern mit schwarzen Längsstricheln. Bürzel weiß, in den dunklen Flügeln auffälliges blau-schwarz gebändertes Feld.

Stimme: Rauh rätschende Rufe. Gesang leise und abwechslungsreich mit vielen Imitationen.

Vorkommen: Europa außer Island und dem äußersten Norden Skandinaviens. Wälder, Parkanlagen und größere Gärten, v. a. zur Zugzeit. In den Alpen bis in 1700 m Höhe.

Lebensweise: Flug wellenförmig. Hüpft am Boden. Kleines Reisignest, meist gut

Eichelhäher am Nest

versteckt in Büschen und Bäumen. 1 Brut (April–Juni). Das ♀ bebrütet die 4–6 Eier allein. Brutdauer 16–17 Tage, Nestlingszeit 19–20 Tage. Teilzieher.

Nahrung: Vor allem Baumsamen wie Eicheln, aber auch Insekten, Spinnen oder Würmer und kleine Nagetiere. Im Frühjahr auch Eier und Junge von Vögeln.

Besonderes: Eichelhäher verstecken als Wintervorrat viele Samen, die sie nicht wiederfinden und die dann auskeimen können. Deshalb heißen sie auch »Pflanzgärtner des Waldes«. Außerdem sind sie das »Frühwarnsystem« der Waldbewohner. Mit ihrem gellenden Ruf machen sie auf Eindringlinge aufmerksam und sind deshalb bei Jägern recht unbeliebt.

Eichelwürmer

Enteropneusta

Unterstamm: Kragentiere

Eichelwürmer sind einzeln lebende, träge, wurmartige Meerestiere mit deutlich dreigeteiltem Körper: Vorderkörper (Eichel) muskulös und eichelförmig; Mittelkörper (Kragen) kurz und ebenfalls muskulös; Hinterkörper lang und wurmförmig. Von den etwa 70 Arten ist *Balanoglossus gigas* die größte.
Kennzeichen: Eichel rot oder orangefarben, restlicher Körper graugelb bis braun. Körperlänge 1–2 m.
Vorkommen: Brasilien. Im Sand und Schlickboden der Gezeitenzone.
Lebensweise: Bodenbewohner. Bohrt senkrechte, mehrere Meter lange, U-förmige Röhren in den Boden, deren Wände durch erhärtenden Hautschleim schnell abgestützt werden.
Fortpflanzung: Getrenntgeschlechtlich. ♀ legt bei Niedrigwasser etwa 2000–3000 Eier in gallertartigen Schnüren ins Wasser ab, wo sie dann vom ♂ befruchtet werden. Aus dem befruchteten Ei entwickelt sich zunächst eine freischwimmende Larve *(Tornaria).*
Nahrung: Kleinlebewesen, die zusammen mit Sand und Schlamm eingestrudelt werden.

Eichhörnchen

Sciurus vulgaris

Familie: Hörnchen

Das possierliche und in städtischen Parks oft recht zutrauliche Europäische Eichhörnchen gehört zu den bekanntesten heimischen Nagetieren.
Kennzeichen: Körperlänge 20–25 cm, Schwanz buschig, 15–20 cm lang; Fellfärbung sehr variabel, von fuchsrot über gelblich- oder dunkelbraun bis schwarz; Ohren im Winter mit langen Haarpinseln.
Verbreitung: Ganz Europa außer Island und den Mittelmeerinseln, nördliches gemäßigtes Asien.
Lebensraum: Laub-, Misch- und Nadelwälder, Parks, Gärten.
Lebensweise: Tagaktiv; klettert und springt überaus geschickt; einzelgängerisch; baut Nester aus Reisig, die in Astgabeln verankert werden und als Kinderstube sowie als Winterlager dienen, bezieht bisweilen auch Baumhöhlen oder große Vogelnester. In der Paarungszeit wilde Verfolgungsjagden von ♂ und ♀. 1–2 Würfe im Jahr mit je 2–5 nackt und blind geborenen Jungen.
Verhalten: Legt Nahrungsvorräte an, indem es Nüsse o.ä. im Boden vergräbt.
Nahrung: Baumsamen, Nüsse, Beeren, Pilze, Rinde, Knospen, Triebe, auch Insekten, Vogeleier und Nestjunge.
Besonderes: Weil das Eichhörnchen bei weitem nicht alle von ihm vergrabenen Samen und Nüsse wiederfindet, leistet es einen großen Beitrag zur Verbreitung der Baumsamen im Wald.

Eichhörnchen

Eiderenten-Erpel

Eiderenten-Weibchen

Eiderente

Somateria mollissima

Unterfamilie: Enten

Zur Gattung *Somateria* gehören noch 2 weitere Arten, die im hohen Norden Eurasiens und N-Amerikas brüten: die Prachteiderente *(S. spectabilis)* und die Plüschkopfente *(S. fischeri)*.

Kennzeichen: ♂ 70 cm, ♀ 50 cm, Typisch langgestrecktes Kopfprofil. ♂ schwarz-weiß gefärbt mit lachsfarben überhauchter Brust und grünlichem Hinterkopf. ♀ mit typischem beigegrauen bis rötlichbraunen Tarngefieder. Rufe des ♀ tief schnarrend »gockgockgock«, ♂ während der Balz laut »ahuuo«.

Vorkommen: Küstengewässer und Flußmündungen der nördlichen Erdhalbkugel. Sehr selten auf Binnenseen.

Lebensweise: Nördliche Populationen sind z.T. Zugvögel, die im gesamten Nordseeraum und in der westlichen Ostsee überwintern. Brutvögel an der deutschen Küste sind Standvögel.

Brut: Flaches, mit Pflanzenmaterial ausgelegtes Nest, meist in Wassernähe. Mulde mit Dunen ausgekleidet; damit deckt das ♀ auch die Eier beim Verlassen des Nestes zu. 1 Brut (April–Mai). 4–6 graugrüne Eier; Brutdauer 28 Tage. Häufig bilden die Jungen mehrerer Paare sog. Kindergärten.

Nahrung: Muscheln und Krebstiere, Schnecken und Würmer. Nahrungssuche tauchend oder im Flachwasser gründelnd.

Besonderes: Das Polstermaterial des Nestes, die sog. Eiderdaunen, wird schon seit langem gesammelt und ist als Füllmaterial für Betten o.ä. aufgrund der hervorragenden Isoliereigenschaften hoch geschätzt.

Eierschlangen

Dasypeltinae

Familie: Nattern

Die bekannteste Art ist die auf graubraunem Grund dunkel gefleckte, schwach giftige Afrikanische Eierschlange *(Dasypeltis scabra)*.

Kennzeichen: Ca. 70–80 cm. Typische Nattergestalt mit kurzem, kleinem Kopf, schlankem Körper und langem Schwanz. Zähne stark zurückgebildet.

Vorkommen: Mit je 1 Gattung in Afrika und NO-Indien verbreitet. Auf der Suche nach Vogelnestern Baum- und Bodenbewohner.

Nahrung: Extreme Nahrungsspezialisten, fressen ausschließlich Vogeleier.

Besonderes: Mit ihrer Zunge können sie testen, wie groß das Ei ist und ob es bereits bebrütet ist. Unterkiefer und Hals sind so weit dehnbar, daß sogar sehr große Eier verschluckt werden können, ohne zu zerbrechen.

Einsiedlerkrebs

Pagurus bernhardus

Ordnung: Zehnfußkrebse

Dieser kleine Zehnfußkrebs hat einen weichen Hinterleib, der in einer leeren Schneckenschale verborgen ist.

Kennzeichen: Bis 10 cm lang, rotbraun gefärbt. 1. Schreitbeinpaar mit großen ungleichen Scheren (rechte Schere größer als linke).

Vorkommen: Europäische Küstengewässer. Am Meeresboden in der Flachwasserzone.

Lebensweise: Einzelgänger, der sich bei Gefahr vollständig in das Schneckenhaus zurückzieht und die Öffnung mit seiner großen Schere verschließt. Muß sich nach jeder Häutung ein neues, größeres Schneckenhaus als Wohnung suchen.

Fortpflanzung: → Krebse.

Nahrung: Abfälle, Aas, Beläge auf Muschelschalen und Steinen.

Einsiedlerkrebs

Besonderes: Lebt oft mit Hohltieren zusammen, die auf dem Schneckenhaus festgeheftet sind. Die mit Nesselzellen bewehrten Hohltiere bieten ihm Schutz, er sorgt für den notwendigen Ortswechsel und die damit verbundenen neuen Nahrungsgründe *(Symbiose).*

Eintagsfliege

Ecdyonurus

Ordnung: Eintagsfliegen

Wie der Name schon sagt, haben Eintagsfliegen ein recht kurzes Leben, das je nach Art nur wenige Stunden oder Tage dauert.

Eintagsfliege

Kennzeichen: 10–18 mm lang. Hinterflügel deutlich kleiner als Vorderflügel. Hinterleib hell rotbraun, 2 lange Schwanzborsten. Mundwerkzeuge verkümmert.

Lebensraum: In der Nähe von Fließgewässern.

Lebensweise: Das Vollinsekt kann keine Nahrung aufnehmen und lebt in der Regel nur wenige Stunden. Nach der Begattung lassen die ♀ die Eier im Flug über Wasser fallen. Die Larvenzeit dauert meist 1–2 Jahre. In dieser Zeit häuten sich die Larven 12–20mal. Durch ihre flache Körperform sind die Larven gut an das Leben im Wasser angepaßt. Aus dem letzten Larvenstadium schlüpft ein vollgeflügeltes Insekt, das sich an Land zur flugfähigen Fo rm häutet.

Nahrung: Die Larven weiden auf Steinen den Pflanzenbewuchs ab.

Besonderes: Die Eintagsfliegen werden als die urtümlichste Gruppe der geflügelten Insekten betrachtet, da sich bei manchen Arten nur die Männchen häuten.

Eisbär

Ursus (Thalarctos) maritimus

Familie: Großbären

Trotz seines abweichenden Äußeren ist der Eisbär eng mit dem → Braunbär verwandt. In Zoos kommen sogar Mischlinge vor.

Kennzeichen: Körperlänge bis 2,50 m, Gewicht im Winterspeck bis 1000 kg; ♀ kleiner und leichter als ♂; Fell gelblichweiß; Kopf relativ klein, Hinterkörper überbaut, kurzer Schwanz im Fell verborgen.

Vorkommen: An den Küsten, auf Treibeis und Inseln des Nordpolarmeers.

Lebensweise: Tagaktiv; Einzelgänger; wandert weit umher oder läßt sich auf Eisschollen treiben; schwimmt und taucht ausgezeichnet. Gräbt sich für den Winterschlaf eine Schneehöhle, in der er sich einschneien läßt.

Fortpflanzung: Im Dezember/Januar werden in einer Schneehöhle 1–3 (meist 2) nur rattengroße, sehr unterentwickelte Junge geboren. Wachsen schnell heran, wenn die Mutter im April oder Mai die Höhle verläßt, können sie ihr schon folgen. Bleiben gewöhnlich über 2 Jahre lang bei der Mutter, die daher nur jedes 3. Jahr Nachwuchs bekommt.

Nahrung: Robben, auch Fische und Aas, gelegentlich menschliche Abfälle.

Eisbär mit Jungtier

Eisfuchs

Alopex lagopus

Familie: Hunde

Unter den hundeartigen Raubtieren erweist sich der Eis- oder Polarfuchs als wahrer Überlebenskünstler in Eis und Schnee.

Eisfuchs

Kennzeichen: Körperlänge 50–60 cm; Schwanz sehr buschig, 30–40 cm lang; 2 Farbvarianten: »Weißfuchs« im Sommer grau oder braun, im Winter reinweiß, »Blaufuchs« im Sommer ebenfalls graubraun, im Winter jedoch braun, hellgrau oder schiefergrau. Heiseres, hundeartiges Bellen und Jaulen.

Vorkommen: Arktische und subarktische Region der Alten und Neuen Welt. Offene Tundra nördlich der Baumgrenze sowie Gezeitenzone der Küsten.

Lebensweise: Tag- und nachtaktiv, wenig scheu; monogam, außerhalb der Fortpflanzungszeit Einzelgänger; gräbt z. T. weitverzweigte Baue; besetzt im Sommer festes Revier, im Winter auf Nahrungssuche weite Streifzüge.

Fortpflanzung: Paarungszeit März/April; 6–12 Junge, die blind und taub sowie mit dunklem Fell geboren werden; Rüde beteiligt sich an der Aufzucht.

Nahrung: Kleine Säugetiere (überwiegend Lemminge), Vögel, Eier, Fische, Aas, Beeren, Pilze.

Besonderes: Der Polarfuchs wird häufig in Pelztierfarmen gehalten – gewöhnlich qualvoll in viel zu engen Käfigen.

Eisvogel

Alcedo atthis

Familie: Eisvögel

Wegen seines farbenprächtigen Gefieders heißt der Eisvogel auch »Fliegender Edelstein«.

Kennzeichen: 16,5 cm. Am Kopf und oberseits metallisch türkisblau, Bauch und Wangenfleck rostrot. Kräftiger Schnabel. Kurzer Schwanz.

Vorkommen: Langsam fließende, klare Bäche und Flüsse von Europa, N-Afrika, Asien ostwärts bis Japan und südlich bis Neuguinea. Während des Zuges und im Winter auch an stehenden Gewässern und an der Küste.

Lebensweise: Ungesellig und territorial; verteidigt auch im Winter ein Revier. Fliegt pfeilschnell und geradlinig dicht über das Wasser, dabei oft langgezogen »tiieht« oder kurz »tit tit tit« rufend. Teilzieher.

Brut: Beide Paarpartner graben eine bis zu 1 m lange, ansteigende, mit nach hinten zu einer Kammer erweiterten Brutröhre in einen Steilabhang oder Uferabbruch. 1–3 Bruten (April–Juli). Kann dadurch Verluste, die durch einen kalten Winter verursacht wurden, wieder ausgleichen. 6–8 Eier; Brutdauer 19–21 Tage, Nestlingszeit 25 Tage.

Nahrung: Kleine, schlanke Fische, die er von einer Warte aus stoßtauchend erbeutet. Daneben auch Wasserinsekten und Kaulquappen.

Besonderes: Zur Fütterung bilden die im Kreis hockenden Jungen ein »Fütterungskarussell«. Der dem Eingang am nächsten sitzende Jungvogel wird gefüttert und rückt dann einen Platz weiter; vorher gibt er noch einen Kotstrahl in den Eingang ab.

Eisvogel

Elch

Alces alces

Familie: Hirsche

Der Elch kommt in mehreren Unterarten in den nördlichsten Regionen der Alten und Neuen Welt vor, wobei die nordamerikanischen Elche erheblich größer werden als die europäischen.

Elch

Kennzeichen: Pferdegroßer, hochbeiniger Hirsch, Körperlänge bis über 3 m, Schulterhöhe bis 2,30 m, ♀ bleiben allerdings deutlich kleiner; breite, überhängende, sehr bewegliche Oberlippe; Fell dunkelbraun bis schwarz mit hellem Rückensattel und hell graubraunen Beinen; ♂ mit breit ausladendem, meist schaufelförmigem Geweih.
Verbreitung: Skandinavien und Nordosteuropa, Sibirien sowie Kanada und Alaska.
Lebensraum: Laub- und Mischwälder mit Gewässern und Sumpfgebieten.
Lebensweise: Tag- und nachtaktiv; außerhalb der Brunftzeit Einzelgänger; streift weit umher; schwimmt gut.
Fortpflanzung: Paarungszeit September/Oktober; Tragzeit $8\frac{1}{2}$ Monate; 1–2 Kälber, die der Mutter gleich nach der Geburt folgen können.
Nahrung: Im Sommer krautige Pflanzen, Laub, Wasserpflanzen; im Winter Zweige, Nadeln, Baumrinde.
Besonderes: Größte lebende Hirschart und zugleich größtes wildlebendes Tier Europas.

Elefanten → Afrikanischer Elefant, → Asiatischer Elefant

Elefanten-spitzmäuse

Macroscelidinae

Familie: Rüsselspringer

Zusammen mit den etwas größeren Rüsselhündchen *(Rhynchocyon)* bilden die 12 Arten von Elefantenspitzmäusen eine so eigentümliche Tierfamilie, daß sie in der zoologischen Systematik als eigene Ordnung geführt werden. Gemeinsam ist ihnen ein rüsselartig langgezogenes, sehr bewegliches Schnäuzchen und verlängerte Hinterbeine, mit denen sie springen können.
Kennzeichen: Körpergröße rund 10 bis 14 cm; Schwanz dünn, etwa körperlang; graues oder braunes bis sandfarbenes Fell; große, häutige Ohrmuscheln.
Vorkommen: Afrika südlich der Sahara. Von Trockenwäldern über Savannen und Buschgebieten bis zu trockenen, baumlosen Graslandschaften.
Lebensweise: Strikt territorial; Reviermarkierung durch Kot und Duftmarken. Dauerhafte Paarbindung; ein Paar legt in der Bodenstreu ein enges Wegenetz an, auf dem beide flink umherhuschen. Benützen weder Erdbau noch Nest als Unterschlupf.
Fortpflanzung: Nur 1–2 Junge pro Wurf, die sehr weit entwickelt geboren werden und schon nach wenigen Stunden herumlaufen können.
Nahrung: Vorwiegend Insekten und andere Wirbellose, aber auch Pflanzenkost.

Elefantenspitzmaus

Elenantilope

Tragelaphus oryx

Familie: Hornträger

Die pferdegroße Elenantilope ist die größte aller Antilopen. Sie zählt zur Unterfamilie der Waldböcke.

Kennzeichen: Schulterhöhe 1,70 bis 1,90 m; beide Geschlechter mit spiralig gedrehten Hörnern, beim ♂ bis 1,20 m, beim ♀ nur etwa halb so lang; Fell rötlich-, ocker- oder graubraun, erwachsene Tiere mit dünnen, senkrechten, weißen Rückenstreifen; lang herabhängende Halswamme; »Kuhschwanz«.

Vorkommen: Afrika südlich der Sahara. Lichter Buschwald, offene Steppe bis hin zur Halbwüste, im Gebirge bis über 4000 m Höhe.

Lebensweise: Gesellig, meist in Trupps von 20–50 Tieren, nach Geschlechtern getrennt oder auch gemischt, alte ♂ oft Einzelgänger.

Wanderungen: Oft jahreszeitliche Wechsel des Aufenthaltsgebiets, von offener Grassavanne in der Regenzeit zu Dornbuschwäldern während der Trockenzeit.

Fortpflanzung: Paarungen und Geburten nicht an bestimmte Jahreszeit gebunden. Jeweils 1 Kalb, das in den ersten Lebenstagen im Gras liegenbleibt und von der Mutter verteidigt wird.

Nahrung: Laub und Baumtriebe ebenso wie Gräser und Kräuter.

Elenantilope

Entenmuscheln

Lepadomorpha

Unterklasse: Rankenfüßer

Entenmuscheln sind Krebstiere mit festsitzender Lebensweise. Die etwa 300 Arten kommen in fast allen Meeren an Treibholz oder Schiffsrümpfen festgeheftet vor. Bekannte Arten sind: *Lepas anatifera, Lepas fascicularis*.

Kennzeichen: Aus dem Vorderkopf entwickelt sich ein mehr oder weniger langer, muskulöser Stiel, mit dem sich die Tiere festheften. Der übrige Körper wird durch eine zweiklappige Schale geschützt. 6 Paar vielgliedrige, rankenartige Beine strudeln frisches Atemwasser und Nahrung herbei.

Fortpflanzung: Entenmuscheln sind Zwitter. Aus den befruchteten Eiern entwickeln sich über 3 freischwimmende Larvenstadien *(Nauplius – Metanauplius – Cypris)* wieder festsitzende Tiere.

Entenmuscheln

Entenvögel

Anatidae

Entenvögel sind überwiegend mittelgroße bis große Wasservögel mit Schwimmfüßen. Die wenig einheitliche Familie umfaßt 3 Unterfamilien mit 147 Arten, von denen folgende genauer beschrieben werden: → Brandgans, → Eiderente, → Gelbbrust-Pfeifgans, → Graugans, → Hökkerschwan, → Reiherente, → Schneegans, → Stockente, → Trompeterschwan, → Zwergsäger.

Verbreitung: Weltweit außer Antarktis und einigen pazifischen Inseln.

Lebensraum: Gewässer aller Art.

Stockente

Entenwal

Hyperoodon ampullatus

Unterordnung: Zahnwale

Zusammen mit seiner Schwesterart, dem im Südatlantik vorkommenden Südlichen Entenwal *(Hyperoodon planifrons)*, zählt der Entenwal oder Dögling zur Familie der Schnabelwale.

Kennzeichen: ♂ ca. 9 m, ♀ 7,50 m lang; hoch aufgewölbte Stirnpartie, die stark vom entenähnlichen »Schnabel« abgesetzt ist; kleine, hakenförmige Rückenflosse; Färbung dunkelgrau, Bauch weißlich, im Alter ist oft das ganze Tier weißlich.

Vorkommen: Im Nordatlantik, vorzugsweise auf offener See; zieht im Herbst südwärts, oft bis auf Höhe des Äquators, gerät dabei gelegentlich auch in die Nordsee.

Lebensweise: Schwimmt gewöhnlich in kleinen Gruppen bis zu 10 Tieren umher. Ausgesprochener Tieftaucher, der bei der Nahrungssuche über 1000 m tief tauchen und länger als 1 Stunde unter Wasser bleiben kann.

Fortpflanzung: Nach einer Tragzeit von rund 1 Jahr jeweils 1 Junges.

Nahrung: In erster Linie Tintenfische.

Besonderes: Der aufgetriebene Stirnschädel enthält eine ölige Substanz, das sog. Walrat, das wahrscheinlich eine Rolle beim Druckausgleich spielt, wenn der Dögling taucht.

Erdbeerfröschchen

Dendrobates pumilio

Familie: Baumsteigerfrösche

Das Erdbeerfröschchen gehört zu den Baumsteigerfröschen, die durch ihre Giftigkeit bekannt sind.

Kennzeichen: Ca. 2 cm. Viele verschiedene Rassen mit unterschiedlicher Färbung: z.B. Costa-Rica-Rasse leuchtend rot mit blauen Beinen und blauem Hinterteil; Panama-Rasse gelb mit dunklen Flecken. Färbung ist Warntracht wegen der äußerst giftigen Hautausscheidungen.

Vorkommen: Tropische Regenwälder der Atlantikküste von Nicaragua bis Panama bis in 900 m Höhe.

Lebensweise: Nahrungssuche hoch in den Bäumen. Erdbeerfröschchen betreiben eine außergewöhnliche Brutfürsorge. Bis zum Schlüpfen der Larven werden die 6–9 auf einem Blatt abgelegten Eier täglich vom ♂ befeuchtet. Danach verfrachtet das ♀ die Larven zur weiteren Entwicklung einzeln in den Trichter einer Bromelie und füttert diese dort wöchentlich einmal mit unbefruchteten Eiern. Larvenzeit 6–8 Wochen.

Nahrung: Winzige Insekten und Spinnen.

Erdbeerköpfchen → Unzertrennliche

Erdbeerfrosch

Erdferkel

Orycteropus afer

Familie: Erdferkel

Das Erdferkel, einzige Art seiner Familie, ist der letzte Überlebende der seit Jahrtausenden ausgestorbenen Urhuftiere. Die Wissenschaft stellt es in die Ordnung der Röhrchenzähner.

Kennzeichen: Kopf-Rumpflänge gut 1 m; Schwanz känguruhartig, 60–70 cm lang; langgezogene Schnauze mit schweineähnlicher Rüsselscheibe; große, nahezu unbehaarte Tütenohren.

Verbreitung: In mehreren Unterarten in ganz Afrika südlich der Sahara.

Lebensraum: Savanne, Steppe, aber auch Regenwald.

Lebensweise: Nachtaktiver Einzelgänger; verschläft den Tag in selbstgegrabenen Erdhöhlen mit meterlangen Tunneln und meist mehreren Ausgängen; in einem solchen Bau auch Geburt und Aufzucht des immer nur einzelnen Jungen.

Nahrung: In erster Linie Termiten, deren harte Hügel es mit seinen Klauen öffnet, aber auch andere Insekten und deren Larven.

Erdferkel

Erdkröte

Bufo bufo

Familie: Kröten

Die Erdkröte ist die häufigste und größte Kröte Europas.

Erdkröte (Jungtier)

Kennzeichen: 8–15 cm; ♂ kleiner als ♀; südeuropäische Rasse bis 20 cm. Oberseits ocker- bis dunkelbraun, unterseits weißlich bis bräunlich mit undeutlicher Fleckung. Haut stark warzig. Große Ohrdrüsen hinter den Augen. Pupille querstehend.

Vorkommen: Ganz Europa bis auf den hohen Norden, Island, Irland, Kreta, Sardinien, Korsika und die Balearen. In einem breiten Band quer durch N- und Zentral-Asien bis Japan, N-Afrika. Unterschiedliche Lebensräume – auch trockene. Wälder aller Art, Kulturlandschaften, Siedlungen.

Lebensweise: Außerhalb der Paarungszeit nachtaktives Landleben. Wanderung zu den Laichgewässern schon kurz nach der Schneeschmelze. Paarbildung manchmal bereits auf der Laichwanderung. ♂ klammert sich an ♀, hält sich mit speziellen Brunftschwielen an der Innenseite der ersten 3 Finger fest. Laich in langen Schnüren zwischen Wasserpflanzen und Gegenständen aufgehängt. Winterruher unter Steinen, im Laub oder im Boden.

Nahrung: Fängt Insekten und deren Larven, Spinnen, Würmer, Schnecken mit ihrer klebrigen Zunge. Zum Schlucken werden die Augäpfel in die Augenhöhle zurückgezogen.

Besonderes: Neben dem → Grasfrosch hat die Erdkröte das größte Verbreitungsgebiet unter den europäischen Froschlurchen.

Erdmännchen

Suricata suricatta

Familie: Schleichkatzen

Die drollig wirkenden Erdmännchen oder Surikate sind flinke, kleine Raubtiere und mit den Mangusten bzw. → Mungos verwandt.

Erdmännchen

Kennzeichen: Körperlänge knapp 30 cm, Schwanz schlank, ca. 20 cm lang; Fell ockerbraun, bauchseits eher grau, kontrastreiche schwarze Augenringe.
Vorkommen: Offene Trockengebiete und Savannen im südlichen Afrika.
Lebensweise: Tagaktiv; sehr gesellig, lebt in sozialen Verbänden bis zu 30 Tieren; gräbt Erdhöhlen in den harten Boden, bezieht aber auch gern von anderen Tieren angelegte Bauten.
Verhalten: Richtet sich häufig hoch auf den Hinterbeinen auf, um zu sichern; wärmt sich morgens gerne auf, indem es sich wie ein Sonnenanbeter die Sonne auf den Bauch scheinen läßt.
Fortpflanzung: Vor allem in der warmen und feuchten Jahreszeit Oktober bis März bringen die ♀ in den Bauen je 2–5 Junge zur Welt, die von beiden Elternteilen fürsorglich betreut werden.
Nahrung: Hauptsächlich Insekten und deren Larven, aber auch kleine Wirbeltiere, wie Reptilien, bodenbrütende Vögel oder Kleinsäuger.

Erdmaus → Feldmaus

Erdwolf

Proteles cristatus

Familie: Hyänen

Der Erdwolf, bisweilen auch Zibethyäne genannt, wirkt wie eine zu klein geratene, zierliche → Streifenhyäne.
Kennzeichen: Schulterhöhe 40–50 cm; Fell erdfarben (ocker- bis rötlichbraun) mit schwarzer Streifenzeichnung; aufrichtbare Mähne, buschiger Schwanz.
Vorkommen: Ost- und Südafrika. In offenem Grasland, auch in der Savanne und in felsigen Gebieten.
Lebensweise: Zumeist nachts aktiv, verschläft den Tag in selbstgegrabenen Erdhöhlen oder Felsspalten; lebt einzelgängerisch oder paarweise; besetzt ein Territorium von 1–2 km² Größe, das mit Duftmarken gekennzeichnet und vehement verteidigt wird.
Fortpflanzung: 2–4 Junge, die mit offenen Augen, aber zunächst noch hilflos geboren werden; kommen nach 6–8 Wochen erstmals aus ihrer Geburtshöhle, gehen mit etwa 4 Monaten allein auf Nahrungssuche, bleiben aber bis zu Beginn der nächsten Fortpflanzungszeit bei der Mutter.
Nahrung: Vor allem Termiten, die er mit schnellen Zungenbewegungen aufleckt, gelegentlich auch andere Insekten und Kleintiere, Eier oder Kadaver.

Erdwolf

Escorpion → Gila-Krustenechse

Etrusker-Spitzmaus

Suncus etruscus

Familie: Spitzmäuse

Bis man in den 70er Jahren in Thailand die Schweinsnasen-Fledermaus entdeckte, galt die Etrusker-Spitzmaus als das kleinste Säugetier der Welt.

Etrusker-Spitzmaus

Kennzeichen: Körperlänge 3,5–5 cm, Schwanz ca. 2,5 cm lang, Gewicht 1,5–2 g. Ohrmuscheln häutig, auffallend groß.
Vorkommen: Südeuropa, Südasien, Nordafrika. Dichtbewachsenes, feuchtes Gelände, Wald, Gärten, Kulturland, häufig an Bachufern.
Lebensweise: Überwiegend nachtaktiv; Einzelgänger; klettert geschickt.
Fortpflanzung: Nest bevorzugt an Sonnenhängen oder in alten Mauern. Wahrscheinlich 3–5 Würfe im Jahr mit je 2–5 nackten, blinden Jungen. Das Geburtsgewicht beträgt etwa 0,2 g.
Nahrung: Hauptsächlich Kleininsekten und Spinnen.
Besonderes: In kühleren Gegenden ihres Verbreitungsgebiets hat die winzige Spitzmaus mit übermäßigen Wärmeverlusten zu kämpfen. In der Nacht oder bei Nahrungsknappheit erstarren die Tierchen oft für Stunden in tiefer Lethargie, wobei ihre Körpertemperatur absinkt. So verringern sie ihren Energieverbrauch.

Eulenfalter

Noctuidae

Ordnung: Schmetterlinge

Die etwa 25 000 Arten umfassende Gruppe der Eulenfalter ist auf allen Erdteilen vertreten. Größe und Farbe der nachtaktiven Falter (Name!) umfassen ein weites Spektrum. Neben winzigen Arten, mit einer Flügelspannweite von nur 10 mm, finden sich in den Tropen riesige Formen, wie z. B. der größte Schmetterling überhaupt: die südamerikanische Art *Thysania agrippina* mit 30 cm Flügelspannweite. Der größte einheimische Eulenfalter ist das → Blaue Ordensband. Aber auch eine Reihe von Schädlingen ist in dieser Nachtfalter-Familie vertreten, wie z. B. die Kieferneule *(Panolis flammea)*, der Kahnspinner *(Bena prasina)* und die Kohleule *(Mamesta brassicae)*. Dic Gammaeule *(Autographa gamma)* gehört zu den Wanderfaltern in dieser Familie.
Kennzeichen: Gemeinsames Merkmal sind Gehörorgane, mit denen sie die Echolotrufe der Fledermäuse wahrnehmen und diesen durch geschickte Flugmanöver entkommen.

Rotes Ordensband

Eulenschwalm

Podargus strigoides

Familie: Eulenschwalme

Diese Schwalmvögel verdanken ihren Namen der eulenartigen Stellung der großen Augen.

Eulenschwalm

Kennzeichen: 34–50 cm, Größe variiert je nach Rasse und nimmt nach Süden zu. Hervorragend getarnt durch rindenartig gemustertes, graubraunes Gefieder. Breiter, flacher Hakenschnabel mit sehr weiter Mundspalte. Oberhalb des Schnabels ein borstenartiger Federschopf.

Vorkommen: Australien und Tasmanien. Offene Waldgebiete, auch entlang von Flußläufen.

Lebensweise: Nachtaktiv. Rastet tagsüber auf einem Ast; bei Beunruhigung Tarnstellung durch starre Haltung und nach oben gerecktem Kopf, Augen bis auf kleine Schlitze geschlossen. Langsamer Flug mit schnellen, flachen Flügelschlägen und langen Gleitphasen.

Brut: Lebt meist paarweise. Nest aus Zweigen, Gras, Flechten und Spinnweben, mit Dunen ausgepolstert; vom ♂ in eine Astgabel gebaut. Beide Partner bebrüten die 1–3 weißen Eier 30 Tage lang; Nestlingszeit 30 Tage.

Nahrung: Große Insekten, Skorpione, kleine Wirbeltiere; auch Früchte. Jagd vom Ansitz aus; überwältigt Beute am Boden.

F

Fadenfische

Trichogasterinse

Unterordnung: Labyrinthfische

In der Unterfamilie Fadenfische werden 5 Gattungen zusammengefaßt: Fadenfische (*Trichogaster*), Zwergfadenfische (*Colisa*), Knurrende Guramis (*Trichopsis*), Schokoladenguramis (*Sphaerichthys*) und Pfauenaugenguramis (*Parasphaerichthys*). Alle Fadenfische sind beliebte Aquarienfische. Charakteristisches Merkmal dieser Fische ist die geringe Anzahl der Bauchflossenstrahlen; bei den Gattungen *Trichogaster* und *Colisa* sind sie bis auf einen einzigen reduziert, der frei beweglich und mit Geschmacks- und Tastzellen besetzt ist. Zu den farbenprächtigsten Labyrinthfischen zählt der Mosaikfadenfisch (*Trichogaster leeri*). Der Knurrende Guramie (*Trichopsis vittatus*) zeichnet sich dadurch aus, daß er weithin hörbare knurrende Laute von sich gibt.

Vorkommen: Südostasien. Meist in trüben, schlammigen Gewässern mit dichtem Pflanzenbewuchs.

Mosaikfadenfisch

Blaue Fadenfische

Fadenwürmer

Nematoda

Stamm: Schlauchwürmer

Die Fadenwürmer gehören zu den häufigsten mehrzelligen Tieren.
Kennzeichen: Meist fadenförmig langgestreckt, 0,1 mm – 8 m lang. Körper drehrund und durchscheinend.
Vorkommen: Überall auf der Welt. Im Salz- und Süßwasser, im Boden, in heißen Quellen, sogar im Eis der Antarktis.
Fortpflanzung: Die meisten Arten sind getrenntgeschlechtlich, einige auch Zwitter. Die Vermehrung erfolgt stets auf geschlechtliche Art.
Nahrung: Freilebende Fadenwürmer ernähren sich von Kleinstlebewesen, schmarotzende Arten von den Säften ihrer Wirte.
Besonderes: Sehr viele Fadenwürmer sind Parasiten und können Pflanzen, Tiere sowie Menschen sehr schädigen. Tierische bzw. menschliche Schädlinge sind z.B. der → Spulwurm, die Filarien (*Filarioidae*) oder die Trichine (*Trichinella spiralis*).

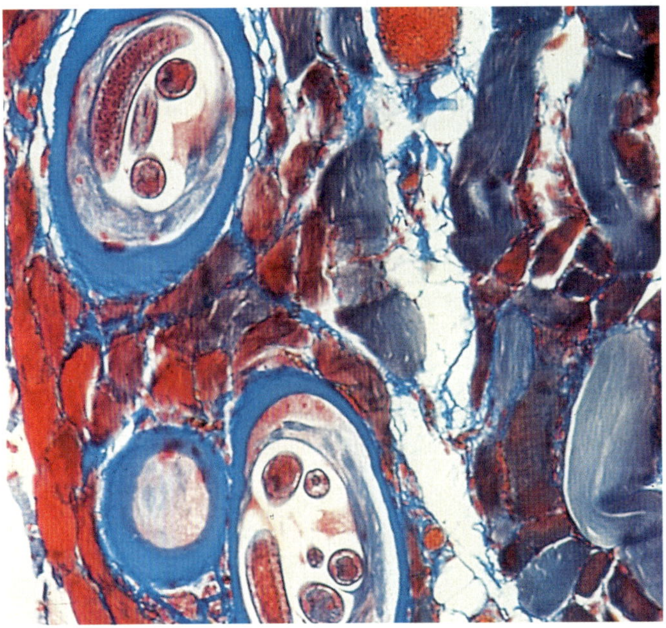

Fadenwürmer (Trichine)

Fanaloka

Fossa fossana

Familie: Schleichkatzen

Die kleine und verhältnismäßig langbeinige Schleichkatze repräsentiert einen sehr ursprünglichen Typ von Raubtieren.
Kennzeichen: Etwa 40 – 50 cm groß, Schwanz gut 20 cm lang, buschig. Fell graubraun mit schwarzen Streifen, die sich in Tupfenreihen auflösen, Bauch weißlich; Krallen rückziehbar.
Vorkommen: In den Regenwäldern Madagaskars.
Lebensweise: Dämmerungs- und nachtaktiv; hält sich überwiegend am Boden auf, klettert aber auch ausgezeichnet im Geäst. Über die Lebensweise ist sonst nicht viel bekannt, außerhalb der Fortpflanzungszeit scheint die Fanaloka einzelgängerisch umherzustreifen, während der Paarungszeit trifft man sie meist zu zweit an.
Fortpflanzung: Nur 1 Junges pro Geburt.
Nahrung: Insekten und deren Larven, Würmer, Schnecken, Krebse und kleine Wirbeltiere.

Fanaloka

Fangschrecken → Gottesanbeterin

Farbfrösche → Baumsteigerfrösche

Fasan → Jagdfasan

Faultier → Dreifinger-Faultier, → Zweifinger-Faultier

Federsterne → Haarsterne

Feenseeschwalbe

Gygis alba

Familie: Seeschwalben

Seeschwalben sind schlanke Vögel mit spitzen, langen Flügeln und gegabeltem Schwanz. Sie kommen in 43 Arten weltweit vor.

Feenseeschwalbe

Kennzeichen: 28 – 33 cm. Einzige Seeschwalbe mit rein weißem Gefieder. Große, schwarze Augen. Schwanz gegabelt. Flug schnell und wendig. Die langen Flügel wirken von unten gegen den Himmel fast transparent.
Vorkommen: Bewaldete Inseln der tropischen und subtropischen Ozeane, wie Fernando do Noronka, Trinidad oder Ascension. Außerhalb der Brutzeit auf dem Meer.
Brut: Brütet paarweise auf Ästen, Farnwedeln oder Felssimsen, meist zwischen Mai und Januar. Baut kein Nest, das einzige Ei liegt direkt auf dem Untergrund. Um zu verhindern, daß es herunterfällt, findet nur alle 2–3 Tage Brutablösung statt. Das Junge kann sich sofort nach dem Schlüpfen mit seinen kräftigen Krallen und dem Schnabel am Ast festhalten. Brutdauer 30–36 Tage, das Junge ist nach ca. 50 Tagen flügge, bleibt aber noch mind. 50 Tage am Nest.
Nahrung: Fische und Krebse, die sie von der Wasseroberfläche aufnimmt; fängt auch kleine fliegende Fische.

Feldgrille

Gryllus campestris

Familie: Grillen

Durch intensive Landwirtschaft ist die früher sehr häufige Feldgrille heute regional gefährdet.
Kennzeichen: 2–2,6 cm lang. Körper gedrungen, braunschwarz gefärbt. Kräftige Beine.
Vorkommen: Mittel- und Südeuropa, bis nach Nordafrika und Kleinasien. Sonnige, trockene Rasen und Schuttflächen.
Lebensweise: Nachtaktiv. ♂ und ♀ leben einzeln in 30–40 cm tiefen selbstgegrabenen Erdröhren. Von Mai bis Juli zirpen nachts die ♂ vor dem Röhreneingang und locken die ♀ an. Diese besteigen bei der Paarung die ♂ und legen wiederholt Eier in den Grabröhren ab. Die nach 2–3 Wochen ausschlüpfenden Larven bleiben eine Zeitlang zusammen, häuten sich etwa 7mal und graben sich dann zum Überwintern einzeln ein.
Nahrung: Teils pflanzlich, teils tierisch.
Besonderes: Ihren etwas eintönigen Gesang erzeugen die Männchen, indem sie die Vorderflügel gegeneinanderreiben.

Feldgrille

Feldhamster

Feldhamster

Cricetus cricetus
Familie: Wühler

Obgleich sich der possierliche Kerl aus der Mäuseverwandtschaft im Freiland nur selten beobachten läßt, kennt doch jeder den Begriff »hamstern« für Vorräte sammeln.

Kennzeichen: 24–30 cm groß, Schwänzchen 4–6 cm; Fell ausgesprochen »bunt«, oberseits gelblich- und rötlichbraun, unterseits schwarz, im Gesichts- und Schulterbereich weiße bis gelbliche Scheckung. Ohren rund, fast unbehaart; weit dehnbare Backentaschen.

Vorkommen: Mittel- und Osteuropa sowie Zentralasien. Offene Landschaften, vor allem Steppen und Ackerbauflächen, vorzugsweise auf Löß- oder Lehmboden.

Lebensweise: Dämmerungs- und nachtaktiv; Einzelgänger; bewohnt selbstgegrabene unterirdische Gangsysteme; trägt Nahrung in seinen Backentaschen zum Bau, wo er große Vorräte anlegt; hält *Winterschlaf*, wacht jedoch zwischendurch häufig auf, um von den Vorräten zu fressen.

Verhalten: Droht, auf den Hinterbeinen aufgerichtet, mit lautem Knurren und Zähneknirschen.

Fortpflanzung: 2–3 Würfe im Jahr mit je 4–8, selten auch bis zu 12 Jungen, die nackt und blind geboren werden. Entwickeln sich schnell, sind mit etwa 4 Wochen bereits selbständig.

Nahrung: Gräser und Kräuter, Wurzeln, Getreide und Feldfrüchte, aber auch Insekten, Schnecken, Würmer und kleine Wirbeltiere.

Besonderes: Der wehrhafte Geselle ist nicht zu zähmen. Die als Heimtiere gehaltenen Hamster sind → Gold- oder → Zwerghamster.

Feldhase

Lepus europaeus
Familie: Hasenartige

Gemeinhin werden Hasen für Nagetiere gehalten, doch sind sie, trotz ihrer kräftigen Nagezähne, mit diesen nicht näher verwandt. Zusammen mit Kaninchen und → Pfeifhasen bilden sie eine eigene Ordnung der Hasentiere.

Kennzeichen: 40–70 cm groß, Stummelschwänzchen; Fell gelblichbraun mit grauer Melierung, Bauch und Schwanzunterseite weiß; Ohren sehr lang, stets mit schwarzer Spitze.

Verbreitung: Ganz Europa außer Nordskandinavien und Island, außerdem Nordafrika, Vorder- und Mittelasien.

Lebensraum: Ursprünglich Steppengebiete, heute hauptsächlich sog. Kultursteppen (landwirtschaftliche Feldfluren), aber auch Sümpfe und Dünen, im Gebirge bis fast 3000 m Höhe.

Lebensweise: Dämmerungs- und nachtaktiv; lebt einzelgängerisch. In der Brunft heftige Kämpfe der ♂ um einzelne ♀; Paarungsvorspiel mit wilden Verfolgungsjagden und Raufereien.

Verhalten: Duckt sich bei Annäherung eines Feindes zunächst reglos, um erst in letzter Sekunde aufzuspringen und hakenschlagend wegzurennen.

Fortpflanzung: Paarungszeit (in Mitteleuropa) Januar bis Juli; 3–4 Würfe im Jahr mit je 2–5 Jungen, die voll behaart und sehend geboren werden und nach wenigen Stunden laufen können. Lager nicht in einem Bau, sondern nur in einer Bodenmulde.

Nahrung: Ausschließlich Pflanzenkost.

Feldhase

Feldlerche

Alauda arvensis

Familie: Lerchen

Die Feldlerche ist die größte und bekannteste Lerche Mitteleuropas.

Feldlerche

Kennzeichen: 17–18 cm. Überwiegend tarnfarben mit hell- und dunkelbraunen Tönen. Schwanz lang, mit weißen Außenkanten. Oberkopffedern zu einer Haube aufrichtbar.
Stimme: Lang anhaltender Gesang aus tirilierenden, trillernden und wirbelnden Elementen mit vielen Imitationen, meist im hohen Singflug vorgetragen. Steigt dazu stumm auf, rüttelt dann minutenlang singend am Himmel, läßt sich abschließend wie ein Stein fallen.
Vorkommen: Europa, Nordafrika; vom Mittleren Osten über Mittelasien bis Japan. Auf den Inseln Vancouver und Hawaii sowie in Australien und Neuseeland eingeführt. Fast alle offenen Flächen und Kulturlandschaften. Auch an der Küste in Dünengelände oder auf baumlosen Hochebenen im Gebirge.
Lebensweise: Nahrungssuche v.a. auf dem Boden oder an niedrigen Pflanzen. Grasnest meist gut versteckt unter einem Grasbüschel. Um den Standort nicht zu verraten, landen die Vögel in der Nähe und laufen hin. 2 Bruten (April–Juli). 3–4 Eier; Brutdauer 12–14 Tage, Nestlingszeit ca. 9 Tage. Teilzieher.
Nahrung: Insekten und Spinnen, auch grüne Pflanzenteile und Sämereien.
Besonderes: Eine besondere Atemtechnik erlaubt der Feldlerche ihren langen, manchmal bis zu $^1/_4$ Stunde dauernden Gesangsvortrag.

Feldmaus

Microtus arvalis

Unterfamilie: Wühlmäuse

Die Feldmaus ist das wohl häufigste wildlebende Säugetier Mitteleuropas. In der Landwirtschaft gilt sie als ernstzunehmender Ernteschädling, zumal es immer wieder zu Massenvermehrungen kommt.
Kennzeichen: 9–12 cm groß, Schwanz nur etwa $^1/_3$ körperlang, Fell oberseits bräunlich- bis gelblichgrau, bauchseits hellgrau.
Verbreitung: Ganz Europa außer den Mittelmeerländern, im Osten bis Mittelrußland.
Lebensraum: Offene, trockene Flächen, Wiesen, Felder; meidet den geschlossenen Wald.
Lebensweise: Tag- und nachtaktiv; bewohnt selbstgegrabene Erdbaue mit Nest- und Vorratskammern und zahlreichen Ausgängen; Baue in lockeren Kolonien.
Fortpflanzung: 3–6 Würfe im Jahr mit durchschnittlich 6–7 Jungen, die nach 20 Tagen selbständig sind. Weibliche Jungtiere werden oft im Alter von 2 Wochen schon gedeckt und bekommen dann mit 5 Wochen selbst bereits Junge.
Nahrung: Gräser, Kräuter, Früchte, Samen, vor allem Getreidekörner und Feldfrüchte.
Besonderes: Die Feldmaus hält in der Fortpflanzungsgeschwindigkeit den Rekord unter den Säugetieren. Unter günstigen Umständen kann es eine einzige Feldmaus in ihrem kurzen Leben von meist nur 4–5 Monaten auf die stolze Zahl von rund 500 Nachkommen bringen.

Feldmaus

Feldspitzmaus

Crocidura leucodon

Familie: Spitzmäuse

Spitzmäuse gehören ebensowenig zu den Mäusen wie etwa Fledermäuse. Anders als die Nagetiere machen sie sich als Vertreter der Ordnung Insektenfresser für den Gärtner und Landwirt überaus nützlich.

Feldspitzmaus

Kennzeichen: 6–8 cm groß, Schwanz etwa $^1/_2$ körperlang; Fell oberseits dunkelgrau, scharfe Farbgrenze zur weißlichen Unterseite; Ohrmuscheln groß und häutig.
Vorkommen: Mittel- und Südosteuropa, östlich bis zum Ural. Trockene, sonnige Wiesen, Waldränder, Gärten, Feldraine.
Lebensweise: Tag- und nachtaktiv; Einzelgänger; legt ihr Nest entweder in der Grasdecke oder unterirdisch in selbstgegrabenen oder von Mäusen übernommenen Gängen an.
Fortpflanzung: 2–4 Würfe im Jahr mit je 3–9 Jungen, die nackt und blind geboren werden.
Nahrung: Insekten, Schnecken, Würmer, kleine Wirbeltiere, Aas.
Besonderes: Bei den ersten Ausflügen aus dem Nest führt die Feldspitzmaus ihre Jungen in einer Schlange hinter sich her, wobei sich jedes mit den Zähnen am Hinterteil seines »Vordermanns« festhält. Eine derartige Karawanenbildung ist auch von der → Hausspitzmaus bekannt.

Felseneidechse

Lacerta saxicola

Familie: Echte Eidechsen

Die Gattung Halsbandeidechsen (*Lacerta*) wird in 6 Untergattungen aufgeteilt. Zur Gruppe der Mauereidechsen gehört neben der Felseneidechse und → Mauereidechse auch die Ruineneidechse (*Lacerta sicula*).
Kennzeichen: 23 cm. Schlanke Eidechse mit abgeplattetem Rumpf, langem Schwanz und langem, flachem Kopf.
Verbreitung: Türkei; von der Krim über den Kaukasus bis nach Turkmenien.
Lebensraum: Felsiges Gelände, Geröllhalden, felsige Bach- und Flußbetten mit viel Vegetation. Im Gebirge bis in 2000 m Höhe. Auch an menschlichen Bauwerken wie Mauern oder Brücken.
Lebensweise: Tagaktiv. Sonnt sich gern. Steht auf der Speisekarte von verschiedenen Natterarten. Jagt fliegende Insekten auch springend. Das ♂ besetzt ein Revier, das es gegen andere ♂ verteidigt. Duldet nur einige geschlechtsreife ♀ dort. ♀ legt 3–5 Eier in feuchten Boden. Winterruher.

Felseneidechse

Nahrung: Insekten und Spinnen; Würmer und Schnecken.
Besonderes: Von einigen Populationen ist bekannt, daß es nur ♀ gibt, die sich *parthenogenetisch* vermehren. D. h., aus den unbefruchteten Eiern schlüpfen zwar Junge, aber natürlich nur ♀.

Felsenhahn → Cayenne-Klippenvogel

Felsenpython → Pythons

Felsentaube

Columba livia

Familie: Tauben

Die Felsentaube ist die Stammform aller gezüchteten Haustaubenrassen sowie der verwilderten Stadttauben.

Felsentaube

Kennzeichen: Die meisten der allbekannten grauen »Formen« der Straßentaube sehen noch wie die Wildform aus.
Stimme: Gesang während der Balz das typische gurrende »Ruckedi-guh«.
Vorkommen: Koloniebrüter an Felsen und felsigen Küsten von Europa, Nordafrika und dem südlichen Asien. Stadttauben an Mauern, Hauswänden, unter Brücken o. ä.
Brut: Einmal verpaart, leben Felsentau ben in Einehe. ♂ wirbt, sich ständig verneigend und gurrend, mit aufgeblasenem Kropf und am Boden schleifendem, gefächertem Schwanz um ♀. Nest eine lockere Plattform aus Zweigen und Halmen, meist auf einem Felssims gebaut. Als Ersatz in der Stadt dienen Mauervorsprünge o.ä. 3–4 Bruten (März–September). 2 Eier; Brutdauer 17–18 Tage, Junge mit 35 Tagen flügge. Die Jungen werden bis zum 5. Tag mit einer speziellen Kropfmilch gefüttert. Jahresvogel.
Nahrung: Sämereien aller Art, grüne Pflanzenteile, Beeren; auch an Fütterungen.
Besonderes: Viele Erkenntnisse über das Orientierungsverhalten der Vögel auf dem Zug gewannen die Wissenschaftler am Beispiel von Tauben.

Felskänguruhs

Petrogale

Familie: Känguruhs

»Gemsen Australiens« werden die kleinen Känguruhs oft genannt, weil sie in felsigem Terrain mit großer Gewandtheit und Trittsicherheit klettern und springen.
Kennzeichen: Aufrecht sitzend höchstens 80 cm, die kleinste Art aber gerade mal 30 cm hoch; Hinterfüße breit, mit rauhen, »griffigen« Sohlen; Schwanz lang, vom Ansatz ab gleichmäßig dick.
Vorkommen: Trockene Regionen Australiens. Auf Geröllhalden und felsigen Abhängen.
Lebensweise: Dämmerungsaktiv, verbringen heiße Tagesstunden in Felshöhlen. Leben in Kolonien von 10–100 Tieren; strenge Rangordnung unter den ♂, nur die ranghöchsten haben Zugang zum zentralen Bereich des Gruppenterritoriums, in dem die Höhlen der ♀ liegen.
Fortpflanzung: Jeweils 1 Junges, das 6–7 Monate im Beutel der Mutter herumgetragen wird.

Gelbfuß-Felskänguruh

Nahrung: Gras, auch Kräuter und Laub.
Besonderes: Felskänguruhs benützen ihren Schwanz kaum als Stütze, sondern als eine Art Balancierstange. Beim Hüpfen halten sie ihn, in charakteristischer Weise S-förmig gekrümmt, steif abgestreckt.

Fennek → Wüstenfuchs

Fettschwalm

Steatornis caripensis

Familie: Fettschwalme

Der Fettschwalm ist die einzige Art seiner Familie.

Kennzeichen: 48 cm. Oberseits rötlichbraun, unterseits gelblichbraun gefärbt. In den Flügeln weiße, schwarz geränderte Flecken. Kräftiger Hakenschnabel.

Verbreitung: Panama südwärts bis Brasilien und ostwärts bis Trinidad.

Lebensweise: Verlassen die Höhle nur nachts zur Futtersuche. Pflücken Samen im Flug vom Baum. Sammeln die Früchte im Magen, Verdauung erst tagsüber in der Höhle. Auch die Jungen werden mit den Ölfrüchten aufgezogen, sie wiegen bald das $1^1/_2$fache der Elternvögel, »specken« aber im Laufe der Nestlingszeit bald wieder ab.

Brut: Brutkolonien in Höhlen in den Bergen oder an der Küste. Nester aus ausgewürgten Früchten, Samen und Kot auf Simsen im Höhlendach. 2–4 Eier; Brutdauer 32–35 Tage, Nestlingszeit 3–4 Monate.

Nahrung: Überwiegend ölhaltige Samen mancher Palmen und anderer Urwaldbäume.

Besonderes: Wie andere Höhlenbewohner, z. B. → Salanganen, orientieren sich auch Fettschwalme mittels Echolot in den dunklen Bruthöhlen.

Feuerkorallen

Millepora

Klasse: Hydrozoen

Die Feuerkorallen sind äußerst vielgestaltig und maßgeblich am Aufbau tropischer Korallenriffe beteiligt.

Kennzeichen: Gelbliche oder weißliche, aufrechtstehende, blattähnliche Gebilde mit hartem Kalkskelett. 30–60 cm hoch.

Vorkommen: In allen tropischen Meeren. Seichte Stellen bis 30 m Tiefe.

Lebensweise: Feuerkorallen entwickeln ein Röhrengeflecht, das die besiedelte Unterlage zunächst flach überzieht, sich mit der Zeit jedoch zu einem fächerartigen Gebilde auswächst. In den Röhren

Feuerkoralle

sitzen die Polypen, die mit zunehmendem Wachstum immer neue Böden in ihre Wohnröhren einziehen. Die darunterliegenden Röhrenteile verkalken.

Nahrung: Plankton.

Besonderes: Feuerkorallen nesseln sehr stark und können bei Berührung Verbrennungen (Name!) verursachen.

Feuerquallen

Cubomedusae

Klasse: Echte Quallen

Die Feuer- oder Würfelquallen gehören zu den gefürchtetsten Quallen, da ihre Nesselzellen ein sehr starkes Gift enthalten. Die Seewespe (*Chironex fleckeri*) zählt zu den gefährlichsten Tieren überhaupt.

Feuerqualle

Kennzeichen: Schirm würfelförmig, farblos. An den Schirmkanten sitzen bis zu 10 m lange, durchsichtige Tentakel.
Vorkommen: Australien. In den Flachwasserzonen des Pazifiks.
Lebensweise: Bei ruhigem, warmem Wetter kommen die Quallen in Massen in küstennahe Gewässer.
Nahrung: Fische, Garnelen.
Besonderes: Die Seewespe ist ein schneller und gewandter Schwimmer. Sie kann eine Geschwindigkeit von bis zu 9 km/h erreichen und auch schnell ihre Schwimmrichtung ändern.

Feuersalamander

Salamandra salamandra
Familie: Salamander

Der Feuersalamander ist von allen europäischen Landsalamandern am weitesten verbreitet.

Feuersalamander

Kennzeichen: 15–20 cm, in Südeuropa auch bis 28 cm. Je nach Rasse mit gelben oder rötlichen Punkten, Flecken oder Streifen auf glänzend schwarzem Grund.
Vorkommen: Von Mitteleuropa südlich bis West-, Süd- und Südwesteuropa. Feuchte Wälder oder Waldlandschaften der Mittelgebirge und Alpen bis in 800 m Höhe, im Süden auch höher. Dort auch auf Wiesen und Weiden.
Lebensweise: Vorwiegend nachtaktiv, bei feuchtem Wetter auch tagaktiv. Landbewohner, nur die bereits weit entwickelten Larven werden in klare Bäche abgesetzt. Paarung an Land. Entwicklung der Larven zum landlebenden Salamander 4–5 Monate. Bei einigen spanischen Rassen verläuft auch die Larvalentwicklung im Mutterleib.
Nahrung: Gliedertiere, Würmer, Schnecken.
Besonderes: Die auffällige Färbung ist eine Warntracht, denn Feuersalamander sondern ein giftiges Hautsekret ab.

Feuerwanze

Pyrrhocoris apterus
Ordnung: Wanzen

Die Familie der Feuerwanzen umfaßt weltweit mehrere hundert Arten. *Phyrrhocoris apterus* ist in Mitteleuropa die größte und häufigste Art.
Kennzeichen: 8–12 mm lang. Körper oval, leuchtend rot-schwarz gezeichnet. Die verkürzten Flügeldecken lassen das hintere Drittel des Hinterleibes frei.
Vorkommen: Europa, Asien, Mittelamerika, Nordafrika. Parkanlagen, Linden- und Kastanienalleen.
Lebensweise: Sehr gesellig. Saugt an Lindensamen und anderen Pflanzensäften, manchmal auch an toten Insekten.
Fortpflanzung: Balz im Frühjahr. Die Paarung kann bis zu 30 Stunden dauern. Danach gräbt ♀ eine Erdhöhle und legt etwa 100 Eier ab. Im nächsten Frühjahr schlüpfen die erwachsenen Insekten.
Besonderes: Der soziale Zusammenhalt der Tiere wird durch Sexuallockstoffe (*Pheromone*) gefördert.

Feuerwanze

Fiebermücken

Anopheles

Ordnung: Zweiflügler

Die Fiebermücken sind → Stechmücken und tragen ihren Namen, da sie als Überträger der Wechselfieberseuchen gelten. In wärmeren Gegenden (schon bereits im Mittelmeerraum), aber stellenweise auch in Deutschland übertragen *Anopheles maculipennis* und verwandte Arten die Malariaerreger (→ Plasmodien).

Kennzeichen: Langer Saugrüssel. Typische Körperhaltung, sitzen stets schräg nach oben gestreckt, Rüssel und Körper bilden dabei eine gerade, schräg zur Unterlage verlaufende Linie.

Vorkommen: Weltweit in wärmeren Ländern. Teiche, Gräben, Wasserlöcher, menschliche Siedlungen, Stallungen.

Lebensweise: Fiebermücken legen ihre spindelförmigen, seitlich mit Luftkammern versehenen Eier einzeln im Wasser ab, wo sie oft in großer Zahl dicht beeinander an der Oberfläche treiben. Die Fiebermücken-Larven schwimmen mit dem Rücken nach oben unter Wasser.

Nahrung: Die Larven ernähren sich von Algensporen, Blütenstaub, Bakterien und Kleintieren, die sie sich von der Wasseroberfläche holen.

Besonderes: Fiebermücken werden heute vornehmlich durch Aussetzen sterilisierter Männchen bekämpft.

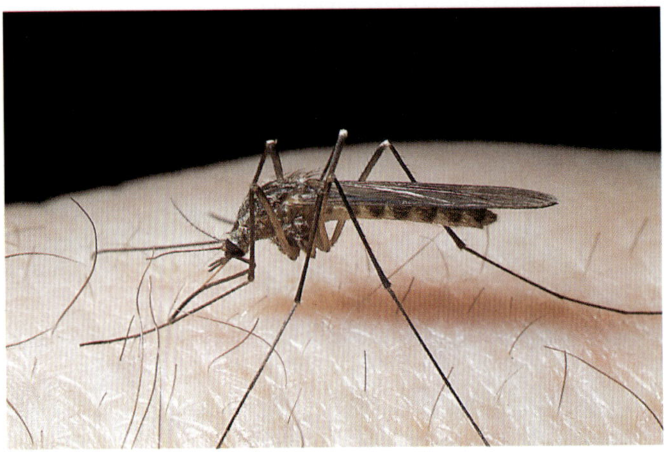

Fiebermücke

Filander

Thylogale

Familie: Känguruhs

Die kleinen hübschen, aber scheuen Känguruhs sind ausgesprochene Waldbewohner.

Rothalsfilander

Kennzeichen: Scheitelhöhe im Sitzen etwa 50–70 cm; Fell dunkel- oder graubraun, z.T. mit rötlichen Partien, oft individuell recht unterschiedlich; Schwanz vergleichsweise kurz und dick.

Vorkommen: Ostaustralien, Tasmanien und Neuguinea. Unterwuchsreiche Wälder und Buschlandschaften.

Lebensweise: Einzelgänger, bei reichlichem Nahrungsangebot auch in losen Ansammlungen; kommen nach Art unserer Rehe in der Dämmerung und nachts aus dem Wald, um auf Lichtungen oder am Waldrand zu grasen, flüchten bei Beunruhigung sogleich ins Unterholz zurück. Legen feste Pfade an, die wie Tunnel durch die Vegetation führen.

Fortpflanzung: Jeweils 1 Junges, das rund $^1/_2$ Jahr im Beutel der Mutter getragen wird.

Nahrung: Gras, Kräuter, frische Triebe.

Besonderes: Weil sie sich gern über Feldfrüchte hermachen und auch wegen ihres dichten, weichen Fells mit der oft hübschen Färbung wurden Filander stark bejagt, so daß die einzelnen Arten heute in weiten Gebieten Australiens ausgerottet sind.

Fingertier

Daubentonia madagascariensis

Unterordnung: Halbaffen

Das bizarr wirkende Fingertier oder Aye-Aye ist nicht nur der merkwürdigste, sondern auch der seltenste aller Lemuren, wie die madagassischen Halbaffen auch genannt werden.

Kennzeichen: Körpergröße etwa 45 cm, Schwanz mehr als körperlang, buschig behaart; Fell derb, schwarzbraun; große, dreieckige Ohren; lange, dünne Finger und Zehen, Mittelfinger besonders lang und dürr.

Vorkommen: Nur auf Madagaskar. In Regenwäldern und Mangrovendickichten.

Lebensweise: Nachtaktiver Baumbewohner; bewegt sich springend im Geäst. Lebt einzeln oder in kleinen Familiengruppen; baut große, kunstvolle Kugelnester aus Zweigen und Blättern, die in Astgabeln verankert werden und einen seitlichen Eingang haben; darin rollt es sich tagsüber zum Schlafen zusammen.

Fortpflanzung: Nur alle 2 (–3) Jahre jeweils 1 Junges, das im Schlafnest der Mutter aufwächst und vermutlich ein ganzes Jahr lang gesäugt wird.

Nahrung: In erster Linie Früchte, aber auch gern Insektenlarven.

Besonderes: Das Fingertier benützt seinen langen, dürren Mittelfinger als Universalwerkzeug bei der Nahrungsaufnahme. Nach Art der Spechte klopft es damit Baumrinde ab, um darunterliegende Hohlräume von Larvenbohrgängen zu entdecken. Dann beißt es ein Loch in die Rinde und angelt den Leckerbissen mit dem Finger heraus.

Fingertier

Finnwal

Balaenoptera physalus

Unterordnung: Bartenwale

Langgezogene Kehlfurchen kennzeichnen den nach dem → Blauwal zweitgrößten Wal als Vertreter der sog. Furchenwale.

Finnwal

Kennzeichen: Körperlänge 20–25 m, Gewicht 30–70 t; oberseits schiefergrau, am Bauch weißlich, Kopf jedoch asymmetrisch gefärbt: Die rechte Hälfte des massigen Unterkiefers einschließlich Barten und Zunge ist weißlich, die Gegenseiten sind jeweils dunkelgrau.

Vorkommen: Weltweit in allen großen Meeren. Vorwiegend auf hoher See.

Lebensweise: Schneller Schwimmer; sucht Nahrung meist im Oberflächenwasser; zieht in Kleingruppen von 5–10 Tieren umher, nur ausnahmsweise (in den Nahrungsgründen) Herden bis zu 100 Tieren.

Wanderungen: Zieht regelmäßig zwischen Polar- und Äquatorialzone hin und her. In den kalten, krillreichen Polargewässern findet er gute Nahrungsgründe, in den warmen Tropenmeeren paaren sich die Tiere und werden die Kälber geboren.

Fortpflanzung: Paarungszeit Oktober bis März; Tragzeit 11–12 Monate; alle 2 Jahre 1 Junges (selten auch Zwillinge), das rund 6 Monate gesäugt wird.

Nahrung: Krill, auch kleine Fische.

Fingertier (Jungtier)

Fischadler

Pandion haliaetus

Familie: Fischadler

Der Fischadler wird wegen seiner besonderen anatomischen Merkmale in eine eigene Familie gestellt.

Kennzeichen: 51–58 cm. Kontrastreich schwarzbraun-weiß gefärbt. Im Flug lange, schmale Flügel. Besonders starke Krallen zum Festhalten der glitschigen Fische, außerdem Hornschuppen an der Fußunterseite.

Vorkommen: In mehreren Unterarten fast weltweit verbreitet. Waldgebiete an Seen und Flüssen, aber auch an der Küste des nördlichen Eurasiens und Amerikas, in Nordostafrika sowie in Australien. Auf dem Zug oder überwinternd auch in anderen Gebieten.

Lebensweise: Erbeutet Fische aus einem Rüttelflug heraus stoßtauchend. In Mitteleuropa Sommervogel.

Brut: Großes Nest aus Zweigen und Ästen, je nach Gegend auf Bäumen, am Boden oder auf Felsen gebaut. Mancherorts nimmt er auch Kunsthorste an. 1 Brut (April–Juli). Meist 3 Eier; Brutdauer 35–38 Tage, Nestlingszeit 51–59 Tage.

Nahrung: Erbeutet ausschließlich lebende Fische.

Fischadler

Fischkatze

Prionailurus viverrinus

Familie: Katzen

Alles andere als wasserscheu ist diese stattliche südasiatische Kleinkatze, die sich auf Fischfang spezialisiert hat.

Fischkatzen

Kennzeichen: Kopf-Rumpflänge 70–85 cm, Schwanz 25–30 cm lang; gedrungener Körperbau; Fell graubraun bis silbergrau mit kleinen, dunklen Flecken.

Vorkommen: Indien und Indochina sowie Sumatra, Java und Taiwan. In wasserreichen Waldlandschaften.

Lebensweise: Einzelgängerisch, wird aber auch oft paarweise angetroffen; jagt Fische im flachen Wasser, schwimmt auch gut. Über das Revier- und Sozialverhalten sowie die Entwicklung und Aufzucht der wohl meist 2–3 Jungen ist von Freilandbeobachtungen nichts bekannt.

Nahrung: Fische, Krebse, Wasservögel, Säugetiere etwa bis zur Größe von Hirschkälbern.

Fischläuse

Branchiura

Klasse: Krebstiere

Fischläuse sind an Meeres- oder Süßwasserfischen schmarotzende Außenparasiten (*Ektoparasiten*). Zu den bekanntesten der etwa 75 Arten gehört die Karpfenlaus (*Argulus foliaceus*).

Kennzeichen: Körper flach scheibenförmig, durchscheinend, bis 8,5 mm lang. 4 Paar Schwimmbeine, 1 Paar große Saugscheiben. An der Unterseite des Vorderkörpers zahlreiche kleine Stacheln, die auch als Halteorgane verwendet werden.
Vorkommen: Europa. In größeren stehenden oder fließenden Gewässern, vor allem in Fischteichen.
Lebensweise: Karpfenläuse heften sich an der Haut des Wirtes fest, bohren ihn an und saugen Blut. Sie leben nicht zeitlebens mit einem Wirt zusammen, sondern suchen freischwimmend neue Wirte auf.
Fortpflanzung: Das ♀ laicht 3 Wochen nach der Paarung. Die ca. 1000 dickschaligen Eier werden in parallelen Zweierreihen an Wasserpflanzen oder Steinen abgelegt. Die schlüpfenden Larven sind nach ca. 9 Häutungen geschlechtsreif.
Nahrung: Blut.
Besonderes: Karpfenläuse schmarotzen vor allem an Karpfenfischen (Name!), aber auch an Kaulquappen und Molchen.

Fischotter

Lutra lutra

Familie: Marder

Der Eurasiatische Fischotter ist ein typischer Vertreter der Otter oder Wassermarder, einer stark an ein Leben im Wasser angepaßten Gruppe von Mardern.
Kennzeichen: Körpergröße 60–80 cm; Schwanz 30–50 cm lang, an der Basis sehr dick; Fell glänzend braun, an der Kehle heller; Ohren klein, beim Tauchen verschließbar; Beine kurz, Zehen durch Schwimmhäute verbunden.
Verbreitung: Europa (außer Island und einigen Mittelmeerinseln), weite Teile Asiens, Nordwestafrika.
Lebensraum: Binnengewässer aller Art mit dichtbewachsenen, unzugänglichen Uferzonen.
Lebensweise: Tag- und nachtaktiv; Einzelgänger; schwimmt und taucht hervorragend; besetzt ein festes Wohn- und Jagdrevier, das sich bis zu 30 km an einem Flußlauf entlangziehen kann; gräbt Wohnhöhle in Uferböschung, deren Ausgang stets unter Wasser mündet.
Fortpflanzung: Je Wurf meist 2–3 etwa mausgroße, graubehaarte, zunächst noch blinde Junge, die von der Mutter allein betreut werden.
Nahrung: Hauptsächlich Fische, z. T. auch Bisamratten, Wasservögel, Frösche, Krebse.

Fischotter

Besonderes: Der Fischotter wurde von alters her als angeblicher Fischereischädling und seines Fells wegen stark bejagt. In Mitteleuropa ist er heute weitgehend ausgerottet.

Fitis → Zilpzalp

Flachlandtapir

Tapirus terrestris

Ordnung: Unpaarhufer

Während der Flachlandtapir Tiefebenen bevorzugt, trifft man den länger und dichter behaarten Bergtapir *(Tapirus pinchaque)* in 2000–4500 m Höhe in den nördlichen Anden.

Flachlandtapir

Kennzeichen: Schulterhöhe 80–110 cm, Stummelschwanz; kurzhaariges, derbes Fell, hell bis dunkel graubraun; runde Tütenohren mit weißem Rand; Stehmähne auf Stirn und Hals; Oberlippe rüsselartig verlängert. Jungtiere braun mit weißlichen Längsstreifen und Tupfen.
Vorkommen: Tiefebenen des tropischen und subtropischen Südamerikas. Im Regenwald und dichtbewachsenem Buschland.
Lebensweise: Überwiegend nachtaktiver Einzelgänger; hält sich tagsunter im Dickicht verborgen; benützt in seinem Territorium feste Kotstellen und oft breit ausgetrampelte Wechsel; schwimmt und taucht gut, badet und suhlt sich gern.
Fortpflanzung: Nach rund 13 Monaten Tragzeit Geburt von gewöhnlich 1 Jungen, das sogleich aufstehen und laufen kann.
Nahrung: Reine Pflanzenkost: Laub, frische Triebe, Früchte, Wasser- und Sumpfpflanzen, auch Gras, gern auch Kulturpflanzen von Feldern und Plantagen.

Bergtapir (Jungtier)

Flammenkopf

Oxyruncus cristatus

Familie: Flammenköpfe

Die zu den Sperlingsvögeln gehörenden Flammenköpfe kommen nur in einer einzigen Art vor.
Kennzeichen: 15–16 cm. Oberseits olivgrün, unterseits blaßgelblich mit dunklen Flecken. Kopf dunkel geschuppt. Schnabel spitz. Unter dem dunklen Scheitel des ♂ verbergen sich rote Federchen, die bei Erregung sichtbar werden.
Vorkommen: In Regen- und Nebelwäldern von Mittelamerika südlich bis Paraguay bis in Höhen von 1800 m. Auch in Sekundärwäldern.
Lebensweise: Hält sich v.a. im Kronenbereich der Bäume auf, wo er allein oder in kleinen Trupps nach Nahrung sucht. Während der Balz tragen die ♂ in kleinen Gruppen ihren trillernden Gesang vor.
Nahrung: Insekten, die er turnend sucht oder mit seinem spitzen Schnabel aus Knospen herausstochert. Frißt auch Beeren und kleine Früchte.
Besonderes: Von einigen Wissenschaftlern wird der Flammenkopf wegen des ähnlichen Baus der *Syrinx,* dem Organ der Lauterzeugung bei Vögeln, als Unterfamilie in die Familie der Tyrannen gestellt.

Fleckenfalter

Nymphalidae

Ordnung: Schmetterlinge

Diese Tagfalterfamilie zeichnet sich durch ihren Artenreichtum sowie vielfältige Formen, Farben und Zeichnungen aus. Sie ist weltweit mit 4000 Arten vertreten, 55 kommen in Mitteleuropa vor. Die einheimischen Arten lassen sich in folgenden Gruppen zusammenfassen: die Schillerfalter, die Eckenfalter, (→ Tagpfauenauge, → Admiral und → Distelfalter), die Scheckenfalter (→ Roter Scheckenfalter) und die Perlmutterfalter (→ Kaisermantel).

Großer Schiller-Falter

Bechstein-Fledermaus

Kleiner Fuchs

Fransenfledermaus

Fledermäuse

Microchiroptera

Ordnung: Fledertiere

Zusammen mit den → Flughunden sind die Fledermäuse die einzigen Säugetiere, die aktiv fliegen können. Einige Arten jagen hoch über den Baumwipfeln nach Insekten, andere, wie z. B. die Bechstein-Fledermaus (*Myotis bechsteini*) knapp über dem Boden oder über Wasserflächen. Im einzelnen werden beschrieben → Abendsegler, → Breitflügel-Fledermaus, → Bulldog-Fledermäuse, → Großblattnasen, → Hufeisennasen, → Langohr-Fledermäuse, → Mausohr, → Vampire, → Wasserfledermaus, → Zwergfledermaus.

Besonderes: Die überwiegend nachtaktiven Tiere orientieren sich mit Hilfe eines Echoortungssystems im Ultraschallbereich: Während des Flugs in schneller Folge ausgestoßene Schreie werden von Hindernissen ebenso wie von Beutetieren als Echo zurückgeworfen, das Fledermäuse hören können.

Fleischfliegen

Sarcophagidae

Ordnung: Zweiflügler

Die Fleischfliegen stellen heute eine eigene Familie dar, früher wurden sie als eine Unterfamilie der → Schmeißfliegen in der Systematik geführt.

Kennzeichen: Etwa 15 mm groß. Grau bis schwarz gefärbt, matt glänzend. Hinterleib mit schachbrettartigem Muster.

Lebensraum: In menschlichen Siedlungen; in freier Natur auf stark duftenden Blüten.

Lebensweise: Unterschiedlich; die meisten brüten in zerfallenden, organischen Stoffen und Exkrementen. Dort legen ♀ Hunderte von Eiern ab, aus denen bereits nach wenigen Stunden die Larven schlüpfen und sofort anfangen, sich von ihrem Wirt zu ernähren. Eine Ausnahme macht die Graue Fleischfliege (*Sarcophaga carnaria*). Ihre Eier entwickeln sich in Regenwürmern, neben deren Löcher sie von den ♀ abgelegt werden.

Besonderes: Bei den lebendgebährenden ♀ (*vivipar*) entwickeln sich die Larven in einem Brutsack im Mutterleib und werden bei der Geburt blitzschnell ausgepritzt.

Fleischfliege

Fliegen

Brachycera

Ordnung: Zweiflügler

Die Unterordnung Fliegen stellt mit den Mücken die Ordnung der → Zweiflügler dar. Die bekannteste einheimische Art ist wohl die → Stubenfliege. Zur Familie der → Stechfliegen gehört der → Wadenstecher.
Kennzeichen: Körper kräftg und gedrungen, häufig dunkel gefärbt, manchmal auch mit metallischem Glanz oder pelzig behaart. Charakteristische Flügeläderung. Fühler kurz, aus unterschiedlichen Gliedern zusammengesetzt. Stechfliegen mit Stechrüssel.

Flohkrebse

Amphipoda

Klasse: Krebstiere

Die Flohkrebse stellen mit ihren über 3600 Arten eine der formenreichsten und weitest verbreiteten Familien der Krebstiere dar. Typische Vertreter sind die Angehörigen der 3000 Arten umfassenden Familie der *Gammaridae*, zu denen auch der Bachflohkrebs (*Gammarus pulex*) gehört.
Kennzeichen: Körper langgestreckt, seitlich zusammengedrückt, weißlich, gelblich oder grünlich. ♂ bis 24 mm, ♀ bis 15 mm. 2 lange Antennenpaare, 7 Paar Laufbeine.
Vorkommen: Europa. Vor allem Fließgewässer, über sandigem oder steinigem Boden.

Echte Fliege

Lebensweise: Gesellig lebend. Eiablage in einen Brutraum, der sich zwischen den Laufbeinen befindet. Brutdauer 3–4 Wochen. 6–9 Bruten.
Nahrung: Pflanzlicher Abfall, Aas.
Besonderes: Lebensdauer nur 1 Jahr.

Bachflohkrebs

Florfliege

Chrysopa perla

Ordnung: Netzflügler

Die Florfliegen oder »Goldaugen« sind die bekanntesten → Netzflügler Mitteleuropas. Sie kommen hier in 22 Arten vor.
Kennzeichen: Körper 10 mm lang, grün oder gelblich gefärbt. Flügelspannweite bis 4 cm. Goldene Knopfaugen (daher auch der Name!).
Vorkommen: Ganz Europa. Menschliche Siedlungen, Gärten, Parks, im Winter auch auf Dachböden.
Lebensweise: Dämmerungs- und nachtaktiv, tagsüber versteckt zwischen Blättern. Fliegt gerne ins Licht, deshalb abends vermehrt in Wohnungen.
Fortpflanzung: ♀ setzen die Eier auf fadendünnen Stielen in typischen Gelegen an Blättern ab; die Eier berühren sich dabei nie. Die Larven verpuppen sich mit dünnen Spinnfäden zwischen Ästchen.
Nahrung: Vollinsekten und Larven sind ausgesprochen nützliche Insekten, da sie sich fast ausschließlich von Blattläusen ernähren.

Besonderes: Dem Opfer wird ein giftiges Sekret eingespritzt, das in kürzester Zeit das Innere auflöst. Die Blattlaus wird ausgesaugt, von ihr bleibt nur die leere Chitinhülle übrig. Einige Florfliegen-Arten sind in der Lage, sich mit Ultraschallauten zu verständigen. Diese werden erzeugt, indem Borsten an der Basis der Vorderflügel gegen Borsten der Hinterbrust reiben.

Florfliege

Flügelschnecken

Stromboidea

Ordnung: Kammkiemer

Diese Meeresdeckelschnecken zeichnen sich durch besonders schön gefärbte, dekorative Gehäuse aus. Die größte Art dieser Gruppe ist die Riesenflügelschnecke (*Strombus gigas*), eine der häufigsten Arten ist der Pelikanfuß (*Aporrhais pespelecani*).
Kennzeichen: Hochgetürmtes, aus 10 Umgängen bestehendes gelbliches Gehäuse. Obere Schalenwindungen mit Knoten besetzt, Mundrand verdickt, mit 3–4 Fortsätzen. Körperlänge 5 cm. Fuß zweigeteilt, mit hornigem, scharfrandigem Verschlußdeckel (*Operculum*).
Vorkommen: Mittelmeer, Atlantik, Nordsee. Unter 10 m Wassertiefe.
Lebensweise: Bodenbewohner, der im Schlamm nach Nahrung wühlt oder Plankton herbeistrudelt.
Nahrung: Algen, organische Bodenstoffe, Plankton.
Besonderes: Angreifer werden durch Hiebe mit dem scharfkantigen Verschlußdeckel abgewehrt.

Riesenflügelschnecke

Flugfisch

Exocoetus volitans

Familie: Fliegende Fische

Fliegende Fische sind in der Lage, sich aus dem Wasser zu einem Gleitflug zu erheben.
Kennzeichen: Rückenflosse weit hinten ansitzend. Schwanzflosse unsymmetrisch mit stark verlängertem unterem Teil, der als Motor beim Abflug dient. Große Brustflossen, die tragflächenähnlich ausgebreitet werden können. Rücken leuchtendblau, Flanken und Bauch silbrig glänzend. Bis 25 cm.
Vorkommen: Weltweit in allen warmen Meeren. In der Hochsee nahe der Oberfläche.
Lebensweise: Schwarmfisch.
Fortpflanzung: Das ♀ legt ihre Eier an im Wasser schwimmenden Algen und Tangen ab. Frisch geschlüpfte Fische sind 1–2 cm lang. Ab einer Körperlänge von 5–8 cm sind sie in der Lage zu fliegen.
Nahrung: Fische.
Besonderes: Fliegende Fische können Fluggeschwindigkeiten bis 55 km/h erreichen und etwa 45 m weit fliegen. Die Flugbahn liegt dicht über der Wasseroberfläche.

Flughunde

Pteropodidae

Ordnung: Fledertiere

Die über 170 Arten umfassende Familie der Flughunde besteht im Gegensatz zu den nahe verwandten → Fledermäusen fast ausschließlich aus reinen Vegetariern.

Junger Graukopf-Flughund

Indischer Flughund

Kennzeichen: Körpergröße je nach Art 5–40 cm, Flügelspannweite bei der größten Art, dem indonesischen Kalong (*Pteropus vampirus*) bis 1,70 m; spitzschnäuziges, fuchsähnliches Gesicht; im Vergleich zu Fledermäusen große Augen. In Ruhehaltung völlig in die Flughäute eingehüllt.

Vorkommen: Tropen und Subtropen der Alten Welt. In Waldgebieten aller Art, manche Arten auch in Parkanlagen inmitten großer Städte.

Lebensweise: Dämmerungs- und nachtaktiv; Echoortung nur bei einer einzigen Gattung, die übrigen Flughunde orientieren sich mit den Augen. Tagesschlaf bei den meisten Arten in großen Bäumen, bei einigen in Höhlen; überwiegend gesellig; teilweise Ausbildung einer exakten Rangordnung innerhalb der Kolonie, nach der sich z. B. beim Indischen Riesenflughund (*P. giganteus*) die Hängeordnung im Schlafbaum richtet.

Fortpflanzung: 1, manchmal auch 2 Junge, die 4–5 Monate gesäugt werden.

Nahrung: Früchte, Blüten, Nektar, Pollen, nur ausnahmsweise auch Insekten.

Besonderes: Sehr viele tropische und subtropische Baumarten sind für ihre Bestäubung und Verbreitung auf Flughunde angewiesen.

Flußaal

Anguilla anguilla

Familie: Echte Aale

Die bekannteste und wirtschaftlich wichtigste der 16 Flußaal-Arten ist der Europäische Flußaal.

Kennzeichen: Körper schlangenartig. Rücken-, Schwanz- und Afterflosse zu einem durchgehenden Flossensaum verwachsen. Keine Bauchflossen. Haut schleimig. ♂ bis 51 cm, ♀ bis 150 cm.

Vorkommen: Europa. Flüsse, Bäche und Seen.

Lebensweise: Nächtlicher Räuber, der tagsüber verborgen am Grund der Gewässer lebt. Wanderfisch. Hält im Winter im Boden vergraben Winterruhe.

Fortpflanzung: Mit 12–15 Jahren sind die ♀, mit 4–8 Jahren die ♂ geschlechtsreif (Blankaale). Die Tiere wandern im August/September aus dem Süßwasser zu ihrem Laichgebiet in das Sargassomeer im Atlantischen Ozean und laichen hier – ca. $1^1/_2$ Jahre später – ab. Danach sterben sie. Die frisch geschlüpften, blattähnlichen Larven (Weidenblatt-Larven) treiben mit dem Golfstrom nach Osten und erreichen im 3. Lebensjahr die europäischen Küstengebiete, wo sie sich zum durchscheinenden Glasaal umwan-

Flußaal

deln. Sie wandern nun als Steig- oder Gelbaale die Flüsse aufwärts und werden nach 4–10 Jahren zu geschlechtsreifen Blankaalen.
Nahrung: Larven leben von Plankton, Jungfische von Insektenlarven, Muscheln, Schnecken und Würmern, Altfische von kleinen Fischen, Krebsen und Fröschen.
Besonderes: Der Flußaal kann bei seinen Wanderungen in feuchten Nächten sogar über Land ziehen.

Flußbarbe → Barbe

Flußbarsch

Perca fluviatilis

Familie: Echte Barsche

Der allgemein bekannte Flußbarsch ist ein sehr beliebter Angelfisch.

Flußbarsch

Kennzeichen: Körper gedrungen mit hohem Rückenansatz. 2 kaum getrennte Rückenflossen, vordere stachelig mit schwarzem Fleck am Hinterende. Rükken dunkelgrau, Seiten gelblich mit 6–9 dunklen Querstreifen, Bauch- und Afterflossen rötlich. 25–30 cm.
Vorkommen: Europa, jedoch nicht in Schottland und Norwegen, Kleinasien, nördliches Asien. In fließenden und stehenden Süßgewässern.
Lebensweise: In der Jugend Schwarmfisch, als Alttier eher Einzelgänger. Räuberischer Standfisch, der zwischen Steinen und Pflanzen seiner Beute auflauert.
Fortpflanzung: Geschlechtsreif ab dem 2. Lebensjahr. Die ♀ laichen im März bis Juni in seichtem Wasser zwischen Pflanzen ab. Bis 1 m lange Laichschnüre. Brutzeit 2–3 Wochen. Keine Brutpflege.
Nahrung: Kleine Fische, wirbellose Tiere, Fischlaich.
Besonderes: Abhängig vom Standort wird der Flußbarsch in 3 Formen eingeteilt: den grüngefärbten Krautbarsch, der zwischen Pflanzen der Uferzone lebt; den blaßgelben Jagdbarsch, der im freien Wasser vorkommt und den dunklen Tiefenbarsch, der in Tiefen bis 50 m lebt.

Flußdelphine

Platanistoidea

Unterordnung: Zahnwale

Anders als die übrigen Waltiere sind die 5 Arten der Flußdelphine im Süßwasser zu Hause.
Kennzeichen: 1,50–2,80 m lang; typisch delphinartig, aber Kopf erkennbar vom Rumpf abgesetzt, beweglich, Stirn hochgewölbt, Schnauze zu langem, dünnem »Schnabel« ausgezogen, mit vielen spitzen Zähnen besetzt, Augen klein und weitgehend rückgebildet.
Vorkommen: Der Ganges- sowie der Indusdelphin (*Platanista gangetica* und *P. minor*) leben in der Indus-Ganges-Region, der Chinesische Flußdelphin (*Lipotes vexillifer*) im Yangtse, der Amazonasdelphin (*Inia geoffrensis*) im Stromsystem des Amazonas und Orinoko. Einzig den La-Plata-Delphin (*Pontoporia blainvillei*) trifft man mehr im Brackwasser des Rio de la Plata, einer Mündungsbucht zweier Ströme (Argentinien/Uruguay), als im reinen Süßwasser weiter stromaufwärts.
Lebensweise: Leben paarweise oder in kleinen Familiengruppen; langsame Schwimmer. Mit ihrem pinzettenartigen »Schnabel« stochern sie vorwiegend im Bodenschlick nach Nahrung, können aber auch sehr geschickt Fische fangen.
Fortpflanzung: Tragzeit rund 1 Jahr, jeweils 1 Junges.
Nahrung: Krebse, Weichtiere, Fische.
Besonderes: Die schlecht sehenden Tiere orientieren sich im trüben Flußwasser mit Hilfe eines Echoortungssystems ähnlich dem der → Fledermäuse.

Flußkrebs

Astacus astacus

Ordnung: Zehnfußkrebse

Der Fluß- oder Edelkrebs ist durch die zunehmenden Gewässerverschmutzungen stark bedroht und steht daher unter Naturschutz.

Kennzeichen: Vorderkörper mit großer Rückenplatte bedeckt. 1. Brustbeinpaar zu großen Scheren umgewandelt, 4 Paar Schreitbeine. Augen gestielt. Körperlange Antennen. Braun-gelb gefärbt. ♂ bis 25 cm, ♀ bis 18 cm.

Vorkommen: Mitteleuropa. In sauberen Gewässern mit genügend Schlupfwinkeln.

Lebensweise: Dämmerungs- und Nachttier, das tagsüber in Uferböschungen oder unter Steinen verborgen ist. Schreitet auf Nahrungssuche am Gewässergrund entlang. Schwimmt bei Störungen stoßartig rückwärts.

Fortpflanzung: Geschlechtsreife im 4. Lebensjahr. Paarungszeit Oktober/November. Wenige Tage nach der Begattung legt sich das ♀ auf den Rücken, klappt den Hinterleib nach vorn und gibt in den so gebildeten Raum ihre Eier (10–100) ab. Sie heftet die befruchteten Eier am Hinterleibsende an und trägt sie $^1/_2$ Jahr mit sich herum. Im Mai/Juni schlüpfen dann die Jungen, die sich bis zur 1. Häutung – nach ca. 10 Tagen – noch an der Mutter festklammern, ehe sie selbständig werden.

Nahrung: Tierische und pflanzliche Kost, auch Aas.

Flußneunauge → Neunaugen

Flußkrebs

Flußpferd

Hippopotamus amphibius

Ordnung: Paarhufer

Die wasserliebenden grauen Kolosse bilden zusammen mit den Schweineartigen die Unterordnung der Nichtwiederkäuer. Sie haben im → Zwergflußpferd noch einen kleinen Vetter.

Kennzeichen: Kopf-Rumpflänge bis 4,50 m, etwa 30 cm langer Stummelschwanz, Gewicht bis über 3 t; walzenförmiger Körper; dicke, unbehaarte, dunkelgraubraune Haut; Kopf groß mit sehr breitem Maul; Augen, Ohren und (verschließbare) Nasenlöcher auf einer Ebene als Anpassung an das Wasserleben.

Vorkommen: Mittleres Afrika. An bzw. in Flüssen und Seen.

Lebensweise: Sehr gesellig; ruht tagsüber, zumeist in dichtgedrängten Gruppen, im flachen Wasser, geht nachts zum Weiden an Land; Gruppenterritorium entlang des Ufers wird mit Kot und Urin markiert.

Fortpflanzung: Paarung wie auch zumeist Geburt im Wasser; nach 8 Monaten Tragzeit je 1 Kalb, das 6–8 Monate lang gesäugt wird – ebenfalls unter Wasser.

Nahrung: Pflanzenkost, in erster Linie Gras.

Besonderes: Wenn ein Flußpferd das Maul weit aufreißt, ist das kein Gähnen, sondern eine Drohgeste, bei der dem Gegner die dolchartigen Eckzähne gezeigt werden. Im Zoo haben die Tiere allerdings vielfach gelernt, mit derselben Geste um Futter zu betteln.

Flußpferd

Flußwels → Welse

Forelle
Salmo trutta
Familie: Lachsfische

Von der Forelle gibt es in ganz Europa etwa 18 verschiedene Unterarten, die 3 bekanntesten sind die Meer- oder Lachsforelle (*S.t. trutta*), die Seeforelle (*S.t. lacustris*) und die Bachforelle (*S.t. fario*).

Bachforellen

Kennzeichen: Körper langgestreckt, seitlich abgeflacht. Zwischen Rücken- und Schwanzflosse 1 Fettflosse. Schwanzflosse gerade. Grünlich bis bräunlich mit dunklen und roten, hell umrandeten Flecken. 20–50 cm.
Vorkommen: Europa. Bevorzugt sauerstoffreiche, kühle Fließgewässer und Seen über Kiesboden.
Lebensweise: Meist Einzelgänger. Die ♂ verteidigen ihr Revier. Schnell und beweglich. Verstecken sich bei Gefahr in Uferhöhlen oder unter Steinen.
Fortpflanzung: Geschlechtsreife im 3.–4. Lebensjahr. Laichzeit Oktober bis März. Das ♀ hebt eine flache Grube am Gewässerboden aus und legt darin seine rötlichen Eier ab (ca. 1000 Eier pro kg Körpergewicht). Brutdauer 2–4 Monate.
Nahrung: Jungfische fressen kleine Wassertiere, Altfische kleine Fische, Frösche und Molche.
Besonderes: Forellen sind beliebte Speisefische und werden vielerorts in großen Mengen gezüchtet. Da Forelleneier problemlos versandt werden können, sind diese Speisefische mittlerweile weltweit verbeitet. Die Bachforelle z.B. wurde schon vor vielen Jahren in Nordamerika angesiedelt.

Frettchen → Iltis

Fuchs → Eisfuchs, → Rotfuchs

Fuchsbandwurm → Bandwürmer

Fuchskusu
Trichosurus vulpecula
Ordnung: Beuteltiere

Zusammen mit 2 weiteren Arten seiner Gattung gehört der Gewöhnliche Fuchskusu, der häufigste und zugleich bekannteste unter ihnen, zur Familie der Kletterbeutler.
Kennzeichen: 35–55 cm groß; Schwanz fast körperlang, buschig behaart, an der Spitze unterseits eine nackte Greifschwiele; Fellfärbung sehr variabel, von silbergrau über creme- und kupferfarben bis schokoladenbraun.
Vorkommen: Australien und Neuseeland. In allen Arten von Wäldern sowie in Siedlungsgebieten.
Lebensweise: Nachtaktiver, einzelgängerischer Baumbewohner, der aber auch häufig auf den Boden herabsteigt; klettert hervorragend, im Geäst mit Hilfe seines Greifschwanzes, aber auch an dicken senkrechten Baumstämmen, abwärts sogar Kopf voran.
Fortpflanzung: Jeweils 1 Junges, das von der Mutter rund 5 Monate im Beutel herumgetragen wird.
Nahrung: Laub, frische Triebe, Rinde, Früchte, auch Eier oder Jungvögel.
Besonderes: Kein anderes Beuteltier hat sich so eng dem Menschen angeschlossen wie der Fuchskusu. Sogar mitten in Großstädten läßt sich der wenig scheue Geselle nachts in Parks und Gärten beobachten. Der possierliche Kerl wird in Australien »Possum« genannt – im dortigen Sprachgebrauch ist das ein Kosewort, vergleichbar mit unserem »Mäuschen«.

Fuchskusu

Fuchsmanguste
Cynictis penicillata
Familie: Schleichkatzen

Spitze Schnauze und buschiger Schwanz lassen die kleine Schleichkatze durchaus fuchsähnlich wirken.

Fuchsmanguste

Kennzeichen: Kopf-Rumpflänge ca. 30 cm, Schwanz etwa 20 cm lang, buschig behaart; Fell sandfarben bis rötlichbraun; spitz-dreieckiges Gesicht mit runden Ohren.
Vorkommen: Südafrika, Namibia, Botswana. Offenes, trockenes Terrain mit steinigem oder felsigem Untergrund.
Lebensweise: Überwiegend tagaktiv; reines Bodentier; bewohnt ausgedehnte, selbstgegrabene Baue, oft auch zusammen mit → Erdmännchen; lebt in sozialen Familienverbänden von 20 oder mehr Tieren.
Fortpflanzung: 2–5, meist 3 Junge, die in einer Nestkammer im Bau aufwachsen.
Nahrung: Vor allem Insekten (Käfer, Heuschrecken, Termiten), Spinnen, Tausendfüßer, daneben auch kleine Wirbeltiere.

Fühlerfische
Antennariidae
Ordnung: Armflosser

Die Fühler- oder Krötenfische besitzen bizarre, klumpige Körperformen, bei denen, wie beim Krötenfisch (*Antennarius commersonii*), die einzelnen Körperteile nur sehr schwer zu erkennen sind.

Fühlerfisch (Krötenfisch)

Kennzeichen: Körper seitlich zusammengedrückt, mit grotesken Auswüchsen versehen. Brustflossen sitzen an einem fleischigen Glied. Rötlich gefärbt mit hellen und dunkleren unregelmäßigen Flecken. Bis 30 cm.
Vorkommen: Vorwiegend in tropischen Meeren. Zwischen Korallen und Algen.
Lebensweise: Ungewandter Bodenfisch. Lauert gut getarnt auf vorbeiziehende Beute. Schlechter Schwimmer.
Nahrung: Fische, Krebstiere, Kopffüßer.
Besonderes: Die Fühlerfische, die schon wegen ihres grotesken Körperbaus sehr gut zwischen Korallenstöcken oder Algen getarnt sind, können auch noch in Anpassung an den Untergrund ihre Farbe wechseln.

Furchenkrebse
Galatheidae
Unterordnung: Mittelkrebse

Die Furchen- oder Springkrebse ähneln kleinen Hummern. Die farbenprächtigste Art ist der Bunte Furchenkrebs (*Galathea strigosa*).

Furchenkrebs

Kennzeichen: 1. Schreitbeinpaar mit großen Scheren. Alle Gliedmaßen mit Stacheln und Dornen besetzt. Gut entwickelter Schwanzfächer. Hinterleib nach vorn gekrümmt und unter der Brust eingeschlagen. Körperfärbung rot mit blauen Querbinden. Bis 12 cm.
Vorkommen: Europa. Felsenküsten nahe der unteren Gezeitenmarke. Unter Steinen und Felsblöcken bis in 35 m Tiefe.
Lebensweise: Einzelgängerische Bodentiere. Durchstöbern Sand und Geröll nach Nahrung.
Fortpflanzung: Aus den zahlreichen Eiern entwickeln sich die typischen Krebstierlarven (*Zoëa-Larven*), die mehrere Wochen freischwimmend leben, bevor sie dann zum Bodenleben übergehen.
Nahrung: Würmer, Weichtiere.
Besonderes: Bei Gefahr können Furchenkrebse – ähnlich wie Garnelen und Hummer – außerordentlich schnell rückwärts davonschwimmen, indem sie mit ihrem Schwanz schlagen. Beim Anfassen dieser stacheligen Krebse ist Vorsicht geboten.

Furchenmolche

Necturus

Familie: Olme

Furchenmolche sind mit dem → Grottenolm verwandt. Es gibt 5 Arten, von denen die bekannteste Art der 33 cm lange Gefleckte Furchenmolch (*N. maculosus*) ist.

Kennzeichen: 20–30 (–45) cm. Gedrungen gebaute Schwanzlurche. In Anpassung an die oberirdische Lebensweise nicht albinotisch, sondern graubraun gefärbt. Kleine funktionstüchtige Augen. Behalten zeitlebens äußere Kiemen sowie einen Flossensaum.

Vorkommen: In permanenten oberirdischen Gewässern im östlichen Nordamerika.

Lebensweise: Nachtaktiv, machen Jagd auf kleinere Wassertiere. Verbergen sich am Tage unter Steinen u. ä. Furchenmolche sind das ganze Jahr über aktiv.

Fortpflanzung: Paarung im Herbst. ♀ befestigt im Frühjahr darauf ca. 100 Eier einzeln an der Unterseite von Steinen oder Baumwurzeln und bewacht sie. Nach 1–2 Monaten schlüpfen die Larven. Diese werden mit 5 Jahren geschlechtsreif.

Nahrung: Fische und deren Laich, Krebse, Schnecken und Muscheln, Wasserinsekten.

G

Gabelbock

Antilocapra americana

Ordnung: Paarhufer

Der Gabelbock ist die einzige überlebende Art der einst formenreichen Familie der Gabelhorntiere.

Kennzeichen: Etwa damhirschgroß mit grazilen Beinen; Fell hellbraun mit weißen Partien; ♂ mit gegabelten Hörnern auf starken Knochenzapfen, ♀ hornlos oder mit nur kleinen Hörnern.

Vorkommen: Westen der USA. Baumlose Grassteppen (Prärien) und Halbwüsten zwischen Kanada und Mexiko.

Lebensweise: Tag- und nachtaktiv; schneller und ausdauernder Läufer; gesellig; zieht im Winter in großen gemischten Herden umher, trennt sich im Sommer in Geißenrudel und kleinere Gruppen von Böcken; Altböcke besetzen z. T. individuelle Territorien.

Verhalten: Bei Beunruhigung wird als Alarmzeichen ein Haarkranz um den weißen Spiegel (runder Fleck am Hinterteil) aufgerichtet. Andere Gabelböcke können in der ebenen Prärie die nun große, strahlend weiße Scheibe noch aus mehreren km Entfernung sehen und geben das Warnsignal weiter.

Fortpflanzung: Pro Geburt 1–2 Junge, die in den ersten beiden Lebenswochen im Gras liegenbleiben und von der Mutter nur zum Säugen aufgesucht werden.

Nahrung: Ausschließlich Pflanzenkost, vor allem Gras.

Besonderes: Im Gegensatz zu den sog. Hornträgern wirft der Gabelbock sein Gehörn jährlich ab und bildet einen neuen Kopfputz. Im vorigen Jahrhundert wurden die einst überaus zahlreichen Gabelböcke von den weißen Siedlern ebenso abgeschlachtet und dezimiert wie die → Bisons.

Gabelbock

Gabelwels → Katzenwelse

Galagos → Buschbabys

Galapagos-Riesenschildkröte → Riesenschildkröten

Gangesbrillenvogel → Brillenvögel

Gänsegeier

Gyps fulvus

Familie: Habichtartige

Der Gänsegeier ist der häufigste Geier Europas.

Kennzeichen: 97–104 cm. Großer Geier mit einheitlich sandfarbenem Gefieder; Schwanz und Schwungfedern schwarzbraun. Langer, weißer Hals. Eckig wirkendes Flugbild durch brettartig breite Flügel und gerade abgeschnittenen, kurzen Schwanz.

Vorkommen: Trockene, gebirgige Landschaften mit hohen Felswänden und Hochebenen sowie offene Ebenen von Südeuropa, Nordafrika ostwärts bis zur Mongolei und nach Nordindien.

Gänsegeier

Lebensweise: Koloniebrüter; das aus dünnen Zweigen gebaute Nest liegt meist in einer Nische oder auf einem überdachten Felssims in der Felswand. Einehe. 1 Brut (Januar–April). 1 Ei; Brutdauer 47–54 Tage; Nestlingszeit 120–130 Tage. ♂ und ♀ brüten. In Mitteleuropa Übersommerer.

Verhalten: Sobald die Thermik einsetzt, steigen die Gänsegeier hoch in die Luft und suchen das Revier nach Aas von mittelgroßen Säugetieren ab. Sobald ein Geier mit angelegten Flügeln zu Boden geht, folgen ihm auch die anderen. Am Kadaver herrscht eine Rangordnung, wer zuerst fressen darf.

Nahrung: Eingeweide und Muskelfleisch von Aas.

Gänsesäger → Zwergsäger

Garnelen

Natantia

Ordnung: Zehnfußkrebse

Garnelen sind Zehnfußkrebse, die ihre Hinterbeine nicht zum Laufen sondern zum Schwimmen benutzen.

Garnele

Kennzeichen: Körper gestreckt und schlank. Schwanzfächer ausgeprägt. 5 Paar Schreitbeine, von denen mindestens 2 Paar Scheren tragen. 2 Paar lange, in 2 Äste gegabelte Antennen, die bis über den Schwanzfächer nach hinten reichen. Augen gestielt. 1–30 cm.

Vorkommen: Weltweit. In Meer- und Süßwasser.

Lebensweise: Einige Arten leben freischwimmend in Schwärmen im offenen Meer. Sie halten sich meist in vertikalen Zonen auf und können täglich bis zu 30 m hinauf- und hinuntersteigen. Andere Arten, wie die → Nordseegarnele oder die Ostseegarnele (*Palaemon squilla*), leben am Boden seichter Küstengewässer.

Nahrung: Würmer, Weichtiere, kleine Krebstiere, Fischlaich.

Besonderes: Garnelen haben eine große Bedeutung in der Fischereiwirtschaft.

Gartenkreuzspinne → Kreuzspinnen

Gartenlaubkäfer

Phylloperta horticola

Familie: Blatthornkäfer

Der Gartenlaubkäfer ist aus der Gattung *Phylloptera* die einzige bei uns vertretene Art.

Kennzeichen: 9–11 mm groß. Körper dicht und abstehend behaart. Kopf, Halsschild und Hinterleib metallisch dunkelgrün schillernd. Flügeldecken braun.

Vorkommen: In ganz Europa. Offenes Gelände, Hecken, Obstgärten, Waldränder.

Lebensweise: ♂ fliegen im Juni in warmen Nächten dicht über dem Boden, finden die auskriechenden ♀ und paaren sich mit ihnen. ♀ legen sofort im Boden ihre Eier ab. Im Herbst schlüpfen die Larven (Engerlinge), verpuppen sich im Frühjahr; im Juni graben sich die Käfer aus dem Boden.

Nahrung: Die Käfer fressen Blätter und Blüten von Eichen, Birken und Haseln,

Gartenlaubkäfer

die Engerlinge an Wurzeln von krautigen Pflanzen und Gräsern.

Besonderes: Nachdem die Weibchen ihre Eier abgelegt haben, kommen sie wieder hervor, werden erneut begattet und legen wieder Eier ab. Dieser Vorgang wird meist mehrfach wiederholt.

Gartenrotschwanz
→ Hausrotschwanz

Gartenschläfer

Eliomys quercinus

Familie: Bilche

Wie alle Bilche, diese anmutigen Nagetiere, ist der Gartenschläfer ein nächtlicher Geselle.

Gartenschläfer

Kennzeichen: 11–17 cm groß, Schwanz fast körperlang, mit schwarz-weißer Endquaste; Fell ansonsten rötlichbraun, unterseits weiß, markante schwarze Gesichtszeichnung; Ohren groß und häutig.

Verbreitung: Süd- und Mitteleuropa, Teile Osteuropas, Vorderasien und Nordwestafrika.

Lebensraum: Laub-, Misch- und Nadelwälder, Gebüsche, Weingärten, alte Obstgärten.

Lebensweise: Nachtaktiv; läuft geschickt durchs Astwerk, auch häufig am Boden; baut gras- und moosgepolstertes Nest entweder frei im Geäst oder in Baumhöhlen (gern in Vogelnistkästen) und Felsspalten; hält in kühleren Klimazonen *Winterschlaf*, oft zu mehreren in gemeinsamem Winternest, das in einer Bodenspalte oder im Erdbau eines anderen Nagetiers angelegt wird.

Fortpflanzung: Pro Wurf 3–7 Junge, die nackt und blind geboren und 4 Wochen gesäugt werden sowie mit rund 30 Tagen erstmals das Nest verlassen.

Nahrung: Im Sommer überwiegend tierische Kost wie große Insekten, Spinnen, Schnecken, Vogeleier und -nestlinge, junge Mäuse, im Herbst vor allem Baumfrüchte, Samen, Beeren und Obst.

Gaukler

Terathopius ecaudatus

Familie: Habichtartige

Seinen Namen verdankt der Gaukler seinem von einer auf die andere Seite taumelnden Flug.

Kennzeichen: 56–65 cm. Auffälliger, überwiegend schwarz wirkender Adler mit braunem Mantel und Schwanz. Im Flug kontrastreich schwarz und weiß gefärbt. Rote Füße und rote Gesichtshaut.

Vorkommen: Savannen, Ebenen, Halbwüsten und offene Waldländer Afrikas südlich der Sahara sowie in Südwestarabien. Nicht im Kongobecken.

Lebensweise: Auf der Nahrungsuche verbringen Gaukler viel Zeit segelnd in der Luft. Der Horst wird in Bäumen oder auf Termitenbauen errichtet. 1 Ei; Brutdauer ca. 6 Wochen; Nestlingszeit gut 4 Monate.

Nahrung: Säugetiere, Vögel, Reptilien, Schlangen, auch Aas.

Besonderes: Während der Balz führt das ♂ seine beeindruckenden Flugkünste vor, die neben Sturzflügen auch Seitwärtsrollen beinhalten.

Gaukler

Gaur

Bos gaurus

Unterfamilie: Rinder

Das mächtigste lebende Wildrind ist ein scheuer und daher trotz seiner Größe schwer zu beobachtender Waldbewohner.

Gaur

Kennzeichen: Schulterhöhe 1,70–2 m, Gewicht bis 1 t, ♀ um etwa 1/4 kleiner als ♂; Fell beim Bullen schwarz, bei der Kuh und den Kälbern rotbraun, Beine und Spiegel am Hinterteil bei beiden Geschlechtern weiß; ♂ mit ausgeprägtem Buckel am Widerrist sowie Wamme an Hals und Brust; Hörner des ♂ bis 80 cm lang, halbkreisförmig zur Seite und aufwärts gebogen, beim ♀ kurz bleibend.

Verbreitung: Vorder- und Hinterindien, Restbestände in Myanmar (vormals Burma), Malaysia und Indochina.

Lebensraum: Hügel- und Bergwälder mit vielen Lichtungen und nicht allzu dichtem Unterwuchs, auch Bambusdschungel und offenes, waldnahes Grasland im Tiefland.

Lebensweise: In unberührten Gegenden tagaktiv, bei häufiger Störung jedoch nachtaktiv; Kühe bilden mit Jungtieren kleine Herden aus 10–20 Tieren, erwachsene Bullen außerhalb der Paarungszeit Einzelgänger. Bei Störungen oder zur Verteidigung der Jungen hohe Aggressivität.

Fortpflanzung: Nach gut 9 Monaten Tragzeit 1 Kalb (Zwillinge selten), das $^1/_2$–$^3/_4$ Jahr gesäugt wird.
Nahrung: Gras, Kräuter, auch Laub, Triebe und Früchte von Bäumen und Sträuchern.
Besonderes: Aus dem Gaur wurde der wesentlich kleinere Gayal gezüchtet, der zumeist in halbwilden Herden gehalten wird und vor allem als Schlacht- und Opfertier Bedeutung hat.

Gebänderte Prachtlibelle → Blauflügel-Prachtlibelle

Gebänderter Messerfisch
→ Messerfische

Geburtshelferkröte
Alytes obstetricans
Familie: Scheibenzüngler

Zur relativ urtümlichen Familie der Scheibenzüngler gehören auch die → Unken.
Kennzeichen: 3–5,5 cm. Oberseits schlammfarben mit vielen Warzen; entlang der Körperseiten je eine Reihe größerer, manchmal rötlicher Warzen. Unterseits weißlichgrau. Keine Ohrdrüsen. Pupillen senkrecht.
Stimme: Während der Paarungszeit glockenartige Töne, deshalb auch Glockenfrosch genannt.
Vorkommen: Teile Mitteleuropas, West- und Südwesteuropa; Marokko. In sonnigem, steinigem Gelände, wie Steinbrüchen, Kiesgruben oder Mauern, bis in 2400 m Höhe; in lichten Wäldern; auch innerhalb von Ortschaften.

Geburtshelferkröte

Lebensweise: Nachtaktiv. Verbringt den Tag eingegraben im Boden oder unter Steinen. Im nördlichen Verbreitungsgebiet Winterruhe von September/Oktober bis März; im Süden keine echte Winterruhe. Winterquartiere tiefer im Boden oder in Nagerbauten.
Fortpflanzung: 2–3 Gelege pro Saison. ♂ wickelt sich die Eischnüre um die Hinterbeine. In 3–6 Wochen entwickeln sich die Embryonen, danach sucht das ♂ das Laichgewässer auf, wo die Larven die Eihülle verlassen.
Nahrung: Insekten und deren Larven, Spinnen, Schnecken und Würmer.

Gecko → Mauergecko, → Tokee

Gefleckter Furchenmolch
→ Furchenmolche

Gefleckter Leierfisch → Leierfische

Geierperlhuhn
Acryllium vulturinum
Unterfamilie: Perlhühner

Perlhühner kommen in 6 Arten nur in Afrika vor. Ihren Namen haben sie von dem dicht mit weißen Punkten übersäten schwarzen Gefieder der meisten Arten.
Kennzeichen: 55–65 cm. Kopf weitgehend unbefiedert, grau mit rotbraunem Federschopf am Hinterkopf. Typisches Perlhuhngefieder. Am Hals eine Krause aus lanzettförmigen, blau-weiß-schwarz längs gestreiften Federn. Mittlere Schwanzfedern verlängert und zugespitzt. Kräftige Scharrfüße.
Vorkommen: Offenes Gras- und Buschland oder Waldgelände Afrikas südlich der Sahara.
Lebensweise: Zieht truppweise umher. Baumt zum Schlafen auf. Scharrt zur Nahrungssuche wie ein Huhn im Boden. Zur Brutzeit paarweise. Nest eine flache Bodenmulde. 4–6 Eier, Brutdauer 24–30 Tage. Junge sind Nestflüchter.
Nahrung: Insekten, Würmer, Schnecken und Samen.
Besonderes: Das Helmperlhuhn (*Numida meleagris*) ist die Stammform des Hausperlhuhns.

Geierperlhuhn

Geierschildkröte

Macroclemys temminckii

Familie: Alligatorschildkröten

Die Geierschildkröte ist die einzige Art ihrer Gattung. Zur gleichen Familie gehört noch die äußerst bissige Schnappschildkröte (*Chelydra serpentina*).

Kennzeichen: Sehr groß, Panzerlänge bis 75 cm, bis 100 kg schwer. Stark höckeriger Rückenpanzer. Bauchpanzer bis auf kreuzförmige Spange rückgebildet. Langer Schwanz. Kiefer kräftig, hakenförmig gekrümmt (Name!).

Vorkommen: Nur im Südosten der USA. Am Grund wenig bewegter Süßgewässer.

Lebensweise: Schwimmt schlecht. Lauert am Gewässergrund mit aufgerissenem Rachen. Zungenspitze rosafarben, zweizipfelig; zuckt und dient so als Köder, der Fische anlockt.

Nahrung: Fast ausschließlich Fische.

Geierschildkröte

Geißeltierchen

Flagellata

Unterreich: Einzeller

Die Geißeltierchen bilden eine arten- und formenreiche Klasse einzelliger, mikroskopisch kleiner Tiere. Allen gemeinsam ist der Besitz einer oder mehrerer Geißeln. Bedeutend sind vor allem die *Trypanosomen*, Schmarotzer des Blutes, die durch → Tsetsefliegen übertragen werden, und unter denen sich gefährliche Krankheitserreger für Mensch und Tier befinden. Bekannt sind ebenfalls die Augentierchen (*Euglena viridis, E. gracilis*).

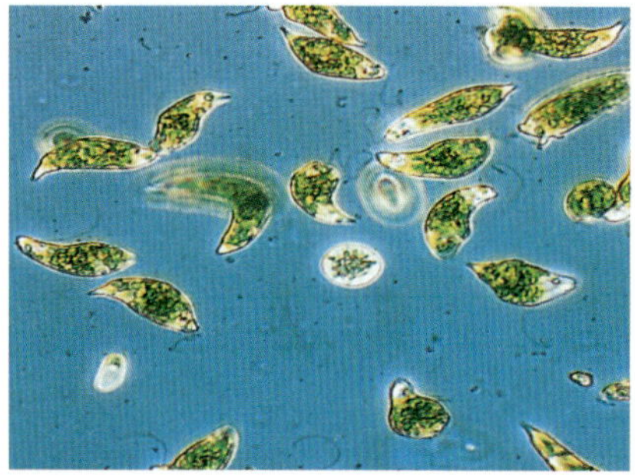

Grünes Augentierchen

Kennzeichen: Körper spindelförmig mit langer Geißel am Vorderende. Im Zellkern grüne, Chlorophyll enthaltende Körperchen (*Plastiden*). Mit rotem Augenfleck.

Vorkommen: Weltweit. Kleine, stehende Gewässer und Wasserlachen.

Lebensweise: Treten meist in Massen auf und färben die Gewässer grün. Fortbewegung entweder schwimmend durch Geißelschlag oder durch die sog. euglenoide Bewegung, bei der sich der Zellkörper in bestimmten Bereichen erweitert. Diese Erweiterung pflanzt sich wellenartig fort und bewegt das Tier vorwärts.

Fortpflanzung: Ungeschlechtlich durch Zellteilung.

Nahrung: Gelöste organische Stoffe.

Besonderes: Augentierchen sind in der Lage, sich ihre Nahrung wie Pflanzen über die Photosynthese selbst herzustellen.

Gelbbauch-Unke → Unken

Gelbbrustara

Ara ararauna

Familie: Papageien

Die Aras sind eine Gruppe langschwänziger, großer Papageien, die mit 13 Arten in Mittel- und Südamerika beheimatet sind.

Kennzeichen: 85–90 cm. Oberseits blau, unterseits intensiv gelb; grüner Scheitel. Nackte weiße Gesichtshaut zur gelben Brust durch schwarzes Band begrenzt, schwarzes Kinn.

Vorkommen: Galeriewälder und feuchte Wälder des Tieflandes von Panama bis Südbrasilien. Nicht in der Nähe menschlicher Siedlungen.
Lebensweise: Überwindet oft große Entfernungen morgens und abends zwischen Schlaf- und Fraßplatz unter heiseren »raak«-Rufen. Verbringt den Tag still im Kronendach der Bäume bei der Nahrungssuche. Fliegt meist paarweise oder zu dritt, auch innerhalb von größeren Trupps aus 25–30 Vögeln. Unternimmt saisonbedingte größere Nahrungsflüge, wobei er manchmal auch in offener Landschaft erscheint. Höhlenbrüter. Nest im Stamm einer großen abgestorbenen Palme. 2 weiße Eier.
Nahrung: Samen, Nüsse, Früchte und Knospen.
Besonderes: Von Zeit zu Zeit besuchen Aras Steilwände, wo mineralhaltiger Boden offen zutage tritt, den sie aufnehmen. Man vermutet, daß sie auf diese Weise mit der Nahrung aufgenommene Gifte unschädlich machen.

Gelbbrustara

Gelbbrust-Pfeifgans

Dendrocygna bicolor

Unterfamilie: Gänseartige

Pfeifgänse sind mit 8 Arten weltweit in den warmen Regionen verbreitet. Allen Arten gemeinsam sind die hellen Pfeiflaute, der lange Hals, die langen Beine und die aufrechte Haltung.

Gelbbrust-Pfeifgans

Kennzeichen: 45–53 cm. Überwiegend zimtbraun. Scheitelstreif und Strich am Hinterhals dunkelbraun. Heller Bereich am Vorderhals. Auf den dunklen Flügeln ein zimtfarbenes Wellenmuster. Cremefarbene Streifen an den Flanken. Helle Querbinde auf dem Schwanz.
Verbreitung: Gebietsweise von den südlichen USA über Mittelamerika bis Südamerika. Auch in Ostafrika, Indien und in Südostasien.
Lebensraum: In Feuchtgebieten und Süßgewässern aller Art, auch in Brackwassersümpfen.
Lebensweise: Eher nacht- als tagaktiv. Sitzt selten in Bäumen. Nahrungssuche im Trupp in Reisfeldern, Sümpfen oder Flachwasserbereichen gründelnd, manchmal auch tauchend. Weidet an Land die Ufervegetation ab.
Brut: Lebt in Einehe; gegenseitiges Gefiederkraulen. Neststandort auf dem Boden. Beide Partner bebrüten die 6–16 Eier 27–30 Tage lang und kümmern sich 8–12 Wochen um die Jungen.
Nahrung: Wasserpflanzen, Insekten oder Wirbellose.

Gelbfußflamingo → Andenflamingo

Gelbgrüne Zornnatter

Coluber viridiflavus

Familie: Nattern

Zornnattern sind für den Menschen ungefährliche, wenn sie ergriffen werden, jedoch sehr aggressive und beißlustige Schlangen (Name!).

Gelbgrüne Zornnatter

Kennzeichen: 130–150 (–180) cm. Schlank, langer Schwanz. Auf brauner bis dunkelgrauer Grundfärbung gelblichgrüne Flecken, am Vorderkörper in Querrichtung, am Hinterkörper in Längsrichtung. Augen groß, Pupille rund. Südliche Unterart *C. v. carbonarius* (= Karbonarschlange) manchmal auch rein schwarz.
Verbreitung: In 2 Unterarten von den Pyrenäen, Süd- und Mittelfrankreich, Italien mit vorgelagerten Inseln bis Istrien.
Lebensraum: Trockenes, steiniges oder felsiges Gelände unterschiedlicher Art mit Gestrüpp oder Büschen als Versteckmöglichkeit.
Lebensweise: Tagaktiv. Überwiegend am Boden, kann aber gut klettern. Ausgiebige Winterruhe von Oktober–März.
Fortpflanzung: Während der Paarung (April/Mai) hält das ♂ das ♀ mit einem Nackenbiß fest. Eiablage Juni/Juli. Die 6–15 Eier werden unter Steinen, in Baumstubben oder verrottendem Pflanzenmaterial versteckt. Jungschlangen schlüpfen nach 6–8 Wochen.
Nahrung: Kleine Wirbeltiere wie Eidechsen, Frösche, Schlangen, Vögel oder Mäuse; Jungschlangen auch Insekten.
Besonderes: Die Gelbgrüne Zornnatter scheint gegen das Gift von Giftschlangen immun zu sein, denn sie frißt auch Vipern.

Gelbhaubenkakadu

Cacatua galerita

Familie: Kakadus

Kakadus, zur Ordnung der Papageien gehörend, sind alle mit einer aufstellbaren Federhaube gekennzeichnet.
Kennzeichen: 40–50 cm. Weißer Kakadu mit gelber Federhaube und schwarzem Schnabel.
Verbreitung: Nord- und Ostaustralien, Neuguinea und Melanesien.
Lebensraum: Weit verbreitet in Waldgebieten und Savannen.
Lebensweise: Gesellig, außerhalb der Brutzeit in größeren Trupps. Legt oft kilometerlange Strecken zwischen Gemeinschaftsschlafplätzen und Gebieten, wo er Nahrung sucht, zurück. Ruft währenddessen extrem laut, rauh und kreischend.
Brut: Zur Brutzeit paarweise. Baumhöhlenbrüter. 2 Eier (August–November). Brutdauer ca. 1 Monat; ♂ und ♀ brüten. Junge nach ca. 10 Wochen flügge.
Nahrung: Überwiegend Pflanzenteile wie Knospen, Früchte, Samen, Nüsse; auch Insekten und andere Wirbellose.

Gelbhaubenkakadu

Gelbrandkäfer

Dytiscus marginalis

Familie: Schwimmkäfer

Der Gelbrandkäfer ist der bei uns häufigste → Schwimmkäfer.

Kennzeichen: 2,7–3,5 cm lang. Körper gedrungen, dunkelbraun bis schwarz gefärbt, seitlich mit gelbem Rand. ♂ und ♀ deutlich verschieden. ♂ mit glatten Flügeldecken und Saugnäpfen an den Vorderbeinen; ♀ mit gefurchten Flügeldecken und ohne Saugnäpfe.

Gelbrandkäfer

Vorkommen: Europa, Zentralasien bis Japan, Nordamerika. Zwischen Wasserpflanzen kleiner und mittelgroßer Gewässer.

Lebensweise: Stündlich etwa 4–7mal kommt der Gelbrandkäfer an die Wasseroberfläche und nimmt unter den Flügeldecken neuen Luftvorrat auf. Guter Flieger, der nachts an Wohngewässern auf Beutejagd geht. ♀ legt Eier mit dem Legebohrer einzeln an Stengeln oder Blättern unter Wasser ab.

Nahrung: Käfer und Larven jagen Kaulquappen, Insektenlarven und Jungfische.

Besonderes: Bei seiner nächtlichen Beutejagd und Suche nach neuen Wohngewässern landet der Gelbrandkäfer häufig versehentlich auf spiegelnden Flächen, wie z.B. Glasdächer. Metallflächen oder nassen Straßen.

Gelbschnabel-Madenhacker

→ Rotschnabel-Madenhacker

Gelbspötter

Hippolais icterina

Familie: Zweigsänger

In der großen Familie der Zweigsänger sind 376 Arten in 60 Gattungen vereinigt; dazu gehören z.B. auch die → Mönchsgrasmücke, der → Zilpzalp oder → Rohrsänger.

Kennzeichen: 13,5 cm. Oberseite olivbraun, unterseits gelb. Flügelfeld und Überaugenstreif gelb. Langer orangefarbener Schnabel.

Stimme: Macht seinem Namen Spötter alle Ehre, denn der abwechslungsreiche, gequetscht klingende Gesang mit Pfeiflauten enthält viele Imitationen anderer Vogelarten. Warnruf schmatzend.

Verbreitung: Mittel- und Osteuropa bis zum Balkan, östlich bis zum Altaigebirge, nördlich bis Mittelskandinavien. Überwintert im östlichen und tropischen Afrika.

Lebensraum: Lichte Laubwälder, Auwälder, Obstplantagen, Gärten und Parkanlagen mit viel Unterholz.

Lebensweise: Hüpft bei der Nahrungssuche meist rastlos hoch in Bäumen. Singt versteckt aus Baumkronen heraus. Sommervogel.

Brut: ♂ und ♀ bauen ordentliches Napfnest aus Grashalmen, Wurzeln und Rinde in 1–3 m Höhe in Astgabel eines Busches oder Baumes. 1 Brut (Mai–Juli). 4–6 Eier; Brutdauer 12–14 Tage, Nestlingszeit ca. 14 Tage.

Nahrung: Insekten, deren Larven sowie Spinnen. Im Herbst auch Beeren.

Gelbspötter

Gemse

Rupicapra rupicapra

Familie: Hornträger

Die Gemse ist hervorragend an den Lebensraum Hochgebirge angepaßt. Ihre nächste Verwandte ist die nordamerikanische → Schneeziege.

Kennzeichen: In Größe und Körperbau ziegenähnlich; Sommerfell rötlichbraun mit schwarzem Aalstrich und schwarzen Beinen, Winterfell schwarzbraun, ganzjährig schwarz-weiße Gesichtszeichnung, die bei alten Tieren an Kontrast verliert; ♂ und ♀ mit hakenförmig nach hinten gekrümmten Hörnern.

Vorkommen: Hochgebirgszüge Mittel-, Ost- und Südeuropas sowie Kleinasiens; in etlichen europäischen Mittelgebirgen eingebürgert. Im Sommer Matten und Geröllfelder oberhalb der Baumgrenze, im Winter hochgelegene Bergwälder.

Lebensweise: Tagaktiv; klettert und springt ausgezeichnet; lebt in Rudeln, ältere Böcke außerhalb der Paarungszeit Einzelgänger. Zur Brunftzeit im Spätherbst versuchen Altböcke, möglichst große Geißenrudel zu erobern, dabei kommt es zu heftigen Rivalenkämpfen. Bei Beunruhigung schrille Pfiffe als Warnruf für die übrigen Rudelmitglieder.

Fortpflanzung: Im Frühjahr meist 1, manchmal auch 2 Kitze, die bereits wenige Stunden nach der Geburt der Mutter folgen können, 6 Monate gesäugt werden und meist 1 Jahr bei der Geiß bleiben.

Nahrung: Gras, Kräuter, Laub, auch Nadelbaumtriebe, Rinde, Flechten, Moos.

Gemsen

Gepard

Acinonyx jubatus

Familie: Katzen

Der Gepard trägt in mancher Hinsicht eher die Züge eines Windhunds als einer geschmeidigen Katze.

Kennzeichen: Gut schäferhundgroß, sehr schlank und hochbeinig; Kopf auffallend klein, Schwanz lang; Fell sandfarben mit schwarzen Tupfen. Krallen nach Art der Hunde nicht einziehbar, stumpf. Jungtiere in den ersten Lebensmonaten fast schwarz mit gelblichgrauer Nacken- und Rückenmähne.

Vorkommen: Östliches und südliches Afrika sowie inselartig im nördlichen Afrika, in Arabien, Turkmenien und im Iran. Vorzugsweise in ebenen Gras- und Buschsteppen, z. T. auch in bergigen Regionen.

Lebensweise: Tagaktiv; Einzelgänger, ♀ bleibt jedoch bis zu 2 Jahren mit ihren bereits erwachsenen Jungen zusammen; besetzt kein festes Revier, weicht Artgenossen bei Begegnungen einfach aus; Streifgebiet bis über 100 km^2 groß; klettert gelegentlich – der Aussicht wegen – auf einen Baum oder Felsen, sonst reiner Bodenbewohner. Schneller, jedoch wenig ausdauernder Hetzjäger; bringt größere Beutetiere mit den Vorderläufen zu Fall und erstickt sie durch Kehlbiß.

Fortpflanzung: 1–5 Junge, doch werden selten mehr als 2 großgezogen; bleiben in den ersten Lebenswochen versteckt im Gebüsch oder hohen Gras liegen, folgen dann der Mutter auf ihren Streifzügen; ♂ beteiligt sich nicht an der Aufzucht.

Gepard

Nahrung: Wirbeltiere aller Art, vorzugsweise Huftiere bis zur Größe eines Gnus.
Besonderes: Der Gepard hält den Geschwindigkeitsrekord unter den Landtieren. Über kurze Strecken bringt er es auf Geschwindigkeiten von über 110 km/h.

Gespenstheuschrecken

Phasmida

Klasse: Insekten

Die Ordnung der Gespenstheuschrecken ist mit etwa 2500 Arten in den tropischen Zonen verbreitet. Den Namen verdanken die Tiere ihrem ungewöhnlichen Aussehen. Je nach Gestalt werden sie »Stabschrecken«, oder »Wandelnde Blätter« genannt.

Wandelndes Blatt

Kennzeichen: 5–35 cm lang. Stabschrecken haben einen langgestreckten, stabförmigen, meist flügellosen Körper. Bei den Wandelnden Blättern ist der Körper horizontal stark abgeflacht und ähnelt einem grünen oder gelben Blatt.
Vorkommen: Feuchtwarme, äquatornahe Gebiete der Tropen. Sträucher, Bäume, Grasflächen.
Lebensweise: Mit ihrem Aussehen ahmen die Tiere Pflanzenteile nach und täuschen somit auch ihre Feinde. Tagsüber sitzen sie meist regungslos an ein und demselben Ort, nachts bewegen sie sich nur sehr langsam fort. Bei der Paarung können ♂ und ♀ einige Tage verbunden bleiben. ♀ legen 3–4 Monate lang mehrere hundert Eier ab. Ei- und Larvenentwicklung dauern je nach Temperatur 3 Monate bis 1 Jahr bzw. 3–8 Monate.
Nahrung: Alle Arten sind Pflanzenfresser.
Besonderes: Einige Stabschrecken sind in der Lage, ihre Farbe zu wechseln und sich somit zusätzlich zu schützen (Tag-Nacht-Wechsel).

Gibbon → Siamang, → Weißhandgibbon, → Weißwangengibbon

Gila-Krustenechse

Heloderma suspectum

Familie: Krustenechsen

Die Krustenechsen kommen in 2 Arten nur in Nordamerika vor. Neben der Gila-Krustenechse lebt dort noch der bis 75 cm lange Escorpion oder die Skorpions-Krustenechse (*Heloderma horridum*).
Kennzeichen: 45–55 cm. Auf schwarzem Grund orange- oder fleischfarbene Flecken. Gedrungener, plumper Körper mit kurzen Beinen; scharfe Krallen. Großer Kopf mit winzigen Augen. Höckrige Hautoberfläche.
Vorkommen: Im Gila-Becken in Arizona (Name!); in den Wüstengebieten von Südost-Utah südlich bis Nordwestmexiko.
Lebensweise: Dämmerungs- und nachtaktiv. Verbringt den Tag in selbstgegrabenen Höhlen, in natürlichen Höhlungen oder in Erdbauen anderer Tiere. Beutetiere werden mit dem »Jacobsonschen Organ« (dem Geruchspartikel über die Zunge zugeleitet werden) im Gaumendach aufgespürt. Winterruher; zehrt in dieser Zeit von den Fettreserven im Schwanz. Gilas können mehrjährige Hungerzeiten überstehen.

Gila-Krustenechse

Fortpflanzung: ♀ legt 3–15 ovale ledrige Eier in selbstgegrabenes Loch in feuchtem Sand ab. Entwicklungszeit ca. 1 Monat.
Nahrung: Kleine und nestjunge Wirbeltiere, Vogel- und Reptilieneier; auch Wirbellose.
Besonderes: Die Krustenechsen sind die einzigen Echsen mit Giftdrüsen. Ihr Gift, das auf das Zentralnervensystem wirkt, kann auch dem Menschen gefährlich werden.

Gimpel

Pyrrhula pyrrhula

Familie: Finkenvögel

Wegen seiner schwarzen Kopfkappe wird der Gimpel auch Dompfaff genannt.

Gimpel

Kennzeichen: 15–16 cm. Kopfkappe, Flügel und Schwanz schwarz, weißer Bürzel und weiße Flügelbinde. ♂ unterseits rosenrot, ♀ graubraun. Schwarzer Kegelschnabel.

Vorkommen: Europa bis auf den hohen Norden und Südspanien, ostwärts quer durch Asien bis Japan. Nadel- und Mischwälder, Gärten, Parks und Friedhöfe, Feldgehölze.

Lebensweise: Lebt in Dauerehe, mehrere Paare bilden einen Trupp. Im Winter auch an Fütterungen; sehr friedlich. Macht sich wegen Ernährungsgewohnheiten bei Obstbauern und Gartenbesitzern unbeliebt. Teilzieher.

Brut: Lockeres Nest aus feinen Zweigen und Würzelchen, in dichtes Gebüsch oder Nadelbäume vom ♀ gebaut. 2 Bruten (April–August). 4–6 Eier; Brutdauer 13 Tage, Nestlingszeit 14–16 Tage.

Nahrung: Überwiegend Knospen; auch Insekten, Sämereien und Beeren.

Besonderes: Die stimmbegabten Gimpel sind in der Lage, ganze Lieder zu lernen und nachzusingen.

Ginsterkatzen

Genetta

Familie: Schleichkatzen

Die Ginsterkatzen oder Genetten sind entgegen ihrem Namen keine echten Katzen, sondern als Vertreter der Schleichkatzen u.a. mit dem → Mungo verwandt.

Kennzeichen: Kopf-Rumpflänge bis 60 cm, Schwanz fast körperlang; Fell grau bis gelblichbraun mit schwarzer Tupfenzeichnung, Schwanz schwarz geringelt; langgestreckter Körperbau, kurze Beine, Kopf mit spitzer Schnauze und runden Ohren.

Vorkommen: Ganz Afrika mit Ausnahme der Sahara; die Kleinfleck-Ginsterkatze (*Genetta genetta)* auch auf der Iberischen Halbinsel, in Südfrankreich, Palästina und Arabien. Trockene Waldgebiete mit dichten Gebüschen, auch in Siedlungsnähe und in Plantagen.

Lebensweise: Dämmerungs- und nachtaktiv; außerhalb der Fortpflanzungszeit Einzelgänger; klettern meist auf Ästen umher, jagen aber auch am Boden; Schlafplatz und Nest zur Jungenaufzucht in Baum- oder Bodenhöhlen.

Fortpflanzung: Pro Geburt 2–4 blinde und taube, aber schon behaarte Junge, die rund 1 Jahr bei der Mutter bleiben.

Nahrung: Kleintiere aller Art, gelegentlich auch Früchte.

Besonderes: Zahme Ginsterkatzen wurden in Südeuropa lange Zeit als Mäuse- und Rattenfänger im Haus gehalten, bevor sie im Laufe des Mittelalters von den »moderneren« Hauskatzen verdrängt wurden.

Ginsterkatze

Giraffe

Giraffa camelopardalis
Ordnung: Paarhufer

Die turmhohe Giraffe zählt sicher zu den bekanntesten Wildtieren der Welt. Es lassen sich 8 Unterarten abgrenzen, die sich vor allem in der Fellzeichnung und der Zahl der Stirnhörner unterscheiden.

Kennzeichen: Scheitelhöhe bei ♂ bis 5,80 m, bei ♀ »nur« bis 4,50 m; Hals und Beine überaus lang; auf der Stirn 2–5 Knochenzapfen, die mit Fell überzogen sind; Fellzeichnung eine klar umrissene braune Felderung (bei der Netzgiraffe) oder in unregelmäßige Flecken aufgelöst (besonders bei der Massaigiraffe).

Vorkommen: Baum- und Buschsteppen Afrikas südlich der Sahara.

Lebensweise: Gesellig; durchzieht in kleinen Gruppen oder Herden bis 50 Tieren ein weites Streifgebiet; Rangordnungskämpfe durch kräftemessenden Schlagabtausch mit den Hälsen, ernste Kämpfe der Bullen mit den Stirnhörnern, Verteidigung gegen Raubfeinde (z. B. Löwen) durch Schläge mit den scharfen Vorderhufen. Giraffen schlafen meist dösend im Stehen oder Liegen mit erhobenem Kopf, Tiefschlaf jede Nacht nur für wenige Minuten, Hals dann bogenförmig zurückgeschlagen und Kopf auf dem Hinterschenkel ruhend.

Fortpflanzung: Nach 14 Monaten Tragzeit gewöhnlich 1 Kalb, das im Stehen geboren wird, also aus etwa 2 m Höhe zu Boden fällt. Scheitelhöhe des Neugeborenen etwa 1,90 m.

Nahrung: Laub und frische Triebe von Bäumen und Büschen, insbesondere von Akazien.

Besonderes: Trotz der Länge ihres Halses reicht die Giraffe zum Trinken oder Grasen nur zum Boden bzw. Wasser hinab, wenn sie die Vorderbeine stark spreizt und einknickt.

Netzgiraffe

Giraffengazelle

Litocranius walleri
Familie: Hornträger

Giraffengazelle

Die langhalsige und hochbeinige Giraffengazelle, auch Gerenuk genannt, vermag Nahrung zu nützen, die für andere Gazellen unerreichbar ist.

Kennzeichen: Kopf-Rumpflänge 1,40 bis 1,60 m; Läufe und Hals unproportioniert lang; Fell rotbraun, am Bauch und um die Augen weiß; ♂ mit 20–40 cm langen, leierförmig nach hinten geschwungenen Hörnern, ♀ hornlos.

Vorkommen: Trockenes Buschland im »Horn von Afrika«, südlich bis Tansania.

Lebensweise: Tagaktiv, ruht aber in den Mittagsstunden; richtet sich beim Laubäsen oft auf den Hinterbeinen auf, um an hohe Zweige zu gelangen, kann dabei lange Zeit völlig frei stehen. Geißen mit Jungtieren sowie junge Böcke bilden kleine Rudel von selten mehr als 10 Tieren; Altböcke besetzen ein bis 300 ha großes Territorium; Reviermarkierung mit Duftsekret und Kot.

Fortpflanzung: Jeweils 1 Kitz, das in den ersten Wochen im Gebüsch wartet, bis die Mutter zum Säugen zu ihm kommt.

Nahrung: Laub von Bäumen und Sträuchern, auch Knospen, Blüten und Früchte.

Besonderes: Der Gerenuk vermag ganz ohne zu trinken auszukommen, er kann, wenn nötig, seinen Wasserbedarf allein aus der Pflanzennahrung decken.

Massaigiraffe

Glasbarsch → Indischer Glasbarsch

Glattnatter → Schlingnatter

Glattschnabelani → Anis

Gleitbeutler

Petaurus

Familie: Kletterbeutler

Gleitbeutler haben ebenso wie die → Gleithörnchen Flughäute, die sie zum Segelfliegen befähigen. Doch sind die beiden Tiergruppen nicht näher miteinander verwandt, es handelt sich vielmehr um eine Parallelentwicklung.

Gleitbeutler

Gleitbeutler fliegend

Kennzeichen: Der häufige Kurzkopfgleitbeutler (*Petaurus breviceps*), in Größe und Aussehen einem → Siebenschläfer ähnlich, der seltenere Eichhörnchengleitbeutler *(P. norfolcensis)* etwas größer, das sehr seltene Riesenflughörnchen (*P. australis*) katzengroß. Flughaut zwischen Körperseiten und Vorder- und Hinterbeinen, die durch Abspreizen der Beine ausgebreitet wird.
Vorkommen: Ost- und Nordaustralien sowie Neuguinea. Wälder aller Art.
Lebensweise: Nachtaktiv; leben in Sippen von bis zu einem Dutzend Tieren, die sich gegenseitig mit Drüsensekreten duftmarkieren. Ebenso werden Wege im Geäst und Grenzen des Gruppenreviers gekennzeichnet.
Fortpflanzung: 1–2 Junge, die 2–3 Monate im Beutel der Mutter herumgetragen werden.
Nahrung: Pollen und Nektar, Baumsäfte, auch Insekten.

Gleithörnchen

Pteromys volans

Familie: Hörnchen

Der oft verwendete Name Flughörnchen für dieses anmutige, aber scheue Nagetier ist nicht ganz korrekt, denn es kann nicht aktiv fliegen, sondern nur im Gleitflug durch die Luft segeln. Mehrere verwandte, insgesamt alle recht ähnliche Arten kommen in Südostasien und Nordamerika vor.
Kennzeichen: Körpergröße 15–18 cm, Schwanz 10–15 cm lang, zweizeilig behaart; Fell im Sommer graubraun, im Winter silbriggrau, bauchseits weiß; behaarte Flughaut zwischen Vorder- und Hinterbeinen.
Vorkommen: Nördliches Eurasien von Finnland und dem Baltikum bis Ostsibirien. Laub- und Mischwälder.
Lebensweise: Dämmerungs- und nachtaktiv; gewandter Kletterer; Nest in Astlöchern, Spechthöhlen, Eichhörnchen- oder Vogelnestern; legt in Baumhöhlen beachtliche Vorräte aus Nüssen und Baumsamen an; hält keinen Winterschlaf.
Fortpflanzung: 1–2 Würfe im Jahr mit je 2–4 nackt und blind geborenen Jungen.
Nahrung: Knospen, Blätter, Rinde und Samen von Bäumen, gelegentlich auch Vogeleier und -nestlinge.
Besonderes: Das Gleithörnchen ist ein ausgesprochener Kulturflüchter, der unberührte Urwälder bevorzugt.

Gleithörnchen

Glucken

Lasiocampidae

Ordnung: Schmetterlinge

Die Glucken oder Wollraupenspinner sind mit rund 1000 Arten weltweit verbreitet. Die Ruhestellung des Falters mit steil dachförmig gefalteten Flügeln erinnert an eine gluckende Henne (Name!). Zu den 40 in Europa beheimateten Arten gehören der Eichenspinner (*Lasiocampa quercus*), der Kiefernspinner *(Dendrolimus pini)* und die → Kupferglucke.

Kennzeichen: Kräftiger Körper, dicht behaarter Kopf. ♂ und ♀ unterscheiden sich deutlich in der Flügelzeichnung und den Fühlern. Diese sind beim ♂ lang und doppelt gekämmt, beim ♀ kurz und kamm- oder sägezähnig.

Kiefernspinner

Gnus

Connochaetes

Familie: Hornträger

Die 2 Gnuarten, das Blaue oder Streifengnu *(Connochaetes taurinus)* und das Weißschwanzgnu *(C. gnou)*, gehören zur Unterfamilie der Kuhantilopen.

Kennzeichen: Standhöhe 1–1,4 m, ♀ etwas kleiner als ♂; Schwanz mit langer Endquaste; Hörner des Streifengnus nach seitwärts und oben geschwungen, beim ♀ etwa halb so lang wie beim ♂, die des Weißschwanzgnus nach unten-

Weißbartgnus

vorn und dann nach oben geschwungen, bei beiden Geschlechtern fast gleich lang; Streifengnu graubraun bis blaugrau, dunkle, senkrechte Streifenzeichnung am Rumpf, schwarze, meist fallende Mähne am Nacken; Weißschwanzgnu dunkelbraun, weiß-schwarze Stehmähne am Nacken, Kinn und Brust mit dunklem »Bart«, Schwanz weiß. Kälber gelblich- oder rötlichbraun.

Vorkommen: Ost- und Südafrika. Offene Gras- und Buschsteppe, Streifengnu auch in lichtem Wald.

Lebensweise: Bilden sowohl ♂- und ♀-Herden als auch gemischte Verbände; alte ♂ werden territorial. Wälzen sich gern in Staub und Sand.

Wanderungen: Regional jahreszeitenabhängige Wanderungen der Herden über Hunderte von Kilometern, dem Vorkommen bestimmter Futtergräser folgend.

Fortpflanzung: Jeweils 1 Kalb, das gleich nach der Geburt aufstehen und der Mutter folgen kann. Die Kälber werden alle innerhalb weniger Tage (im Januar/Februar) geboren.

Nahrung: Gras.

Besonderes: In der ostafrikanischen Serengeti hat sich das Weißbartgnu, eine Unterart des Streifengnus, in den letzten Jahrzehnten geradezu explosionsartig vermehrt. Dagegen war das Weißschwanzgnu in freier Wildbahn bereits ausgerottet.

Goldammer

Emberiza citrinella

Familie: Ammern

Die Goldammer ist die häufigste Ammer Mitteleuropas.

Kennzeichen: 16–17 cm. ♂ am Kopf und unterseits gelb, Rücken und Flügel gelblichbraun mit dunklen Längsstricheln. Auffälliger zimtfarbener Bürzel. ♀ insgesamt bräunlicher, stärker gestrichelt.

Stimme: Melancholisch klingender Gesang aus stereotyper, erst ansteigender, im Schlußton abwärts gezogener Strophe. Im Volksmund oft umschrieben mit »Wie wie wie hab' ich dich lieb«.

Vorkommen: Europa bis auf den hohen Norden und Südspanien, ostwärts bis Mittelsibirien. Häufig in der offenen Kulturlandschaft mit Hecken und Feldgehölzen; auch in Fichtenschonungen und an Waldrändern.

Lebensweise: Gesangsvortrag bereits ab Februar von erhöhter Warte aus. Singwarte meist in direkter Nistplatznähe. Außerhalb der Brutzeit in Gruppen umherstreifend; sucht auf Feldern nach Körnern. Hüpft am Boden. Beim Landen auf einem Ast Schwanzzucken. Besucht im Winter auch Futterstellen mit Getreideresten am Boden, dann häufig mit anderen Finkenvögeln vergesellschaftet. Teilzieher.

Brut: Napfnest, nur vom ♀ gebaut, liegt meist niedrig im Gestrüpp oder auf dem Boden versteckt. 2 Bruten (April–Juli). Das ♀ bebrütet allein die 3–5 Eier 12–13 Tage lang. Nestlingszeit 11–14 Tage. In den ersten Tagen nach dem Schlüpfen bekommen die Jungen im Kropf vorgeweichte Insekten verfüttert.

Nahrung: Insekten und deren Larven, Spinnen; auch grüne Pflanzenteile, Sämereien und Getreide.

Goldammer

Goldbarsch

Sebastes marinus

Familie: Drachenköpfe

Der Gold- oder Rotbarsch, ist als Speisefisch von großer Bedeutung. Er kommt jedoch in der Regel nur als Filet in den Handel.

Kennzeichen: Körper seitlich abgeflacht. Lange Rückenflosse, vorderer Teil stachelstrahlig. Große Augen, weites Maul, kleine, bürstenförmige Zähne. Kiemendeckel mit nach hinten gerichtetem Stachel. Rot gefärbt. Bis 100 cm lang.

Vorkommen: Von Grönland bis Schottland und Westnorwegen; westliche Atlantikküste bis Höhe New York. Sowohl im Küstenbereich in Bodennähe als auch freischwimmend im Meer von 100–600 m Tiefe.

Lebensweise: Schwarmfisch.

Fortpflanzung: Lebendgebärend. Paarungszeit Oktober–November. Laichzeit April–Juni. Laichplätze im offenen Meer. Pro ♀ 35 000–150 000 Junge.

Nahrung: Jungfische leben von Plankton, Altfische von Krebstieren und Fischen.

Besonderes: In Tiefen von 300–600 m kommt eine besondere Form des Goldbarsches, der Tiefenbarsch (*S. m. mentellus*) vor. Er unterscheidet sich vom Goldbarsch durch viel größere Augen und einen zapfenförmigen Fortsatz am Unterkiefer.

Goldbrasse → Meerbrassen

Goldfasan

Chrysolophus pictus

Unterfamilie: Glattfußhühner

Aufgrund seines prächtigen Gefieders wird der Goldfasan gern in zoologischen Gärten oder Fasanerien gehalten.

Goldfasan (Männchen)

Kennzeichen: ♂ 80–110 cm, ♀ 60–70 cm. ♂ prächtig leuchtend rot, goldgelb und metallischgrün gefärbt, langer Schwanz braun-gelblich marmoriert. ♀ mit unscheinbar braunem Tarngefieder.
Stimme: Die schleifenden Rufe der ♂ sind v. a. in den Morgen- und Abendstunden zu hören.
Vorkommen: Locker bewaldete Bergregionen Zentralchinas; v. a. in Bambusbeständen.
Lebensweise: Tagaktiv; schläft nachts hoch in Baumkronen. Fliegt selten, läuft eher. Sehr heimlich.
Verhalten: ♂ spreizen bei der Balz die goldgelben, schwarz gebänderten Halsseitenfedern nach vorn zu einem Kragen ab.
Brut: Während der Fortpflanzungszeit häufig heftige Kämpfe der ♂ um die ♀. 12–16 Eier. Brutdauer ca. 23 Tage. Nur das ♀ brütet und führt die Jungen.
Nahrung: Blätter, Blüten und Schößlinge bestimmter Büsche, v.a. von Bambus. Auch Insekten und Spinnen.
Besonderes: Aus der Gefangenschaft entwichene Goldfasane haben sich in Großbritannien so gut eingewöhnt, daß sie mittlerweile frei brüten. Sie leben dort in dichten Nadel- und Mischwäldern.

Goldfisch

Carassius auratus auratus

Unterfamilie: Echte Karpfen

Der Goldfisch wurde schon vor langer Zeit in China aus der Silber- oder Goldkarausche (*Carassius auratus*) als Zierfisch gezüchtet und ist heute in den verschiedensten Farben und Formen erhältlich.
Kennzeichen: Körper karpfenähnlich, jedoch in vielen verschiedenen Größen und Formen gezüchtet. Wildform braun, rötlich oder weiß.
Vorkommen: Ursprünglich Ostasien, heute weltweit verbreitet. Stehende oder langsam fließende Gewässer, Zierteiche und Kaltwasseraquarien.
Lebensweise: Friedlicher Schwarmfisch.
Fortpflanzung: Geschlechtsreife mit 3–4 Jahren. Die ♂ ermuntern die ♀ durch ungestümes Stoßen in die Seite zum Ablaichen der 500–1000 Eier.
Nahrung: Kleine Wassertiere, Wasserpflanzen, Aas.
Besonderes: Der Goldfisch ist äußerst widerstandsfähig und anspruchslos und kann bis zu 30 Jahre alt werden.

Goldfisch (Blasenauge)

Goldkarausche

Goldfröschchen

Mantella aurantiaca

Familie: Echte Frösche

Das Goldfröschchen ist einer der schönsten Froschlurche der Welt und deshalb ein beliebtes Terrarientier.

Kennzeichen: 2–3 cm. Leuchtend orange bis rotorange gefärbt. Große schwarze Augen. ♂ äußern grillenähnliche Zirplaute.

Vorkommen: Ausschließlich auf Madagaskar in der feuchten Bodenstreu des Regenwaldes.

Lebensweise: Tagaktiv. Meidet die volle Sonne. Sitzt häufig in Familientrupps auf engem Raum in ihren Schlupfwinkeln unter moderndem Laub zusammen. Unabhängig vom Wasser; läuft oder hüpft schnell über den Boden, klettert auch auf Pflanzen herum.

Fortpflanzung: Über die Begattung gibt es wenig Erkenntnisse und Beobachtungen; möglicherweise findet eine innere Besamung statt. ♀ legt Laichklumpen zwischen moderndes Laub am Waldboden ab; die nach 1 Woche schlüpfenden Kaulquappen werden mit dem Regen in das nächste Gewässer gespült. Umwandlung zum Frosch nach ca. 3 Monaten.

Nahrung: Winzige Insekten und andere Wirbellose.

Goldfröschchen

Goldhamster

Mesocricetus auratus

Familie: Wühler

4 Arten von Goldhamstern gibt es in Südosteuropa und Vorderasien. Der Syrische Goldhamster hat als possierliches Heimtier weite Verbreitung gefunden.

Kennzeichen: 11–14 cm groß, Stummelschwänzchen; Fell oberseits meist rotbraun, bauchseits weiß.

Goldhamster

Vorkommen: Innersyrische Steppe.

Lebensweise: Überwiegend nachtaktiv; einzelgängerisch; bewohnt selbstgegrabene Erdbaue; legt Nahrungsvorräte an, die er in seinen großen Backentaschen in den Bau trägt.

Fortpflanzung: Sieht man von den Beuteltieren ab, haben Goldhamster die kürzeste Trächtigkeit aller Säugetiere. Nach nur 16 Tagen Tragzeit Geburt von 2–16(!) Jungen (im Mittel 8), im Jahr bis zu 8 Würfe! Die Jungen sind ihrerseits mit etwa 8 Wochen bereits fortpflanzungsfähig.

Nahrung: Sämereien, auch Insekten.

Besonderes: In freier Wildbahn ist der Syrische Goldhamster so gut wie ausgerottet.

Goldkarausche → Goldfisch

Goldmakrelen

Coryphaenidae

Unterordnung: Barschfische

Zur Familie der Goldmakrelen zählen die bekannte Gemeine Goldmakrele (*Coryphaena hippurus*), auch Dorado genannt, und die Kleine Goldmakrele (*C. equisetis*).

Kennzeichen: Körper langgestreckt, mit kleinen Rundschuppen bedeckt. Rücken blaugrün, Flanken und Bauch weißlich, Schwanzflosse gelb, andere Flossen blau. Kopf delphinartig, weite Mundöffnung, vorspringender Unterkiefer. Schwanzflosse tief gegabelt. ♂ bis 180 cm, ♀ bis 70 cm.

Vorkommen: Weltweit in tropischen und wärmeren Meeren, auch Mittelmeer. In den oberen Wasserschichten.

Lebensweise: Gesellig oder Einzelgänger.

Nahrung: Fliegende Fische, Tintenfische, Krebse.

Besonderes: Goldmakrelen können Schwimmgeschwindigkeiten von bis zu 60 km/h erreichen und machen gerne Jagd auf Fliegende Fische und springen dabei oft meterhoch aus dem Wasser. Außerdem wachsen sie sehr schnell und können innerhalb sehr kurzer Zeit (6 Monate) um mehr als das 20fache an Gewicht zulegen.

Goldmakrele

Goldmulle

Chrysochloridae

Ordnung: Insektenfresser

Die in 18 Arten vorkommenden Goldmulle vertreten auf dem afrikanischen Kontinent die Maulwürfe. Wie diese sind sie im Körperbau stark an ein Leben »unter Tage« angepaßt.

Goldmulle

Kennzeichen: Je nach Art 8–23 cm groß; walzenförmiger Körper; kurzes, dichtes Fell in sehr verschiedenen Farbtönen, bei den meisten Arten metallisch glänzend oder grünlich bis violett schillernd; Augen winzig und verkümmert, z.T. von Haut bedeckt; Vorderpfoten mit kräftigen Grabkrallen.

Vorkommen: Südliches Afrika. Je nach Art in Wäldern, Buschland, offenen Graslandschaften, Sanddünen, Kulturland, Gärten.

Lebensweise: Bewegen sich fast ausschließlich unterirdisch, wühlen sich durch losen Wüstensand bzw. legen in festerem Untergrund mehr oder weniger tiefreichende Tunnelsysteme an, wobei die ausgeräumte Erde nach Art der Maulwürfe zu Hügeln aufgeworfen wird.

Fortpflanzung: Kaum etwas darüber bekannt; wohl meist nur 2 Junge, die in einer weich ausgepolsterten Nesthöhle aufgezogen werden.

Nahrung: Große Insekten, Würmer und andere Wirbellose, auch kleine Wirbeltiere.

Goldstrich → Meerbrassen

Goldwaldsänger

Dendroica petechia

Familie: Waldsänger

Waldsänger kommen in 126 Arten ursprünglich nur in Amerika vor. Der Goldwaldsänger hat das größte Verbreitungsgebiet.

Kennzeichen: 13 cm. Überwiegend gelb gefärbt mit dunklem Auge und dunklem schlankem Schnabel. Flügel und Schwanz dunkel olivgrün, 2 gelbe Flügelbinden. ♂ am Bauch rötlich gestreift. Die ca. 30 Unterarten unterscheiden sich in der Dichte der rötlichen Strichelung.

Vorkommen: Von Alaska im Norden quer durch Nord- und Mittelamerika bis zum nördlichen Südamerika; auch auf den Cocos- und Galapagosinseln. Häufig in feuchtem Weiden- und Erlengestrüpp sowie in locker mit anderen Büschen bestandenem Gelände; in Mangroven. Auch in Gärten und Obstplantagen.

Lebensweise: Schlägt häufig mit dem Schwanz. Wenig scheu. Napfförmiges Nest meist in Büschen, vom ♀ allein gebaut. ♀ bebrütet auch allein die 4–5 Eier 11–14 Tage lang. Die nördlichen Populationen sind Zugvögel.

Nahrung: Überwiegend Insekten.

Besonderes: Nach starken Westwinden wurden manche Waldsänger-Arten schon bis nach Großbritannien verdriftet.

Goldwaldsänger

Goldwespen

Chrysididae

Ordnung: Hautflügler

Wegen ihrer intensiv metallisch glänzenden Körperfärbung zählen die Goldwespen zu den auffallendsten → Hautflüglern. Weltweit kommen etwa 2000 Arten vor. Von den in Europa rund 60 beheimateten Arten ist die Feuer-Goldwespe (*Chrysis ignita*) die häufigste.

Feuer-Goldwespe

Kennzeichen: Etwa 1 cm lang. Intensiv gold- bis kupferfarben glänzend. Färbung stark variabel. ♀ mit Giftstachel. Unterseite des Hinterleibs ausgehöhlt.

Vorkommen: Fast ganz Europa. An sonnigen Mauern, Lehmwänden, Holzpfosten und Sandböschungen.

Lebensweise: Alle Goldwespen sind Schmarotzer an anderen Hautflüglern, vor allem an Bienen, Falt- und Grabwespen. In deren Nester legen die ♀ ihre Eier ab.

Nahrung: Die Vollinsekten lecken gerne an Nektar, aber auch an dem von Blattläusen ausgeschiedenen »Honigtau«. Die Larven ernähren sich von den Wirtslarven.

Besonderes: Um sich gegen ihre meist wehrhaften Wirte zu schützen, rollen sich die Goldwespen blitzartig kugelförmig zusammen und stellen sich tot. Dabei passen Kopf und Hinterbeine genau in die Aushöhlung des Hinterleibs, so daß die Unterseite geschützt ist. Durch die fest gepanzerte Außenseite kann kein Stachel eindringen.

Goliathfrosch

Conraua goliath

Familie: Echte Frösche

Der Goliathfrosch macht seinem Namen alle Ehre, er ist der größte bekannte Frosch.

Kennzeichen: Bis 40 cm groß und bis 3 kg schwer; Oberschenkeldicke entspricht einem menschlichen Handgelenk. Bräunlichgrün gefärbt. Sehr große Augen.

Vorkommen: Kühle, klare Bergflüsse Westafrikas.

Lebensweise: Schlechter Springer. Sehr scheu; zieht sich bei Bedrohung in Löcher am Flußgrund zurück. Eiablage in Klumpen im Wohngewässer. Kaulquappe ca. 5 cm groß; kann sich mit der Mundspalte an Felsen festhalten. Entwicklung zum Frosch nach gut 2 Monaten beendet.

Nahrung: Überwiegend Insekten.

Goliathkäfer

Goliathus

Familie: Blatthornkäfer

Die Goliathkäfer gehören zur Gruppe der → Rosenkäfer und sind die schwersten Insekten. Sie kommen in den Wäldern Zentralafrikas vor.

Kennzeichen: Massiger Körper, bis 10 cm lang. Flügeldecken samtartig rehbraun. Breite, weiße Streifen auf dem Halsschild. Kopf mit hornartigen Spießen oder Gabeln.

Goliathkäfer

Gorilla

Gorilla gorilla

Familie: Große Menschenaffen

Die »sanften Riesen« unter den Primaten kommen in 2 Unterarten vor, dem mächtigen Flachlandgorilla und dem etwas kleineren, an Kopf und Armen ein wenig länger behaarten Berggorilla.

Kennzeichen: Aufrecht stehend bis zu 2,30 m, Armspannweite bis zu 2,50 m, Gewicht beim ♂ bis 275 kg, beim deutlich kleineren ♀ bis 100 kg. Körperbau massig; Fell schwarz, bei älteren ♂ am Rücken silbergrau; wie alle Menschenaffen schwanzlos.

Gorilla

Vorkommen: Flachlandgorilla in Regenwäldern des westlichen Äquatorialafrikas, Berggorilla nur in den feuchten Hochgebirgswäldern der Virungaberge im Grenzgebiet von Zaire, Ruanda und Uganda.
Lebensweise: Fast ausschließlich am Boden, nur die Schlafnester aus Blättern und Zweigen werden auch auf Bäumen gebaut; lebt in Familiengruppen unter der Führung eines »Silberrückenmanns«; Streifgebiet einer Gruppe bis $40\,km^2$ groß. Im Vergleich etwa zu Schimpansen sind Gorillas ausgesprochen friedfertig.
Verhalten: Hallendes Brusttrommeln als Droh- und Imponiergebärde des ♂.
Fortpflanzung: Alle 3–4 Jahre, nach etwa $8\frac{1}{2}$ Monaten Tragzeit, jeweils 1 Junges (Zwillinge sehr selten), das 2–4 Jahre gesäugt wird.
Nahrung: Ausschließlich Pflanzenkost.
Besonderes: Genetische Analysen des Bluteiweißes haben ergeben, daß der Gorilla nach dem Schimpansen das uns Menschen verwandtschaftlich nächststehende Tier ist.

Gottesanbeterin
Mantis religiosa
Ordnung: Fangschrecken

Die meisten der etwa 2000 Fangschrecken-Arten sind in den tropischen Regenwäldern beheimatet. In Europa sind die wärmeliebenden Tiere mit nur wenigen Arten vertreten. Zu ihnen gehört *Mantis religiosa*, die in Deutschland nur noch sehr selten in warmen Lagen zu finden ist.
Kennzeichen: 4–7 cm lang. ♂ deutlich kleiner als ♀. Braun oder grün gefärbt. Hals auffallend verlängert. Vorderbeine zu Fangbeinen umgebildet, mit Dornen besetzt.
Verbreitung: Mittelmeerraum, in Mitteleuropa nur vereinzelt in warmen Lagen u.a. am Kaiserstuhl, im Saargebiet, bei Weil am Rhein.
Lebensraum: Warme, trockene, buschbestandene Magerrasen, bevorzugt Südhänge.
Lebensweise: Die Tiere sitzen gut getarnt und regungslos im Blattwerk und lauern auf Beute. Dabei halten sie ihre Vorderbeine wie zum Gebet gefaltet vor der Brust (Name!). Paarung im Sommer; die 100–300 Eier werden gut geschützt in mit vielen kleinen Luftkammern umgebenen Kokons abgelegt.
Nahrung: Insekten.
Besonderes: Die Gottesanbeterin wurde aufgrund ihrer Seltenheit in die Liste bedrohter Tierarten aufgenommen.

Gottesanbeterin

Gouldswaran → Warane

Granat → Nordseegarnele

Grantgazelle
Gazella granti
Familie: Hornträger

Die elegante Grantgazelle ist eines der charakteristischen Tiere des weltberühmten Serengeti-Nationalparks.
Kennzeichen: Etwa Rehgröße, aber schlanker und langbeiniger; Fell rötlichbraun, Bauch, Beininnenseiten und Spiegel weißlich, Gesicht hell-dunkel gezeichnet; Hörner leicht S-förmig geschwungen, beim ♂ bis 80 cm lang, beim ♀ nur halb so lang.

Vorkommen: Ebenen Ostafrikas. Offene Grassteppen, lichte Buschgebiete, im Norden auch Halbwüste.
Lebensweise: Gesellig, in der Regenzeit nach Geschlechtern getrennte Rudel von 5–50 Tieren, in der Trockenzeit oft gemischte Herden mit mehreren hundert Mitgliedern. Altböcke besetzen ein z. T. über 50 ha großes Revier, versuchen durchziehende Geißenrudel durch Umwerben zum Bleiben zu bewegen und weisen Jungböcke unter heftigem Imponiergehabe hinaus.
Fortpflanzung: Tragzeit 1/2 Jahr; jeweils 1 Kitz, das als typischer *Ablieger* in den ersten Lebenswochen im Gras oder Gebüsch liegen bleibt.
Nahrung: Überwiegend Laub, auch Gras und Kräuter. Kommt lange Zeit ohne zu trinken aus.

Grantgazelle

Grasfrosch

Rana temporaria

Familie: Echte Frösche

Der Grasfrosch hat die nördlichste Verbreitung von allen europäischen Froschlurchen.

Grasfrosch

Kennzeichen: 7–11 cm, ♀ etwas größer als ♂. Plumper Braunfrosch; oberseits auf braunem Grund unregelmäßige dunkle Flecken. Unterseits weißlich, oftmals marmoriert. Beidseits des Rückens 2 Drüsenleisten. Braunschwarzer Schläfenfleck. Schallblasen paarig, innen gelegen. Paarungsruf ein unauffälliges Grunzen oder dumpfes Knurren, oft im Chor.
Vorkommen: Ganz Europa bis auf den Süden; ostwärts bis Ostasien. Feuchte Wälder und Wiesen vom Tiefland bis in knapp 3000 m Höhe; auch innerhalb von Siedlungen in Gärten und Parks.
Lebensweise: Tag- und nachtaktiv. Überwinterung am Grund des Laichgewässers oder im Boden eingegraben. Außerhalb der Laichzeit oft weit entfernt vom Wasser.
Fortpflanzung: Laichwanderung beginnt bereits zeitig im Februar. Laicht in stehenden Gewässern aller Art. Aus den großen Laichballen schlüpfen nach 2–4 Wochen die Kaulquappen; Umwandlung zum Frosch nach ca. 3 Monaten.
Nahrung: Insekten und Spinnen, Würmer, Schnecken. Larven leben v.a. von Algen.

Grashüpfer

Chorthippus biguttulus

Familie: Feldheuschrecken

Die etwa 8000 bekannten Feldheuschrecken-Arten sind in allen Regionen der Erde, selbst in der subarktischen Zone verbreitet. Der Gemeine Grashüpfer gehört zu den rund 70 europäischen Arten.

Kennzeichen: 1,5–2 cm lang. Körper braun. Hinterbeine zu kräftigen Sprungbeinen umgebildet. Grashüpfer sind nur sehr schwer, z. B. anhand bestimmter Flügelmerkmale, zu unterscheiden.

Vorkommen: In ganz Europa. Wiesen, Feldgehölze, Wegränder, Waldränder.

Fortpflanzung: ♀ vergräbt die Eier mit Hilfe des Legestachels im Boden, wo sie überwintern. Larven schlüpfen im Frühjahr, im Sommer erscheinen die ersten erwachsenen Grashüpfer.

Nahrung: Verschiedene Gräser.

Besonderes: Das vertraute Zirpen der Grashüpfer wird erzeugt, indem ein im Hinterschenkel liegender Sägekamm gleichmäßig über eine Flügelkante streicht.

Grashüpfer

Grauer Knurrhahn → Knurrhähne

Graugans

Anser anser

Unterfamilie: Gänseartige

Die Graugans ist die Stammform unserer Hausgänse.

Graugans

Kennzeichen: 75–90 cm. Große, kräftige, graue Gans mit weißen Unterschwanzdecken und gebänderter Unterseite. Beine fleischfarben. Schnabel der östlichen asiatischen Rasse fleischfarben, der westlichen europäischen Rasse orangefarben. Stimme ähnlich wie Hausgans.

Vorkommen: In Feuchtgebieten und auf schilfumstandenen Süßwasserseen der gemäßigten Breiten Europas und Asiens. Viele Brutvorkommen im westlichen und südlichen Mitteleuropa und in Westeuropa gehen wahrscheinlich auf verwilderte Parkvögel zurück.

Lebensweise: Außerhalb der Brutzeit oft in großen Trupps, die auf bewirtschaftetem Gelände grasen. Häufiger Parkvogel.

Brut: Dauerehe. Großes, lockeres Nest aus Stengeln, Schilf und Wasserpflanzen, die Mulde mit wenig Dunen und Grashalmen ausgekleidet; nur das ♀ baut. 1 Brut (April–Juni). 5–6 Eier; Brutdauer 28–29 Tage, Junge mit 8 Wochen flügge. Nur das ♀ brütet, das ♂ wacht in der Nähe; Junge werden von beiden geführt.

Nahrung: Rein vegetarisch; Gräser, Kräuter, Blätter und Triebe; auch Sämereien und Beeren.

Besonderes: Der Verhaltensforscher Konrad Lorenz gewann viele ethologische Erkenntnisse durch das Studium von Graugänsen.

Grauhörnchen

Sciurus carolinensis

Familie: Hörnchen

Was Lebensraum und Lebensweise, aber auch Häufigkeit und Zutraulichkeit betrifft, ist das Grauhörnchen das nordamerikanische Pendant zu unserem → Eichhörnchen.

Kennzeichen: Etwas größer als das Eichhörnchen, sonst aber diesem sehr ähnlich, Fellfarbe grau bis graubraun, ohne Haarbüschel an den Ohren.

Vorkommen: Östliche USA. Wälder und Siedlungsland, Stadtparks.

Lebensweise: Tagaktives Baumtier, kommt nur zur Nahrungssuche bzw. zum Verstecken und Ausgraben von Vorräten auf den Boden herab; einzelgängerisch; Laubnest in Baumhöhlen oder freistehend im Geäst; darin auch Geburt der meist 2–3 zunächst noch nackten und blinden Jungen; hält keinen Winterschlaf, zehrt im Winter von zuvor vergrabenen Nahrungsvorräten.

Nahrung: Samen, Nüsse und andere Baumfrüchte, Pilze, Beeren, Rinde, Knospen, auch Insekten, Vogeleier und -nestlinge.

Besonderes: Um 1880–1920 wurden in England mehrfach Grauhörnchen ausgesetzt. Sie haben sich hier so stark vermehrt, daß sie heute fest zur britischen Tierwelt gehören.

Grauhörnchen

Graupapagei

Psittacus erithacus

Familie: Papageien

Der Graupapagei ist der größte Papagei Afrikas. Er wird wegen seiner Sprechbegabung gern in Käfigen gehalten.

Graupapagei

Kennzeichen: 30–35 cm. Dunkelgrau mit rotem Schwanz, hellgrauer Bürzel. Durch helle Federsäume geschupptes Aussehen. Nackte weiße Haut um die gelben Augen.

Vorkommen: In den Wäldern Zentralafrikas von Kenia und Nordwest-Tansania nach Westen bis Guinea.

Lebensweise: Graupapageien versammeln sich außerhalb der Brutzeit oft in riesigen Schwärmen unter großem Gekreische in Schlafbäumen. Fliegen morgens zur Nahrungssuche in kleinen Trupps in die Wälder oder auf Felder und in Plantagen. Klettern gut unter Zuhilfenahme des Schnabels.

Brut: Zur Brutzeit paarweise, aber in lockeren Kolonien; meist in Einehe. Nest mit 2–4 Eiern in einer Baumhöhle. Nur ♀ brütet, ♂ und ♀ füttern.

Nahrung: Früchte, Beeren, Samen, Nüsse; Blüten und Blätter.

Besonderes: Graupapageien können in Gefangenschaft 50 Jahre alt werden. Sie werden auch Jako genannt.

Graureiher

Graureiher

Ardea cinerea

Familie: Reiher

Der Graureiher ist der häufigste und am weitesten verbreitete Reiher Europas.
Kennzeichen: 90–95 cm. Langhalsiger, langbeiniger Schreitvogel mit grauer Oberseite, dunkelgrauen Flügeln und weißlicher Unterseite. Hals weiß, an der Vorderseite schwarze Längsstrichel. Schwarzer Überaugenstreif, nach hinten in lange Schmuckfedern auslaufend. Im Flug Hals S-förmig eingezogen. Langsame, weitausholende Flügelschläge.
Vorkommen: An Süßgewässern und in Feuchtgebieten aller Art von Europa, Asien und Afrika.
Lebensweise: Nahrungssuche an flachen Ufern von stehenden und fließenden Gewässern; auch auf Wiesen und Feldern. Lauert bewegungslos auf Beutetiere oder pirscht sich langsam schreitcnd an. In Mittclcuropa Jahresvogel.
Brut: Koloniebrüter. Großes Nest meist in hohen Bäumen, gebietsweise auch im Schilf. 1 Brut (März–Juni). 3–5 Eier; Brutdauer 25–28 Tage, Nestlingszeit 50–55 Tage.
Nahrung: Fische, Amphibien, Reptilien, Kleinsäuger und Insekten.

Graurücken-Leierschwanz

Menura novaehollandiae

Familie: Leierschwänze

Die Leierschwänze gehören zu den größten Sperlingsvögeln.
Kennzeichen: ♂ 80–100 cm, ♀ 75–85 cm. Oberseits dunkel graubraun, unterseits grünlichgraubraun. Kehle rötlichbraun. ♂ mit langem Schwanz aus 16 Federn: leierförmig geschwungenes äußeres Paar grau mit braunen Flecken; mittleres Paar lang und dünn, übrige Federn schleierartig. Lange kräftige Beine.
Stimme: Gesang laut und abwechslungsreich mit wohltönenden Motiven. Viele Imitationen von anderen Vogelstimmen oder Umgebungsgeräuschen.
Vorkommen: In feuchten Wäldern Südost-Australiens. Auf Tasmanien 1934 eingebürgert.
Lebensweise: Tagaktiver Bodenvogel; scharrt u.a. in Hühnermanier nach Nahrung. Fliegt wenig, läuft eher. Baumt nachts auf.
Brut: ♂ polygam. ♀ bebrüten einziges Ei allein. Umfangreiches, kuppelförmiges Nest aus Zweigen, Moos, Farnen und Rinde, innen ausgepolstert mit Federn und Würzelchen; meist am Boden. Brutdauer ca. 50 Tage, Nestlingszeit 47 Tage.
Verhalten: Zur Balz legt das ♂ einen Hügel an, den es säubert; dann klappt es seinen Schwanz fächerartig über Rücken und Kopf so nach vorn, daß es unter einem zarten Schleier aus Federn verschwindet. Dabei läßt es seinen Gesang hören.
Nahrung: Insekten, Würmer, andere große Wirbellose.
Besonderes: Leierschwänze haben die größten Eier (6–7 cm) aller Sperlingsvögel.

Graurücken-Leierschwanz

Grauwal

Eschrichtius robustus

Unterordnung: Bartenwale

Durch den Walfang schon einmal beinahe ausgerottet, gibt es heute dank strenger Schutzbestimmungen wieder erfreulich viele dieser »grauen Riesen«.

Grauwal

Kennzeichen: Länge 12–15 m, Gewicht 25–35 t; Kopf langgestreckt, abwärts gekrümmt; anstelle einer Rückenflosse nur eine Reihe flacher Höcker; Grundfärbung dunkelgrau, Haut stets mehr oder weniger dicht mit Seepocken und parasitischen Krebsen besetzt.
Vorkommen: Flache, küstennahe Gewässer des nördlichen Pazifiks.
Lebensweise: Schwimmt einzeln oder in kleinen Gruppen, auf den Wanderungen gelegentlich auch in größeren Schulen. Benutzt seine derben Barten wahrscheinlich, um den Bodenschlick zu durchwühlen.
Wanderungen: Grauwale ziehen mit dem Wechsel der Jahreszeiten zwischen der nahrungsreichen Beringsee sowie dem Eismeer vor Alaska und Sibirien, wo sie den Sommer verbringen, und den wärmeren Gewässern vor Mexiko bzw. Südkorea hin und her. Im Süden finden in den Wintermonaten die Paarungen und Geburten statt.
Fortpflanzung: Nach rund 12 Monaten Tragzeit je 1 Kalb.
Nahrung: Tiere des Meeresgrunds wie Krebse, Würmer und andere Kleinorganismen.

Griechische Landschildkröte

Testudo hermanni

Familie: Landschildkröten

Die Gattung *Testudo* ist in Europa mit 3 Arten vertreten. Bei Terrarianern ist neben der Griechischen v.a. die Maurische Landschildkröte (*T. graeca*) beliebt.
Kennzeichen: Panzerlänge bis 20 cm. Rückenpanzer gelbbraun mit schwarzen Flecken, stark gewölbt; Randschild über dem Schwanz geteilt. Schwanzspitze mit hornigem Nagel. Zehen miteinander verwachsen. Verschließbare Augenlider.
Verbreitung: Iberische Halbinsel, Italien mit vorgelagerten Inseln, Griechenland, östlich bis zum Balkan.
Lebensraum: Trockenes, steiniges Gelände mit einzelnen Büschen, auch Kulturlandschaft.
Lebensweise: Tagaktiv. Winterruher.
Fortpflanzung: Geschlechter finden sich mittels Duftmarken, die aus der *Kloake* abgesetzt werden. Zur Einleitung der Paarung rammt das ♂ das ♀ mit dem Panzer und versucht, in seine Beine zu beißen. Aus den ca. 12 weißen Eiern schlüpfen im Herbst, gebietsweise im nächsten Frühjahr, die ca. 4 cm langen Jungen.
Nahrung: Pflanzen; Schnecken, Würmer; auch Aas und Kot.

Grauwalkopf

Griechische Landschildkröte

Grillen

Gryllidae

Ordnung: Springschrecken

Die meisten der 2500 Grillen-Arten leben in den Tropen. In Mitteleuropa sind nur 5 Arten vertreten. Zu den Eigentlichen Grillen gehört die bei uns heimische → Feldgrille. Einige Arten haben sich völlig dem Leben in menschlichen Siedlungen angepaßt, wie z.B. die Hausgrille (*Acheta domesticus*) oder das Heimchen. Es kommt als Kulturfolger nur noch im Hochsommer z. B. auf Müllhalden vor. Ameisengrillen (*Myrmecophilinae*) leben und fressen in Ameisen- oder Termitenbauten. Gegen ihre Wirte schützen sie sich, indem sie deren Verhalten nachahmen. Weitere Arten sind die Weinhähnchen (*Oecanthidae*) sowie die → Maulwurfsgrillen.

Kennzeichen: Körper meist walzenförmig, unscheinbar gelblich oder bräunlich gefärbt. Halsschild breit rechteckig. ♂ hat auf der Unterseite der Vorderflügel eine Schrilleiste, in Gelenkhöhe eine Schrillkante. Der Gesang entsteht, wenn die Schrilleiste und die Schrillkante aneinanderreiben. In den Vorderschienbeinen sitzen die Hörorgane.

Hausgrille

Grisons

Galictis

Familie: Marder

Groß- und Kleingrison (*Galictis vittata* und *G. cuja*) vertreten in den Tropen der Neuen Welt die Unterfamilie der wieselartigen Marder.

Grison

Kennzeichen: 40 – 55 cm groß, Schwanz etwa 1/3 körperlang; Fell schwarz, markanter weißer Streifen über Stirn und Ohren, Rücken und Schwanz beim Großgrison grau, beim Kleingrison gelblichbraun.

Vorkommen: Mittel- und Südamerika. Offene, auch felsige Landschaften und lichte Waldgebiete.

Lebensweise: Tag- und nachtaktiv; einzelgängerisch; klettern recht gut, halten sich aber meist am Boden auf; Quartier in einer Deckung unter Steinen, Baumstämmen oder im Pflanzendickicht.

Fortpflanzung: Pro Wurf in der Regel 2–4 Junge, die blind und nur spärlich behaart in einem weich gepolsterten Nest geboren werden.

Nahrung: Hauptsächlich Nagetiere, auch Vögel, Reptilien und Frösche.

Besonderes: Grisons werden leicht zahm. Von der einheimischen Bevölkerung wurden sie früher oft gehalten und – ähnlich wie in Europa Frettchen (domestizierte → Iltisse) – zur Jagd eingesetzt.

Grizzlybär → Braunbär

Groppen
Cottidae
Ordnung: Panzerwangen

Zu den Groppen zählen sowohl im Meer als auch im Süßwasser lebende Arten. Die bekannteste Süßwasserart ist die Gewöhnliche Groppe (*Cottus gobio*), auch Mühlkoppe genannt. Seltener anzutreffen ist die kleinere, buntere Ost- oder Buntflossengroppe (*C. poecilopus*).

Kennzeichen: Körper schuppenlos, Kopf breit und abgeplattet. Augen hoch am Kopf. Vordere Kiemendeckel mit Dornen besetzt. Rücken und Flanken graubraun mit dunklen Flecken, Bauch weißlich. 10–18 cm.

Vorkommen: Europa, Vorderasien, Sibirien. Bevorzugt schnellfließende Bäche und Ströme mit sandigem oder steinigem Boden in Gebirgsnähe.

Lebensweise: Einzeln oder paarweise lebende Bodenfische. Nachtaktiv. Tagsüber zwischen Steinen am Boden versteckt. An günstigen Standorten können sich die Fische auch häufen.

Fortpflanzung: Geschlechtsreife mit 2 Jahren. Laichzeit Februar–Mai. Das ♀ klebt ihre 100–200 orangefarbenen Eier an die Decke von Steinhöhlen. Das ♂ bewacht die Brut. Brutdauer ca. 5 Wochen.

Nahrung: Insekten, Insektenlarven, Kleinkrebse, Würmer, Jungfische, Fischlaich.

Besonderes: Die Mühlkoppe ist bei Forellenzüchtern sehr unbeliebt, da sie gerne Forellenlaich und Jungforellen frißt.

Gefleckte Groppe

Großblattnasen
Megadermatidae
Unterordnung: Fledermäuse

Eine der größten Fledermausarten, die weißlich-bleiche Australische Gespenstfledermaus (*Macroderma gigas*), gehört zu dieser tropischen Familie der Fledertiere.

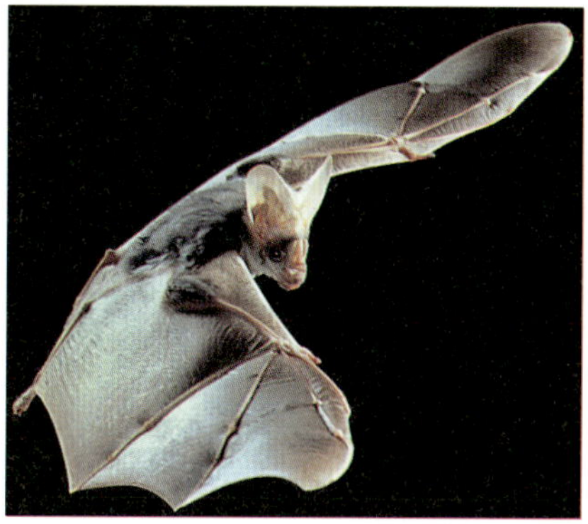

Großblattnasen (Falscher Vampir)

Kennzeichen: Körpergröße je nach Art 7–15 cm; häutiges Nasenblatt, das auf einem fleischigen Nasenaufsatz steht und größer als der ganze Kopf sein kann; sehr große Ohren.

Vorkommen: Äquatorialafrika, Indien, Südostasien und nördliches Australien. Vor allem offenes, busch- und baumbestandenes Gelände.

Lebensweise: Überwiegend nachtaktiv; zum Tagesschlaf teils in Höhlen (Felsspalten, Stollen, Tunnel, Baumhöhlen), teils frei in Bäumen und Büschen hängend, teils einzeln, teils in kleinen Kolonien.

Fortpflanzung: Gewöhnlich 1, selten auch 2 Junge pro Geburt, Säugezeit etwa 45 Tage.

Nahrung: Große Insekten, die Australische Gespenstfledermaus sowie der indische Falsche Vampir (*Megaderma lyra*) vorwiegend Wirbeltiere wie kleine Fledermäuse, Vögel und Echsen.

Besonderes: Die Großblattnasen stoßen wie die → Hufeisennasen ihre Peillaute zur Echoortung nicht durchs Maul, sondern durch die Nase aus.

Großblattnasen (Gespenst-Fledermaus)

Große Königslibelle

Anax imperator

Unterordnung: Großlibellen

Unter dem Begriff Großlibellen werden die großen Libellen-Formen mit unterschiedlich ausgebildeten Vorder- und Hinterflügeln zusammengefaßt. *Anax imperator* ist ein Vertreter aus der Familie der Edellibellen.

Kennzeichen: 8 cm lang. Flügelspannweite 11 cm. Hinterleib beim ♂ himmelblau mit schwarzer Zeichnung, beim ♀ grünblau mit braunem Band.

Vorkommen: Mittel- und Südeuropa. An Teichen, Tümpeln und Seen.

Lebensweise: Sehr guter Flieger. ♂ besetzen zeitweise bestimmte Territorien, aus denen sie Artgenossen vertreiben. ♀ bohrt die Eier mit dem Legeapparat in abgestorbene Pflanzenteile, die auf dem Wasser treiben. Larven schlüpfen nach 3 Wochen, überwintern 1–2mal.

Nahrung: Die Libellen erbeuten Fluginsekten, die Larven Wasserinsekten.

Besonderes: Die Königslibelle wird auch »Teufelsnadel« genannt. Sie hat jedoch keinen Wehrstachel und ist harmlos.

Große Königslibelle

Großer Ameisenbär

Myrmecophaga tridactyla

Familie: Ameisenbären

Ameisenbären sind keineswegs Bären, sondern gehören, wie auch → Faultiere und → Gürteltiere, zu den sog. Nebengelenktieren, bei denen einige Rückenwirbel mit zusätzlichen gelenkigen Verbindungen ausgestattet sind.

Großer Ameisenbär

Kennzeichen: Kopf-Rumpflänge 1 bis 1,30 m, Schwanz 70–90 cm lang, sehr buschig; Kopf zu langer Röhrenschnauze ausgezogen; Fell graubraun, Vorderkörper markant schwarz-weiß gezeichnet; Vorderbeine mit starken Grabklauen.

Vorkommen: Südamerika mit Ausnahme der Südspitze und der Andenkette. In Steppen und Savannen, Sümpfen und Feuchtwäldern.

Lebensweise: Vorwiegend tagaktiv; einzelgängerisch, aber untereinander durchaus verträglich; klettert kaum, gräbt und schwimmt aber gut.

Verhalten: Richtet sich in die Enge getrieben zur Abwehr auf, erdrückt den Feind im Klammergriff oder setzt die langen, scharfen Klauen seiner Vorderbeine als Waffen ein.

Fortpflanzung: Gewöhnlich nur 1 Junges, das sich von Anfang an im Rückenfell der Mutter anklammert und überall mit herumgetragen wird.

Nahrung: Ameisen und Termiten.

Besonderes: Mit seiner über 50 cm weit herausstreckbaren, feuchten Zunge befördert der Große Ameisenbär seine Insektennahrung in die enge Maulspalte. Sein Tagesbedarf liegt bei etwa 35 000 Ameisen bzw. Termiten.

Großer Brachvogel

Numenius arquata

Familie: Schnepfen

Der Große Brachvogel ist einer der größten Watvögel Europas.

Kennzeichen: ♀ 60 cm. ♂ kleiner und mit kürzerem Schnabel als ♀. Auf beige- bis ockerfarbenem Grund kräftig dunkel gesprenkelt und gestrichelt. Langer Schnabel gleichmäßig abwärtsgebogen.

Stimme: Gesang laut flötend und trillernd, im auf- und absteigenden Singflug vom ♂ vorgetragen. Flugruf meist ein flötendes »Dlüi«.

Verbreitung: Europa bis auf weite Teile Norwegens; in einem breiten Band durch das nördliche Asien. Winterquartiere in Westeuropa und im Mittelmeerraum, in Afrika bis zur Südspitze; Südostasien.

Lebensraum: Feuchtwiesen, Hoch- und Niedermoore, flache Dünen am Meer; auch extensiv bewirtschaftetes Grünland und Heidegebiete. Im Winter an der Küste.

Lebensweise: Stochert zur Nahrungssuche mit langem, an der Spitze tastempfindlichem Schnabel im weichen Boden. Pickt auch Beutetiere von der Oberfläche ab. Nest eine flache, weich ausgepolsterte Bodenmulde. 4 Eier werden von ♂ und ♀ ca. 30 Tage lang bebrütet. Junge sind Nestflüchter, nach ca. 5 Wochen flügge. Sommervogel.

Nahrung: Am Meer kleine Muscheln, Schnecken und Krebse; im Binnenland Würmer, Insekten, Spinnen, auch Beeren oder Samen.

Großer Brachvogel

Großer Panda

Ailuropoda melanoleuca

Familie: Bambusbären

Nachdem der Große Panda oder Bambusbär früher in die Reihen der Kleinbären gestellt wurde, sind sich die Fachleute heute nicht einig, ob er als naher Verwandter des → Kleinen Pandas anzusehen oder der einzige Vertreter einer eigenen Tierfamilie, eben der Bambusbären, ist.

Großer Panda

Kennzeichen: Kopf-Rumpflänge 1,50 bis 1,80 m, Stummelschwanz; pummeliger Körperbau; charakteristisches schwarz-weißes Fellmuster.

Vorkommen: Bambuswälder im Bergland Innerchinas.

Lebensweise: Außerhalb der Fortpflanzungszeit Einzelgänger; Bodenbewohner, klettert aber gelegentlich auch auf Bäume; verbringt etwa 16 von 24 Stunden mit Fressen.

Fortpflanzung: Alle 2–3 Jahre 1–2, manchmal auch 3 Junge, die nur rattengroß, blind und fast nackt in einem einfachen Blätternest in einem hohlen Baumstumpf oder einer Felsspalte zur Welt kommen; bleiben etwa $1^1/_2$ Jahre bei der Mutter.

Nahrung: Fast ausschließlich Bambussprossen, -stengel und -blätter, täglich 15 kg und mehr.

Besonderes: Erst 1869 entdeckt, wurde der Große Panda innerhalb weniger Jahrzehnte zu einem der weltweit bekanntesten und beliebtesten Tiere, Grund genug für den World Wildlife Fund (WWF), ihn zu seinem Symbol zu machen.

Großer Tümmler → Tümmler

Großes Nachtpfauenauge

Saturnia pyri

Familie: Augenspinner

Das Große oder Wiener Nachtpfauenauge ist der größte Schmetterling Europas.
Kennzeichen: Flügelspannweite 12 bis 16 cm. Flügel graubraun, hell gesäumt mit je einem schwarz gekernten, weiß umrandeten Augenfleck.

Großes Nachtpfauenauge

Vorkommen: Süd- und Südosteuropa, im Norden bis Niederösterreich. Waldränder, baumbestandene Hänge, Obstgärten.
Flugzeit: Fliegt in einer Generation im April/Mai.
Lebensweise: Nachtaktiv. ♀ sitzt verborgen in der Bodenvegetation und sendet für ♂ Sexuallockstoffe aus. Eier werden in dichten Gelegen an die Raupenfutterpflanzen geheftet. Überwintert als Puppe.
Raupe: Anfangs schwarz, dann gelbgrün mit blauen, steifbeborsteten Warzen. Frißt auf Laub- und Ostbäumen. Verpuppt sich in einer Zweiggabel.

Großfußhühner → Thermometerhuhn

Großgrundfink → Darwinfinken

Großlibellen → Libellen, → Große Königslibelle

Großtrappe

Otis tarda

Familie: Trappen

Trappen gehören zur Ordnung der Kranichvögel.
Kennzeichen: ♂ 100 cm, ♀ 80 cm. ♀ haben nur etwa 1/4 des Körpergewichts der ♂. Großer, stämmig gebauter Vogel mit kräftigen Lauffüßen. Kopf, Hals und Unterseite weißlich, Rücken rostfarben mit schwarzer Bänderung; ♂ mit rostfarbenem Brustband.
Vorkommen: Spanien und Nordmarokko; Ostdeutschland, von Osteuropa bis zum Amur- und Ussurigebiet. Ausgedehnte Ebenen wie Steppen, Heiden oder Felder.
Verhalten: Während der spektakulären Balz verwandeln sich die Trapphähne in einen weithin leuchtenden weißen Federball. Dazu klappen sie den Schwanz auf den Rücken und drehen die Flügel nach außen, den Kopf legen sie in das Rückengefieder. Luftsäcke am Hals werden ballonartig aufgepumpt. In dieser Stellung dreht sich der Trapphahn zitternd und schwankend um seine eigene Achse.
Brut: 1 Brut (April–Juli). 2–3 Eier. Nest eine flache, spärlich mit Pflanzenmaterial ausgelegte Mulde.
Nahrung: Grüne Pflanzenteile und Samen, auch Insekten, Regenwürmer und kleine Wirbeltiere.
Besonderes: Das Großtrappen-Männchen ist mit 18 kg einer der schwersten flugfähigen Vögel der Welt.

Balzender Großtrappenhahn

Grottenolm

Proteus anguinus

Familie: Olme

Der Grottenolm ist die bekannteste Art der Olme.

Grottenolm

Kennzeichen: 20–28 cm. Weißlich bis fleischfarben. Körper recht dünn, langgestreckt. Kleine Beinchen liegen relativ weit auseinander. Am flachen Kopf zeitlebens äußere Kiemenbüschel; Augen reduziert, von Haut überdeckt.
Vorkommen: Unterirdische Gewässer des Dinarischen Karstes; Adelsberger Grotte. Isoliertes Vorkommen bei Triest.
Lebensweise: Lichtscheu; orientiert sich im Dunkeln v.a. durch Geruch und Berührung. Wühlt im Bodenschlamm; holt regelmäßig an der Wasseroberfläche Luft. Verläßt innerhalb der Höhle hin und wieder das Wasser. Grottenolme außerhalb von Höhlen wurden wahrscheinlich von sehr starken Regenfällen herausgeschwemmt.
Fortpflanzung: Vor der Paarung besetzen ♂, zur Eiablage auch die ♀ Reviere. ♀ legt 12–70 Eier, meist in der Nähe seines Verstecks; ♂ oder ♀ bewachen sie. Larven schlüpfen nach ca. 5 Monaten. Manchmal auch Lebendgeburten von 2 Jungen.
Nahrung: Wassertiere aller Art, v.a. Höhlenkrebse.
Besonderes: Olme befinden sich zeitlebens im Larvenstadium (*Neotenie*).

Grubenottern

Crotalinae

Unterordnung: Schlangen

Zusammen mit den Echten Vipern bilden die Grubenottern die Familie der Vipern (*Viperidae*). Ihnen gemeinsam ist ein aufrichtbarer Giftzahnapparat im Oberkiefer.
Kennzeichen: 0,5–3,7 m. Körper plump mit kurzem Schwanz. Kopf dreieckig, deutlich vom Körper abgesetzt. Senkrecht stehende Pupillen. Bodenbewohner: auf meist grauem, braunem oder olivfarbenem Grund hell-dunkles Rauten-, Band- oder Fleckenmuster.
Verbreitung: Nord-, Mittel- und Südamerika, z. B. → Klapperschlangen; ganz Asien, z.B. der Kupferkopf (*Agkistrodon contortrix*); die Halysschlange (*A. halys*) ist der einzige europäische Vertreter in der Gegend des Kaspischen Meeres.
Lebensraum: Feuchte Wälder, Felsgebiete, Savannen, Wüsten vom Tiefland bis hoch ins Gebirge.
Lebensweise: Dämmerungs- und nachtaktiv. Sonnen sich gern morgens und abends. Bei Bedrohung Körper zu flacher Spirale aufgerollt, Kopf und Vorderkörper S-förmig abgehoben, Schwanzende abgehoben, vibrierend (auch bei Nicht-Klapperschlangen).
Fortpflanzung: Bis auf wenige eierlegende Arten lebendgebärend.
Nahrung: Kleine Wirbeltiere.
Besonderes: Grubenottern besitzen ein zusätzliches Temperatur-Sinnesorgan, das sog. Grubenorgan, das beidseitig zwischen Nasenloch und Augenvorderrand liegt. Damit sind sie in der Lage, Beutetiere aufgrund deren Wärmeausstrahlung aufzuspüren.

Grubenottern (Kupferkopf)

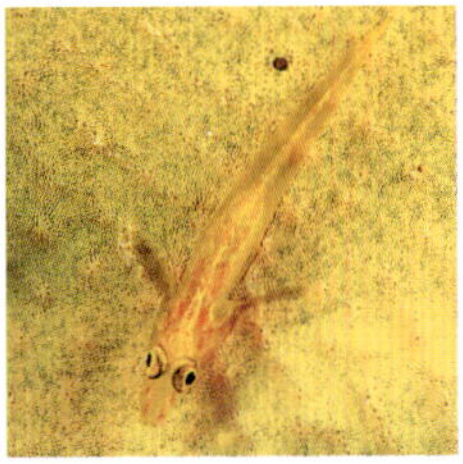

Goldgrundel

Grundeln
Gobiidae
Unterordnung: Grundelartige

Das typische Merkmal der Grundeln sind die miteinander verwachsenen Bauchflossen, mit deren Hilfe sich die Fische am Untergrund festhalten können. Die Rotlippengrundel(*Gobius cruentatus*) ist eine der 45 Meergrundelarten aus dem Mittelmeer.

Kennzeichen: Körper walzenförmig, Kopf breit und etwas abgeflacht, Augen groß und dicht beisammenstehend, Lippen breit, rot gefärbt (Name!). 2 Rückenflossen, 1. mit Stachelstrahlen. Braun mit dunklen Flecken. Bis 16 cm.

Vorkommen: Mittelmeer. Über felsigem Grund bis in 6 m Tiefe. Auch in Seegraswiesen.

Lebensweise: Bodenbewohner.

Fortpflanzung: Die Eier sind von einem netzartigen Häutchen umgeben, das beim Ablegen der Eier an einem Pol platzt. Dann streckt sich das Ei etwas in die Länge und wird mit dem verbleibenden Hautrest am Untergrund festgeheftet. Das ♂ bewacht die Brut bis zum Schlüpfen der Jungfische.

Nahrung: Schnecken, Krebse.

Besonderes: Zu den Grundeln gehört das kleinste Wirbeltier der Welt: die Zwerggrundel (*Pandaka pygmaea*), die nur 1,2 cm lang wird.

Blutmund-Grundel

Grüne Kröte → Wechselkröte

Grüne Mamba
Dendroaspis viridis
Familie: Giftnattern

Mambas kommen in 4 Arten nur in Afrika vor. Bis auf die oliv- bis graubraune Schwarze Mamba (*Dendroaspis polylepis*) sind alle grün gefärbt.

Grüne Mamba

Kennzeichen: Bis 2 m lang. Einfarbig grün. Schuppen glänzend und glatt. Schlanker Körper mit schmalem Kopf. Große Augen mit runder Pupille. Im Oberkiefer Giftzahnpaar; Unterkieferzähne vergrößert.

Verbreitung: Westliches Afrika.

Lebensweise: Ausschließlich baumbewohnend, klettert sehr gut. Tagaktiv. Bei Bedrohung richtet sie Kopf und Vorderkörper auf und sperrt den Rachen auf. Sehr angriffslustig.

Fortpflanzung: Die 10–15 ovalen weißen Eier werden in Erdbauen, unter Baumwurzeln oder in Termitenhügeln abgelegt. Jungschlangen schlüpfen nach 3–4 Monaten. Vor der Paarung messen manchmal mehrere ♂ ihre Kräfte in *Kommentkämpfen*.

Nahrung: Vorwiegend Vögel und deren Eier, baumbewohnende Eidechsen und Frösche.

Besonderes: Wegen ihrer Größe und Schnelligkeit haben sich die Menschen von jeher vor Mambas gefürchtet. Das Gift der Schlangen schädigt das Nervensystem, führt zu Atemlähmung und kann ohne Verabreichen eines Gegengiftes tödlich wirken.

Grüner Leguan

Iguana iguana

Familie: Leguane

Der Grüne Leguan ist die größte Leguan-Art. Er wird sehr gern in Terrarien gehalten.

Kennzeichen: 1,5–2,2 m lang, ca. 3/4 der Körperlänge entfällt auf den Schwanz; bis 4 kg schwer. Gut ausgebildeter Kehlsack. Rückenkamm beim ♂ bis 8 cm hoch, beim ♀ kürzer.

Vorkommen: Tropische Regenwälder Mittel- bis Südamerikas. Einwanderer auf den Kleinen Antillen und Jungferninseln.

Lebensweise: Tagaktiv. In der Jugend eher Bodenbewohner, später Baumbewohner; kann gut klettern, in Bäumen bis in 20 m Höhe. Ruht gern auf freiliegendem Ast über dem Wasser. Läßt sich bei Gefahr ins Wasser oder auf den Boden plumpsen. Schwimmt gut. Zur Verteidigung wird der lange Schwanz wie eine Peitsche eingesetzt; sehr treffsicher.

Fortpflanzung: Das ♀ legt ca. 30 Eier in einem selbstgegrabenen Gang mit am Ende erweiterter Kammer ab. Junge schlüpfen nach 8–10 Wochen. Balzende ♂ nicken mit dem Kopf.

Nahrung: In der Jugend Wirbellose, als Erwachsene überwiegend Pflanzenfresser.

Grüner Leguan

Grünes Heupferd

Tettigonia viridissima

Ordnung: Langfühlerschrecken

Das Grüne Heupferd ist die häufigste Langfühlerschrecke Mitteleuropas.

Grünes Heupferd (Weibchen)

Kennzeichen: 2,5–4 cm lang. Vorderflügel lang, schmal; Hinterflügel lang, breit, transparent. Große, rote Augen. Lange Fühler. ♀ mit langer, gerader Legeröhre.

Vorkommen: Ganz Europa, Kleinasien, Nordafrika. Wiesen, Getreidefelder, Waldränder, Gärten.

Lebensweise: Heupferde sind sehr sangesfreudig. ♂ singen abends stundenlang auf Bäumen und Büschen und locken so die ♀ an, die ihr Gehörorgan in den Vorderschienen des Knies haben. ♀ legt etwa 100 Eier mit der Legeröhre im Boden ab. Larven schlüpfen im Frühjahr.

Nahrung: Die Heupferde und größere Larven jagen Fliegen, Raupen und Schmetterlinge, Junglarven ernähren sich bevorzugt von Blattläusen.

Besonderes: Aufgrund der überaus feinen Sinnesorgane können Heupferde zwei Oktaven höher als der Mensch, am besten im Ultraschallbereich, hören und orten mit einem Bein den Schall genau.

Grünfink

Carduelis chloris

Unterfamilie: Finken

Der Grünfink oder Grünling ist bei uns einer der häufigsten Vögel innerhalb der Siedlungen. Im Winter ist er ein recht zänkischer Gast an Futterhäuschen.

Kennzeichen: 14,5–15 cm. Kompakter Körperbau. ♂ überwiegend gelbgrün, ♀ mehr graugrün, auffälliges, gelbes Flügelfeld, beim ♀ kleiner. Schnabel kräftig und kegelförmig.

Stimme: Gesang kanarienvogelähnlich zwitschernd und trillernd, häufig in schmetterlingsartigem Balzflug vom ♂ vorgetragen. Klingelnde und nasal gedehnte Rufe.

Vorkommen: Europa außer Island, Nordskandinavien und Nordosteuropa. Lichte Wälder, Feldgehölze, Alleen; sehr häufig in Gärten und Parks, Obstgärten. Teilzieher.

Brut: Großes Nest aus Zweigen, Gras, Wurzeln u.ä., nur vom ♀ in dichten Baum oder Busch gebaut. 2–3 Bruten (April–August). Nur ♀ bebrütet die 4–6 Eier ca. 13 Tage lang. ♂ und ♀ füttern. Junge nach 13–16 Tagen flügge.

Nahrung: Fast ausschließlich Knospen, Samen, Beeren.

Grünfink

Grunion

Leuresthes tenuis

Familie: Ährenfische

Der bemerkenswerteste Ährenfisch ist der Grunion oder Amerikanische Ährenfisch, der sich durch ganz besondere Laichgewohnheiten auszeichnet.

Kennzeichen: Körper langgestreckt, silbern glänzend, bis 15 cm. 2 Rückenflossen, vordere stachelig, hintere weich.

Vorkommen: Südkalifornien. An sandigen, flachen Küsten.

Lebensweise: Schwarmfisch.

Fortpflanzung: Laichzeit März–August. Eiablage 1–2 Tage nach der Springflut. Die Fische lassen sich nachts mit der Brandung so weit wie möglich den Strand hinauftragen und schlängeln sich dann noch ein Stück weiter. Die ♀ graben sich senkrecht bis 5 cm tief in den Sand ein und legen ihre Eier ab. Mit der nächsten Welle lassen sich die Fische dann wieder zurück ins Meer treiben. Der gesamte Laichvorgang findet zwischen 2 Wellen statt und dauert 20–30 sec. Die Eier ruhen so lange im Sand, bis die nächste Springflut sie erreicht. In kurzer Zeit schlüpfen jetzt die Jungfische aus und gelangen mit den Wellen ins Meer.

Nahrung: Kleine Krebse und andere wirbellose Wassertiere.

Besonderes: Da das Ablaichen der Grunions gut vorauszusagen ist, versammeln sich Touristen oft in Scharen am Strand, um das Schauspiel zu erleben. Einheimische sammeln die Fische als Nahrung auf.

Guanako

Lama guanacoâ

Familie: Kamele

Die beiden neuweltlichen Kamele Guanako und → Vikunja sind nicht nur kleiner als ihre Vettern in der Alten Welt, es fehlen ihnen auch die Rückenhöcker.

Kennzeichen: Widerristhöhe etwa 1,20 m, schlank und hochbeinig; Fell wollig, rotbraun, unterseits weißlich, Gesicht glatt behaart und dunkelgrau; kurzer, wollig behaarter Schwanz.

Fortpflanzung: Paarungszeit im Frühling (August/September); Tragzeit 11 Monate; jeweils 1 Junges, das schon am 2. Lebenstag der Mutter folgen kann.
Nahrung: In erster Linie Gras, auch Kräuter, Laub, Moos und Rinde.
Besonderes: Das Guanako ist die Wildform von 2 Haustierarten, dem größeren Lama und dem kleineren, zierlicheren Alpaka. Sie werden in den Anden seit Jahrtausenden als Wollieferanten gehalten, das Lama ist zudem ein geduldiges, kräftiges Lasttier.

Guanako mit Jungtier

Verbreitung: Westliches Südamerika, von Meereshöhe in Patagonien und Feuerland sowie den vorgelagerten Inseln bis über 4000 m Höhe in den zentralen Anden.
Lebensraum: Trockenes Grasland und Buschgebiete bis hinauf zur Schneegrenze.
Lebensweise: Tagaktiv; bildet Trupps aus 1 Leithengst und meist 5–10 Stuten mit deren Fohlen; junge Hengste in Junggesellentrupps; nach der Paarungszeit oft Zusammenschluß zu größeren gemischten Herden.
Verhalten: Bei Erregung, z. B. bei Auseinandersetzungen mit Rivalen, zielsicheres Spucken von Speichel und Mageninhalt auf den Gegner oder Störenfried.

Guans

Cracidae

Ordnung: Hühnervögel

Die Guans bilden zusammen mit den Hokkos die Familie der Hokkohühner (*Cracidae*).
Kennzeichen: Kleinere bis mittelgroße Hühnervögel. Einer der größten Guans ist mit ca. 90 cm der Spixguan (*Penelope jacquacu*) aus dem Amazonas- und Orinocobecken. Überwiegend dunkel gefärbt mit z.T. farbigen Abzeichen an Kopf oder Hals. Kurze runde Flügel, langer Schwanz; hochbeinig. Rasselnde Flügelgeräusche während der Balz.
Vorkommen: Mittel- und Südamerika. Wälder aller Art, Dickichte im Tiefland; einige Arten wie der Zapfenguan (*Oreophasis derbianus*) bis in 3000 m Höhe.
Lebensweise: Überwiegend Baumbewohner, die trotz ihrer Größe auffallend gut auch über dünne Zweige im Kronenbereich laufen können. Nahrungssuche v.a. in Bäumen. Meist Baumbrüter. 2–3 Eier, Junge Nestflüchter, können bereits nach kurzer Zeit im Geäst klettern.
Nahrung: Überwiegend Pflanzenfresser; Früchte und Beeren, Knospen, zarte Blätter; sehr selten auch Insekten und andere Wirbellose.

Spixguan

Guereza → Mantelaffe

Guineaturako → Riesenturako

Guppy
Poecilia reticulata
Unterordnung: Zahnkärpflinge

Guppy

Der Guppy oder Millionenfisch ist der am häufigsten gehaltene Aquarienfisch. Es gibt weltweit zahlreiche Vereinigungen, die sich nur mit dieser Fischart und ihrer Zucht beschäftigen.
Kennzeichen: ♂ schlank, bis 3 cm, leuchtend gefärbt mit Flecken und Mustern, Schwanzflosse fahnenartig vergrößert, Afterflosse zu Begattungsorgan mit Haken und Dornen (*Gonopodium*) umgebildet. ♀ einfarbig olivgrün, nicht so schlank, bis 6 cm.
Vorkommen: Südliches Westindien, nordwestliches Südamerika. In stehenden und langsam fließenden Süßgewässern.
Lebensweise: Schwarmfisch, der sich meist an der Wasseroberfläche aufhält.
Fortpflanzung: Lebendgebärend. Ein befruchtetes ♀ bringt alle 4 Wochen 10–100 Junge zur Welt.
Nahrung: Insektenlarven.
Besonderes: Da der Guppy an der Wasseroberfläche frißt, hat man ihn in manchen tropischen Ländern eingeführt, damit er die an der Wasseroberfläche hängenden Moskitolarven einzudämmen hilft.

Guppyschwarm

Gürteltier → Kugelgürteltier, → Neunbinden-Gürteltier

H

Haarsterne
Comatulida
Stamm: Stachelhäuter

Die Haar- oder Federsterne sind → Stachelhäuter mit 5 langen, dünnen, paarigen, Seitenäste tragenden Armen, die von einem kleinen, fingerhutförmigen Körper ausgehen. Mund- und Afteröffnung liegen auf der Körperoberseite, die Unterseite trägt zahlreiche Anhänge (*Cirren*), die zum Festhalten am Substrat dienen. Färbung rot, violett, orange, gelb, weißlich, braun, grün oder schwarz. Der größte Haarstern hat bis zu 35 cm lange Arme. Haarsterne schwimmen mit Hilfe ihrer langen Arme, leben jedoch die meiste Zeit seßhaft am Meeresboden. Die Gruppe umfaßt etwa 550 Arten. → Stachelhäuter

Haarvögel → Bülbüls

Häherkuckuck

Clamator glandarius

Familie: Kuckucke

Die Familie der Kuckucke ist auf allen Kontinenten bis auf die Antarktis mit 138 Arten vertreten.

Häherkuckuck

Kennzeichen: 40 cm. Oberseite dunkel graubraun, weiß gefleckt, unterseits rahmweiß. Oberkopf hellgrau, mit Schopf. Langer, gestufter Schwanz dunkel graubraun, weiß gesäumt. Dunkle Flügel mit weißen Querbinden.
Vorkommen: Südwest- und Südeuropa bis Kleinasien; Afrika. Lichte Wälder, offene Landschaft mit einzelnen Büschen oder Bäumen; auch in der Kulturlandschaft und am Rande von Siedlungen.
Lebensweise: Bewegt sich auf dem Boden meist hüpfend vorwärts. Schlägt mit dem Schwanz. Nahrungssuche oft am Boden. Brutschmarotzer. ♀ legt Eier in die Nester von Rabenvögeln, in Europa v.a. von Elstern; in Afrika auch von Glanzstaren. Das ♂ lenkt die Wirtsvogeleltern ab, während das ♀ das Ei legt. Im Gegensatz zu unserem Kuckuck werfen die jungen Häherkuckucke die Eier oder Jungen der Wirtsart nicht aus dem Nest.
Nahrung: Behaarte Raupen, entfernt aber manchmal Haare vor dem Verzehr; kleine Reptilien.

Haie

Selachii

Klasse: Knorpelfische

Die Haie sind unterteilt in 7 Unterordnungen; die Kammzähnehaie, Kragenhaie, Stierkopfhaie, Echte Haie, Stachelhaie, Sägehaie und Engelhaie. → Blauhaie, → Hammerhaie, → Katzenhaie.
Kennzeichen: Körper torpedoartig langgestreckt, Unterseite bei bodenlebenden Formen abgeflacht. Vollkommen knorpeliges Skelett. 5–7 Kiemenspalten. Haut mit Hautzähnen (Placoidschuppen) bedeckt. Oberer Lappen der Schwanzflosse stärker entwickelt als unterer. Länge 30 cm (Zwerghai) – über 13 m (Walhai).
Vorkommen: Weltweit. Meer- und Süßwasser. Meist auf offenem Meer, seltener in Küstennähe.
Lebensweise: Sehr oft gesellig lebend. Gute Schwimmer, Räuber.
Fortpflanzung: Die ♂ besitzen zu Klammerorganen umgewandelte Bauchflossen. Innere Befruchtung. Oft schlüpfen die Jungen noch im Uterus aus den Eiern und werden lebend geboren, einige Arten legen Eier mit hornartiger Hülle (*ovovivipar*).
Nahrung: Fische, wirbellose Tiere, Aas, Schiffsabfälle.
Besonderes: Haie zählen zu den gefährlichsten Meerestieren, obgleich nur 27 der 250 Arten nachweislich Menschen angreifen. Gefährlich sind Grauhai, → Hammerhai, Tigerhai und Weißhai.

Weißhai

Hainbänderschnecke

Cepea nemoralis

Familie: Schnirkelschnecken

Hainbänderschnecken sind sehr häufige Gehäuseschnecken, die je nach Vorkommen in den verschiedensten Farb- und Zeichnungsvariationen anzutreffen sind.

Hainbänderschnecke

Kennzeichen: Gehäuserand außen und innen rotbraun bis schwarz, Gehäuse gelblichweiß mit braunen Bändern. Gehäusedurchmesser 20–23 mm.
Vorkommen: West- und Mitteleuropa. Gebüsch und lichte Wälder, Wiesen und Gärten.
Lebensweise: Meist zu mehreren zusammenlebend. Nachtaktiv, tagsüber an schattigen Stellen verborgen. Zieht sich bei Gefahr ins Gehäuse zurück.
Fortpflanzung: Zwitter. Eiablage Sommer und Herbst. Eier kugelförmig, weich und durchsichtig, werden zu 20–50 Stück ins Erdreich, unter Holz oder Steinen abgelegt. Die Jungen schlüpfen im darauffolgenden Jahr.
Nahrung: Verwesende Pflanzenteile, Grünpflanzen.

Halbaffen

Prosimii

Ordnung: Primaten

In der großen, vielgestaltigen Gruppe der Primaten oder Herrentiere sind die Halbaffen weniger menschenähnlich entwickelt als die »höheren Primaten«, zu denen die Affen einschließlich der Menschenaffen und des Menschen selbst gehören. Besonders viele Halbaffen leben auf Madagaskar. Man nennt diese auch Lemuren. Im einzelnen beschrieben werden → Buschbabys, → Fingertier, → Indri, → Katta, → Koboldmakis, → Mausmaki, → Mohrenmaki, → Plumplori, → Potto und → Vari.
Verbreitung: Mittleres Afrika, Madagaskar, Südostasien.

Halbaffe (Larvensifaka)

Halbesel

Equus hemionus

Familie: Pferde

Der asiatische Halbesel kommt in mehreren, z.T. schwer unterscheidbaren Unterarten bzw. regionalen Rassen vor, ist aber überall vom Aussterben bedroht.

Halbesel (Onager)

Kennzeichen: Schulterhöhe 1,20 bis 1,40 m; Fell sandfarben bis rötlichbraun mit hellem Bauchbereich; dunkle Stehmähne, die am Rücken in einen schwarzen Aalstrich ausläuft; Ohren eselsähnlich, Schwanz mit Endquaste.
Verbreitung: Früher in weiten Teilen Asiens, heute nur noch inselartig in Restbeständen: der Onager im Iran, der Kulan in Turkmenien, der Khur in Nordwestindien und Pakistan, der Dschiggetai in der südlichen Mongolei und Innerchina und der Kiang in Tibet und Ladakh.
Lebensraum: Wüsten und Halbwüsten, teilweise trockene Salzsteppen im Tiefland (Khur) sowie Hochgebirgssteppen bis über 5000 m Höhe (Kiang).
Lebensweise: Stuten mit Fohlen sowie Junghengste ziehen meist in Trupps oder kleinen Herden in einem Gebiet von mehreren 100 km^2 umher; starke Hengste besetzen ein Territorium von oft mehr als 20 km^2 Größe und decken dort durchziehende Stuten.
Fortpflanzung: Tragzeit rund 1 Jahr; gewöhnlich 1 Fohlen, das mit 2 Wochen der Herde folgen kann und 6 – 8 Monate gesäugt wird.
Nahrung: Vor allem Gras, auch Kräuter und Rinde.

Halsbandsittich

Psittacula krameri

Familie: Papageien

Der Halsbandsittich ist ein beliebter Käfigvogel.
Kennzeichen: 38 – 42 cm. Überwiegend grün gefärbt mit rotem Schnabel, schwarzer Kehle, dunklen Flügelspitzen und blauem Schwanz; namengebendes dunkles, an den Seiten rosafarbenes Halsband nur beim ♂.
Vorkommen: Mittleres Afrika östlich bis Uganda; Indien, Ceylon. In vielen Gegenden Asiens, Nordamerikas, Afrikas und Europas eingebürgert. Offenes Waldland, Parkanlagen. Häufig in der Nähe von Farmen.
Lebensweise: Zur Brutzeit paarweise, außerhalb der Brutzeit sehr gesellig. In kleinen Trupps zur Nahrungssuche in Bäumen, Obstgärten o. ä. sowie in Scheunen. Öffnet auch Getreidesäcke und macht sich über die Körner her. Zum Schlafen versammeln sich die Vögel in großen Schwärmen in einem Baum. Einehe. Balzfüttern des ♂, ♀ schaut zwitschernd seinem balzenden Partner zu. Höhlenbrüter.
Nahrung: Früchte und Beeren, v.a. Datteln und Feigen; Samen, Körner, Nüsse.
Besonderes: Entflogene Halsbandsittiche lebten sich im Rheinland, in Holland und England so gut ein, daß sie sogar freibrütende Populationen gebildet haben.

Halsbandsittich

Halysschlange → Grubenottern

Hammerhaie

Sphyrnidae

Ordnung: Haie

Typisch für die Angehörigen dieser Familie mit 12 Arten ist der namengebende, hammerförmig verbreiterte Kopf, an dem seitlich Augen und Nasenöffnungen sitzen. Die häufigste Art ist der Glatt-Hammerhai (*Sphyrna zygaena*).

Hammerhai

Kennzeichen: Körper gedrungen, blaugrau, 5 Paar Kiemenspalten, kein Spritzloch. Bis 4 m.

Vorkommen: Atlantikküste von Afrika und Europa, Mittelmeer, amerikanische Atlantik- und Pazifikküste. Sowohl Hochsee- als auch Küstenbewohner.

Lebensweise: Meist einzeln lebend.

Fortpflanzung: Ovovivipar. Geschlechtsreife bei einer Körperlänge von ca. 2 m. 10–35 Junge pro Wurf. Aus dem Ei schlüpfende Jungfische bereits 50–60 cm lang.

Nahrung: Fische, Krebstiere, Tintenfische.

Besonderes: Die größte Art ist der recht seltene Große Hammerhai (*S. mokkaran*) mit einer Körperlänge bis 5,5 m.

Hamster → Feldhamster, → Syrischer Goldhamster, → Zwerghamster

Hanuman-Langur

Presbytis entellus

Überfamilie: Hundsaffen

In der Gruppe der altweltlichen Hundsaffen zählt der Hanuman-Langur, auch Hulman genannt, zu den sog. Schlankaffen, eine Bezeichnung, die treffend auf ihn paßt.

Kennzeichen: 50–100 cm groß, Schwanz gut körperlang; Fell silbergrau, Gesicht, Hände und Füße schwarz.

Verbreitung: Ganzer indischer Subkontinent einschließlich Sri Lanka.

Lebensraum: Von schneebedeckten Hängen des Himalajas über Halbwüstengebiete bis zu tropischen Regenwäldern, ebenso in Kulturland, sogar mitten in Dörfern und Städten.

Lebensweise: Hält sich vorwiegend am Boden oder auf Bäumen auf, abhängig vom jeweiligen Umfeld; lebt in sozialen Gruppen, die sich aus 10, aber auch aus über 100 Tieren zusammensetzen können. Es gibt Gruppen mit 1 und solche mit mehreren erwachsenen ♂, ebenso reine »Männertrupps«.

Fortpflanzung: Jeweils 1, bisweilen auch 2 Junge, die bei der Geburt ein schwarzbraunes Fell haben; werden mit 10–12 Monaten entwöhnt. Betreuung der Jungen durch sämtliche Gruppenmitglieder.

Hanuman-Langur

Nahrung: Pflanzenkost, vor allem Blätter, Blüten und Früchte, gelegentlich auch Insekten.
Besonderes: In verschiedenen Regionen Indiens werden Hanuman-Languren von der hinduistischen Bevölkerung als heilige Tiere verehrt und mehr oder weniger regelmäßig gefüttert.

Hardun

Agama stellio
Familie: Agamen

Die Echten Agamen (*Agama*) sind in ca. 60 Arten in ganz Afrika und Südwestasien verbreitet. Der Hardun ist die einzige Art, die in Europa vorkommt.

Hardun

Kennzeichen: 30–40 cm, über die Hälfte davon Schwanz. Grau bis braun gefärbt; zur Brunftzeit ♂ mit roten, gelben oder blauen Schuppen, variiert je nach Verbreitung. Gedrungen und langbeinig; Kopf groß und breit. Oberseits mit Stachelschuppen besetzt.
Vorkommen: Kleinasien. Auf einigen Kykladeninseln. Nach Korfu und Nordgriechenland eingeschleppt. Überwiegend felsiges Gelände, lichte Haine, Legsteinmauern und Ruinenstätten. Auch in Siedlungsnähe.
Lebensweise: Scheu. Sonnt sich gern. Bei Bedrohung Kopfnicken. Flüchtet in Verstecke; wenn dort überrascht, bläht er sich so auf, daß man ihn nicht herausziehen kann.
Nahrung: Insekten. Auch Pflanzenteile.

Hase → Eselshase, → Feldhase, → Schneehase

Haselmaus

Muscardinus avellanarius
Familie: Bilche

Das kleine, langschwänzige Nagetier ist trotz aller Ähnlichkeit keine Maus, sondern der kleinste Bilch.
Kennzeichen: 7–9 cm groß mit körperlangem, gleichmäßig dicht behaartem Schwanz; Fell orangebraun; große, schwarze »Knopfaugen«.
Verbreitung: Süd- und Mitteleuropa, im Osten bis Mittelrußland.
Lebensraum: In unterholzreichen Laub- und Mischwäldern, an Waldrändern mit beerentragenden Sträuchern.
Lebensweise: Nachtaktiv; klettert, springt und läuft sehr flink durchs Geäst; mit Ausnahme von Jungtieren ungesellig; bewohnt mehrere kunstvoll gebaute Kugelnester aus Gras und Laub, meist frei im Buschwerk, bisweilen in Nistkästen oder Baumhöhlen; *Winterschlaf* in Bodennestern.
Fortpflanzung: 1–2 Würfe im Jahr mit meist 3–5 Jungen, die nackt und blind geboren werden.
Nahrung: Knospen, Triebe, Beeren, Baumfrüchte, Samen, gelegentlich auch Insekten.

Haselmaus

Hasenmäuse
Lagidium
Ordnung: Nagetiere

3 Arten dieser Nager leben in den höchsten Bergregionen Südamerikas. Ihr Fell ist ebenso dicht und weich wie das ihrer Vettern, der → Chinchillas.
Kennzeichen: Körpergröße bis 50 cm, Schwanz noch einmal 50 cm, buschig behaart; Fell graubraun, unterseits gelblich; lange »Kaninchenohren«.

Hasenmaus

Vorkommen: Westliches Südamerika. Hochebenen der Anden in 4000–über 5000 m Höhe.
Lebensweise: Tagaktiv; springen und klettern geschickt im Felsgestein; gesellig, leben in Kolonien aus mehreren kleinen Familiengruppen; Unterschlupf in Felshöhlungen oder -spalten. ♀ gebären 2–3mal im Jahr meist nur 1 Junges.
Verhalten: Sitzen gern stundenlang auf Felsen zum Sonnen.
Nahrung: Reine Pflanzenkost, vor allem Gras und Kräuter, Flechten.

Haubenlerche
Galerida cristata
Familie: Lerchen

Lerchen sind bis auf die schwarzgefärbte Mohrenlerche (*Melanocorypha yeltoniensis*) unscheinbar braune Bodenbewohner. Es gibt 81 Arten.
Kennzeichen: 16–18 cm. Graubraune Zeichnung auf grauem bis sandfarbenem Grund. Meist aufgerichtete Haube. Schwanz relativ kurz. Schnabel leicht abwärts gebogen.
Stimme: Gesang ähnlich dem der → Feldlerche, aber aus kurzen Strophen; ebenfalls mit Imitationen anderer Vogelstimmen; von einer Sitzwarte oder im Singflug vorgetragen.
Vorkommen: Europa, Nordafrika; vom Mittleren Osten bis Indien, Nordchina, Korea. Trockene Brachflächen, Ödland, wüstenartiges Gelände.
Lebensweise: Nahrungssuche am Boden. Außerhalb der Brutzeit in kleinen Trupps. Jahresvogel.
Brut: Einfaches Halmnest am Boden, vom ♀ gebaut. 2 Bruten (April–Juni). 3–5 Eier; Brutdauer ca. 13 Tage, Nestlinge verlassen bereits nach ca. 10 Tagen – noch nicht flügge – das Nest, werden von ♂ und ♀ gefüttert.
Nahrung: Grüne Pflanzenteile, Sämereien, Insekten und Spinnen.

Haubenlerche

Haubentaucher
Podiceps cristatus
Familie: Lappentaucher

Der Haubentaucher ist der größte Lappentaucher Europas.
Kennzeichen: 46–50 cm. Im Brutkleid auffälliger aufrichtbarer Federschmuck am Kopf. Oberseits schwarzbraun, unterseits und am Vorderhals weißlich. Langer spitzer Schnabel. Im Ruhekleid ohne Schmuckfedern am Kopf; Gesicht

Haubentaucher

und Hals weiß, Körper graubraun. Jungvögel mit schwarz-weiß gestreiftem Kopf.
Vorkommen: Gemäßigte Zonen Europas und Asiens, Osten und Süden Afrikas, Australien, Neuseeland. Stillgewässer im Binnenland, auch an Brackwassern mit Ufervegetation. Im Winter auf größeren Seen, an der Küste.
Lebensweise: Nahrungssuche tauchend oder dicht unter der Wasseroberfläche. Teilzieher.
Brut: Schwimmendes Nest in der Ufervegetation. 1–2 Bruten (Mai–Juli). 4–5 Eier; Brutdauer 25–29 Tage; Junge Nestflüchter, nach ca. 10 Wochen flügge.
Verhalten: Im Frühjahr spektakuläre Balz. Beide Paarpartner schwimmen mit gesträubtem Kopf-Federschmuck, Pflanzenteile im Schnabel tragend, aufeinander zu, steigen Brust an Brust aus dem Wasser und schütteln dabei die Köpfe.
Nahrung: Kleine Fische, kleine Frösche und Quappen, Muscheln, Schnecken, Krebstiere und Wasserinsekten.
Besonderes: Die Familienbezeichnung »Lappentaucher« leitet sich von den seitlich an den Zehen sitzenden Hautlappen ab.

Haushuhn → Bankivahuhn

Hausmarder → Steinmarder

Hausmaus

Mus musculus

Familie: Echte Mäuse

Die großohrige, langschwänzige Hausmaus ist »die« Maus schlechthin.

Kennzeichen: 7–10 cm groß, Schwanz etwa körperlang, nahezu unbehaart; Fell gelblichgrau, unterseits heller; Ohren groß, rund, häutig.
Verbreitung: Urheimat Ostasien, als Siedlungsfolger des Menschen heute weltweit verbreitet.
Lebensraum: Ausschließlich oder zeitweise in menschlichen Behausungen, Ställen, Scheunen, Kellern; im Freien Feldraine, Wiesen, Hecken, Gärten.
Lebensweise: Tag- und nachtaktiv; klettert und schwimmt gut; lebt in Sippenverbänden mit fester Rangordnung; nur starkes, ranghöchstes ♂ paart sich mit brünstigen ♀. In Gebäuden bauen Hausmäuse Nester aus kleingebissenem Papier, Textilien u.ä., im Freien graben sie Erdbaue. Oft ziehen mehrere ♀ ihre Jungen gemeinsam in einem Nest groß.
Fortpflanzung: Ganzjährig möglich; 4–8 Würfe im Jahr mit je 4–9 nackt und blind geborenen Jungen, die nach 6–7 Wochen ihrerseits bereits geschlechtsreif sind.
Nahrung: Alles, was für den kleinen Nager erreichbar und einigermaßen verdaubar ist, bevorzugt jedoch Sämereien und Getreideprodukte.
Besonderes: Als Lebensmittelschädling und Krankheitsüberträger ist die Hausmaus seit jeher ein ungebetener und entsprechend verfolgter Untermieter in den Häusern der Menschen. Als Weiße Maus, einer weißfelligen Spielart, jedoch wird sie millionenfach als Heimtier sowie als Versuchstier in Laboratorien gehalten.

Hausmaus

Hausratte
Rattus rattus
Familie: Echte Mäuse

Neben der deutlich größeren → Wanderratte ist die Hausratte die zweite in Mitteleuropa heimische Rattenart.

Hausratte

Kennzeichen: Körpergröße 16–22 cm, Schwanz gut körperlang, schuppig, fast haarlos; Fell schwarz bis graubraun mit heller Unterseite; Ohren groß, rund, häutig.
Verbreitung: Ursprünglich südliches Asien, heute als Siedlungsfolger des Menschen weltweit in gemäßigten und warmen Klimazonen.
Lebensraum: Trockene Dachböden, Getreidespeicher, Lagerhallen, Schiffe, nur in südlichen Ländern auch im Freien, in Obstplantagen und Gebüschen.
Lebensweise: Dämmerungs- und nachtaktiv; klettert sehr gut; lebt in großen Gruppen ohne feste Rangordnung; baut in Gebäuden Nester aus Holzwolle, Papierstücken, Stoffetzen u.ä., im Freien Baumnester aus Gras und Blättern.
Verhalten: Markiert feste Pfade in ihrem Revier mit Kot und Urin, den sie mit den Pfoten verschmiert und festtritt.
Fortpflanzung: Meist 2 Würfe im Jahr mit je 6–12 Jungen, die nackt und blind geboren werden.
Nahrung: Alles Verdauliche, bevorzugt aber Pflanzenkost, vor allem Sämereien; auch Nahrungsvorräte und Abfälle des Menschen.
Besonderes: Vor allem im Mittelalter kam es in Städten oft zu argen Rattenplagen. Hausratten waren mit ihrem Schmutz und ihren Flöhen die Überträger vieler Seuchen (z. B. der Pest!) und anderer Krankheiten.

Hausrotschwanz
Phoenicurus ochruros
Familie: Drosseln

Die Gattung *Phoenicurus* umfaßt insgesamt 13 Arten. Neben dem Hausrotschwanz kommt bei uns noch der Gartenrotschwanz (*P. phoenicurus*) vor.
Kennzeichen: 14 cm. ♂ im Brutkleid bis auf rostfarbenen Schwanz und weißes Armschwingenfeld dunkelgrau mit schwärzlicher Kehle und Brust. Östliche Unterarten unterseits kastanienbraun. ♀ schmutzig graubraun mit rostfarbenem Schwanz.
Stimme: Gesang zweiteilig; erster Teil ein hoher Triller, dem nach einer kleinen Pause gepreßte Kratz- und Knirschlaute folgen. Scharfe »Zik«-, bei Störung harte »Hiid-tek-tek«-Rufe.
Vorkommen: Europa bis auf Island, den größten Teil Skandinaviens und Großbritanniens; Nordwestafrika, Vorder- und Zentralasien. Ursprünglich im Hochgebirge; in Siedlungen, auch inmitten von Großstädten.
Lebensweise: Singt meist von hoher Warte herab, etwa einer Antenne oder einem Dach. Zittert ständig mit dem langen Schwanz. Teilzieher.
Brut: Nest aus Halmen und Moos in Mauer- oder Felsspalten, unter Dächern und in Nischen – Hauswände ersetzen die Felswände –; bezieht Halbhöhlen-Nistkästen. 2 Bruten (April–Juli). 5–6 Eier; Brutdauer 13 Tage, Nestlingszeit ca. 15 Tage. Nur ♀ brütet.
Nahrung: Insekten und Spinnen; Beeren.
Besonderes: Die Art dehnt seit Mitte des 19. Jh. in Europa ihr Brutareal nach Norden und Nordwesten aus.

Hausrotschwanz

Haussperling

Passer domesticus

Familie: Sperlinge

Der Haussperling, auch Spatz genannt, ist wahrscheinlich der häufigste Vogel der Erde.

Haussperling

Kennzeichen: 14–15 cm. ♂ mit schwarzem Latz und grauem Scheitel; oberseits rotbraun mit schwarzer Musterung, weiße Flügelbinde; unterseits grau. ♀ unscheinbar graubraun ohne Latz.
Stimme: Gesang das typische Tschilpen.
Vorkommen: Ursprünglich Europa, Asien und Nordafrika; fast weltweit eingebürgert. In Siedlungen und Einzelgehöften aller Art; Kulturlandschaft.
Lebensweise: Sehr findig bei der Wahl des Neststandortes; in den verschiedensten Höhlungen an Gebäuden, in Südeuropa auch überdachte Freinester in Bäumen. Auch als Untermieter in Nestern anderer Vogelarten. Nimmt gern Staubbäder. Besucht im Winter auch Fütterungen.
Nahrung: Sämereien, Getreidekörner, Beeren und Früchte; Insekten und andere Wirbellose; Abfälle, Brotreste.
Besonderes: In Europa kommen neben der mitteleuropäischen noch 2 weitere Unterarten vor: der Weidensperling (*Passer domesticus hispaniolensis*) in Südspanien, Griechenland und auf Sardinien; der Italiensperling (*P. d. italiae*) in Italien und Korsika.

Hausspitzmaus

Crocidura russula

Familie: Spitzmäuse

Die Hausspitzmaus trägt ihren Namen durchaus zu Recht, denn sie sucht die Nähe menschlicher Siedlungen und ist ganzjährig auch in Gebäuden wie Ställen, Scheunen oder Kellern zu finden.
Kennzeichen: Körpergröße 7–9 cm, Schwanz 3–5 cm lang, mit borstigen Wimperhaaren besetzt; Fell grau- bis rötlichbraun, unterseits etwas heller.
Vorkommen: Mittel- und Südeuropa. Trockene, sonnige Gebiete, Waldränder, Wiesen, Weinberge, Parks und Gärten.
Lebensweise: Tag- und nachtaktiv; gewöhnlich Einzelgänger; klettert nicht; baut kugeliges Nest aus Grashalmen und anderen Pflanzenteilen in der Bodenstreu oder unter verschiedenen Gegenständen, z. T. auch in selbstgegrabenen oder von Mäusen oder Maulwürfen übernommenen Erdbauen.
Fortpflanzung: 2–4 Würfe im Jahr mit je 3–9 Jungen, die nackt und blind geboren werden, schnell heranwachsen und mit rund 40 Tagen bereits selbständig und geschlechtsreif sind.
Nahrung: Insekten, Spinnen, Schnecken, Würmer, auch Mäusenestlinge und Aas.

Hausspitzmaus

Haustaube → Felsentaube

Hauswinkelspinnen
Tegenaria
Familie: Trichterspinnen

Zu den bekanntesten Trichterspinnen gehören zweifelsohne die Hauswinkelspinnen, die in fast allen Gebäuden vorkommen und zahlreiche Trichternetze anlegen. Die einzelnen Arten sind nur schwer voneinander zu unterscheiden. Die größte und behaarteste Art ist *Tegenaria parietina*. Stört man die Spinnen nicht, überziehen ihre großen, unordentlichen Trichternetze alle Ecken und Winkel eines Raumes – überwuchern ihn geradezu.

Hauswinkelspinne

Kennzeichen: Körper grau-beige gefärbt mit dunkelbrauner Zeichnung. Sehr lange Beine. ♀ meist größer als ♂. 9–18 mm.
Vorkommen: Europa, Sibirien. In und an Gebäuden, unter Steinen und an Felsen.
Lebensweise: Legen meist in Ecken bis $^1/_2$ m lange, waagerechte Netze an, die in einen umgekehrten Trichter, dem Ruheplatz der Spinne, münden. Nachtaktiv.
Fortpflanzung: Ganzjährig geschlechtsfähig. → Spinnen.
Nahrung: Fliegen, Mücken und andere Fluginsekten.
Besonderes: Hauswinkelspinnen können 4–7 Jahre alt werden und sind im Haus sehr nützliche Insektenvertilger.

Hautflügler
Hymenoptera
Klasse: Insekten

Zu dieser Insektenordnung mit bislang 100 000 bekannten Arten (davon 10 000 in Mitteleuropa) gehören u. a. die → Wespen, → Bienen, → Hummeln und → Ameisen. Der Name leitet sich von den häutigen Flügeln ab, wobei das vordere Paar deutlich größer als das hintere ist. Die Hautflügler haben die verschiedensten Lebensweisen entwickelt und unterschiedlichste Lebensräume besiedelt. Einige Hautflügler bilden Staaten (z. B. Ameisen, Bienen). Viele Arten leben parasitisch an anderen Insekten oder jagen sie. Grabwespen und Wegwespen tragen z. B. Raupen im Rahmen der Brutfürsorge in ihr Nest ein. Einige Hautflügler sind Schädlinge, wie die Blattwespen, deren Larven an Bäumen und Kulturpflanzen fressen.
Kennzeichen: 2 Paar häutige, jederseits eine einheitliche Tragfläche bildende Flügel. Mundwerkzeuge kauend-leckend oder leckend-saugend. Tiefe, stielartige Einschnürung im 1. Hinterleibsring (fehlt nur bei den Pflanzenwespen). ♀ mit Lege- oder Wehrstachel mit Giftdrüse.

Wegwespe mit Beute

Hechte

Esocidae

Ordnung: Lachsfische

Hechte sind sehr schmackhafte Süßwasserfische der nördlichen Erdhalbkugel. Eine der bekanntesten Arten ist der Europäische Hecht (*Esox lucius*).

Kennzeichen: Körper langgestreckt, kurze Rücken- und Afterflosse mit weichen Strahlen. Lange, entenschnabelähnliche Schnauze, große Kiefer mit scharfen Zähnen. Gelbgrün gefleckt. ♂ bis 1 m, ♀ bis 1,5 m.

Vorkommen: Europa, Sibirien, Nordamerika. Fließende und größere stehende Süßgewässer.

Lebensweise: Einzelgänger. Raubfisch. Lauert in oberen Wasserschichten am Rande des Schilfs oder in dichten Unterwasserpflanzbeständen auf Beute.

Fortpflanzung: Geschlechtsreife im 3. und 4. Jahr. Laichzeit März – Mai. Eizahl zwischen 100 000 und 1 Mio. Brutdauer 10 – 30 Tage.

Nahrung: Jungfische Plankton, Altfische Fische, Frösche, aber auch Ratten und Mäuse, die sich zu nah ans Wasser wagen.

Hecht

Besonderes: Der Hecht ist eine begehrte Beute der Sportfischer, da er nur sehr schwer an die Angel zu bekommen ist. Der Hecht ist der größte Süßwasserfisch Englands und gibt immer wieder Anlaß für Sagen und Anglerlatein. In Loch Ken soll Ende des 18. Jahrhunderts ein ca. 33 kg schweres Exemplar gefangen worden sein.

Heckenbraunelle

Prunella modularis

Familie: Braunellen

Die Braunellen sind mit 13 Arten in einer einzigen Gattung (*Prunella*) über Europa, Nordafrika und nichttropische Teile Asiens verbreitet.

Heckenbraunelle

Kennzeichen: 14 – 15 cm. Unscheinbar braun mit grauem Kopf und grauer Brust; ♂ und ♀ gleich gefärbt.

Vorkommen: Europa bis auf Südspanien, Süditalien und Südgriechenland; Ural ist Ostgrenze; Kleinasien. Nadel- und Mischwälder, baum- oder buschbestandenes Gelände, auch an der Küste; Gärten und Parks.

Lebensweise: Huscht wie eine Maus durchs Gebüsch. Singt von einer hohen Warte (z. B. einer Baumspitze) aus. Teilzieher.

Brut: 2 Bruten (April – Juli). 4 – 5 blaugrüne Eier; Brutdauer 12 – 14 Tage, Nestlingszeit ca. 14 Tage. Wirtsvogelart des → Kuckucks.

Nahrung: Insekten, deren Larven und Spinnen; im Winter feine Samen.

Heiliger Ibis

Threskiornis aethiopicus

Familie: Ibisse

Zur Familie der Ibisse gehören auch die Sichler, die Löffler und der Waldrapp.

Kennzeichen: 65 – 80 cm. Weißer Körper; Hals und Kopf nackt und schwarz; Schnabel sowie Beine schwarz; metallisch blauschwarz schillernde Schirmfedern lang und zerschlissen, hängen über den Schwanz. Langer, schmaler, nach unten gebogener Schnabel.

Vorkommen: Afrika südlich der Sahara. Lokal im Irak und Iran. Meist in Gewässernähe.

Brut: Koloniebrüter. Neststandort sowohl am Boden (z. B. im Papyrusdickicht), im Gebüsch oder in Bäumen. 1 Brut. 3 – 4 Eier; Brutdauer 21 Tage, Nestlingszeit 5 – 6 Wochen. Bei der Fütterung würgen die Altvögel Nahrungsbrei direkt in den Schlund des Jungvogels.

Nahrung: Krebstiere, große Insekten, Schnecken; Reptilien und Fische; auch Aas.

Besonderes: In Ägypten galt der Heilige Ibis als die Verkörperung des Mondgottes Thot; dieser wurde als Ibis oder als Mensch mit Ibiskopf dargestellt. Heute kommt der Heilige Ibis in Ägypten nicht mehr vor.

Heilige Ibisse

Helmbasilisk → Basilisken

Helmkasuar → Kasuare

Helmperlhuhn → Geierperlhuhn

Heringe

Clupeidae

Ordnung: Heringsfische

Die Familie der Heringe umfaßt etwa 200 Arten und noch mehr Lokalrassen, die nur sehr schwer voneinander zu unterscheiden sind. Die wichtigsten Fangfische sind der Pazifische Hering (*Clupea pallasii*) und der Atlantische Hering (*C. harengus*).

Junge Heringe

Kennzeichen: Körper schlank, seitlich zusammengedrückt, mit großen Rundschuppen bedeckt. Kopf schuppenlos, Unterkiefer vorstehend. Rücken graugrün, Seiten und Bauch silbrig. Bis 40 cm.

Vorkommen: Nordatlantik, Ostsee. Bis 250 m Tiefe.

Lebensweise: Schwarmfisch. Tagsüber am Boden lebend, abends in 30 – 50 m Tiefe aufsteigend. Bildet zur Nahrungssuche oder zum Ablaichen riesige Schwärme.

Fortpflanzung: Je nach Rasse unterschiedliche Laichgründe und Laichzeiten. Heringe des offenen Atlantiks laichen im Spätwinter–Frühling, Heringe der Nordsee im August–Januar, Heringe der Küstenregionen von Nord- und Ostsee vom Winter–Frühling. Die bis zu 30 000 Eier werden frei ins Wasser abgegeben und sinken auf den Meeresboden. Die schlüpfenden Larven sind schlank und durchsichtig.

Nahrung: Plankton, kleine Fische.

Besonderes: Die in der Ostsee vorkommenden Heringe werden auch Strömlinge genannt. Der Heringsfang ist eines der ältesten Gewerbe der Küstenbevölkerung.

Heringskönig

Zeus faber

Familie: Petersfische

Der Heringskönig, auch Petersfisch genannt, trägt auf den Flanken je einen auffälligen schwarzen, gelbumrandeten Fleck, der der Legende nach der Fingerabdruck des Apostels Petrus ist, der einem Heringskönig eine Goldmünze aus dem Maul gezogen haben soll.

Kennzeichen: Körper hochrückig, seitlich abgeflacht. Spitze Knochenhöcker entlang der Rücken- und Afterflossenbasis. Große Augen, weites, schräg nach oben gerichtetes Maul. Grau bis gelblich mit auffallenden Flankenflecken. 30–60 cm.

Vorkommen: Nordostatlantik, Mittelmeer, Schwarzes Meer. Über Sand- und Schlammgrund im freien Wasser oder in Bodennähe bis ca. 200 m Tiefe.

Lebensweise: Einzeln oder in kleinen Gruppen lebend. Schneller und ausdauernder Schwimmer.

Fortpflanzung: Laichzeit Juni–August (im Mittelmeer März–Mai).

Nahrung: Kleine Schwarmfische, Tintenfische.

Besonderes: Die Eier des Heringskönigs besitzen in ihrem Innern eine Ölkugel, so daß sie frei im Wasser schwimmen können.

Hermelin

Mustela erminea

Familie: Marder

Das flinke Hermelin oder Großwiesel, oft auch einfach Wiesel genannt, ist ein durchaus häufiger Vertreter der großen Marderfamilie.

Kennzeichen: Kopf-Rumpflänge 20 bis 30 cm, ♀ kleiner als ♂; Schwanz etwa $^1/_2$ körperlang; Fell im Sommer zimtbraun mit weißer Unterseite, im Winter meist reinweiß, nur Schwanzspitze immer schwarz.

Verbreitung: Gemäßigte und arktische Breiten Eurasiens und Nordamerikas, in Europa südlich bis zu einer Linie Pyrenäen-Alpen.

Lebensraum: Abwechslungsreich strukturiertes Gelände, Heckenlandschaften, Wiesen, Feldfluren, gern in Wassernähe, meidet geschlossenen Wald.

Lebensweise: Tag- und nachtaktiv; außerhalb der Fortpflanzungszeit Einzelgänger.

Verhalten: Richtet sich häufig »männchenmachend« auf den Hinterbeinen auf, um zu sichern.

Fortpflanzung: Pro Wurf 4–9 Junge, die blind und fast nackt geboren werden. ♂ beteiligt sich an der Aufzucht.

Nahrung: Mäuse, junge Hasen und Kaninchen, Eier und Jungvögel, Eidechsen und Frösche.

Besonderes: Fürsten und Könige trugen früher Mäntel aus den schneeweißen Winterfellen von Hermelinen, auf die als besondere Zierde die schwarzen Schwanzspitzen aufgenäht waren.

Hermelin (Sommerfell)

Hermelin (Winterfell)

Herzmuschel
Cardium edule
Familie: Herzmuscheln

Die Gemeine oder Eßbare Herzmuschel gehört zu den bekanntesten und häufigsten Muscheln der europäischen Küsten.

Herzmuschel

Kennzeichen: Gleichklappige, runde, gleichmäßig gerippte Schale, 24–28 Rippen, weißlich-gelb. 4–5 cm. Fuß lang, muskulös und geknickt, 2 Siphone.
Vorkommen: Europäische Atlantikküste, Nord- und westliche Ostsee. Von der Gezeitenzone bis in 10 m Tiefe, dicht unter der Oberfläche von Schlick- und Sandböden.
Lebensweise: Bodenbewohner, die dicht beieinander (ein paar Hundert auf 1 m^2) im Sand- oder Schlickboden eingegraben leben, nur die beiden Siphone ragen heraus und filtern Nahrung aus dem Wasser.
Fortpflanzung: → Muscheln.
Nahrung: Plankton, Mikroorganismen.
Besonderes: Herzmuscheln können mit ihrem muskulösen Fuß bis zu 50 cm lange Sprünge ausführen.

Heupferd → Grünes Heupferd

Heuschrecken → Springschrecken

Himmelsgucker
Uranoscopidae
Unterordnung: Drachenfische

Die Himmelsgucker haben ihren deutschen Namen von den hoch am Kopf sitzenden, großen Augen.
Kennzeichen: Körper kräftig, fast trichterförmig, nackt oder mit kleinen Schuppen bedeckt. Kopf mopsähnlich. 1. Rükkenflosse klein oder fehlend, 2. Rückenund Afterflosse sehr lang. Brustflossen schaufelartig. Oberhalb der Brustflossen und am Kiemendeckel Giftstachel.
Vorkommen: In allen tropischen und gemäßigten Meeren. Von der Flachzone bis in tiefe Gewässer.

Himmelsgucker (Jungfisch)

Lebensweise: Bodenfische. Liegen meist träge im Sand eingegraben, so daß nur die Augen herausschauen, und lauern auf Beute.
Nahrung: Fische, Garnelen.
Besonderes: Einige Arten, z. B. der Meerpfaff (*Uranoscopus scaber*), locken mit wurmähnlichen, roten Hautfäden, die am Maul stehen, Beute an. Andere Arten besitzen ein elektrisches Organ, das Stromstöße bis zu 50 Volt abgeben kann. Das elektrische Organ, wohl eine Verteidigungswaffe der Fische, wird von Muskeln gebildet, die in Höhlen hinter dem Auge liegen.

Hirsche
Cervidae
Ordnung: Paarhufer

Zur formenreichen Familie der Hirsche gehören alle geweihtragenden Wiederkäuer sowie das geweihlose → Moschustier und das → Chinesische Wasserreh. Im einzelnen werden vorgestellt: → Axishirsch, → Barasingha, → Damhirsch, → Davidshirsch, → Elch, → Muntjaks, → Reh, → Rentier, → Rothirsch, → Sambar, → Sikahirsch und → Weißwedelhirsch.

Besonderes: Anders als die Hornträger werfen Hirsche ihre Stirnwaffen alljährlich nach der Brunftzeit ab und entwickeln im Lauf des Jahres dann ein neues Geweih. Die sprießenden Knochenstangen sind zunächst von einer behaarten, stark durchbluteten Haut, dem sog. Bast, umhüllt. Wenn das Geweihwachstum abgeschlossen ist, trocknet der Bast ein und wird durch Fegen gegen Bäume oder Boden abgestreift.

Hirsch (Wapiti)

Hirscheber
Babyrousa babyrussa
Familie: Schweine

Der Hirscheber, mit seinem indonesischen Namen auch Babirusa genannt, ist wohl die merkwürdigste Gestalt unter den Schweinen. Neuere Fossilfunde lassen sogar vermuten, daß er möglicherweise den → Flußpferden nähersteht als den Schweinen.

Hirscheber

Kennzeichen: Kopf-Rumpflänge 85 bis 110 cm, Schwanz 20–30 cm lang, mit oder ohne Quaste; je nach Unterart unbehaart oder mit schwarz- bis goldbrauner, borstiger Behaarung; Eber mit langen, grotesk geformten Eckzähnen, von denen die oberen die Rüsseldecke durchstoßen und bogenförmig sowie meist gekreuzt nach hinten wachsen; ♀ und Jungtiere ohne diesen »Kopfputz«.

Vorkommen: Sulawesi (ehemals Celebes) und einige vorgelagerte Inseln. In Sumpfwäldern, feuchten Bergwäldern und Mangroven.

Lebensweise: Tag- wie nachtaktiv; einzeln oder in Kleingruppen unterwegs; schwimmt ausgezeichnet (sogar übers Meer zu benachbarten Inseln); benützt feste Wechsel in seinem Revier.

Fortpflanzung: 1–2, selten auch 3 Junge, die gut ein $^1/_2$ Jahr gesäugt werden.

Nahrung: Früchte, Blätter, Pilze, auch Insektenlarven.

Besonderes: Streitigkeiten fechten die Eber durch Schnauzenstoßen, seitliches Schieben sowie Schlagen mit den Vorderläufen aus. Die imposanten, aber leicht abbrechenden Eckzähne taugen nämlich nicht als Waffen.

Hirsch (Spießhirsch)

Hirschkäfer

Lucanus cervus

Familie: Hirschkäfer

Der Hirschkäfer ist der größte einheimische Käfer und wegen seiner ungewöhnlichen Mundwerkzeuge besonders bekannt.

Hirschkäfer

Kennzeichen: 3,5–7,5 cm lang, ♀ deutlich kleiner als ♂. ♂ mit riesigen, geweihartigen Oberkieferzangen. Pinselartige Mundwerkzeuge.
Vorkommen: In den Laubwaldzonen aller Erdteile.
Lebensweise: ♂ liefern sich an den Fraßplätzen mit den Geweihen Rivalenkämpfe, deren Ziel es ist, den Gegner vom Baumstamm herunterzuwerfen. Bei der Paarung stellt sich das ♂ über das Weibchen, beide verbleiben in dieser Stellung mehrere Tage. ♀ legt die Eier in einen morschen Baumstumpf oder in die Erde. Larven (Engerlinge) brauchen zu ihrer Entwicklung 3–5 Jahre und wachsen bis zu einer Länge von 11 cm heran. Zur Verpuppung bauen sie sich faustgroße Höhlen, für die ♂ wegen der Geweihe größere.
Nahrung: Käfer lecken am Saft wunder Baumstämme, Larven ernähren sich von morschem Holz.
Besonderes: Früher war der Hirschkäfer bei uns sehr häufig. Heute ist er durch das Fehlen urwüchsiger Baumbestände (morsches Holz!) – die Lebensgrundlage für diese Käfer – selten geworden und steht in der Roten Liste für bedrohte Arten.

Hirschziegenantilope

Antilope cervicapra

Familie: Hornträger

Die schmucke Hirschziegenantilope gehört verwandtschaftlich zu den Gazellen, obgleich sie sich durch den auffälligen Färbungsunterschied der Geschlechter von diesen abhebt.
Kennzeichen: Gut rehgroß, ♀ etwas kleiner als ♂; ♂ oberseits braun bis tiefschwarz, ♀ und Jungtiere gelbbraun gefärbt, Bauch, Brust und Beininnenseiten bei beiden Geschlechtern weiß; ♂ mit schraubig gewundenen, bis zu 70 cm langen Hornspießen, ♀ gewöhnlich hornlos.
Verbreitung: Ganz Indien, eingebürgert in Argentinien und Texas.
Lebensraum: Offene Ebenen und leichtes Hügelland, auch Parklandschaften.
Lebensweise: Tagaktiv; bildet sowohl reine Bock- und Geißenrudel als auch gemischte Verbände, Altböcke werden territorial, d. h. besetzen ein eigenes Revier, in dem sie auf durchziehende Geißen warten.
Fortpflanzung: Nach 5–6 Monaten Tragzeit jeweils 1 Junges, das zunächst in einer Deckung liegenbleibt und von der Mutter nur zum Säugen aufgesucht wird.
Nahrung: Gräser, Kräuter, Laub, frische Triebe, auch Feldfrüchte.
Besonderes: Heute leben in Texas, wo man die Art in den 30er Jahren erfolgreich angesiedelt hat, weit mehr Hirschziegenantilopen als in ihrer indischen Heimat. Dort wird der Bestand derzeit auf etwa 10 000 Tiere geschätzt.

Hirschziegenantilope

Hoatzin

Opisthocomus hoazin

Familie: Hoatzine

Der Hoatzin ist die einzige Art seiner Familie. Er wird heute zusammen mit den Kuckucken und den Turakos in die Ordnung der Kuckucksvögel gestellt.

Hoatzine

Kennzeichen: 60–65 cm. Oberseite braun mit gelblichbraunen Streifen, Unterseite braun. Federn von Schwanz und Flügeldecken mit gelblichen Spitzen. Langer, dünner Hals; Kopf mit schütterer Haube. Bei Beunruhigung laute, zischende Rufe.
Vorkommen: Sümpfe und Galeriewälder im Tiefland des nördlichen Südamerikas.
Lebensweise: Altvögel bewegen sich mehr flatternd-kletternd, unter Zuhilfenahme der Flügel, im Geäst fort; unbeholfener Flieger. Jungvögel können – unter Einsatz aller 4 Gliedmaßen – schwimmen und tauchen. Auf der Nahrungssuche in kleinen Trupps.
Nahrung: Laub und Schößlinge von Sumpfpflanzen.
Besonderes: Der Hoatzin nimmt unter den heutigen Vögeln eine Sonderstellung ein: Seine Jungen besitzen an den Flügeln Krallen, mit deren Hilfe sie im Geäst »wie auf allen vieren« klettern können. Außerdem übernimmt bei ihm der Kropf – und nicht wie bei allen anderen Vögeln der Magen – die Zerkleinerung der Nahrung.

Höckerschwan

Cygnus olor

Unterfamilie: Gänseartige

Der Höckerschwan ist der häufigste Schwan Europas.
Kennzeichen: 130–150 cm. Rein weiß mit schwarzen Füßen und orangerotem Schnabel; Schnabelwurzel schwarz, beim ♂ höckerartige Verdickung (Name!). Langer Hals. Im Flug rhythmisch-pfeifendes Flügelgeräusch.
Vorkommen: Ursprünglich nur im nördlichen Mitteleuropa und südlichen Nordeuropa. Durch Einbürgerungen heute fast überall in gemäßigten Zonen Europas und Asiens; auch in Nord- und Südamerika sowie Australien eingeführt. Vegetationsreiche Gewässer des Binnenlands sowie an der Küste.
Lebensweise: Beim Schwimmen Hals S-förmig gebogen. In Drohhaltung Flügel aufgestellt. Außerhalb der Brutzeit oft in großen Trupps; zur Brutzeit paarweise und sehr territorial. Oft erbitterte Kämpfe um gute Nistplätze. Nahrungssuche gründelnd, auch in größerer Wassertiefe durch langen Hals; an Land nach Gänseart weidend.
Nahrung: Rein vegetarisch. Wasser- und Unterwasserpflanzen; an Land Gras, Sämereien, Wurzeln.

Höckerschwan

Hohltiere

Coelenterata

Teilreich: Echte Vielzeller

Die Hohltiere umfassen 2 große Gruppen, die → Nesseltiere und die → Rippenquallen. Sie kommen weltweit in Meer- und Süßwasser vor.

Kennzeichen: Den über 10 000 Arten ist gemeinsam, daß ihr Körper aus 2 Zellschichten aufgebaut ist, einer Außen- (*Ektoderm*) und einer Innenschicht (*Entoderm*), zwischen der eine gallertige Stützschicht liegt. Es kommen 2 Formen vor:

1. standorttreue Polypen (oft in großen Kolonien), die aus einer Fußscheibe (mit der das Tier am Untergrund festhaftet) und einem hohlzylindrischen Rumpf mit Mund- und Afteröffnung, an deren Rand viele schlanke Fangarme (*Tentakel*) stehen, bestehen.
2. freischwebende Medusen (Quallen), umgedrehte Polypen, deren Öffnung nach unten weist. Auf dem Rücken des lang ausgezogenen Rumpfes entwickelt sich ein großer Schirm (mit dessen Hilfe das Tier im Wasser schwebt).

Holzbock

Ixodes ricinus

Ordnung: Milben

Der Holzbock oder die Gemeine Zecke ist ein Außenparasit, der überall in Europa auf Wild- und Haustieren gefunden wird und gelegentlich auch den Mensch befällt.

Kennzeichen: ♀ mit festem Rückenschild, der den vorderen Teil des Körpers überzieht, 3–4 mm; beim ♂ ganzer Körper mit Rückenschild bedeckt, bis 2,5 mm, rötlichbraun.

Vorkommen: Europa. In feuchten Wäldern, an Waldrändern, auf Feuchtwiesen, in Gärten.

Lebensweise: Verbringt die meiste Zeit seines Lebens unabhängig von einem Wirt am Boden zwischen Gras und Wurzeln. Alle 3 Entwicklungsstadien saugen Blut, jedes an einem anderen Wirtstier. Larven (3 Beinpaare) 4–5 Tage, Nymphen (4 Beinpaare) 3–5 Tage, erwachsene Tiere (4 Beinpaare) 5–14 Tage.

Fortpflanzung: Paarungszeit Frühjahr bis Herbst. ♀ legt 500–5000 Eier. Der gesamte Entwicklungszyklus dauert 2–3 Jahre.

Nahrung: Blut der Wirtstiere.

Besonderes: Zecken sind Überträger verschiedener Erreger schwerer Krankheiten bei Tier und Mensch, z. B. Blutharnen bei Rindern, Springseuche bei Schafen, Borrelliose und Zeckenencephalitis beim Menschen.

Holzbock (Zecke vollgesogen)

Holzbock (weiblich)

Holzwürmer → Klopfkäfer

Honiganzeiger

Indicator indicator

Familie: Honiganzeiger

Honiganzeiger gehören mit 17 Arten zur Ordnung der Spechtvögel.

Honiganzeiger

Kennzeichen: 20 cm. Oberseits braun, unterseits weiß, Kopf braun mit schwarzer Kehle und weißen Wangen; kleiner gelber Schulterfleck. ♂ mit rötlichem Schnabel, ♀ mit dunklem Schnabel.
Vorkommen: Gras- und Buschland südlich der Sahara.
Brut: Brutschmarotzer; legt Eier einzeln in Nester von Spinten oder Bartvögeln. Nach dem Schlüpfen tötet der junge Honiganzeiger die anderen Nestinsassen mit seinem Hakenschnabel. Flügge nach ca. 5 Wochen.
Verhalten: Erregt durch schnarrende Rufe, Schwanzzucken und wippenden Flug Aufmerksamkeit von Säugetieren, v.a. vom → Honigdachs, und leitet sie zu Bienenstöcken. Wartet dort, bis der Stock aufgebrochen ist und der Helfer satt ist; macht sich dann über das Wachs her. Bei der Verdauung helfen ihm spezielle Bakterien.
Nahrung: Überwiegend Wachs, auch Bienenlarven. Insekten. Süße Früchte.
Besonderes: Außer vom Honiganzeiger, auch Schwarzkehl-Honiganzeiger genannt, ist nur noch vom Strichelstirn-Honiganzeiger (*I. variegatus*) bekannt, daß er Helfer zum Öffnen von Waben benützt.

Honigbeutler

Tarsipes spenserae

Familie: Kletterbeutler

Der winzige Honigbeutler, einzige Art seiner Gattung, ist in Körperbau und Lebensweise so ungewöhnlich, daß ihm die Wissenschaftler sogar den Rang einer eigenen Unterfamilie einräumten.
Kennzeichen: 7–8 cm groß; mehr als körperlanger, nackter Greifschwanz; Fell gelblich-graubraun meliert mit 3 dunklen Längsstreifen entlang des Rückens; Kopf mit häutigen Ohrmuscheln, langer, spitzer Schnauze und schwarzen Knopfaugen.
Vorkommen: Gebüsch- und Heidelandschaften Südostaustraliens.
Lebensweise: Nachtaktiv, verschläft den Tag in Baumhöhle oder altem Vogelnest; lebt in kleinen Familiengruppen mit einem dominanten ♀; klettert auf Blüten (vorzugsweise auf die großen, stark duftenden Blütenstände von *Banksia*-Sträuchern) und leckt mit seiner langen, dünnen, an der Spitze pinselartigen Zunge Nahrung aus den Blütenkelchen.

Honigbeutler

Fortpflanzung: 2–3 Geburten jährlich mit je 2–4 Jungen (Geburtsgewicht 3–6 mg!), die von der Mutter rund 2 Monate lang im Beutel getragen werden.
Nahrung: Pollen und Nektar, möglicherweise auch kleine Insekten.
Besonderes: Bei seiner Nahrungsaufnahme sorgt der Honigbeutler zugleich für die Bestäubung der betreffenden Blüten.

Honigbiene

Apis mellifera

Familie: Bienen

Honigbiene (Arbeiterinnen)

Honigbienen leben im Gegensatz zu anderen → Bienen in sozialen Staaten.

Kennzeichen: 1,2–2 cm lang. Vor allem seitlich der Brust und an den Hinterleibsringen gelblich behaart. Zunge doppelt so lang wie der Kopf.

Verbreitung: Weltweit (durch den Menschen); ursprünglich nur in der Alten Welt.

Lebensraum: Wiesen, Waldränder, Gärten, Parks.

Lebensweise: Der Baustoff für den Bienenstock ist Wachs, das die Arbeiterinnen aus besonderen Drüsen am Hinterleib ausscheiden. Im Stock lebt das Bienenvolk nach strenger Arbeitsteilung: Arbeiterinnen (unfruchtbare ♀), Drohnen (♂) und eine Königin.

Die Fortpflanzung wird nur von der Königin und einigen Drohnen getragen. Die Königin legt täglich bis zu 3000 Eier. Aus den befruchteten Eiern entwickeln sich Königinnen und Arbeiterinnen, aus den unbefruchteten Eiern Drohnen. Die Arbeiterinnen pflegen die Brut, bauen die Waben, verteidigen das Volk und sammeln Vorräte. Die Königin lebt 3–5 Jahre, die Arbeiterinnen leben nur wenige Wochen. Die Drohnen werden nach der Begattung aus dem Stock vertrieben.

Nahrung: Besucher von Blütenpflanzen, Pollen und Zuckersäfte.

Besonderes: Der Giftstachel der Honigbiene ist im Hinterleib nur durch schwache Muskeln verankert. Sticht die Biene einen Warmblüter, bleibt der Stachel – anders als bei den Wespen – in dessen Haut stecken, und die Biene stirbt.

Honigbiene

Honigdachs

Mellivora capensis

Familie: Marder

Entgegen seinem Namen ist der Honigdachs wohl näher mit den Eigentlichen Mardern verwandt.

Honigdachs

Kennzeichen: Körpergröße 60–70 cm, Schwanz 20–30 cm lang; Oberseite von Kopf, Rücken und oft auch Schwanz grau bis weißlich, scharfe Farbgrenze zur schwarzen unteren Körperpartie. Jungtiere oberseits rostbraun.

Vorkommen: Fast ganz Afrika sowie arabische und indische Halbinsel. Trockene, offene Savanne, Sandwüsten und Gebirgsschluchten, Wälder, feuchtes Grasland.

Lebensweise: Überwiegend dämmerungs- und nachtaktiv; klettert sehr gut; gewöhnlich einzeln, bisweilen auch paarweise unterwegs; Ruhelager oft in Steinhöhlen oder Felsspalten.

Fortpflanzung: 1–4 (meist 2) Junge, die in einfachen, selbstgegrabenen Erdhöhlen geboren und aufgezogen werden.

Nahrung: Kleine Wirbeltiere, Insekten, Honig, auch Früchte und Wurzeln.

Besonderes: Der Honigdachs wird in Afrika oft von → Honiganzeigern zu Bienennestern gelotst. Hat der Dachs das Nest aufgebrochen, tun sich die Vögel an den herumliegenden Bienenlarven und -puppen sowie Wabenresten gütlich.

Honigfresser → Weißaugen-Honigfresser

Hornisse

Vespa ctabro

Familie: Faltenwespen

Die Hornisse ist die größte einheimische Faltenwespe.

Kennzeichen: 2–3,5 cm (Königin bis 4 cm) lang. Brust und Kopf schwarzbraun gefärbt. Kopfabschnitt hinter den Facettenaugen deutlich länger als bei anderen Faltenwespen.

Vorkommen: Ganz Europa, Nordafrika, Nordamerika. Laubmischwälder, buschbestandenes Gelände, Gärten, Parks.

Lebensweise: Hornissen leben in sozialen Staaten. Die überwinterte, befruchtete Königin gründet das Nest und beginnt im Frühsommer mit dem Bau der ersten Wabe, bevorzugt in hohlen Bäumen (aber auch Dachböden, Schuppen und Vogelnistkästen). In jede Zelle wird 1 Ei gelegt, 4–5 Wochen danach schlüpfen die ersten Arbeiterinnen. Diese bauen neue Waben, im Herbst kann der Hornissenstaat auf bis zu 1000 Tiere angewachsen sein.

Hornissen

Nahrung: Insekten, hauptsächlich Fliegen.

Besonderes: Es ist ein noch immer weitverbreitetes Vorurteil, daß die Hornisse gefährlich ist und ihre Stiche auch tödlich sein können. Die rücksichtslose Verfolgung hat dazu geführt, daß sie inzwischen zu den bedrohten Tierarten zählt. Die Hornisse reagiert aber nur aggressiv, wenn ihr Nest angegriffen wird. Ihr Stich ist zwar schmerzhafter als der einer Wespe, aber nicht giftiger.

Hornkorallen

Gorgonaria

Unterklasse:

Achtstrahlige Korallen

Horn- oder Rindenkorallen sind koloniebildende Blumen- oder Korallentiere, die wie Pflanzen aussehen. Zu ihnen gehören die Edelkorallen, Seefächer und → Venusfächer.

Hornkoralle

Kennzeichen: Polypen mit 8 gefiederten Tentakeln. Skelett aus Kalziumkarbonat und einer hornigen Substanz. Wuchsform sehr veränderlich.

Vorkommen: Tropische und gemäßigte Meere.

Lebensweise: Koloniebildend.

Nahrung: Plankton, Schwebstoffe.

Besonderes: Hornkorallen sind oft dicht besiedelt von Algen, Schwämmen, Moostierchen sowie Röhrenwürmern und dann kaum mehr zu erkennen.

Hornviper

Cerastes cerastes

Familie: Vipern

Vipern kommen nur in Europa, Asien und Afrika vor.

Hornviper

Kennzeichen: Knapp 50 cm. Sandfarben, mit großen braunen Flecken. Körper relativ dick, kurzer Schwanz. Über dem Auge spitzer Schuppendorn (Name!), kann auch fehlen.
Vorkommen: Sahara und angrenzende Gebiete. In buschbestandenem Gelände.
Lebensweise: Fortbewegung auf dem Sand seitenwindend. Gräbt sich zum Schutz vor der sengenden Mittagssonne sowie nachts unter leicht drehenden Bewegungen im Sand ein. Erzeugt durch Aneinanderreiben der Sägeschuppen ein rasselndes Geräusch, das der Abschreckung dient. Eierlegend.
Nahrung: Wüstenbewohnende Nagetiere, Eidechsen.

Hübschgesichtkänguruh

Macropus parryi

Familie: Känguruhs

Zur Abgrenzung von den → Riesenkänguruhs, die ebenfalls zur Gattung *Macropus* zählen, werden die kleineren Vertreter dieser Gattung oft mit ihrem englischen Namen auch Wallabies genannt, die hier vorgestellte, häufig in Zoos gehaltene Art also Hübschgesichtwallaby.
Kennzeichen: Kopf-Rumpflänge beim ♂ bis 90 cm, beim ♀ bis 75 cm, Schwanz gut körperlang; Fell hell sandfarben, Gesicht mit dunkler Schnauze und weißen Wangenstreifen sehr kontrastreich gezeichnet.
Vorkommen: Queensland (Ostaustralien). Offenes, hügeliges Grasland mit einzelnen Baumgruppen.
Lebensweise: Weitgehend tagaktiv, sucht aber in der Mittagshitze Schatten auf; gesellig, bildet oft lockere Herden von 50 – 80 Tieren beiderlei Geschlechts; strenge Rangordnung.
Verhalten: An heißen Tagen häufiges Belecken der Unterarme, um sich durch die Verdunstung des Speichels Kühlung zu verschaffen.
Fortpflanzung: Jeweils 1 Junges, das von der Mutter fast 9 Monate im Beutel getragen wird.
Nahrung: Hauptsächlich Gras, auch Kräuter. Trinkt sehr wenig, vermag bei Wassermangel seinen Flüssigkeitsbedarf geraume Zeit allein aus der Nahrung zu decken.

Hübschgesichtskänguruhs

Hufeisennasen

Rhinolophidae

Unterordnung: Fledermäuse

Von den knapp 70 Arten dieser im Grunde tropischen Fledermaus-Familie dringen die Große und die Kleine Hufeisen-

Große Australische Hufeisennase

nase (*Rhinolophus ferrumequinum* und *R. hipposideros*) am weitesten nach Norden vor. Diese beiden Arten sind auch in Deutschland anzutreffen.

Kennzeichen: Körpergröße bis 11 cm; sehr breite Flügel; häutiger Nasenaufsatz, der in der Form an ein Hufeisen erinnert; große, spitz zulaufende Ohren.

Vorkommen: Tropische und gemäßigte Breiten der Alten Welt. Offenes Gelände, Buschlandschaften, lichte Wälder.

Lebensweise: Nachtaktiv; jagen ungemein wendig zwischen Bäumen und Sträuchern, oft nah über dem Boden; die meisten Arten gesellig, hängen in ihren Quartieren (meist Felshöhlen, alte Bergwerksstollen o. ä.) aber stets einzeln an der Decke, wobei der Körper vollständig in die Flughäute eingehüllt wird. In kühleren Breiten *Winterschlaf*.

Fortpflanzung: Jeweils 1 Junges, das nackt und blind geboren wird, sich am Bauch der Mutter festhält und anfangs von ihr überall mit herumgetragen wird.

Nahrung: Große Fluginsekten.

Besonderes: Hufeisennasen stoßen ihre Ultraschall-Peilrufe nicht wie die meisten anderen Fledermäuse durch das Maul, sondern durch die Nase aus. Der große, häutige Nasenaufsatz dient dabei als Schalltrichter.

Hummeln

Bombus

Familie: Bienen

Weltweit sind etwa 400 Hummel-Arten bekannt. In Mitteleuropa kommen jedoch nur 36 Arten vor. Zu ihnen gehören die Erdhummel (*Bombus terrestris*), die Steinhummel (*Bombus lapidarius*), die Gartenhummel (*Bombus hortorum*) und die Waldhummel (*Bombus silvarum*).

Kennzeichen: 2–2,8 cm lang. Körper kräftig, gedrungen, pelzig behaart. Besitzen wie die Bienen Körbchen und Bürste zum Einsammeln von Pollen. Rüssel aber wesentlich länger.

Vorkommen: In den gemäßigten Zonen, fehlen in Australien und in Afrika südlich der Sahara. Wiesen, Waldränder, Gärten.

Lebensweise: Auch Hummeln gründen Völker in geräumigen Bauten. Die überwinterte Königin legt im Frühjahr in einem Erdloch eine Brutkammer aus Wachs oder Baumharz an und umgibt sie mit einer Hülle aus Moos und anderem Pflanzenmaterial. In diese trägt sie mit dem Nektar Pollen ein, legt daran mehrere Eier und verdeckelt die Larvenwohnung. Ende des Sommers umfaßt der Hummelstaat bis zu 500 Tiere, und es treten fortpflanzungsfähige ♀ und ♂ auf.

Besonderes: Im Herbst geht der Hummelstaat bis auf die arterhaltenden Weibchen zugrunde. Das liegt an den Witterungsbedingungen und daran, daß die einheimische Arten – im Gegensatz zu den tropischen – keine Vorräte anlegen können.

Hummel

Hummer

Homaridae

Unterordnung: Langschwanzkrebse

Bekannteste Vertreter der Familie der Hummer sind der Amerikanische Hummer (*Homarus americanus*) und der Europäische Hummer (*H. gammarus*).

Hummer

Kennzeichen: Körper abgeplattet. Große, kräftige Scheren, beim ♂ größer als beim ♀. Eine Schere (Knackschere) deutlich breiter als die andere (Greifschere). 10 Beine. Gelblich-blauschwarz marmoriert, 20–50 cm.
Vorkommen: Nordsee bis Mittelmeer. Im flachen Küstengewässer auf Stein- und Felsböden, vor allem in spalten- und nischenreichen Gebieten.
Lebensweise: Einzelgänger. Nachtaktiv, tagsüber in Löchern und Höhlen versteckt. Standorttreu.
Fortpflanzung: Mit 6 Jahren geschlechtsreif. Eiablage im Spätsommer. 10 000–30 000 Eier, die das ♀ am Hinterende mit sich herumträgt. Brutdauer 1 Jahr.
Nahrung: Muscheln, Krebse, Stachelhäuter, Würmer, Fische, Aas.
Besonderes: Kocht man einen Hummer, so schlägt seine blauschwarze Farbe nach Rot um.

Hundertfüßer

Chilopoda

Klasse: Tausendfüßer

Zu den Hundertfüßern zählen über 2750 Arten, die in 4 Ordnungen eingeteilt sind: Erdläufer, Skolopender oder Riesenläufer, Steinläufer und Spinnenasseln.
Kennzeichen: Körper schmal, segmentiert und abgeplattet. An jedem Segment 1 Beinpaar. 1. Beinpaar zu zangenähnlichen Klauen umgewandelt. Kopf einheitliche, linsenförmige Kapsel. Schwarzbrauner Hautpanzer. 3–4 cm (in den Tropen deutlich länger).
Vorkommen: Weltweit. Unter welkem Laub, Steinen, loser Baumrinde, im Erdboden.
Lebensweise: Nachtaktiv. Gesellig.
Fortpflanzung: Indirekte Befruchtung: ♂ legen Spermapaket auf eine Gewebedecke ab, dies wird dann vom ♀ aufgenommen. Das ♀ legt Eier in ein Erdhäufchen mit Belüftungsloch und rollt sich um die zu einem Paket zusammengedrängten Eier bis die Jungen schlüpfen.
Nahrung: Kleine wirbellose Tiere.
Besonderes: Hundertfüßer packen ihre Beute mit den Klauen und spritzen ihr ein lähmendes Gift ein.

Hundertfüßer

Hüpferlinge → Ruderfußkrebse

Hyäne → Erdwolf, → Streifenhyäne, → Tüpfelhyäne

I

Ibis → Heiliger Ibis

Igel

Erinaceus europaeus

Ordnung: Insektenfresser

Der Europäische Igel kommt in 2 an der Brustfärbung unterscheidbaren Formen vor: im Westen des Verbreitungsgebiets als Braunbrustigel, im Osten als Weißbrustigel.

Europäischer Igel

Kennzeichen: 22–30 cm groß; Oberseite mit braun-weiß gebänderten Stacheln bedeckt, Kopf und Unterseite derb behaart, gelblichbraun bis schwarzgrau; spitzschnäuziger Kopf mit kleinen Augen und runden, häutigen Ohrmuscheln.
Verbreitung: Ganz Europa mit Ausnahme Nordskandinaviens und Islands, sowie Nordwestsibirien, Klein- und Vorderasien.
Lebensraum: Gebüschreiche, lichte Wälder, Heckenlandschaften, Parks, Gärten, sogar mitten in Städten (*Kulturfolger*).
Lebensweise: Dämmerungs- und nachtaktiv, Jungtiere auch tagaktiv; Einzelgänger, besetzt 2–3 ha großes Revier; klettert und gräbt gut; Tagesversteck in dichtem Gestrüpp, unter Stein- oder Reisighaufen; Nestmulde mit Gras und Laub ausgepolstert. Verbringt die kalte Jahreszeit in einem *Winterschlaf* (in Mitteleuropa etwa von Oktober bis April).
Verhalten: Rollt sich bei Beunruhigung zu einer Kugel mit abgespreizten Stacheln ein.
Fortpflanzung: 1–2 Würfe im Jahr mit je 4–7 Jungen, die blind und taub zur Welt kommen und zunächst weiche, weiße Säuglingsstacheln tragen; werden 3–4 Wochen gesäugt und sind mit etwa 6 Wochen selbständig. ♂ beteiligt sich nicht an der Aufzucht der Jungen.
Nahrung: Insekten, Würmer, Schnecken, auch kleine Wirbeltiere, gelegentlich Beeren und Fallobst.
Besonderes: Die gegenüber natürlichen Feinden bewährte Abwehrreaktion, sich einzurollen und abzuwarten, wird dem Igel im Straßenverkehr zum Verhängnis.

Igeltanrek

Setifer setosus

Ordnung: Insektenfresser

Der hier beschriebene Große Igeltanrek ebenso wie der dunkler gefärbte Kleine Igeltanrek (*Echinops telfairi*) tragen ihren Namen nicht von ungefähr. Sie ähneln den echten → Igeln auf verblüffende Weise, gehören aber zu den Tanreks, einer vielgestaltigen Gruppe recht urtümlich entwickelter Insektenfresser.

Großer Igeltanrek

Kennzeichen: 15–20 cm groß, Stacheln dichter als beim Igel, grau, an den Spitzen gelblichbraun; an der Schnauze auffallend lange, steife Tasthaare.
Vorkommen: Ganz Madagaskar. In Trockenwäldern, Buschland, Plantagen, auch in Halbwüstengebieten.
Lebensweise: Dämmerungs- und nachtaktiv; lebt einzelgängerisch, ist aber Artgenossen gegenüber verträglich; klettert sehr geschickt auch im Geäst von Bäumen; ruht tagsüber meist in Baumhöhlen.
Verhalten: Rollt sich bei Beunruhigung ebenso wie echte Igel zu einer Stachelkugel ein.
Fortpflanzung: 1–5 Junge, die in einer Nesthöhle nackt und blind geboren werden, nach wenigen Tagen aber bereits ein erstes Stachelkleid ausbilden.
Nahrung: Insekten, Weichtiere und andere Wirbellose, auch Aas.

Iltis

Mustela putorius

Familie: Marder

Der Europäische Iltis, auch Waldiltis genannt, hat in den offenen Landschaften Osteuropas und Mittelasiens im helleren Steppeniltis (*Mustela eversmanni*) ein Pendant.

Iltis

Kennzeichen: 30 – 45 cm, ♀ kleiner als ♂; Schwanz ca. 10–15 cm, mäßig buschig; Fell schwarz, am Rücken mit durchscheinender, gelbbrauner bis weißlicher Unterwolle, Gesicht lebhaft schwarz-weiß gezeichnet.

Verbreitung: Fast ganz Europa, im Osten bis zum Ural.

Lebensraum: Waldgebiete mit eingestreuten Wiesen und Feldern, Flußauen, häufig in Siedlungsnähe.

Frettchen

Lebensweise: Dämmerungs- und nachtaktiver Einzelgänger; schläft tagsüber in einem Erdbau oder unter einem Baumstumpf, Holzstoß, Reisiggestrüpp oder einer anderen Deckung; Jagdrevier bis zu mehreren km² groß.

Verhalten: Der Iltis benützt ein übelriechendes Sekret aus Afterdrüsen nicht nur zur Reviermarkierung, sondern auch als Verteidigungswaffe. Er kann es nach Art der → Stinktiere einem Angreifer entgegenspritzen.

Fortpflanzung: Pro Wurf 3 –7 Junge, die mit weißem Fell und noch blind geboren werden.

Nahrung: Hauptsächlich Mäuse, auch Frösche, Vögel, Eidechsen, Insekten.

Besonderes: Eine domestizierte Form des Iltisses ist das Frettchen, eine Albinovariante, d.h. ein reinweißes Tier mit roten Augen. Es wurde früher zur Rattenbekämpfung und Kaninchenjagd gehalten.

Impala

Aepyceros melampus

Familie: Hornträger

Schwarze Haarbüschel oberhalb der Fesselgelenke führten zu dem deutschen Namen Schwarzfersenantilope für die elegante und sprunggewaltige Impala.

Kennzeichen: Etwa damhirschgroß, schlank; Fell rötlichbraun, je nach Unterart Gesicht und Ohren sowie Hinterteil mit Schwanz mehr oder weniger schwarz-weiß gezeichnet; Hörner der ♂ bis 90 cm lang, stark leierförmig geschwungen, ♀ hornlos.

Vorkommen: Ebenen Ost- und Südafrikas, eine schwarzgesichtige Unterart in Angola. Lichter Trockenwald, Galerie-

Impala

wälder entlang von Flüssen, z. T. auch offene Steppe.
Lebensweise: Tagaktiv; Geißen und Böcke außerhalb der Fortpflanzungszeit in getrennten Rudeln, ♂ in Trupps bis zu 30 Tieren, ♀ in Herden bis zu 200 Tieren; Altböcke besetzen vorübergehend eigene Reviere, die sie durch Kot und Stirndrüsensekret markieren, dulden Jungböcke darin, halten sie aber geflissentlich von den ♀ fern; Rivalenkampf ebenbürtiger Gegner durch kräftemessendes Schieben mit ineinander verhaktem Gehörn.
Fortpflanzung: Jeweils 1 Kitz, das in den ersten Lebenstagen in einer Deckung verborgen liegt und von der Mutter nur zum Säugen aufgesucht wird.
Nahrung: Gras, Laub, auch Blüten und Früchte.
Besonderes: Vollführt beim Laufen bis zu 10 m weite und 3 m hohe Sprünge, bei denen die Beine stark angewinkelt werden.

Indigofink
Passerina cyanea
Unterfamilie: Kardinäle

Die Kardinäle gehören zur großen Familie der Ammern.
Kennzeichen: 14 cm. ♂ leuchtendblau, am Kopf mit violettem Schimmer. ♀ unscheinbar braun.
Stimme: Gesang eine Serie abwechslungsreicher, unterschiedlich hoher Motive, im allgemeinen wiederholt. Das ♂ singt noch spät im August, später als alle anderen Singvögel.
Vorkommen: Zentrale und südöstliche Staaten der USA. Dehnt momentan sein Verbreitungsgebiet nach Westen und Südwesten aus. Lichte Wälder, Waldränder, buschbestandenes Gelände.
Lebensweise: Zugvogel, der in Mittelamerika und auf Cuba überwintert.
Nahrung: Sämereien und Beeren.
Besonderes: Versuche mit Indigofinken in Amerika in Planetarien zeigten, daß sich die Vögel bei ihrem nächtlichen Zug am Sternenhimmel orientieren. Sie sind in der Lage, das Zentrum, den Polarstern, herauszufinden.

Indigofink

Indischer Glasbarsch
Chanda ranga
Familie: Glasbarsche

Der Indische Glasbarsch ist glasartig durchsichtig und wirkt wie ein Röntgenbild.
Kennzeichen: Körper langgestreckt, bis 7 cm. ♂ mit leuchtendblauem Saum entlang der Rücken- und Afterflosse, Spitze der 1. harten Rückenflosse schwarz.
Vorkommen: Indien, Birma. Süßgewässer und Brunnen.
Lebensweise: Ruhiger Schwarmfisch. Jungfische extrem faule Schwimmer.
Nahrung: Niedere Krebse.
Besonderes: Der Indische Glasbarsch kann im Aquarium nur dann gehalten werden, wenn er Lebendfutter angeboten bekommt.

Indische Glasbarsche

Indri

Indri indri

Unterordnung: Halbaffen

Der Indri ist nicht nur der größte Vertreter der Halbaffen, das hübsche Tier galt den Eingeborenen in seiner Heimat Madagaskar früher als heilig.

Indri (schwarz)

Indri mit Jungtier

Kennzeichen: 75–80 cm groß; Fell schwarz und weiß, Farbverteilung jedoch sehr variabel; Stummelschwanz.
Vorkommen: Nur noch in einigen abgeschiedenen Waldgebieten Madagaskars.
Lebensweise: Tagaktiv; einzeln, paarweise oder in kleinen Familiengruppen anzutreffen; monogam. Fortbewegung in den Baumkronen mit weiten, sicheren Sprüngen, am Boden (selten) mit hochgereckten Armen seitlich hopsend.
Verhalten: Indris stimmen frühmorgens und nachmittags ohrenbetäubende »Gesänge« an, mit denen sie ähnlich wie → Brüllaffen und → Gibbons ihr Wohnrevier kennzeichnen. Das Geschrei klingt wie eine Mischung aus menschlichen Schmerzensrufen und Hundegeheul.
Fortpflanzung: Jeweils 1 Junges, das mit schwarzem Fell geboren wird. Klammert sich in den ersten Lebensmonaten im Bauchfell der Mutter fest, reitet später auf ihrem Rücken. Wird rund 9 Monate lang gesäugt, bleibt 1 Jahr bei der Mutter.
Nahrung: Laub, Knospen, Blüten, Früchte.

Irbis → Schneeleopard

J

Jacobita

Cephalorhynchus commersoni

Familie: Delphine

Außer dem zierlichen Jacobita oder Commerson-Delphin gibt es noch 3 weitere Arten dieser Gattung, die treffend als Schwarzweiß-Delphine bezeichnet werden. Sie sind allesamt in sehr weit südlich gelegenen Gewässern beheimatet, nämlich um die Südspitze Südamerikas bzw. Afrikas sowie bei Neuseeland und den Kerguelen.
Kennzeichen: Etwa 1,40 m lang; auffällig schwarz-weiß gefärbt, Kopf schwarz mit weißem Kehlfleck; Schnauzenspitze wie eine Hakennase nach unten gebogen.
Vorkommen: Fjorde und küstennahe Gewässer vor Kap Hoorn und bei den Falkland-Inseln, außerdem um die gut 20 000 km weit entfernten Kerguelen-Inseln.
Lebensweise: Rasanter Schwimmer (erreicht bis zu 70 km/h); Familiengruppen von 5–20 Mitgliedern schließen sich zu Schulen bis zu 100 Tieren zusammen. ♀ gebären nach rund einjähriger Tragzeit jeweils 1 Junges.
Verhalten: Sehr verspielt; zeigt gegenüber Menschen, Schiffen, Hafenanlagen usw. keinerlei Scheu.
Nahrung: Fische, Tintenfische.

Jacobita

Jagdfasan

Phasianus colchicus

Unterfamilie: Glattfußhühner

Als beliebtes, weil leicht zu schießendes Jagdwild wurde der Fasan oder Jagdfasan in vielen Teilen der Erde ausgesetzt.

Jagdfasan

Kennzeichen: ♂ 70–90 cm, ♀ 50–65 cm. Langer, spitzer Schwanz. ♂ überwiegend kupferfarben, am Kopf blaugrün schillernd; rote nackte Hautstellen und -lappen um das Auge; manchmal mit weißem Halsring (»Ringfasan«). ♀ mit Tarngefieder, dunkle Musterung auf gelbbraunem Grund.
Vorkommen: Ursprünglich Grasländereien und lichte Wälder vom Kaukasus bis Japan. Heute auch in Europa, Australien und Nordamerika. Lichte Wälder aller Art, reichgegliederte Kulturlandschaft.
Lebensweise: Fliegt erst dann laut polternd auf, wenn der Feind, auch ein Mensch, schon relativ nah ist. Jahresvogel.
Brut: ♂ polygam. Nur ♀ brütet und führt die Jungen. Bodennest gut versteckt. 1 Brut (April–Juni). 8–12 Eier; Brutdauer 23–24 Tage; Junge können bereits nach ca. 10 Tagen fliegen, sind aber erst mit 8 Wochen selbständig.
Nahrung: Wirbellose; grüne Pflanzenteile, Sämereien, Beeren.
Besonderes: Der bei uns ausgesetzte Jagdfasan ist eine Mischform der verschiedenen Unterarten des ursprünglichen Verbreitungsgebietes.

Jaguar

Panthera onca

Familie: Katzen

Ihres schmucken Fells wegen sowie als gelegentlicher Viehräuber gnadenlos bejagt und durch die Vernichtung der Urwälder ihres Lebensraums beraubt, ist die prächtige Großkatze heute in ihrer Existenz stark bedroht.
Kennzeichen: Je nach Unterart 1–1,80 m groß, Schwanz 40–70 cm; gedrungener Körperbau, verhältnismäßig kurze Beine; Fell gelbbraun, bauchseits weiß, mit schwarzen Flecken und Rosetten, die im Gegensatz zum → Leoparden in der Mitte einen oder mehrere Punkte aufweisen.
Vorkommen: Mittel- und Südamerika. In Urwald, Buschland und Savanne, bevorzugt in Wassernähe.
Lebensweise: Nächtlicher Jäger, einzeln oder paarweise unterwegs; Reviergröße bis 100 km^2; überwiegend bodenlebend, klettert aber sehr gut, schwimmt noch besser; geht dem Menschen und seinen Siedlungen gewöhnlich aus dem Weg.
Fortpflanzung: Pro Wurf 1–4 Junge, die nach Katzenart blind geboren werden; bleiben rund 2 Jahre lang bei der Mutter.
Nahrung: Säugetiere von Maus- bis zu Tapirgröße, auch Fische, Frösche, Schildkröten.
Besonderes: Gelegentlich treten, wie auch beim Leopard, Schwärzlinge auf, die gemeinhin als Schwarze Panther bezeichnet werden.

Schwarzer Panther

Jaguar

Jako → Graupapagei

Jamesflamingo → Andenflamingo

Järv → Vielfraß

Javaneraffe

Javaneraffe
Macaca fascicularis
Überfamilie: Hundsaffen

Der zweite Name des Javaneraffen ist Langschwanzmakak. Für Makaken, die zur engeren Verwandtschaft der → Meerkatzen zählen, hat er nämlich einen auffallend langen Schwanz.
Kennzeichen: Kopf-Rumpflänge 40 bis 50 cm, Schwanz gut körperlang. In Fellfärbung (von rotbraun über olivgrün bis grau), Gesichtsfarbe (blaß bis schwarzbraun) und Kopfbehaarung (glatzköpfig bis Stirnschopf) unterscheiden sich die rund 20 Unterarten.
Vorkommen: Südostasiatische Inselwelt. In dichten Wäldern, oft entlang von Flüssen, auch in Mangrovenbeständen.
Lebensweise: Lebt in sozialen Gruppen von 20 – über 60 Mitgliedern, die auf bestimmten Schlafbäumen nächtigen und tagsüber nahrungssuchend durch die Baumkronen ziehen; ♀ bleiben zeitlebens in »ihrer« Gruppe, ♂ wechseln in der Regel zu anderen Gruppen. Schwimmt und taucht gut, badet gern.
Fortpflanzung: Jeweils 1 Junges, das zunächst von der Mutter herumgetragen wird, später von allen Familienmitgliedern betreut wird.
Nahrung: Früchte, Blätter, Blüten, frische Triebe, Insekten und deren Larven sowie andere Kleintiere, auch Krebse und Muscheln.
Besonderes: Javaneraffen gewöhnen sich leicht an Menschen. Auf manchen Inseln werden sie religiös verehrt und in den Tempelbezirken gefüttert – zum Vergnügen der Touristen.

Junikäfer
Amphimallon solstitiale
Familie: Blatthornkäfer

Junikäfer

Der Junikäfer ist nahe verwandt mit dem → Maikäfer und sieht diesem auch sehr ähnlich.
Kennzeichen: 1,5 – 1,8 cm lang. Halsschild und Kopf mittel- bis hellbraun, dicht behaart.
Vorkommen: Ganz Europa und Asien (außerhalb der subtropischen und tropischen Gebiete). Wiesen, Felder, Wegränder, Gärten.
Lebensweise: Schwärmt an warmen Juniabenden. Paarung und Eiablage nur an wenigen Tagen. ♀ legen etwa 35 Eier in lockeres Erdreich. Entwicklungszeit der Larven (Engerlinge) 2 – 3 Jahre, im Frühjahr nach der 2. Überwinterung Verpuppung im Boden. Käfer schlüpfen im Juni und Juli.
Nahrung: Käfer fressen Blätter verschiedener Laubbäume, Larven Wurzeln von Feld- und Wiesenpflanzen.
Besonderes: Die Lebenszeit der Junikäfer ist sehr kurz, sie fliegen nur an wenigen warmen Frühsommerabenden. Im Volksmund werden sie deshalb auch »Sonnwendkäfer« genannt.

K

Kabeljau
Gadus morhua
Familie: Dorsche

Der Kabeljau ist der größte Vertreter der Familie Dorsche.
Kennzeichen: Körper langgestreckt. Kopf lang und kräftig. Oberkiefer vorstehend mit kräftigem Kinnfaden. 3 Rückenflossen, 2 Afterflossen, Schwanzflosse gerade. Färbung je nach Lebens-

raum unterschiedlich. Meist grünlich, bräunlich oder hellgrau mit Fleckenmuster. Im Nordwestatlantik bis 2 m, in der Nordsee um 80 cm.
Vorkommen: Nordatlantik, Ostsee, Nordsee. Von der Küste bis in 600 m Tiefe.
Lebensweise: Bodenbewohnender Schwarmfisch. Unternimmt weite Laich- und Nahrungswanderungen.
Fortpflanzung: Geschlechtsreife ab 2 Jahren. Laichzeit Januar–März. ♀ legt bis 5 Mio. glasklare Eier. Brutdauer 2–4 Wochen. Die schlüpfenden Fischlarven leben zunächst 2–3 Monate freischwimmend in Oberflächennähe, mit 2–3 cm Länge wandeln sie sich zum Jungfisch und ziehen in küstennahe Gewässer.
Nahrung: Kleine Fische.
Besonderes: Man nennt den Kabeljau Dorsch, solange er noch nicht geschlechtsreif ist. Er wird meist mit Schleppnetzen gefangen, die dicht über den Bodengrund seiner Fischgründe entlanggezogen werden.

Kabeljau

Kaffernbüffel

Syncerus caffer

Unterfamilie: Rinder

Der Afrikanische Büffel oder Kaffernbüffel, einer der verbreitetsten Paarhufer Afrikas, kommt in 2 Unterarten vor, dem hier beschriebenen schwarzen Eigentlichen Kaffernbüffel oder Steppenbüffel und dem west- und zentralafrikanischen rotbraunen Rot- oder Waldbüffel.
Kennzeichen: Standhöhe 1–1,70 m, ♀ deutlich kleiner als ♂; Fell braunschwarz, fällt mit zunehmendem Alter weitgehend aus; Hörner erst seitlich nach unten, dann kreisförmig nach oben geschwungen, bilden auf der Stirn einen dicken Wulst.
Vorkommen: Ost- und Südafrika. In lichten Waldgebieten und Savannen, im Gebirge bis in 4000 m Höhe, stets in Wassernähe.
Lebensweise: Kühe und Jungtiere bilden (z. T. sehr große) Herden, Bullen außerhalb der Fortpflanzungszeit in Gruppen von 10–20 Tieren, alte Bullen oft Einzelgänger; grasen meist in der Dämmerung und nachts, ruhen tagsüber im Schatten oder suhlen sich. Zur Paarungszeit schließen sich die Bullen den Mutterherden an und fechten durch heftiges Rammen mit den Hörnern eine Rangordnung aus.
Fortpflanzung: Tragzeit rund 11 Monate; gewöhnlich 1 Kalb (selten auch Zwillinge), das der Mutter gleich nach der Geburt folgen kann.
Nahrung: Gras, Kräuter, Laub.
Besonderes: Kaffernbüffel sind meist begleitet von → Kuhreihern, die ihnen Bremsen, Zecken und andere Plagegeister von der Haut picken und sich über die von den Büffeln aufgescheuchten Kleintiere im Gras hermachen.

Kaffernbüffel

Kahlhecht → Schlammfisch

Kaiman → Brillenkaimane

Kaimanfisch → Knochenhechte

Kaiserfisch

Pomacanthus imperator

Familie: Borstenzähner

Die Borstenzähner, auch Schmetterlingsfische genannt, umfassen etwa 80 Arten. Sie gehören zu den farbenprächtigsten Meeresfischen.

Kennzeichen: Körper hoch, stark zusammengedrückt. Lange Rückenflosse. Kräftiger, nach hinten gerichteter Dorn am unteren Kiemenrand. Kleines Maul mit borstenartigen Zähnchen (Name!). Jungfische blau-schwarz mit kreisförmigen weißen Streifen. Alttiere rötlich bis purpurrot mit gelben Längsstreifen.

Vorkommen: Rotes Meer bis Stiller Ozean. In Korallenriffen.

Lebensweise: Einzeln oder paarweise lebend. Tagaktiv, nachts in Spalten der Korallenriffe versteckt.

Nahrung: Kleine Krebstiere, Polypen, Würmer, Algen.

Besonderes: Der Kaiserfisch wird gerne im Aquarium gehalten, ist jedoch sehr empfindlich und vermehrt sich in Gefangenschaft nicht.

Kaiserfisch

Kaisermantel

Argynnis paphia

Familie: Fleckenfalter

In der Familie der → Fleckenfalter gehört der Kaisermantel zur Gruppe der Perlmutterfalter und ist deren bekanntester Vertreter.

Kaisermantel

Kennzeichen: Flügelspannweite 5,5 bis 6,5 cm. ♂ leuchtend orange mit schwarzen Streifen und Tupfen, Muster beim ♀ dunkler. Unterseite olivgrün. Hinterflügel an den Kanten silbrigweiß gebändert.

Vorkommen: Fast ganz Europa, bis in 1500 m Höhe. Waldränder, Lichtungen, Auen.

Flugzeit: Fliegt in einer Generation Ende Juni bis Mitte September.

Lebensweise: Besucht Korbblütler, vor allem Disteln. Bei der Balz berühren die Duftschuppen an den Vorderflügeln des ♂ die Fühler des ♀; ♂ gibt besonderen Duftstoff ab, der beide in Paarungsstimmung versetzt. ♀ legt die Eier einzeln an Baumstümpfen nahe der Raupenfutterpflanzen ab.

Raupe: Schwarz mit gelben Rückenlinien und langen, rötlich-gelben Dornen. Lebt an verschiedenen Veilchen-Arten. Frißt meist nachts, tagsüber versteckt nahe der Futterpflanze.

Besonderes: Der Kaisermantel wird wegen seiner silbrigen Flügelstreifen auch Silberstrich genannt.

Kaiserpinguin

Aptenodytes forsteri

Familie: Pinguine

Der Kaiserpinguin ist der größte und schwerste Seevogel.

Kennzeichen: 120 cm, bis 40 kg schwer. Rücken und Flügeloberseite dunkelgrau, Unterseite weiß; Kopf und Kinn schwarz, gelbe Kopfseiten und gelbliche Kehle. Läufe befiedert.

Vorkommen: Küsten der Antarktis.
Brut: Brütet auf dem Packeis um die Antarktis. Eiablage Mai/Juni; ♂ bebrütet 60 Tage lang ohne Nahrung aufzunehmen das einzige Ei in einer Hautfalte zwischen Füßen und Bauch. Brütende ♂ schließen sich zu riesigen Kolonien zusammen. Wenn die Jungen geschlüpft sind, kehren die ♀ vom Meer zurück und brüten weiter. Sind die Jungen etwas größer, schließen sie sich zu sog. Schulen zusammen; inzwischen können beide Eltern Futter suchen. Im Alter von 5 Monaten wandern die Jungen zum Meer, das sie erreicht haben müssen, bevor die Küsten wieder gefrieren.
Nahrung: Fische, Krebstiere und Tintenfische des freien Wassers.
Besonderes: Sehr ähnlich gefärbt ist der Königspinguin (*A. patagonica*). Er brütet auf Inseln der Subantarktis und gemäßigt-kalten Breiten.

Kaiserpinguin mit Jungtier

Kaiserskorpion → Skorpione

Kakadu → Gelbhaubenkakadu

Kakapo
Strigops habroptilus
Familie: Papageien

Der Kakapo ist der einzige Papagei, der nicht fliegen, sondern nur gleiten kann.
Kennzeichen: 60–63 cm, bis 3,5 kg schwer. Oberseits grün, unterseits olivgrün mit feiner, dunkler Musterung; Federn eulenartig weich. Schnabel groß, stark gebogen; am Schnabelgrund braune Borstenfedern. Kräftige Füße. ♂ zur Balzzeit mit aufblasbarem Kehlsack.

Kakapo

Vorkommen: Ursprünglich ganz Neuseeland, heute nur noch auf der Südinsel (Fjordland) und auf Stewart Island; auf den Inseln Little Barrier und Codfish ausgesetzt. Unterwuchsreiche Wälder.
Lebensweise: Dämmerungs- und nachtaktiv. Bodenbewohner. Tagsüber versteckt zwischen Baumwurzeln, Höhlungen o.ä., durch sein Gefieder hervorragend getarnt; wandert nachts auf Trampelpfaden zur Nahrungssuche. Guter Kletterer. Kann mit seinen kurzen Flügeln nur von einem erhöhten Punkt aus gleitend abwärts gelangen. Bei Gefahr bewegungsloses Verharren.
Brut: Gruppenbalz der ♂ im Spätsommer auf speziellen Arenen, v.a. auf Gebirgskämmen. Locken unter rohrdommelähnlichen, weittragenden Rufen ♀ an. ♀ baut Nest in Röhre, Spalte oder unter Wurzeln. 2–4 Eier; Brutdauer unbekannt.
Nahrung: Blätter und Triebe v.a. von Farnen, Beeren und Früchte, Wurzeln, weiche Teile von Gräsern.
Besonderes: Kakapos sind durch die von den Siedlern eingeschleppten Raubtiere wie Wiesel oder Ratten stark gefährdet.

Kaktusgrundfink → Darwinfinken

Kamel → Dromedar, → Trampeltier

Kamelhalsfliege

Raphidia notata

Ordnung: Netzflügler

Die Kamelhalsfliegen sind eine sehr alte Insektengruppe mit vielen urtümlichen Merkmalen. Ihr Name leitet sich von der verlängerten, halsartigen Vorderbrust ab (»Kamelhals«).

Kamelhalsfliege

Kennzeichen: 2,5 – 3 cm lang. Der stark verlängerte Hals und Kopf sind schräg nach oben gerichtet. 4 transparente, netzartige Flügel, in Ruhe dachartig über den Hinterleib gelegt.

Vorkommen: Nur auf der nördlichen Halbkugel, Mittel- und Nordeuropa. Laubmischwälder, Nadelwälder, Waldlichtungen.

Fortpflanzung: Paarung im Sommer; ♀ signalisieren ihre Paarungsbereitschaft mit angehobenem Hinterleib und leicht abgespreizten Flügeln. ♂ schiebt sich unter das ♀, verankert sich mit seinem Klammerapparat an der Geschlechtsöffnung des ♀ und hält sich mit den Beinen an dessen Legeröhre fest. Eiablage in Rindenritzen und -spalten. Die im Sommer schlüpfenden Larven überwintern in der Rinde.

Nahrung: Vollinsekt und Larven jagen verschiedene Waldinsekten.

Besonderes: Nähert sich bei der Paarung das ♂ dem ♀ zu schnell, wird es von diesem als Beute betrachtet und gefressen.

Kammolch

Triturus cristatus

Familie: Salamander

Der Kammolch ist der größte einheimische Molch.

Kennzeichen: ♂ 12 – 16 cm, ♀ 14 – 18 (bis 20) cm. Oberseits dunkelbraun, oft mit schwarzen Flecken; unterseits gelb bis orange mit dunklen Flecken. An den Seiten dicht weiß gepunktet. ♂ zur Fortpflanzungszeit mit grob gezacktem Rükkenkamm, der deutlich vom Schwanzsaum abgesetzt ist, sowie perlmuttfarbenem Längsstreif an den Schwanzseiten.

Verbreitung: Europa nördlich der Alpen, im Osten nördlich der Donau; nicht in Südfrankreich, Irland und von Mittelskandinavien an nordwärts. Östliche Verbreitungsgrenze Ural.

Lebensweise: Zur Laichzeit in flachen verkrauteten Gewässern im Tief- und Hügelland, in den Alpen bis in 2000 m Höhe; tag- und nachtaktiv. Landleben nur nachtaktiv, meist in Gewässernähe, in Verstecken unter Stubben, Wurzeln oder Steinen; Winterruher.

Fortpflanzung: Zuwanderung zum Laichgewässer März–Mai. ♀ klebt 200

Kammolch

bis 400 Eier einzeln in gefaltete Wasserpflanzenblätter. Nach 10 – 20 Tagen schlüpfen die Kaulquappen. Verlassen der Laichgewässer im Spätsommer.

Nahrung: Im Wasser Krebstiere und Würmer, auch Quappen anderer Lurcharten; an Land v. a. Würmer und Schnecken, Insekten.

Kampffisch

Betta splendens

Familie: Labyrinthfische

Die Angehörigen der Labyrinthfische haben ein zusätzliches Atemorgan (*Labyrinth*), das aus einem Teil des 1. Kiemenbogens gebildet wird. Sie müssen an die Wasseroberfläche kommen, um atmosphärischen Sauerstoff aufzunehmen.

Kampffisch

Kennzeichen: Körper schlank, langgestreckt. Kurze, wimpelartig ausgezogene Rückenflosse. ♂ prächtig gefärbt mit langer Afterflosse, ♀ unscheinbar. Bis 6 cm. Viele verschiedene Zuchtformen, z. B. Schleierkampffische.
Vorkommen: Hinterindien, Südostasien, Malaiisches Archipel. Süßgewässer.
Lebensweise: Einzelgänger. Die ♂ besitzen eine unbezähmbare Kampfeslust und verteidigen ihre Reviere vehement.
Fortpflanzung: ♂ bauen an der Wasseroberfläche oder unter großen Schwimmpflanzenblättern Schaumnester, in die das ♀ zahlreiche kleine Eier ablegt. ♂ pflegt Brut und Jungfische.
Nahrung: Kleine Wassertiere.
Besonderes: In Thailand finden regelrechte Kampffischturniere statt, bei denen die Eingeborenen oft Haus und Hof einsetzen.

Kampfläufer

Philomachus pugnax

Familie: Schnepfen

Der Kampfläufer ist die einzige Art seiner Gattung. Zusammen mit 6 weiteren Gattungen gehört er zur Unterfamilie Strandläufer.
Kennzeichen: ♂ 26–32 cm, ♀ 20 bis 24 cm. ♂ im Prachtkleid mit unterschiedlich gefärbter, auffälliger Halskrause aus verlängerten Federn und Haube am Kopf; im Ruhekleid ohne diesen Federschmuck, unscheinbar graubraun, am Rücken durch Musterung schuppig wirkend; helle Unterseite. ♀ ähnlich wie ♂ im Winter, mit kleinem Kopf.
Vorkommen: Nördliches Europa und Asien. Überwintert in Zentral- bis Südafrika, Indien und Australien. Feuchtgebiete, Tundra.
Lebensweise: Nahrungssuche an schlammigen Ufern oder im Seichtwasser. Brut alleinige Aufgabe des ♀. 1 Brut (Mai–Juli). 4 Eier; Brutdauer 20–23 Tage, Jungvögel flügge nach ca. 25 Tagen. Sommervogel.
Verhalten: Die ♂ führen im Frühjahr unter Sträuben der Kopf- und Halsfedern eine auffällige aber stumme Gruppenbalz mit Scheinkämpfen auf. Im Zentrum der Arena sind meist ♂ mit schwarzer Halskrause, in ihrer unmittelbaren Nähe sog. Satelliten-♂ ohne eigenes Revier mit weißer Krause. ♀ streben zum Zentrums-♂.
Nahrung: Insekten, Wasserinsekten, Krebstiere, Weichtiere und Würmer.

Kampfläufer (Männchen)

Kampfläufer (Weibchen)

Kanadaluchs → Rotluchs

Kanarengirlitz

Serinus canaria

Familie: Finkenvögel

Der Kanarengirlitz ist die Stammform der Kanarienvögel, beliebter sangesfreudiger Käfigvögel in verschiedenen Farbschlägen.

Kanarienvogel

Kennzeichen: 12–13 cm. ♂ oberseits bräunlich, unterseits matt grünlichgelb gefärbt mit Strichelzeichnung auf dem Bürzel; ♀ braun.
Stimme: Gesang melodisch, ähnlich dem der Kanarienvögel, oft im Singflug vorgetragen, bei dem das ♂ steil in den Himmel steigt, um sich darauf wieder fallen zu lassen.
Vorkommen: Offenes Waldland und Gärten auf den westlichen Kanaren sowie auf den Azoren und auf Madeira.
Lebensweise: Außerhalb der Brutzeit gesellig. Zur Brutzeit paarweise. ♂ sucht Nistplatz und sammelt Nistmaterial, ♀ baut Nest. Mehrere Bruten pro Saison. 3–5 Eier; Brutdauer ca. 2 Wochen, Nestlingszeit etwa 15 Tage.
Nahrung: Sämereien, grüne Pflanzenteile, Insekten.

Kanarienvogel → Kanarengirlitz

Känguruhratten

Dipodomys

Ordnung: Nagetiere

Walt Disneys Film »Die Wüste lebt« hat die scheuen Känguruhratten oder Taschenspringer berühmt gemacht. Es handelt sich um Vertreter der sog. Taschenmäuse, die entgegen ihrem Namen näher mit den Hörnchen als mit den Mäusen verwandt sind und als namengebendes Merkmal große, äußere Backentaschen haben.
Kennzeichen: 10–20 cm groß, körperlanger Schwanz mit Endquaste; Fell gelblichbraun bis grau; lange, kräftige Hinterbeine, verkümmerte Vorderbeine; Ohrmuscheln klein und rund, schwarze Knopfaugen.
Vorkommen: Westliches Nordamerika von Südkanada bis Mexiko. Offene, z.T. sehr trockene Landschaften.
Lebensweise: Nachtaktive Einzelgänger; hüpfen nach Art der Känguruhs nur auf den Hinterbeinen; graben weitverzweigte, nahe der Erdoberfläche liegende unterirdische Gangsysteme; sammeln Vorräte in speziellen Kammern im Bau, in anderen werden die pro Wurf 1–6, im Durchschnitt 3 Jungen geboren und aufgezogen.
Nahrung: In erster Linie Samen, aber auch Knospen, Blätter, Stengel, Früchte, ebenso Insekten.

Känguruhratte

Känguruhs

Macropodoidea

Ordnung: Beuteltiere

Das Spektrum der rund 60 Känguruharten reicht von Ratten- bis Menschengröße. Sie bewohnen nahezu alle Lebensräume, vom Regenwald bis zur Wüste, von Baumkronen bis zu Felsgebirgen. Näher beschrieben sind hier → Baumkänguruhs, → Felskänguruhs, → Filander, → Hübschgesichtkänguruh, → Rattenkänguruhs und → Rotes Riesenkänguruh.

Verbreitung: Australien, Neuseeland und Neuguinea sowie einige vorgelagerte Inseln.

Fortpflanzung: In der Regel 1 Junges (Zwillinge selten); wird in embryohaftem Zustand geboren, klettert aus eigener Kraft in den Bauchbeutel der Mutter, wobei es sich entgegen der Schwerkraft orientiert. Saugt an einer Zitze und bekommt die Milch mit Hilfe eines Zitzenmuskels eingespritzt. Die Beutelzeit kann über 8 Monate betragen.

Känguruh (Parmawallaby)

Kaninchenkauz

Athene cunicularia

Familie: Eulen

Der Kaninchenkauz, auch Kanincheneule genannt, ist nah mit unserem Steinkauz (*A. noctua*) verwandt.

Kanincheneule

Kennzeichen: 20–23 cm. Oberseite und Brust braun mit hellen Tupfen und Streifen, Bauch sandfarben mit undeutlicher Querbänderung. Gelbe Augen. Lange, spärlich befiederte Beine.

Vorkommen: Südwesten Kanadas, westliche USA, Florida, Mittelamerika. Ganz Südamerika bis auf das Amazonasbecken. Offene, trockene Gebiete wie Prärien oder Wüsten.

Lebensweise: Vorwiegend am Boden. Tagsüber auf kleiner Erhebung vor Höhleneingang sitzend; tag- und dämmerungsaktiv. Nahrungssuche meist von einer Warte aus, aber auch rüttelnd. Brütet in Erdhöhlen, die er entweder selbst gräbt oder von Säugetieren, z. B. → Präriehunden, übernimmt.

Nahrung: Insekten, Kleinsäuger und andere kleine Wirbeltiere.

Besonderes: Wird ein Kaninchenkauz in der Höhle bedroht, äußert er ein Rasseln, das an eine Klapperschlange denken läßt.

Kantschile

Tragulus

Ordnung: Paarhufer

Die 3 Arten von Kantschilen sind die asiatischen Vertreter der Familie der Hirschferkel, zu der außer ihnen nur noch das in Afrika heimische eigentliche Hirschferkel (*Hyemoschus aquaticus*) gehört. Es handelt sich um die urtümlichsten Formen der Wiederkäuer.

Kantschil

Kennzeichen: Etwa hasengroße Huftiere, Standhöhe nur 20–35 cm, Stummelschwanz; Fell graubraun, weißes Streifenmuster an Hals und Brust, beim Fleckenkantschil (*Tragulus meminna*) zusätzlich weiße Tupfenreihen an den Körperseiten; beide Geschlechter geweihlos; ♂ mit verlängerten Eckzähnen im Oberkiefer.

Verbreitung: Kleinkantschil (*T. javanicus*) und Großkantschil (*T. napu*) Indochina, Malaysia und Indonesien, Fleckenkantschil Indien und Sri Lanka.

Lebensraum: Waldgebiete mit dichtem Unterwuchs, Buschgebiete, auch auf Kulturland, meist in Wassernähe.

Lebensweise: Wenig bekannt. Vorwiegend oder ausschließlich nachtaktiv; einzelgängerisch; besetzen vermutlich kleine Reviere, die sie mit Kot, Harn und Drüsensekreten markieren.

Verhalten: Trommeln bei Erregung mit Hufen auf den Boden.

Fortpflanzung: Tragzeit knapp 5 Monate; pro Geburt 1 Junges, das 2–3 Monate gesäugt wird. ♀ können z. T. schon einige Stunden nach der Geburt wieder begattet werden, so daß sie praktisch ununterbrochen trächtig sind.

Nahrung: Blätter, Knospen und Früchte von Sträuchern und großen Stauden, vermutlich auch etwas tierische Kost (Insekten).

Kapuzineraffen

Cebus

Überfamilie: Neuweltaffen

Die namengebende Gattung der sog. Kapuzinerartigen, der größten und vielgestaltigsten Familie unter den Affen der

Kapuzineraffe

Neuen Welt, umfaßt eine ganze Reihe recht verschieden gefärbter und gebauter Formen, die sich z. T. nur schwer bestimmten Arten zuordnen lassen.

Kennzeichen: Kopf-Rumpflänge je nach Art 30–55 cm; Schwanz etwa körperlang, wird meist aufgeringelt getragen; am Scheitel mehr oder weniger kontrastreiche Fellzeichnung, die an eine Mönchskappe erinnert.

Vorkommen: In allen tropischen Waldgebieten Südamerikas, der Eigentliche oder Weißschulterkapuziner (*Cebus capucinus*) in Mittelamerika und Kolumbien.

Lebensweise: Bilden soziale Gruppen bis zu 40 Tieren mit mehr als 1 erwachsenen ♂; nächtigen auf angestammten Schlafbäumen, streifen tagsüber auf Nahrungssuche umher, und zwar gleichermaßen auf Bäumen wie am Boden.

Fortpflanzung: Jeweils 1 Junges, das sich vom ersten Tag an auf dem Rücken der Mutter festklammert; ab dem 2. Lebensmonat reitet es auch auf anderen Gruppenmitgliedern.

Nahrung: Früchte, Insekten und kleine Wirbeltiere.

Karakal

Profelis caracal

Familie: Katzen

Seiner Pinselohren wegen wird der Karakal oft Wüstenluchs genannt, obgleich er wohl näher mit dem → Puma als mit dem → Luchs verwandt ist.

Kennzeichen: 60–80 cm groß, hochbeinig, Schwanz 25–30 cm lang; Fell ocker- bis dunkelbraun, bauchseits falbfarben bis weiß; Ohren zugespitzt, mit langen Haarpinseln.

Vorkommen: Trockengebiete Afrikas, Arabiens und Südwestasiens. In Buschland, Steppe, Halbwüste und Wüste.

Lebensweise: Vorwiegend dämmerungsaktiv, bei heißem Wetter jedoch nachts, in kalten Witterungsperioden tagsunter auf Jagd; einzelgängerisch. Über das Revier- und Sozialverhalten ist kaum etwas bekannt.

Fortpflanzung: Keine besondere Fortpflanzungszeit, Geburten sind das ganze Jahr über möglich; pro Wurf 2–4 Junge, die rund 4 Monate lang gesäugt werden.

Nahrung: Säugetiere von Maus- bis Gazellengröße, auch Vögel und Reptilien. Kommt weitgehend ohne zu trinken aus.

Karakal

Karakal (Jungtier)

Karibu → Rentier

Karpfen

Cyprinus carpio

Familie: Karpfenfische

Man unterscheidet beim Karpfen 3 Formen: die Stammform, den Schuppenkarpfen, mit vollständigem Schuppenkleid, den Spiegelkarpfen mit unregelmäßig verteilten Spiegelschuppen und den Nackt- oder Lederkarpfen mit nur ganz wenigen oder gar keinen Schuppen.

Kennzeichen: Körper langgestreckt, seitlich etwas abgeflacht. Maul vorstülpbar mit 4 Bartfäden (2 längere, 2 kürzere) an der Oberlippe. Rücken braun bis schwärzlich-grün, Bauch weißlich. 25–75 cm.

Vorkommen: Heimat Asien. Heute in fast allen stehenden und langsam fließenden Süßgewässern Europas eingebürgert. Bevorzugt über Sand- und Schlammgrund mit reichlicher Bepflanzung.

Lebensweise: Dämmerungs- und nachtaktiv, tagsüber an geschützten Stellen versteckt. Überwintern dicht aneinandergedrängt zu 50 und mehr Tieren in den Tiefen von Teichen und Seen (Winterstarre).

Fortpflanzung: Geschlechtsreife beim ♂ mit 3, beim ♀ mit 4 Jahren (in wärmeren Gebieten mit 1 Jahr). Laichzeit Mai bis Juli. Der Laich wird ratenweise im Abstand von einigen Wochen abgegeben. Je kg Körpergewicht 200 000–300 000 Eier. Die Eier quellen nach der Ablage um 50% auf und kleben an Pflanzenteilen fest. Nach 3–5 Tagen schlüpfen die Larven. Sie besitzen Haftorgane am Kopf, mit denen sie 1–3 Tage unbeweglich an den Pflanzen hängenbleiben. Danach steigen sie an die Wasseroberfläche, füllen ihre Schwimmblase mit Luft und sind nun schwimmfähig.

Nahrung: Zunächst Plankton, später kleinere Bodentiere und Pflanzen.

Besonderes: Der Karpfen ist der bedeutendste Zuchtfisch der Teichwirtschaft. Er wird in allen Teilen der Welt gezüchtet.

Karpfen

Karpfenlaus → Fischläuse

Kärpfling → Prachtkärpfling

Kartoffelkäfer

Leptinotarsa decemlineata

Familie: Blattkäfer

Der aus Nordamerika (Colorado) eingeschleppte »Coloradokäfer« ist der bedeutendste Kartoffelschädling.

Kartoffelkäfer

Kennzeichen: 6–10 mm lang. Flügel gelb-schwarz längsgestreift, Halsschild mit schwarzen Punkten. Unverwechselbar!

Vorkommen: Weltweit (meist eingeschleppt). Kartoffelfelder, Gärten.

Lebensweise: Die überwinternden Käfer kommen im Frühsommer aus dem Boden, fressen kurz an den austreibenden Kartoffelpflanzen und paaren sich. ♀ legt Eipakete von 20–30 Eier (pro Jahr etwa 1200 Eier) an der Unterseite der Kartoffelblätter ab. Bereits 1 Woche später schlüpfen die Larven. Innerhalb von 3 Wochen Fraßzeit häuten sie sich 3mal und erreichen eine Länge von 1,5 cm. Nach 2 Wochen Puppenruhe dicht unter der Erde setzt die neue Käfergeneration zum Fraß an.

Nahrung: Blätter verschiedener Nachtschattengewächse.

Besonderes: 1877 wurde der Käfer mit Überseeschiffen mehrfach nach Europa (Holland und England) eingeschleppt. Damals gelang es noch, sein Vordringen einzudämmen. Nach dem I. Weltkrieg drang er von Frankreich aus (erneut aus den USA eingeschleppt) unaufhaltsam nach Westeuropa vor. Trotz großer Anstrengungen gelingt es nicht, den Schädling auszurotten.

Kasuare

Casuarius

Familie: Kasuare

Die 3 Kasuararten sind nah verwandt mit anderen flugunfähigen Laufvögeln wie dem → Strauß.

Kennzeichen: Sehr große Laufvögel mit stämmigen Beinen. Mit bis zu 180 cm ist der Helmkasuar (*C. casuarius*) der größte Kasuar. Überwiegend schwarzes, fellartiges Gefieder; am Kopf und Hals rot und blau gefärbte, nackte Hautstellen und fleischige Hautlappen. Am Kopf helmartiges Knochengebilde.

Vorkommen: Feuchte unterholzreiche Wälder Neuguineas, der vorgelagerten Inseln und Nordaustraliens.

Lebensweise: Einzige Laufvögel, die im Inneren des Waldes leben. Außerhalb der Brutzeit Einzelgänger. Helm dient wahrscheinlich zum Durchforsten des Laubs nach Nahrung oder zum Bahnen eines Weges durch Gestrüpp. Nur ♂ bebrütet die 3–6 großen Eier.

Nahrung: Kleine Wirbeltiere, Insekten; Beeren und Früchte aller Art.

Besonderes: Kasuare können Angreifer mit ihren langen spitzen Krallen empfindlich verletzen; besonders gefürchtet ist deshalb bei den Einwohnern Neuguineas der Bennettkasuar (*C. bennetti*).

Kasuar

Katta

Lemur catta

Unterordnung: Halbaffen

Der Katta ist der geselligste unter den madagassischen Lemuren und, weil er in vielen Zoos gehalten wird, wohl auch der bekannteste.

Katta

Kennzeichen: Katzengroß, schlank, mit mehr als körperlangem, auffällig schwarz-weiß geringeltem Schwanz; Fell grau bis graubraun, bauchseits weiß, Gesicht maskenhaft schwarz-weiß gezeichnet.
Vorkommen: Südteil Madagaskars. In lichten Wäldern, auch in offeneren Buschzonen und steinigen Arealen.
Lebensweise: Tagaktiv; sehr gesellig, lebt in Gruppen von meist 20–30 Tieren; strenge Rangordnung unter ♂ und ♀. Während ♀ in der Regel zeitlebens in dem sozialen Verband bleiben, in den sie hineingeboren sind, wechseln ♂ ein- oder mehrmals die Gruppe.
Verhalten: Nimmt gern ein Sonnenbad, aufrecht sitzend, die Arme ausgebreitet, Gesicht und Bauch der Sonne zugewandt.
Fortpflanzung: Pro Geburt 1 Junges, gelegentlich auch Zwillinge; Junge werden in den ersten Lebenswochen am Bauch, dann auf dem Rücken der Mutter getragen.
Nahrung: Vorwiegend Früchte, aber auch Blätter, Gräser, Kräuter und frische Triebe.
Besonderes: Der lange Schwanz dient dem Katta als Signalfahne und Duftwedel sowie beim Klettern und Springen als Balancierstange.

Katzenbär → Kleiner Panda

Katzenhaie

Scyliorhinidae

Unterordnung: Echte Haie

Die Katzenhaie sind die kleinsten und am schönsten gefärbten Haie. Die bekanntesten Vertreter an europäischen Küsten sind der Kleingefleckte (*Scyliorhinus caniculis*) und der Großgefleckte (*S. stellaris*) Katzenhai.
Kennzeichen: Körper torpedoförmig, schmal. Kopf abgeflacht mit kurzer runder Schnauze. 5 Paar kleine Kiemenspalten, 1 Paar Spritzlöcher. Braun-beige gefleckt. 70–150 cm.
Vorkommen: Indopazifik, Mittelmeer, Ostatlantik, Nordsee. In Küstennähe in 20–400 m Tiefe.
Lebensweise: Bodenbewohner. Meist in größeren Gruppen zusammen. Dämmerungs- und nachtaktiv, tagsüber am Boden schlafend.
Fortpflanzung: Eierlegend. 18–20 kissenförmige Eier mit chitiniger Haut. An jeder Ecke ein leicht gewundener spiraliger Faden, der dazu dient, das Ei an Meerespflanzen festzuheften. Brutdauer 8–9 Monate. Frischgeschlüpfte Jungfische 10–16 cm.
Nahrung: Krebse, Weichtiere, kleinere Fische.
Besonderes: Am auffälligsten gefärbt sind die Skaamoogs (*Holohalaelurus regani*) aus Südafrika. Ihr Körper erscheint wie mit Hieroglyphen bedeckt.

Katzenhai

Katzenwelse

Ictaluridae

Ordnung: Welse

Die ca. 50 Arten dieser Familie kommen alle in Nord- und Mittelamerika vor, wurden jedoch versuchsweise auch in anderen Erdteilen eingebürgert. Bekannt sind v. a. der Blaue (*Ictalurus furcatus*), der Gelbe (*I. natalis*) und der Schwarze Katzenwels (*I.melas*).

Katzenwels

Kennzeichen: Körper walzenförmig, seitlich leicht abgeflacht. Kurze Rückenflosse, 4 Paar Barteln.
Vorkommen: Nord- und Mittelamerika. Schnellfließende Süßgewässer.
Lebensweise: Bodenbewohner. Dämmerungs- und nachtaktiv, tagsüber in Höhlen, zwischen Pflanzen oder Steinen versteckt.
Fortpflanzung: Laichzeit März–Mai. Das ♂ legt eine flache Grube im Sand an, in die das ♀ die Eier legt, die sich zu klebrigen Klumpen zusammenballen. Das ♂ betreibt Brutpflege bis nach ca. 1 Woche die Jungfische schlüpfen.
Nahrung: Bodenlebende Würmer, Insektenlarven, Aas.
Besonderes: Der Getüpfelte Gabelwels (*I. punctatus*) ist einer der wertvollsten Speisefische Nordamerikas. Er wird 1,2 m lang und wiegt dann 27 kg. Die kleinsten Katzenwelse sind die Steinwelse; sie werden max. 12 cm lang, sind aber nicht ungefährlich. Mit den Stacheln ihrer Brustflossen, die mit Giftdrüsen in Verbindung stehen, können sie erhebliche Wunden zufügen.

Kaurischnecken

Monetaria

Überfamilie: Porzellanschnecken

Die Kaurischnecken werden fälschlicherweise oft auch Kaurimuscheln genannt. Man unterscheidet zwischen der Ring-Kaurischnecke (*Monetaria anulus*) und der Geld-Kaurischnecke (*M. moneta*).
Kennzeichen: Schale rundlich-eiförmig, glänzend weiß, ohne Deckel, bis 25 mm. Schalenöffnung schlitzförmig. Der Mantel wird über das glänzende Gehäuse geschlagen.
Vorkommen: Indischer und Pazifischer Ozean. Im Küstenbereich über Schlamm- und Hartböden, an Korallenstöcken.
Lebensweise: Gesellige Räuber. Bewegen sich sehr langsam mit wellenartigen Bewegungen der Fußmuskeln.
Nahrung: Korallen, Schwämme.
Besonderes: Kaurischnecken wurden bis zum 19. Jahrhundert in Süd- und Südostasien und im tropischen Afrika als Zahlungsmittel verwendet und gelangten auf dem Handelsweg sogar bis Nordeuropa. Die Kaurischnecken hatten aber auch eine starke kulturelle Bedeutung und wurden z. B. als Grabbeigaben oder mythische Symbole verwendet.

Kaurischnecke

Kea

Nestor notabilis

Familie: Papageien

Der Kea erhielt seinen Namen von seinem gleichklingenden Ruf.

Kea

Kennzeichen: 46–50 cm. Gefieder grünlichbraun mit Schuppenmusterung. Rötliche Unterflügeldecken, nur im Flug sichtbar. Kurzer Schwanz. Oberschnabel verlängert.

Vorkommen: Berge der Südinsel Neuseelands bis oberhalb der Baumgrenze.

Lebensweise: Sehr neugierig und verspielt; geht manchmal auch in menschliche Behausungen. Knabbert auf der Suche nach Nahrung alles an, was freßbar erscheint. Gräbt mit langem Oberschnabel Wurzeln und Knollen aus. Nahrungssuche im Winter auch unter dem Schnee. Akrobatische Flugspiele im Aufwind an steilen Felswänden.

Brut: ♂ polygam. Bodennest, oft in einer Felsspalte. ♀ bebrütet die 2–3 Eier ca. 4 Wochen lang. Junge nach 13 Wochen flügge.

Nahrung: Überwiegend Beeren; auch Wurzeln, Sämereien und grüne Pflanzenteile. Insekten, Würmer, Vogeleier; geht auch an Aas.

Kegelrobbe

Halichoerus grypus

Familie: Hundsrobben

Ihren Namen verdankt die stattliche Robbe ihrem kegelförmigen Kopfprofil.

Kennzeichen: ♂ bis 3 m lang und 300 kg schwer, ♀ nur etwa halb so schwer und bis 2,20 m lang; Fellfärbung dunkel- bis hell-silbriggrau, z. T. bräunlich, ♀ bei heller Grundfärbung dunkel gefleckt, beim ♂ zumeist umgekehrt.

Vorkommen: Nordmeerküsten, mittel- und nordeuropäische Atlantikküste, Nord- und Ostsee, Ostküste Kanadas. Vorzugsweise felsige Küstenabschnitte bzw. küstennahe Gewässer.

Lebensweise: Kommt oft monatelang nicht an Land; außerhalb der Fortpflanzungszeit einzelgängerisch. Im Herbst (bei der Ostsee-Kegelrobbe im Frühjahr), nach der Geburt der Jungtiere, besetzt ♂ einen Strandabschnitt und versammelt einen Harem um sich, den er in erbitterten Kämpfen gegen Rivalen verteidigt.

Fortpflanzung: Pro Geburt 1 Junges, das mit weißgrauem Haarkleid zur Welt kommt; wird nur 2–3 Wochen gesäugt.

Nahrung: Fische, auch Tintenfische und Krebse.

Besonderes: Die Jungtiere verlieren mit etwa 4 Wochen ihren Säuglingspelz, werden zu dieser Zeit von ihren Müttern verlassen und müssen nun selbständig schwimmen und jagen lernen, wenn sie nicht verhungern wollen.

Kegelrobbe

Kellerassel

Kellerassel

Porcellio scaber

Ordnung: Asseln

Die Kellerassel gehört zusammen mit Strandassel (*Ligia oceanica*), → Rollassel, Ameisenassel (*Platyarthrus hoffmannseggii*) und Mauerassel (*Oniscus asellus*) zu den Landasseln.

Kennzeichen: Körper flach-oval, mattgrau bis braun. Kopf schildförmig mit zweigliedrigen Antennengeißeln. Brust mit 8 Segmenten, Hinterleib mit 6 Segmenten. Beine alle gleich ausgebildet. Bis 18 mm.

Vorkommen: Europa. In Feuchtgebieten, Laubwäldern, Komposthaufen und feuchten Räumen.

Lebensweise: Gesellig. Dämmerungs- und nachtaktiv.

Fortpflanzung: Das ♀ legt große dotterreiche Eier, die es nach der Befruchtung in eine bauchseitige Bruttasche aufnimmt, bis die Jungen schlüpfen.

Nahrung: Tierische und pflanzliche Abfallstoffe.

Besonderes: Kellerasseln sind oft mit Mauerasseln (*Oniscus asellus*) vergesellschaftet. Diese unterscheiden sich durch einen etwas breiter gebauten, glänzendschwarzen Körper und 3teilige Antennen. Beide Assel-Arten gehören zu den häufigsten Asseln Mitteleuropas.

Kiebitz

Vanellus vanellus

Familie: Regenpfeifer

Der Kiebitz ist bei uns einer der häufigsten und bekanntesten Watvögel.

Kennzeichen: 28–32 cm. Oberseite bräunlichschwarz, grün schillernd; Unterseite weiß. Gesicht, Kehle und Oberbrust schwarz; am Hinterkopf spitze, schwarze Federholle. Schwanz weiß mit schwarzer Endbinde.

Vorkommen: Europa, gemäßigtes Asien; Nordwestafrika. Im Winter im Mittelmeerraum sowie in Nordindien und Südostchina. Feuchtgebiete und küstennahes Grünland, Verlandungsflächen von Gewässern.

Kiebitz

Lebensweise: Außerhalb der Brutzeit in großen Schwärmen. Teilzieher.

Verhalten: Taumelnder Balzflug mit jähen Wendungen sowie steil auf- und absteigend; dabei sind wuchtelnde Flügelgeräusche und laute »Käwietkäwiet«-Rufe zu hören.

Brut: Zur Brutzeit paarweise. Bodennest. 1 Brut (März–Juni). 4 Eier; Brutdauer 26–29 Tage, nestflüchtende Junge nach ca. 40 Tagen flügge.

Nahrung: Insekten, Spinnen, Würmer und Schnecken; Samen und grüne Pflanzenteile.

Besonderes: Die Zerstörung seiner ursprünglichen Lebensräume hat dazu geführt, daß der Kiebitz heute als Kulturfolger auch in Feldern, Weiden und Äckern seine Jungen aufzieht.

Killifisch → Prachtkärpfling

Kiwi → Streifenkiwi

Klammeraffen

Ateles

Familie: Kapuzinerartige Affen

Charakteristisch für diese ansprechend wirkenden, zierlichen Neuweltaffen ist ein langer Klammerschwanz, der auf seiner Unterseite einen haarlosen Bereich aufweist (Greifschwiele).

Kennzeichen: Kopf-Rumpflänge je nach Art 35–60 cm, Schwanz etwa $1^1/_2$mal körperlang, lange, schlanke Arme und Beine; Fellfärbung überwiegend

schwarz mit arttypisch verteilten helleren Partien. Daumen stark rückgebildet oder fehlend.
Vorkommen: Mittel- und nördliches Südamerika. In überschwemmungsfreien Regenwäldern v. a. im Kronenbereich der Bäume.

Geoffroy-Klammeraffe

Lebensweise: Halten sich fast ausschließlich in Baumkronen auf; bewegen sich mit akrobatischer Sicherheit schwinghangelnd fort, wobei der Greifschwanz als »fünfte Hand« dient; beim Überqueren von Lichtungen sind Sprünge von 10 m Weite keine Seltenheit. Bilden Kleingruppen, die sich zu losen, größeren Verbänden aus meist mehr als 20 Tieren zusammenschließen.
Fortpflanzung: Jeweils 1 Junges, das in den ersten Lebenswochen am Bauch, später auf dem Rücken der Mutter getragen wird und sich mit seinem Greifschwanz am Schwanz der Mutter festhält.
Nahrung: Früchte, Blätter, frische Triebe, Rinde, wohl auch Insekten und Vogeleier.

Klapperschlangen

Crotalus

Familie: Grubenottern

Die Echten Klapperschlangen (*Crotalus*) gehören zu den bekanntesten Schlangen.
Kennzeichen: 1–1,5 m, 3 Arten über 2 m, z.B. die Texas-Klapperschlange (*C. atrox*). Auf grauem, bräunlichgrauem bis grünlichem Grund dunkle, hellgesäumte Recht- oder Vielecke. Kopf deutlich vom Körper abgesetzt. Allen Arten gemeinsam ist die Klapper oder Rassel am Schwanzende, Hornringe aus Resten vorangegangener Häutungen. Geräusch ein zischelndes Schwirren, sehr weit hörbar.
Vorkommen: Kanada bis Argentinien. Verbreitungsschwerpunkt Mexiko und Südstaaten der USA. Überwiegend trokkene, gebüschbestandene Savannen und Wüsten, Felsgebirge. Einige Arten auch in feuchten Wäldern.
Lebensweise: Verstecken sich in Spalten oder Löchern. Nördliche Arten überwintern zu vielen zusammen in Höhlungen. Typische Angriffsstellung → Grubenottern. Fortbewegungsweise in der Wüste seitenwindend. Aufspüren der Beutetiere mittels Grubenorgan (→ Grubenottern). Lebendgebärend.
Nahrung: Kleine bis mittelgroße Säugetiere, Eidechsen und Schlangen, selten Vögel.
Besonderes: Die Prärieklapperschlange (*C. viridis*) ist am weitesten (auch nördlich) verbreitet. Von den nördlichen Unterarten dieser Art sind Überwinterungsansammlungen von bis zu 300 Schlangen in einem Quartier bekannt. Die Texas-Klapperschlange ist die wohl gefährlichste Art; die meisten Giftbisse in Nordamerika gehen auf ihr Konto.

Klapperschlange

Kleiber

Sitta europaea

Familie: Kleiber

Der Kleiber heißt auch Spechtmeise, denn seine kletternde Lebensweise erinnert an einen Specht, im Aussehen ähnelt er den Meisen.

Kennzeichen: 12–14 cm. Oberseite blaugrau, Unterseite hell rostfarben; langer, schwarzer Augenstreif. Gedrungener Körperbau, kurzer Schwanz (kein Stützschwanz); kräftiger Schnabel.

Vorkommen: Ganz Europa bis auf Irland, Schottland, Island und einige Inseln im Mittelmeer, im Norden bis Mittelschweden; Nordwestafrika; gemäßigtes und nördliches Asien ostwärts bis Japan. Lichte Laub-, Misch- und Nadelwälder, auch Parkanlagen mit alten Bäumen.

Lebensweise: Klettert bei der Nahrungssuche an Baumstämmen hoch und auch kopfabwärts hinunter. Stochert mit dem Schnabel in Ritzen und Spalten in der Rinde. Im Winter auch an Futterhäuschen. Höhlenbrüter, v.a. in Spechthöhlen und Nistkästen. Zu große Eingänge mauert er soweit zu, daß er gerade noch durchpaßt. Nest aus Rindenstücken und trockenen Blättern. 1 Brut (April–Juni). 6–8 Eier; Brutdauer 13–15 Tage, Nestlingszeit 23–25 Tage. Jahresvogel.

Nahrung: Insekten und deren Larven. Samen und Nüsse.

Kleiber

Kleideraffe

Pygathrix nemaeus

Überfamilie: Hundsaffen

Innerhalb der großen Sippschaft der geschwänzten Altweltaffen oder Hundsaffen werden die hübschen Kleideraffen zur Unterfamilie der Schlankaffen gezählt.

Kennzeichen: 50–70 cm groß, gut körperlanger Schwanz; Fell lebhaft gefärbt: weiß, schwarz, silbergrau und kräftig orangebraun; Gesicht kurz und breit, orangebraun, mit weißem Bart und schwarzer Kappe.

Kleideraffe

Vorkommen: Vietnam und Laos. Tropischer Regen- und Monsunwald.

Lebensweise: Bildet kleine Gruppen von 5–10 Tieren mit 1 oder höchstens 2 erwachsenen ♂; badet gern. Jungtiere werden von Gruppenmitgliedern gemeinsam betreut.

Nahrung: Ausschließlich pflanzlich, vorwiegend Blätter und Früchte.

Besonderes: Kleideraffen werden zwar nicht selten in Zoos gehalten, über ihre Lebensweise in freier Wildbahn ist aber kaum etwas bekannt. Das langjährige Kriegsgeschehen in ihrer Heimat hat sie an den Rand der Ausrottung gebracht.

Kleidermotte

Tineola bisselliella

Familie: Echte Motten

Von den Echten Motten ist die Kleidermotte der bekannteste Vertreter.

Kennzeichen: Flügelspannweite bis 1,5 cm. Bräunlich-gelb mit dichtem gelbem Haarbusch am Kopf. Verkümmerte Mundwerkzeuge.

Vorkommen: Weltweit. In Wohnräumen an Wollstoffen, Polstern, Pelzen.

Flugzeit: Im Freiland von Mai bis September; in Häusern das ganze Jahr über.

Fortpflanzung: ♀ legen die Eier an verschiedensten Stoffen ab. Die weißlichen jungen Raupen schlüpfen nach 8–10 Tagen und bauen sich aus ihren Futterstoffen eine Gespinströhre. Mit den kräftig entwickelten Mundwerkzeugen werden Gegenstände angenagt und durchlöchert. Die erwachsene Raupe verpuppt sich in der Wohnröhre, aus der auch kurze Zeit später der Falter schlüpft.

Nahrung: Kleider, Stoffe, Felle.

Kleiner Feuerfalter

Lycaena phlaeas

Familie: Bläulinge

Bei den zur Familie der → Bläulinge gehörenden Feuerfaltern zeigen sich die Männchen in der Regel leuchtend rot oder orange, die ♀ mehr bräunlich und ohne Glanz.

Kennzeichen: Flügelspannweite 2,5 bis 3 cm. Vorderflügel gelb bis orange, breit dunkelbraun gesäumt und schwarz gepunktet. Hinterflügel schwarzbraun, am Rand mit oranger Zackenlinie. Vorderflügel unterseits gelblich-braun mit grauem Rand und schwarzen Punkten.

Vorkommen: In ganz Europa, bis in 2000 m Höhe. Auf sonnigen Magerrasen, Viehweiden und Brachflächen mit Sauerampfer.

Flugzeit: Fliegt in 2–4 Generationen Anfang April bis Anfang November.

Lebensweise: Gewandter Flieger. Saugt an verschiedenen Blütenpflanzen. Flügel in Ruhe meist schräggestellt. ♂ verteidigt sein Revier vehement gegen Rivalen. ♀ heftet die Eier einzeln an Sauerampferblätter. Überwinterung als Raupe, selten auch im Ei.

Raupe: Grün, rosa gestreift, kurz behaart. Lebt verborgen an der Blattunterseite verschiedener Sauerampferarten. Die ockerfarbene, schwarz gepunktete Puppe wird ebenfalls an der Unterseite der Futterpflanze befestigt.

Kleiner Feuerfalter

Kleiner Kohlweißling

Pieris rapae

Familie: Weißlinge

In der Familie der → Weißlinge zählen der Kleine Kohlweißling – der wohl häufigste Tagfalter – und der Große Kohlweißling (*Pieris brassicae*) zu den Schädlingen in der Landwirtschaft.

Kennzeichen: Flügelspannweite 4–5 cm. Vorderflügel mit schwarzen Spitzen und dunklem Fleck. ♀ mit gelber Unterseite.

Kleiner Kohlweißling

Vorkommen: Ganz Europa, auch nach Nordamerika und Australien eingeschleppt. Gärten, Parks, Wiesen, Äcker, landwirtschaftliche Kulturen.

Flugzeit: Fliegt in 2–4 Generationen von Mitte März bis Oktober.

Lebensweise: Auffällige Balzflüge; ♂ und ♀ haften bei der Paarung häufig lange aneinander, fliegen bei Störung auch gepaart davon. ♀ heften die Eier einzeln an die Blätter der Raupenfutterpflanzen. Überwintert als Puppe.

Raupe: Hellgrün mit gelber Rückenlinie, kurz behaart. Lebt zunächst an Raps, Ackersenf und anderen Pflanzen, dann vorwiegend an verschiedenen Kohlarten. Verpuppt sich dort.

Kleiner Panda

Ailurus fulgens

Familie: Katzenbären

Wer den Kleinen Panda bei seiner ausgiebigen Fellpflege beobachtet, versteht, warum der hübsche kleine Bär auch Katzenbär genannt wird.

Kennzeichen: 50–60 cm groß mit langem, buschigen Schwanz und kurzen Beinen; Fell oberseits rotbraun, Bauch und Beine schwärzlich, Gesicht mit weißen Partien, Schwanz hell-dunkel geringelt.

Vorkommen: Bergwälder Südwestchinas. Steilhänge mit Bambus-, Rhododendron- oder Eichenbewuchs, in 2200–4800 m Höhe.

Lebensweise: Überwiegend dämmerungs- und nachtaktiv; außerhalb der Fortpflanzungszeit Einzelgänger; Nahrungssuche vor allem am Boden, klettert zum Ruhen oder Sonnen aber gern ins Geäst von Bäumen; markiert sein Revier mit einem stark nach Moschus riechenden Analdrüsensekret.

Fortpflanzung: Paarung meist im Januar/Februar, Geburt der 1–4 zunächst noch blinden, fast nackten Jungen im Juni/Juli; Säugezeit rund $^1/_2$ Jahr.

Nahrung: In erster Linie Pflanzenkost: Bambus, Eicheln, Beeren, Wurzeln; gelegentlich Insekten, Vogeleier und Nestjunge.

Kleiner Panda

Kleiner Tümmler → Schweinswal

Kleinlibellen → Libellen, → Blauflügel-Prachtlibelle

Klippenbarsch → Lippfische

Klippschliefer

Procavia

Familie: Schliefer

Die Schliefer, die neben den 5 Arten von Klippschliefern u. a. auch die → Baumschliefer umfassen, gehören in die Verwandtschaft der Huftiere, auch wenn sie eher wie → Murmeltiere aussehen.

Klippschliefer

Kennzeichen: 45–55 cm groß, gedrungener Körperbau, schwanzlos; Fell sandfarben bis rotbraun; an den Zehen kleine, nagelförmige Hufe.

Vorkommen: Afrika mit Ausnahme des Kongobeckens und weiter Teile der Sahara. In felsigem Terrain bis in 4200 m Höhe.

Lebensweise: Tagaktiv; leben in Familiengruppen aus jeweils 1 ♂, mehreren ♀ und Jungtieren, die Clans schließen sich nicht selten zu größeren Kolonien zusammen; nehmen gern ein Sonnen- oder ein Staubbad.

Fortpflanzung: Nach einer für Tiere dieser Größe ungewöhnlich langen Tragzeit von rund 7,5 Monaten werden – meist in der Regenzeit – jeweils 1–4 sehr weit entwickelte Junge geboren. Als ausgesprochene *Nestflüchter* können sie nach wenigen Stunden laufen und springen.

Nahrung: Ausschließlich Pflanzenkost, vor allem Gras und Kräuter sowie Laub von Sträuchern.

Besonderes: Klippschliefer einer Kolonie setzen Kot und Urin immer an derselben Stelle ab. Durch das Auskristallisieren des Harns bilden sich mit der Zeit großflächige weiße Markierungen an den entsprechenden Felsen.

Klippspringer

Oreotragus oreotragus

Familie: Hornträger

Diese Zwerge unter den Wiederkäuern gehören zur Unterfamilie der Böckchen, wo sie sich u.a. in Gesellschaft der noch kleineren → Dikdiks oder des anmutigen Steinböckchens *(Raphicerus campestris)* befinden.

Kennzeichen: Schulterhöhe 50–60 cm, Stummelschwänzchen; Fell derb, graubraun mit »Pfeffer und Salz«-Sprenkelung; ♂ mit etwa 15 cm langen, steil stehenden Hornspießen, ♀ mit Ausnahme einer einzigen Unterart hornlos.

Vorkommen: In weiten Teilen Afrikas südlich der Sahara. Auf Gesteinsuntergrund jeglicher Art und Größe, von einzelnen Felsgruppen in der Ebene bis hin zu Gebirgshängen in 4000 m Höhe – Deckung durch dichtes Buschwerk vorausgesetzt.

Lebensweise: Tagaktiv; einzeln oder – öfter noch – paarweise anzutreffen; lebt wahrscheinlich in Dauerehe; sehr standorttreu, Reviergröße 7–10 ha.

Verhalten: Stößt bei Gefahr als Warnsignal schrille Pfiffe durch die Nase aus.

Klippspringer

Fortpflanzung: Jeweils 1 Kitz, das in den ersten Lebenswochen als *Ablieger* in einer Deckung liegenbleibt, bis die Mutter zum Säugen kommt.

Nahrung: Gras und Kräuter, Laub von Sträuchern und Bäumen, Blüten und Früchte.

Besonderes: Der Klippspringer tritt nur mit der Spitze seiner schmalen, senkrecht stehenden Hufe auf.

Klopfkäfer

Anobiidae

Ordnung: Käfer

Etwa 1200 Arten dieser Käferfamilie sind beschrieben, 75 kommen in Mitteleuropa vor. Einige der Klopf- oder Pochkäfer sind gefürchtete Holzschädlinge, wie z.B. der Bunte Klopfkäfer (*Xestobium rufovillosum*) und die Totenuhr (*Anobium punctatum*). Ein Vorratsschädling ist der Brotkäfer (*Stegobium paniceum*). Eine Vorliebe für junge Tabakblätter hat der weitverbreitete Tabakkäfer (*Lasioderma serricorne*).

Klopfkäfer

Kennzeichen: Selten größer als 0,5 cm. Bräunlich oder gelblich gefärbt. Kopf vom stark buckligen Halschild verdeckt. Meist verlängerte Fühlerendglieder.

Vorkommen: Überall in Holz; auch in Lebensmitteln, Gewürzen, pflanzlichen Drogen.

Lebensweise: Die Käfer sind sehr kurzlebig, nehmen keine Nahrung auf, sondern ernähren sich während Paarung und Eiablage von den Fettreserven aus ihrer Larvenzeit. Die Eier werden an den Ausflugslöchern im Holz abgesetzt.

Verhalten: Dem sonderbaren Paarungsverhalten verdanken die Klopfkäfer ihren Namen. Beide Geschlechter schlagen mit der Halsschildvorderkante so heftig gegen die Wände der Bohrgänge im Holz, daß dieses Geräusch auch von Menschen gehört werden kann, vor allem in der Stille eines »Totenzimmers«, daher der Name »Totenuhr«.

Besonderes: Die Larven (die sog. »Holzwürmer«) zernagen das Holz von innen her völlig, so daß es bei geringer Belastung zu Staub zerfällt.

Knoblauchkröte

Pelobates fuscus

Familie: Krötenfrösche

Der Familienname deutet an, daß die Vertreter dieser Lurchgruppe in einigen Merkmalen zwischen Kröten und Fröschen vermitteln.

Kennzeichen: 5 – 8 cm, ♀ größer. Oberseits auf grauem bis graubraunem Grund unregelmäßig dunkel gefleckt, oft mit roten Tupfen. Glatte Haut. Stark hervortretende Augen mit senkrechter Pupille; keine Ohrdrüsen, Trommelfell äußerlich nicht sichtbar. An den Hinterbeinen scharfkantige Fersenhöcker.

Vorkommen: West- und Mitteleuropa, Osteuropa bis zum Ural und Kasachstan. Offenes sandiges Gelände im Flachland, auch Kulturland.

Lebensweise: Nachtaktiv. Kann sich mit »Grabschaufel« an den Hinterbeinen sehr schnell rückwärts im Boden eingraben. Greift Feind aktiv an, kann auch beißen. Drohhaltung durch Aufblähen des Körpers und Aufrichten auf den Beinen. Winterruher von September – März, Sommerruhe, wenn sehr trocken.

Fortpflanzung: Laichzeit März – Mai; manchmal noch eine zweite von Juni – August. Laichgewässer flache, nährstoffreiche Stillgewässer aller Art. Kurze dicke Laichschnüre mit 1000 bis über 3000 Eiern. Nach 4 – 10 Tagen schlüpfen die riesigen Kaulquappen, können 10 – 17 cm lang werden.

Nahrung: Insekten, Spinnen und andere Wirbellose.

Besonderes: Knoblauchkröten kommen auch in den alkalihaltigen Gewässern um den Neusiedlersee vor.

Knoblauchkröte

Knochenhechte

Lepisosteidae

Unterklasse: Strahlenflosser

Die heute noch lebenden 10 Arten der Knochenhechte, auch Rautenschmelzschupper oder Kaimanfische genannt, sind die letzten Nachkommen einer aus dem Erdmittelalter stammenden Fischgruppe.

Kennzeichen: Körper langgestreckt, mit dichtstehenden, rautenförmigen Schuppen bedeckt, die durch Gelenke miteinander verbunden und mit einer Schmelzschicht überzogen (Name!) sind. Kopf mit Knochenplatten gepanzert. Kiefer schnabelartig ausgezogen, mit langen, scharfen Zähnen besetzt. Oberseite olivgrün, Bauch silbern glänzend. 75 – 300 cm.

Vorkommen: Nord- und Mittelamerika, Kuba. Ruhige, flache, verkrautete Süßgewässer.

Lebensweise: Einzelgänger. Stehen meist regungslos im Wasser und lauern auf Beute, die sie dann mit einem Körperhieb von der Seite her schlagen. Winterruhe in tieferen Gewässerschichten.

Fortpflanzung: Laichzeit Mai – Juni. Eier grünlich, 3 mm groß, werden in mehreren Schüben abgegeben und kleben an Wasserpflanzen oder am Bodengrund fest. Brutdauer 10 – 14 Tage.

Nahrung: Fische.

Besonderes: Als »Hai des Süßwassers« gilt der Alligator- oder Kaimanfisch (*Lepisosteus tristoechus*), der im Einzugsgebiet des Golfs von Mexiko vorkommt, bis 3 m lang wird und ein gefährlicher Fischräuber ist.

Knurrhähne

Triglidae

Unterordnung: Panzerwangen

Die Familie der Knurrhähne umfaßt etwa 50 Arten farbenprächtiger Fische. Die häufigste Art an europäischen Küsten ist der Graue Knurrhahn (*Trigla gurnardus*).

Kennnzeichen: Körper langgestreckt, kegelförmig mit kräftigen Schuppen bedeckt. Kopf stark gepanzert und stachelbewehrt. Brustflossen im oberen Teil flügelartig und bunt schillernd, unterer Teil in einzelne Flossenstrahlen getrennt, die freibeweglich sind. Grau bis rötlich mit weißgelben Flecken. Bis 50 cm.

Vorkommen: Mittelmeer bis Irland, auch Ostsee. Bevorzugt in flachen bis mitteltiefen Wasserschichten über sandigen Böden.

Lebensweise: Ruhiger, in Gruppen lebender Bodenbewohner. Guter Schwimmer. Läuft mit Hilfe der freibeweglichen Brustflossenstrahlen auf dem Meeresboden umher.

Fortpflanzung: Laichzeit April–August. 200 000–300 000 Eier, die frei im Wasser treiben. Brutdauer 5–8 Tage. Jungfische zunächst freischwimmend, ab 3 cm Länge bodenlebend.

Nahrung: Krebstiere, Mollusken, Bodenfische.

Besonderes: An der Schwimmblase der Knurrhähne setzen Muskeln an, die die Schwimmblase in Schwingungen versetzen können, so daß knurrende Töne entstehen (Name!).

Grauer Knurrhahn

Koala

Phascolarctos cinereus

Ordnung: Beuteltiere

Der Koala oder Beutelbär, ein Vertreter der sog. Kletterbeutler, ist nach dem Känguruh sicherlich das bekannteste Beuteltier überhaupt.

Kennzeichen: Kopf-Rumpflänge etwa 75 cm; schwanzlos; Fell wollig, aschgrau, am Bauch weißlich; runde, stark

Koala

behaarte Ohren; schwarze, nackte Nase.

Verbreitung: Isolierte Gebiete im östlichen Australien.

Lebensraum: Lichte Eukalyptuswälder.

Lebensweise: Überwiegend dämmerungs- und nachtaktiv; verschläft die meiste Zeit des Tages, in eine Astgabel gekauert, hoch in den Baumkronen; guter Kletterer, der nur auf den Boden hinabsteigt, um auf einen anderen Baum zu gelangen. Lebt einzelgängerisch oder in kleinen Haremsgruppen.

Fortpflanzung: Alle 2 Jahre jeweils 1 Junges (Zwillinge sehr selten), das bei der Geburt gerade mal 0,5 g wiegt und gut $^1/_2$ Jahr lang im mütterlichen Bauchbeutel bleibt. Danach wird es noch einige Monate lang auf dem Rücken der Mutter herumgetragen.

Nahrung: Fast ausschließlich Blätter bestimmter Eukalyptusarten.

Besonderes: Der Beutel der Koalamutter ist nach hinten geöffnet. Bei der Umstellung von Milch auf feste Kost nimmt das aus dem Beutel herausschauende Junge regelmäßig einen speziellen, vitaminreichen Blinddarmkot direkt vom After der Mutter auf.

Koala mit Jungtier

Koboldmakis

Tarsius

Unterordnung: Halbaffen

Die kleinen Koboldmakis, die keinen nackten Nasenspiegel haben wie alle anderen Halbaffen, werden von einigen Zoologen bereits zu den »richtigen« Affen gerechnet.

Kennzeichen: Kopf-Rumpflänge 10 bis 15 cm, Schwanz 20–25 cm lang, dünn, mit spärlicher Endquaste; Fell hell graubraun; Augen ungemein groß.

Verbreitung: In jeweils verschiedenen Arten bzw. Unterarten auf Borneo und Sumatra, Sulawesi (früher Celebes) und den südlichen Philippinen.

Lebensraum: Regenwälder, gewässernahe Gebüsche, auch Plantagen, Parkanlagen und Gärten.

Lebensweise: Dämmerungs- und nachtaktiver Jäger; sehr sprunggewaltig. Lebt als Einzelgänger oder paarweise bzw. in kleinen Familiengruppen; schläft tagsüber, bisweilen in einer Baumhöhle, meist aber nur aufrecht an einen dünnen Baumstamm geklammert.

Koboldmaki

Fortpflanzung: Jeweils 1 Junges, das sehr weit entwickelt geboren wird (Geburtsgewicht rund $^1/_4$ des Erwachsenengewichts!); muß schon mit 3 Wochen nicht mehr getragen werden, fängt oft mit 6 Wochen bereits eigene Beute.

Nahrung: Große Insekten, auch Spinnen, kleine Reptilien und Vögel.

Kobra → Königskobra

Köcherfliegen

Trichoptera

Klasse: Insekten

Obwohl es weltweit 10 000 Arten gibt, finden die unauffälligen Köcherfliegen oder Haarflügler wenig Beachtung. Bekannter hingegen sind ihre Larven (z. B. als Köder für Angler).

Köcherfliege

Kennzeichen: Flügelspannweite 4 cm. Flügel behaart, gut ausgebildet. Unscheinbar grau, braun oder gelb gefärbt.

Vorkommen: Weltweit, außer Antarktis. Buschreiches, feuchtes Gelände in Gewässernähe.

Lebensweise: Meist dämmerungsaktiv. Paarung und Eiablage erfolgen in einem tänzelnden Flug über der Wasseroberfläche. Eier werden entweder einzeln abgelegt oder in einer Schicht (auch unter Wasser) auf die Unterlage (Steine, Pflanzen) geklebt. Viele Larven bauen mit Hilfe von Spinndrüsen an der Mundöffnung einen Köcher, der artspezifisch ist und aus den verschiedensten Materialien besteht (Sand, Steinchen, Holz- und Blattstückchen, leere Schneckengehäuse). Der Köcher hüllt die Larve schützend ein.

Nahrung: Algen, winzige Wasserpflanzen und -tiere.

Kofferfische

Ostraciontidae

Ordnung: Kugelfischverwandte

Bei den Kofferfischen sind Kopf und Körper von einem aus sechseckigen Knochenplatten aufgebauten Panzer eingeschlossen, nur Flossen, Kiefer und Schwanzstiel sind frei beweglich. Die meisten Arten sind leuchtend bunt gefärbt.

Kennzeichen: Körper je nach Art im Querschnitt drei-, vier- oder fünfeckig, Bauchseite abgeplattet. Jung- und Alttiere, ♂ und ♀ häufig unterschiedlich gefärbt. Kanten oft gezackt oder mit langen, spitzen Fortsätzen besetzt, wie beim Vierhorn-Kofferfisch oder Kuhfisch (*Ostracion quadricornis*). Bis 50 cm.

Vorkommen: Tropische Meeresküsten. Vorwiegend auf Korallenriffen im Flachwasser.

Lebensweise: Gesellig. Sehr wendig, können auf der Stelle drehen. Schwimmen mit schwankenden Bewegungen.

Nahrung: Krebschen, Würmer.

Besonderes: Alle erwachsenen Kofferfische sollen giftig sein. Manche Arten verteidigen sich durch Giftausscheidungen ins Wasser, die die Angreifer abtöten. Trotz ihrer Giftigkeit werden Kofferfische von manchen Eingeborenen Ozeaniens über dem Feuer geröstet und gegessen. Von Todesfällen nach dem Genuß der Fische ist bisher noch nichts bekannt geworden.

Vierhorn-Kofferfisch

Kohlmeise

Parus major

Familie: Meisen

Die Kohlmeise ist die größte und häufigste Meise Mitteleuropas.

Kohlmeise

Kennzeichen: 14 cm. Rücken olivgrün, Flügel und Schwanz gräulich; Unterseite gelb mit schwarzem Längsstrich, beim ♂ breiter als beim ♀. Kopf schwarz mit weißen Wangen.

Stimme: Gesang das bekannte »Läuten« aus 2–3 Silben, die mehrfach wiederholt werden, wie »tielta-tielta-...« oder »zi-zi-dü zi-zi-dü ...«. Rufe buchfinkenähnlich »pink« oder schnarrende Laute.

Vorkommen: Europa, Asien bis Japan; Nordwestafrika. Baumbestandene Lebensräume aller Art, vom Tiefland bis zur Baumgrenze im Gebirge; auch Mangrovenwälder. Gärten und Parks, ebenso mitten in Großstädten.

Lebensweise: Außerhalb der Brutzeit oft in gemischten Meisentrupps. Zur Nahrungssuche nicht nur akrobatisch in Bäumen und Büschen turnend, sondern auch am Boden hüpfend. Im Winter auch an Fütterungen. Jahresvogel.

Brut: Höhlenbrüter; sehr findig bei der Nistplatzsuche; Nester selbst in Briefkästen, Rohren o. ä. 1–2 Bruten (April bis Juli). 8–12 Eier; Brutdauer 12–14 Tage, Nestlingszeit 15–20 Tage. Bezieht Nistkästen.

Nahrung: Insekten und deren Larven, Spinnen, Früchte und Beeren, Nüsse, Sämereien.

Kohlweißling → Kleiner Kohlweißling

Kojote → Schakale

Kolibris
Trochilidae
Ordnung: Kolibris

Kolibri (Purpurdegenflügler)

Kolibris kommen in etwa 335 Arten nur in Amerika vor.
Kennzeichen: Kleine bis sehr kleine Vögel mit schlanken Schnäbeln. Häufig bunte Gefiederfarben, z.T. mit metallischem Glanz, und markante Federformen. Schwanzfedern bei einigen Arten wie dem Wimpelschwanz (*Trochilus polytmus*) stark verlängert, bei anderen Arten der Schnabel, z. B. beim Schwertschnabel (*Ensifera ensifera*).
Vorkommen: Nord- bis Südamerika von Alaska bis Feuerland. In allen Lebensräumen mit für die Ernährung wichtigen Blumen.
Lebensweise: Können im Flug in der Luft stehen, plötzliche Schwenks vollführen, rückwärts fliegen. Rütteln zur Nahrungsaufnahme vor Blüten und saugen Nektar; Zunge dafür speziell gestaltet. Flügelschlagfrequenz zwischen 50 und 78 Schlägen/Sekunde, bei der Sonnenstrahlelfe (*Heliactin cornuta*) mit 90 Schlägen/Sekunde am schnellsten. Form des Flügelschlags beim Rütteln eine liegende Acht.
Brut: Balzflüge oft von ♂ und ♀. Nestbau und Brut alleinige Aufgabe des ♀. In der Regel 1–2 weiße Eier; Brutdauer je nach Art und Klima 14–23 Tage.
Nahrung: Nektar, Insekten.

Kolibri

Kolkrabe
Corvus corax
Familie: Rabenvögel

Der Kolkrabe ist der größte Rabenvogel und der größte Singvogel der Welt.
Kennzeichen: 64 cm. Tiefschwarz gefärbt mit blauem Schimmer. Sehr kräftiger Schnabel. Schwanz im Flug keilförmig.

Kolkrabe

Stimme: Gesang aus bauchrednerartig plaudernden und schnarrenden, rufähnlichen Motiven. Rufe sehr variabel, hohl »klong«, sonor »krok«.
Vorkommen: Europa und Asien bis auf Indien und Südostasien; Nordwestafrika; Nordamerika mit Grönland. Waldgebiete, Gebirge, Küste und Tundra; auch steppen- und wüstenähnliches Gelände.
Lebensweise: Segelt häufig, läßt sich von der Thermik hochtragen. Im Winter oft an Müllkippen. Nichtbrüter häufig in großen Schwärmen. Jahresvogel.
Brut: Lebenslange Einehe. Zur Balzzeit, die bereits im Spätwinter beginnt, akrobatische Flugspiele mit Loopings, Sturzflügen und Auf-dem-Rücken-fliegen. Umfangreiches Nest aus Ästen in Nischen oder Halbhöhlen (im Gebirge) oder auf hohen Bäumen (im Flachland). Nur das ♀ bebrütet die 3–6 Eier ca. 20 Tage lang, wird vom ♂ gefüttert.
Nahrung: Allesfresser. Bevorzugt Aas; Insekten, Würmer, kleinere Wirbeltiere, Eier; Früchte und Sämereien.
Besonderes: Wie alle Rabenvögel versteckt der Kolkrabe im Winter Futter.

Kommafalter

Hesperia comma

Familie: Dickkopffalter

Der Kommafalter ist einer der häufigsten einheimischen → Dickkopffalter.

Kennzeichen: Flügelspannweite 2,8 bis 3,2 cm. Flügel oberseits goldbraun, unterseits olivbraun mit weißen Flecken. Vorderflügel beim ♂ mit schwarz-silbrigem, kommaförmigem Duftfleck (Name!); fehlt beim ♀.

Vorkommen: In ganz Europa, von den Meeresküsten bis in 2500 m Höhe. Wiesen, Feldraine, Waldlichtungen.

Flugzeit: Fliegt in einer Generation von Ende Juni bis Anfang September.

Lebensweise: Unruhiger, schneller Flug von Blüte zu Blüte. Eier werden einzeln an Gräser abgelegt und überwintern dort. Raupen schlüpfen im Frühjahr.

Raupe: Schwarzgrau, nahezu unbehaart. Frißt an Schwingel, Rispengras, Weizen. Lebt am Boden in einer aus Pflanzenteilen gebauten Gespinströhre. Verpuppt sich nach 4maliger Häutung.

Kommafalter

Komodowaran

Varanus komodoensis

Familie: Warane

Der Komodowaran ist nicht nur der größte Waran, sondern zugleich die größte heute noch lebende Echse der Welt. Er wurde erst 1912 als eine der letzten großen Echsen entdeckt.

Komodowarane

Kennzeichen: 2,5 – 3 m, ungefähr die Hälfte entfällt auf den Schwanz; bis 130 kg schwer. Grauschwarz geschuppt. Gedrungener Körper mit breitem Kopf.

Verbreitung: Inseln Komodo, Rintja, Padar und westliches Flores.

Lebensweise: Gutes Riechvermögen (→ Warane). Frißt an geöffnetem Beutetier zuerst die Eingeweide; reißt dann große Fleischbrocken heraus, indem er mit den Vorderbeinen nachhilft. Schwimmt gut.

Fortpflanzung: → Warane.

Nahrung: Säugetiere wie Wildschweine oder Schweinshirsche. Auch Insekten, Würmer, Aas. Gräbt Eier von Großfußhühnern aus. Frißt auch den eigenen Nachwuchs und wahrscheinlich die Kadaver der eigenen Art.

Besonderes: Die »Drachen von Komodo«, wie sie auch heißen, sind gesetzlich geschützt. Das hilft ihnen aber nicht, denn ihre Beutetiere sind nicht geschützt. Der derzeit geschätzte Bestand liegt bei etwa 1000 Waranen.

Kompaßqualle → Quallen

Kondor → Königsgeier

Königsgeier

Sarcorhamphus papa

Familie: Neuweltgeier

Der Königsgeier ist ein sehr bunter Vertreter der Neuweltgeier. Der größte dieser Vogelgruppe ist der Kondor (*Vultur gryphus*) Südamerikas mit einer Flügelspannweite von über 3 m und einem Gewicht von 16 kg.

Kennzeichen: 70 – 80 cm. Kontrastreich schwarz-weiß gefärbt. Kopf und Hals unbefiedert, auffallend bunt. Kräftiger Schnabel.

Vorkommen: Tropenwälder von Südmexiko bis Nordargentinien. Trinidad.

Lebensweise: Einzelgänger. Segelt oft in großer Höhe. Sehr gut entwickelter Geruchssinn, der ihn auch an verstecktes Aas führt. Mit dem kräftigen Schnabel kann er auch zähe Haut aufreißen. Horst auf Urwaldbäumen. 1 Ei. Brutdauer mit 54 – 58 Tagen sehr lang. Nestlingszeit 80 Tage.

Königsgeier

Nahrung: Aas.

Besonderes: Neuesten Forschungen nach stellt man die Neuweltgeier heute in die Nähe der Störche.

Königskobra

Ophiophagus hannah

Familie: Giftnattern

Die Königskobra oder Riesenhutschlange ist die größte heute lebende Giftschlange der Welt. Sie zählt nicht zu den Echten Kobras (Gattung *Naja*).

Kennzeichen: 3,5 – 4,5 m. Auf grauem, olivbraunem bis schwarzem Grund oberseits unregelmäßige helle Querbänder. Verlängerte Halsrippen, mit deren Hilfe die lose Nackenhaut zu einem Hut auseinandergespreizt werden kann.

Königskobra

Vorkommen: Indien ohne Ceylon, Südchina, Südostasien bis zu den Philippinen. Dichter Dschungel des Berglandes, in Indien bis in 2000 m Höhe, oft in Gewässernähe.

Lebensweise: Tag- und nachtaktiv. Sehr zurückgezogen. Bei Bedrohung richtet sich die Königskobra mit dem 1. Drittel ihres Vorderkörpers gerade auf und spreizt die Halshaut auseinander. In dieser Haltung kann sie auch vorwärtsstürmen.

Fortpflanzung: Betreibt Brutpflege. ♀ schiebt großen Laubhügel zusammen, in den es 20 – 40 Eier legt. Bewacht auf dem Hügel zusammengerollt liegend das Gelege; ♂ meist in der Nähe. Junge beim Schlüpfen nach ca. 2 Monaten bereits 0,5 m lang.

Nahrung: Überwiegend Schlangen, auch giftige; hin und wieder Warane.

Besonderes: Wenn kein Serum verabreicht wird, kann bei einem Menschen nach einem Biß der Königskobra innerhalb der nächsten 15 Minuten der Tod eintreten.

Königspinguin → Kaiserpinguin

Königspython → Pythons

Kopffüßer

Cephalopoda

Stamm: Weichtiere

Die Kopffüßer sind hochentwickelte Weichtiere. Die 730 bekannten Arten werden untergliedert in Perlboote (*Tetrabranchiata*) und Tintenschnecken (*Dibranchiata*). → Krake, → Perlboot, → Tintenfisch.

Kennzeichen: Kegelförmiger Rumpf (Eingeweidesack), deutlich abgesetzter Kopffuß. Mundöffnung endständig, von einem Kranz mit Saugnäpfen besetzter, kontraktiler Arme umgeben. Entweder mit 8 gleichen Armen (*Oktopoden*) oder mit noch 2 längeren Tentakeln (*Dekapoden*), die am Ende Saugnäpfe tragen und in Taschen zurückgezogen werden können. Haut dünn und schleimig, in hohem Maße zu Farbwechsel fähig. Große Augen. 1 cm – 1 m.

Vorkommen: Weltweit. Im Meer, sowohl in Küstennähe als auch in der Hoch- und Tiefsee.

Lebensweise: Gesellig.

Fortpflanzung: Getrenntgeschlechtlich. Eier dotterreich, werden einzeln oder in Klumpen an Wasserpflanzen abgelegt.

Nahrung: Fische, Krebse, Weichtiere, Jungtiere der eigenen Art.

Besonderes: Bei Gefahr entleert eine kurz vor dem After endende Anhangsdrüse des Enddarms (Tintenbeutel) ein intensiv gefärbtes Sekret, das das Tier einhüllt und für Feinde unsichtbar macht.

Tintenfisch

Korallen

Anthozoa

Stamm: Nesseltiere

Mit ca. 4850 Arten sind die Korallen oder Blumentiere die umfangreichste Gruppe der → Hohltiere. Sie sind untergliedert in sechsstrahlige (Dörnchenkorallen, Krustenanemonen, → Seerosen, Steinkorallen und → Zylinderrosen) und achtstrahlige (Blaukorallen, → Horn- oder Rindenkorallen, Lederkorallen und → Seefedern) Korallen.

Kennzeichen: Kleiner, zylinderförmiger Polyp ohne Fußscheibe, sitzt in einem Kalkbecher, den er selbst ausscheidet. Mundscheibe mit 6 ringförmig angeordneten Tentakeln, deren Enden dicht mit Nesselzellen besetzt sind.

Vorkommen: In tropischen und gemäßigten Meeren. Am Bodengrund.

Lebensweise: Meist gesellig in großen Kolonien. Nachtaktiv.

Fortpflanzung: Sowohl geschlechtlich als auch ungeschlechtlich. Innere Befruchtung. Embryonen entwickeln sich im Körperinnenraum zu *Planula*-Larven. Larven setzen sich fest, wandeln sich zum Polypen und bringen durch Knospung weitere Polypen hervor.

Nahrung: Kleinlebewesen.

Besonderes: Korallen bilden kugelige oder feinverzweigte Stöcke. Die einzelnen Polypen sind untereinander durch Auswüchse der Körperwand verbunden.

Korallen

Kormoran

Phalacrocorax carbo

Familie: Kormorane

Zusammen mit Pelikanen, Tölpeln, Schlangenhalsvögeln und Fregattvögeln gehören die Kormorane zu den Ruderfüßern.

Kennzeichen: 80–100 cm. Gefieder schwarz mit grünlichem und rötlichem Metallglanz. Die verschiedenen Rassen unterscheiden sich am unterschiedlichen Weißanteil im Gefieder. Wangen und Kinn weiß; weißer Brutfleck am Schenkelansatz. Schnabel mit Hakenspitze.

Vorkommen: Küsten des Nordatlantiks und Nordmeeres. Südeuropa; Süd- und Südostafrika, Süd- und Südostasien bis Australien, Zentralasien. An Felsklippen, küstennahen Seen und Binnenseen.

Lebensweise: Liegt beim Schwimmen tief im Wasser, den Kopf schräg nach oben gehalten. Jagd nach Fischen tauchend, treibt sich mit rudernden Fußbewegungen vorwärts. Nach dem Tauchgang Flügeltrocknen mit ausgebreiteten Flügeln. Koloniebrüter, im Binnenland auf hohen Bäumen. Teilzieher.

Nahrung: Überwiegend Fische.

Kormoran

Krabben

Brachyura

Ordnung: Zehnfußkrebse

Die Krabben sind die höchstentwickelten Krebse. → Taschenkrebs, → Winkerkrabbe, → Wollhandkrabbe.

Kennzeichen: Kurzschwänzig, Rückenpanzer oft breiter als lang, 1 Paar gut entwickelte Scheren, 4 Paar Laufbeine, Augen sitzen auf Stielen. 6 mm–30 cm.

Vorkommen: Weltweit. Im Meer-, Brack- und Süßwasser.

Lebensweise: Meist gesellige Bodenbewohner.

Fortpflanzung: Das ♀ trägt die leuchtend gefärbten Eier (bis zu 1 Mio.) als Eipaket an ihrem nach unten eingeschlagenen Hinterleib. Die aus dem Ei schlüpfende Larve häutet sich mehrmals, bevor sie dem erwachsenen Tier gleicht.

Nahrung: Fische, Krebse, Schnecken, Muscheln, Aas.

Besonderes: Krabben bewegen sich beim Laufen oft seitwärts oder in schräger Richtung vorwärts.

Krabbenfresser

Lobodon carcinophagus

Unterordnung: Robben

Der antarktische Krabbenfresser, der zur Familie der Hundsrobben gehört, ist nach der Individuenzahl heute die häufigste Robbe überhaupt.

Kennzeichen: Körperlänge etwa 2,50 m, Fell silbrig graubraun mit dunkler Fleckung, hellt sich im Laufe des Jahres einheitlich cremeweiß auf, bis es beim nächsten Haarwechsel im Sommer wieder durch ein dunkles Fell ersetzt wird. Ohrmuscheln fehlen, Hinterflossen können nicht nach vorn geklappt werden.

Vorkommen: Antarktische Gewässer entlang der Packeisgrenze.

Lebensweise: Einzelgängerisch, nur zur Fortpflanzungszeit im Frühjahr paarweise, ♂ verteidigt ♀ und Jungtier.

Fortpflanzung: Jeweils 1 Junges, das auf dem blanken Eis geboren wird.

Nahrung: Fast ausschließlich kleine Plankton-Krebschen (Krill).

Besonderes: Auf die Nahrungssuche schwimmt der Krabbenfresser vorwiegend nachts, wenn die Krillkrebse sich nahe der Wasseroberfläche aufhalten. Sein spezialisiertes Gebiß mit mehrspitzigen Zähnen fungiert als eine Art Seihvorrichtung, mit der die Krebschen aus dem Wasser gefiltert werden.

Krabbenfresser

Krabbenspinnen

Thomisidae

Ordnung: Echte Spinnen

Die Krabbenspinnen erinnern in ihrem Aussehen an Krabben und können wie diese ebensogut seit- und rückwärts laufen. Ein typischer Vertreter dieser Familie ist *Thomisus onustus*.

Kennzeichen: Hinterleib abgeflacht, fast dreieckig, mit 2 schräg nach hinten gerichteten Höckern. Beine seitlich abgestreckt, vordere 2 Beinpaare deutlich verlängert. Färbung sehr variabel. ♀ 7–10 mm, ♂ 3–5 mm.

Vorkommen: Südeuropa. Warme, trokkene Gebiete mit blühenden Pflanzen, Trockenrasen.

Lebensweise: Einzelgänger. Sitzt auf Blüten und lauert auf Beute, die durch einen gezielten Biß gelähmt und dann ausgesogen wird.

Fortpflanzung: → Spinnen.

Nahrung: Insekten.

Besonderes: Diese Art hält sich ihrer Färbung entsprechend auf den passenden Blüten auf und ist damit gut getarnt.

Krabbenspinne

Kragenbär

Ursus thibetanus

Familie: Bären

Der große, schwarze Bär Asiens hat als Feinde neben dem Menschen nur den Tiger, Wolf und Braunbären zu fürchten.

Kennzeichen: Kopf-Rumpflänge 1,40 bis 2 m; kohlschwarzes, glänzendes Fell, auf der Brust ein V-förmiges weißes Abzeichen, verlängerte Haare an Schultern und Nacken.

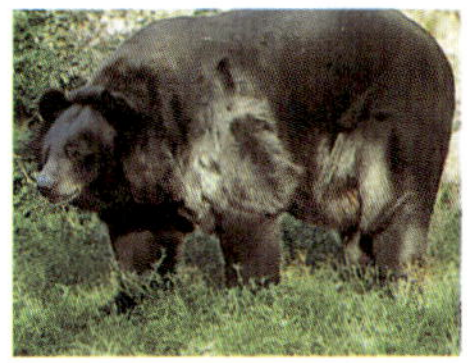

Kragenbär

Vorkommen: Weite Teile Süd- und Ostasiens. In Laub- und Mischwäldern, im Himalaja bis in 4000 m Höhe, in Nordostindien und Myanmar bis in den Regenwald des Tieflands.

Lebensweise: Tagaktiv; einzelgängerisch, ♀ oft auch zusammen mit halbwüchsigen Jungen; Ruheplatz in dichtem Gestrüpp oder einer Erdhöhle; klettert auch als Erwachsener oft auf Bäume, wo er Nahrung findet und auch Schutz vor Mensch und Tiger, seinen gefährlichsten Feinden; hält in kalten Regionen *Winterschlaf*.

Fortpflanzung: 1–3, meist 2 Junge pro Wurf, bleiben über 2 Jahre bei der Mutter.

Nahrung: Überwiegend Pflanzenkost sowie Insekten und Honig, auch Aas, selten Wirbeltiere, gelegentlich Haustiere.

Besonderes: In China werden Kragenbären in Bärenfarmen zur Gewinnung von Bärengalle gehalten, die in der asiatischen Medizin als Heilmittel hochgeschätzt ist.

Kragenechse

Kragenechse

Chlamydosaurus kingii

Familie: Agamen

Die Kragenechse ist die bekannteste Agame in ihrem Verbreitungsgebiet.
Kennzeichen: 50–90 cm, davon 2/3 Schwanz. Baumrindenartig gemustert und gefärbt. Seitlich abgeplatteter Körper. Breite Halskrause seitlich und unterhalb des Kopfes; je nach Verbreitung unterschiedlich gemustert; Durchmesser bis zu 25 cm.
Verbreitung: Nordaustralien, Neuguinea.
Lebensweise: Baumbewohner. Kann am Boden sehr schnell auf den Hinterbeinen laufen. Spannt durch Öffnen des Maules zum Drohen und Imponieren breite Halskrause wie einen Schirm auf, Kragen wird von einigen knorpeligen Fortsätzen des Zungenbeins gestützt. Paarungszeit im Frühjahr. 2–8 Eier; Junge schlüpfen nach 2–3 Monaten.
Nahrung: Insekten, Spinnen, kleine Säugetiere.

Krake

Octopus vulgaris

Ordnung: Tintenschnecken

Der in Seefahrergeschichten oft als »Seeungeheuer« geschilderte Gemeine Krake ist einer der bekanntesten → Kopffüßer.
Kennzeichen: Kräftige Fangarme, mit 2 Reihen Saugnäpfen besetzt. Große,

Krake

starre, mit Lidern versehene Augen. Körper je nach Umgebung grau-gelb-grün marmoriert. Bis 3 m.
Vorkommen: Weltweit. An felsigen Küsten zwischen Felsspalten und Steinblöcken.
Lebensweise: Bodenbewohner, selten im freien Wasser anzutreffen. Lauert in Höhlen und Felsspalten versteckt seiner Beute auf. Schwimmt bei Gefahr mit Rückstoßbewegungen davon.
Fortpflanzung: Die ♀ legen bis zu 150 000 kleine Eier in traubigen Haufen in Höhlungen oder selbstgebauten Steinnestern ab und bewachen 1 Monat lang die Brut, bis die Jungen schlüpfen. In dieser Zeit nehmen sie keine Nahrung auf. Sie sterben meist am Ende der Brutpflege. Die Jungkraken verstecken sich zum Schutz häufig in leeren Muschelschalen.
Nahrung: Krebse, Krabben, Muscheln.
Besonderes: Kraken können ihre Körperfarbe der Umgebung anpassen und sich so hervorragend tarnen. Bei Gefahr stoßen sie eine tintenartige Flüssigkeit aus, die den Angreifer verwirrt.

Krallenaffen → Marmosetten, → Tamarine

Krebs → Flußkrebs

Krebstiere

Crustacea

Stamm: Gliederfüßer

Die ca. 35 000 Arten von Krebstieren zeigen eine außerordentliche Formenvielfalt. Die meisten von ihnen leben im Meer, viele im Süßwasser, einige an Land. Krebstiere werden in 9 Unterklassen eingeteilt:
→ Asseln, → Blattfußkrebse, Höhere Krebse, Kiemenfüßer, → Krabben, Muschelkrebse, → Rankenfüßer, Ranzenkrebse, → Ruderfußkrebse.
Kennzeichen: Körper in Kopf, Brust und Hinterleib gegliedert, durch hartes Außenskelett geschützt. 2 Antennenpaare. Spaltfüße, die einen Innenast und einen Außenast tragen.

Kreuzkröte

Bufo calamita

Familie: Kröten

Die Gattung *Bufo* ist die artenreichste Gruppe der Kröten-Familie.

Kreuzkröte

Kennzeichen: 6–7 (–9) cm, ♀ größer als ♂. Oberseits bräunlich mit undeutlicher bis deutlicher dunkler Fleckung. In der Rückenmitte meist eine warzenlose, gelbe Linie, dadurch gut von der ähnlichen → Erdkröte zu unterscheiden. Haut trocken, warzig. Pupillen waagerecht.
Vorkommen: Südwest- und Westeuropa, Mitteleuropa bis westliche Ukraine. Offene Lebensräume mit trockenen, sandigen Böden, auch in Dünen. Abbaugelände von Sand oder Kies, Ruderalflächen mit lockerem Bewuchs.
Lebensweise: Sonnenliebend, wenn der Bewuchs zu hoch wird, verläßt sie den Lebensraum. Versteckt sich tagsüber in Höhlungen aller Art. Bleibt meist in unmittelbarer Nähe des Laichgewässers. Kann wegen der kurzen Beine nur mäuseähnlich schnell laufen. In Mitteleuropa von September–März Winterruher.
Fortpflanzung: Laichgewässer flach, mit keinem oder wenig Bewuchs, auch mit brackigem Wasser. Laichzeit April–Juni. Je nach Wassertemperatur schlüpfen die Jungen nach 2–14 Tagen. Umwandlung zum Frosch (*Metamorphose*) nach 3–12 Wochen.
Nahrung: Insekten, Spinnen, Würmer.

Kreuzotter

Vipera berus

Familie: Vipern

Europa ist der Kontinent mit den wenigsten Giftschlangen. Die Kreuzotter ist die bekannteste unter ihnen.
Kennzeichen: 60–75 (–85) cm, ♀ größer als ♂. Auf grauem oder braunem Grund meist ein dunkles Zickzack-Band. Gebietsweise kupferfarben (Kupferotter) oder schwarz (Höllenotter).
Vorkommen: Mittel-, Nordwest- und Nordeuropa; Osteuropa über Nordasien bis Sachalin. Moore, Uferbereiche von Gewässern, Heiden, lichte Wälder, Waldlichtungen und -ränder.
Lebensweise: Tagaktiv, im Hochsommer dämmerungsaktiv. Guter Schwimmer. Lebendgebärend. Geburt der meist 5–15 Jungen August/September. Alle Neugeborenen haben das Zickzackmuster, auch die von Höllen- oder Kupferottern. Überwintert in Gemeinschaftsquartieren. Winterruher von Oktober bis April, am Polarkreis noch länger.
Nahrung: Kleine Wirbeltiere.
Besonderes: Die Kreuzotter ist die am weitesten nördlich vorkommende Schlangenart.

Kreuzotter

Kreuzspinne

Kreuzspinne (im Netz)

Kreuzspinnen
Araneus
Familie: Radnetzspinnen

Kennzeichnend für alle Kreuzspinnen ist die helle Kreuzzeichnung auf dem Hinterleib, die aus 4 länglichen und 1 rundlichen, hellen Fleck besteht. Die auffallendste und häufigste Art ist die Gartenkreuzspinne (*Araneus diadematus*).
Kennzeichen: Hinterleib im vorderen Drittel verbreitert. Färbung sehr variabel. ♂ 5–10 mm, ♀ 12–17 mm.
Vorkommen: Mitteleuropa. Vor allem an Waldrändern, in Wiesen und Gärten, an Bauwerken.
Lebensweise: Baut senkrechtes Radnetz in geringer Höhe, gerne auch in Fenster- und Türecken. Repariert meist unmittelbar vor Sonnenaufgang ihr Netz oder legt ein neues an. Sitzt tagsüber in der Netzmitte.
Fortpflanzung: Paarungszeit August bis Oktober. Das ♀ legt mehrere gelbliche, watteähnliche Eikokons an, neben dem letzten bleibt es sitzen und stirbt. Die Jungspinnen verlassen im kommenden Mai den Kokon und werden im darauffolgenden Jahr geschlechtsreif.
Nahrung: Fluginsekten.
Besonderes: Die Gartenkreuzspinne diente als Laborbeispiel zum Studium des Radnetzbaus.

Krill → Leuchtgarnelen

Krokodil → Leistenkrokodil, → Nilkrokodil

Kronenkranich
Balearica pavonina
Familie: Kraniche

Der Kronenkranich ist wegen seiner farbigen Gesamterscheinung ein beliebter Zoovogel. Weltweit gibt es 15 Kranicharten.
Kennzeichen: 100–120 cm. Überwiegend dunkelgrau (nördliche Rasse) bis hellgrau (östliche und südöstliche Rasse) gefärbt; Flügel weiß mit gelben und rostfarbenen Armschwingen. Schwarzer Kopf mit rosafarbenen Wangen und kleinem, rotem Kehllappen (nördliche Rasse), weißen Wangen und leuchtend roten Kehllappen (südliche Rasse). Goldgelbe Federkrone am Hinterkopf.
Vorkommen: Offene Feuchtgebiete und Grasländereien Afrikas südlich der Sahara bis zur Südspitze, mit Ausnahme des Kongobeckens.
Lebensweise: Läßt im Flug die Beine hängen, Hals leicht abwärts geneigt. Truppweise zur Nahrungssuche in offenem Gelände, zur Brutzeit paarweise. Tanz mit hohen Sprüngen und tiefen Verbeugungen. Baumt nachts auf. Nest meist am Boden, hin und wieder auf niedrigen Bäumen; zum Bau wird nur wenig Pflanzenmaterial verwendet. 3 Eier.
Nahrung: Insekten, Würmer, kleine Wirbeltiere; pflanzliche Stoffe aller Art, Sämereien.

Kronenkraniche

Krontaube
Goura cristata
Familie: Tauben

Die Krontaube gehört zusammen mit 2 weiteren Arten krönchentragender Tauben zu den größten Tauben der Welt.
Kennzeichen: 80 cm, 1,5 kg schwer. Gefieder dunkel blaugrau, rotbraunes Band über Mittelrücken und Oberflügeldecken-Spitzen; weißer Flügelspiegel. Krone aus fein zerschlissenen, blaß blaugrauen Federn; schwarze Augenmaske.
Vorkommen: Nordwest-Neuguinea, vorgelagerte Inseln. Tiefland-Regenwald.

Krontaube

Lebensweise: Bodenvogel, Nahrungssuche in kleinen Trupps aus 2–10 Vögeln. Bei Störung flieht sie unter klatschenden Flügelgeräuschen in den Kronenbereich. Balzende ♂ nicken mit dem gesenkten Kopf und wippen mit dem gefächerten Schwanz. Flaches Nest in Bäumen, 1–2 Eier.
Nahrung: Früchte, Beeren, große Samen.

Krötenfische → Fühlerfische

Küchenschabe

Blatta orientalis
Ordnung: Schaben

Aus der Ordnung der → Schaben sind die Gemeine Küchenschabe, die Amerikanische Großschabe (*Periplanete americana*) sowie die Deutsche Schabe (*Blattella germanica*) die bei uns bekanntesten und häufigsten Hausschädlinge.

Küchenschabe

Kennzeichen: 2–2,5 cm lang. Einfarbig rotbraun. Lange Fühler. Vorderflügel verstärkt. Kräftige, lange, bedornte Beine. Hinterleib mit 2 langen Schwanzanhängen.
Vorkommen: Weltweit. In Häusern, Feldgehölzen, Wäldern.
Lebensweise: Der Körperbau erlaubt den Schaben sehr gut zu laufen und durch enge Ritzen zu schlüpfen. Bei der Balz betrillert das ♂ das ♀ mit den Fühlern, um es paarungswillig zu stimmen. Nach der Paarung versteckt das ♀ 20–50 Eier in einem Eikokon verpackt in Ritzen u. ä. Entwicklung etwa 1 Jahr (9–13 Larvenstadien).
Nahrung: Allesfresser, richten auch in Nahrungsmitteln Schaden an.
Besonderes: Küchenschaben werden nicht wegen ihrer Fraßschäden bekämpft, sondern weil sie Lebensmittel verschmutzen und Krankheitserreger übertragen.

Kuckuck

Cuculus canorus
Familie: Kuckucke

Der Kuckuck ist in Mitteleuropa der einzige Brutschmarotzer.
Kennzeichen: 33 cm. Oberseite, Flügel und Oberschwanz grau, Vorderbrust hellgrau, Unterseite weißlich, quergebändert. Langer Schwanz, spitze Flügel. ♀ auch in einer rotbraunen Phase.
Stimme: Reviergesang das namengebende »Ku-kuk«.
Vorkommen: Europa, Nordwestafrika, fast ganz Asien. In nahezu allen Lebensräumen von der Küste bis ins Hochgebirge.
Lebensweise: Brutschmarotzer, der seine Eier von Wirtsvögeln ausbrüten läßt. ♀ ist auf bestimmte Wirtsvogelart festgelegt; legt ein Ei ins Nest, verschluckt 1–2 Wirtsvogeleier. Nach dem Schlüpfen wirft der junge Kuckuck alle Nestgeschwister oder Eier aus dem Nest. In Europa gibt es über 100 Wirtsvogelarten des Kuckucks. Sommervogel, überwintert in Afrika südlich des Äquators.
Nahrung: Insekten, v.a. aber behaarte Raupen.

Kuckuck

Kuckuck (Jungvogel)

Kudu

Tragelaphus strepsiceros

Familie: Hornträger

Mit seinem prachtvollen Gehörn ist der Große Kudu der stattlichste Vertreter der Unterfamilie der Waldböcke.

Kennzeichen: Schulterhöhe beim ♂ bis 1,60 m, ♀ etwas kleiner, 30–50 cm langer, buschig behaarter Schwanz; Fell graubraun bis sandfarben mit feinen, weißen senkrechten Streifen, weißes Maul und weiße Linie zwischen den Augen; ♂ mit lang herabhängender Halsmähne; Hörner des ♂ bis 1,80 m lang, ausladend, in weiten Spiralwindungen gedreht, ♀ hornlos.

Vorkommen: Süd- und Ostafrika. Dornbuschsteppe, bewaldetes Hügel- und Bergland, oft auf steinigem Untergrund.

Lebensweise: Überwiegend dämmerungs- und nachtaktiv; bildet nach Geschlechtern getrennte Trupps von meist 3–10 Tieren, gelegentlich auch größere gemischte Herden bis zu 100 Tieren; Altbullen auch als Einzelgänger.

Fortpflanzung: Tragzeit 9 Monate; pro Geburt gewöhnlich nur 1 Junges, das als *Ablieger* in den ersten Lebenswochen in einer Deckung liegenbleibt und von der Mutter nur zum Säugen aufgesucht wird.

Nahrung: Vor allem Laub von Bäumen und Sträuchern, daneben auch Gras und Kräuter, Wurzeln und Früchte.

Großer Kudu

Kugelfische

Tetraodontidae

Unterordnung: Kugelfischartige

Allen 90 Arten der Kugelfische oder Vierzähner ist gemeinsam, daß sie sich bei Gefahr durch Aufnahme von Luft oder Wasser kugelförmig aufblasen und Stacheln ausstellen können. Beim Ausblasen der Luft entstehen trommelnde Geräusche.

Kugelfisch

Kennzeichen: Körper rundlich. Haut lederartig zäh, schuppenlos, mit spitzen, hohlen Stacheln besetzt. Scharfe Zähne, die miteinander verwachsen sind, jedoch in der Maulmitte eine Lücke lassen. Keine Bauch- und 1. Rückenflosse, lange Schwanzflosse. Meist sehr auffällig gezeichnet. 6–90 cm.

Vorkommen: Die meisten Arten in der Küstenzone tropischer und subtropischer Gewässer, einige Arten auch im Süßwasser.

Lebensweise: Bodenfische. Streng territoriale Einzelgänger. Nicht sehr schwimmfreudig. Bewegen sich durch hubschrauberförmiges Bewegen der Rücken- und Brustflossen vorwärts.

Fortpflanzung: Das ♂ beißt sich am ♀ fest. Abgelaicht wird auf Steinen und Pflanzen. Der Laich ist für andere Tiere giftig. Das ♂ bewacht und pflegt Brut und Jungfische.

Nahrung: Krebse, Schnecken, Muscheln, Korallenstöcke.

Besonderes: Erwachsene Kugelfische enthalten in ihren inneren Organen, vor allem in den Keimdrüsen, der Galle, Leber und im Darm ein tödliches Gift. In Japan wird aus Kugelfischen die Delikatesse »Fugu« bereitet.

Kugelgürteltiere

Tolypeutes

Familie: Gürteltiere

»Bolitas«, Bällchen, nennen die spanischsprechenden Einheimischen treffend die südamerikanischen Kugelgürteltiere, von denen es 2 Arten gibt: das Nord- oder Eigentliche Kugelgürteltier *(Tolypeutes matacus)* und das Süd- oder Dreibinden-Kugelgürteltier *(T. tricinctus)*.

Kennzeichen: 35–45 cm groß, Schwanz etwa 9 cm lang; Körper von einem verknöcherten Schuppenpanzer bedeckt, nur am Bauch mit behaarter, ledriger Haut; gelblichbraun.

Vorkommen: Das Süd-Kugelgürteltier im südlichen Südamerika, das Nord-Kugelgürteltier in Ostbrasilien. In offenem Grasland und lichten Buschwäldern und Savannen.

Lebensweise: Tag- und nachtaktiv; einzelgängerisch; graben im Gegensatz zu anderen Gürteltieren keine Erdbaue, schlafen unter Buschgestrüpp.

Fortpflanzung: Pro Geburt nur 1 Junges; Neugeborene blind und noch weichhäutig und rosig.

Nahrung: Insekten, vorzugsweise Ameisen und Termiten.

Besonderes: Kugelgürteltiere verwandeln sich, wenn sie sich bedroht fühlen, blitzschnell in eine kompakte Panzerkugel, die sich wie ein Ball rollen und auch von Hunden, Kojoten oder Füchsen nicht aufbrechen läßt. Das Einrollen funktioniert, genau wie bei unserem → Igel, durch Zusammenziehen einer Hautmuskelschicht am Rumpf.

Kugelgürteltier

Kuhantilope

Alcelaphus buselaphus

Familie: Hornträger

Die Kuhantilope ist namengebend für eine Reihe ähnlich gebauter, vergleichsweise großer Antilopen, die von den Zoologen zur Unterfamilie der Kuhantilopen zusammengefaßt werden. Hartebeest, d. h. »zähes Rind«, nannten die südafrikanischen Buren die hier beschriebene eigentliche Kuhantilope, weil sie als ausdauernder, schneller Läufer nur schwer zu erjagen war.

Kuhantilope

Kennzeichen: Körpergröße ähnlich einem → Rothirsch, ockergelbes oder glänzend rotbraunes Fell; langer, schmaler Kopf; beide Geschlechter mit breiten, S-förmig nach hinten geschwungenen Hörnern; »Kuhschwanz« mit schwarzer Quaste.

Vorkommen: In etlichen Unterarten in weiten Teilen Afrikas südlich der Sahara. Steppen und Trockensavannen, auch lichte Buschgebiete.

Lebensweise: Bildet ♂-, ♀- und gemischte Rudel von meist 5–20 Tieren, gelegentlich auch große Herden; alte Bullen werden territorial, markieren ihr Revier mit Kot und Drüsensekret; Rang- und Rivalenkämpfe der Bullen durch Schieben mit ineinander verhakten Hörnern, meist auf »Knien«.

Verhalten: Steht zum Beobachten der Umgebung gern auf Termitenhügeln oder anderen Erhebungen.

Fortpflanzung: Jeweils 1 Kalb, das in den ersten beiden Lebenswochen im Gras oder Gebüsch liegenbleibt, dann erst dem Rudel folgen kann.
Nahrung: Gras und Kräuter, gern salzige Erde, selten Laub.

Kuhfisch → Kofferfische

Kuhreiher

Bubulcus ibis
Familie: Reiher

Der Kuhreiher hat in den letzten 50 Jahren sein Verbreitungsgebiet nach Nord- und Südamerika sowie Australien und Neuseeland ausgedehnt und bewohnt jetzt 6 Kontinente.
Kennzeichen: 48–53 cm. Weiß gefärbt, zur Brutzeit an Kopf, Rücken und Brust rostfarbene, lange Schmuckfedern.
Vorkommen: Weltweit verbreitet. Feuchtgebiete und Savannen, Wiesen und Weiden.
Lebensweise: Ist unabhängiger vom Wasser wie andere Reiherarten. Folgt großen Tieren, heute auch Haustieren, und fängt Insekten sowie kleine Wirbeltiere, die von diesen aufgestöbert werden. Sucht auf dem Rücken der Tiere reitend die Haut nach Parasiten ab. Morgens und abends in Schwärmen von und zu den Schlafplätzen. Überwiegend Jahresvogel.

Kuhreiher

Brut: Koloniebrüter, häufig zusammen mit anderen Reiherarten. Nester in Bäumen oder Büschen, gelegentlich auch im Schilf. 1 Brut (April–Juni). 4–5 Eier; Brutdauer 22–25 Tage, Nestlingszeit ca. 1 Monat.
Nahrung: Insekten, kleine Wirbeltiere.

Kupferglucke

Gastropacha quercifolia
Familie: Glucken

Die hübsche Kupferglucke zählt zu den Schädlingen unter den → Glucken.
Kennzeichen: Flügelspannweite beim ♂ 5,5 cm, beim ♀ 7–8,5 cm. Kupferrot, violett schimmernd. Flügel mit gleichmäßig gekerbtem Saum.
Vorkommen: Ganz Europa (außer Nordskandinavien). Laubwälder, Gärten, Obstgärten und -plantagen.

Kupferglucke

Flugzeit: Fliegt in 1–2 Generationen von Mitte Juni bis August.
Lebensweise: Nachtaktiv; ruht tagsüber mit gefalteten Flügeln (einem welken Blatt ähnelnd) an Zweigen. ♀ heftet die Eier an die Blattunterseite der Raupenfraßbäume. Überwintert als Raupe.
Raupe: Bräunlich, mit 2 dunkelblauen, samtähnlichen Flecken hinter dem 2. und 3. Segment. Frißt an verschiedenen Laubbäumen, kann Obstbäumen schädlich werden. Verpuppung an einem Zweig.

Kupferkopf → Grubenottern

Kurzflügler
Staphylinidae
Ordnung: Käfer

Auch wenn die Artenfülle (30 000) dieser Käferordnung enorm ist, so sind die Kurzflügler doch wenig bekannt. Die Tiere sind meist unscheinbar und sehr klein, aber relativ leicht an den verkürzten Flügeldecken zu erkennen. Da die Hinterflügel gut ausgebildet sind, können die Käfer gewandt fliegen. Kleine Kurzflügler-Arten sind im Sommer in Schwärmen als »Gewitterfliegen« zu beobachten. Die meisten Arten ernähren sich räuberisch, einige von Pilzen und Pflanzen. Viele leben aber auch in Gesellschaft von Ameisen. Andere Arten wiederum leben im Boden oder haben sich auf Tierbauten spezialisiert. Zu den in Europa vorkommenden Arten gehört der Moderkäfer (*Ocypus olens*).

Kurzflügler (Moderkäfer)

Kurzfühlerschrecken
→ Springschrecken

Küstenasselspinne
Pycnogonum littorale
Klasse: Asselspinnen

Asselspinnen sind äußerst seltsam gestaltete Meeresbewohner, deren Körper oft nur aus Beinen zu bestehen scheint. Die Anzahl der Gliedmaßen ist bei einigen Arten stark vermehrt.

Kennzeichen: Vorderkörper mit rüsselartigem Fortsatz, schmal stabförmig, hellbeige. Hinterkörper lange, stabförmige, dunkelbraune Röhre. ♀ mit 4 langen Beinpaaren, beim ♂ zusätzlich 1 Paar Eierträger ausgebildet. Bis 18 mm.
Vorkommen: Nordsee. Von der Küstenzone bis zur Tiefsee.
Lebensweise: Gesellige Bodenbewohner.
Fortpflanzung: ♂ betreiben Brutpflege und befestigen die befruchteten Eier an ihren Eierträgern. Die schlüpfenden Larven werden auf Nesseltier-Kolonien abgesetzt.
Nahrung: Moostierchen, Schwämme, Seerosen, die ausgesaugt werden.
Besonderes: Die schlüpfenden Larven besitzen zunächst nur 3 Beinpaare. Nach etlichen Häutungen nimmt die Zahl der Beine zu, je nach Art bis zu 9 Beinpaaren.

Küstenasselspinne

Küstenseeschwalbe
Sterna paradisaea
Familie: Seeschwalben

Die Küstenseeschwalbe hat mit 36 000 km zwischen Arktis und Antarktis den längsten Zugweg aller Vogelarten.
Kennzeichen: 33–38 cm. Ober- und unterseits grau getönt; schwarze Kopfkappe. Kurze Füße und Schnabel rot. Lange Schwanzspieße.
Vorkommen: Küstengebiete und Tundren der Inseln und des Festlandes rund um den Nordpol; südlich bis Nord- und Ostsee.
Lebensweise: Nahrungssuche stoßtauchend. Auf dem Zug über dem offenen Meer; läßt sich zum Ruhen auf treibenden Gegenständen nieder. Sommervogel.
Brut: Brütet in großen Kolonien, oft mit anderen Seeschwalbenarten. Mitglieder einer Kolonie verteidigen ihre Nester vehement und mit gezielten Schnabelhieben gegen Menschen und andere Eindringlinge. Nest eine einfache Bodenmulde. Junge werden von ♂ und ♀ bebrütet und betreut.
Nahrung: Fische, Kleinkrebse.
Besonderes: Der nördlichste Brutplatz lag nur 6½ Breitengrade vom Nordpol entfernt auf Grönland.

Küstenseeschwalbe

L

Lachmöwe

Larus ridibundus

Familie: Möwen

Die Lachmöwe ist bei uns die häufigste Möwe im Binnenland.

Kennzeichen: 38–40 cm. Oberseite silbergrau, Hals, Unterseite und Schwanz weiß; Vorderkopf, Kinn und Kehle schokoladenbraun, Hinterkopf weiß. Schnabel und Beine rot, Flügelspitzen schwarz. Im Winter Kopf weiß mit dunklem Ohrfleck.

Vorkommen: Europa, mittleres Asien bis Kamtschatka. Feuchtgebiete, Verlandungsbereiche von Seen, Küste.

Lebensweise: Sehr anpassungsfähig. Läuft bei der Nahrungssuche auf Feldern hinter dem Traktor her und fängt aufgescheuchte Kleintiere; auch an Mülldeponien und Kläranlagen sowie bei Fütterungen etwa an Parkgewässern. Im Winter oft in riesigen Scharen inmitten von Städten. Teilzieher.

Brut: Koloniebrüter; oft mehrere 1000 Paare. Nest meist auf oder zwischen Bülten im Flachwasserbereich eines Sees. 1 Brut (April–Juni). 3 Eier; Brutdauer 22–24 Tage, Junge *Platzhocker*, nach 5–6 Wochen flügge.

Nahrung: Insekten, auch fliegende, Würmer, Schnecken, Fische, Krebstiere. Abfälle aller Art, Brotreste, auch Aas.

Lachmöwe

Lachs

Salmo salar

Familie: Lachsähnliche

Der Atlantische Lachs gehört zu den begehrtesten und schon seit langer Zeit als Speisefisch verwendeten Meeresfischen.

Lachs

Kennzeichen: Körper langgestreckt mit schlankem Schwanzstiel. Im Meer lebende Lachse (Blanklachse) mit graugrünem Rücken, silbrigen Seiten und weißem Bauch, Kopf und Seiten mit schwarzen Flecken. Im Fluß lebende Lachse (Hakenlachse) mit dunklem Rücken, bläulichen Seiten, rötlichem Bauch und rötlichen Flossen; ♂ mit hakenförmig aufwärtsgebogenem Unterkiefer. 90–150 cm, ♀ meist kleiner als ♂.

Vorkommen: Europäische Küstengewässer, bevorzugt Nordatlantik. Bis in 10 m Wassertiefe.

Lebensweise: Schwarm- und Wanderfisch. Verbringt seine Jugend in den Oberläufen großer Flüsse Europas und Nordamerikas, wandert mit 10–20 cm Länge ins Meer, um zum Ablaichen wieder in den Heimatfluß zurückzukehren.

Fortpflanzung: Laichzeit in mitteleuropäischen Gewässern Mitte November–Mitte Dezember. Laichplätze in klarem, sauerstoffreichem Wasser über Kiesgrund. ♀ legt ein ca. 50 cm tiefes und über 1 m langes Laichbett an. Pro Kilogramm Körpergewicht 500–2000 Eier, die über einen längeren Zeitraum abgegeben und danach mit Kies bedeckt werden. Brutdauer 70–200 Tage.

Nahrung: Zunächst Kleinkrebse und Insektenlarven, später Fische.
Besonderes: Die Lachse verbringen 1–3 Jahre im Meer. Sie nehmen in dieser Zeit beträchtlich an Gewicht zu und speichern große Mengen Fett, so daß ihr Fleisch orangerot gefärbt ist. Auf ihrem Weg zum Laichplatz erreichen sie Geschwindigkeiten von 13 km/h und springen 3–5 m weit. Jetzt nehmen sie keine Nahrung mehr auf.

Lachsforelle → Forelle

Lama → Guanako

Landschildkröte → Griechische Landschildkröte

Langfühlerschrecken → Springschrecken

Langohr-Fledermäuse
Plecotus
Ordnung: Fledertiere

Die Langohren gehören zur formenreichen Familie der Glattnasen-Fledermäuse. In Europa ist die Gattung durch das Braune Langohr (*Plecotus auritus*) und das etwas größere Graue Langohr (*P. austriacus*) vertreten.
Kennzeichen: Kopf-Rumpflänge 4 bis 6 cm, Flügelspannweite 25–30 cm; Fell braun bis grau, bauchseits weißlich; Ohren enorm groß, über der Stirn durch eine Hautfalte verbunden.
Vorkommen: Gemäßigte Klimazonen Europas und Asiens. Offene Wald- und Heckenlandschaften, Parks und Gärten.
Lebensweise: Dämmerungs- und nachtaktiv; Flug langsam; Sommerquartiere in Baumhöhlen, Nistkästen, in und an Gebäuden; ♂ im Sommer überwiegend einzeln; ♀ zu 10–50 in sog. Wochenstuben (oft Dachböden), wo sie ihre Jungen (gewöhnlich 1, selten auch Zwillinge) zur Welt bringen und aufziehen. *Winterschlaf* meist einzeln, und zwar in Höhlen oder Kellern.
Verhalten: Schlafende Tiere klappen ihre Ohren nach hinten um und klemmen

Braune Langohrfledermaus

sie unter den eingefalteten Flügeln fest.
Nahrung: In erster Linie Fluginsekten, lesen aber auch Raupen, Käfer, Spinnen und dergleichen von Zweigen ab.

Langschwanzpipra
Chiroxiphia linearis
Familie: Schnurrvögel

Schnurrvögel gehören zu den Sperlingsvögeln und sind in etwa 50 Arten in Mittel- und Südamerika beheimatet.
Kennzeichen: ♂ 20–22 cm, ♀ 11 cm. ♂ schwarz mit rotem Oberkopf und leuchtend blauem Rücken; Beine orange; mittlere Schwanzfedern 10–12 cm, schnurartig verlängert. ♀ unscheinbar matt olivgrün; Schwanzfedern nur wenig verlängert.
Vorkommen: Westliches Mittelamerika; Südmexiko bis nördliches Costa Rica. Trockenes, offenes Waldland vom Tiefland bis in 1500 m Höhe; Galeriewälder. Auch Sekundärwald.
Lebensweise: In den unteren bis mittleren Stockwerken der Bäume lebend. Höhepunkt der Balz April/Mai, zu Beginn der Regenzeit. ♂ polygam. Nur ♀ kümmert sich um das Brutgeschäft. Nest ein dünnwandiger Napf aus Blättern und Moos, niedrig in Büsche gebaut. 2 Eier.
Verhalten: 2–3 ♂ führen zur Balzzeit einzigartige Tänze auf einem Ast auf. Meist ist auch ein ♀ anwesend. Im Verlauf des Tanzes trippeln die ♂ dicht nebeneinander auf dem Ast seitwärts, dann springt das vordere ♂ hoch, rüttelt kurz über dem ♀, setzt sich an das hintere Ende der Reihe; dann kommt das nächste »vordere« ♂. Dieses Hüpfen erscheint

Langschwanzpipra

wie »ein-Rad-schlagen«. Das ♀ sucht das beste ♂ aus.
Nahrung: Überwiegend Früchte; auch Insekten.

Languste
Palinurus vulgaris
Unterordnung: Ritterkrebse

Die Languste, auch Stachelhummer genannt, ist ein wertvoller Speisekrebs, der vor allem vor der französischen Küste in Mengen gefangen wird.

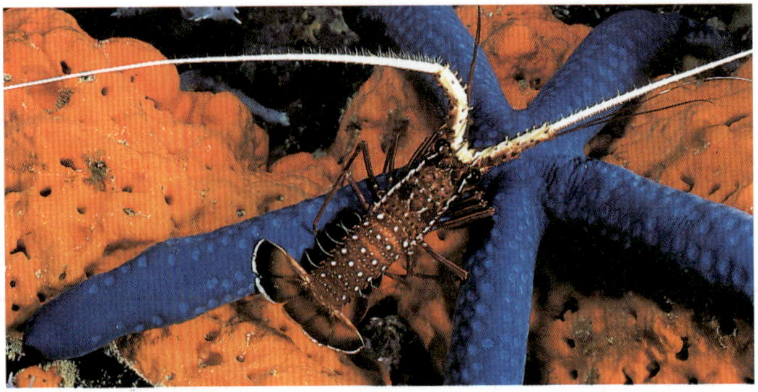

Languste auf Seestern

Kennzeichen: Körper abgeplattet mit stacheligen Fortsätzen, Brustteil mit Dornen bewaffnet. Gut entwickelter Schwanzfächer. 1. Laufbeinpaar mit kräftigen Scheren. Mehr als körperlange Antennen, große, gesägte Fühler. Dunkelbraun mit rotbraunen bis purpurfarbenen Flecken, Beine und Antennen rostrot geringelt. Bis 45 cm.
Vorkommen: Östlicher Atlantik. Über felsigen Böden in Küstennähe.
Lebensweise: Nachtaktives Bodentier, tagsüber in Felsnischen verborgen. Höchstalter 15 Jahre.
Fortpflanzung: Geschlechtsreife mit 6–7 Jahren. Eiablage April. Große ♀ bis zu 100 000 Eier. Brutdauer 9–10 Wochen. Larven breit und flach, papierdünn, durchsichtig, mit langen Spinnenbeinen und langgestielten, schwarzen Augen, bis 12 mm. Leben 6–9 Monate freischwimmend, gehen dann zum Bodenleben über und verwandeln sich in Langusten.
Nahrung: Schnecken, Muscheln, Aas, Schlangensterne.
Besonderes: Die amerikanische Art *Palinurus argus* führt jahreszeitliche Wanderungen durch, bei denen Hunderte von Tieren im Gänsemarsch mehr als 100 km weit auf dem Meeresboden dahinziehen, um neue Weidegründe zu finden.

Lar → Weißhandgibbon

Lärmpitta → Pittas

Laternenfische
Myctophidae
Ordnung: Lachsfische

Die etwa 150 Arten dieser Familie von Tiefseefischen besitzen Leuchtorgane, die perlenartig aufgereiht v.a. an Kopf und Schwanzwurzel liegen und oft hübsche Muster bilden.
Kennzeichen: Rücken mäßig hoch, 2 Stacheln vor der Rückenflosse. 2,5–15 cm.
Vorkommen: Indomalaiisches Archipel, Südpazifik, Atlantik, Mittelmeer. In großen Tiefen.
Lebensweise: In Schwärmen lebende Tiefseefische, die tageszeitbedingte senkrechte Wanderungen vollführen. Steigen nachts auf und gehen nahe der Wasseroberfläche auf Nahrungssuche; tagsüber in 500–800 m Wassertiefe.
Nahrung: Plankton.
Besonderes: Die Leuchtorgane der Laternenfische bestehen aus Drüsen, die Leuchtbakterien enthalten. Die Fische können Licht ein- und ausschalten, indem sie je nach Art entweder die ganze Drüse drehen, so daß das Licht nach innen fällt oder aber schwarze »Augenlider« über die ganze Drüse ziehen.

Laubfrosch
Hyla arborea
Familie: Laubfrösche

Der Europäische Laubfrosch ist einer der bekanntesten Frösche bei uns.
Kennzeichen: 3–4 cm. Oberseits meist einfarbig grün, unterseits weißlich bis

Laubfrosch

grau; dunkler Flankenstreif vom Nasenloch bis in die Hüftregion, dort eine sog. Hüftschlinge bildend. Waagerechte Pupille; gut sichtbares Trommelfell. Finger- und Zehenspitzen mit Haftscheiben. Kehlständige Schallblase.

Stimme: Während der Paarungszeit laute, rhythmisch geäußerte »gäk-gäk-gäk«-Rufe, meist im Chor in der Dämmerung oder nachts. Sehr weit hörbar. Ruft auch außerhalb der Paarungszeit.

Verbreitung: Europa bis auf die Britischen Inseln, den größten Teil Skandinaviens sowie Teile Süd- und Südwesteuropas. Teile Westasiens.

Lebensraum: Feuchte Laub- und Laubmischwälder mit eingestreuten Kleingewässern, Randbereiche von Gewässern, Feldgehölze mit abwechslungsreichem Unterwuchs. Auch in Gärten. Zur Fortpflanzungszeit flache, krautige Gewässer.

Lebensweise: Überwiegend nachtaktiv. Tagsüber sonnt er sich oft, sitzt dann zusammengekauert in Büschen und Bäumen. Kann durch Haftscheiben hervorragend klettern. Laichzeit spätes Frühjahr. In Mitteleuropa Winterruher.

Nahrung: Insekten, Spinnen und andere Wirbellose. Kaulquappen v.a. Algen.

Besonderes: Je nach Stimmung und Temperatur kann der Laubfrosch seine Oberseitenfärbung variieren.

Laufkäfer

Carabidae

Ordnung: Käfer

Die weltweit 25 000 Arten umfassende Familie der Laufkäfer wird in mehrere Gattungen unterteilt. In Europa sind etwa 500 Arten beheimatet; sie sind überwiegend klein und unscheinbar. Die Käfer bevorzugen feuchtere Biotope. Typisch für alle Laufkäferarten ist die räuberische Ernährungsweise. Die Beute wird mit den Oberkiefern gepackt, mit einem stinkenden und ätzenden Sekret, das Verdauungsenzyme enthält, aus besonderen Afterdrüsen besprüht und so zum Verzehr aufbereitet. Zu den eigentlichen Laufkäfern gehören der Gartenlaufkäfer (*Carabus nemoralis*), der Körnige Laufkäfer (*C. granulatus*) und der → Lederlaufkäfer. Sehr farbenprächtig zeigen sich die überwiegend in den Tropen verbreiteten Sandlaufkäfer (*Cicindelinae*). Ein Phänomen stellen die sog. Bombardierkäfer (*Brachynini*) dar. Die in den Drüsen erzeugte chemischen Lösungen werden bei ihnen in 2 verschließbaren Kammern aufbewahrt. Bei Gefahr öffnet der Käfer die Ventile beider Kammern, wodurch sich die Lösungen (die u.a. Wasserstoffperoxid enthalten) vermischen, explosionsartig reagieren und unter erhöhtem Druck mit einem kleinen, hörbaren Knall austreten.

Roter Laufkäfer

Läuse

Anoplura

Unterordnung: Echte Läuse

Echte Läuse sind Blutsauger an Säugetieren. Der Mensch wird von der Kopflaus (*Pediculus humanus capitis*), der Kleiderlaus (*P. h. humanus*) und der Filz- oder Schamlaus (*Phthirius pubis*) befallen.

Kopflaus

Kennzeichen: 2,5–4 mm. Langgestreckter Körper. Kopf mit ausstülpbarem Saugrohr und Bohrstachel. Kurze Beine mit einklappbarer Klaue.

Lebensweise: Die flügellosen Schmarotzer verankern sich an ihrem Wirt. Die Kopflaus lebt in den Kopfhaaren, die Filz- oder Schamlaus in der Scham- und Achselbehaarung, auch in den Augenbrauen, die Kleiderlaus hält sich in den Nähten der Kleider auf und wechselt auf den Körper über.

Fortpflanzung: Die Paarung findet auf dem Wirt statt. ♀ heftet die Eier (Nissen) an die Wirtshaare fest. Bei unvollkommener Verwandlung folgen die Generationen einander schnell (innerhalb von 2–3 Wochen). Der Befall kann sich innerhalb von 3 Wochen verzehnfachen.

Besonderes: Läusebefall ist ein Zeichen mangelnder Hygiene, und in Notzeiten kann es durch Läuse zur Übertragung gefährlicher Krankheiten (z.B. Flecktyphus) kommen. Allerdings tritt seit Jahren auch in Schulen und Kindergärten regelmäßig Läusebefall auf, wobei offenkundig nicht extremer Hygienemangel der Grund ist. Das Auftreten von Läusen ist meldepflichtig.

Leberegel → Saugwürmer

Lederlaufkäfer

Carabus coriaceus

Familie: Laufkäfer

Der Lederlaufkäfer ist einer der größten Käfer Europas und der größte einheimische.

Kennzeichen: 4 cm lang. Oberseits mattschwarz. Flügeldecken gerunzelt. Hautflügel verkümmert. ♂ an den Vorderbeinen mit verbreiterten Fußgliedern.

Vorkommen: Fast ganz Europa (außer Großbritannien). Laub- und Mischwälder, Gärten.

Lebensweise: Kann nicht fliegen, jedoch schnell laufen; streift z. T. weit umher. Nachtaktiv, tagsüber versteckt unter Steinen, Baumstämmen oder Moos.

Nahrung: Schnecken, Raupen, Käfer.

Besonderes: Der sehr gefräßige Käfer kann in kurzer Zeit ein von Kartoffelkäfern befallenes Kartoffelfeld säubern. Bei Gefahr stellen sich die flugunfähigen Käfer auf und spreizen ihre kräftigen Oberkiefer. Gleichzeitig spritzen sie aus ihrer Hinterleibsdrüse ein stinkendes Sekret.

Lederlaufkäfer

Lederschildkröte

Dermochelys coriacea

Familie: Lederschildkröten

Die Lederschildkröte ist die größte Schildkröte überhaupt.

Kennzeichen: Panzerlänge 1,5–2 m, 450–600 kg schwer. Dicke lederartige Haut mit mosaikartigen Knochenplättchen; kein Knochenpanzer. Auf der Oberseite 7, auf der Bauchseite 5 Längskiele. Großer Kopf; Vorder- und Hinterbeine zu mächtigen flachen Paddeln umgestaltet. Weder Kopf noch Beine unter den Panzer einziehbar.

Vorkommen: In allen tropischen Meeren.

Lebensweise: Einzelgänger. Höchstens bei Wanderungen zu Niststränden in kleineren Gruppen. Erreicht auf ihren Tauchgängen extreme Tiefen (bis zu 1200 m). ♀ gräbt mit Vorder- und Hinterbeinen am Strand tiefe Grube, in die es bis zu 130 kugelrunde Eier mit einem Durchmesser von 50–65 mm legt; schaufelt danach Grube wieder zu. Pro Gelege relativ viel mißgestaltete und dann auch unbefruchtete Eier. Junge schlüpfen nach 65–70 Tagen.

Nahrung: Fische, Tintenfische und Stachelhäuter; sogar die für den Menschen giftige → Portugiesische Galeere. Auch Wasserpflanzen.

Besonderes: An europäischen Küsten wurden in den zurückliegenden 100 Jahren ca. 50 Lederschildkröten gefangen.

Leierfische

Callionymidae

Ordnung: Barschartige

Zur Familie der Leier- oder Spinnenfische zählen etwa 50 Arten. Markantestes Kennzeichen dieser Fischfamilie ist die Anordnung der kleinen Kiemenspalten am oberen Rand des Kiemendeckels auf der Oberseite des Kopfes.

Kennzeichen: Körper langgestreckt, zylindrisch. Kopf groß, abgeflacht, von oben gesehen dreieckig. Mund klein, dicklippig, Oberkiefer weit vorstreckbar. Kleine, spitze Zähne. Vorderkiemendeckel mit starkem, gezacktem, nach hinten gerichtetem Stachel. Große fächerförmige Brustflossen. Rot und gelb gefärbt. Bis 30 cm.

Vorkommen: Nordatlantik, Indischer Ozean, östlicher Pazifik. In Küstennähe. An europäischen Küsten kommen der gestreifte Europäische Leierfisch (*Callionymus lyra*) und der kleinere Gefleckte Leierfisch (*C. maculatus*) vor, im indo-australischen Gebiet die Gattung *Synchiropus* mit ihrem bekanntesten Vertreter, dem Mandarinfisch (*S. splendidus*).

Leierfische

Lebensweise: Bodenfische, die meist im Sand eingegraben oder unter Muscheln und Steinen verborgen leben.

Nahrung: Würmer, Schnecken, Krebstiere.

Besonderes: Leierfische zeigen ein interessantes Balzverhalten: Beide Tiere schwimmen dicht aneinander nach oben, die Köpfe näher beisammen als die Hinterleiber. Die Afterflossen bilden eine Rinne, in die Eier und Sperma abgegeben werden.

Leistenkrokodil

Crocodylus porosus

Familie: Echte Krokodile

Das Leistenkrokodil ist die größte Art seiner Gattung. Es gibt insgesamt 11 *Crocodylus*-Arten.

Kennzeichen: 7–8,5 m. Auf der Schnauzenoberseite eine Doppelreihe aus leistenartigen Höckern.

Vorkommen: Küsten von Indien und Südostasien über den gesamten Inselbereich bis Australien.

Leistenkrokodil

Lebensweise: Meeres- und Brackwasserbewohner. Hat sich dadurch ein riesiges Gebiet erschlossen. Scheidet überschüssiges Salz über die Nickhaut- und Tränendrüsen aus.
Nahrung: Fische, Seeschlangen, Wasservögel, große Säugetiere; auch Aas.
Besonderes: Vom Wind abgetrieben, können einzelne Exemplare oft riesige Strecken überwinden. Von einem Leistenkrokodil ist bekannt, daß es über 1000 km von der Küste bis zu den Kokos-Keeling-Inseln zurücklegte.

Lemming → Berglemming

Lemuren → Halbaffen

Leopard
Panthera pardus
Familie: Katzen

Der prächtig gemusterte Leopard gehört zu den kleineren unter den sog. Großkatzen.
Kennzeichen: Kopf-Rumpflänge 90 bis 160 cm, langer Schwanz; Grundfärbung des Fells ockergelb bis rotbraun, dichtes schwarzes Tupfen- und Rosettenmuster.
Verbreitung: In mehreren Unterarten in ganz Afrika südlich der Sahara sowie in Südasien, inselartig auch in Nordafrika, Arabien und im Fernen Osten.
Lebensraum: Praktisch alle Gebiete mit ausreichend Dickicht und Beutetieren, vom Regenwald über Savanne bis zum Rand der Wüste, vom Hochgebirge bis in Niederungen, auch bis nahe an Dörfer und Städte.
Lebensweise: Überwiegend nachtaktiv; lebt einzelgängerisch, gelegentlich paarweise oder in kleinen Familiengruppen; klettert hervorragend, ruht gern auf Bäumen.
Verhalten: Lauert im Hinterhalt oder schleicht sich ganz nah an ein Beutetier an und packt es dann mit einem gewalti-

Leopard

gen Satz. Sichert größere Beute, die er nicht auf einmal fressen kann, indem er sie auf Bäume hochschleppt.
Fortpflanzung: Meist 2–4 Junge, die blind, aber schon behaart geboren werden und im Dickicht verborgen liegen, bis sie mit 6–8 Wochen der Mutter folgen können.
Nahrung: Kleine bis mittelgroße Säugetiere bis Gazellengröße, Vögel.
Besonderes: Ebenso wie beim → Jaguar kommen auch beim Leopard gar nicht so selten Schwärzlinge vor, die landläufig Schwarze Panther genannt werden.

Leoparden-Drückerfisch

Balistoides conspicullum

Familie: Drückerfische

Der Leoparden-Drückerfisch ist einer der giftigsten → Drückerfische. Das Gift stammt jedoch nicht vom Fisch selbst, sondern scheint über die Nahrung aufgenommen zu werden.

Kennzeichen: Prächtig und bunt gefärbt, Maul gelb umrandet, Schwanzflosse gelb-schwarz gestreift, Bauch dunkel mit vielen rundlichen, weißen Flecken.

Vorkommen: Indopazifik. Riffbewohner.

Lebensweise: Einzelgänger, Grundfisch. Schwimmt mit 2. Rücken- und Afterflosse, die eine propellerartige Bewegung ausführen. Brustflossen dienen als Höhen-, die Schwanzflosse als Seitensteuer.

Nahrung: Muscheln, Krebstiere, Weichtiere, Stachelhäuter, Fische, Korallen.

Besonderes: Der Leoparden-Drückerfisch sucht seine Nahrung vorwiegend am Boden im Sand, indem er einen starken Wasserstrahl ausspuckt, der die Beute freilegt.

Leoparden-Drückerfisch

Leuchtkäfer

Lampyridae

Ordnung: Käfer

Großer Leuchtkäfer

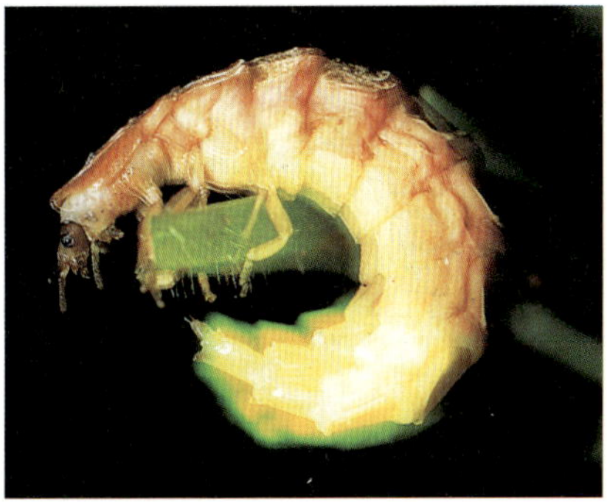

Leuchtkäfer glühend

Leuchtkäfer sind vor allem unter ihrem volkstümlichen Namen »Glühwürmchen« oder »Johanniswürmchen« bekannt. Es gibt 2 einheimische Arten: den Großen Leuchtkäfer (*Lampyris noctiluca*) und den Kleinen Leuchtkäfer (*Lamprohiza splendidula*).

Kennzeichen: 1–1,8 cm lang. Deutliche Geschlechtsunterschiede. ♂ mit vollausgebildeten Flügeln, dunkel behaart; ♀ ohne Flügel, larvenähnlich. Beim Kleinen Leuchtkäfer ♂ und ♀ mit Leuchtorganen, ♂ des Großen Leuchtkäfers ohne Leuchtorgan. Larven beider Arten leuchten ebenfalls.

Vorkommen: In gemäßigten Regionen Europas. Wiesen, Gärten, Parks, Laubmischwälder.

Lebensweise: Paarung an warmen Juniabenden. Die umherfliegenden ♂ finden die im Gras sitzenden leuchtenden ♀. Die am Boden abgelegten Eier leuchten bereits etwas durch die Schale. Larven verpuppen sich nach 5 Häutungen.

Nahrung: Käfer nehmen keine Nahrung auf, Larven fressen Schnecken.

Besonderes: Das Licht der Leuchtkäfer entsteht bei einer chemischen Reaktion, in der ohne Wärmeentwicklung die chemische Substanz *Luciferin* mit Hilfe des Enzyms *Luciferase* und Sauerstoff in den Leuchtstoff *Oxyluciferin* umgewandelt wird.

Leuchtkrebse

Euphausiacea

Unterklasse: Höhere Krebse

Leuchtkrebse sind kleine Hochseetiere, die in etwa 85 Arten massenhaft weltweit in den Ozeanen vorkommen und den Hauptbestandteil des »Krills«, dem Futter vieler Wale und anderer großer Meerestiere bilden.

Krill

Kennzeichen: Körper garnelenartig, durchscheinend, in Kopfbrustteil und Hinterleib gegliedert. Spitzes, mit Borsten versehenes Schwanzende. Große, langgestielte Augen. Leuchtorgane am Grund der Augenstiele, den 2. und 7. Brustbeinen und den ersten 4 Hinterleibsringen. 4–6 mm.

Vorkommen: Weltweit in allen Ozeanen. Freischwimmend im Wasser.

Lebensweise: Bilden riesige Schwärme von bis zu 100 Mio. Einzeltieren. Führen, abhängig von ihrer Nahrung, tägliche senkrechte Auf- und Abbewegungen durch. Nachts oberflächennah, tagsüber in mehreren hundert Metern Tiefe.

Fortpflanzung: ♂ übergibt die Spermien in einem Paket dem ♀, das sie in einer Tasche aufbewahrt. Die Eier werden nach dem Verlassen des Eileiters befruchtet. 300–500 Eier bei Arten, deren Eier frei ins Wasser entlassen werden, 3–100 Eier bei Arten, die die Eier an den Hinterbeinen mit sich herumtragen. Die schlüpfenden Larven durchlaufen mehrere Larvenstadien.

Nahrung: Plankton.

Besonderes: Der Zusammenhalt der riesigen Schwärme wird wahrscheinlich durch Leuchtsignale, die die Tiere aussenden, aufrechterhalten.

Libellen

Odonata

Klasse: Insekten

Libellen werden in zwei Unterordnungen eingeteilt: die Großlibellen (*Anisoptera*) und die Kleinlibellen (*Zygoptera*). Großlibellen sind gewandte Flieger, Kleinlibellen fliegen langsam und etwas unsicher. Großlibellen spreizen in Ruhe ihre ungleichen Flügel ab, Kleinlibellen klappen ihre nahezu gleichen Vorder- und Hinterflügel zusammen. Alle Libellen jagen ihre Beute im Flug. Die starke Wölbung der riesigen Augen verschafft ihnen ein weites Gesichtsfeld.

Fortpflanzung: ♂ ergreift ♀ mit den Zangen seines Hinterleibs am Hinterkopf oder Hals. ♀ biegt den Hinterleib unten und nimmt das Sperma aus dem Begattungsorgan des ♂ in seine Geschlechtsöffnung auf. Man nennt diese Stellung Paarungsrad. → Blaugrüne Mosaikjungfer, → Große Königslibelle, → Blauflügel-Prachtlibelle.

Gefleckte Heidelibelle

Gebänderte Prachtlibelle

Lippfische

Labridae

Ordnung: Barschartige

Die Lippfische bilden mit ihren etwa 600 Arten eine große Gruppe von Meeresfischen mit herrlicher Farbenpracht in unterschiedlichster Größe und Gestalt. Meist sind sogar Jungfische, Männchen und Weibchen einer Art unterschiedlich gestaltet und gefärbt.

Rotbrust Lippfisch

Kennzeichen: Körper barschähnlich langgestreckt, mit Rundschuppen bedeckt. Mund klein, oftmals mit wulstigen Lippen. Die tropischen Arten sind bunter gefärbt als die aus gemäßigten Breiten. 8 cm–3 m. Der Tapiro (*Cheilinus undulatus*) aus dem Indopazifik gehört mit seinen über 2 m Länge zu den größten Lippfischen.
Vorkommen: In allen tropischen, subtropischen und gemäßigten Meeren. In Küstennähe zwischen Korallenriffen und Felsen, bis in Wassertiefen um 50 m. Im Mittelmeer und Schwarzen Meer lebt der Klippenbarsch (*Ctenolabrus rupestris*), der auch regelmäßig an deutschen Küsten zu sehen ist.
Lebensweise: Bodenfische. Leben in kleinen Gruppen zusammen und halten sich meist in fest umrissenen Revieren auf. Nachts im Bodengrund vergraben.
Fortpflanzung: Einige Arten bauen aus Sand und Algen Nester und betreiben Brutpflege.
Nahrung: Krebse, Schnecken, Muscheln, Wirbellose.
Besonderes: Einige Lippfisch-Arten, z.B. der Blaukopf (*Thalassoma bifasciatum*), »putzen« andere Fische, indem sie sie von Nahrungsresten oder Außenparasiten befreien.

Löffelhund

Otocyon megalotis

Familie: Hunde

Als einziger unter den Hundeartigen ernährt sich der langohrige Löffelhund überwiegend von Insekten.
Kennzeichen: 50–60 cm groß, Schwanz etwa 30 cm lang, buschig; sehr schlanke Beine; ungewöhnlich große Ohren; Fell gelblichgrau meliert, Gesichtsmaske, Ohrränder und Schwanzspitze schwarz.
Vorkommen: In zwei voneinander getrennten Verbreitungsgebieten in Ost- und Südwestafrika. Offenes, trockenes Grasland.
Lebensweise: Überwiegend nachtaktiv; lebt in monogamer Paarbindung, auch auf Nahrungssuche gewöhnlich paarweise unterwegs; bewohnt selbstgegrabene oder von einem → Erdferkel übernommene Höhle; darin gemeinsame Aufzucht der jeweils 1–5 Jungen.
Nahrung: Überwiegend Insekten (vor allem Termiten), ebenso Früchte, selten auch kleine Reptilien, Vögel oder Mäuse.
Besonderes: Der Löffelhund spürt seine Beutetiere in erster Linie mit dem Gehör auf. Seine feinen Ohren vernehmen sogar das unterirdische Graben von Termiten oder die Freßgeräusche von Larven. Er gräbt die Kerbtiere dann blitzschnell aus dem Boden.

Löffelhund

Löwe

Loris → Allfarblori

Löwe

Panthera leo

Familie: Katzen

Der »König der Tiere« ist nicht nur die eindrucksvollste aller Großkatzen, er zählt zweifellos auch zu den bekanntesten Tieren überhaupt.

Kennzeichen: Kopf-Rumpflänge beim ♂ bis fast 2 m, beim ♀ bis 1,75 m; Schwanz mit schwarzer Endquaste; Fell sandfarben; ♂ mit dicker Halsmähne, die bei einigen Unterarten über die Schultern bis zum Bauch reicht; ♀ ohne Mähne.

Vorkommen: Afrika südlich der Sahara, Restbestand einer mähnenlosen Unterart in Indien. Savanne, Steppe, Halbwüste.

Lebensweise: Ausgesprochenes Bodentier, klettert nur selten auf Bäume, schwimmt nur im Notfall. Lebt in gemischten Rudeln bis zu 40 Tieren, deren Kern ältere, erfahrene ♀ bilden; jüngere ♂ in Junggesellenrudeln, alte ♂ oft Einzelgänger. Bei der Jagd, die in gemischten Rudeln weitgehend den ♀ überlassen bleibt, taktische »Zusammenarbeit« der Rudelmitglieder; Töten der Beute meist durch Kehlbiß. Revier je nach Rudelgröße und Wilddichte 20–400 km^2, wird durch Gebrüll der ♂ sowie Harnmarkierungen gekennzeichnet.

Fortpflanzung: Pro Geburt gewöhnlich 2–4, manchmal bis zu 6 Junge, die blind und mit gesprenkeltem Fell zur Welt kommen. ♀ sondert sich zur Geburt vom Rudel ab, führt die Jungen im Alter von 6–8 Wochen zum Rudel zurück, wo sich dann auch die »Tanten« um sie kümmern.

Löwin mit Jungen

Nahrung: In erster Linie mittelgroße und große Huftiere.

Besonderes: Weil ein Teil ihres Zungenbeins nicht verknöchert, sondern durch ein elastisches Band ersetzt ist, können Löwen – wie alle Großkatzen – nicht schnurren, dafür aber markerschütternd brüllen.

Löwenäffchen

Leontopithecus rosalia

Familie: Krallenaffen

Unter den Krallenaffen, den kleinsten der echten Affen, ist das Löwenäffchen nicht nur das größte, sondern wohl auch das schönste. Leider ist es vom Aussterben bedroht.

Löwenäffchen

Kennzeichen: Körpergröße 25–35 cm, Schwanzlänge 30–40 cm; seidig schimmerndes, langhaariges, goldgelbes Fell mit prächtiger »Löwenmähne«, die sich bei Erregung sträubt; Unterarten mit schwarzbraunen Partien; Gesicht nackt.

Vorkommen: Regenwälder Südostbrasiliens.

Lebensweise: Tagaktiv; klettert fast ausschließlich auf Bäumen umher; lebt in Familiengruppen von 2–8 Mitgliedern.

Fortpflanzung: Pro Geburt in der Regel 2, manchmal auch 1 oder 3 Junge, die nicht nur von der Mutter, sondern von allen erwachsenen Gruppenmitgliedern getragen werden.

Nahrung: Früchte, Baumsäfte, Blätter und Blüten, Insekten, Spinnen und kleine Wirbeltiere.
Besonderes: Erst 1990 (!) haben Biologen eine bis dahin unbekannte verwandte Art entdeckt und beschrieben. Die dunkelhaarigen Tiere mit dem goldbraunen Rücken, die auf einer Insel vor der dichtbesiedelten Küste Brasiliens leben, bekamen den Namen *Leontopithecus caissara*.

Luchs

Lynx lynx
Familie: Katzen

Der Eurasische Luchs, gemeinhin einfach Luchs genannt, zählt nach biologischen Kriterien trotz seiner stattlichen Größe zu den Kleinkatzen.
Kennzeichen: Schulterhöhe 50–75 cm; Stummelschwanz mit schwarzem Ende; Fell gelblichgrau bis rotbraun mit dunkler Fleckung; ausgeprägter Backenbart; Ohrspitzen mit schwarzen Haarpinseln.
Verbreitung: Skandinavien, Osteuropa, Balkan, Kleinasien, Inner- und Nordasien. Seit 1971 hat man in verschiedenen Alpenregionen, im Elsaß und im Böhmerwald den Luchs, der in Mitteleuropa durch Jägerei bereits ausgerottet war, mit Erfolg wieder angesiedelt.
Lebensraum: Zusammenhängende, unterholzreiche Wälder mit eingestreuten Lichtungen.
Lebensweise: Außerhalb der Paarungszeit Einzelgänger; Pirsch- und Hinterhaltjäger, kein ausdauernder Läufer; Jagdrevier je nach Beuteangebot 20 bis 150 km^2, Reviere mehrerer Luchse gewöhnlich überlappend; Ruhe- und Wurflager in Dickichten, Windbrüchen oder Felsspalten.

Luchse

Fortpflanzung: Pro Wurf 2–4 Junge, die wie alle Katzen blind geboren werden; bleiben etwa 1 Jahr lang bei der Mutter.
Nahrung: Hauptsächlich Säugetiere von Maus- bis Rehgröße, auch Vögel.
Besonderes: In den Gebirgswäldern der Iberischen Halbinsel kommt ein kleinerer, lebhaft gezeichneter Verwandter, der Pardelluchs (*Lynx pardinus*), vor.

Lungenfische

Dipnoi
Unterklasse: Fleischflosser

Früher war diese Fischgruppe weltweit in vielen Arten vertreten, heute gibt es nur noch 6 Arten. Der urtümlichste Vertreter ist der Australische Lungenfisch (*Neoceratodes forsteri*).

Australischer Lungenfisch

Kennzeichen: Körper walzenförmig, mit großen Rundschuppen bedeckt. Kopf kräftig mit tiefer Mundspalte. Rücken-, Schwanz- und Afterflosse zu einem Flossensaum zusammengewachsen. Brust- und Bauchflossen mit beidseitig abgehenden Flossenstrahlen. Dunkeloliv bis braun, zur Bauchseite hin heller, Unterseite gelblich. Bis 180 cm.
Vorkommen: Nordostaustralien. Burnett- und Mary-Fluß, in Queensland ausgesetzt. Sowohl in sauerstoffreichen, als auch sauerstoffarmen Gewässern.
Lebensweise: Phlegmatischer Bodenfisch. Kann sowohl über Kiemen als auch über seine sackförmige Lunge Sauerstoff aufnehmen.
Fortpflanzung: Laichzeit zu Beginn der Regenzeit. Eier werden einzeln an Wasserpflanzen abgelegt. Brutdauer 10–12 Tage. Keine Brutpflege.
Nahrung: Zuerst Fadenalgen, später Krebse, Weichtiere, kleine Fische.
Besonderes: Der Afrikanische Lungenfisch (*Protopterus annectens*) aus den Süßgewässern des mittleren und westlichen Afrikas gräbt sich im Sommer in Schlammkokons ein und hält einen Trockenschlaf. Er kann bis zu 4 Jahre ohne Wasser auskommen und lebt dann vom Sauerstoff der Luft.

M

Madenhacker → Rotschnabel-Madenhacker

Magenbrüter

Rheobatrachus silus

Familie: Südfrösche

Wie der Name schon ausdrückt, zeigen die Magenbrüter das unter Wirbeltieren einzigartige Verhalten, die Jungen im Magen »auszubrüten«.

Kennzeichen: 30–55 mm. Bräunlich gefärbt, glatte Haut.

Vorkommen: Bäche im Regenwald von Südostqueensland in Australien.

Fortpflanzung: Zur Fortpflanzungszeit wandelt das ♀ einen Teil seines Magens in einen Brutsack um. Verschluckt die befruchteten Eier; diese entwickeln sich im Magen zu Fröschchen; ♀ stellt währenddessen Nahrungsaufnahme und Magensäureproduktion ein. Junge werden geboren, indem das ♀ den Schlund entspannt, das Maul weit aufreißt und die Jungen hochpreßt. Diese hüpfen selbständig aus dem Maul ins Freie.

Magenbrüter

Nahrung: Im Wasser lebende wirbellose Tiere.

Besonderes: Der Magenbrüter wurde erst 1973 entdeckt. Es ist jedoch zu befürchten, daß diese Art wegen mehrerer trockener Sommer, in denen die Bäche austrockneten, heute bereits ausgestorben ist.

Magot → Berberaffe

Mähnenrobbe

Otaria byronia

Familie: Ohrenrobben

Zoologisch genauer wird die Mähnenrobbe auch Südlicher Seelöwe genannt, wodurch ihre Verwandtschaft u.a. zum Kalifornischen → Seelöwen ausgedrückt wird.

Kennzeichen: ♂ bis 2,50 m groß, ♀ nur bis 2 m; Pelz mittelbraun bis goldbraun; ♂ mit großem Kopf, massiger Hals- und Brustpartie und dicker Mähne.

Vorkommen: Pazifische und atlantische Küste Südamerikas.

Lebensweise: ♂ besetzen jeweils ein Territorium an Land und verteidigen es heftig gegen Nebenbuhler; ♀, die zur Geburt ihres Jungen an Land kommen, bilden Haremsgruppen; werden vom ♂ erst wieder zur Nahrungssuche ins Meer zurückgelassen, nachdem sie seine Werbung »erhört« und sich mit ihm gepaart haben.

Fortpflanzung: Jeweils 1 Junges, das mit wollig-schwarzem Fell zur Welt kommt; bleibt in den ersten Lebensmonaten an Land, schläft und spielt mit Altersgenossen, während es auf die von Jagdausflügen rückkehrende Mutter wartet; wird $^1/_2$–1 Jahr gesäugt.

Nahrung: Fische, Tintenfische, auch Pinguine.

Mähnenrobbe mit Jungtieren

Mähnenspringer

Ammotragus lervia

Familie: Hornträger

Obwohl der in vielen Zoos gehaltene Mähnenspringer äußerlich einer Ziege gleicht, zeigten Untersuchungen seines Blutserums, daß er näher mit den Schafen verwandt ist. Tatsächlich wird er auch oft Mähnenschaf genannt.

Mähnenspringer

Kennzeichen: Ziegenähnlich; Fell fahl sandfarben bis leicht rötlichbraun; Hörner weit nach auswärts gekrümmt, beim ♀ schwächer als beim ♂; an Hals, Brust und Vorderbeinen lang herabhängende Mähne.
Vorkommen: Felsige Wüstengebiete Nordafrikas, im Südwesten der USA stellenweise als Jagdwild eingebürgert.
Lebensweise: Vor allem morgens und abends aktiv, ruht während der Tageshitze im Schatten; einzeln oder in kleinen Muttergruppen unterwegs; sprunggewaltiger und sehr trittsicherer Felskletterer.
Verhalten: Kämpfe der Böcke nach Schafart durch Rammstöße mit den Hörnern, niemals mit Aufrichten auf den Hinterbeinen, wie bei den Ziegen üblich.
Fortpflanzung: Gewöhnlich 1 Junges, das der Mutter schon kurz nach der Geburt im Gelände folgen kann.
Nahrung: Meist Blätter hartlaubiger Büsche oder Akazien, Flechten, wenn vorhanden auch Gras und Kräuter.

Mähnenwolf

Chrysocyon brachyurus

Familie: Hunde

Der größte Wildhund Südamerikas ist die einzige Art seiner Gattung. Oft wurde er mit einem Fuchs auf Stelzen verglichen.
Kennzeichen: Etwa Schäferhundgröße, aber viel schlanker und auffallend hochbeinig; Fell glänzend rotbraun, »Strümpfe« und aufrichtbare Halsmähne schwarz, Kinn, Ohrinnenseiten und Schwanzspitze weiß.
Vorkommen: Mittleres und südliches Brasilien bis nördliches Argentinien. Grasland und lichte Savanne.
Lebensweise: Überwiegend nachtaktiver Einzelgänger; schleicht sich an Beutetiere an und erlegt sie mit Pfotenschlägen; legt auf Nahrungsstreifzügen 30 km und mehr pro Nacht zurück; ♂ und ♀ scheinen gemeinsame Reviere (etwa 30 km^2 groß) zu bewohnen, gehen sich außerhalb der Paarungszeit aber meist aus dem Weg; tiefes nächtliches Bellen als Verständigungsmittel über große Distanzen.
Fortpflanzung: Pro Wurf 2–5 Junge, schwarz mit weißer Schwanzspitze; wachsen in einem Lager im hohen Gras oder Gebüsch auf. Der Vater beteiligt sich (zumindest nach Beobachtungen in Zoos) an der Jungenaufzucht.
Nahrung: Nagetiere, Vögel, Frösche, Eidechsen, dicke Insekten, auch Früchte.

Mähnenwolf

Maikäfer

Melontha melontha

Familie: Blatthornkäfer

Der aus Gedichten und Kinderliedern, aber auch als gelegentlicher Laubbaumschädling bekannte Maikäfer kommt bei uns nur mehr selten vor.

Kennzeichen: 2–3 cm lang. Kopf- und Halsschild meist schwarz, Fühler, Beine und Flügeldecken rotbraun. Fühler mit 7 blattartigen Lamellen, beim ♂ länger als beim ♀. Hinterleib mit weißen Keilen auf schwarzem Grund.

Vorkommen: Mitteleuropa, südliches Nordeuropa, fehlt im Mittelmeerraum. Wälder, Felder und Gärten.

Lebensweise: Maikäfer fliegen im Mai an milden Abenden und fressen an Laubbäumen. Während der 2–8 Tage dauernden Schwarmzeit erfolgt die Paarung, ♂ sterben bald danach.

Fortpflanzung: ♀ bohren sich zur Eiablage 10–20 cm tief in den Boden und legen in selbstgegrabenen Gängen etwa 60–80 Eier ab. Larven (Engerlinge) schlüpfen nach etwa 4 Wochen. Der wurmförmige Engerling steckt in einem Chitinpanzer. Auf die gelbrote Kopfkapsel mit kräftigen Kauwerkzeugen folgen 12 weiße Ringe mit jederseits 9 Atemlöchern. Nach mehrmaligem Fressen, Wachsen und Häuten verpuppt sich die Larve nach 4 Jahren Entwicklungszeit. Im Herbst schlüpft nach einer vollkommenen Verwandlung (*Metamorphose*) der Jungkäfer, überwintert in der Erde und gräbt sich im Frühjahr aus.

Nahrung: Käfer fressen Blätter verschiedener Laubbäume, Engerlinge ausschließlich Wurzeln.

Maikäfer fliegend

Makrele

Scomber scombrus

Familie: Makrelen

Die Makrele ist wegen ihres wohlschmeckenden, fetten Fleisches ein beliebter Speisefisch und wird in großen Mengen gefischt.

Makrelen

Kennzeichen: Körper spindelförmig langgestreckt. Maul spitz mit weiter Öffnung. Große Augen mit Fettlidern, Augenhöhle von Knochenring umgeben. Kleine Bürstenzähne. Zwischen 2. Rükken- und Afterflosse 5 kleine Flösselchen. Schwanzflosse tiefgegabelt. Rükken grünlich-blau, Bauchseite weißlich, unregelmäßige dunkle Streifen auf Rükken und oberen Seiten. Bis 50 cm.

Vorkommen: Nordatlantik, Nordsee, westliche Ostsee, Mittelmeer, Schwarzes Meer. Im freien Wasser, dicht unter der Wasseroberfläche.

Lebensweise: Hochseebewohner, der in großen Schwärmen lebt. Schneller Schwimmer. Unternimmt auf Nahrungssuche oft weite Wanderungen. Im Winter lösen sich die Schwärme auf, und die Fische halten am Boden Winterruhe. Höchstalter 20 Jahre.

Fortpflanzung: Geschlechtsreife im 3. Lebensjahr. Laichzeit März–April (Mittelmeer), Juni–Juli (Ostsee). 200 000 bis 450 000 Eier, die nahe der Oberfläche frei ins Wasser abgelegt werden. Brutdauer 6 Tage.

Nahrung: Kleinkrebse, Sandaale, Flügelschnecken, Fischbrut, Sardinen.

Besonderes: Da die Makrele keine Schwimmblase besitzt, kann sie auf der Flucht vor Feinden sehr rasch abtauchen und ebenso schnell wieder emporkommen. Zur Erhöhung der Schwimmgeschwindigkeit kann sie ihre Flossen in flache Vertiefungen legen.

Malaienbär

Helarctos malayanus

Familie: Großbären

Dieser Kleinste unter den Großbären sieht aus, als wäre sein Kopf zu groß und seine Haut zu weit geraten.

Malaienbär

Kennzeichen: Körperlänge bis etwa 1,40 m, Schulterhöhe bis 70 cm; Fell so kurzhaarig, daß es wie rasiert wirkt, dunkelbraun bis tiefschwarz, auf der Brust gelbliches Abzeichen; helle, sehr bewegliche Schnauze; überaus kräftige Krallen.
Vorkommen: Südostasien, Sumatra und Borneo. Tropischer Regenwald.
Lebensweise: Tag- und dämmerungsaktiver Einzelgänger; reißt mit seinen Krallen bei der Nahrungssuche Termitennester, morsche Baumstämme und den Boden auf; klettert gut, ruht auch tagsüber gern auf Bäumen, baut regelrechte Schlafnester im Geäst.
Fortpflanzung: Nicht auf bestimmte Jahreszeit beschränkt; Tragzeit 3 Monate; pro Wurf 1–2, sehr selten auch 3 Junge.
Nahrung: Früchte, frische Triebe, Wurzeln und Knollen, Insekten und deren Larven, Honig, Eier, gelegentlich auch kleine Wirbeltiere.

Manatis → Seekühe

Mandarinfisch → Leierfische

Mandrill

Mandrillus sphinx

Überfamilie: Hundsaffen

Der Mandrill bildet zusammen mit dem ähnlichen, aber schwarzgesichtigen Drill (*Mandrillus leucophaeus*) die Gruppe der sog. Backenfurchenpaviane.

Mandrill

Kennzeichen: ♂ 60–90 cm, ♀ 50 bis 60 cm groß; Stummelschwanz; Fell olivgraubraun meliert, nackte Haut am Hinterteil rotviolett; Kopf mit langer, hundeähnlicher Schnauze; erwachsenes ♂ mit leuchtend himmelblauer und roter Nase, orangegelbem Bart, blauem bis violettem Bauch und grell rot-blauen Genitalien; ♀ und Jungtiere mit weitaus matteren Färbungen.
Vorkommen: Regenwälder Westafrikas.
Lebensweise: Hält sich in den niedrigen Baumschichten, überwiegend jedoch am Waldboden auf; lebt in 1-Mann-Haremsgruppen aus bis zu 20 Tieren, oft aber mehrere solcher Gruppen lose vereint; Reviergröße an die 50 km^2.
Verhalten: Gähnen als Drohgeste, bei der die starken Eckzähne gezeigt werden.
Fortpflanzung: Keine begrenzte Paarungszeit; in der Regel 1 Junges pro Geburt, das ein dunkles Fell und fleischfarbenes Gesicht hat.
Nahrung: Früchte, Samen, Wurzeln und Knollen, Pilze, Insekten, gelegentlich auch kleine Wirbeltiere.
Besonderes: Alte, ranghohe Mandrillmänner sind die buntesten Säugetiere überhaupt.

Mangaben

Cercocebus

Überfamilie: Hundsaffen

Diese schlanken, langgliedrigen Altweltaffen sehen zwar den → Meerkatzen recht ähnlich, sind aber noch näher mit den → Pavianen verwandt.
Kennzeichen: Größe 45–70 cm (♀ etwas

Schwarzer Mangabe

kleiner als ♂), Schwanz mehr als körperlang; Fell je nach Art schwarz, gelblichbraun oder grau; Gesicht nackt, schwarz, z. T. weiße Augenlider.
Vorkommen: In 4 Arten in den Regenwäldern Äquatorialafrikas.
Lebensweise: Baumbewohner, kommen teilweise zur Nahrungssuche aber auch auf den Boden; leben nomadisierend in Gruppen von 6–40 Tieren, darunter stets mehrere ♂; vor allem ranghohe ♂ lassen dumpfe, weithallende Rufe hören, die in der Nähe befindliche fremde Gruppen zum Ausweichen veranlassen.
Fortpflanzung: Keine jahreszeitlich begrenzte Paarungszeit; Tragzeit etwa 6 Monate; jeweils 1 Junges.
Nahrung: Früchte, Samen, Blätter, Blüten, Insekten, gelegentlich auch kleine Wirbeltiere.

Mantelaffe

Colobus guereza

Überfamilie: Hundsaffen

Mantelaffe

Der Mantelaffe oder Guereza gehört zu den Stummelaffen, so genannt wegen ihrer stark zurückgebildeten Daumen.
Kennzeichen: Körpergröße 45–70 cm, Schwanzlänge 50–90 cm; Fell tiefschwarz mit weißer Gesichtsumrandung, Schwanzquaste und langhaariger Mähne an den Körperseiten. Jungtiere in den ersten 2–3 Lebensmonaten schneeweiß.
Vorkommen: In einem Streifen von Kamerun über die Zentralafrikanische Republik bis Äthiopien und Kenia. Regenwald, Galeriewälder entlang der Flüsse und offene Savanne.
Lebensweise: Geselliger Baumbewohner mit gewaltigem Sprungvermögen; lebt in Gruppen von meist 8–15 Tieren; ♀ scheinen lebenslang in ihrer Geburtsgruppe zu bleiben, ♂ wechseln zu fremden Verbänden; ausgiebige gegenseitige Fellpflege.
Fortpflanzung: Je Geburt 1 Junges, das anfangs völlig hilflos ist und getragen werden muß. Oft sind andere, vor allem junge weibliche Gruppenmitglieder ganz wild darauf, ein Baby tragen zu dürfen.
Nahrung: In erster Linie Blätter, auch Früchte, Knospen und Blüten.

Mantelpavian

Papio hamadryas

Überfamilie: Hundsaffen

Der Unterschied zwischen den Geschlechtern ist beim Mantelpavian, der am häufigsten in Zoos gehaltenen Pavianart, besonders ausgeprägt.

Mantelpavian

Kennzeichen: ♂ 60–90 cm, ♀ 50 bis 65 cm groß, Schwanz 30–60 cm lang; Fell bei ♀ und Jungtieren graubraun, erwachsene ♂ mit silbergrauer Schultermähne; langgezogene »Hundeschnauze«; dicke Gesäßschwielen, beim brünstigen ♀ stark vergrößert und gerötet. Jungtiere in ersten Lebensmonaten mit schwarzem Fell und rosa Haut.
Verbreitung: Äthiopien und Somalia sowie Süden der arabischen Halbinsel.
Lebensraum: Fels- und Halbwüste mit spärlichem Grasbewuchs und Dorngestrüpp. Wasser muß zumindest innerhalb eines Tagesmarsches erreichbar sein.
Lebensweise: Ausgesprochener Bodenbewohner; lebt in großen Horden von z. T. mehreren hundert Tieren mit streng hierarchischer Infrastruktur: Jede Bande besteht aus einigen »Clans«, die sich ihrerseits aus mehreren 1-Mann-Harems-

gruppen zusammensetzen. Jeder Haremsbesitzer hütet seine Weibchen eifersüchtig und zwingt sie mit schmerzhaften Nackenbissen, stets in seiner unmittelbaren Nähe zu bleiben.
Verhalten: »Gähnen« als Drohgeste, bei der die Waffen, lange, dolchartige Eckzähne, sichtbar werden. Gegenseitige Fellpflege auch als soziales Ausdrucksmittel.
Fortpflanzung: Gewöhnlich 1 Junges pro Geburt, das anfangs vor dem Bauch, später am Rücken herumgetragen wird.
Nahrung: Grassamen, Wurzeln und Knollen.
Besonderes: Bei den alten Ägyptern wurde der Mantelpavian als heiliges Tier verehrt. Er galt als Vertreter des Thot, des Gottes der Wissenschaft und Schreibkunst.

Marabu
Leptoptilus crumeniferus
Familie: Störche

Marabus kommen in 3 Arten in Afrika, Süd- und Südostasien vor.

Marabu

Kennzeichen: 150 cm. Oberseite dunkel, Unterseite weiß; Kopf und Hals nackt, fleischfarben. Nackter Kehlsack fleischfarben, aufblasbar, hängt über die Brust herab. Kräftiger Schnabel.
Vorkommen: Tropische und subtropische Regionen Afrikas. Offene, trockene und feuchte Landschaften, auch in Siedlungsnähe.
Lebensweise: Hält segelnd Ausschau nach toten Tieren, hat dabei den Kopf angezogen. In Ruhehaltung Kopf auf die Schultern zurückgezogen. Versammelt sich an Futterplätzen oft in größeren Trupps.
Brut: Koloniebrüter. Große Horste aus Ästen und Zweigen in Baumkronen oder auf Felssimsen. Brutzeit am Ende der Regenzeit. 2–3 Eier; Brutdauer ca. 30 Tage, Junge sind flügge nach gut 4 Monaten.
Nahrung: Überwiegend Aas; aber auch Insekten und kleinere Wirbeltiere. Abfall.
Besonderes: Der aus mehreren Luftsäcken bestehende Kehlsack dient als Balzsignal. Er steht mit den Nasenhöhlen in Verbindung und kann aufgeblasen werden.

Marder
Mustelidae
Ordnung: Raubtiere

Die Marder sind eine entwicklungsgeschichtlich sehr alte Gruppe von Raubtieren, die den Bären nahesteht. In der zoologischen Systematik wird die Familie in 5 Unterfamilien unterteilt: 1. Wieselartige (→ Baummarder, → Grisons, → Hermelin, → Iltis, → Mauswiesel, → Nerz, → Schwarzfußiltis, → Steinmarder, → Vielfraß, → Ziesel, → Zobel); 2. → Honigdachs; 3. Dachse (→ Dachs); 4. → Stinktiere und 5. Otter (→ Fischotter, → Seeotter).
Verbreitung: Auf allen Kontinenten, wurde in Australien und Neuseeland allerdings durch den Menschen eingebürgert.

Buntmarder

Marderhund

Nyctereutes procyonoides

Familie: Hunde

Der Marderhund, eine sehr ursprüngliche Form der Wildhunde, erinnert eher an einen → Waschbären als an einen Hund und wird deshalb gelegentlich auch Waschbärhund genannt.

Kennzeichen: Fuchsgroß, gedrungen, kurzbeinig; Schwanz etwa 20 cm lang, buschig behaart; Fell braungrau meliert, schwarze Gesichtsmaske; Ohren weitgehend im Fell verborgen.

Verbreitung: Nordost- und Ostasien sowie Japan; um 1930 im europäischen Teil Rußlands zur Pelztierjagd eingebürgert, von dort Ausbreitung nach Finnland, Südost- und Mitteleuropa.

Lebensraum: Laub- und Mischwälder mit dichtem Unterholz, oft in Gewässernähe.

Lebensweise: Hauptsächlich nachtaktiver Einzelgänger; schwimmt gut; streift bei der Nahrungssuche mit bedächtigen Bewegungen durchs Dickicht; bewohnt Erdbaue oder natürliche Höhlen; hält im Norden seines Verbreitungsgebiets *Winterruhe*.

Verhalten: Flüchtet bei Gefahr nicht, sondern verharrt geduckt und regungslos, auf seine Tarnfärbung vertrauend.

Fortpflanzung: Pro Geburt bis zu 12 Junge (im Durchschnitt 6–7), die bei der Geburt noch blind sind und ein schwarzes Fell tragen. Werden von beiden Elternteilen betreut.

Nahrung: In erster Linie Mäuse und andere Nagetiere, auch Vögel, Eier, Fische, Frösche, Insekten, Früchte und Wurzelknollen.

Besonderes: In der Kürschnersprache heißt der Marderhund auch »Ussurischer Waschbär«.

Marderhund

Marienkäfer

Coccinellidae

Ordnung: Käfer

Die weltweit 4500 Marienkäferarten sind in der Regel sehr auffällig gefärbt, die meisten von ihnen rot oder gelb mit schwarzen Punkten. In den Tropen kommen auch blaue und grüne Arten vor. Der bekannteste einheimische Marienkäfer ist der Siebenpunkt (*Coccinella septempunctata*).

Siebenpunkt-Marienkäfer

Kennzeichen: 5–8 mm groß. Körper halbkugelig gewölbt mit platter Unterseite. Kopf eingezogen. Fühler kurz und keulig, die Beine unter den Körper einschlagbar. Auf den roten Flügeldecken 7 schwarze Punkte.

Vorkommen: In ganz Europa. Überall, auch in Häusern (an Blumentöpfen).

Lebensweise: Der Marienkäfer ist ein wichtiger Schädlingsvertilger. Samt seiner Larve stellt er Blatt- und Schildläu-

sen nach. ♀ legen im Frühjahr bis zu 400 Eier auf Blättern ab, aus denen nach 1 Woche die Larven schlüpfen. Eine Larve frißt bis zur Verpuppung mindestens 400 Blattläuse.
Verhalten: Marienkäfer stellen sich bei Berührung tot, sie verfallen in einen Starrezustand. Gleichzeitig lassen sie aus ihren Kniegelenken ein stinkendes Sekret austreten, das manche Feinde (z.B. Ameisen) erfolgreich abhält.

Markhor → Schraubenziege

Marmorierter Beilbauchfisch → Beilbauchfische

Marmorkatze

Pardofelis marmorata
Familie: Katzen

Die schön gemusterte südostasiatische Kleinkatze ist eine seltene und heimlich lebende Waldbewohnerin, über deren Leben man noch kaum etwas weiß.
Kennzeichen: 45–60 cm groß, beinahe körperlanger Schwanz; Fell rotbraun bis braungrau mit schwarzen Tupfen und flächigen, schwarzumrandeten Feldern ähnlich dem → Nebelparder.

Marmorkatze

Vorkommen: Von den Südhängen des Himalaja über ganz Hinterindien bis Borneo, Sumatra und Java. Bergwald bis tropischer Regenwald.
Lebensweise: Weitgehend baumlebend; klettert überaus geschickt. Über das Revier- und Sozialverhalten sowie die Jungenaufzucht ist bis heute so gut wie nichts bekannt.
Nahrung: Mäuse und andere Kleinsäuger, Vögel, auch Reptilien.

Marmosetten

Callithrix
Familie: Krallenaffen

Über die genaue Einteilung dieser kleinen Krallenäffchen mit den griesgrämigen Gesichtern in verschiedene Arten bzw. Unterarten sind sich die Wissenschaftler noch nicht recht einig.
Kennzeichen: Körpergröße 20–25 cm, Schwanz bis 35 cm lang; Fellfärbung und -zeichnung je nach Art, z. T. nach regionaler Herkunft, höchst unterschiedlich, aber alle mit relativ langhaarigem, seidigem Fell und ausgeprägten Haarbüscheln oder -pinseln an den Ohren. Die Charakteristika einzelner Arten spiegeln sich in deren Namen wider, etwa Weißschulterseidenaffe (*Callithrix humeralifer*), Weißbuschelaffe (*C. jacchus*), Gelbkopfbüschelaffe (*C. flaviceps*) oder Schwarzpinselaffe (*C. penicillata*).

Weißbüschelaffe

Vorkommen: Brasilien südlich des Amazonas. Waldgebiete von Küstenregenwald bis Bergwald.
Lebensweise: Tagaktive Baumbewohner; leben in sozialen Gruppen von 10–15 Tieren; markieren Gruppenterritorium mit Harn und Duftsekreten.
Fortpflanzung: Gewöhnlich zweimal im Jahr 1–2, manchmal auch 3 Junge, bei deren Betreuung die Gruppenmitglieder helfen. Nur das ranghöchste ♀ der Gruppe pflanzt sich fort.
Nahrung: Überwiegend Baumsäfte, auch Insekten und andere Kleintiere, Blüten, Früchte und Nektar.

Maskentangare → Scharlachtangare

Mauereidechse

Lacerta muralis

Familie: Echte Eidechsen

Die artenreiche Gruppe der Mauereidechsen ist hauptsächlich im Mittelmeerraum beheimatet. *Lacerta muralis* kommt auch in Mitteleuropa vor.

Kennzeichen: 25 cm. Braun mit dunkler Fleckung oder dunklem Netzmuster, häufig ein doppelter Längsstreif ohne Fleckung am Rücken; Bauch weiß, orangefarben oder ziegelrot. Manche Bauchrandschilder blau und schwarz.

Vorkommen: Mittel-, West- und Südeuropa; Nordwestasien. Trockenes besonntes Gelände mit Mauern, Felsen, Geröll und Wegrändern. Weinberge.

Lebensweise: Guter Kletterer. Wärmeliebend. Reviere kleinräumig, werden mit Bissen verteidigt. 2–8 weiße Eier, im Sommer in selbstgegrabenem Erdloch oder in tiefen Mauerritzen abgelegt. Junge schlüpfen nach 6–8 Wochen. Winterruher.

Nahrung: Insekten und deren Larven, Spinnen; Würmer und Schnecken.

Mauereidechse mit Jungem

Mauergecko

Tarentola mauritanica

Familie: Geckos

Die Geckos besitzen auf der Unterseite ihrer Finger und Zehen verbreiterte Haftlamellen mit mikroskopisch feinen Hakenzellen, die ihnen ein Laufen an der Decke oder kopfunter an glatten Wänden ermöglichen. Eine zweite Familienbezeichnung ist deshalb auch Haftzeher.

Mauergecko

Kennzeichen: 12–16 cm. Grau bis graubraun, in der Sonne dunkler. Oberseits mit vielen Dornen und Warzen. Große Augen mit senkrechtem Pupillenspalt; Augenlider nicht beweglich. Hell zirpende oder leise quiekende Laute.

Vorkommen: Küsten des Mittelmeeres incl. vieler Inseln; Kanarische Inseln. Felsen, Mauern, auch Hauswände.

Lebensweise: Dämmerungs- und nachtaktiv. Guter Kletterer. Gute Nachtsichtigkeit durch große Augen. Sitzt häufig in der Nähe einer Lichtquelle, um Insekten aufzulauern. Säubert seine Augen mit der Zunge. 2 Eier, Junge schlüpfen nach 2–4 Monaten.

Nahrung: Insekten, Spinnen und andere Wirbellose.

Mauerläufer

Tichodroma muraria

Familie: Kleiber

Aufgrund seiner schönen Flügelfärbung wird der Mauerläufer auch »Fliegende Alpenrose« genannt.

Kennzeichen: 15–16 cm. Überwiegend grau; Schwanz kurz, dunkel mit heller Endkante; Kehle beim ♂ im Brutkleid dunkel, im Winter wie beim ♀ weiß. Flügel rot, Schwungfedern schwarz mit weißen Punkten.
Vorkommen: Gebirge Mittel- und Südeuropas östlich bis Nordchina; in den Alpen bis in 2500 m Höhe, im Himalaja bis in 5000 m Höhe. Schluchten, Felsen, Berghänge.
Lebensweise: Einzelgänger, nur zur Brutzeit paarweise. Flug schmetterlingsartig. Fliegt Felswand von unten her an; klettert ruckartig die Flügel öffnend Steilwände hoch, gebraucht die Flügel als Stütze; oben angekommen, fliegt er an den Fuß einer anderen Wand und klettert dort hoch. Stochert dabei mit seinem langen Schnabel in Ritzen nach Nahrung.
Brut: Nest meist in Rissen oder Spalten in einer Felswand. 1 Brut (Mai–Juli). 3–5 Eier; Brutdauer 18–19 Tage, Nestlingszeit 21–26 Tage.
Nahrung: Insekten, Spinnen, andere Wirbellose.

Mauerläufer

Mauersegler

Apus apus
Familie: Segler

Mauersegler sind die Flugkünstler der heimischen Vogelfauna. Sie schlafen und fressen nicht nur in der Luft, sondern paaren sich sogar fliegend.
Kennzeichen: 17 cm. Insgesamt schwarzbraun gefärbt mit heller Kehle. Lange sichelförmige Flügel, kurzer Schwanz; kurze Füße.
Vorkommen: Fast ganz Europa, Nordafrika; Asien ostwärts bis hinter den Baikalsee. Überwintert in Afrika südlich der Sahara bis zum Kap. Siedlungen, Berg- und Felsregionen.
Lebensweise: Fast ständig in der Luft, landet nur am Nest. Erreicht Fluggeschwindigkeiten von 200 km/h. Sehr gesellig. Jagt in Trupps rund um Gebäude unter schrillen »Sriie-sriie«-Rufen. Sommervogel.
Brut: Koloniebrüter in Mauernischen und unter Dächern, in zerklüfteten Felswänden oder in Baumhöhlen. Geht auch in Nistkästen. Im Flug gesammeltes Nistmaterial wird mit Speichel auf Höhlenunterlage geklebt. 1 Brut (Mai bis Juli). 2–3 Eier; Brutdauer 18–25 Tage, Nestlingszeit 40–50 Tage.
Nahrung: Fliegende Insekten und Spinnen.
Besonderes: Die Jungen überstehen Zeiten mit Nahrungsmangel, indem sie ihre Körpertemperatur herabsetzen und in einen Starrezustand mit reduziertem Stoffwechsel verfallen.

Mauersegler

Maulwurf

Talpa europaea
Ordnung: Insektenfresser

Der Europäische Maulwurf ist eine von 13 recht ähnlichen Arten der Gattung *Talpa*, die auf Europa und Asien beschränkt ist.
Kennzeichen: Körper walzenförmig, 12–15 cm lang, mit kurzem, dünnem Schwänzchen; Fell samtig, dunkelgrau bis schwarz; Vorderfüße schaufelförmig, mit langen Krallen; Schnauze rüsselartig verlängert; Augen winzig, Ohrmuscheln fehlen.
Verbreitung: Ganz Europa außer Irland, Island und Nordskandinavien sowie den Mittelmeerinseln.
Lebensraum: Wiesen, Felder, Gärten und Laubwälder mit lockeren Böden. Meidet sandigen, felsigen oder moorigen Untergrund.
Lebensweise: Fast ausschließlich unterirdisch; tag- und nachtaktiv; außerhalb der Fortpflanzungszeit strikter Einzelgänger; gräbt lange Gangsysteme mit

Maulwurf

Schlaf-, Nest- und Vorratskammern, wobei das Aushubmaterial zu den typischen »Maulwurfshügeln« aufgeworfen wird.
Fortpflanzung: 1–2 Würfe im Jahr mit je 3–6 nackt und blind geborenen Jungen, die mit 2 Monaten selbständig werden.
Nahrung: Hauptsächlich Regenwürmer, auch Insekten und deren Larven, bisweilen sogar Spitzmäuse.
Besonderes: Der Maulwurf, der keinen Winterschlaf hält, legt sich für den Winter in der Nähe seiner Wohnkammer einen Vorrat von oft mehreren hundert Regenwürmern an, denen er das Vorderende abbeißt, so daß sie zwar nicht sterben, aber auch nicht mehr fortkriechen können.

Maulwurfsgrille

Gryllotalpa gryllotalpa
Familie: Maulwurfsgrillen

Der Name der Maulwurfsgrille bezieht sich auf die Vorderbeine, die zu kräftigen Grabschaufeln umgestaltet sind.
Kennzeichen: 5 cm lang. Körper bräunlich, seidig behaart. Großer Halsschild. Vorderflügel kurz, Hinterflügel voll ausgebildet.
Vorkommen: Ganz Mitteleuropa. Lockere, sandige Böden, Schuttflächen, auch Gärten.
Lebensweise: Die Maulwurfsgrille kann gut fliegen, lebt aber überwiegend in unterirdischen, selbstgegrabenen Gängen. Während der Fortpflanzungszeit kommen die Tiere in der Dämmerung an die Oberfläche. Zur Paarung locken die ♂ die ♀ mit einem heiseren Trillern an. Paarung erfolgt in den Erdgängen. ♀ legt etwa 200–300 Eier in einer eigens gegrabenen Höhle ab. Nach 3 Wochen schlüpfen die Larven.
Nahrung: Insekten, kleine Bodentiere, Wurzeln.

Maulwurfsgrille

Maurische Landschildkröte → Griechische Landschildkröte

Mäusebussard

Buteo buteo
Familie: Habichtartige

Der Mäusebussard ist bei uns der häufigste Greifvogel.

Mäusebussard

Kennzeichen: 50–57 cm. Gefieder von ganz hell bis dunkelbraun; meist aber oberseits dunkelbraun, unterseits heller, mit hellem Brustband. Schwanz kurz und breit, eng gebändert.
Vorkommen: Fast ganz Europa bis auf den hohen Norden und Teile Großbritanniens; Vorder- bis Ostasien; Inseln im Atlantik. Abwechslungsreiche Waldlandschaften vom Flachland bis ins Gebirge.
Lebensweise: Segelt häufig mit leicht V-förmig gehaltenen Flügeln oder steht manchmal rüttelnd in der Luft, um auf seine Beute herabzustoßen. Auch Ansitzjagd von Pfosten oder Zäunen aus; schlägt dann Beutiere aus kurzem Gleitflug heraus. Teilzieher.

Brut: Meist Baumhorst, Nest aber auch auf Felssimsen; besteht aus Zweigen und Ästen, innen mit frischem Laub und Gras ausgepolstert. 1 Brut (April–Juli). 2–3 Eier; Brutdauer 33–35 Tage, Nestlingszeit 40–49 Tage.
Nahrung: Kleine Säugetiere, v. a. Nagetiere; manchmal Jungvögel, Amphibien und Reptilien oder große Insekten. Im Winter auch Aas.
Besonderes: Mäusebussarde sitzen im Winter häufig entlang von Autobahnen und vielbefahrenen Straßen und holen sich die überfahrenen Tiere.

Mausmaki

Microcebus murinus

Unterordnung: Halbaffen

Der winzige Lemur, der eher an einen → Siebenschläfer als an einen Affen erinnert, ist der kleinste Vertreter aus der Ordnung der Herrentiere (Primaten), zu denen auch wir Menschen gehören.
Kennzeichen: Körpergröße 11–13 cm, Schwanz rund 13 cm lang, buschig behaart; Fell graubraun, unterseits heller; große Nachttieraugen und große, runde, häutige Ohrmuscheln.
Vorkommen: Madagaskar. In küstennahen Trocken- und Regenwäldern, Schilfbeständen und Buschlandschaften.

Mausmaki

Lebensweise: Geht nachts einzeln auf Nahrungssuche, schläft tagsüber zusammengerollt in gemeinsamen Nestern, ♀ und Jungtiere in Gruppen bis zu 15 Tieren, ♂ allein oder zu wenigen; Nester in Baumhöhlen oder frei im Geäst, mit Laub ausgepolstert.
Fortpflanzung: Zweimal im Jahr Geburt von 2–3 Jungen, die in den ersten Lebenstagen die Augen noch geschlossen haben, aber schon behaart sind; Geburtsgewicht nur etwa 5 g; können nach 2 Wochen bereits klettern.
Nahrung: Blütennektar und andere Pflanzensäfte, Früchte, auch Insekten, kleine Reptilien und Vogeljunge.
Besonderes: Der Mausmaki fällt in kühlen Wetterperioden oder Trockenzeiten in einen energiesparenden Starrezustand mit abgesenkter Körpertemperatur, einem Winterschlaf ähnlich.

Mausohr

Myotis myotis

Unterordnung: Fledermäuse

Das Große Mausohr ist ein Vertreter der Glattnasen-Fledermäuse und unsere größte heimische Fledermaus.
Kennzeichen: Kopf-Rumpflänge 6 bis 8 cm, Flügelspannweite bis 40 cm; Fell oberseits braun bis graubraun, unterseits weißlich; Flügel breit, dunkelgrau; Ohren oval.
Verbreitung: Mittel- und Südeuropa, Ukraine, Kleinasien.
Lebensraum: Lichte Auwälder, Parks, strukturreiche bäuerliche Feld- und Wiesenlandschaften.
Lebensweise: Fliegt erst nach Einbruch der Dunkelheit und nur bei gutem Wetter aus; Flug langsam, geradlinig, meist in 5–8 m Höhe; Sommerquartiere zumeist in großen, dunklen Dachstühlen, selten in Baumhöhlen; ♂ im Sommer oft einzeln, ♀ in Kolonien von zuweilen mehreren hundert Tieren; *Winterschlaf* einzeln oder in kleinen Gruppen in Felshöhlen.
Wanderungen: Jahreszeitliche Wanderung zwischen Sommer- und Winterquartier, die bis zu 200 km voneinander entfernt liegen können.

Großes Mausohr

Fortpflanzung: Geburt und Aufzucht der Jungen in den ♀-Kolonien (sog. Wochenstuben); jeweils 1 Junges, das nackt und blind zur Welt kommt und sich am Bauch der Mutter festhält.
Nahrung: Sowohl Fluginsekten (z. B. Nachtfalter) als auch Bodeninsekten (z. B. Laufkäfer oder Grillen).

Mauswiesel

Mustela nivalis
Familie: Marder

Das Mauswiesel mit seinen besonders kleinen Unterarten, dem europäischen Zwergwiesel und dem amerikanischen Kleinstwiesel, ist das kleinste Raubtier der Welt.
Kennzeichen: Kopf-Rumpflänge 17–23 cm, Schwanz 3–6 cm; ♀ deutlich kleiner als ♂; Fell oberseits braun, bauchseits weiß, Farbgrenze unregelmäßig gezackt.
Verbreitung: Europa, afrikanische Mittelmeerländer, mittleres und nördliches Asien sowie nördliches Nordamerika.
Lebensraum: Wälder aller Art, Graslandschaften, Halbwüsten, auch Kulturland, z. B. in Hecken, Gärten und Scheunen, im Gebirge bis in 3000 m Höhe; meidet Feuchtgebiete.
Lebensweise: Überwiegend tagaktiver Einzelgänger; läuft ungemein flink, schwimmt und taucht auch gut; jagt Mäuse auch in deren Gängen, selbst noch im Winter unter einer Schneedecke; Unterschlupf in allerlei Spalten und Ritzen.
Fortpflanzung: 1–2 Würfe im Jahr mit zumeist 4–7 Jungen, die noch nackt und blind geboren werden; ♂ beteiligt sich nicht an der Aufzucht.
Nahrung: Hauptsächlich Wühlmäuse und andere kleine Nagetiere, gelegentlich Vögel, Eier oder Insekten.
Besonderes: Im Norden seines Verbreitungsgebiets sowie im Hochgebirge wird das Fell des Mauswiesels im Winter völlig weiß, während es sich in klimatisch milderen Gegenden nicht verfärbt. Niemals aber hat es eine schwarze Schwanzspitze wie das → Hermelin.

Mauswiesel

Meerbarben

Mullidae
Ordnung: Barschartige

Meerbarben kommen in 42 Arten in allen tropischen und gemäßigten Meeren vor. Bekannte Arten europäischer Gewässer sind die Rote Meerbarbe (*Mullus barbatus*) und die Gestreifte Meerbarbe (*M. surmuletus*).
Kennzeichen: Körper niedrig, leicht zusammengedrückt, mit großen, schwach gezähnten Kammschuppen bedeckt. Mund klein, vorstülpbar, kleine bürstenartige oder kegelförmige Zähne. 2 lange, fleischige Bartfäden am Kinn. Stark abfallende Stirn. Rot gefärbt, Gestreifte Meerbarbe mit Längsstreifen. Bis 40 cm, ♂ kleiner als ♀.
Vorkommen: Mittelmeer, Atlantik. Über Sand- und Schlammboden.
Lebensweise: Gesellige Grundfische. Im Sommer in Küstennähe, im Winter in größeren Wassertiefen.
Fortpflanzung: Geschlechtsreife mit 2–3 Jahren. Laichzeit Mai–Juli. Laichplatz in 10–50 m Wassertiefe über Sandboden. Eier freischwimmend im Wasser.
Nahrung: Würmer, Krebse, Weichtiere.
Besonderes: Die Römer und Griechen pflegten Rote Meerbarben lebend auf den Tisch zu bringen, damit die Gäste die leuchtende Farbveränderung sehen konnten, die beim Sterben der Fische auftritt.

Meerbrassen
Sparidae
Unterordnung: Barschfische

Von den 200 Meerbrassen-Arten leben 23 im Mittelmeer; die größte von ihnen ist die bis 1 m lange Zahnbrasse (*Dentex vulgaris*).
Kennzeichen: Körper seitlich zusammengedrückt, hochrückig, mit großen Kammschuppen bedeckt. Kopf groß, Mund klein. Kräftiges Gebiß, je nach Ernährungsweise mit Fang-, Schneide- oder Mahlzähnen. Schwanzflosse zweizipflig.
Vorkommen: Tropische und gemäßigte Meere. Küstengebiet.

Meerbrasse

Lebensweise: Schwarmfische. Wandern bei Kälte in tiefere Wasserschichten.
Nahrung: Fische, Muscheln, Krebse, Schnecken, Wirbellose, Algen.
Besonderes: Der Muschelknacker (*Cymatoceps nasutus*) ist die größte Meerbrasse überhaupt. Er wird bis 1,30 m lang, bis 90 kg schwer und kommt an der Küste Südafrikas über felsigem Grund vor. Typisch für ihn ist seine große fleischige Nase. Seine großen, kegelförmigen Mahlzähnen eignen sich hervorragend zum Öffnen von Muscheln (Name!).

Meerforelle → Forelle

Meergrundeln → Grundeln

Meerkatzen
Cercopithecus
Überfamilie: Hundsaffen

Grüne Meerkatze

Diademmeerkatze

Die lebhaften Tiere mit den ansprechenden Gesichtern sind weder Meeresbewohner noch Katzen. Der Name ist eine Verballhornung des indischen Worts »markata«, das schlicht »Affe« bedeutet. Die meisten der gut 20 verschiedenen Arten sind in ihrem Verbreitungsgebiet noch recht häufig.
Kennzeichen: Körpergröße je nach Art 40–70 cm, ♀ jeweils deutlich kleiner als ♂; Schwanz erheblich länger als der Körper; Fell vielfach mit kräftigen Farben, vor allem im Kopfbereich oft kontrastreiche Zeichnung; Gesicht unbehaart, schwarz oder farbig. Auffällige arttypische Farbmuster führten zu Namen wie Blaumaul-, Rotbauch- oder Weißnasenmeerkatze.
Vorkommen: Afrika südlich der Sahara. Wälder aller Art, nur die Grüne Meerkatze (*Cercopithecus aethiops*) in offenen Steppen- und Savannenlandschaften, alle meist in Wassernähe.
Lebensweise: Je nach Art überwiegend Baum- oder Bodenbewohner; sehr gesellig, leben in Horden unter der Führung eines alten ♂; Gruppenterritorium wird unterschiedlich heftig verteidigt.
Fortpflanzung: Jeweils 1 Junges, das sich im Fell der Mutter festklammert und $^1/_2$–1 Jahr bei ihr trinkt.
Nahrung: Früchte, Blüten, frische Blätter und Triebe, Insekten und andere Wirbellose.

Meerotter → Seeotter

Meerpfaff → Himmelsgucker

Meersau

Scorpaena scrofa

Familie: Drachenköpfe

Die Europäische Meersau, auch Roter Drachenkopf genannt, ist ein giftiger Angehöriger der Familie der Drachenköpfe und kann schmerzhafte Wunden verursachen, wenn man aus Versehen auf ein eingegrabenes Tier tritt.

Meersau

Kennzeichen: Körper kräftig, seitlich etwas abgeflacht, mit großen Schuppen bedeckt. Kopf groß und stachelig gepanzert. Augen hoch am Kopf stehend, kurze Überaugententakel, große Mundöffnung, Kinn mit zahlreichen Hautanhängseln. 1 lange Rückenflosse, vorderer Teil stachelstrahlig mit Giftdrüsen. Brustflossen groß und breit. Rötlichbraun marmoriert mit dunklen und hellen Flecken. 20–26 (max. 50) cm.
Vorkommen: Nordostatlantik, Mittelmeer. Über Felsgrund bis in 500 m Wassertiefe.
Lebensweise: Träger Grundfisch. Einzelgänger. Reviergebunden. Dämmerungs- und nachtaktiv.
Nahrung: Krebstiere, Weichtiere, Fische.
Besonderes: Die Meersau lauert ihrer Beute auf, springt sie entweder an oder saugt sie durch Aufreißen ihres großen Mauls ein.

Meerschwalbe → Putzerfisch

Meerschweinchen → Wildmeerschweinchen

Mehlkäfer

Tenebrio molitor

Familie: Schwarzkäfer

Der Mehlkäfer aus der Familie der → Schwarzkäfer ist ein bekannter Vorratsschädling.
Kennzeichen: 12–18 mm lang. Braun bis schwarz glänzend. Flügeldecken und Halsschild gleichmäßig fein punktiert.
Vorkommen: In ganz Europa. Im Mulm alter Bäume, in Vogelnestern, in Vorratslagern mit Getreide- und Mehlprodukten.
Lebensweise: Der nachtaktive Mehlkäfer vergräbt sich tagsüber. Fliegt abends – vom Licht angezogen – auch oft in Wohnungen. ♀ werden von Duftstoffen angelockt, legen ihre Eier in Streu, Mehl oder anderen Nahrungsmitteln ab.
Nahrung: Käfer und Larven ernähren sich von Mulm, Getreide, Mehl und Mehlprodukten.
Besonderes: Die als »Mehlwürmer« bekannten Larven werden als Fisch- und Vogelfutter gezüchtet.

Mehlkäfer

Mehlkäferpuppe

Meisendickkopf

Falcunculus frontatus

Familie: Dickköpfe

Dickköpfe gehören mit 52 Arten zu den Sperlingsvögeln.

Meisendickkopf

Kennzeichen: 18 cm. Ähnlich einer → Kohlmeise gefärbt, jedoch an jeder Kopfseite 2 weiße Flecken. Dicker Kopf mit schmalem aber kräftigem Hakenschnabel, keine Schnabelborsten.
Vorkommen: Trockenes, offenes Waldland, v.a. Eukalyptuswälder, in 3 geografisch isolierten Gebieten Australiens.
Lebensweise: Hackt mit seinem kräftigen Schnabel Baumrinde ab, um an die dahintersitzenden Insekten zu gelangen. Brütet in kleinen Gruppen. Nest aus Rindenstücken und Spinnweben. Nichtbrüter helfen bei der Aufzucht der Jungen. 2 bis 3 Eier; Brutdauer ca. 20 Tage.
Nahrung: Insekten und deren Larven, Spinnen.
Besonderes: Zur gleichen Familie wie der Meisendickkopf gehören auch die Pitohuis, die in 7 Arten nur auf Neuguinea vorkommen. Aus den Federn und der Haut von 3 Arten isolierten Forscher 1992 ein Gift, das dem der Pfeilgiftfrösche (→ Baumsteiger) gleicht. Pitohuis sind damit die einzigen giftigen Vögel.

Mendesantilope

Addax nasomaculatus

Familie: Hornträger

Mendesantilope

Die Mendes- oder Addaxantilope ist mit den → Spießböcken und den Säbelantilopen so eng verwandt, daß sie sich mit diesen kreuzt.
Kennzeichen: Schulterhöhe bis 1,20 m; beide Geschlechter mit Hörnern, in den unteren zwei Dritteln quergeringelt in 2-3 Spiralwindungen gedreht; glatt anliegendes, vorwiegend weißes Sommerfell, im Winter dichter und länger mit grauer Färbung an Hals und Rumpf; grau-weiße Gesichtszeichnung; kurze Halsmähne.
Vorkommen: Sand- und Steinwüsten Nordafrikas (südliche Sahara), magere Steppe.
Lebensweise: Gesellig, lebt in Rudeln von 3-20 Tieren, gelegentlich auch in größeren Herden. Tag- und nachtaktiv.
Fortpflanzung: Langes Paarungskreisen; Tragzeit 9 Monate, pro Geburt ein Junges, meist im Winter oder zeitigem Frühjahr.
Nahrung: Vorwiegend Laub, Gräser und Kräuter, auch kleinere Büsche.
Besonderes: Von allen Antilopen sind die Mendesatilopen am besten für das Dasein in Hitze und Trockenheit geschaffen. Da schattige Ruheplätze in ihrem Lebensraum selten sind, scharren sie sich Ruhegruben, die von unten her etwas Kühlung verschaffen.

Menschenaffen
Hylobatidae* und *Pongidae
Ordnung: Primaten

Als Menschenaffen werden diejenigen Altweltaffen bezeichnet, die dem → Menschen im Entwicklungsstammbaum am nächsten stehen. Dazu zählen die Gibbons (*Hylobatidae*) als Kleine Menschenaffen (→ Siamang, → Weißhandgibbon, → Weißwangengibbon) und die 4 Arten von Großen Menschenaffen (*Pongidae*): → Gorilla, → Orang-Utan, → Schimpanse und Zwergschimpanse (*Pan paniscus*).
Kennzeichen: Alle schwanzlos; Arme stets länger als Beine. Wachstum und Entwicklung sehr langsam, Gehirngröße und Intelligenz vergleichsweise hoch.

Schimpanse

Merlin
Falco columbarius
Familie: Falken

Merline sind die kleinsten europäischen Falken.
Kennzeichen: 23-33 cm, ♀ größer und deutlich schwerer als ♂. ♂ mit schiefergrauem Gefieder an der Oberseite.
Vorkommen: Norden Europas, Asiens und Nordamerikas.
Lebensraum: Offenes und felsiges Gelände, Moorgebiete, Tundren, Dünenlandschaften und Bergregionen; auch Randzonen dichter Wälder.
Lebensweise: Beutesuche von Sitzwarte aus. Greift Beute in der Luft aus rasantem, steilen Sturzflug von oben oder aus langsameren, bodennahen Flug von der Seite. Teilzieher. Legt Eier in flachen Bodenmulden ab oder übernimmt alte Greifvogelnester.
Brut: 1 Brut (meist ab Mai). 3-7 Eier, überwiegend vom ♀ bebrütet. Brutdauer 28-32 Tage, Nestlingsdauer 25-27 Tage.
Nahrung: Überwiegend Kleinvögel, Kleinsäuger und größere Insekten.

Merlin

Messerfische
Notopteroidae
Ordnung: Knochenzüngler

Die größte der 4 Arten, die auf tropische Gebiete beschränkt sind, ist der Gebänderte Messerfisch oder Chitala (*Notopterus chitala*), aus der Gattung Fähnchen-Messerfische.

Gebänderter Messerfisch

Kennzeichen: Körper gestreckt, seitlich abgeflacht, nach hinten spitz zulaufend. Kleine, federartige Rückenflosse, sehr lange Afterflosse, die schon dicht hinter dem Kopf beginnt und sich mit der Schwanzflosse vereinigt. Bis 75 cm.
Vorkommen: Indisch-malaiisches Gebiet. Langsam fließende Süßgewässer, Teiche, Seen.
Lebensweise: Unverträgliche und streitsüchtige Einzelgänger. Dämmerungsaktiv. Können ebensogut vorwärts wie rückwärts schwimmen.
Fortpflanzung: Eiablage (5000–10 000) an Pflanzenteile oder Holz. Brutdauer 6–7 Tage. ♂ bewacht Gelege und Jungfische.
Nahrung: Kleine Fische, Würmer, Insektenlarven, Krebstiere.
Besonderes: In Thailand werden Messerfische in Teichen als Speisefische gezüchtet. Dazu rammen die Einheimischen Pfähle in den Teichboden, die gerne als Laichplatz angenommen werden.

Miesmuschel

Mytilus edulis

Ordnung: Fadenkiemer

Die Miesmuschel gehört zusammen mit → Auster, Kamm- und Perlmuschel zu den Schwachzähnigen Muscheln, einer Unterordnung der Fadenkiemer mit 12 Familien und 1800 Arten.

Miesmuscheln mit Seesternen

Kennzeichen: Schale nach vorn zugespitzt, blauschwarz mit Querrillen, Innenseite perlmuttartig, Schloß ohne Zähne. 5–10 cm.
Vorkommen: Weltweit verbreitet. In der Gezeitenzone des Meeres, auf Felsen, Pfählen und Hafenbauten festsitzend.
Lebensweise: Leben in großen Kolonien.
Fortpflanzung: 3mal jährlich 5–12 Mio. Eier. Aus den Eiern schlüpfen freischwimmende Larven, die zu Boden sinken und sich zu Jungmuscheln entwickeln.
Nahrung: Plankton.
Besonderes: Miesmuscheln leben nicht zeitlebens an derselben Stelle festgeheftet. Sie können klettern, indem sie die Haftfäden mit ihrem kräftigen Fuß durchtrennen und sich dann wieder neu festheften.

Milben

Acari

Klasse: Spinnentiere

Die Milben bilden mit ihren über 17 000 Arten die formenreichste Gruppe der Spinnentiere. Ihr mikroskopisch kleiner Körper ist nicht deutlich untergliedert. Die Mundwerkzeuge sind scheren- oder stilettartig ausgebildet. Milben kommen weltweit in allen Lebensräumen vor. Viele von ihnen leben als Parasiten in und an Tieren (→ Holzbock), Menschen (Krätzmilben) und Pflanzen (Spinnmilben), sind Vorratsschädlinge und Krankheitserreger, zahlreiche Arten sind aber auch nützlich, weil sie sich von Schadinsekten ernähren, pflanzliches Material und Abfallstoffe zerkleinern. Die Hausstaubmilben wurden in letzter Zeit als Allergieauslöser bekannt, die Varroa-Milbe als Verursacher schwerer Bienenseuchen. Zu den größten und auffallendsten Milben gehört die rote Samtmilbe (*Trombidium*), die sich von verschiedenen Bodentieren und Insekteneiern ernährt.

Milbe

Millionenfisch → Guppy

Mississippi-Alligator

Mississippi-Alligator

Alligator mississippiensis

Familie: Alligatoren

Bei den Alligatoren greift im Gegensatz zu den anderen Krokodilen der größere 4. Unterkieferzahn in eine seitlich geschlossene Grube im Oberkiefer und ist so bei geschlossenem Maul nicht zu sehen.

Kennzeichen: 3 m, selten bis 6 m. Augen, Ohren und Nasenlöcher liegen so hoch am Kopf, daß sie bei waagerechter Haltung über das Wasser herausragen.

Vorkommen: Seen und Flüsse im Südosten der USA.

Fortpflanzung: ♀ baut direkt am Wasser einen bis 1 m hohen und 2 m breiten Bruthügel aus Pflanzenteilen und Schlamm, in den es bis zu 70 Eier legt. Bewacht sie 9–10 Wochen lang, bis die ca. 30 cm langen Jungen schlüpfen. Den Schlüpfzeitpunkt tun die Jungen durch Quäken kund. Danach scharrt das ♀ das Nistmaterial beiseite und trägt die Jungen im Maul zum Wasser.

Nahrung: Erwachsene Alligatoren Säugetiere bis Hirschgröße, Jungtiere Wasserinsekten und Krebse, später Fische, Amphibien und Schlangen.

Besonderes: Der Mississippi-Alligator ist durch Verfolgung (v. a. für die Lederindustrie) recht selten geworden. Er wird heute häufig in Farmen gehalten.

Mistkäfer

Mistkäfer

Geotrupes

Familie: Blatthornkäfer

Die Mistkäfer sind vor allem in der Nähe von Viehweiden und Reitwegen zu finden. Die häufigsten einheimischen Arten sind der Große Roßkäfer (*Geotrupes stercorarius*) und der Frühlingsmistkäfer (*G. vernalis*).

Kennzeichen: 1,5–2,5 cm lang. Körper hoch gewölbt, blau oder schwarz glänzend. Beine behaart.

Vorkommen: Ganz Europa. In der Nähe von Mist und Tierexkrementen.

Fortpflanzung: In der Fortpflanzungszeit schwärmen die Käfer auf der Suche nach einem Mist- oder Kothaufen aus. In diesen graben sie nach der Paarung bis zu 60 cm lange Gänge mit mehreren Seitengängen. Diese füllen sie mit Mist bis zum Eingang, wo das ♀ 1 Ei ablegt. Die Larven fressen sich durch die Dungwürste hindurch und verwerten dabei auch ihren eigenen Kot.

Nahrung: Käfer und Larven ernähren sich von Mist und Kot.

Besonderes: Da Mistkäfer Tierexkremente beseitigen, kommt ihnen in der Natur eine wichtige Rolle zu.

Moderlieschen

Leucaspius delineatus

Familie: Weißfische

Die kleinste einheimische Fischart ist das Moderlieschen, auch Sonnenfischchen oder Zwerglaube genannt.

Moderlieschen

Kennzeichen: Körper spindelförmig, seitlich etwas abgeflacht, mit großen Schuppen bedeckt. Mund klein. Rücken bräunlich bis grünlich, Seiten silberglänzend mit blauem Schimmer, Bauch weißlich. 6–9 cm, ♀ größer als ♂, mit kurzer Legeröhre.

Vorkommen: Ost- und Mitteleuropa. Kleine stehende oder langsam fließende Gewässer. Nahe der Wasseroberfläche zwischen dichtem Pflanzenwuchs der Uferzone.

Lebensweise: Robuster Schwarmfisch.

Fortpflanzung: Geschlechtsreife mit 1 Jahr. Laichzeit April–Juni. ♀ klebt Eier in ring- oder spiralförmigen Bändern an die Stengel von Wasserpflanzen. Brutdauer 9–12 Tage. ♂ betreut das Gelege.

Nahrung: Plankton, Kleinkrebse, Insektenlarven, Algen.
Besonderes: Bei der Brutpflege stößt das Männchen immer wieder die Pflanzenstengel an, an denen die Eier kleben, damit dem Gelege sauerstoffreicheres Wasser zugeführt wird.

Mohrenlerche → Haubenlerche

Mohrenmaki

Lemur macaco
Unterordnung: Halbaffen

Wegen des frappierenden Färbungsunterschieds der Geschlechter hielt man Männchen und Weibchen dieser Lemuren lange Zeit für zweierlei Arten.
Kennzeichen: Etwa katzengroß; Fell beim ♂ tiefschwarz, beim ♀ meist fuchsrot, manchmal graubraun; mehr als körperlanger, buschig behaarter Schwanz; lange »Hundeschnauze«. Jungtiere bei Geburt alle schwarz, erst mit einem $^1/_2$ Jahr färben sich weibliche Junge um.
Vorkommen: Im Norden von Madagaskar und auf den Komoren. In Wäldern aller Art, auch Plantagen und Farmen.
Lebensweise: Tagaktiv; überwiegend auf Bäumen, aber auch am Boden unterwegs; springt mit mächtigen Sätzen von Baum zu Baum. Lebt in Gruppen aus meist 5–15 Tieren, wobei die ♀ den Ton angeben.
Fortpflanzung: Von August–Oktober Geburt von jeweils 1–2 Jungen, die von der Mutter in den ersten Monaten quer vor dem Bauch getragen werden.
Nahrung: Früchte, Blätter, frische Triebe, möglicherweise auch tierische Zukost.

Mohrenmakimännchen

Mohrenmakiweibchen

Monarchfalter

Danaus plexippus
Familie: Danaiden

Die Danaiden sind große Tagfalter, die in den tropischen und subtropischen Gebieten der Erde vorkommen. Der Monarchfalter ist der bekannteste Vertreter dieser Familie.
Kennzeichen: Flügelspannweite 10 cm. Gelb-orange gefärbt. ♂ mit schwarzer Dufttasche auf den Hinterflügeln. Hinterleib mit paarigen Pinselorganen.
Vorkommen: Tropisches Afrika, Amerika und Indoaustralien; selten auch in Süd- und Mitteleuropa. Massenweise auf blühenden Bäumen.
Lebensweise: Bei der Balz locken die ♂ die ♀ mit Sexuallockstoffen (*Pheromone*) an und geben diese mit den Haarpinseln auf die Flügel der ♀ ab. Eiablage während der Wanderungen.
Wanderungen: Der Monarch ist ein Wanderfalter, der enorme Strecken zurücklegt. Jeden Herbst fliegen Millionen Falter entlang der nordamerikanischen Küste auf einer feststehenden Route zur Überwinterung nach Süden. Unterwegs machen die riesigen Schwärme auf meist immer wieder denselben Bäumen Rast. Man vermutet, daß der Monarchfalter sogar in der Lage ist, den Ozean zu überqueren.
Raupe: Glatt und bunt. Wächst sehr schnell heran. Puppe glänzt in verschiedenen Metallfarben.
Nahrung: Raupe frißt überwiegend giftige Schwalbenwurzgewächse. Sie speichert die giftigen Stoffe und gibt sie über die Puppe an den schlüpfenden Falter weiter.

Monarch

Besonderes: Durch die Giftstoffe schmeckt der Falter bitter und wird deshalb von seinen Feinden (Vögel) gemieden. Die leuchtende Färbung dient als Warnung und weist auf seine Ungenießbarkeit hin.

Mönchsgrasmücke

Sylvia atricapilla

Familie: Zweigsänger

Mönchsgrasmückenweibchen

Die Mönchsgrasmücke ist die häufigste Grasmücke in Mitteleuropa. Ihren Namen hat sie von der schwarzen Kopfkappe des Männchens.

Kennzeichen: 14 cm. Überwiegend graubraun mit schwarzer (♂) oder rostfarbener (♀) Kopfkappe; Unterseite aschgrau.

Stimme: Gesang zweiteilig; auf einen leise plaudernden Vorgesang folgt eine plötzlich einsetzende, laut flötende Strophe, auch »Überschlag« genannt. Bei Beunruhigung hart »täck-täck«, wenn erregt, zeternd.

Vorkommen: Europa bis auf den Norden; Nordwestafrika; westliches Asien, atlantische Inseln. Unterholzreiche Wälder aller Art; Parks und Gärten.

Lebensweise: Lebt sehr versteckt. Sucht rastlos im Gezweig nach Nahrung. Sommervogel.

Brut: Das ♂ baut gleich nach der Ankunft aus dem Winterquartier mehrere Spielnester niedrig in Büsche oder junge Bäume, von denen das ♀ eines auswählt und fertigstellt. 2 Bruten (April–Juli). 4–6 Eier; Brutdauer 10–16 Tage, Nestlingszeit 10–15 Tage.

Nahrung: Insekten und deren Larven, Spinnen. Im Herbst v.a. Beeren und Obst.

Mönchsgrasmückenmännchen

Mönchsrobbe

Monachus monachus

Familie: Hundsrobben

Mönchsrobben kommen als einzige Robben auch in tropischen Meeren vor. Eine nahe Verwandte der hier beschriebenen Mittelmeer-Mönchsrobbe lebt an den Küsten von Hawaii.

Kennzeichen: ♂ bis 2,90 m, ♀ bis 3,80 m groß; Oberseite dunkelbraun bis schwarz, Unterseite heller; Ohrmuscheln fehlen; Hinterflossen stets nach rückwärts gerichtet.

Verbreitung: Mittelmeer, Schwarzes Meer, im Atlantik an der Küste Marokkos, um Madeira und die Kanarischen Inseln.

Lebensraum: Unberührte Sand- oder Felsküsten, vom Land aus schwer zugängliche Buchten.

Lebensweise: Gebietstreu; klettert geschickt auch über Felsen; lebt in kleinen Gruppen; ruht tagsüber gern in Felsgrotten mit Zugang vom Meer; unter den ♂ selbst während der Paarungszeit wenig Rivalität.

Fortpflanzung: Alle 2–3 Jahre 1 Junges, das mit weißem Fell zur Welt kommt; wird etwa 7 Wochen gesäugt, ist dann schwimmfähig, bleibt aber 2–3 Jahre bei der Mutter.

Nahrung: Hauptsächlich Fische.

Besonderes: Trotz heute strenger Schutzbestimmungen ist die Mittelmeer-Mönchsrobbe unmittelbar vom Aussterben bedroht.

Hawaii-Mönchsrobbe

Mondfisch

Mola mola

Unterordnung: Kugelfischartige

Zur Familie der Mondfische zählen 3 Arten, die ganz absonderliche Gestalten aufweisen. Der Mondfisch wird auch Sonnenfisch, Klumpfisch oder Schwimmender Kopf genannt. Er ist die größte der 3 Arten.

Kennzeichen: Körper flach scheibenförmig. Haut derb und schuppenlos mit großem Fettpolster. Riesiger Kopf, der fast $^1/_3$ der Körperlänge einnimmt. Kleiner Mund und kleine Augen. 1 hohe Rücken- und 1 hohe Afterflosse, Brustflosse klein, Schwanzflosse mit welligem Saum. Braungrau, am Bauch heller. Über 3 m, bis 900 kg.

Vorkommen: Stiller Ozean, Mittelmeer, wärmere Bereiche des Atlantiks, Nordsee. Im Freiwasser.

Lebensweise: Hochseebewohner. Tagsüber in Oberflächennähe, an heißen Tagen flach auf der Seite liegend und sich sonnend. Langsamer Schwimmer.

Nahrung: Flügelschnecken, Tintenfische, Krebstiere, Fische, Quallen.

Besonderes: Die Gestalt des Mondfisches ändert sich im Laufe seiner Entwicklung sehr stark. Die schlüpfenden Larven sind nur 2,5 mm groß. 2–3 cm lange Jungfische sind breiter als hoch und stachelig.

Mongolische Rennmaus

Meriones unguiculatus

Familie: Wühler

Die Rennmäuse bilden eine Untergruppe in der vielgestaltigen Schar der sog. Wühler, einer großen Nagetierfamilie. Die Mongolische Rennmaus oder Rennratte wurde seit den 50er Jahren bei uns zum beliebten Heimtier.

Kennzeichen: Körpergröße 10–12 cm, Schwanz etwa körperlang, behaart; Fellfärbung sandfarben (bei Zuchttieren verschiedenste Farbschläge von Weiß bis Schwarz).

Vorkommen: Mongolei, Teile Chinas und Südrußlands. Trockensteppe und Halbwüste.

Lebensweise: Tag- und nachtaktiv; gesellig; lebt in kleinen Kolonien von etwa einem Dutzend Tieren; gräbt Erdbau mit verzweigtem Gangsystem, Nest- und Vorratskammern; hält keinen Winterschlaf.

Fortpflanzung: Pro Wurf bis zu 12, meist aber 4–6 Junge, die 3–4 Wochen gesäugt werden. In Menschenobhut ganzjährig Geburten möglich.

Nahrung: Sämereien und grüne Pflanzenteile.

Mongolische Rennmaus

Besonderes: Mongolische Rennmäuse sind possierliche, lebhafte und neugierige Heimtiere, die sehr zutraulich werden können.

Moorfrosch

Rana arvalis

Familie: Echte Frösche

Moorfrosch in Laichfärbung

Während der Fortpflanzungszeit legen die Männchen ein blaues Hochzeitskleid an.

Kennzeichen: 5–7 (im Südosten –8) cm. Oberseits auf gelblichem oder bräunlichem Grund mehr oder weniger deutlich schwarz gemustert. Bauch hell. Vom sehr ähnlichen → Grasfrosch durch spitzere Schnauze und die hellen, dunkel eingefaßten Längsstreifen am Rücken unterschieden. Pupille waagerecht, Trommelfell gut sichtbar. 2 innere Schallblasen.

Vorkommen: Mitteleuropa nördlich der Alpen, Teile Nordeuropas, auch nördlich des Polarkreises; Osteuropa bis auf den Süden, östlich bis Sibirien. Moore, Feuchtwiesen, Auwälder, in den Bergen höchstens bis 800 m Höhe.

Lebensweise: Tag- und nachtaktiv. Paarungszeit März. 1–2 Laichballen mit bis zu 3000 Eiern in kleinen, oft nur temporären Wasseransammlungen. Entwicklung zum Frosch bis Ende Juni. Außerhalb der Paarungszeit nachtaktiv, an Land. Winterruher.

Nahrung: Insekten, Spinnen, Würmer und Schnecken.

Moorfrosch

Netzkoralle

Moostierchen

Bryozoa

Stamm: Kranzfühler

Moostierchen sind häufige, aber unscheinbare Wassertiere, die sowohl im Meer- als auch im Süßwasser vorkommen. Es gibt ca. 400 verschiedene Arten. Sie bilden festsitzende, mehr oder weniger große, krusten- oder klumpenförmige Kolonien aus zahlreichen, bis 4 mm großen Einzeltieren. Ihre Nahrung besteht aus Rädertierchen, Kieselalgen, Strahlen- und Geißeltierchen, die sie aus dem Wasser filtrieren. Die Netzkoralle (*Retepora beaniana*) bildet lachsfarbene, bis 10 cm hohe, gekrauste Trichter, die steif verkalkt und fensterartig durchbrochen sind. Die Einzeltiere stehen dachziegelartig übereinander.

Vorkommen: Europäische Meere. In stark beschatteten Höhlen und an den Nordwänden von Felsküsten.

Mornellregenpfeifer
Eudromias morinellus
Familie: Regenpfeifer

Der Mornellregenpfeifer wurde v. a. durch das Buch des schwedischen Ornithologen und Schriftstellers Bengt Berg »Mein Freund der Regenpfeifer« bekannt.

Kennzeichen: 20–22 cm. Oberseits schiefergrau, durch helle Federränder wie geschuppt; Hals und Vorderbrust graubraun, durch weißes Band von rostbrauner Unterbrust abgesetzt. Auffällige weiße Überaugenstreifen. ♀ etwas größer und farbenprächtiger als ♂.

Mornellregenpfeifer

Vorkommen: Nordeuropa; isolierte Brutvorkommen in den Alpen, in Holland und Italien. Nordasien und Nordalaska. Moos- und Flechtentundra im Norden, alpine Matten.

Lebensweise: Dem Menschen gegenüber wenig scheu. Außerhalb der Brutzeit truppweise. Rastet an traditionellen Plätzen wie auf trockenem, steinigem Gelände, in Halbwüsten, an Flußufern. Sommervogel.

Brut: Das ♀ balzt und verteidigt das Revier, das ♂ baut das flache Bodennest, brütet und zieht den Nachwuchs auf. ♀ verpaart sich nacheinander mit 2–3 ♂. 1 Brut (Mai–Juli). 3 Eier; Brutdauer 25–27 Tage, Junge nach ca. 1 Monat flügge.

Nahrung: Insekten und deren Larven, Schnecken.

Morphofalter
Morphidae
Ordnung: Schmetterlinge

Morphofalter sind im tropischen Südamerika beheimatet. Die großen, faszinierend gefärbten Falter werden von Sammlern geschätzt und leider auch kunsthandwerklich verarbeitet.

Kennzeichen: Flügelspannweite 15 bis 20 cm. Flügel metallisch blau schimmernd. Unterseite braun.

Vorkommen: Von Mexiko bis Südbrasilien. Wald- und Wegränder, Unterholz, Baumwipfel, auch in der Nähe menschlicher Siedlungen.

Lebensweise: ♂ nehmen ♀ optisch wahr. Eier bis zu 2 mm groß.

Raupe: Schlank, in der Mitte etwas verdickt. Manchmal mit angedeuteter Schwanzgabel. Selten zu sehen, da sie hoch oben auf den Bäumen zwischen Schlingpflanzen lebt. Verpuppt sich nach 5maliger Häutung.

Besonderes: Die wunderschöne glänzende Blaufärbung beruht, wie bei allen blauen Schmetterlingen, nicht auf Farbstoffen, sondern wird durch die besondere Flügelschuppenstruktur hervorgerufen. Diese ist aus längs- und querlaufenden Rippen aufgebaut. Die je nach Einfallswinkel wechselnden Farben entstehen, wenn sich durch die dazwischenliegenden Luftpolster die Lichtstrahlen brechen.

Morphofalter

Moschusbock

Aromia moschata

Familie: Bockkäfer

Der Moschusbock ist vor allem bekannt wegen seines aromatischen Duftstoffs.

Kennzeichen: 1,3–4,3 cm lang. Färbung der metallisch glänzenden Flügeldecken variabel, von Blau, Blaugrün, Erzgrün über Kupferfarben bis Schwarz. Manche Arten auch mit rotem Halsschild.

Vorkommen: Ganz Mitteleuropa. Auwälder mit Weiden, Waldränder, Bachränder.

Moschusbock

Lebensweise: Käfer sind von Juni–August auf Blüten und an Weiden, Ahorn und Birken zu finden. Larven leben während ihrer mehrjährigen Entwicklung im Holz von Weiden, seltener Pappeln und Erlen, wo sie auch Schäden verursachen können. Bei starkem Befall sterben die Bäume nach einigen Jahren ab.

Nahrung: Käfer saugen am Saft von Weiden, Ahorn und Birken, Larven fressen Holz.

Besonderes: Der Moschusbock sondert mit speziellen Duftdrüsen moschusartige Duftstoffe ab. Diese werden mit den Duftdrüsen aus der Futterpflanze aufgenommen und chemisch umgewandelt.

Moschusochse

Ovibos moschatus

Familie: Hornträger

Nach neueren Blut- und Genuntersuchungen sind Moschusochsen näher mit Ziegen und Schafen verwandt als mit Rindern.

Kennzeichen: Einem kleinen Rind ähnlich; Länge 1,60–2,50 m, Rückenhöhe 1–1,30 m; Fell sehr dicht und langhaarig, dunkelbraun mit hellerem Rückensattel, Beine gelblichgrau; beide Geschlechter mit hakenförmigen Hörnern, die am Ansatz zu Stirnplatten verbreitert sind. Schafähnliches Blöken, ♂ in der Brunftzeit rauhes Brüllen.

Vorkommen: Grönland, Spitzbergen, Südnorwegen sowie Kanada und Alaska. Arktische Tundra.

Lebensweise: Lebt in gemischten Herden von 10–100 Tieren; zur Brunftzeit im Spätsommer entstehen überwiegend Haremstrupps, überzählige ♂ in dieser Zeit als Einzelgänger oder in Männertrupps; sehr standorttreu.

Verhalten: Zur Verteidigung gegen Wölfe oder Eisbären stellt sich das Rudel in dichter, halbkreisförmiger Phalanx auf, die Kälber in der Mitte, die Hörner dem Feind entgegengerichtet.

Fortpflanzung: Nur alle 2–3 Jahre 1 Kalb (selten Zwillinge), das der Mutter schon nach wenigen Stunden folgen kann; wird über 1 Jahr gesäugt.

Nahrung: Gräser, Kräuter, Triebe von Zwergsträuchern, Moose, Flechten.

Moschusochse

Besonderes: Moschusochsen haben die längsten Haare aller wildlebenden Tiere. Am Hals und an den Körperseiten können sie bis zu 90 cm lang werden.

Moschustier

Moschus moschiferus

Familie: Hirsche

Das scheue Moschustier, auch oft Moschushirsch genannt, ist der einzige Vertreter einer eigenen Unterfamilie, denn es weicht im Aussehen stark von allen übrigen Hirschen ab.

Moschustier

Kennzeichen: Standhöhe 55–80 cm, auffallend runder Rücken; Fell derb, dunkel graubraun; beide Geschlechter geweihlos, ♂ aber mit stark verlängerten, spitzen Eckzähnen im Oberkiefer. Springende Fortbewegungsweise.
Vorkommen: Gemäßigtes und nördliches Ostasien. Felsige, bewaldete Berghänge.
Lebensweise: Dämmerungs- und nachtaktiver Einzelgänger; ruht tagsüber in freigescharrten Bodenmulden; benützt in seinem Revier feste Wechsel und Kotplätze.
Fortpflanzung: Pro Geburt 1–2 Junge, die 3–4 Monate gesäugt und 1 Jahr lang von der Mutter geführt werden.
Nahrung: Pflanzenkost aller Art.
Besonderes: Männliche Moschustiere produzieren in einer Drüse am Bauch ein braunes, ölig-breiiges Sekret, dessen Duft nicht nur die Moschusweibchen anlockt, sondern das auch in der Parfümindustrie als Duftstoff begehrt ist.

Mosquitos → Stechmücken

Motten

Tineida

Ordnung: Schmetterlinge

Die allgemein bekannten Stoff-, Pelz- und Vorratsschädlinge gehören zur Familie der Echten Motten. Die Fraßschäden werden nicht von den Kleinschmetterlingen, sondern deren Larven hervorgerufen. Von den weltweit etwa 2000 bekannten Arten sind 50 bei uns heimisch. Zu ihnen gehören die → Kleidermotte, die Pelzmotte (*Tinea pellionella*), die Tapetenmotte (*Trichophaga tapetzella*) und die Kornmotte (*Tinea granella*). Die Raupen fressen getrocknete tierische und pflanzliche Stoffe und sind in der Lage, das Keratin von Federn und Haaren zu verdauen.

Echte Motte

Mücken

Nematocera

Ordnung: Zweiflügler

Mücken stellen eine Unterordnung der → Zweiflügler dar. Man unterscheidet → Stechmücken (z. B. → Fiebermücken) und nichtstechende Mücken (z. B. → Schnaken, Zuckmücken und Gallmücken). Für den Menschen sind die Stechmücken – deren Weibchen Blutsauger sind – als Überträger schwerer Krankheiten (z. B. Malaria) von großer Bedeutung. Charakteristische Kennzeichen sind der schlanke, zarte Körper sowie die langen Beine und Fühler. Nur wenige Arten sind kräftiger gebaut, mit kurzen Fühlern und ähneln Fliegen. Typisches Verhalten vieler Arten ist das Auftreten in riesigen Paarungsschwärmen, die aus Tausenden von Männchen gebildet werden. Die Mückenweibchen fliegen diese Schwärme an und werden von Männchen, die sich aus dem Schwarm lösen, ergriffen und begattet. Zu regelrechten und überaus lästigen Mückenplagen kommt es häufig im Sommer in feuchten Laubwäldern (Waldmücken) sowie Niederungen und Wiesen (Wiesenmücken). Zu den Hausmücken gehört die Gemeine Stechmücke (*Culex pipiens*).

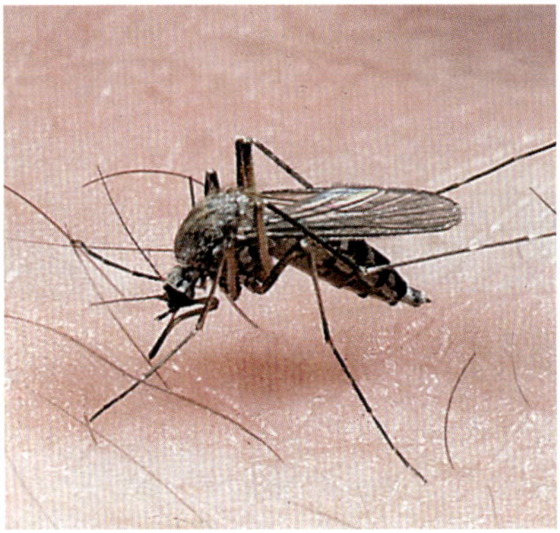

Gemeine Stechmücke

Mufflon

Ovis orientalis musimon

Familie: Hornträger

Der Mufflon, die kleinste Wildschafart, ist eine Stammform der Hausschafe.

Kennzeichen: Kopf-Rumpflänge 1,10 bis 1,30 m; ♂ mit dicken, stark gekrümmten Hörnern, sog. »Schnecken«, ♀ mit kleinen Hörnern oder hornlos. Kurzhaariges, glattes Fell, ♂ rötlichbraun mit weißem Sattelfleck, ♀ graubraun; Lämmer mit wolligem Fell.

Mufflon

Verbreitung: Urheimat Korsika und Sardinien, seit dem 18. Jh. als Park- und Jagdwild in vielen Ländern Mittel- und Südeuropas sowie in Texas und auf Hawaii eingebürgert.

Lebensraum: Trockene, steinige Gebirgslandschaften, eingebürgert in Laub- und Mischwäldern sowie Parklandschaften.

Lebensweise: Tag- und dämmerungsaktiv; lebt in Rudeln, geführt von einem alten ♀; ♂ außerhalb der Brunftzeit in eigenen Trupps.

Fortpflanzung: Brunftzeit November/Dezember; Tragzeit 5 Monate; 1 Lamm (selten Zwillinge), das der Mutter schon nach wenigen Stunden folgen kann; wird 4–5 Monate gesäugt.

Nahrung: Gras, Kräuter, frisches Laub, Baumfrüchte, Rinde.

Besonderes: Bei der Einbürgerung als Jagdwild hat man den Mufflon häufig mit Hausschafen gekreuzt, um ein höheres Wildbretgewicht und größere Trophäen zu erzielen. Bei den Brunftkämpfen nehmen die Widder Anlauf und krachen mit ihren Hörnern so heftig gegeneinander, daß es weithin schallt.

Mühlkoppe → Groppen

Mungo

Herpestes edwardsi

Familie: Schleichkatzen

Von den 7 asiatischen Vertretern der Gattung *Herpestes* ist der Indische Mungo mit Abstand die bekannteste Art, »der« Mungo sozusagen, kennt man ihn doch als unerschrockenen Schlangentöter.

Kennzeichen: Körperlänge 40–45 cm, Schwanz ca. 40 cm; Fell derb, graubraun mit silbriger Sprenkelung.

Verbreitung: Arabische Halbinsel und Vorderasien bis ganz Indien einschließlich Sri Lanka.

Lebensraum: Trockener, lichter Wald, Busch- und Grassteppen, steinige Flächen, oft auch auf Kulturland und in der Nähe menschlicher Siedlungen.

Lebensweise: Tagaktiv, schläft nachts in Erdhöhlen, die selbstgegraben oder von anderen Tieren übernommen werden; lebt meist einzeln, bisweilen in größeren Familiengruppen; sehr gewandt und reaktionsschnell, überwiegend am Boden, klettert aber auch geschickt.

Fortpflanzung: Geburten übers ganze Jahr verteilt, pro Wurf 2–4 Junge, die noch blind, aber schon behaart zur Welt kommen.

Nahrung: Säugetiere bis Rattengröße, Vögel, Reptilien, auch Aas und Früchte.

Mungo

Besonderes: Der Mungo ist gegen das Gift bestimmter Schlangen, darunter das der Kobras, sehr viel weniger empfindlich als andere Säugetiere vergleichbarer Größe.

Muntjaks

Muntiacus

Familie: Hirsche

Die 5 Arten dieser Gattung stellen sehr urtümliche Hirsche dar, die neben Pflanzenkost auch tierische Nahrung fressen und ihre langen Eckzähne als Waffen einsetzen.

Kennzeichen: 40–60 cm Rückenhöhe; Fell rötlich- oder graubraun bis schwärzlich; ♂ mit kurzen, meist gegabelten Geweihspitzchen auf langen Rosenstöcken; hauerartig verlängerte obere Eckzähne. Laute, bellende Rufe.

Vorkommen: Indien, Südostasien, Teile Chinas. Tropischer Regenwald und Monsunwälder.

Muntjak

Lebensweise: Überwiegend nachtaktiv; einzelgängerisch; schlüpfen durch dichten Unterwuchs; sehr standorttreu.

Fortpflanzung: Nach knapp 6 Monaten Tragzeit Geburt von 1–2 Jungen, die mit etwa $^1/_2$ Jahr erwachsen sind und von der Mutter aus ihrem Revier vertrieben werden.

Nahrung: Kräuter, frische Triebe, Früchte und Samen, auch Kleintiere, Eier, Aas.

Muränen

Muraenidae

Ordnung: Aalartige

Die Familie der Muränen umfaßt ca. 120 Arten, von denen 5 Arten tödlich giftig sind. Das Gift befindet sich in Giftdrüsen der Gaumenschleimhaut, aber auch im Blut der Tiere.

Drachenmuräne

Kennzeichen: Körper aalförmig, Rükken-, Schwanz- und Afterflosse zu Flossensaum zusammengewachsen, keine Brustflossen. Haut schuppenlos, lederartig dick. Kopf kurz, Nasenenden zu breiten, blattartigen Gebilden ausgezogen. Bei der Drachenmuräne (*Muraena pardalis*) sind die vorderen und hinteren Nasenlöcher röhrenförmig ausgezogen, wobei die hinteren länger sind als die vorderen und wie Schornsteine zwischen den Augen weit nach hinten stehen. Zähne spitz, hakig gebogen. Dunkle Fleckenzeichnung. 1,2–1,5 m.
Vorkommen: Tropische und subtropische Meere, Mittelmeer. In Korallenriffen, über felsigem Grund.
Lebensweise: Sehr gefräßige Räuber. Dämmerungs- und nachtaktiv. Tagsüber in Korallenstöcken oder Felslöchern versteckt.
Nahrung: Fische.
Besonderes: Die größte Muränen-Art und gleichzeitig auch der größte aalartige Fisch ist der Pampan (*Thyrsoidea macrurus*), der im Küstengebiet des Stillen und Indischen Ozeans lebt und bis zu 3 m lang wird.

Murmeltier → Alpenmurmeltier, → Bobak

Muschelknacker → Meerbrassen

Muscheln

Bivalvia

Stamm: Weichtiere

Muscheln sind vorwiegend meeresbewohnende Weichtiere. In der Regel wenig beweglich liegen sie im Sand vergraben oder sitzen auf Steinen, Pfählen u. ä. fest. Charakteristisch ist der zweiseitig-symmetrische, seitlich zusammengedrückte und von 2 Schalenklappen umgebene Körper. Die Schalen sind aus 3 Schichten aufgebaut und werden durch ein elastisches Schloßband und 2 innere Schließmuskeln zusammengehalten. Der Muschelkörper besteht aus einem kräftigen, breiten, beil- oder zungenförmigen Fuß und einem Eingeweidesack; ein Kopf fehlt.
Muscheln ernähren sich von Planktonorganismen, die sie aus dem Wasser filtrieren. Die Riesen- oder Mördermuschel (*Tridacna*) gehört zu den größten Muscheln. Sie wird bis 1 m lang. Ihre Schalen schließen so dicht und fest, daß etwas einmal Gegriffenes nicht mehr losgelassen wird. → Auster, → Herzmuscheln, → Miesmuschel, → Schiffsbohrmuscheln, → Teichmuschel, → Venusmuscheln.

Mördermuschel

N

Nachtaffe

Aotes trivirgatus

Familie: Kapuzinerartige Affen

Wie die meisten Neuweltaffen ist der Nachtaffe langgeschwänzt, er kann seinen Schwanz aber nicht als Greifwerkzeug gebrauchen wie etwa → Klammer- oder → Brüllaffen.

Nachtaffe

Kennzeichen: 25–45 cm groß mit körperlangem Schwanz; Fell grau- oder rötlichbraun, bauchseits weißlich bis orangebraun, weiß-schwarze Gesichtszeichnung.
Vorkommen: In mehreren Unterarten von Panama südwärts bis Nordargentinien. Dichter Regenwald bis trockener, lichter Buschwald, von Meeresniveau bis über 3000 m Höhe.
Lebensweise: Nachtaktiver Baumbewohner; lebt in strenger Einehe, sei es als Paar oder als kleine Familiengruppe (Eltern mit 2–4 bereits erwachsenen Kindern); Gruppenmitglieder schlafen tagsüber dicht aneinandergekuschelt in einem Baumloch oder im dichten Blattwerk.
Verhalten: Verkündet mit lauten, tiefen Heultönen seinen Revieranspruch.
Fortpflanzung: Pro Geburt gewöhnlich 1 Junges, das sich vom 1. Lebenstag an im Fell der Mutter festklammert. Ab der 2. Woche wird es zunehmend auch vom Vater getragen.
Nahrung: Früchte, Blätter, Samen, Insekten, gelegentlich auch Eier und kleine Wirbeltiere.
Besonderes: Während es unter den Halbaffen recht viele nachtaktive Arten gibt, ist der Nachtaffe der einzige echte Affe, der tagsüber ruht und nachts auf den Beinen ist.

Nachtpfauenauge → Großes Nachtpfauenauge

Nachtschwalbe → Ziegenmelker

Nacktnasenwombat

Vombatus ursinus

Ordnung: Beuteltiere

Im Deutschen werden die Wombats treffend auch Plumpbeutler genannt. Außer der beschriebenen Art gibt es noch 2 Arten von Haarnasenwombats (*Lasiorhinus*).
Kennzeichen: Körperlänge 70–110 cm, Gestalt pummelig mit dickem Kopf; Fell dicht und derb, sandfarben bis schwarzbraun; großes, unbehaartes Nasenfeld; Schwanzstummel im Fell verborgen. Beutel des ♀ nach hinten geöffnet.
Vorkommen: Südostaustralien und Tasmanien. Lichte Wälder, auch im Bergland und an der Küste.
Lebensweise: Dämmerungs- und nachtaktiv; wohnt in Kolonien selbstgegrabener Erdbaue mit bis zu 20 m langen Röhren und großen, laubgepolsterten Wohnkammern; soziale Gruppenstrukturen unbekannt.
Fortpflanzung: Pro Geburt 1 Junges, das nach 6 Monaten erstmals den mütterlichen Beutel verläßt und fast 1 Jahr lang gesäugt wird.
Nahrung: Ausschließlich Pflanzenkost.

Nacktnasenwombat mit Jungtier

Narwal

Monodon monoceros

Unterordnung: Zahnwale

Zusammen mit dem → Weißwal bildet der Narwal die Familie der Gründelwale, die auf die höchsten nordischen Breiten beschränkt ist.

Kennzeichen: 4–6 m lang; grau, der dunklere Rücken mit unregelmäßiger Fleckung; keine Rückenflosse; ♂ mit einem 2–3 m langen, geraden, schraubig gedrehten Stoßzahn.

Vorkommen: Nördliches Eismeer, südwärts bis etwa zum 65. Breitengrad. Pack- und Treibeisregion, auch Buchten und Fjorde.

Lebensweise: Schneller, wendiger Schwimmer, taucht über 30 Minuten lang; lebt gesellig in z. T. recht großen Herden.

Fortpflanzung: Alle 3 Jahre 1 Kalb (Zwillinge selten), das bis zu 2 Jahre gesäugt wird.

Nahrung: Fische (überwiegend Flundern und andere am Grund lebende Plattfische), Tintenfische, kleine Krebse.

Narwal

Besonderes: Der Stoßzahn des Narwals galt jahrhundertelang bei den Bewohnern des Binnenlandes als das Horn des sagenumwobenen Einhorns. Da ihm magische Kräfte zugeschrieben wurden, wog man es im Mittelalter buchstäblich mit Gold auf. Der biologische Sinn dieses monströsen Zahns ist noch ungeklärt.

Nasenbären

Nasua* und *Nasuella

Familie: Kleinbären

Die lebhaften Kleinbären werden von den Einheimischen Coatis genannt.

Nasenbär

Kennzeichen: Die 3 Arten der Gattung *Nasua* 45–65 cm groß mit etwa körperlangem Schwanz, der Kleine Nasenbär (*Nasuella olivacea*) knapp 40 cm groß mit halbkörperlangem Schwanz; Färbung sehr variabel, von Zimtbraun über Braungrau bis Schokoladenbraun, z. T. schwarze Gesichtsmaske und Schwanzringelung; schlanker Kopf mit rüsselartig ausgezogener, beweglicher Nase.

Vorkommen: Mittel- und Südamerika. Je nach Art in Regen- oder Trockenwäldern, Buschland, Halbwüsten oder auch im Hochgebirge.

Lebensweise: Tagaktiv; gleichermaßen auf Bäumen wie am Boden anzutreffen; bilden Gruppen aus 20–40 (überwiegend miteinander verwandten) ♀ und deren Jungen verschiedenen Alters; ♂ das Jahr über Einzelgänger, schließen sich zur Paarungszeit den ♀ an, dabei heftige Rivalenkämpfe.

Fortpflanzung: Pro Wurf 2–7 Junge, die in einem einfachen Baumnest aufwachsen.

Nahrung: Hauptsächlich Insekten und andere Wirbellose sowie Früchte, gelegentlich auch Eier, Eidechsen, Frösche oder Mäuse.

Nashorn → Breitmaulnashorn, → Spitzmaulnashorn, → Panzernashorn

Nashornkäfer

Oryctes nasicornes

Familie: Blatthornkäfer

Der Nashornkäfer ist eine der stattlichsten Gestalten in der Käferfauna Europas.

Kennzeichen: 2–4 cm lang. Flügeldecken schwarzbraun bis rot glänzend. Halsschild und Horn schwarz. ♂ mit gut ausgebildetem, nach hinten gebogenem Horn, beim ♀ kleiner. Halsschild und Horn fast schwarz.

Vorkommen: Europa bis Mittelskandinavien. In Holzabfällen, Stroh, Sägespänen und Kompost.

Lebensweise: Die wärmeliebenden Käfer und ihre Larven lebten früher im Wald an morschem, faulendem Holz. Käfer fliegen im Juni/Juli in der Dämmerung und nachts, leben nur wenige Monate. Während der Paarungszeit liefern sich die ♂ heftige Kämpfe mit ihrem langen Horn. Larvenentwicklung 3–5 Jahre. Verpuppung in einem Kokon aus Sägespänen und Lehm. Jungkäfer bleibt nach dem Schlüpfen noch 1–2 Monate im Kokon.

Nashornkäfer

Nahrung: Käfer lecken an ausfließenden Baumsäften, Larven fressen faulendes Holz.

Besonderes: Neueste Untersuchungen haben ergeben, daß Nashornkäfer ungeheuere Kräfte entwickeln. Sie können Gewichte bewegen, die 100mal schwerer sind als sie selbst und marschieren mit dem 30fachen ihres Körpergewichts noch mit normaler Geschwindigkeit.

Nashornleguan

Cyclura cornuta

Familie: Leguane

Die Leguane der Gattung *Cyclura* werden Wirtelschwanzleguane genannt. Sie besiedeln ausschließlich Inseln. Der bekannteste Vertreter ist der Nashornleguan.

Nashornleguan

Kennzeichen: Über 1 m. Grau bis olivgrün gefärbt. Kräftiger Körper, seitlich zusammengedrückt. Kleiner Rückenkamm. Alte ♂ oft mit stark entwickelten Fettwülsten am Hinterkopf. Auf der Schnauzenspitze 3 Hornhöcker, beim ♀ unscheinbarer.

Vorkommen: Mittelamerika; auf den Inseln Haiti, Navassa und Mona. Trockenes Gelände mit Kakteen, Dornbuschsteppe.

Lebensweise: Schwenkt beim Drohen den Kopf seitwärts. Gegenseitiges Umkreisen der Rivalen kann bis zu 15 Min. dauern; endet häufig in blutigem Kampf. Das ♀ verscharrt die etwa 20 großen Eier im Boden oder in einer tiefen Höhle. Junge schlüpfen nach ca. 3 Monaten.

Nahrung: Als Erwachsene kleine Wirbeltiere, größere Wirbellose, jedoch überwiegend saftige Pflanzenteile; als Jungtiere Insekten, Schnecken und andere Wirbellose.

Nebelkrähe → Rabenkrähe

Nebelparder

Neofelis nebulosa

Familie: Katzen

Die Verwandtschaftsverhältnisse dieser gleichermaßen schönen wie seltenen Katzenart geben den Wissenschaftlern noch Rätsel auf.

Kennzeichen: 70–100 cm groß, relativ kurzbeinig; sehr langer, dick behaarter Schwanz; Grundfärbung orangebraun bis gelbgrau, schwarze Flecken- und Felderzeichnung ähnlich der → Marmorkatze.

Vorkommen: Hinterindien bis Südchina, Sumatra und Borneo. Immergrüne Regenwälder.

Lebensweise: Tag- und dämmerungsaktiv; klettert sehr geschickt, sogar kopfvoran an Baumstämmen hinab; hält sich vorwiegend im Kronenbereich der Bäume auf. Über Revier- und Sozialverhalten ist aus Freilandbeobachtungen so gut wie nichts bekannt.

Fortpflanzung: Pro Wurf 2–4 Junge, die (nach Zoobeobachtungen) 5 Monate lang gesäugt werden; Nest am Boden oder in Baumhöhlungen im Geäst.

Nahrung: Kleine Hirscharten wie Kantschile oder Muntjaks, Affen, Vögel.

Nebelparder (Jungtier)

Besonderes: Die überlangen, dolchartigen Eckzähne des Nebelparders erinnern an die der urzeitlichen Säbelzahnkatzen.

Nematoden → Fadenwürmer

Nerz

Mustela vison

Familie: Marder

Der Amerikanische Nerz oder Mink ist seinem europäischen Vetter, dem Europäischen Nerz (*Mustela lutreola*) in Aussehen und Lebensweise sehr ähnlich.

Nerz

Kennzeichen: Körperlänge 35–55 cm (♀ kleiner als ♂), Schwanz 15–20 cm lang, buschig behaart; Fell rötlich- bis schwarzbraun mit seidigem Glanz, Kinn oft weiß; Ohren rund, sehr klein.

Vorkommen: Nordamerika. Sumpflandschaften und dichtbewachsene Uferbereiche von Binnengewässern.

Lebensweise: Tag- und nachtaktiv; Einzelgänger; schwimmt und taucht gut und viel; bewohnt selbstgegrabenen oder übernommenen Bau an einem Gewässerufer.

Fortpflanzung: Im April/Mai Geburt von je 3–10 Jungen, die hilflos und blind zur Welt kommen; werden von der Mutter allein aufgezogen; sind mit etwa 4 Monaten selbständig und wandern aus, um eigene Reviere zu suchen.

Nahrung: Hauptsächlich Mäuse und andere Kleinsäuger, auch Vögel, Fische, Amphibien, Reptilien, Weichtiere.

Besonderes: Der Amerikanische wird ebenso wie der Europäische Nerz in riesigen Pelztierfarmen gehalten. Systematische Zucht ergab eine Vielzahl von Farbschlägen.

Nesselquallen

Cyaneidae

Ordnung: Fahnenquallen

Die Nesselquallen wurden früher auch Scheibenquallen genannt, da sie einen flachen, scheibenförmigen Schirm besitzen. Zu den größten Quallen überhaupt zählen die Gelbe Haarqualle (*Cyanea capillata*), mit einem Schirmdurchmesser von bis zu 1 m, und die Arktische Riesenqualle (*C. arctica*), mit einem Schirmdurchmesser von mehr als 2 m.

Kennzeichen: Schirm groß, rund, flach, von puddingartiger Konsistenz. Schirmrand mit 8 Gruppen von je über 150 Tentakeln besetzt, keine Randtentakel. Tentakel hellgelb bis tiefrot, Schirm rosa bis gelb.

Vorkommen: Atlantik, Pazifik, Nord- und Ostsee. In Küstennähe.

Lebensweise: Gesellig lebend. Freischwimmend. Zum Beuteerwerb läßt sich die Qualle mit kreisförmig ausgebreiteten Tentakeln niedersinken.

Nahrung: Planktonorganismen, kleine Fische.

Besonderes: Die Tentakel der Riesenqualle können sich auf 30 und mehr Meter ausstrecken und in Sekundenschnelle auf weniger als 1/10 ihrer Länge zusammenziehen.

Scheibenqualle (Ohrenqualle)

Nesseltiere

Cnidaria

Unterabteilung: Hohltiere

Das Kennzeichnende der Nesseltiere sind einzelne oder in Gruppen über den ganzen Körper verteilte Nesselzellen, die ein entzündungserregendes oder lähmendes Gift aussondern, das dem Beutefang oder der Feindabwehr dient. Nesseltiere treten in 2 Formen auf: festsitzende, einzelne oder koloniebildende Polypen und freischwimmende Medusen (Quallen). Die Polypen pflanzen sich ungeschlechtlich fort. Es können entweder wieder Polypen oder aber Medusen entstehen. Zu den Nesseltieren zählen 3 Klassen: 1. Hydrozoen (→ Feuerkorallen, → Portugiesische Galeere, → Staatsquallen, → Süßwasserpolyp), 2. Echte Quallen (→ Feuerquallen, → Nesselquallen, → Quallen) und 3. Korallen- oder Blumentiere (→ Hornkorallen, → Korallen, → Pferdeaktinie, → Seefedern, → Seenelke, → Wachsrose, → Zylinderrosen).

Netzflügler

Planipennia

Klasse: Insekten

In der Ordnung Netzflügler werden in bezug auf Gestalt und Größe sehr unterschiedliche Insekten zusammengefaßt. Zu ihnen zählen u. a. die → Ameisenjungfern, → Florfliegen und die → Schmetterlingshafte. Netzflügler haben einen meist rundlichen Kopf mit kauenden Mundwerkzeugen und großen Komplexaugen. Die Brust ist deutlich in 3 Abschnitte geteilt. Die ovalen bis länglichen, netzartig geäderten Flügel sind in der Regel transparent. Die meist dämmerungs- und nachtaktiven Tiere sind allerdings keine gewandten Flieger.

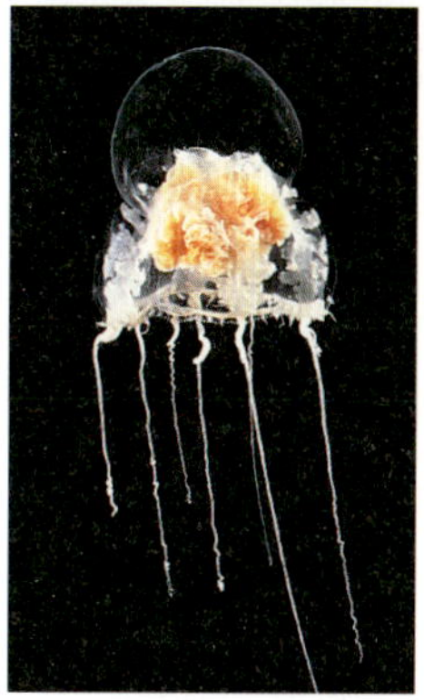

Qualle (Meduse)

Stielqualle

Netzkoralle → Moostierchen

Netzpython → Pythons

Neunaugen

Petromyzonidae

Klasse: Rundmäuler

Die Neunaugen sind die am einfachsten gebauten und ältesten Vertreter der Wirbeltiere. Die bekannteste der 3 mitteleuropäischen Arten ist das Flußneunauge oder die Pricke (*Lampetra fluviatilis*).

Flußneunauge

Kennzeichen: Körper aalförmig mit einfachem Knorpelskelett. 2 Rückenflossen, 1 Schwanzflosse. Kieferloses, rundes Saugmaul mit hornigen Raspelzähnen. 7 Kiemenöffnungen, 1 Auge, 1 Nasenöffnung pro Körperseite (Name!). Oberseite dunkelgrau bis grünlich-blau, Unterseite weißlich. Bis 50 cm.
Vorkommen: Europäische Küstengewässer.
Lebensweise: Wanderfisch, der zum Laichen flußaufwärts zieht.
Fortpflanzung: Laichzeit April–Mai. Laichplatz in flachen Kiesbänken. Bis 40 000 Eier. Beide Elternteile bauen eine Laichgrube von etwa 60 cm Durchmesser. Nach der Eiablage sterben meist beide Alttiere.
Nahrung: Fleisch lebender Fische, an die sie sich ansaugen.
Besonderes: Alle Neunaugen kommen im Süßwasser zur Welt. Die Larven (Querder) leben 3–5 Jahre im Süßwasser, bis sie sich in Jungfische wandeln. Sie sitzen in Röhren im Schlamm versteckt und filtrieren Nahrung aus dem Wasser.

Neunbinden-Gürteltier

Dasypus novemcinctus

Familie: Gürteltiere

Das Neunbinden-Gürteltier, mit einheimischem Namen auch Tatu genannt, ist wohl der häufigste Vertreter der Gürteltiere, die mit den Ameisenbären und Faultieren zusammen die Ordnung der Nebengelenktiere bilden.
Kennzeichen: Kopf-Rumpflänge 35 bis 55 cm, Schwanz etwa $^2/_3$ körperlang, dünn; verknöcherter, geschuppter Hautpanzer mit 9 beweglichen Schuppenreihen um die Rumpfmitte; hellbraun, am Rücken schwärzlich.
Vorkommen: Süd- und Mittelamerika, stetige Ausbreitung nach Norden in die USA. Verschiedenste Lebensräume, vom Regenwald über Sümpfe bis zu trockenen Grassteppen, auch in Kulturlandschaften.
Lebensweise: Überwiegend nachtaktiv; durchpflügt bei der Nahrungssuche nach Schweineart mit der Schnauze den Boden; gräbt bis zu 2 m tiefe Wohnhöhle, Nestkammer mit Pflanzenmaterial dick ausgepolstert.
Fortpflanzung: Bei jeder Geburt eineiige, daher gleichgeschlechtliche Vierlinge; Haut der Neugeborenen noch weich und rosig, verknöchert während des Heranwachsens.
Nahrung: Insekten, Larven, Würmer, Schnecken, auch Früchte und andere Pflanzenkost.
Besonderes: Das weiße Fleisch der Tatus wird von den Einheimischen als Leckerbissen geschätzt, ihr ärgster Feind aber ist der moderne Straßenverkehr.

Neunbindengürteltier

Nilgauantilope

Boselaphus tragocamelus

Familie: Hornträger

Die kräftigen, beinahe rinderartigen Antilopen wurden aus Zoonachzuchten auf großen Wildfarmen in Texas angesiedelt. Dort leben heute mehr Tiere als in ihrer indischen Heimat, wo sie durch Zerstörung ihres Lebensraums immer weiter zurückgedrängt werden.

Nilgauantilope

Kennzeichen: Widerristhöhe 1,20 bis 1,50 m, stark abfallende Rückenlinie; ♂ blauschwarz, ♀ beigebraun, beide mit weißer Kehle, weißem Spiegel und schwarz-weißen »Ringelsocken«; ♂ mit kurzen, leicht nach vorn gekrümmten Hornspießen.
Vorkommen: Vorderindien. Lichter Wald, Busch- und Grasland mit eingestreuten Waldstücken, in Ebenen und Hügelland.
Lebensweise: Bildet kleine Rudel von 3–15 Tieren, außerhalb der Paarungszeit nach Geschlechtern getrennt; Altbullen oft Einzelgänger; standorttreu, verteidigt aber wohl kein festes Revier.
Fortpflanzung: 1–2 Junge, die zwar gleich laufen können, zunächst aber in einer Deckung liegenbleiben.
Nahrung: Laub und frische Triebe von Bäumen und Büschen, auch Gras und Kräuter.

Nilhecht

Gymnarchus niloticus

Ordnung: Nilhechte

Der Große Nilhecht ist der einzige Vertreter der Familie Großnilhechte (*Gymnarchidae*) aus der Ordnung Nilhechte.
Kennzeichen: Körper seitlich stark abgeplattet, mit dicker, schleimiger Haut bedeckt. Kopf mit langer Schnauze (»Elefantenrüssel«), kleinen Augen und kleinem Mund. Fadenförmiges Schwanzende ohne Schwanzflosse. Starke Rückenflosse, keine After- und Bauchflossen. Dunkel gefärbt. Bis 1,6 m.
Vorkommen: Afrika. Sumpfige Gebiete des Nil, Tschad und Niger.
Lebensweise: Bodenfisch. Einzelgänger. Nachtaktiv.
Fortpflanzung: Schwimmendes Nest aus Pflanzenteilen. 1000 ca. 1 cm große Eier. Das Gelege wird bewacht.
Nahrung: Fische, Garnelen.
Besonderes: Bemerkenswert an den Nilhechten ist das »elektrische System«: Muskeln des Schwanzstiels sind zu elektrischen Organen umgewandelt, die ein schwaches elektrisches Feld aufbauen, das wie ein Radargerät funktioniert und dem Fisch im sumpfigen, trüben Gewässer Hindernisse oder Verfolger anzeigt.

Nilhecht

Nilkrokodil

Crocodylus niloticus

Familie: Echte Krokodile

Zur Gattung *Crocodylus* gehören 11 Arten, die in den tropischen Regionen der ganzen Welt verbreitet sind.

Nilkrokodil

Kennzeichen: 5–7 m. Der 4. Unterkieferzahn ist von außen sichtbar. Große Augen, Pupille senkrecht.
Vorkommen: Am Nil nur noch im Oberlauf, sonst in Gewässern ganz Afrikas; Madagaskar, Seychellen, Komoren.
Lebensweise: Kann wie das → Leistenkrokodil große Strecken über das Meer zurücklegen, hat dadurch auch Inseln vor der Küste besiedelt. Sonnt sich tagsüber gern. Zum »Landgang« erhebt es sich hoch auf seine Beine, kann dabei beträchtliche Geschwindigkeiten erreichen. Guter Gesichtssinn. Erbeutet häufig Tiere, die zum Trinken ans Wasser kommen, indem es sich mit Hilfe des Schwanzes und der Hinterbeine an Land schleudert.
Fortpflanzung: ♀ gräbt mit den Hinterbeinen eine tiefe Grube in Gewässernähe, in die es bis 80 Eier legt; scharrt dann die Grube wieder zu. ♀ betreibt Brutpflege (→ Mississippi-Alligator). Beide Eltern verteidigen ihre Jungen noch ca. 8 Wochen lang.
Nahrung: Erwachsene Krokodile Fische, auch Säugetiere wie Antilopen oder Büffel; Jungtiere Insekten, Amphibien und kleine Fische.

Nonne

Lymantria monacha

Familie: Schadspinner

Die Nonne zählt zu den Forstschädlingen in der Familie der → Schadspinner.
Kennzeichen: Flügelspannweite beim ♂ 3,6–4,2 cm, beim ♀ 4,5–5 cm. Vorderflügel weiß mit schwarzen, zackigen Binden, Hinterflügel grau. Zeichnung beim ♀ kontrastreicher.
Vorkommen: In ganz Europa; nach Amerika eingeschleppt. Nadel- und Laubwälder.
Flugzeit: Fliegt in einer Generation von Juli–September.
Lebensweise: Dämmerungs- und nachtaktiv; sitzt am Tag ruhig an Baumstämmen. ♀ fliegt sehr träge, lockt ♂ mit Duftstoff an und legt nach der Paarung bis zu 350 Eier in Häufchen an Bäumen ab. Schiebt mit Legeapparat die Eier unter Rindenschuppen oder -risse, wo sie überwintern. Raupen schlüpfen ab April.
Raupe: Hell- und dunkelgrau gezeichnet mit kurzen, grauen Haarbüscheln. Als Jungraupe gesellig, später einzeln, hauptsächlich auf Fichten und Kiefern, bei Massenvermehrungen auch auf anderen Bäumen. Verpuppt sich nach 8 Wochen in einem Gespinst am Baum. Falter schlüpft nach 3 Wochen.

Nonne

Besonderes: In den Jahren 1845–1858 wurde das Gebiet vom Baltikum bis zum Ural von einer Nonnenplage heimgesucht. Die Falter fielen in regelrechten Wolken über die Kiefern- und Fichtenbestände her. Berichten nach mußten über 1 Mio. Festmeter Holz eingeschlagen werden.

Nordkaper

Eubalaena glacialis

Unterordnung: Bartenwale

Der Nordkaper aus der Familie der Glattwale, mächtiger Wale mit riesigem Kopf, stark geschwungener Maulspalte und winzigen Augen hinter den Mundwinkeln, kommt in einer nördlichen und einer südlichen Unterart vor. Letztere wird meist Südkaper genannt.

Nordkaper

Kennzeichen: 15–18 m lang; schwarz, Unterseite mit unregelmäßigen hellen Flecken; keine Rückenflosse. Auf Ober- und Unterkiefer fast stets Bewuchspolster aus → Seepocken und anderen Meerestieren.
Vorkommen: Nordatlantik und Nordpazifik, der Südkaper in den Gewässern zwischen den Südspitzen der Südkontinente und der Antarktis. Hochsee, zur Paarung und Geburt der Kälber in flachen, wärmeren Meeresbuchten.
Lebensweise: Ruhiger, meist träge dahinschwimmender Planktonfiltrierer; zieht in kleinen Familiengruppen umher, zur Paarungszeit auch Versammlungen von bis zu 50 Tieren.
Verhalten: Zur Fortpflanzungszeit Sprünge und klatschende Flossenschläge der ♂.
Fortpflanzung: Nach einjähriger Tragzeit 1 Kalb; Geburtslänge ca. 5 m; wird etwa 1 Jahr lang gesäugt.
Nahrung: Kleine Planktonkrebse (Krill).
Besonderes: Der Nordkaper stand Ende des 19. Jh. kurz vor der Ausrottung, ist seit 1935 geschützt, jedoch noch immer bedroht.

Nordseegarnele

Crangon crangon

Ordnung: Zehnfußkrebse

Die Nordseegarnele, auch unter dem Namen Granat bekannt, wird im Volksmund fälschlicherweise als »Krabbe« bezeichnet.
Kennzeichen: Körper schmal, nach hinten spitz zulaufend, Schwanz gefächert, kleine Scheren am 1. Laufbeinpaar. Langgestielte, dunkle Augen. Hellgrau bis grünlich. ♀ 50–70 mm, ♂ 40 bis 50 mm.
Vorkommen: Von der Ostsee bis zum Mittelmeer. In Küstennähe, bevorzugt über sandigem Grund.
Lebensweise: Oft in großer Anzahl beisammen. Nachtaktiv, tagsüber im Sand und Schlick verborgen. Höchstalter 3 Jahre.
Nahrung: Kleinkrebse, Würmer, Weichtiere, Fischbrut, Algen.
Besonderes: Der Granat besitzt vor allem an der Nordseeküste eine große fischereiwirtschaftliche Bedeutung.

Nutria

Myocastor coypus

Ordnung: Nagetiere

Sumpfbiber oder Biberratte wird dieses große Nagetier oft auch genannt, dabei gehört die Nutria zur Verwandtschaft des Meerschweinchens.

Nutria

Kennzeichen: 40–60 cm groß; Schwanz 30–40 cm lang, schuppenbedeckt; Fell dunkel- bis graubraun, Schnauzenspitze weiß; große, orange Nagezähne von vorne sichtbar; Zehen der Hinterfüße mit Schwimmhäuten.
Verbreitung: Südliches Südamerika, in Mittel- und Westeuropa eingebürgert (aus Pelztierfarmen entwichen).
Lebensraum: An Bächen und Flüssen mit dichter Ufervegetation.
Lebensweise: Tag- und dämmerungsaktiv; lebt meist paarweise, oft in kleinen Kolonien; recht streitbar, häufig Nachbarschaftskämpfe; bewohnt selbstgegrabene Höhlen in Uferböschungen oder legt im Flachwasser Schilfnester an; schwimmt und taucht ausgezeichnet, an Land Fortbewegung eher unbeholfen.
Verhalten: Sehr scheu, flüchtet bei Störungen sogleich ins Wasser, bleibt dort minutenlang untergetaucht.
Fortpflanzung: Paarungen ganzjährig möglich; Tragzeit etwa 4 Monate; 2–3 Würfe im Jahr mit je 4–6 (bis zu 12) Jungen, die vollbehaart und bereits sehend geboren werden.
Nahrung: Ufer- und Wasserpflanzen.
Besonderes: In Pelztierfarmen wird die Nutria in verschiedenen Farbvarianten, u. a. als Albino, gezüchtet.

Nyala
Tragelaphus angasi
Familie: Hornträger

Nyalaweibchen

Die apart gezeichnete Antilope wird zur Gruppe der Waldböcke gezählt. Sie ist u.a. eng mit der → Elenantilope und dem → Kudu verwandt.
Kennzeichen: Starker Geschlechterunterschied in Größe und Fellfärbung: ♂ bis 1,20 m Rückenhöhe, schwarzbraun, lange Hals-, Rücken- und Bauchmähne, Hörner bis 80 cm lang, 1- bis 1 1/2mal gewunden; ♀ nur bis 1 m Rückenhöhe, rotbraun, ohne Mähne und Hörner; beide Geschlechter mit orangebraunen Läufen sowie weißer Rückenstreifung und Gesichtszeichnung; buschig behaarter Schwanz.
Vorkommen: Südöstliches Afrika. Busch- und Waldgebiete in Ebenen und

Nyalamännchen

Hügelland, stets in Wassernähe.
Lebensweise: Bildet kleine Trupps von 3–10, selten mehr Tieren, teils nach Geschlechtern getrennt, teils gemischt; alte ♂ oft Einzelgänger; standorttreu, verteidigt aber kein Territorium.
Fortpflanzung: Gewöhnlich 1 Junges, das in den ersten Lebenswochen im Dickicht versteckt liegenbleibt und von der Mutter nur zum Säugen aufgesucht wird.
Nahrung: Laub, Triebe und Früchte von Bäumen und Sträuchern, daneben auch Gras und Kräuter.

O

Ochsenfrosch
Rana catesbeiana
Familie: Echte Frösche

Der Ochsenfrosch ist der größte Frosch Nordamerikas.
Kennzeichen: ♂ über 15 cm, ♀ 20 bis 25 cm, bis 600 g schwer. Oberseits olivgrün, bräunlich oder grau, mit mehr oder weniger deutlicher dunkler Fleckung; unterseits weißlich. Drüsenleiste vom Hinterrand des Auges über das Trommelfell bis zum Ansatz der Vorderbeine. Trommelfell sehr groß. Innere Schallblase.
Stimme: Über 2 km weit zu hörende, tiefe, nebelhornähnliche Rufe, die in Ame-

rika mit »more rum« übersetzt werden. Ruft nicht im Chor.
Vorkommen: Ursprünglich im Osten der USA bis auf Südflorida. Im Westen der USA, auf vielen Inseln wie Kuba, Hawaii oder Jamaika, in Japan und in Europa angesiedelt. In Italien in der Poebene und um Rom. Gewässer mit ausgedehnter Verlandungszone und Unterwasserpflanzen.
Lebensweise: Dämmerungs- und nachtaktiv. Verschwindet bei Gefahr im Wasser. Einzelgänger, auch zur Fortpflanzungszeit; verteidigt aggressiv sein Revier. Das Laichen beginnt ab einer Wassertemperatur von 17°C. Große Laichballen mit 10 000 (–25 000) Eiern. Entwicklungszeit bis zum Frosch meist 2 Jahre, im Süden nur 1 Jahr. In nördlichen Teilen der Verbreitung Winterruher.
Nahrung: Insekten, aber auch kleinere Wirbeltiere wie Amphibien, Schildkröten oder Wasservogelküken.

Ochsenfrosch mit Schallblase

Odinshühnchen

Phalaropus lobatus

Familie: Schnepfen

Das Odinshühnchen bildet zusammen mit dem Wilsonwassertreter (*Phalaropus tricolor*) und dem Thorshühnchen (*P. fulicarius*) die Unterfamilie der Wassertreter. Diese Bezeichnung leitet sich von den tretenden Beinbewegungen ab, mit denen die Vögel Beutetiere an die Wasseroberfläche befördern.
Kennzeichen: 18–19 cm. Oberseits dunkelgrau mit rostbrauner Zeichnung, unterseits weißlich. Oberkopf dunkelgrau, weiße Kehle, rostfarben an den Halsseiten und an der Oberbrust. ♀ kräftiger gefärbt als ♂. Feiner spitzer Schnabel. Im Winter ohne Rost und mit deutlichem dunklem Augenstreif.
Vorkommen: Rund um den Pol in der arktischen Tundra sowie im Fjäll. Kleine Seen und feuchte Stellen. Im Winter tropische Meere.
Lebensweise: Schwimmt korkleicht auf der Wasseroberfläche. Dreht sich ständig unter Kopfnicken um die eigene Achse und pickt dabei nach links und rechts Insekten von der Wasseroberfläche. In Mitteleuropa Durchzügler.
Brut: Begattung meist auf dem Wasser. ♀ wird dabei zur Hälfte untergetaucht. Brutgeschäft obliegt dem ♂. 1 Brut (Juni–Juli). 4 Eier; Brutdauer 17–19 Tage, Junge nach 18–20 Tagen flügge.
Nahrung: Insekten, Spinnen, kleine Krebstiere, Plankton, Schnecken und Würmer.
Besonderes: Wassertreter sind die einzigen Watvögel mit gut ausgebildeten Schwimmlappen an den Zehen.

Odinshühnchen

Ohrwürmer

Dermaptera

Klasse: Insekten

Die Ordnung Ohrwürmer umfaßt etwa 1300 Arten, die auf allen Erdteilen, vor allem aber in den Tropen zu finden sind. Von den 7 in Europa vertretenen Arten ist der Gemeine Ohrwurm (*Forficula auricularia*) die häufigste.

Ohrwurm

Kennzeichen: 1–2 cm lang. Hinterleib mit großen, zangenförmigen Schwanzanhängen. Kurze Deckflügel. Lange, fadenförmige Fühler.

Vorkommen: Mitteleuropa. Lichte Wälder, Gärten. Parks; unter Steinen, Laub und Holzstücken, auch in Häusern.

Lebensweise: Dämmerungs- und nachtaktiv; tagsüber versteckt in dunklen Schlupfwinkeln, häufig in Massenansammlungen. Wegen der zurückgebildeten Flugmuskulatur nur selten fliegende Exemplare.

Fortpflanzung: Intensive Brutfürsorge. ♀ legt 20–50 Eier im Boden ab, bewacht und verteidigt sie gegen Angreifer. Wendet und beleckt die Eier regelmäßig, um deren Austrocknung zu verhindern. Kümmert sich auch noch um die ausschlüpfenden Larven. Stirbt häufig in der Bruthöhle und wird dann von den Larven gefressen.

Nahrung: Allesfresser, sowohl pflanzliche als auch tierische Kost.

Okapi

Okapia johnstoni

Familie: Giraffen

Als nächster Verwandter der langhalsigen steppenbewohnenden → Giraffe wird das scheue, waldbewohnende Okapi auch Waldgiraffe genannt.

Kennzeichen: Standhöhe 1,50–1,70 m; stark abfallende Rückenlinie, hochbeinig, Hals lang (aber bei weitem nicht so lang wie bei den Steppengiraffen); Fell samtig schwarzbraun, an Vorder- und Hinterbeinen auffällige »Zebrastreifen«; große Ohren; lange, schwarzblaue Zunge; nur ♂ mit 2 fellüberzogenen, kurzen Hörnern.

Vorkommen: Dichter tropischer Regenwald in Zaire (Zentralafrika), vor allem an Lichtungen und entlang von Bächen und Flüssen mit reicher Strauchvegetation.

Lebensweise: Tagaktiver Einzelgänger; benutzt in seinem Wohngebiet feste, stark ausgetretene Pfade; streift mit der sehr beweglichen Zunge nach Giraffenart Laub von den Zweigen.

Fortpflanzung: Alle 2 Jahre nach einer Tragzeit von 14–15 Monaten jeweils 1 Kalb, das in den ersten Lebenstagen im Dickicht liegenbleibt und von der Mutter nur auf sein Rufen hin aufgesucht wird.

Nahrung: Vorwiegend Blätter, Knospen und junge Triebe von Sträuchern des Unterholzes, aber auch andere Pflanzenkost des Urwalds.

Okapi

Opossums
Didelphis
Familie: Beutelratten

3 Arten dieser anpassungsfähigen Beuteltiere bevölkern beinahe alle Landschaften Amerikas.

Opossum

Kennzeichen: Rattenähnlich, aber gut hauskatzengroß; Schwanz knapp körperlang, als Greifschwanz ausgebildet, nur an der Basis behaart; dichtes Fell mit langen, derben Grannenhaaren, weißlichgrau bis fast schwarz; große, dünnhäutige, faltbare Ohren.
Vorkommen: Warme und gemäßigte Breiten der Neuen Welt. In den unterschiedlichsten Lebensräumen, von Wäldern über Buschland bis ins Gebirge, auch mitten in Städten; häufig entlang von Flüssen.
Lebensweise: Dämmerungs- und nachtaktiv; klettern hervorragend in Bäumen; einzelgängerisch, streifen in weitem Gebiet umher; bei Begegnungen mit Artgenossen recht unverträglich und kampflustig.
Verhalten: Werden Opossums von einem Raubtier angegriffen, stellen sie sich mit perfekter Schauspielkunst tot. Oft läßt der Angreifer dann von ihnen ab.
Fortpflanzung: Nach einer Tragzeit von nur 13 Tagen Geburt von sehr gering entwickelten Jungen; Neugeborene nur 1 cm groß, wiegen knapp 0,2 g; kriechen aus eigener Kraft in den Bauchbeutel der Mutter, wo sie sich an einer Zitze festsaugen; verlassen den Beutel mit etwa 60 Tagen, werden dann noch eine Weile von der Mutter am Rücken herumgetragen. 2–3 Würfe im Jahr.
Nahrung: Insekten, Würmer, Frösche, kleine Schlangen, Vögel und Säugetiere, auch Früchte und Aas.
Besonderes: Pro Wurf werden meist 21 Junge geboren. Da das Weibchen aber nur 13 Zitzen hat, überleben immer nur diejenigen, denen es gelingt, eine der Milchquellen zu besetzen.

Orang-Utan
Pongo pygmaeus
Familie: Große Menschenaffen

»Waldmensch« heißt der malaiische Name Orang-Utan in wörtlicher Übersetzung.
Kennzeichen: Im Stehen bis 1,50 m groß, Armspannweite bis 2,25 m; lange, rotbraune Behaarung, Gesicht nackt, ältere ♂ mit dicken Backenwülsten und großem Kehlsack.
Vorkommen: In jeweils einer eigenen Unterart in den tropischen Urwäldern Borneos und Nordsumatras.
Lebensweise: Tagaktiv; ausgesprochener Baumbewohner, der hangelnd klettert; einzelgängerisch; baut Schlafnester aus Zweigen und Laub; Reviermarkierung des ♂ durch weithallende, dumpfe »Gesänge«, wobei der Kehlsack als Resonanzkörper dient.
Fortpflanzung: Nach 9 Monaten Tragzeit gewöhnlich 1 Junges, das völlig hilflos geboren und von der Mutter umsorgt und getragen wird. Lernt zuerst hangeln, später erst laufen, wird erst mit 3 Jahren entwöhnt.

Orang-Utan

Nahrung: Überwiegend Früchte, auch Blätter, gelegentlich Rinde oder Vogeleier.
Besonderes: Von den großen Menschenaffen steht der Orang im Entwicklungsstammbaum am weitesten vom Menschen entfernt.

Orca → Schwertwal

Oryx → Spießböcke

Oryxweber

Euplectes orix
Unterfamilie: Weber

Somali-Weber

Im Prachtkleid gehört der Oryxweber zu den auffälligsten Vögeln der offenen afrikanischen Graslandschaft.
Kennzeichen: 12–14 cm. Oberseite und Kehle beim ♂ leuchtend rot, Flügel und Schwanz bräunlich; Gesichtsmaske, Unterbrust und Bauch schwarz. ♀ und ♂ im Schlichtkleid sperlingsähnlich braun.
Vorkommen: Afrika südlich der Sahara. Buschland, offenes feuchtes Grasland, auch Zuckerrohr- und Getreidefelder.
Lebensweise: Nahrungssuche am Boden. Während der Balz stellt das ♂ die Bürzelfedern auf, plustert das Gefieder und fliegt mit schwirrenden Flügeln über seinem Revier. Jedes ♂ umwirbt 3–4 ♀. Lockeres ovales Nest aus Gras mit einer seitlichen Eingangsröhre, in Schilf oder Binsen gewebt. Das ♀ bebrütet die meist 3 Eier 11–14 Tage lang und füttert die Jungen 13–16 Tage lang.
Nahrung: Überwiegend Grassämereien. Junge auch Insekten.

Oryxweber

Besonderes: Die Gattung *Ploceus* ist mit 64 Arten die artenreichste in der Unterfamilie der Weber. Zu ihr gehört auch der Somaliweber (*P. spekei*) aus dem Osten Afrikas.

Ostseegarnele → Garnelen

Ozelot

Leopardus pardalis
Familie: Katzen

Von der schmucken Kleinkatze ist entschieden mehr bekannt über die Eigenschaften und Verarbeitbarkeit ihres Pelzes als über ihr Leben in freier Wildbahn.

Ozelot

Kennzeichen: 70–100 cm groß, gedrungener Körperbau; Fell orangebraun bis graugelb mit dunkleren, schwarz umrandeten Flecken in Längsreihen; dick behaarter, schwarz gebänderter Schwanz.
Vorkommen: Mittel- und Südamerika. Dichtes Wald- und Buschland.
Lebensweise: Nachtaktiv, zieht sich zum Schlafen tagsüber ins Geäst der Bäume zurück; klettert hervorragend, schwimmt auch gut; lebt und jagt einigen Berichten zufolge stets paarweise; über Revier- und Sozialverhalten jedoch kaum gesicherte Erkenntnisse.
Fortpflanzung: Paarungen und Geburten nicht an eine bestimmte Jahreszeit gebunden; pro Wurf 1–4, meist 2–3 Junge
Nahrung: Säugetiere von Maus- bis Kleinhirschgröße, Vögel, Reptilien, auch Insekten und andere Wirbellose.

Besonderes: Der Ozelot ist selten geworden. Sein weiches, lebhaft gezeichnetes Fell, an dem die Modewelt Gefallen fand, wurde ihm zum Verhängnis.

P

Palmendieb

Birgus latro

Familie: Landeinsiedlerkrebse

Der Palmendieb, auch Kokoskrabbe genannt, ist der größte aller Landkrebse.
Kennzeichen: Krabbenähnlicher Einsiedlerkrebs. Große, kräftige Scheren. Hinterleib in der Jugend in Schneckenhäusern geschützt, bei erwachsenen Tieren frei nach vorn unter den Vorderkörper gekrümmt. Braun mit orangefarbenen Flecken. Bis 32 cm.
Vorkommen: Küsten des Indopazifiks.
Lebensweise: Gesellig lebend. Tag- und nachtaktiv. Geschickter Kletterer.
Nahrung: Pflanzen, pflanzlicher Abfall, Aas.
Besonderes: Der Palmendieb kann Palmen erklettern und mit seinen kräftigen Scheren Kokosnüsse abschneiden, die er dann öffnet und frißt.

Palmendieb

Palmtaube

Streptopelia senegalensis

Familie: Tauben

Zur gleichen Gattung gehört auch die bei uns relativ häufige → Türkentaube.
Kennzeichen: 24 cm. Isabellfarben mit bräunlichgrauem Mantel und bräunlicher Brust; am Hals ockerfarbenes, schwarz gesprenkeltes Band. Schwungfedern dunkel. ♀ insgesamter fahler. Ruft weich glucksend 5silbig »kuu«.

Palmtaube

Vorkommen: Afrika, Vorderasien, Indien, Afghanistan; lokal in Mittelasien. In Australien eingebürgert. Busch- oder Dornbuschsteppe in der Nähe von Wasser. Auch in Siedlungen und Kulturlandschaft.
Lebensweise: Wenig scheu. Zur Nahrungssuche einzeln oder in kleinen Trupps am Boden. Dürftiges Nest aus Zweigen, in Busch oder an überhängendem Zweig; manchmal auch in einem Hüttendach. Beide Eltern brüten und füttern die 2 Jungen.
Nahrung: Sämereien aller Art.

Palolowürmer

Eunice

Ordnung: Freilebende Vielborster

Palolowürmer sind kleine bis riesige Borstenwürmer. Ihr größter Vertreter ist der Riesenborstenwurm (*Eunice gigantea*) mit bis zu 3 m Länge.

Kennzeichen: Körper lang, abgeflacht und leuchtend gefärbt. Kopf mit zahlreichen Tentakeln an der Spitze. Schaufelartiger Rüssel, bauchseits gelegen. 30–300 cm.

Borstenwurm

Vorkommen: Pazifischer Palolo (*E. viridis*) Korallenriffe um Samoa und die Fidschi-Inseln, Atlantischer Palolo (*E. fucata*) Korallenriffe der Bermudas und Westindien.
Lebensweise: Bodentiere. Lichtscheu, nur bei Dämmerung und Dunkelheit aktiv. In Abhängigkeit mit dem Wechsel der Mondphase steigen zweimal im Jahr riesige Schwärme geschlechtsreifer Palolowürmer auf und stoßen ihre prall mit Eiern und Spermien gefüllten Hinterleiber ab, die an die Meeresoberfläche schwimmen und eine bis 1 m dicke, brodelnde Schicht bilden. Die Hinterleiber platzen auf, Eier und Spermien werden frei, die Befruchtung findet statt.
Nahrung: Planktontiere, organischer Abfall.
Besonderes: Für die Einheimischen sind die Borstenwürmer eine Delikatesse. Sie werden von ihnen abgefischt und gekocht.

Pampan → Muränen

Pampashase

Dolichotis patagonum

Ordnung: Nagetiere

Das Große Mara, wie der Pampashase auch genannt wird, ist entgegen seinem Namen nicht mit den Hasen, sondern mit den Meerschweinchen verwandt.
Kennzeichen: Kopf-Rumpflänge 60 bis 70 cm; insgesamt an einen hochbeinigen, kurzohrigen Hasen erinnernd; Fell gelblichbraun, weißer Bezirk um den Stummelschwanz.
Vorkommen: Zentral- und südargentinische Pampas.
Lebensweise: Tagaktives Bodentier; gewöhnlich lebenslange Einehe, Partner auch bei der Nahrungssuche ständig zusammen; Erdbaue zur Jungenaufzucht in lockeren Kolonien.
Verhalten: Eigentümlich hoppelnde Fortbewegungsweise, auf der Flucht hakenschlagend wie Hasen.

Pampashase mit Jungtier

Fortpflanzung: Pro Wurf 1–5, meist aber 2–3 Junge, die vollentwickelt geboren werden, die meiste Zeit allein in der Erdhöhle zurückbleiben und nur herauskommen, wenn die von Weidegängen zurückkehrende Mutter sie mit Rufen zum Säugen herauslockt.
Nahrung: In erster Linie Gras.

Panda → Großer Panda, → Kleiner Panda

Pantoffeltierchen

Paramecium caudatum

Klasse: Wimpertiere

Das Pantoffeltier ist eines der bekanntesten einzelligen Tiere. Es wird auch Aufgußtierchen oder Infusorium genannt, da man es zuerst in Heuaufgüssen fand.

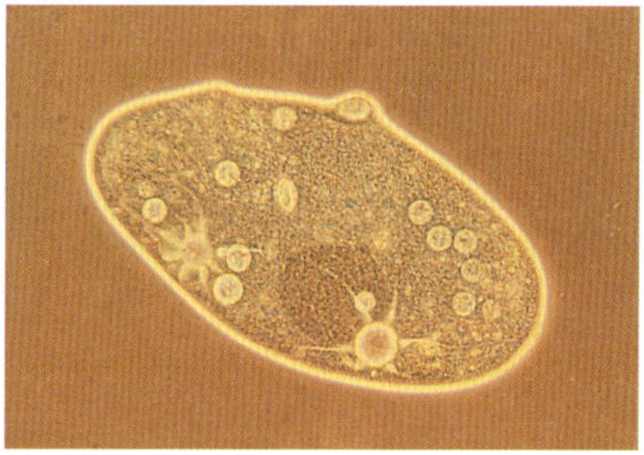

Pantoffeltierchen

Kennnzeichen: Körper im Umriß pantoffelförmig (Name!), rundum mit Wimpern bedeckt. 1 Zellmund und 2 Zellkerne (Makro- und Mikrokern).
Vorkommen: Fast jedes Süßgewässer mit ausreichend vielen Bakterien.
Lebensweise: In Mengen vorkommend, ständig in Bewegung. Bewegt sich durch Wimpernschlag.
Fortpflanzung: Ungeschlechtlich durch Querteilung, geschlechtlich durch Austausch von Erbinformation (*Konjugation*).
Nahrung: Bakterien.
Besonderes: Pantoffeltierchen stoßen bei Gefahr winzige pfeilartige, fädige Gebilde (*Trichocysten*) ab, die der Verteidigung dienen. Das Grüne Pantoffeltierchen (*P. bursaria*) hat in seinem Körper Grünalgen eingelagert, die es mit Nahrung versorgen.

Panzernashorn

Rhinoceros unicornis

Ordnung: Unpaarhufer

Abgesehen vom nahe verwandten und schon beinahe ausgestorbenen Javanashorn (*Rhinoceros sondaicus*) ist das Indische Panzernashorn die einzige der 5 Nashornarten mit nur 1 Horn.
Kennzeichen: Kopf-Rumpflänge etwa 3,50 m, Gewicht (beim ♂) bis über 2 t; Körper tonnenförmig; Haut völlig unbehaart, bildet durch dicke Falten eine Art »Panzerplatten«; fingerartig verlängerte Oberlippe.
Vorkommen: Einst ganz Hinterindien, heute nur noch in einigen Schutzgebieten in Bengalen, Assam und Nepal. Sumpflandschaften und Überschwemmungsebenen der großen Flüsse.
Lebensweise: Einzelgänger; suhlt sich oft und stundenlang; schwimmt und taucht gut; an Suhlplätzen oft lockere Ansammlungen der Tiere, feste, jahrelang benutzte Pfade führen wie Tunnel durchs hohe Gras dorthin. Eigenreviere werden durch Kot und Harn markiert.
Fortpflanzung: Alle 3 Jahre 1 Kalb, das schon kurz nach der Geburt stehen und laufen kann; wird $1\,^{1}/_{2}$ Jahre gesäugt, bleibt 3 Jahre bei der Mutter.
Nahrung: Vorwiegend Gräser, auch Wasserpflanzen sowie Triebe und Blätter von Bäumen.
Besonderes: Weil der Hornsubstanz magische Kräfte zugesprochen wurden (und werden), geriet das Panzernashorn ebenso wie die anderen Nashornarten durch Jagd und Wilderei an den Rand der Ausrottung.

Indisches Panzernashorn

Papageifische
Scaridae
Unterordnung: Lippfische

Papageifisch

Die Papageifische sind bunt gefärbte, tropische Meeresfische mit papageienschnabelähnlichem Maul.
Kennzeichen: Körper hochrückig, mit großen Rundschuppen bedeckt. Lange Rückenflosse mit weichen Flossenstrahlen. Großer Kopf, kleines Maul mit fleischigen Lippen. Kieferzähne zu einem »Schnabel« verwachsen. 60–90 cm.
Vorkommen: Tropische Meere. In Korallenriffen.

Papageienplatys

Lebensweise: In größeren Gruppen sog. Schulen, miteinander lebend, meist sehr ortstreu. Tagaktiv, nachts in Höhlen und Spalten versteckt. Manche Arten scheiden nachts ein schützendes Schleimzelt um sich herum aus, dessen Auf- und Abbau jeweils 30 Min. dauert.
Nahrung: Korallen, Algenbewuchs.
Besonderes: Papageifische tragen wesentlich zum Abbau der Korallenriffe bei. Sie scheiden die Kalksubstanz der Korallen wieder aus, häufig an ganz bestimmten Stellen, so daß sich hier mit der Zeit Hügel zertrümmerter Korallen ansammeln.

Papageitaucher
Fratercula arctica
Familie: Alkenvögel

Mit seinem grotesken Gesicht und dem großen bunten Schnabel ist der Papageitaucher der »Clown« unter den Vögeln.
Kennzeichen: 28–31 cm. Oberseite schwarz, Unterseite weiß; Kopf schwarz mit weißlichen Wangen und rotem Augenring. Schnabel groß und dreieckig, seitlich zusammengedrückt, rot, gelb und bläulich gefärbt.
Vorkommen: Klippen an der europäischen Küste des Nordatlantiks sowie von Grönland und dem östlichen Nordamerika. Im Winter weit draußen auf dem offenen Meer.
Lebensweise: Fliegt mit kurzen schwirrenden Flügelschlägen. Steuert und bremst mit den Füßen. Nahrungssuche tauchend. Kann mehrere kleine Fischchen gleichzeitig mit seinem Schnabel aufnehmen und auch halten. Dabei klemmt er mit der Zunge die bereits gefangenen Fische gegen den Oberschnabel. Teilzieher.
Brut: Koloniebrüter am oberen Klippenrand in Seevogelkolonien. Brütet in verlassenen Höhlen von Kaninchen oder → Schwarzschnabel-Sturmtauchern, gräbt aber auch selbst eine bis mehrere Meter lange Brutröhre. 1 Ei; Brutdauer 35–43

Papageitaucher

Tage, Nestlingszeit 40–50 Tage. Die Altvögel verlassen die Jungvögel bereits, wenn diese noch nicht flugfähig sind.
Nahrung: Fische, v.a. Sandaale; auch Kopffüßer und Krebstiere.
Besonderes: Früher haben Papageitaucher auch auf dem Lummenfelsen von Helgoland gebrütet.

Pappelblattkäfer

Melasoma populi

Familie: Blattkäfer

Der Pappelblattkäfer kann bei Massenauftreten (in warmen, trockenen Jahren) in der Forstwirtschaft erhebliche Schäden anrichten und Pappeln völlig entlauben.
Kennzeichen: 1 cm lang. Halsschild und Kopf blauschwarz. Flügeldecken ziegelrot mit schwarzen Spitzen.
Vorkommen: Fast ganz Europa, gemäßigtes bis subtropisches Asien. Laubmischwälder, Landschaften mit Pappeln.

Pappelblattkäfer

Fortpflanzung: Im April kriechen die Käfer aus dem Boden und verpaaren sich sofort. ♀ legen mehrere hundert Eier in Paketen ab. Larven schlüpfen wenige Tage später und fressen Blätter verschiedener Pappeln. Verpuppung in der letzten Larvenhaut, die an die Rinde geheftet wird. Käfer schlüpfen nach einer Woche.
Nahrung: Blätter verschiedener Pappeln.
Besonderes: Gegen Angreifer schützt sich der Pappelblattkäfer mit einem chemischen Stoff, den er mit der Nahrung aufnimmt und bei Gefahr ausspeit.

Pärchenegel → Saugwürmer

Pavian → Mandrill, → Mantelpavian, → Steppenpavian

Pekaris

Tayassuidae

Ordnung: Paarhufer

Die neuweltlichen Pekaris oder Nabelschweine stehen den altweltlichen Schweinen nahe. Wie diese zählen sie zu den Nichtwiederkäuern unter den Huftieren.
Kennzeichen: Ähnlich kleinen → Wildschweinen, Rückenhöhe 40–60 cm; borstiges Haarkleid, dunkelbraun bis schwarz, beim Weißbartpekari (*Tayassu pecari*) Unterkiefer und Kehle weiß, Halsbandpekari (*T. tajacu*) und Chacopekari (*Catagonus wagneri*) mit weißlichem Band zwischen Brust und Schulter (Name!).
Vorkommen: Mittel- und Südamerika. Tropischer Regenwald bis trockene Dornbuschebenen.
Lebensweise: Einzeln oder in kleinen Gruppen, das Weißbartpekari in Herden bis zu 300 Tieren; durchwühlen bei der Nahrungssuche den Boden nach Schweineart; duftmarkieren Revier und Gruppengenossen mit dem Sekret einer Rückendrüse.
Fortpflanzung: Pro Wurf 1–4 Junge, die sogleich laufen und der Rotte folgen können. Werden von den älteren weiblichen Geschwistern mit betreut und teilweise sogar gesäugt.
Nahrung: Pflanzenkost, insbesondere Früchte und Wurzeln, aber auch Kleintiere, Eier, Aas.
Besonderes: Das Chacopekari wurde erst 1972 von Wissenschaftlern im unwegsamen Dornbusch des Gran Chaco (Nordargentinien und Paraguay) entdeckt – eine Sensation, denn man kannte die Gattung von Fossilfunden und glaubte sie seit dem Eiszeitalter ausgestorben.

Pekaris

Pelzrobben → Seebären

Pelikanfuß → Flügelschnecken

Perlboot

Nautilus pompilius

Familie: Perlboote

Perlboote sind → Kopffüßer mit einer äußeren Schale. Von der einst großen Artenzahl sind nur noch 6 Arten übriggeblieben, von diesen wiederum ist das Perl- oder Schiffsboot die bekannteste.

Kennzeichen: Schale gekammert, spiralig aufgewunden, im Durchmesser 15–20 cm. Kopffuß mit 82–90 Armen ohne Saugnäpfe. Große, gestielte Augen. Kein Tintenbeutel. Raspelzunge.

Vorkommen: Östlicher Indischer Ozean bis zu den Fidschi-Inseln. In 50–650 m Wassertiefe am Meeresgrund.

Lebensweise: Bodentier, wahrscheinlich nachtaktiv.

Nahrung: Hauptsächlich Aas.

Besonderes: Das Tier sitzt in der letzten Kammer. Wenn es wächst, bildet es hinter sich immer neue Trennwände aus. Eine dünne Verlängerung des Hinterleibes (*Sipho*) bildet die Verbindung zu den nicht bewohnten, gas- und flüssigkeitsgefüllten Kammern. Das Tier kann die Menge an Flüssigkeit in den Kammern steuern und damit im Wasser auf- und absteigen.

Perlboot

Perleidechse

Lacerta lepida

Familie: Echte Eidechsen

Die Perleidechse ist die größte Eidechse Europas.

Perleidechse

Kennzeichen: 50–65 cm. Oberseits grün mit dunkler Musterung, an den Flanken blaue, schwarzgeränderte Punkte. Unterseits gelblich. ♂ mit mächtigem Kopf und aufgetriebener Wangenregion. Gedrungen gebaut, der dicke Schwanz endet mit langausgezogener Spitze. Junge oberseits mit schwarzgerandeten Augenflecken.

Vorkommen: Iberische Halbinsel, Süd- und Südwestfrankreich, Rhônetal, Nordwestitalien, Nordwestafrika. Trockenes, locker bewachsenes Gelände mit Mauern, Steinhaufen. Auch im Kulturland wie in Weinbergen.

Lebensweise: Scheu. Guter Kletterer und Läufer. Bei Belästigung oder Revierstreitigkeiten wird der Rumpf vom Boden abgehoben und der Hals abgeflacht; häufig Beißereien zwischen ♂. Zur Fortpflanzungszeit paarweise. Winterruher.

Nahrung: Größere Insekten, Schnecken, Skorpione; hin und wieder auch kleine Wirbeltiere.

Besonderes: Bei Bedrohung können Perleidechsen in offenem Gelände so schnell laufen, daß selbst ein guter Sprinter sie erst nach ca. 100–150 m einholen kann.

Perlhuhn → Geierperlhuhn

Perlsteißhuhn

Eudromia elegans

Familie: Steißhühner

Die Steißhühner oder Tinamus stellen eine sehr altertümliche Vogelfamilie dar und stehen den Vorfahren der heutigen Laufvögel (→ Strauß) nahe. Sie kommen in 46 Arten ausschließlich in Mittel- und Südamerika vor.

Kennzeichen: 40 cm. Graubraun mit dunkler Strichel- und Punktezeichnung. Schüttere Haube. Hühnerartige Gestalt, kurzer Schwanz. Nur 3 Zehen.

Vorkommen: Mittleres Südamerika von Argentinien über Paraguay und Bolivien bis Ostchile. Trockene und halbtrockene Grassteppen, offenes Buschland bis in 3500 m Höhe.

Lebensweise: Schlechter Flieger; drückt sich bei Gefahr meist auf den Boden oder versteckt sich im dichten Bewuchs. Wenn aufgescheucht, Abflug mit laut burrendem Flügelgeräusch. Nahrungssuche am Boden. Verschluckt kleine Steinchen als Verdauungshilfe. Sehr gesellig, gelegentlich Trupps bis zu 100 Vögel. Bevorzugt Staubbäder, um lästige Parasiten im Federkleid zu entfernen.

Brut: ♂ paart sich mit mehreren ♀, die ihre Eier in ein Nest legen. Eier leuchtend grün gefärbt. Brutgeschäft ist Aufgabe des ♂.

Nahrung: Früchte und Sämereien, grüne Pflanzenteile. Auch Insekten und andere Wirbellose.

Petermännchen → Drachenfische

Petersfisch → Heringskönig

Pfau

Pavo cristatus

Unterfamilie: Glattfußhühner

Als Ziervogel ist der Pfau weltweit eingebürgert worden und in Zoos und Parks ein vertrauter Anblick.

Kennzeichen: ♂ 200–220 cm, ♀ 85 cm. ♂ überwiegend metallisch blau schillernd, ♀ oberseits bräunlich, unterseits weißlich, grünlich schillernd an Hals und Oberbrust. ♂ und ♀ mit Krönchen. »Schwanz« beim ♂ eine mit Augenflecken versehene Schleppe.

Vorkommen: Indien und Ceylon. Lichtungen im unterwuchsreichen Dschungel in der Ebene und auf den Vorbergen, meist in Flußnähe. Auch in der Nähe menschlicher Siedlungen und in Kulturlandschaft.

Lebensweise: Nahrungssuche morgens und abends auf Feldern. Baumt zum Schlafen auf. Sehr wachsam, warnt mit seinen lauten, durchdringenden Schreien auch andere Tiere vor Feinden. Ein ♂ hält sich mehrere ♀ als Harem, den es eifersüchtig bewacht. Nest meist gut versteckt in dichtem Buschwerk.

Verhalten: Zur Balz spreizt das ♂ seinen prächtig gefärbten »Schwanz« zum allbekannten Rad und präsentiert ihn den ♀. Der »Schwanz« besteht aus den außerordentlich stark verlängerten Oberschwanzdecken, der eigentliche Schwanz ist kurz und unscheinbar. Die Steuerfedern stützen das Rad.

Nahrung: Beeren, Früchte, Grassamen; Insekten und kleine Wirbeltiere, auch junge Giftschlangen.

Pfau

Pfau radschlagend

Pfauenfederwurm

Sabella pavonina

Familie: Fächerwürmer

Der Pfauenfederwurm oder Fächerwurm aus der Familie Fächerwürmer gehört zu den festsitzenden Vielborstern, die in enganliegenden Röhren leben, die sie aus Hautabscheidungen und Sand oder Schlick bauen.

Pfauenfederwurm

Kennzeichen: Körper schlank, zylindrisch, besteht aus bis zu 600 Segmenten. Auf dem Kopf entspringen kreisförmig angeordnete, gefiederte, fadenförmige Fortsätze, die eine prachtvolle Tentakelkrone bilden. Gelblich-orange, blauviolett und grau gefärbt. Bis 25 cm.
Vorkommen: Europäischer Atlantik, Ärmelkanal, Mittelmeer, Nordsee. Auf Schlick- und Feinsandböden.
Lebensweise: Bodentier. Zieht sich bei Gefahr in die Röhre zurück. Meist gesellig lebend.
Fortpflanzung: Eier und Spermien werden ins Wasser abgegeben. Aus den befruchteten Eiern entwickeln sich freischwimmende Larven, die sich später niederlassen, eine Röhre bauen und seßhaft werden.
Nahrung: Plankton, pflanzlicher Abfall.
Besonderes: Der Pfauenfederwurm kann eine verletzte und kaum noch intakte Tentakelkrone relativ schnell wieder regenerieren.

Pfeifhasen

Ochotona

Ordnung: Hasentiere

Die 14 Arten von Pfeifhasen oder Pikas werden in nur einer einzigen Gattung als eigene Familie neben diejenige der Hasen und Kaninchen gestellt.
Kennzeichen: Körpergröße 15–20 cm, Stummelschwänzchen; Fell rotbraun bis grau; Hinterbeine kaum länger als die Vorderbeine; Ohren groß und breit, aber keine lang ausgezogenen »Hasenohren«.
Vorkommen: Nordamerika und Innerasien. Fels- oder Geröllhänge der Gebirge, in Asien auch Steppengebiete.
Lebensweise: Tag- oder dämmerungsaktiv; bewegen sich in kleinen Hoppelsprüngen fort; leben in z.T. großen Kolonien beieinander, in denen aber jedes Einzeltier ein Revier für sich beansprucht; Unterschlupf in Felsspalten oder zwischen Steinen, Steppenarten graben Erdbaue; legen Wintervorräte in Form von großen Heuhaufen an, die im Gebirge in Felsnischen, in der Steppe meist unter Büschen angesammelt werden; halten keinen Winterschlaf.
Fortpflanzung: Bei Geröllbewohnern 1–2 Würfe im Jahr mit je 2–6 Jungen, bei Baubewohnern 2–3 Würfe mit bis zu 13 Jungen.

Pfeifhase

Nahrung: Reine Pflanzenkost.
Besonderes: Pfeifhasen sind ungemein stimmfreudige Tiere, die über ein großes Spektrum verschiedener Rufe, langer und kurzer Pfiffe, Trillern, Quieken, Schreie usw. verfügen.

Pfeilgiftfrösche → Baumsteigerfrösche

Pfeilschwanzkrebs

Pfeilschwanzkrebse

Limulidae

Ordnung: Schwertschwänze

Pfeilschwanzkrebse sind »lebende Fossilien«, die sich seit ihrer Entstehung vor ca. 300 Mio. Jahren nicht wesentlich verändert haben. Trotz ihres Namens sind sie keine Krebse, sondern gehören zusammen mit den → Spinnentieren und Asselspinnen zum Unterstamm der Scherenfüßer oder Fühlerlosen. Ihr Körper gliedert sich in 2 Teile, den Vorder- und den Hinterkörper. Der Vorderkörper ist von einem gewölbten Kopfbrustschild (*Carapax*) überdeckt, das in der Form einem Pferdehuf gleicht. Der Hinterleib ist am Rand kräftig bestachelt und läuft in einen bis 60 cm langen Schwanzstachel aus. Am bekanntesten ist die Gattung *Limulus*, die in den seichten Küstengewässern an der Ostküste Nordamerikas vorkommt. Die Tiere ernähren sich von kleinen Fischen, Würmern und Weichtieren. Zur Laichzeit versammeln sich die Pfeilschwanzkrebse in großen Mengen am Strand und graben ihre Eier im Sand ein.

Pferdeaktinie

Actinia equina

Ordnung: Seerosen

Die Pferdeaktinie ist auch unter dem Namen Purpurseerose oder Gemeine Seerose bekannt.

Kennzeichen: Körper breit zylindrisch, gallertig. Mundöffnung mit bis zu 200 schlanken Tentakeln umstellt. Karmesinrot bis rotbraun. Zusammengezogen ca. 3 cm hoch, entfaltet ca. 6–7 cm.

Vorkommen: Europäischer Atlantik, Ärmelkanal, Nord- und westliche Ostsee, Mittelmeer. In der Gezeitenzone an felsigen Küsten.

Lebensweise: Gesellig lebend. Zieht bei Gefahr oder Trockenheit ihre Tentakel vollständig ein und bildet eine rotbraune, klumpige Masse.

Fortpflanzung: Lebendgebärend. Die Eier werden durch freigelassene Spermien im Innern der Seerose befruchtet, wo sie sich zu Jungtieren entwickeln, die dann ausgestoßen werden.

Pferdeaktinie

Nahrung: Kleine Krebstiere, Fischbrut, kleine Wirbellose.

Besonderes: Pferdeaktinien können relativ lange trockenliegen, da sie beim Einstülpen ihrer Tentakel einen Wasservorrat mit einschließen. Stehen die Seerosen zu dicht aufeinander, so nesseln sie ihre Nachbarn so lange ein, bis diese zur Seite rücken oder sich forttreiben lassen.

Pfirsichköpfchen → Unzertrennliche

Pfuhlschnepfe

Limosa lapponica

Familie: Schnepfen

Zur gleichen Gattung gehört die Uferschnepfe (*Limosa limosa*), die auch in Mitteleuropa brütet.

Kennzeichen: 37–40 cm; ♀ etwas größer als ♂. Zur Brutzeit mit rotbrauner, schwarz gemusterter Oberseite und kastanienbrauner Unterseite. Schnabel lang, leicht aufwärts gebogen.

Pfuhlschnepfe

Vorkommen: Nordeuropa über Nordsibirien bis westliches Alaska. Feuchte Tundra und Moore, auch Zwergstrauchheiden jenseits der Baumgrenze. Überwintert in Afrika und Asien südlich bis Polynesien.

Lebensweise: Rastet auf dem Zug oft in großen Trupps im Wattenmeer; Nichtbrüter übersommern dort auch.

Brut: Nest, eine mit Flechten und Blättchen ausgelegte Mulde, steht meist inmitten feuchter Umgebung. 1 Brut (Mai–Juni). 4 Eier; Brutdauer 20–21 Tage. Nichtbrütender Altvogel hält in der Nähe Wache.

Nahrung: Insekten und deren Larven, Würmer, Schnecken, Muscheln und Krebstiere.

Pikas → Pfeifhasen

Pillendreher

Scarabaeus

Familie: Blatthornkäfer

Im alten Ägypten galten die »Skarabäen« als Sonnensymbol, das in Stein gehauen den Verstorbenen als Amulett auf die Brust gelegt wurde. Die bekannteste Art ist der Heilige Pillendreher (*Scarabaeus sacer*).

Kennzeichen: 2–3 cm lang. Schwarz. Kräftige Mundwerkzeuge, zu Grabschaufeln umgewandelt.

Vorkommen: Mittelmeerraum mit Nordafrika. Trockene, wenig bewachsene, sandige Flächen.

Lebensweise: Wärmeliebend. ♂ und ♀ formen aus Dungpartikeln kleine Kugeln (Name!) und rollen diese im Rückwärtsgang weg. Die »Fraßpillen« dienen der Ernährung, die »Brutpillen« der Eiablage.

Fortpflanzung: ♂ gräbt Löcher in den Sand, ♀ steigt mit einer Brutpille hinein, formt sie zu einer Birne um und legt auf der Spitze 1 Ei ab. Hat die Larve den Dungvorrat verzehrt, verpuppt sie sich.

Nahrung: Dung von Huftieren.

Pillendreher

Pinguin → Kaiserpinguin

Pinselohrschwein → Buschschweine

Pinselzungenloris → Allfarblori

Piranha

Serrasalmus nattereri

Familie: Sägesalmler

Piranhas oder Pirayas sind kleine Süßwasserfische, die wegen ihrer räuberischen Lebensweise sehr gefürchtet

Piranha

sind. Von den 4 Arten, die alle unter dem volkstümlichen Namen Piranha bekannt sind, ist *S. nattereri* die häufigste und weit verbreitetste.

Kennzeichen: Körper hochrückig, seitlich stark abgeflacht, mit zahlreichen silbrigen Flecken bedeckt. Sägeartiger Bauchkiel. Zähne dreieckig, in Reihen angeordnet, sehr scharf. Rücken olivbraun, Seiten hellbraun, Bauch rot, Rücken- und Afterflossen schwarz. Bis 30 cm.

Vorkommen: Südamerika. Amazonasgebiet, Nebenflüsse des Rio Paraguay.

Lebensweise: Räuberischer Schwarmfisch.

Nahrung: Fische.

Besonderes: Gelangt irgendein Tier oder auch ein Mensch in einen Schwarm hungriger Piranhas, so wird die Beute in kürzester Zeit (4–7 Min.) regelrecht zerfleischt. Vor allem eine verwundete oder gar blutende Beute lockt die Schwärme schnell an.

Pirol

Oriolus oriolus

Familie: Pirole

Der Pirol wird auch Pfingstvogel genannt, weil er sehr spät aus seinem Winterquartier zurückkehrt.

Kennzeichen: 24–25 cm. Auffällig gelbschwarz gefärbt, ♀ oberseits grünlicher und unterseits grau mit schwacher Streifung.

Stimme: Ruf meist weich jodelnd und flötend »düdlio«, bei Beunruhigung rauh krächzend »krää«. Der eigentliche Gesang ist leise schwätzend und zwitschernd.

Vorkommen: Europa bis auf den größten Teil Skandinaviens, Großbritanniens sowie Island. Nordwestafrika; Asien. Alte Laub- und Auwälder; Parkanlagen und Gärten mit alten Laubbäumen.

Lebensweise: Scheu. Trotz des leuchtenden Gefieders sehr unauffällig; hält sich fast nur im Baumkronenbereich auf; dort auch Nahrungssuche. Flug schnell, spechtähnlich. Sommervogel.

Brut: Nest ein stabiler Napf, kunstvoll in eine Astgabel im Kronenbereich gehängt. 1 Brut (Mai–Juli). 3–5 Eier; Brut- und Nestlingsdauer 14–15 Tage.

Nahrung: Überwiegend große Insekten, deren Larven; auch Beeren und Früchte.

Pirol

Pitohuis → Meisendickkopf

Pittas

Pittidae

Ordnung: Sperlingsvögel

Alle 23 Arten der Pittas oder »Prachtdrosseln« werden in die Gattung *Pitta* gestellt.

Blauflügelpitta

Kennzeichen: 15–29 cm; eine relativ kleine Art ist der Rotbauchpitta (*Pitta erythrogaster*) mit leuchtend scharlachroter Brust und Bauch. Die meisten Arten bunt gefärbt. Schwanz kurz. Manche Arten, wie der Blauflügelpitta (*P. moluccensis*), zeigen im Flug ein auffälliges weißes Flügelfeld.
Vorkommen: Zentralafrika; Süd- und Südostasien, Australien, Inselwelt zwischen den beiden Kontinenten. Wälder aller Art.
Lebensweise: Einzelgänger. Nachts oder zum Singen im Kronenbereich, tagsüber am Waldboden. Fliegen selten, laufen weg, wenn beunruhigt. Großes, ovales oder kuppelförmiges Nest aus Zweigen, Gras u.ä., häufig mit Schlamm oder Kot verklebt, mit seitlichem Eingang. Standort bodennah in Gestrüpp oder zwischen Wurzeln. 2–7 Eier, werden von beiden Eltern bebrütet.
Nahrung: Insekten und andere Wirbellose. Manche Arten Nahrungsspezialisten, etwa die Lärmpitta (*P. versicolor*), die wie unsere → Singdrossel Gehäuseschnecken aufhackt.

Planarien → Strudelwürmer

Plasmodien → Sporentierchen

Plattbauch-Libelle

Libellula depressa

Familie: Großlibellen

Von den anderen heimischen → Libellen unterscheidet sich diese Art durch ihren breiten Hinterleib (Name!).
Kennzeichen: 4–5 cm lang. Flügelspannweite 8 cm. Hinterleib 6–8 mm breit, beim ♂ blaugrau, beim ♀ gelbbraun gefärbt.
Vorkommen: Ganz Europa, Vorderasien. Stehende Gewässer aller Art, Tümpel, erster Gast an neu angelegten Gartenteichen.
Lebensweise: Eine der ersten Libellen im Jahr (fliegt Mai–August). ♂ bezieht

Plattbauchlibelle

häufig Sitzwarten am Gewässerrand. Sehr kurze Paarung im Flug. Zur Eiablage über Wasser streift ♀ umher, um die Eier in möglichst vielen Gewässern zu verteilen. Wird dabei vom ♂ bewacht, das Konkurrenten vertreibt. Entwicklungszeit 2 Jahre.

Nahrung: Die Libellen jagen Fluginsekten, die Larven ernähren sich von Kleinsttieren im Wasser.

Besonderes: Die Larven sind in der Lage, lange Trockenzeiten (über 6 Wochen) zu überstehen. Trocknet ein Tümpel aus, graben sie sich im Schlamm ein und verfallen in eine Trockenstarre.

Plattwürmer

Plathelminthes

Unterabteilung: Zweiseitentiere

Die Plattwürmer gehören zu den Zweiseitentieren, d.h. ihr Körper kann in spiegelbildlich gleiche Hälften geteilt werden. Sie umfassen ca. 16 000 Arten und untergliedern sich in die Klassen → Bandwürmer, → Saugwürmer und → Strudelwürmer. Sie kommen weltweit vor, leben im Meer, Süßwasser und an Land. Viele von ihnen sind Parasiten.

Kennzeichen: Körper aus Außen- und Innenschicht aufgebaut, dazwischen sitzt ein lockeres Zwischengewebe, in dem Nervenstränge, Muskelzellen, Ausscheidungs- und Fortpflanzungsorgane liegen. Meist Zwitter. 0,5 mm – 25 m.

Plattwürmer

Plumplori

Nycticebus coucang

Unterordnung: Halbaffen

Zusammen mit seinem kleineren, feingliedrigen Verwandten, dem Schlanklori (*Loris tardigradus*), und den → Koboldmakis vertritt der Plumplori die Halbaffen auf dem asiatischen Kontinent.

Plumplori

Kennzeichen: 25 – 35 cm groß; mit dem dichten, wolligen Fell, den stämmigen Gliedmaßen und dem fehlenden Schwanz an einen kleinen Bären erinnernd; Fell braun, rotbraun oder grau, Kopf- und Halsbereich durch dunkle und weiße Partien oft recht bunt.

Vorkommen: Tropische Regenwälder Südostasiens.

Lebensweise: Einzelgänger, Nachttier, von dem es bisher kaum Freilandbeobachtungen gibt; klettert vierfüßig im Geäst der Urwaldbäume, auf den Ästen laufend oder bauchoben wie ein Faultier; sehr bedächtige Bewegungsweise.

Fortpflanzung: Nicht an eine bestimmte Jahreszeit gebunden; gewöhnlich 1, manchmal auch 2 Junge, die sich vom 1. Tag an am Bauchfell der Mutter festklammern können, später auf ihrem Rücken reiten.

Nahrung: Früchte, Insekten, kleine Wirbeltiere.

Pochkäfer → Klopfkäfer

Polarfuchs → Eisfuchs

Portugiesische Galeere

Physalia physalis

Ordnung: Staatsquallen

Die Portugiesische Galeere, auch Seeblase genannt, ist eine prächtig gefärbte → Staatsqualle, die aus einer Kolonie verschiedenartiger Polypen besteht.

Kennzeichen: Große, gasgefüllte Schwimmblase, ca. 30 cm lang und 15 cm breit, mit hohem Kamm (Segel), blau bis purpurfarben, an ihrer Unterseite hängen an langen Fangfäden eine Vielzahl von Polypen (Freß-, Fortpflanzungs- und Fangpolypen).

Vorkommen: Weltweit. Bevorzugt warme Meere.

Lebensweise: In großen Schwärmen an der Wasseroberfläche treibend, kann durch Ablassen von Gas aber auch in tiefere Wasserschichten abtauchen.

Nahrung: Fische, Plankton.

Besonderes: Die Fangfäden sind bis zu 50 m lang und mit nesselnden Freß- und Fangpolypen besetzt, die auch beim Menschen schwere Verbrennungen verursachen können. An den Strand getriebene Seeblasen verenden.

Portugiesische Galeere

Posthörnchenwurm

Spirorbis spirorbis

Ordnung: Festsitzende Vielborster

Der Posthörnchenwurm gehört zu den häufigsten festsitzenden Vielborstern.

Posthörnchenwürmer

Kennzeichen: Körper unscheinbar, Kopf mit mehrfach gefiederter Tentakelkrone und einem auf einem Stiel stehenden Verschlußdeckel für das Gehäuse. 6,5 mm. Gehäuse kalkige, leuchtendweiße, schneckenhausartige (posthornförmige) Röhre, Durchmesser 4 mm, rechts- oder linksgewunden.

Vorkommen: Europäischer Atlantik, Mittelmeer, Ärmelkanal, Nord- und westliche Ostsee. In der Gezeiten- und Dauerflutzone.

Lebensweise: Lebt in großen Kolonien auf Seetangen, an Steinen u. a. Unterlagen.

Nahrung: Plankton.

Besonderes: Bei Störungen ziehen die Tiere blitzschnell ihre Tentakelkrone ein und stülpen den Verschlußdeckel über die Röhrenöffnung. Auch bei Ebbe schließen die Würmer ihre Behausung hermetisch ab.

Potto

Perodicticus potto

Unterordnung: Halbaffen

Ganz anders als die nahe verwandten, flinken → Buschbabys bewegt sich der Potto meist nur im Zeitlupentempo.

Kennzeichen: 30–35 cm groß; Fell

dicht und wollig, dunkel gelbbraun; Stummelschwanz; 2. Finger stark rückgebildet, die Hand mit dem weit abspreizbaren Daumen bildet dadurch eine besonders breite Greifzange. Jungtiere mit silbrigweißem Fell.

Vorkommen: Zentrales und westliches Äquatorialafrika. Tropischer Regenwald.

Lebensweise: Nachtaktiver Einzelgänger, der langsam und behäbig im Kronenbereich der Urwaldbäume herumklettert.

Fortpflanzung: Gewöhnlich 1 Junges, das meist am Bauch oder auf dem Rücken der Mutter herumgetragen wird.

Nahrung: Überwiegend Früchte, auch Baumsäfte und Kleintiere.

Potto

Besonderes: Zur Abwehr eines Feindes, meist einer Schleichkatze, zieht der Potto den Kopf an die Brust und präsentiert dem Gegner einen Nackenschild mit einer Art »Hörner«, langen, von derber Haut überzogenen Dornfortsätzen der Halswirbel. Er teilt damit Stöße aus, die oft genügen, den Angreifer vom Ast zu werfen.

Pottwal

Physeter macrocephalus

Unterordnung: Zahnwale

Der gewaltige Meeresriese ist der größte aller Zahnwale.

Kennzeichen: ♂ 15–20 m, ♀ 10–15 m lang; dunkelgrau mit weißlicher Unterseite; Kopf sehr groß, kastenförmig, mit schmalem, zahnbesetztem Unterkiefer; anstelle einer Rückenflosse eine Reihe kleinerer Höcker. Atemfontäne im 45°-Winkel nach vorn gerichtet.

Vorkommen: Weltweit in tropischen und subtropischen Meeren bis etwa zum 40. Breitengrad, erwachsene ♂ auch bis in polare Regionen. Hochsee.

Lebensweise: Lebt in Gruppen (Schulen) von meist 10–30 Tieren, ♂ außerhalb der Fortpflanzungszeit oft Einzelgänger; taucht mehr als 1000 m tief und bis über 1 Stunde lang; Orientierung und Beutefang mit Hilfe von Echopeilung.

Fortpflanzung: Alle 3 Jahre 1 Kalb, das rund 2 Jahre lang gesäugt wird.

Nahrung: Fast ausschließlich Tintenfische.

Besonderes: Im 18. und 19. Jh. war der Pottwal eines der Hauptziele der Walfänger. Auch der gefährliche Wal aus dem berühmten Roman »Moby Dick« ist ein Pottwal. Der riesige Schädel enthält ein Reservoir mit flüssigem Öl, das an der Luft zu einer wachsartigen Masse erstarrt, dem sog. Walrat. Es dient bis heute als Rohstoff für Salben und Kosmetika sowie als hochwertiges Schmiermittel für Präzisionsgeräte.

Gestrandeter Pottwal

Prachtfinken → Wellenastrild, → Zebrafink

Prachtbarbe
Puntius conchonius
Gattung: Zierbarben

Fische, deren deutscher Name das Wort »Barbe« enthält, stammen in den meisten Fällen aus dem südostasiatischen Raum. Bei uns werden Zierbarben sehr gerne als Aquarienfische gehalten.
Kennzeichen: Körper klein, hochrückig, seitlich abgeflacht. Schnauze kurz, Maul endständig. ♂ rötlich, im Balzkleid leuchtend purpurfarben. Auf den Seiten ein schwarzer, gelb umrandeter Fleck über der Afterflosse. Rückenflosse groß, steil aufragend, schwarz, übrige Flossen rötlich. Bis 10 cm.
Vorkommen: Nordindien bis Assam. Kleinere, meist fließende Süßgewässer.
Lebensweise: Friedlicher Schwarmfisch.
Nahrung: Insektenlarven, kleine Bodentiere.
Besonderes: Die wimpelartig ausgezogene, schwarze Rückenflosse dient als Signal und wird immer zuckend bewegt, damit der Schwarm zusammenhält.

Prachtbarben

Prachtfregattvogel
Fregata magnificens
Familie: Fregattvögel

Aufgrund ihrer Wendigkeit gehören die Fregattvögel zu den elegantesten Fliegern unter den Vögeln.

Kennzeichen: 95–115 cm; Flügelspannweite 230 cm. ♂ im Prachtkleid metallisch schwarz, mit nacktem, rotem, aufblasbarem Kehlsack; Beine schwarz. ♀ dunkelbraun mit weißer Brust; Beine rosa. Langer, hakenförmiger Schnabel. Lange Flügel, tief gegabelter Schwanz.

Prachtfregattvogel

Junger Prachtfregattvogel

Vorkommen: Küsten und Inseln des tropischen Atlantiks und Ostpazifiks.
Lebensweise: Kann nicht schwimmen und tauchen. Nimmt Nahrung im Flug von der Wasseroberfläche oder bedrängt andere Seevögel so lange, bis diese ihre Beute hergeben oder ihren Kropfinhalt erbrechen. Verbringen die meiste Zeit fliegend; wenn sitzend, dann auf Zweigen o. ä., um besser starten zu können.
Brut: Koloniebrüter. Nest niedrig in Sträuchern und Bäumen. ♂ baut, versucht dann, durch Aufblasen des Kehlsacks ♀ anzulocken. 1 Ei; Brutdauer 7–8 Wochen. Nestlingszeit ca. 5 Monate, das Junge wird aber noch einmal so lang gefüttert.
Nahrung: Fische, Weichtiere, Quallen; auch Jungvögel anderer Seevögel.

Prachtkäfer

Buprestidae

Ordnung: Käfer

Mit etwa 14 000 überwiegend in den Tropen beheimateten Arten bilden die Prachtkäfer eine der umfangreichsten Käferfamilien. Die tropischen Arten machen sowohl in bezug auf die Färbung als auch die Größe ihrem Namen alle Ehre. Weniger auffällig sind die etwa 120 in Europa vorkommenden Arten. Die Käfer leben hauptsächlich von Pollen, die Larven entwickeln sich in Holzstämmen, Holzklaftern und hinter Baumrinden, wo von den ♀ die Eier abgelegt werden. Dennoch richten die bei uns eher seltenen Prachtkäfer keinen nennenswerten Schaden an. Allerdings gelten einige tropische Arten als Holzschädlinge.

Prachtkäfer

Prachtkärpflinge

Aphyosemion

Familie: Eierlegende Zahnkarpfen

Die Prachtkärpflinge sind beliebte Aquarienfische. Zu ihnen gehören u. a. der Killifisch (*Aphysemion gardneri*) oder der Kap Lopez (*A. australe*).

Kennzeichen: ♂ sehr farbenprächtig, braunrote Grundfärbung mit rötlichen Zeichnungsmustern. Rücken- und Afterflosse vergrößert und mit Bändern verziert. Schwanzflosse nach oben und

Killifische

unten wimpelartig ausgezogen. ♀ unscheinbar. Bis 7 cm.

Vorkommen: Tropisches Westafrika. Gräben, Tümpel, Regenlöcher.

Lebensweise: Viele Arten sind Saisonfische, die mit Einsetzen der Trockenzeit sterben.

Fortpflanzung: Saisonfische laichen derbschalige, mit Fortsätzen versehene Eier in den Schlammboden ab. Arten, die in ausdauernden Gewässern leben, legen ihren Laich an Wasserpflanzen ab.

Nahrung: Insekten und -larven.

Besonderes: Viele Prachtkärpflinge sind Saisonfische, d. h. sie leben nur eine Saison, und zwar in der Regenzeit. Zu Beginn der Trockenperiode legen sie Eier ab, die im Schlamm überdauern und sich weiter entwickeln. Wenn das Gewässer sich wieder mit Wasser füllt, schlüpfen die Jungfische.

Prachtparadiesvogel

Ptiloris magnificus

Familie: Paradiesvögel

Die Paradiesvögel haben einen Farbenreichtum und eine verschwenderische Fülle an bizarr geformten Federn entwickelt, die von keiner anderen Vogelgruppe erreicht wird.

Kennzeichen: 26–33 cm. ♂ überwiegend schwarz; Flankenfedern zerschlissen, tief violettbraun, ragen über den kurzen blauschillernden Schwanz hinaus; Oberkopf und Brust metallisch blaugrün schillernd. ♀ oberseits graubraun, Unterseite weißlich mit feiner Querbänderung; Flügel zimtfarben.
Vorkommen: Regenwald Neuguineas und des äußersten Nordostens von Australien. Im Tief- und Hügelland.
Lebensweise: Hält sich mit den kräftigen Zehen an Baumstämmen fest; stochert mit dem langen, dünnen, abwärts gebogenen Schnabel unter der Rinde und in morschem Holz nach Beute. Hält Beute mit Füßen fest, um sie zu zerkleinern. ♂ paart sich mit mehreren ♀; Brutgeschäft alleinige Aufgabe des ♀.
Verhalten: Während der spektakulären Balz sitzt das ♂ auf einer erhöhten, kahlen Warte, spreizt das Brustschild ab, öffnet die langen runden Flügel weit zur Seite und reckt den Kopf steil nach oben. Dann schwenkt es den Kopf hin und her, zuckt mit den Flügeln, die dabei scharf rascheln, und pfeift laut.
Nahrung: Früchte; Insekten und deren Larven.

Prachtparadiesvogel

Prachtstaffelschwanz → Staffelschwänze

Präriehunde

Cynomys

Familie: Hörnchen

Die amerikanischen Präriehunde – nach neuestem Kenntnisstand unterscheidet man 5 Arten – gehören zu den sog. Erdhörnchen und stehen ihrem Aussehen und sonstigen Merkmalen nach zwischen den → Murmeltieren und → Zieseln.

Präriehund

Kennzeichen: Körpergröße 30–35 cm, Schwanz bis 10 cm lang; Fell fahl sandfarben, Schwanzende bei 2 Arten schwarz, bei den übrigen 3 Arten weiß; Kopf mit verhältnismäßig großen Augen und kleinen, runden Ohren.
Vorkommen: Nordamerikanische Prärien, eine Art auf Gebirgshochflächen.
Lebensweise: Tagaktiv; leben in umfangreichen Kolonien, die sich aus einzelnen Familienterritorien zusammensetzen; Familiengruppe aus jeweils 1 ♂ mit 1–4 ♀ und deren Jungen; strenge Rangordnung. Graben umfangreiche Erdbaue mit langen Gangsystemen und mehreren Wohnkammern, bei geeignetem Boden bis in 5 m Tiefe. Halten *Winterschlaf.*
Fortpflanzung: Pro Wurf bis zu 10, meist aber 3–6 Junge, die nackt und blind geboren werden.
Nahrung: Reine Pflanzenkost, vor allem Gras.
Besonderes: In einer Präriehund-Kolonie stehen immer mehrere Mitglieder als Wachposten auf den Erdhügeln ihrer Baueingänge. Bei Gefahr warnen sie die übrigen durch bellende Rufe, die an das Kläffen kleiner Hunde erinnern – daher der Name der Tiere.

Prärieklapperschlange → Klapperschlangen

Przewalski-Pferd → Urwildpferd

Pudus
Pudu
Familie: Hirsche

Diese südamerikanischen Zwerghirsche, die kleinsten Vertreter der Hirschfamilie, sind im Freileben kaum erforscht.
Kennzeichen: Rückenhöhe etwa 35 cm; ♂ mit kurzen Geweihspießen, die wie alle Hirschgeweihe jährlich gewechselt werden; rauhes Fell, rötlich oder braunschwarz.
Vorkommen: Nördlicher Pudu (*Pudu mephistopheles*) Hochsteppen im Bergland zwischen 2500 und 4000 m Höhe in Peru, Ekuador und Kolumbien, Südlicher Pudu (*P. pudu*) feuchte, z. T. immergrüne Regenwälder und Bambusdickichte in Chile und Westargentinien.
Lebensweise: Vorwiegend dämmerungsaktiv; Einzelgänger oder in kleinen Trupps lebend; legen in ihren Revieren feste Wechsel an, die wie Tunnel durchs Dickicht führen.
Fortpflanzung: Pro Wurf nur 1 Junges, das rund 2 Monate gesäugt wird.
Nahrung: Ausschließlich Pflanzenkost.

Pudu

Puma
Profelis concolor
Familie: Katzen

Pumaweibchen mit Jungtier

Der Berg- oder Silberlöwe, wie der Puma auch genannt wird, zählt trotz seiner eindrucksvollen Größe zu den Kleinkatzen, denn er kann dank eines vollständig verknöcherten Zungenbeins wie eine Hauskatze schnurren.
Kennzeichen: 1–1,80 m groß, Schwanz etwa halb körperlang; Fell ungemustert rotbraun bis grau, weißliches, schwarz eingerahmtes Maul. Jungtiere mit deutlicher dunkler Fleckung.
Verbreitung: In zahlreichen Unterarten in ganz Amerika, von Alaska bis Feuerland.
Lebensraum: Beinahe überall, von der Halbwüste bis zum Regenwald und vom Tiefland bis in Hochgebirgsregionen.
Lebensweise: Strikter Einzelgänger; beansprucht je nach Beutedichte ein Revier 5–50 km^2, das er mit Kot und Urin sowie Kratzspuren an den Bäumen markiert; Eindringlinge werden jedoch gewöhnlich nicht angegriffen, Pumas gehen einander einfach aus dem Weg.
Fortpflanzung: Pro Wurf meist 2–4 Junge, die wie alle Katzen blind geboren werden; wachsen in einem mit Blättern und Moos gepolsterten Versteck auf.
Nahrung: Säugetiere bis zu Hirschgröße, auch Bodenvögel oder Eidechsen, nicht selten Haustiere.

Purpurhuhn

Purpurhuhn
Porphyrio porphyrio
Familie: Rallen

Das Purpurhuhn hat seinen Namen aufgrund der purpurblauen Färbung seines Gefieders.
Kennzeichen: 44–48 cm. Dunkel purpurblau; Unterschwanz weiß; Beine, Schnabel und Stirnplatte rot. Schrille Trompeten-Rufe und dumpfe Laute.
Vorkommen: In mehreren Unterarten in Südeuropa bis Naher Osten, Afrika, Madagaskar, Süd- und Südostasien bis Australien und Neuseeland. Sümpfe und Feuchtgebiete mit dichter Vegetation.
Lebensweise: Scheu, meist in dichter Vegetation verborgen. Zuckt mit dem Schwanz, zeigt dabei die weißen Unterschwanzfedern. Schwimmt selten. Klettert gut im Röhricht. Hält Nahrungsbrocken mit dem Fuß fest, um ihn zu zerteilen.
Nahrung: Pflanzenteile, auch Insekten, Fische, Reptilien, Kleinvögel.
Besonderes: Zur gleichen Gattung gehört die Takahe (*P. mantelli*), eine flugunfähige Ralle Neuseelands. Sie kam in je einer Unterart auf der Nord- und Südinsel vor; die nördliche Unterart ist bereits ausgestorben.

Purpurseerose → Pferdeaktinie

Purpurtyrann
Pyrocephalus rubinus
Familie: Tyrannen

Rubinköpfchen

Der Purpurtyrann, auch Rubinköpfchen genannt, ist der farbenprächtigste aller Tyrannen.
Kennzeichen: 13–15 cm. ♂ an Kopf und Unterseite leuchtend karminrot, Oberseite, Flügel und Augenbinde schwarzbraun. ♀ oberseits braun, unterseits weißlich, rosa überhaucht.
Vorkommen: Südwesten der USA südlich bis Chile und Argentinien; auch Galapagos-Inseln. Trockenes, offenes Gelände mit Bäumen und Büschen, oft in der Nähe von Gewässern.
Lebensweise: Fliegt plötzlich von seiner Warte (einem Zweig) auf, um Insekten in der Luft oder am Boden zu schnappen. ♂ steigt während der Balz mit aufgestellter Haube singend auf, die Flügel vibrieren, der Schwanz ist steil erhoben; dann kommt es nach einer kurzen Rüttelphase wieder zum ♀ zurück.
Brut: Napfförmiges Nest aus Flechten und Gras, in niedrige Vegetation gehängt. 2–3 Eier.
Nahrung: Insekten.

Putzerfisch
Labroides dimidiatus
Familie: Lippfische

Der zu den Lippfischen gehörende Putzerfisch, auch Meerschwalbe genannt, »putzt« bei größeren Fischen Mund und Kiemenöffnungen.

Putzerfisch

Kennzeichen: Körper langgestreckt, schmal. Lange Rücken- und Afterflosse, abgerundete Schwanzflosse. Maul zugespitzt mit wulstigen Lippen. Zähne weit vorn am Kiefer sitzend. Oberseite bläulich, Unterseite hell, mit breitem schwarzem Längsstreifen von Schnauzenspitze bis Schwanzflosse. Bis 9 cm.
Vorkommen: Indopazifik. In Korallenriffen.
Lebensweise: Sammeln sich an bestimmten Stellen im Korallenriff, die als »Putzerstationen« von vielen größeren Fischen aufgesucht werden.
Nahrung: Vor allem Parasiten, die an größeren Fischen leben.
Besonderes: Es gibt noch eine ganze Reihe von kleinen Meeresfischen, die größere Fische »putzen«. Auch sie werden volkstümlich als Putzerfische bezeichnet.

Pyrenäen-Desman → Desmane

Pythons

Pythoninae

Familie: Riesenschlangen

Die Unterfamilie der Pythonschlangen ist nur in der Alten Welt verbreitet.

Kennzeichen: 1,5–10 m. Der Königspython (*Pyton regius*) ist mit knapp 2 m relativ klein, der Netzpython (*P. reticulatus*) mit bis zu 10 m Länge und 115 kg Gewicht der größte Python. Augenbrauenknochen am seitlichen Schädelrand. 2 Zahnreihen im oberen Gaumen. Färbung sehr variabel. Kopf deutlich vom Hals abgesetzt; plumper Körper mit kurzem Schwanz.

Vorkommen: Afrika südlich der Sahara, etwa Königs- und Felsenpython (*P. sebae*). Asien über die Sunda-Inseln bis Australien, z.B. der Netzpython in Hinterindien, auf den Sunda-Inseln und Philippinen, der Tigerpython (*P. molurus*) in 2 Unterarten von Indien über Burma bis Indoaustralien.

Lebensweise: Kleinere Arten Baumbewohner; größere Arten auf dem Boden, verstecken sich tagsüber in Höhlen. Eierlegend; ♀ bebrütet Gelege. Ersticken Beute durch Umschlingen. Keine Giftdrüsen.

Königspython

Nahrung: Je nach Größe Säugetiere bis Hirschgröße, Vögel und Reptilien.

Besonderes: Im Zoo oder Zirkus kann man häufig Netz- und Tigerpython sehen. Wird er gereizt, kann der Felsenpython auch dem Menschen gefährlich werden.

Q

Quallen

Scyphozoa

Stamm: Nesseltiere

Echte Quallen oder Schirmquallen sind freischwimmende Hohltiere, mit schirm- oder glockenartigem Körper, die durch das Vorherrschen der Medusengeneration charakterisiert sind. Der Schirmrand ist in 8 Lappen gegliedert und trägt einen Kranz von Tentakeln oder in Gruppen zusammengefaßte Tentakel, die mit Nesselkapseln ausgestattet sind. Von der Mitte der Schirmunterseite hängt ein Mundrohr, auch Magenstiel oder Mundarme genannt, herab. Mit den Tentakeln fangen die Quallen ihre Beute – Planktonorganismen oder Fische. Quallen kommen weltweit in allen Meeren vor. Die Echten Quallen werden in 5 Ordnungen unterteilt: Stielquallen, → Feuer- oder Würfelquallen, Tiefseequallen, Fahnenquallen (→ Nesselquallen) und Wurzelmundquallen.

Fortpflanzung: Wechsel zwischen geschlechtlicher und ungeschlechtlicher Generation. Die Befruchtung findet außerhalb des Quallenkörpers statt. Aus der befruchteten Eizelle entwickelt sich eine freischwimmende *Planula*-Larve, die sich nach ca. 10 Tagen festsetzt und zu einem kleinen Polyp wird. Dieser teilt sich nun quer, und es entstehen neue freischwimmende Quallen.

Qualle

Quastenflosser

Latimeria chalumnae

Unterklasse: Fleischflosser

Der Quastenflosser gilt ebenso wie der → Lungenfisch als »lebendes Fossil«. Er wurde erstmal 1938 entdeckt, und man kennt bis heute kaum 100 Exemplare.

Kennzeichen: Körper massig, mit groben, rauhen Schuppen bedeckt. Stumpfes Maul mit vorstehendem Unterkiefer. Flossenstrahlen knorpelig und hohl. Bauch- und Brustflossen zu beinartigen Gebilden (Quastenflossen) umgewandelt. Schwanzflosse mit Mittellappen. Dunkelblau bis schwarz mit unregelmäßigen hellen Flecken. 1,5 m, bis 80 kg.

Vorkommen: Indischer Ozean in der Nähe der Komoren. In Tiefen von 150–400 m.

Lebensweise: Bodenlebender Raubfisch, der auf den Quastenflossen umherläuft.

Nahrung: Fische.

Besonderes: Quastenflosser sind seit rund 400 Mio. Jahren nachweisbar.

Quetzal

Pharomachrus mocinno

Familie: Trogone

Der Quetzal wurde von den Azteken und Maya als Gottheit verehrt. Seine Schmuckfedern waren den Herrschern vorbehalten. Heute ist der »Göttervogel« durch Vernichtung seines Lebensraumes stark bedroht.

Kennzeichen: 35 cm (ohne Schwanz). ♂ glänzend smaragdgrün mit rotem Bauch und weißer Schwanzunterseite; Kopf borstig befiedert, Federn zu Haube aufstellbar; Oberschwanzdecken zu bis zu 100 cm langen Schmuckfedern umgebildet, die über den Schwanz hängen. ♀ ohne Haube und Schmuckfedern, Bauch graubraun, Unterschwanzdecken rot, Schwanz schwarz-weiß quergebändert. Ruf tief, eulenartig.

Vorkommen: Mittelamerika von Südmexiko bis westliches Panama. Feuchter Nebelwald, zwischen 1000 und 3000 m Höhe.

Quetzal

Lebensweise: Einzeln oder paarweise; an fruchttragendem Baum auch im Trupp. Meist im Kronenbereich der Bäume. Stößt von einer Warte aus auf Insekten herab, die an Blättern sitzen. Kreisender Balzflug, bei dem die Schmuckfedern zur Schau gestellt werden.

Brut: Brütet in Baumhöhlen, die er selbst herstellt. 1–2 Bruten pro Jahr; 2 Eier, Brutdauer 18 Tage. Wenn das ♂ brütet, hängen die langen Schmuckfedern aus der Höhle.

Nahrung: Überwiegend Früchte, auch Insekten und andere Wirbellose; kleine Wirbeltiere.

Besonderes: Nach dem Quetzal, dem Wappenvogel Guatemalas, wurde auch die Währungseinheit des Landes benannt.

R

Rabenkrähe

Corvus corone corone

Familie: Rabenvögel

Die Rabenkrähe ist die mittel- und westeuropäische Unterart der Aaskrähe (*Corvus corone*); nach Osten, Südosten und

Rabenkrähe

Norden schließt sich das Verbreitungsgebiet einer weiteren Unterart, der Nebelkrähe (*C. corone cornix*), an, die im Gegensatz zur Rabenkrähe an Nacken, Rücken und Unterseite grau ist.

Kennzeichen: 45–47 cm. Rein schwarz mit wenig metallischem Glanz im Gefieder. Schnabel stark, an der Wurzel befiedert. Ruf typisches, oft mehrmals wiederholtes »Kraa-kraa«.

Vorkommen: Mittel-, West- und Südwesteuropa. Verschiedenartigste Lebensräume mit Baumbestand.

Lebensweise: Nichtbrüter schließen sich zu kleineren Trupps zusammen. Läuft und hüpft am Boden. Kraftvoller Flug. Jahresvogel.

Brut: Lebenslang verpaart; zur Brutzeit sehr territorial. Offenes Nest aus Zweigen, mit feuchter Erde verfestigt; meist versteckt in Baumkronen, aber auch in Felsnischen oder an Gebäuden. 1 Brut (März–Juni). 4–6 Eier; Brutdauer ca. 18 Tage, Nestlingszeit 31–32 Tage.

Nahrung: Allesfresser. Insekten, Würmer, Schnecken, kleine Wirbeltiere, auch Aas; Eier und Jungvögel. Früchte und Pflanzenteile, Abfälle.

Radnetzspinnen

Araneidae

Unterordnung: Zangenkiefer

Alle ca. 100 Arten der Radnetzspinnen spinnen mehr oder weniger große radförmige Netze, in die eine Klebspirale eingesponnen ist, an der Beutetiere festkleben. Damit die Spinne selbst nicht in ihrem Netz hängenbleibt, tragen ihre Beine einen öligen Überzug. Manche Arten bleiben in der Mitte des Netzes sitzen und warten auf ihre Beute, andere bauen sich in der Nähe des Netzes Schlupfwinkel, die durch einem Signalfaden mit dem Netz verbunden sind. Die Form des Netzes variiert von Gattung zu Gattung. → Kreuzspinnen bauen große Netze mit einer gemaschten Nabe, die → Wespenspinne webt breite Bänder in ihr Netz ein, Sektorenspinnen (*Zygiella*) lassen ein Segment des Netzes aus. Angehörige der Gattung *Meta*, wie etwa die Herbstspinne (*M. segmentata*) oder die Höhlenkreuzspinne (*M. menardi*) beißen die Nabe aus ihrem Netz wieder heraus.
Radnetzspinnen bessern ihre Netze meist nicht aus, sondern fressen sie auf und legen über Nacht neue Netze an.

Radnetzspinne im Netz

Rankenfüßer
Cirripedia
Klasse: Krebstiere

Zur Unterklasse der ausschließlich im Meer vorkommenden Rankenfüßer zählen die festsitzenden → Entenmuscheln, Meerwarzen (*Verruca*) und → Seepocken sowie die parasitisch an Krebsen und Krabben lebenden, ca. 200 Arten der Wurzelkrebse (*Rhizocephala*). Die Rankenfüßer haben infolge ihrer Lebensweise ihre Körperform so stark verändert, daß sie nicht mehr als Krebse identifiziert werden können. Lediglich ihre Larvenform zeigt an, daß es sich um Krebse handelt.

Rappenantilope
Hippotragus niger
Familie: Hornträger

Rappenantilope mit Jungtier

Zusammen mit der helleren Pferdeantilope (*Hippotragus equinus*) und den → Spießböcken bildet die stattliche Rappenantilope die Unterfamilie der sog. Pferdeböcke.

Kennzeichen: Rückenhöhe bis 1,40 m; Fell rot- oder schwarzbraun, bei alten ♂ pechschwarz, Bauch und Gesichtszeichnung jedoch immer weiß; Stehmähne auf Hals und Widerrist; Hörner bei ♂ bis 1,60 m lang, bei ♀ kürzer, sichelförmig nach hinten geschwungen. Kälber hellbraun.

Rappenantilope

Vorkommen: Südliches Ostafrika, westlich bis Botsuana und Angola. Baum- und Buschsavanne, Galeriewälder, lichte Baumbestände in Wassernähe.

Lebensweise: Gesellig, meist in Trupps aus 5–20 Tieren mit 1 alten ♂ und mehreren ♀ mit Jungtieren verschiedenen Alters; daneben auch Junggesellentrupps, selten größere, gemischte Verbände.

Fortpflanzung: Jeweils 1 Kalb, das in den ersten Lebenswochen als *Ablieger* im Dickicht liegenbleibt und von der Mutter nur zum Säugen aufgesucht wird.

Nahrung: Vorwiegend Gras, auch Laub. Muß täglich trinken.

Ratte → Hausratte, → Wanderratte

Rattenkänguruhs
Potoroidae
Ordnung: Beuteltiere

Die Rattenkänguruhs sind eine ursprünglichere Beuteltiergruppe als die »echten« Känguruhs. Das Rote Rattenkänguruh (*Aepyprymnus rufescens*) ist mit einer Sitzhöhe von etwa 35 cm das größte der 8 Arten.

Bürsten-Rattenkänguruh

Kennzeichen: Ratten- bis kaninchengroß; vergleichsweise dünner, fast körperlanger, z. T. beschuppter Schwanz; spitze Schnauze.

Vorkommen: Ostaustralien und Tasmanien, inselartig auch in Westaustralien. Regenwald, feuchte Dickichte, Sümpfe,

z. T. auch lichte Wälder und Parklandschaften.

Lebensweise: Mit Ausnahme 1 tagaktiven Art alle nachtaktive Einzelgänger; bauen Schlafnester aus trockenem Gras und anderem Pflanzenmaterial, das sie büschelweise mit dem eingerollten Schwanz ergreifen und in einem geschützten Winkel zusammentragen.

Fortpflanzung: Jeweils 1 Junges, das 3–4 Monate im Bauchbeutel der Mutter getragen wird. Das Moschus-Rattenkänguruh (*Hypsiprimnodon moschatus*) bekommt als einziges Känguruh regelmäßig 2–3 Junge.

Nahrung: Früchte, Samen, Wurzeln, Knollen, Pilze, Insekten, Würmer; das Rote Rattenkänguruh vorwiegend Gras und Kräuter.

Raubwürger

Lanius excubitor

Familie: Würger

Der Raubwürger ist der größte Würger Europas.

Kennzeichen: 24 cm. Oberseite hellgrau, Unterseite weißlich; schwarze Flügel mit weißem Spiegel; schwarzer Schwanz mit weißen Außenkanten; auffälliger schwarzer Augenstreif.

Vorkommen: Europa, Nordafrika, Vorderasien, gemäßigtes und nördliches Asien, Nordamerika. Offene Landschaften mit niedrigem Bewuchs wie Moore und Heiden; Feldgehölze.

Lebensweise: Sitzt häufig exponiert auf Baumspitzen o. ä. Bei der Nahrungssuche rüttelt er oft; verfolgt fliegende Kleinvögel. Schlägt Beutetiere am Boden mit den Füßen. Jahresvogel, im Winter der einzige Würger bei uns.

Raubwürger mit Beute

Brut: Nest hoch in Bäumen oder niedrig in Dornbüschen, vom ♀ gebaut. 1 Brut (April–Juni). 5–6 Eier; Brutdauer ca. 15 Tage, Nestlingszeit 19–20 Tage.

Nahrung: Überwiegend Mäuse und große Insekten, auch andere kleinere Wirbeltiere.

Besonderes: Wenn genügend Beutetiere vorhanden sind, betreibt der Raubwürger Vorratshaltung, indem er die Beute in Astgabeln klemmt oder auf Dornen aufspießt.

Rauchschwalbe

Hirundo rustica

Familie: Schwalben

»Schwalben bringen Glück«. Aus diesem Grund lassen viele Menschen ein Fenster zum Haus oder Stall offen, damit die Schwalben im Innern brüten können.

Rauchschwalbe am Nest

Kennzeichen: 18–19 cm. Oberseite glänzend blauschwarz, Unterseite weiß; Stirn, Kinn und Kehle rotbraun, zur Brust mit dunklem Band begrenzt; auf der Oberseite des Schwanzes weiße Längsflecken, äußere Schwanzfedern stark verlängert.

Stimme: Gesang eine anhaltende Zwitscher- und Plauderstrophe mit kratzenden Motiven und einem Schnurren als Endmotiv. Ruft »witt-witt« oder – bei Gefahr – »ziwitt-ziwitt«.
Vorkommen: Europa und Asien bis auf den hohen Norden; Nordafrika, Nordamerika. Offene Landschaft, oft in der Nähe menschlicher Siedlungen.
Lebensweise: Vor dem Wegzug in die Winterquartiere sammeln sich Rauchschwalben häufig auf Leitungsdrähten. Nach der Brutzeit in großen Schwärmen zum Schlafen in Schilfgebieten. Guter und rasanter Flieger; trinkt und fängt Insekten im Flug; nimmt sie auch von der Wasseroberfläche auf. Sammelt an Pfützen Lehmklümpchen. Sommervogel.
Brut: Brütet einzeln oder in kleinen Kolonien innerhalb von Gebäuden. Nest eine unordentliche Schale aus Lehm und Halmen, meist auf einer Konsole dicht unter die Decke geklebt. 2 Bruten (Mai–September). 4–6 Eier; Brutdauer 15–18 Tage, Nestlingszeit ca. 22 Tage.
Nahrung: Insekten.

Rauhfußhühner → Auerhuhn

Rautenschmelzschupper
→ Knochenhechte

Rebhuhn

Perdix perdix
Unterfamilie: Glattfußhühner

Das Rebhuhn legt von allen Vogelarten die meisten Eier.
Kennzeichen: 29–31 cm. Mantel und Vorderkörper hellgrau, fein dunkel quergewellt; Oberseite braun, hell gestreift; Flanken grau mit rostfarbener Bänderung; Kopf und Kehle ziegelrot. Hufeisenförmiger Brustfleck, beim ♂ größer als beim ♀.
Vorkommen: Europa ohne Nordeuropa, Südwesteuropa und Teile Südeuropas; westliches Asien. Ursprünglich Steppen und Grasland, heute auch Kulturlandschaft mit Feldern und Brachflächen.
Lebensweise: Kulturfolger in der kleinräumigen Feldflur. Im Herbst und Winter in Familientrupps. Im Flug Wechsel

Rebhuhn

zwischen Gleitphasen und Phasen mit schwirrenden Flügelschlägen. Fliegt schnell und niedrig mit burrendem Geräusch. Jahresvogel.
Brut: Zur Brutzeit paarweise. Nest eine Mulde unter dichtem Bewuchs, mit Gras und Blättern ausgelegt. ♀ brütet, ♂ hält Wache. 1 Brut (April–Juni). 10–20 Eier; Brutdauer 25 Tage, Junge (Nestflüchter) mit 13–14 Tagen flügge.
Nahrung: Gräser, grüne Pflanzenteile, Sämereien, auch Insekten.
Besonderes: Durch die Flurbereinigung wurden viele Lebensräume zerstört. Deshalb ist der Rebhuhn-Bestand vielerorts gefährdet.

Regenwurm

Lumbricus terrestris
Ordnung: Wenigborster

Der Gewöhnliche Regenwurm gehört zu einer sehr artenreichen Familie weitverbreiteter, äußerst nützlicher humusbildender und bodenlockernder Tiere.
Kennzeichen: Körper in 110–180 Ringe gegliedert, die je mit 4 Paar Chitinborsten besetzt sind. Dunkelrosafarben, 9–30 cm.

Vorkommen: Weltweit. Im Erdreich, bevorzugt in Lehmböden.
Lebensweise: Sehr gesellig. Nachtaktiv, tagsüber in feuchtem Erdreich vergraben.
Fortpflanzung: Zwitter, die ihr Erbgut austauschen. Sondert aus einer ringförmigen Verdickung am 1. Körperdrittel Schleim ab, in den die Eier abgesetzt werden. Dieser Eigürtel wird dann abgestreift, schließt sich an beiden Enden und bildet einen Kokon. Brutdauer 3–4 Wochen.
Nahrung: Im Boden vorhandenes totes organisches Material.
Besonderes: Nach starken Regenfällen sieht man häufig zahlreiche tote Regenwürmer auf Straßen und Wegen liegen. Durch den Regen herrscht im Boden Sauerstoffmangel, die Regenwürmer kommen deshalb an die Erdoberfläche, sterben hier jedoch häufig ab, da das ultraviolette Licht Giftstoffe in ihrer Haut freisetzt, die den Wurm töten.

Regenwürmer

Reh

Capreolus capreolus
Familie: Hirsche

Das Reh, zumindest seine europäische Unterart, hat sich der Kulturlandschaft bestens angepaßt und ist heute mit Abstand die häufigste Hirschart Europas.
Kennzeichen: Kopf-Rumpflänge 1 bis 1,40 m, Standhöhe 60–90 cm; ♂ mit meist 6endigem Geweih; Fell im Sommer rotbraun, im Winter graubraun, runder weißer Fleck am Hinterteil (»Spiegel«). Kitz mit weißer Fleckenzeichnung.

Rehbock

Verbreitung: Ganz Europa außer Island, Nordskandinavien und den Mittelmeerinseln; mittleres Asien bis China.
Lebensraum: Laub- und Mischwälder mit Buschdickichten und Lichtungen, Flußauen und Sümpfe, Park- und Kulturlandschaften, im Gebirge bis zur Baumgrenze.
Lebensweise: Überwiegend dämmerungsaktiv; kann schnell, aber wenig ausdauernd rennen; lebt im Winter in lockeren Verbänden von 3–30 Tieren, im Sommer als Einzelgänger; markiert sein Wohnrevier mit Duftdrüsensekret.
Fortpflanzung: Brunftzeit Juni/Juli; im späten Frühjahr Geburt von meist 2 (manchmal 1 oder 3) Kitzen, die in der ersten Lebenswoche in einer Deckung liegenbleiben, dann der Mutter folgen.
Nahrung: Laub, Knospen, Kräuter, Feldfrüchte.
Besonderes: Als einziger Geweihträger hat das Reh eine durch eine sog. Keimruhe verlängerte Tragzeit, d. h. die Entwicklung des Embryos setzt erst Monate nach der Paarung ein.

Reiher → Graureiher, → Kuhreiher

Reiherente

Aythya fuligula

Unterfamilie: Enten

Die Reiherente ist die häufigste Tauchente in Mitteleuropa.

Reiherente

Kennzeichen: 40–47 cm. ♂ schwarz, Flanken und Bauch weiß; am Hinterkopf herabhängender Schopf. ♀ dunkelbraun, Schopf kurz oder fehlend. Augen gelb, Schnabel grau mit schwarzer Spitze.

Vorkommen: Europa und nördliches Asien. Gewässer aller Art, auch an der Meeresküste.

Lebensweise: Nahrungssuche tauchend; erreicht dabei Tiefen von 5–6 m. Im Winter häufig an Wasservogelfutterstellen, auch mitten in Städten. Brütet in lockeren Kolonien, manchmal in der Nähe von → Lachmöwen.

Nahrung: Insektenlarven, Muscheln, Schnecken und andere Kleintiere; Wasserpflanzenteile.

Besonderes: Die Reiherente dehnt seit einigen Jahrzehnten ihr Verbreitungsgebiet nach Westen und Süden aus.

Reiherläufer

Dromas ardeola

Familie: Reiherläufer

Der Reiherläufer ist die einzige Art seiner Familie. Er gehört zur Ordnung der Wat- und Möwenvögel.

Kennzeichen: 38–40 cm. Langbeiniger weißer Watvogel mit schwarzem Mantel und schwarzem, kräftigem Schnabel.

Vorkommen: Küsten und Inseln im Indischen Ozean, Roten Meer sowie im Golf von Aden und Oman.

Lebensweise: Nahrungssuche in der Dämmerung im Flachwasser. Knackt mit seinem kräftigen Schnabel die Panzer der Krebse.

Brut: Koloniebrüter. Gräbt als einziger Watvogel bis zu 1,5 m lange Niströhre, die am Ende zu einer Brutkammer erweitert wird. 1 großes, weißes Ei. Das Junge wird mit lebenden Krebschen gefüttert; ist kein Nestflüchter wie die anderen Watvogel-Jungen.

Nahrung: Überwiegend Krebstiere, auch Schnecken und Muscheln.

Reiherläufer

Reisstärling

Dolichonyx oryzivorus

Familie: Stärlinge

Der Reisstärling heißt auch Bobolink, benannt nach seiner charakteristischen Gesangsstrophe, die wie der Name klingt.

Reisstärling

Kennzeichen: 18–20 cm. ♂ überwiegend schwarz mit ockerfarbenem Hinterhals, weißen Federn an Schultern und am Unterrücken sowie weißem Bürzel. ♀ sperlingsartig mit schwarz-weißer Kopfzeichnung. Kurzer, dicker Kegelschnabel.

Vorkommen: Offene Landschaft wie Wiesen und Prärien von Südkanada bis in die zentralen USA. Überwintert in Südamerika.

Lebensweise: Kann in Reisfeldern großen Schaden anrichten. ♂ stellt während der Balz die Nackenfedern auf und öffnet die Flügel. Nest liegt gut versteckt am Boden zwischen Grasbülten.

Nahrung: Samen von Kräutern und Gräsern, Insekten.

Besonderes: Der Reisstärling ist ein ausgesprochener Langstreckenzieher, der auf dem Zug zweimal jährlich die gewaltige Strecke von 8000–10 000 km überwindet.

Rennkuckuck → Wegekuckuck

Rennmäuse

Gerbillinae

Familie: Wühler

Die rund 70 Nagerarten, die als Rennmäuse im weiteren Sinn zusammengefaßt werden, stellen in asiatischen und afrikanischen Wüsten teilweise die beherrschenden Nager dar.

Kennzeichen: Maus- bis rattengroß; Hinterfüße meist stark verlängert, bei einigen Arten Hinterbeine als Sprungbeine ausgebildet; Schwanz behaart, meist mehr als körperlang, vielfach am Ende mit Quaste; Fell fahl sandfarben bis rötlichbraun, Bauch oft weißlich.

Vorkommen: Afrika und südliches Asien. Trockene, offene Landschaften, Steppen, Halbwüsten, sogar Sandwüsten.

Lebensweise: Überwiegend nachtaktiv; gesellig; legen relativ flache Erdbaue an, deren Ausgänge zum Schutz gegen die Tageshitze oft mit Sand verstopft werden; tragen nach Hamsterart teilweise sehr große Vorräte ein. In einer eigenen Nestkammer im Bau werden bis zu 12 Junge pro Wurf großgezogen.

Nahrung: Samen und grüne Pflanzenteile, einige Arten auch Insekten. Kommen weitgehend ohne zu trinken aus.

Rennmaus

Rentier

Rangifer tarandus

Familie: Hirsche

Das Ren oder Rentier der Alten Welt und das etwas größere nordamerikanische Karibu sind ein und dieselbe Art, die sich allerdings in etliche Unterarten bzw. Rassen aufspaltet.

Karibu

Kennzeichen: Kopf-Rumpflänge 1,70 bis 2,20 m, Schulterhöhe 80–130 cm; beide Geschlechter mit Geweih, dessen unterste Sprosse nach vorn gerichtet und oft schaufelartig verbreitert ist; Sommerfell braun, Winterfell heller, oft hellgraue Halsmähne. Beim Gehen charakteristisches Knacken in den Fußgelenken.
Vorkommen: Arktische Zone Eurasiens und Amerikas. Offene Tundra, Waldtundra, im Gebirge bis in 2500 m Höhe.
Lebensweise: Nomadisch; bildet meist kleine Gruppen, im Winter auch Herden mit über 1000 Tieren, alte ♂ oft Einzelgänger; zur Brunftzeit beansprucht ♂ Haremsrudel mit bis zu 20 ♀.
Wanderungen: Regelmäßige jahreszeitliche Wanderzüge z.T. über Hunderte von Kilometern zwischen den Wintereinständen in der Waldregion und den Sommerweideflächen in der baumlosen Tundra.
Fortpflanzung: Brunftzeit September bis November; Tragzeit 7–8 Monate; in der Regel 1 Kalb, das vom ersten Tag an laufen kann; bleibt mindestens 1 Jahr lang bei der Mutter.
Nahrung: Gras, Kräuter, Laub und frische Strauchtriebe, Flechten, Pilze.
Besonderes: Verschiedene nordische Volksstämme halten traditionell domestizierte Rentiere als Zugtiere, Fleisch-, Leder- und Milchlieferanten. Hausrene können sehr verschieden gefärbt sein, von Weiß über Dunkelbraun bis Gescheckt.

Rhesusaffe

Macaca mulatta

Überfamilie: Hundsaffen

Der Rhesusaffe, eine der bekanntesten Affenarten überhaupt, gehört zur Meerkatzenverwandtschaft, einer großen Gruppe der Altweltaffen.
Kennzeichen: 45–65 cm groß (♂ etwas größer als ♀), Schwanz 20–30 cm lang; Fell gelblichbraun, am Bauch heller; Gesicht nackt, meist fleischfarben.
Verbreitung: In mehreren Unterarten von Hinterindien und Afghanistan ostwärts bis Südchina und Vietnam.
Lebensraum: Waldrand und offene, trockene Buschlandschaften, von Niederungen bis in 3000 m Höhe, häufig auch in oder in der Nähe menschlicher Siedlungen.

Rhesusaffen bei der Fellpflege

Lebensweise: Überwiegend am Boden, klettert zur Nahrungssuche aber auch auf Bäume; lebt in nomadisierenden Gruppen von 20–100 Mitgliedern; ♀ bleiben gewöhnlich in der Gruppe ihrer Geburt, ♂ wechseln zu anderen Gruppen. Plündert nicht selten Felder und Gärten, stiehlt sogar Lebensmittel von Märkten und aus Häusern.
Fortpflanzung: In rauhen Gebirgsgegenden Paarungen auf September/Oktober begrenzt, Geburten dann im Frühling, in

milderen Regionen zeitliche Streuung breiter. Gewöhnlich 1 Junges, das von der Mutter hingebungsvoll gepflegt wird.
Nahrung: Pflanzenkost aller Art, auch Insekten und andere Kleintiere.
Besonderes: Der Rhesusaffe ist seit Jahrzehnten ein vielfach für medizinische Untersuchungen eingesetztes Versuchstier. Unter anderem wurde der sog. Rhesusfaktor, eine auch beim Menschen vorkommende erbliche Eigenschaft des Bluts, 1940 bei dieser Tierart entdeckt.

Rhinozeros → Breitmaulnashorn, → Spitzmaulnashorn, → Panzernashorn

Riesenflügelschnecke → Flügelschnecken

Riesenhutschlange → Königskobra

Riesenkänguruh → Rotes Riesenkänguruh

Riesenschildkröten
Testudo
Familie: Landschildkröten

Die Riesenschildkröten kommen in nur 2 Arten auf 2 weit voneinander entfernt liegenden Inselgruppen vor.
Kennzeichen: Panzerlänge der Seychellen-Riesenschildkröte (*Testudo gigantea*) bis 1,25 m, der Galapagos-Riesenschildkröte (*T. elephantopus*) bis 1,2 m. Panzer beider Arten dunkel gefärbt. *T. gigantea* mit unpaarem Nackenschild am Vorderrand des Rückenpanzers.
Verbreitung: *T. gigantea:* Aldabra (Seychellen), früher auf zahlreichen Inseln des Indischen Ozeans. *T. elephantopus:* Galapagos-Inseln, früher in 14 Unterarten auf allen, heute nur noch auf wenigen Inseln.
Lebensweise: Die südamerikanische Art legt weite Wanderungen auf immer den gleichen Pfaden von ihren warmen, trockenen Lava-Lebensräumen in das feuchte Hochland der Inseln zurück, wo sie trinkt, sich suhlt und frißt.
Nahrung: Rein vegetarisch, Kakteen, Pflanzenlaub.

Galapagos-Riesenschildkröte

Besonderes: Um sich mit Frischfleich zu versorgen, wurden die Riesenschildkröten früher in großen Mengen von Piraten und Walfängern geschlachtet oder als lebender Proviant – auf dem Rücken liegend – auf den Schiffen mitgeführt. Dadurch sind die Bestände stark geschrumpft. Das höchste verbürgte Alter einer Riesenschildkröte sind 180 Jahre.

Riesenschlangen → Anakonda, → Pythons, → Sandboas

Riesenskolopender
Scolopendra gigantea
Ordnung: Riesenläufer

Die Riesenläufer oder Skolopender gehören zu den → Hundertfüßern und sind äußerst wehrhafte Tiere.
Kennzeichen: Körper abgeflacht mit hartem Hautpanzer. 21 oder 23 Beinpaare. Kopf mit langen Antennen. Braun bis dunkelbraun. Bis 26 cm.
Vorkommen: Brasilien.
Lebensweise: Tagsüber unter Steinen verborgen. Geht nachts auf Nahrungssuche, wobei auch Bäume erklettert werden. Greift auch kleinere Wirbeltiere an.
Fortpflanzung: ♂ legen Spermapaket auf vom ♀ gesponnenem Gewebe ab, das das ♀ dann aufnimmt. Befruchtete Eier werden auf einmal abgelegt und vom ♀ bewacht und gesäubert. Die frischgeschlüpften Jungen haben schon die volle Segmentzahl.
Nahrung: Insekten, Spinnen, Asseln.
Besonderes: Riesenskolopender sind sehr wehrhaft und können auch dem

Riesenskolopender

Menschen gefährlich werden. Ihr Biß verursacht zumindest beträchtliche Schmerzen, kann aber auch Fieber und Schwindelanfälle hervorrufen.

Riesentukan

Ramphastos toco

Familie: Tukane

Der Riesentukan ist die größte Art der Familie Tukane. Diese gehört zur Ordnung der Spechtvögel.

Riesentukan

Kennzeichen: 60–62 cm. Schwarz gefärbt mit großem, weißem Kehlfleck, weißem Bürzel und roten Unterschwanzdecken. Um das Auge gelber Fleck. Riesiger Schnabel ca. 20 cm lang, gelb mit ovalem, schwarzem Fleck an der Spitze des Oberschnabels; durch knochenartige Verstrebungen im Inneren sehr leicht.
Vorkommen: Östliches Südamerika, von Guyana bis Nordargentinien. Offenes Waldland, Lichtungen, auch Plantagen und Palmenhaine.
Lebensweise: Einzeln oder in kleinen Trupps, meist im Kronenbereich. Macht sich dort durch seine schrillen und krächzenden Rufe bemerkbar. Kein gewandter Flieger, hüpft oder klettert im Gezweig. Schnabel wird beim Schlafen im Rückengefieder versteckt. Badet gern in wassergefüllten Astlöchern. Bezieht alte Spechthöhlen. 2–4 Eier. Das Junge hat Hornschwielen an den Fersen als Schutz gegen Wundliegen.
Nahrung: Früchte und Beeren; kleine Wirbeltiere, auch Eier und Jungvögel.

Riesenturako

Corythaeola cristata

Familie: Turakos

Turakos gehören zur Ordnung der Kuckucksvögel. Wie sein Name schon besagt, ist der Riesenturako die größte Art innerhalb der Familie.
Kennzeichen: 75 cm. Oberseite, Hals und Kopf blaugrau; Brust blaugrau, geht am Bauch allmählich über Grünlichgelb in Kastanienbraun über. Schwanz lang, gelb mit breiter, schwarzer Endbinde. Schnabel gelb mit roter Spitze, auf dem Kopf schwarze Holle.
Vorkommen: Regenwälder, Bergwälder und Baumsteppen Westafrikas von Guinea bis Nigeria sowie im Kongobecken bis Uganda und Tansania.
Lebensweise: In kleinen Trupps im Kronenbereich. Läuft und klettert trotz

Guinea-Turako

seiner Größe geschickt im Gezweig. Schlechter Flieger, kann meist nur abwärts gleiten. Übernachtet in traditionellen Schlafbäumen. Nest meist im Geäst großer Bäume.
Nahrung: Früchte, v. a. des Parasolbaumes, junge Blätter.
Besonderes: Bis auf den Riesenturako enthält das Gefieder aller anderen Turakos, etwa des Schildturakos (*Musophaga violacea*), ein Rot, das von einem kupferhaltigen Pigment hervorgerufen wird, dem Turacin. Die grüne Färbung des Guineaturako (*Tauraco persa*) wird von einem weiteren spezifischen Turako-Farbstoff hervorgerufen, dem Turacoverdin.

Riffbarsche → Anemonenfische

Rindenkorallen → Hornkorallen

Rinderbandwurm → Bandwürmer

Rinderbremse
Tabanus bovinus
Familie: Bremsen

Bremsen haben einen kräftigen Körperbau, einen sehr breiten Kopf und große, bunt schillernde Augen, die beim Männchen in der Kopfmitte zusammenstoßen. Nur die Weibchen haben einen Stechrüssel. Neben der Rinderbremse ist die Regenbremse (*Chrysozona pluvialis*) häufig in Gewässernähe anzutreffen.
Kennzeichen: 1,8–2,5 cm lang. Brust längs gestreift. Hinterleib geringelt, seitlich rötlich gefärbt. Große Facettenaugen, die farbenprächtig schillern.
Vorkommen: Ganz Europa. Viehweiden in Gewässernähe, Almwiesen, Waldränder.
Fortpflanzung: ♀ brauchen eine Blutmahlzeit für die Eientwicklung. Eiablage in Gewässernähe. Larven entwickeln sich im feuchten Boden.
Nahrung: ♂ saugen an Blüten, ♀ am Blut von Rindern und Pferden; Larven ernähren sich von Kleintieren des Bodens.
Besonderes: Bremsen sind geschickte Flieger und nähern sich ihrem Opfer

Rinderbremse

lautlos. Der Stich ist sehr schmerzhaft, durch gerinnungshemmende Stoffe im Speichel der Bremse blutet er nach.

Ringelnatter
Natrix natrix
Familie: Nattern

Ringelnatter

Von der artenreichen Unterfamilie der Wassernattern kommen in Europa mit der Ringelnatter nur 4 Arten vor.
Kennzeichen: ♂ 60–70 cm, ♀ 80 bis 100 cm, vereinzelt bis 200 cm. Oberseits schiefer-, grün- oder braungrau, Rückenmusterung je nach Unterart unterschiedlich; unterseits weißlich mit dunklem Schachbrettmuster. Bis auf die spanische bei allen Unterarten am Hinterkopf beidseits ein gelber, weißer oder orangefarbener halbmondförmiger Fleck.
Vorkommen: Fast ganz Europa bis auf den Norden und Nordosten und die Britischen Inseln. Nordwestafrika und Westasien. Feuchtgebiete, Auwälder, Uferbereiche von Gewässern aller Art.
Lebensweise: Tagaktiv. Guter Schwimmer und Taucher. Eiablage (Juli–August) in Haufen aus verrottendem Pflanzenmaterial, Baumstubben, auch Komposthaufen. Gute Plätze werden von mehreren ♀ benutzt. Entwicklungszeit bis zum Schlüpfen 4–8 Wochen. Winterruher.
Nahrung: Überwiegend Amphibien und kleine Fische.
Besonderes: Wird die Ringelnatter ergriffen, scheidet sie zur Abwehr ein übelriechendes Analdrüsensekret aus. Manchmal stellt sie sich tot, indem sie sich halb auf den Rücken dreht, die Pupillen nach unten verdreht und die Zunge aus dem Maul hängen läßt.

Ringelrobbe
Phoca hispida
Familie: Hundsrobben

Außer der hier beschriebenen Eismeer-Ringelrobbe gibt es noch 2 Arten, die in großen Binnengewässern leben, nämlich im Kaspischen Meer und im Baikalsee.
Kennzeichen: Dem → Seehund ähnlich, aber etwas kleiner; Fell am Rücken dunkelgrau mit unregelmäßigen hellen Kringeln, unterseits einfarbig gelblichweiß.
Verbreitung: Gesamtes nördliches Eismeer, Nordatlantik, Ostsee, Beringsee, nordwestlicher Pazifik.
Lebensraum: Küstennahe Gewässer, Buchten, Fjorde, Treib- und Packeis.
Lebensweise: Gelegentliche Ansammlungen, aber eher Einzelgänger; ab der Geschlechtsreife weitgehend gebietstreu; ruht gern auf Eisschollen, selten an Land; taucht bis 300 m tief und 20 Minuten lang.
Verhalten: Legt sich im Eis eine Reihe von Atemlöchern an, die sie durch ständige Benutzung so lange wie möglich offenhält.
Fortpflanzung: Pro Wurf 1 weißbehaartes Junges, das in einer Schneehöhle zur Welt kommt; wird 4 Wochen lang gesäugt, wechselt dann das Fell, wird damit schwimmfähig und zugleich selbständig.
Nahrung: Kleine Krebse, Krabben, Fische, Weichtiere.

Ringelrobbe

Besonderes: Eine dicke Fettschicht unter der Haut, die bei der Ringelrobbe fast die Hälfte des Körpergewichts ausmachen kann, dient nicht nur als Reserve für Hungerzeiten, sondern auch als wirksame Isolierung gegen die Kälte.

Ringeltaube
Columba palumbus
Familie: Tauben

Die Ringeltaube ist die größte Taube Europas.

Ringeltaube

Kennzeichen: 40–42 cm. Ober- und Unterseite blaugrau, gesamte Brust rötlich; Handschwingen dunkelgrau, weiß gesäumt, weißer Flügelbug, im Flug deutlich zu sehen; Bürzel und Schwanz grau, schwarze Endbinde. Am Hals weißer Fleck, darüber und am Nacken metallisch grün schillernd.
Stimme: Reviergesang ein dumpfes Gurren, wie »gu-guh-gu gu-gu«, meist auf der 2. Silbe betont.
Vorkommen: Ganz Europa bis auf den Norden; Nordwestafrika. Westliches Asien, Nordwestindien. Aufgelockerte Waldlandschaften, Parks.
Lebensweise: Außerhalb der Brutzeit oft in großen Schwärmen auf abgeernteten Getreidefeldern oder Kohläckern. Pickt Erde zur Deckung des Mineralienbedarfs. Teilzieher.

Brut: Zur Brutzeit paarweise. Beim Balzflug fliegt ♂ unter peitschenartigem Flügelklatschen steil empor, gleitet dann mit gespreiztem Schwanz abwärts. Flaches schütteres Reisignest. 2–3 Bruten (April–September). 2 Eier; Brutdauer 16–17 Tage, Nestlingszeit 28–29 Tage.
Nahrung: Kräuter-, Gräser- und Baumsamen, grüne Pflanzenteile, auch Beeren und Obst.

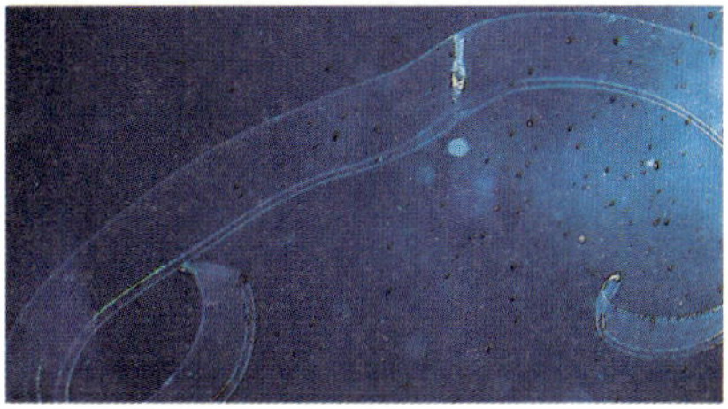

Venusgürtel

Rippenquallen

Ctenophora

Stamm: Nessellose Hohltiere

Die Rippen- oder Kammquallen bilden mit ca. 80 Arten die einzige Klasse der Nessellosen Hohltiere. Sie sind in 6 Ordnungen unterteilt: Cydippen, Lappenrippenquallen, Venusgürtel, Platte Rippenquallen, Festsitzende Rippenquallen und Melonenquallen. Rippenquallen kommen ausschließlich im Meer vor, entweder freischwimmend oder festsitzend.
Kennzeichen: Keine Nesselzellen, dafür Klebezellen. Körper nicht strahlig-symmetrisch, sondern in 2 zweiseitig-symmetrische Hälften teilbar. Größte Form ist der bandförmige, durchsichtige Venusgürtel (*Cestus veneris*) mit einer Länge von bis zu 150 cm.

Ritterfalter

Papilionidae

Ordnung: Schmetterlinge

Die Ritter- oder Edelfalter tragen ihren Namen zu Recht: Sie zeichnen sich durch einen eleganten, segelnden Flug, eine kontrastreiche Färbung sowie Zeichnung aus und sind unsere schönsten Tagfalter. Die etwa 600 bekannten Arten sind überwiegend in den Tropen beheimatet. Die wenigen in Europa heimischen Arten sind selten geworden bzw. vom Aussterben bedroht. Zu ihnen gehören der → Apollofalter, der → Schwalbenschwanz und der Segelfalter (*Iphiclides podalirius*).

Rippenqualle

Segelfalter

Rochen

Rajiformes

Klasse: Knorpelfische

Die ca. 340 Arten der Rochen bilden zusammen mit den Haien die Unterklasse der Plattenkiemer. Zur Ordnung Rochen gehören die 5 Unterordnungen: Sägerochen, Geigenrochen, Elektrische Rochen (→ Zitterrochen), Echte Rochen und Stachelrochenartige (→ Adlerrochen). Nur die Echten Rochen sind eierlegend, alle anderen Arten bringen lebende Junge zur Welt, die noch im Mutterleib aus den Eiern schlüpfen (*ovovivipar*).

Rochen sind bis auf die Mantas Bodenfische, die in allen Meeren vorkommen. Sie schwimmen durch Wellenbewegungen ihrer flügelähnlichen Brustflossen.

Kennzeichen: Körper scheibenförmig abgeplattet. 5 Kiemenspalten auf der Unterseite des Kopfes, Mundspalte unter der Schnauze. Brustflossen flügelähnlich vergrößert und an den Kopfseiten angewachsen. Augen auf der Kopfoberseite, große auffällige Spritzlöcher. Keine Afterflosse, meist 2 Rückenflossen auf dem langen, peitschenartigen Schwanzstiel.

Fleckenrochen

Rohrsänger

Acrocephalus

Familie: Zweigsänger

Die Gattung *Acrocephalus* kommt in 27 Arten nur in der Alten Welt vor.

Kennzeichen: Kleine Vögel mit meist unscheinbarem bräunlichem Gefieder.

Drosselrohrsänger

Stimme: Viele Arten mit auffälligem Gesang. Einer der größten Imitationskünstler, der die Stimmen vieler anderer Vogelarten in seinem Repertoire hat, ist der Sumpfrohrsänger (*Acrocephalus palustris*).

Vorkommen: Eurasien, Süd- und Südostasien bis Australien, Afrika mit Madagaskar, Inseln im Pazifik. Schilf, bewachsene Feuchtgebiete und Dickichte.

Lebensweise: Halten sich meist versteckt im Röhricht auf, wo sie geschickt an den Halmen oder Zweigen klettern. Picken Nahrung von der Vegetation ab. Nest wird meist zwischen Halme geflochten.

Nahrung: Insekten, Spinnen

Besonderes: Mit 19 cm ist der Drosselrohrsänger (*A. arundinaceus*) der größte Rohrsänger Europas.

Rohrschwirl

Locustella luscinioides

Familie: Zweigsänger

Der Name »Schwirl« stammt von der schwirrenden Gesangsstrophe.

Kennzeichen: 14 cm. Oberseits rötlich-

braun, ungefleckt; unterseits rahmfarben; undeutlicher Überaugenstreif.
Stimme: Gesang ein vokalisches, relativ tiefes Schnurren wie »örrr«. Ruft kurz »zik« oder hart schnarrend.
Vorkommen: Gebietsweise in Europa; Nordwestafrika, Südwestasien und Zentralasien. Überwintert im tropischen Afrika. Ausgedehntes Röhricht an Gewässern.
Lebensweise: Stark an Wasser und Schilf gebunden. Sitzt häufig hoch auf Schilfhalmen singend oder in Grätschhaltung zwischen 2 Halmen. Knickst mit dem Schwanz, zuckt mit den Flügeln. Taucht bei Gefahr in die Vegetation ab.
Brut: Nest ein großer Napf aus Halmen und Schilfblättern, meist niedrig über dem Wasser in Röhricht gebaut. 1 Brut (Mai–Juli). 3–5 Eier; Brut- und Nestlingsdauer ca. 12 Tage.
Nahrung: Insekten, Spinnen.

Rohrschwirl

Rohrweihe
Circus aeruginosus
Familie: Habichtartige

Weihen der Gattung *Circus* sind in 13 Arten auf allen Kontinenten bis auf die Antarktis verbreitet.
Kennzeichen: 48–56 cm. ♂ mit braunem Rücken und rahmfarbenen Schultern und Kopf, braunrote Unterseite, Schwanz und großes Flügelfeld hellgrau. ♀ bis auf rahmfarbenen Kopf, Brust und Schultern dunkelbraun.

Rohrweihe

Vorkommen: Europa außerhalb der Gebirge, Nordwestafrika, Asien und Australien, Pazifische Inseln. Feuchtgebiete im Tiefland, v. a. mit großen Schilfflächen.
Lebensweise: Bei der Jagd im langsamen, niedrigen Suchflug über der Vegetation mit leicht V-förmig nach oben gehaltenen Flügeln. Manchmal schwerfälliges Rütteln vor dem Herabstoßen. Zwingt Wasservögel durch wiederholte Angriffe zu mehrmaligem Tauchen, packt sie, wenn diese erschöpft sind.
Brut: Zur Balzzeit eindrucksvolle, akrobatische Flugspiele des ♂. Horst meist in besonders dichtem Bereich des Schilfwaldes. 1 Brut (April–Juni). 3–6 Eier; Brutdauer 31–34 Tage, Nestlingszeit 38–40 Tage.
Nahrung: Kleinere Wirbeltiere bis Ratten- oder Bläßhuhngröße; auch Insekten.

Rollasseln
Armadillidium
Unterordnung: Landasseln

Rollasseln sind von allen Landasseln am besten an das Leben an Land angepaßt. In Mitteleuropa kommen 6 verschiedene Arten vor, die jedoch nicht leicht voneinander zu unterscheiden sind.
Kennzeichen: Körper hochgewölbt, schwarzglänzend. An allen 5 Hinterleibsbeinen Tracheenorgane. 10–12 mm.

Rollassel (Bauchseite)

Vorkommen: Mitteleuropa. Bevorzugt an steinigen Stellen, auch sonnenbeschienenen Mauern.
Lebensweise: Gesellig. Können sich bei Hitze und Trockenheit oder zum Schutz vor Feinden zu einer vollkommen geschlossenen Kugel zusammenrollen. Gehen auch tagsüber auf Nahrungssuche.
Nahrung: Pflanzliche Abfallstoffe, weiche Pflanzenteile.
Besonderes: Zusammengerollte Rollasseln sind leicht mit → Saftkuglern zu verwechseln.

Rollassel zusammengerollt

Rosapelikan

Pelecanus onocrotalus

Familie: Pelikane

Charakteristisch für alle Pelikane ist der lange, gerade Schnabel mit dem großen, dehnbaren Kehlsack.
Kennzeichen: 140–180 cm. Überwiegend weiß; Flügel mit schwarzen Spitzen und schwarzem Flügelhinterrand auf der Unterseite, Beine und nackte Stelle um das Auge fleischfarben. Zur Brutzeit Gefieder rosafarben überhaucht.
Vorkommen: Südosteuropa; lokal in Asien und Afrika. Weite Sumpflandschaften mit offenem Wasser an Seen, Binnenmeeren, Lagunen und Mündungsgebieten größerer Ströme.
Lebensweise: Sehr gesellig. Im Flug wird Kopf auf die Schultern zurückgelegt. Majestätischer, ausdauernder Segler, kreist oft sehr hoch. Gemeinschaftsjagd, wobei sie – zu einem Kreis oder einer Kette formiert – die Fische ins Flachwasser treiben und dort abschöpfen. Sehr leicht gebaut, liegt beim Schwimmen hoch auf dem Wasser. Taucht nicht. Koloniebrüter, manchmal bis zu 30 000 Vögel pro Kolonie; oft weitab vom Wasser.

Rosapelikan

Nahrung: Ausschließlich Fische.
Besonderes: Der Pelikan gilt als Sinnbild der aufopfernden elterlichen Fürsorge. Da er zur Brutzeit an der Brust einen rostfarbenen Fleck aufweist, der von weitem wie Blut aussieht, dachte man, daß er seine Jungen mit seinem Blut ernährt.

Rosenkäfer

Cetoniinae

Familie: Blatthornkäfer

Die bei uns beheimateten Rosenkäfer sind weniger farbenfroh als ihre tropischen Verwandten. Sie zeigen meist eine leuchtendgrüne, seltener eine schwarze Färbung. Der häufigste heimische Vertreter ist der Gemeine Rosenkäfer (*Cetonia aurata*).

Kennzeichen: 1,5–2 cm lang. Flügeldecken, Halsschild und Kopf leuchtend metallisch grünblau. Flügeldecken mit Längsrippen.

Rosenkäfer

Vorkommen: Ganz Europa. Buschbestandene Landschaft, Hecken, Gärten, Parks.
Lebensweise: Käfer fliegen von April bis Oktober. Sonnenliebend, sitzen in den Mittagsstunden gerne auf Blüten. Die Larven leben im Boden an morschem Holz, in Kompost oder in Ameisennestern. Verpuppen sich in einem Kokon aus Holz und Lehm.
Nahrung: Käfer ernähren sich von Nektar und Pollen, Larven fressen Mulm und abgestorbene Wurzeln.
Besonderes: Rosenkäfer fliegen – im Gegensatz zu den anderen Käfern – mit geschlossenen Flügeldecken, wobei sie die Hinterflügel seitlich durch Einbuchtungen der Vorderflügel schieben.

Rostgans → Brandgans

Rosttöpfer

Furnarius rufus

Familie: Töpfervögel

Das an einen Backofen erinnernde Nest des Rosttöpfers hat dazu beigetragen, daß er in seiner südamerikanischen Heimat »hornero« (Bäcker) genannt wird.

Kennzeichen: 19 cm. Oberseits rostfarben, unterseits blasser, helle Kehle. Lange, dunkle Beine.
Vorkommen: Osten Südamerikas von Brasilien bis Argentinien. Trockenes, baumbestandenes Gelände, offene Gebiete.
Lebensweise: Wenig scheu, auch in der Nähe von Häusern. Nahrungssuche am Boden. Mauert sein Backofennest aus Schlamm, Lehm, Gras und Kuhmist auf einen Pfosten oder einen waagerechten Ast. Die hochaufgewölbte Kugel ist durch eine halbhohe Trennwand in einen Vorhof und die eigentliche Nistkammer geteilt. Ist zum Nestbau auf feuchten Boden und deshalb auf die Regenzeit angewiesen. Baut pro Saison häufig mehrere Nester, weil die anderen von Wetterunbilden oder Feinden zerstört werden.
Nahrung: Insekten, Sämereien.
Besonderes: Obwohl er kein Backofennest töpfert, gehört auch der Einfarb-Uferwipper (*Cinclodes antarcticus*) zur artenreichen Familie der Töpfervögel.

Uferwipper

Rotauge → Rotfeder

Rotaugenvireo

Vireo olivaceus

Familie: Vireos

Der Rotaugenvireo hat die weiteste Verbreitung aller Vireos, die in 46 Arten nur in Amerika vorkommen.

Kennzeichen: 14–15 cm. Oberseits olivgrün, unterseits weiß; graue Kopfkappe schwarz gesäumt, weißer Überaugen-, schwarzer Augenstreif; rote Augen (Name!).

Rotaugenvireo am Nest

Stimme: Gesang eine Folge aus schnell vorgetragenen, melodischen Silben; pro Minute bis zu 40 Motive.

Vorkommen: Kanada, USA, Mittelamerika. Überwintert im nordwestlichen Südamerika bis zum Amazonas. Laub- oder Mischwälder, auch entlang von Flüssen.

Lebensweise: Singt auch während der größten Tageshitze, sogar noch im Hochsommer. Nahrungssuche im Baumkronenbereich. Schalenförmiges Nest in Astgabel. Zur Balz stellt ♂ seine Kopffedern auf und fächert den Schwanz; schaukelt beim Singen hin und her. Zugvogel.

Nahrung: Überwiegend Insekten; im Winter Früchte.

Rotbarsch → Goldbarsch

Rotbauch-Unke → Unken

Rotbrust-Glanzköpfchen

Nectarinia senegalensis

Familie: Nektarvögel

Den Nektarvögeln sind mehr oder weniger lange, abwärts gebogene Schnäbel eigen. Sie nehmen in den Tropen der Alten Welt eine ähnliche Stellung ein wie die Kolibris in Amerika.

Kennzeichen: 15 cm. ♂ metallisch schwarz mit leuchtendroter Brust, Scheitel und Kehle türkisfarben. ♀ oberseits braun, unterseits gelblich, mit starker dunkler Fleckung.

Vorkommen: Afrika von Senegal bis Eritrea und südlich bis Simbabwe. Feuchtes Busch- und Waldland, auch Parks.

Lebensweise: Nahrungssuche einzeln, paarweise oder in kleinen Trupps an Blumen. Sticht manchmal auch die Blüten am Grund an, um an den Nektar zu gelangen.

Nahrung: Nektar; hin und wieder auch fliegende Insekten.

Besonderes: In Ostafrika kann man zusammen mit dem Rotbrust-Glanzköpfchen auch den Bindennektarvogel (*N. mariquensis*) antreffen. Das ♂ ist ebenfalls dunkel, aber mit metallisch grünem Kopf, einem blau schillernden Brustband und kastanienbrauner Unterseite mit schwarzem Bauch.

Bindennektarvogel

Rote Waldameise

Formica rufa

Ordnung: Hautflügler

Von den etwa 6000 bekannten Ameisenarten kommen 200 in Europa vor, die nur sehr schwer zu unterscheiden sind. In der Gattung *Formica* werden im Wald lebende Ameisen zusammengefaßt. Zu ihnen gehört die Rote Waldameise.

Sich betrillernde Ameisen

Kennzeichen: 5–10 mm lang. Gerader Kopf mit geknieten Fühlern. Hinterleib unbehaart. Königin und ♂ geflügelt, Arbeiterinnen ungeflügelt.
Verbreitung: Europa außer Südeuropa, Nordamerika.
Lebensweise: Baut die bekannten Ameisenhaufen aus Bodenstreu. Viele Nester mit häufig Hunderten von Königinnen und Millionen Arbeiterinnen.
Fortpflanzung: Im Mai starten Königinnen und ♂ zum Hochzeitsflug. Bei der Paarung erhält ♀ Samen für ein ganzes Leben, den es in einer Samentasche aufbewahrt. Eier werden bei der Ablage vom ♀ selbst befruchtet. Nach der Begattung brechen ♀ ihre Flügel ab und leben von nun an im Ameisenbau. ♂ gehen zugrunde.
Nahrung: Vorzugsweise den von Blattläusen ausgeschiedenen Honigtau, Insekten und andere Kleintiere.
Besonderes: Ein überaus lästiger Gast am und im Haus – vor allem in Vorratskammern (an Marmelade u. ä.) – ist die Wegameise (*Lasius niger*). Sie kann in Scharen auftreten, wenn man ihr nicht Einhalt gebietet.

Rote Wegschnecke

Arion rufus

Familie: Wegschnecken

Die Rote Wegschnecke gehört zusammen mit der Schwarzen Wegschnecke (*Arion ater*) und der sich zunehmend ausbreitenden Spanischen Wegschnecke (*A. lusitanicus*) zu den größten Plagen eines Gartenbesitzers.
Kennzeichen: Vorderer Teil des Rükkens mit glattem Mantelschild mit großem, seitlichem Atemloch, restlicher Körper gerillt. Fußsohle hellgrau bis gelbbraun, Oberseite rot, orange, braun oder schwarz. Schale bis auf ein dünnes Plättchen reduziert. Bis 18 cm.
Vorkommen: Mittel- und Westeuropa. An feuchten Stellen.
Lebensweise: Nur bei feuchtem Wetter auch tagsüber zu sehen, sonst nachtaktiv. Überwintert als Ei.
Fortpflanzung: Zwitter, die jedoch ihre Geschlechtszellen wechselseitig übertragen. Geschlechtsreife mit ca. 6 Monaten. Paarung je nach Witterung ab Juni. Eiablage August–November. Gelege von 50 bis 200 gallertigen weißlichen, kugeligen Eiern. Brutdauer 4–10 Wochen. Einjährig.
Nahrung: Pflanzen.

Rote Wegschnecke

Besonderes: Die Rote Nacktschnecke wird immer mehr von der noch gefräßigeren Spanischen Wegschnecke verdrängt. Sie kann sich mit dieser paaren, zieht dabei aber den kürzeren, so daß sich nur noch die Spanische Wegschnecke durchsetzt.

Rötelmaus

Clethrionomys glareolus

Unterfamilie: Wühlmäuse

Die wenig scheue Rötelmaus, landläufig auch Waldwühlmaus genannt, ist häufig zu beobachten.

Rötelmaus

Kennzeichen: 8–12 cm groß, Schwanz etwa $^1/_2$ körperlang; Rücken fuchsrot bis rötlichbraun, Unterseite grau; Ohren breit und rund.

Vorkommen: Ganz Europa außer Nordskandinavien und Südspanien; gemäßigtes Westasien. Unterwuchsreiche Laub- und Mischwälder, Heckenlandschaften, Parks.

Lebensweise: Vorwiegend dämmerungsaktiv, aber auch tagsüber unterwegs; klettert gut und oft im Gezweig; legt Gangsystem knapp unter der Erdoberfläche oder in der Bodenvegetation an; bei zu lockerem oder zu hartem Boden wird die aus Grashalmen geflochtene Nestkugel an bodennahen Zweigen befestigt.

Fortpflanzung: 3–4 Würfe im Jahr mit je 3–7 Jungen.

Nahrung: Gräser, Kräuter, Früchte, Samen, im Winter oft Rinde, regelmäßig auch Insekten, Würmer, gelegentlich Eier, Jungvögel oder Aas.

Roter Drachenkopf → Meersau

Roter Scheckenfalter

Melitaea didyma

Familie: Fleckenfalter

Der Rote oder Feurige Scheckenfalter gehört in der Familie der → Fleckenfalter zur Gruppe der Scheckenfalter, deren Merkmal das hell-dunkel gescheckte Muster ist.

Kennzeichen: Flügelspannweite 3,5 bis 4,5 cm. ♂ hellrot, schwarzgefleckt mit schwarz-weißem Flügelsaum. ♀ braunrot, grau bis schwarz gezeichnet. Flügelunterseiten gelblich bis orange gebändert mit schwarzen Tupfen. Viele geographische Unterarten, die in der Färbung und Zeichnung stark variieren.

Vorkommen: Mittel- und Südeuropa (außer Britische Inseln, Niederlande und Norddeutschland). Warme sonnige Plätze, Wiesen, Berghänge, Waldlichtungen.

Flugzeit: Fliegt in 1 Generation von Mai bis September.

Lebensweise: Eifriger Blütenbesucher. ♀ legt Eier in 2 Lagen an den Raupenfutterpflanzen ab. Überwintert als Raupe.

Raupe: Blaugrau mit hellen Punkten und Linien und orangeroten, schwarzbehaarten Dornen. Lebt an verschiedenen krautigen Pflanzen. Verpuppt sich auch häufig dort.

Roter Scheckenfalter

Rotes Riesenkänguruh
Macropus rufus
Ordnung: Beuteltiere

Das Rote Riesenkänguruh ist das größte lebende Beuteltier. Weil es in vielen Zoos gehalten wird, ist es wohl auch das bekannteste der insgesamt 6 Arten von Riesenkänguruhs, zu denen auch noch 2 graue, 1 schwarze und 2 farblich variable Formen gehören.

Kennzeichen: Kopf-Rumpflänge 80 bis 160 cm, ♂ dabei deutlich größer als ♀; Schwanz beinahe körperlang, sehr muskulös; ♂ kräftig rotbraun, ♀ zumeist graubraun; Hinterbeine zu mächtigen Sprungbeinen entwickelt, Vorderbeine stark zurückgebildet.

Vorkommen: Australien. Weite, trockene, baumfreie Grasebenen.

Rotes Riesenkänguruh

Lebensweise: Tagaktiv, ruht aber über Mittag meist im Schatten von Gebüschen; bildet kleine Trupps wechselnder Zusammensetzung; Streifgebiet z. T. mehr als 300 km^2.

Verhalten: Bei Rivalitäten regelrechte Boxkämpfe, bei denen die Gegner auch gewaltige Tritte mit den Hinterbeinen austeilen.

Fortpflanzung: Pro Geburt 1 Junges (Geburtsgewicht weniger als 1 g), das an die 8 Monate im Beutel der Mutter herumgetragen wird.

Nahrung: Gras und andere Grünpflanzen.

Besonderes: Das Rote Riesenkänguruh schafft Sprünge bis zu 13 m Länge und 3 m Höhe. Auf kurze Strecken erreicht es Geschwindigkeiten bis zu 80 km/h.

Rotfeder
Scardinius erythrophthalmus
Unterfamilie: Eigentliche Weißfische

Die Rotfeder, ein karpfenähnlicher Süßwasserfisch, hat sehr viele volkstümliche Namen und ist je nach Region auch als Rotauge oder Rotkarpfen bekannt.

Kennzeichen: Körper hochrückig, seitlich abgeflacht. Enge, schräggestellte Mundspalte. Flossen rot, Auge goldglänzend. Rücken grau- bis braungrün, Seiten heller mit messingfarbenem Glanz, Bauch silbrig. 20–30 cm.

Vorkommen: Westeuropa bis zum Ural und Aralsee. Stehende, gut bewachsene Gewässer.

Lebensweise: Schwarmfisch. Hält sich meist nahe der Oberfläche im Pflanzenbewuchs der Uferregion auf.

Fortpflanzung: Eiablage April–Juni auf Wasserpflanzen. 100 000–200 000 Eier. Brutdauer 3–10 Tage.

Nahrung: Wirbellose Tiere, Wasserpflanzen.

Besonderes: Die Rotfeder ist die typische Weißfischart unserer heimischen Gewässer und ein wichtiger Nahrungsfisch für wertvollere Speisefische.

Rotfedern

Rotfeuerfisch

Pterois volitans

Familie: Drachenköpfe

Der Rotfeuerfisch ist ein prächtig gefärbter, aber giftiger Fisch mit bizarrem Äußeren. Bei den Einheimischen ist er auch unter dem Namen »Blume des Meeres« bekannt.

Kennzeichen: Körper im Querschnitt fast dreieckig. Großes Maul, große Augen. Stacheliger Teil der Brust- und Rückenflossen mit einzelstehenden, federartigen Strahlen. Körper und Flossen leuchtendrot, rotbraun, weiß oder beige gestreift. 30 cm.

Vorkommen: Tropischer Indopazifik. Korallenriffe und felsige Küstengebiete.

Lebensweise: Angriffslustiger, kämpferischer Fisch. Schwimmt nicht, sondern schwebt im Wasser. Treibt seine Beute mit gespreizten Brustflossen in Höhlungen und Winkel, die Flossen wirken dabei als Fangnetz.

Nahrung: Fische.

Rotfeuerfisch

Besonderes: Bei drohender Gefahr spreizt der Rotfeuerfisch seine Flossenstrahlen, vergrößert damit optisch seine Körpermaße und erschreckt durch seine grelle Warnfärbung. Flieht der Feind nicht, greift er an und stößt mit den Stacheln der Rückenflosse zu, die mit Giftdrüsen bewehrt sind.

Rotflügel-Brachschwalbe

Glareola pratincola

Familie: Brachschwalbenartige

Von den 8 Brachschwalben-Arten kommen in Europa nur die Rotflügel- und die Schwarzflügel-Brachschwalbe (*Glareola nordmanni*) vor.

Rotflügel-Brachschwalbe

Kennzeichen: 24–27 cm. Oberseits einfarbig dunkelbraun, Brust und Flanken heller braun, unterseits weiß; rahmfarbene Kehle, von dünner, schwarzer Linie eingefaßt; Schnabelbasis rot; rötlichbraune Unterflügel (Name!). Schwanz tief gegabelt.

Vorkommen: Lokal in Südeuropa, Südwestasien, Afrika; überwintert südlich der Sahara. Steppen und Salzsteppen, austrocknende Ebenen und Überschwemmungsgebiete, beweidete Wiesen.

Lebensweise: Sehr gesellig, meist im Trupp in der Luft beim Insektenfang; aber auch Nahrungssuche am Boden. Folgt im Winterquartier auch Großtierherden und fängt aufgescheuchte Insekten.

Brut: Oft kopfstarke Brutkolonien. Nest eine flache Bodenmulde, auf ausgetrocknetem Schlamm. 1 Brut (Mai–Juli). 2–3 Eier; Brutdauer 17–18 Tage, Junge nach 33 Tagen flügge.

Nahrung: Insekten, auch fliegende.

Rotfuchs

Vulpes vulpes

Familie: Hunde

Von den 9 Arten der Gattung *Vulpes*, dieser kleinen hundeartigen Raubtiere, hat der Rotfuchs mit Abstand das größte Verbreitungsgebiet.

Kennzeichen: Kopf-Rumpflänge 60 bis 90 cm, Schwanz buschig, 40–50 cm lang; Fellfärbung sehr variabel, von Gelblichrot bis Schwarz, am häufigsten aber »Fuchsrot« mit weißer Kehle, Bauchseite und Schwanzspitze, schwarzen Ohrrändern und Füßen.

Verbreitung: Ganz Europa (außer Island), Asien, Nordafrika, Nordamerika.

Lebensraum: Nahezu überall, vom Hochgebirge bis zur Küste, in Wald und Steppe, sogar mitten in Großstädten.

Lebensweise: Vorwiegend dämmerungs- und nachtaktiv; außerhalb der Fortpflanzungszeit Einzelgänger; Streifgebiet bis 50 km² groß, wird mit Urin und Duftsekreten markiert; bewohnt selbstgegrabene Erdbaue.

Fortpflanzung: Paarungszeit in unseren Breiten im Januar/Februar; Tragzeit 7–8 Wochen; meist 4–6 Junge (in Ausnahmefällen bis zu 12!), die bei der Geburt wollig graubehaart und noch blind sind; ♂ hilft bei der Aufzucht, indem es Beutetiere herbeiträgt.

Nahrung: Mäuse und andere Kleinsäuger, Vögel, Insekten, Aas, Beeren.

Besonderes: Der Rotfuchs wird seit Jahrhunderten heftig verfolgt, früher wegen seines dichten Winterpelzes, in den letzten Jahrzehnten, weil er Hauptverbreiter der Tollwut ist. Doch macht er sich nicht nur durch Vertilgen von Mäusen für die Landwirtschaft nützlich, sondern hat in seinem Lebensraum auch die Funktion einer »Gesundheitspolizei«.

Rotfuchs

Rotgesichtsmakak

Macaca fuscata

Überfamilie: Hundsaffen

Von allen nichtmenschlichen Primaten (Herrentieren) kommt der Rotgesichts- oder Japanmakak aus der arten- und formenreichen Gattung der Makaken am weitesten nördlich vor.

Kennzeichen: 80–95 cm groß (♂ etwas größer als ♀), Stummelschwanz; Fell braun oder grau; Gesicht und Hinterteil unbehaart, bei erwachsenen Tieren rot.

Vorkommen: Ganz Japan außer der Insel Hokkaido. Wälder von der Küstenregion bis ins Hochland.

Lebenswelse: Tagaktiv; gleichermaßen baum- wie bodenbewohnend; lebt nomadisch, in Gruppen von meist 20–100 Tieren; hochentwickeltes Sozialverhalten.

Fortpflanzung: Paarungszeit Oktober bis Januar; nach halbjähriger Tragzeit daher Geburten im Frühling bis Frühsommer; im allgemeinen alle 2–3 Jahre 1 Junges.

Nahrung: Früchte, Samen, Blätter, frische Triebe, Gräser und Kräuter, Rinde, Pilze, Insekten und andere Kleintiere, Vogeleier und anderes mehr.

Besonderes: Die Art wurde auch als »Schneeaffe« bekannt, weil sie bis in Regionen mit winterlicher Schneebedekkung vorkommt. In der kalten Jahreszeit wärmen sich die Tiere gern mit einem Bad in warmen Quellen. Im Sommer nehmen die küstenbewohnenden Tiere oft ein Bad im Meer.

Rotgesichtsmakaken badend

Rotgesichtsmakak im Winter

Rothirsch

Cervus elaphus

Familie: Hirsche

Der Rot- oder Edelhirsch kommt in seinem riesigen Verbreitungsgebiet in rund einem Dutzend Unterarten vor, deren bekannteste neben der europäischen Form der nordamerikanische Wapiti ist.

Kennzeichen: Kopf-Rumpflänge 1,60 bis 2,50 m, ♂ deutlich größer als ♀; Fellfärbung je nach Unterart rot-, gelblich- oder graubraun, Kalb mit weißen Flekken. ♂ mit verzweigtem Stangengeweih, das jährlich abgeworfen und neu gebildet wird. Zur Brunftzeit lautes, dumpfes Röhren der ♂.

Verbreitung: Fast ganz Europa, Mittelasien, Nordwestafrika, Teile Nordamerikas, eingebürgert auch in einigen Regionen Südamerikas sowie in Australien und Neuseeland.

Lebensraum: Laub- und Nadelwälder mit eingestreuten Lichtungen oder angrenzenden Grasflächen, Bergwälder und Almen, Heideflächen und Sümpfe.

Rothirsch röhrend

Lebensweise: Dämmerungs- und nachtaktiv; ausdauernder, schneller Läufer; ♀ und Jungtiere in Rudeln, ♂ außerhalb der Paarungszeit in kleinen Trupps oder als Einzelgänger; in der Brunft (September/Oktober) Bildung von Haremsrudeln, verbunden mit heftigen Rivalenkämpfen; keine festen Reviere.

Fortpflanzung: Im Frühsommer Geburt von meist nur 1 Jungen, das zwar schon gleich laufen kann, aber in den ersten Tagen in einer Deckung liegenbleibt.

Nahrung: Pflanzenkost aller Art.

Besonderes: Durch jagdliche Hege und das Fehlen natürlicher Feinde sind die Rothirschbestände vor allem in den mitteleuropäischen Forsten großteils viel zu hoch.

Rothörnchen

Tamiasciurus hudsonicus

Familie: Hörnchen

Das hübsche, v. a. im Winterfell lebhaft gefärbte Rothörnchen spielt im Norden der Neuen Welt die Rolle, die das → Eichhörnchen bei uns innehat.

Rothörnchen

Kennzeichen: Ähnlich einem kleinen Eichhörnchen; Fell olivgrau gesprenkelt, an Brust und Bauch weiß, im Winter breiter rostroter Streifen über Nacken und Rücken bis zur Schwanzspitze; Ohren rundlich, im Winter mit dicken, rötlichen Haarbüscheln.

Vorkommen: Kanada, Alaska und westliche USA. Wälder, häufig auch in menschlichen Siedlungen.

Lebensweise: Tagaktiver Baumbewohner, auch oft am Boden; Nest in Baumhöhle, frei im Geäst oder am Boden, etwa unter umgestürztem Baum oder in Felsspalte; vergräbt Nahrungsvorräte im Boden; hält keinen Winterschlaf.

Fortpflanzung: Paarungszeit im Spätwinter, Werbung unter wilden Verfolgungsjagden; Tragzeit 5 1/2 Wochen; pro Wurf 3–7 Junge, die nackt und blind geboren werden, aber schon mit 7 Wochen selbständig sind. Bisweilen 2. Wurf im Spätsommer.

Nahrung: Eicheln, Nüsse, Bucheckern und andere Baumsamen, auch Knospen, Beeren, Pilze.

Rothuhn

Alectoris rufa

Unterfamilie: Glattfußhühner

Das Rothuhn wurde früher zu Jagdzwecken in Deutschland ausgesetzt.

Kennzeichen: 33–35 cm. Olivbraune Oberseite, Unterseite warm ockerfarben; Wangen und Kehle leuchtend weiß, von breitem schwarzem Band begrenzt, das durchs Auge geht; Brust grau, zwischen Brust und schwarzem Band stark dunkel gestrichelt. Flanken schwarz-rost-grau-weiß gebändert. Beine und Schnabel rot.

Vorkommen: West- und Südwesteuropa, Azoren, Madeira und Gran Canaria; die Brutvorkommen in England gehen auf eine Ansiedlung im 18. Jh. zurück. Offene Landschaft wie Felder, Heiden oder Weingärten, an steinigen Hängen.

Rothuhn

Lebensweise: Meist paarweise oder in Familientrupps, sog. Ketten. Flug schnell, niedrig über der Vegetation; gleitet mit gesenkten Flügeln. Sitzt gern erhöht auf Pfosten o. ä., auch in Bäumen; bei Gefahr rennt es in die nächste Deckung. Standvogel.

Brut: 1 Brut (April–Mai). 10–16 Eier; Brutdauer 23–24 Tage; Junge *Nestflüchter*.

Nahrung: Grüne Pflanzenteile, Sämereien, Insekten.

Rothund

Cuon alpinus

Familie: Hunde

Der Rothund, auch oft Asiatischer Wildhund genannt, zeigt wie der → Wolf ein ausgeprägtes Sozialverhalten.

Kennzeichen: Ähnlich einem kurzbeinigen Schäferhund; Fell hell rostrot bis tief rotbraun, Schwanz schwarz und buschig.

Vorkommen: In etlichen Unterarten im ganzen südlichen und östlichen Asien. Von offenen Grassteppen bis zu dichten Urwäldern, vom Tiefland bis ins Hochgebirge auf 4000 m Höhe.

Lebensweise: Lebt in Rudeln; bei der Jagd Zusammenarbeit der ganzen Gruppe; Jagdrevier eines Rudels 20–40 km^2. Vielfältige Lautäußerungen wie Winseln, Knurren, Bellen, Pfeifen und Quieken zur Verständigung mit Artgenossen.

Fortpflanzung: Pro Wurf 2–9 Junge, die in selbstgegrabenen oder von anderen Tieren übernommenen Erdbauen aufwachsen und von beiden Elternteilen versorgt werden.

Nahrung: Vor allem Huftiere, aber auch kleinere Säugetiere.

Besonderes: Wie der Wolf wird auch der Rothund in Erzählungen immer wieder als grausame, mordlustige Bestie hingestellt und in seinem gesamten Verbreitungsgebiet vehement verfolgt, so daß er in weiten Gebieten vor der Ausrottung steht.

Rothunde

Rotkarpfen → Rotfeder

Rotkehlanolis → Anolis

Rotkehlchen
Erythacus rubecula
Familie: Drosseln

Die großen, schwarzen Augen und der große, runde Kopf verleihen dem Rotkehlchen ein typisches »Kindergesicht«.

Rotkehlchen am Nest

Kennzeichen: 14 cm. Oberseite und Flügel graubraun, Gesicht, Kehle und Brust rotorange, grau gesäumt. Bauch und Unterschwanz weißlich.
Stimme: Gesang eine melancholisch klingende Serie aus herabperlenden, plaudernden und flötenden Tönen. Ruft scharf »tick«, oft zum bekannten Schnickern gereiht; bei Gefahr sehr hoch »tsieh«.
Vorkommen: Europa bis auf den hohen Norden, östlich bis Westsibirien; Nordwestafrika, Vorderasien. Abwechslungsreiche Wälder, Parks, Gärten.
Lebensweise: Singt versteckt aus der Deckung heraus. Nahrungssuche am Boden. Verteidigt aggressiv sein Revier. Knickst häufig, stelzt den Schwanz. Im Winter auch an Fütterungen. Teilzieher.
Brut: Nest ein Napf aus Halmen, Blättern und Moos, meist gut am Boden versteckt. 2 Bruten (April–Juli). 4–7 Eier; Brutdauer 12–14 Tage, Nestlingszeit 12–15 Tage.
Nahrung: Insekten und deren Larven, Spinnen, Würmer; im Herbst auch Beeren.

Rotlippengrundel → Grundeln

Rotluchs
Lynx rufus
Familie: Katzen

Der Rotluchs hat sich den nordamerikanischen Kontinent gleichsam mit dem Kanadaluchs (*Lynx canadensis*) aufgeteilt: Während dieser in Kanada und der nördlichen USA vorkommt, lebt der Rotluchs weiter im Süden.
Kennzeichen: Mit einer Schulterhöhe von 50–60 cm etwas kleiner als der Eurasische → Luchs; Grundfarbe rotbraun bis gelblichgrau, unterschiedlich ausgeprägtes dunkles Fleckenmuster; Backenbart und Ohrpinsel nur sehr klein.
Vorkommen: Südliches Kanada bis Mexiko. Waldränder, deckungsreiches Busch- und Grasland bis hin zur Halbwüste.
Lebensweise: Außerhalb der Paarungszeit einzelgängerisch, zeitweilig auch paarweise; Revier eines Einzeltiers 5–50 km^2 groß, wird mit Kot und Urin sowie Kratzspuren an den Bäumen markiert; Lager meist unter Felsüberhängen oder Baumstubben.
Fortpflanzung: Paarungszeit Februar/März; pro Wurf 2–4 Junge, die wie alle Katzen blind zur Welt kommen; werden 4–5 Monate gesäugt, bleiben dann noch bis zur nächsten Paarungszeit bei der Mutter.
Nahrung: Säugetiere von Maus- bis Hirschkalbgröße, überwiegend aber Hasen und Wildkaninchen, auch Bodenvögel.
Besonderes: Erst wenn die Jungen Fleisch fressen, duldet das Weibchen das Männchen wieder in seiner Nähe.

Rotluchs

Rotmilan

Milvus milvus

Familie: Habichtartige

Neben dem Rotmilan kommt in Mitteleuropa noch der etwas kleinere Schwarzmilan (*Milvus migrans*) vor.

Kennzeichen: 60–65 cm. Kräftig rotbraun gefärbt mit hellem Kopf; auf der Unterseite der schmalen Flügel großer, heller Fleck. Schwanz tief gegabelt

Vorkommen: Teile Mittel-, Süd- und Osteuropas; Nordafrika, Vorderasien. Abwechslungsreiche hügelige Waldlandschaft mit offenen Flächen; Kulturlandschaft mit Waldinseln.

Lebensweise: Jagt anderen Vögeln, etwa Krähen oder anderen Greifvögeln, deren Beute ab. Hält Flügel beim Segeln oft etwas angehoben. Übernachtet im Winter oft zu vielen an Gemeinschaftsschlafplätzen in Wäldchen. Teilzieher.

Rotmilan

Brut: Horst auf Bäumen, Mulde oft mit Papier-, Stoff- oder Plastikfetzen ausgelegt. 1 Brut (April–Juni). 2–4 Eier; Brutdauer 28–30 Tage, Nestlingszeit 45–50 Tage.

Nahrung: Vorwiegend kranke Tiere, Aas und Abfall; Säugetiere bis Junghasengröße, Vögel bis Hühnergröße, Insekten.

Rotohrbülbül → Bülbüls

Rotschenkel

Tringa totanus

Familie: Schnepfenvögel

Der Rotschenkel ist bei uns einer der bekanntesten und häufigsten Watvögel an der Küste.

Rotschenkel

Kennzeichen: 27–29 cm. Oberseite graubraun, dunkel gefleckt, Unterseite weißlich, Brust gestrichelt. Schwarzweiße Querbänderung auf dem Schwanz; weißer Bürzel, keilförmig auf den Rücken reichend. Auffallend rote Beine und rote Schnabelwurzel.

Stimme: Bei Gefahr aufgeregte »Kipkip«-Rufe, beim Auffliegen melodische Flötentöne. Gesang jodelnd.

Vorkommen: Südwest-, Nordwest- und Nordeuropa, nordöstliches Mitteleuropa, Osteuropa über Zentralasien bis zum Amur. Feuchtgebiete mit niedriger Vegetation, an der Küste, lokal auch im Binnenland.

Lebensweise: Im Flug schnelle, zuckende Flügelschläge. Nahrungssuche im Boden schlammiger Flachwasserbereiche, stochernd oder vom Boden auflesend. An der Küste Nahrungssuche im Watt.

Brut: Nest eine flache Bodenmulde, in der Vegetation versteckt. 1 Brut (April bis Juni). 4 Eier; Brutdauer 22–25 Tage, Junge nach ca. 25 Tagen flügge.

Nahrung: Insekten und deren Larven, Würmer, Schnecken und Muscheln, kleine Krebse; auch kleine Amphibien.

Rotschnabel-Madenhacker

Buphagus erythrorhynchus

Familie: Stare

Neben dem Rotschnabel-Madenhacker kommt in Westafrika auch der Gelbschnabel-Madenhacker (*Buphagus africanus*) vor. Nach der Brutzeit bilden sie vielerorts gemischte Schwärme.

Kennzeichen: 18–19 cm. Oberseite braun, Unterseite gelblichbraun; langer, brauner Schwanz. Um das rote Auge ein gelber Ring. Kräftiger roter Schnabel.

Vorkommen: Savannen Ost- bis Südostafrikas südlich der Sahara.

Gelbschnabel-Madenhacker

Lebensweise: Gesellig. Klettern in kleinen Trupps auf Haus- und Wildtieren herum und suchen das Fell und die Haut nach Parasiten ab. Bilden abends große Schlafgemeinschaften.

Brut: Nest aus Gras und Haaren in Höhlungen in Bäumen oder Steinwällen. 3–5 Eier; Brutdauer 11–12 Tage, Nestlingszeit ca. 1 Monat.

Nahrung: Hautparasiten von Säugetieren, v. a. Zecken; auch Hautstückchen und Blut der Tiere.

Rotschnabel-Tropikvogel

Phaethon aethereus

Familie: Tropikvögel

Tropikvögel sind sehr elegante Seevögel, die in 3 Arten auf den tropischen Meeren zu Hause sind. Der Weißschwanz-Tropikvogel (*Phaethon lepturus*) ist die kleinste Art.

Kennzeichen: 90–100 cm. Überwiegend weiß mit schwarzem, bis zum Nacken reichendem Augenstreif, schwarzen Flügelfedern und schwarzer Wellenzeichnung auf dem Rücken. Roter Schnabel mit gezähnten Schneidekanten. Mittlere Steuerfedern stark verlängert.

Vorkommen: Tropischer Atlantik und Indopazifik.

Lebensweise: Außerhalb der Brutzeit einzeln oder paarweise auf dem Meer. Fliegt ständig mit kraftvollen Flügelschlägen. Nahrungssuche stoßtauchend aus Höhen von 10–20 m.

Brut: Zur Brutzeit auf Inseln. Koloniebrüter. Gesellschaftsbalz mit wellenförmiger Flugbahn, bei der die langen Schwanzfedern voll zur Geltung kommen. Das einzige Ei wird in einer Felsspalte oder einer selbstgegrabenen Höhlung in den Klippen 40–46 Tage lang bebrütet; Nestlingszeit 11–13 Wochen.

Nahrung: Fische, Schnecken, Tintenfische; auch fliegende Fische.

Rotschnabel-Tropikvogel im Flug

Rotschnabel-Tropikvogel

Rotstirn-Schneidervogel

Orthotomus sutorius

Familie: Zweigsänger

Die Schneidervögel sind wegen ihrer interessanten Nestbautechnik bekannt.

Kennzeichen: ♂ 14–16 cm durch längeren, gestuften Schwanz im Prachtkleid, ♀ 12 cm. Unscheinbar bräunlich, Unterseite heller; rostbrauner Scheitel.

Vorkommen: Indien, Südchina, Südostasien bis Java. Dickichte, Waldungen, Gärten und Obstplantagen.

Lebensweise: Stelzt den Schwanz beim Sitzen. Nahrungssuche niedrig im Gebüsch.

Brut: Perforiert die Ränder eines großen Blatts oder mehrerer kleiner Blätter mit seinem Schnabel, näht dann die Blätter mittels seines Schnabels mit Pflanzenwolle, Spinnweben oder Insektenkokons zu einer Tüte zusammen, in die er aus weichem Pflanzen- und Tiermaterial sein Nest baut. 2–3 Eier.

Nahrung: Insekten, Spinnen.

Rotwangen-Schmuckschildkröte
→ Schmuckschildkröten

Rückenschwimmer

Notonectidae

Familie: Wasserwanzen

Rückenschwimmer werden der Familie Wasserwanzen zugeordnet. Alle Vertreter dieser Gruppe schwimmen – ihrem Namen entsprechend – mit dem Rücken nach unten. Eine häufige Art ist der Gewöhnliche Rückenschwimmer (*Notonecta glauca*).

Kennzeichen: Etwa 1,5 cm lang. Rücken gewölbt und hell gefärbt, Bauch flach, dunkel und mit Luftkammern für die Atmung versehen. Kräftige Ruderbeine.

Vorkommen: Fast ganz Europa. In vegetationsreichen Kleingewässern.

Lebensweise: Hält sich stets nahe der Wasseroberfläche auf, damit er regelmäßig den Luftvorrat ergänzen kann. Bewegt sich unter Wasser stoßweise fort.

Fortpflanzung: Paart sich im Frühjahr. ♀ heftet mit seiner Legeröhre bis zu 200 Eier einzeln an Pflanzen fest. Nach 5maliger Häutung schlüpft das Vollinsekt und überwintert.

Rückenschwimmer

Nahrung: Verschiedenste Insekten, die im Wasser und an dessen Oberfläche leben, Amphibienlarven und Fischbrut. Die Beute wird angestochen und ausgesogen.

Besonderes: Rückenschwimmer können sehr schmerzhaft stechen. Man nennt sie deshalb auch »Wasserbienen«.

Ruderfußkrebse

Copepoda

Klasse: Krebstiere

Ruderfußkrebse sind mikroskopisch kleine Krebstiere. Es gibt etwa 4000 verschiedene Arten, von denen die meisten im Meer leben.

Kennzeichen: Vorderkörper birnenförmig mit paarigen Anhängseln. 1 Auge, kein Rückenschild. Hinterleib schmalzylindrisch mit gegabelten Ruderfüßen. Gelbbraun bis grünlich.

Vorkommen: Weltweit. In Meer- und Süßwasser.

Lebensweise: Oft in riesigen Schwärmen lebend. Wandern vertikal, entweder täglich oder jahreszeitlich. Im Meer lebende Arten schweben mit waagerecht ausgestreckten Antennen im Wasser. Im

Gemeiner Hüpferling

Süßwasser lebende Arten, wie die Hüpferlinge (*Cyclops*), schießen mit raschen Sätzen durchs Wasser.
Fortpflanzung: Bei den meisten Arten tragen ♀ Eier in Klumpen oder paarigen Eiersäckchen an beiden Körperseiten mit sich herum. In Abständen von 1–10 Tagen entwickeln sich 7–12 Paar Eiersäckchen mit 5–100 Eiern, die von den Spermien eines einzigen Begattungsaktes befruchtet werden.
Nahrung: Plankton. Parasitisch lebende Arten (*Ergasilus*) siedeln in den Kiemen von Schleien und Hechten oder im Darm von Miesmuscheln und ernähren sich von ihrem Wirt.
Besonderes: Ruderfußkrebse sind die Hauptnahrung für Fischschwärme.

Ruineneidechse → Felseneidechse

Rundmäuler
Cyclostomata
Überklasse: Kieferlose

Rundmäuler sind die ältesten Vertreter der Wirbeltiere und sehr einfach gebaut. Es gibt heute noch ca. 45 Arten. Ihr wurm- oder aalförmiger Körper ist von einer nackten, schleimigen Haut umgeben. Auffallend ist das runde, mit Raspelzähnen besetzte Saugmaul. Die Atmungsorgane liegen in Kiementaschen, so daß die Gruppe auch Taschenkiemer genannt wird. Man teilt die Rundmäuler in die 2 Unterklassen Inger (*Myxine*) und → Neunaugen ein.

Bachneunauge

Rußbülbül → Bülbüls

Rüsselkäfer
Curculionidae
Ordnung: Käfer

Rüsselkäfer stellen wahrscheinlich die artenreichste Familie im Tierreich dar. Bisher wurden über 45 000 Arten beschrieben. Gemeinsames Merkmal ist der rüsselartig verlängerte Kopf. Viele Rüsselkäfer sind Schädlinge, wie z. B. der Große Braune Rüsselkäfer (*Hylobius abietis*), ein gefährlicher Forstschädling.

Großer Brauner Rüsselkäfer

Kennzeichen: 1–1,5 cm lang. Dunkelbraun mit kleinen, gelben Flecken. Fühler gekniet und gekeult.
Vorkommen: Von Europa bis Südostasien. Nadelwälder.
Lebensweise: Nachtaktiv. Bohrt Löcher in die Rinde von Nadelbäumen und frißt deren Nadeln. ♀ legen die Eier in Stöcke gefällter Fichten und Kiefern. Larven leben in morschem Holz.
Nahrung: Käfer fressen Nadeln von Fichten und Kiefern. Larven ernähren sich von Wurzeln.
Besonderes: Nur die Käfer (nicht die Larven) sind schädlich. Zudem leben sie mit 3–6 Jahren ungewöhnlich lang und können bei Massenentwicklung ganze Waldflächen kahlfressen.

S

Säbelschnäbler

Recurvirostra avosetta

Familie: Stelzenläufer

Der Säbelschnäbler ist einer der elegantesten Watvögel bei uns.

Kennzeichen: 42–45 cm. Schwarz und weiß gefärbt mit langem, dünnem, aufwärts gebogenem, schwarzem Schnabel und langen, grauen Beinen. Im Flug sind die schwarzen Balken auf Rücken und Flügeloberseite kennzeichnend.

Vorkommen: Küsten von Europa, Afrika und Asien. Strandwiesen, Flußmündungen, Flachwasserbereiche von Lagunen, auch salzhaltige Binnenseen.

Lebensweise: Außerhalb der Brutzeit gesellig. »Schleppt« im Flug die Beine nach. Nahrungssuche: im tieferen Wasser gründelnd, im Flachwasser seiht er das Wasser oder den feinen Schlamm unter seitlich pendelnden Kopfbewegungen durch. Schwimmt auch. Sommervogel.

Brut: Brütet in kleinen Kolonien; Nistplatz direkt am Wasser. Nest eine flache Mulde, in den Boden gescharrt. 1 Brut (April–Juli). 4 Eier; Brutdauer 24–25 Tage, Junge *Nestflüchter*, nach 5–6 Wochen flügge.

Nahrung: Insekten und deren Larven, Würmer, kleine Krebse, kleine Fische.

Säbelschnäbler

Saftkugler

Glomeridae

Unterklasse: Doppelfüßer

Der Gerandete Saftkugler (*Glomeris marginata*) ist der häufigste Vertreter der Familie, von der in Mitteleuropa 11 Arten vorkommen. In Afrika und der indoaustralischen Region sind die Riesenkugler (*Sphaerotherium*) beheimatet, die bis 9 cm lang und 5 cm breit werden.

Gesäumter Saftkugler

Kennzeichen: Körper segmentiert mit hartem Außenskelett. Kopfkapsel mit Gliederantenne und beiderseits kleinen Augen. Rumpfringe paarweise miteinander verschmolzen, so daß Doppelsegmente entstehen, an denen jeweils 2 Beinpaare sitzen. Glänzend schwarz mit hellen Segmenträndern. 17–19 Beinpaare. 7–20 mm.

Vorkommen: Mitteleuropa. Im Laubstreu der Wälder.

Lebensweise: Gesellig. Rollt sich bei Gefahr zu einer Kugel zusammen.

Nahrung: Abgestorbene Pflanzenteile, Algen.

Besonderes: Der Rückenschild des 2. Körperringes ist größer als die übrigen. Er wird beim Weg durch Mulm und Laubstreu als Schaufel benutzt.

Saiga

Saiga tatarica

Familie: Hornträger

Lange wurde der schafgroße Paarhufer mit dem merkwürdig plumpen Kopf zu den Antilopen gerechnet. Heute weiß man, daß die Saiga entwicklungsgeschichtlich eine Mittelstellung zwischen den Antilopen und den Schafen einnimmt und hat ihr im zoologischen System den Rang einer eigenen Unterfamilie eingeräumt.

Kennzeichen: Schulterhöhe etwa 80 cm; Sommerfell gelblich- oder rötlichbraun, wolliges, langhaariges Winterfell weißlichgrau; rüsselartig verlängerte, sehr bewegliche Nase, die stark aufgebläht werden kann; ♂ mit nur leicht gekrümmten, senkrecht stehenden, etwa 30 cm langen Hörnern.

Vorkommen: Steppen und Halbwüsten Rußlands und der Mongolei.

Lebensweise: ♀ und Jungtiere in großen Herden, Böcke in kleineren Rudeln; weite Wanderzüge, die aber nicht periodisch sind, sondern von Witterung bzw. Nahrungsangebot bestimmt werden. In der Brunft sammelt der Bock ein Haremsrudel von bis zu 50 ♀ um sich.

Wanderungen: Ungünstige Witterung und Nahrungsmangel veranlassen die Saigas zu jahreszeitlichen Wanderungen über mehrere hundert Kilometer. Dabei durchschwimmen sie auch Flüsse. Fällt auf weiten Strecken Schnee, können sie ihm nicht mehr ausweichen, und viele Tiere kommen um.

Fortpflanzung: Brunft im Dezember; im Mai Geburt von jeweils 1–2 Jungen, die sich in den ersten Lebenstagen als *Ablieger* in Bodenmulden kauern, dann der Mutter folgen.

Nahrung: Gräser und Kräuter, Flechten.

Besonderes: Die rüsselartige Nase dient als Filter gegen Steppenstaub und Sandstürme. In der großen Nasenhöhle wird auch die eisige Winterluft gut angewärmt.

Saiga-Antilope

Salanganen

Aerodramus

Familie: Segler

Die Salanganen sind wegen ihrer eßbaren Vogelnester bei Vogelfreunden und Feinschmeckern gleichermaßen beliebt.

Kennzeichen: 10–16 cm. Unscheinbar grau bis braun gefärbt. Schmale, lange, sichelförmige Flügel. Schlanker, gegabelter oder gekerbter Schwanz. Flatternder Flug mit langen Gleitstrecken.

Vorkommen: Südostasien und Nordaustralien. Je nach Art offenes Gelände in Waldnähe, in Wäldern, am Meeresstrand oder auf Inseln vor der Küste; z. T. auch in Städten.

Brut: Koloniebrüter in Höhlen, die häufig nur vom Meer aus beflogen werden können. 2–3 Bruten mit je 1–2 Jungen pro Jahr.

Verhalten: Manche Arten benutzen zur Orientierung in den dunklen Bruthöhlen Echoortung, die als ratterndes Geräusch zu hören ist.

Nahrung: Fluginsekten.

Besonderes: Die Nester der Salanganen bestehen aus Speichel, einer zähen, fast durchsichtigen Masse, in die Federn oder Pflanzenmaterialien eingebaut werden. Die getrockneten Nester mancher Arten, etwa des Weißnestsalanganen (*Aerodramus fuciphagus*), sind eßbar und eine begehrte Delikatesse.

Sambar

Cervus unicolor

Familie: Hirsche

Nicht etwa seiner stattlichen Größe wegen wird der Indische Sambar auch Pferdehirsch genannt, sondern wegen seines schweifartig behaarten Schwanzes.

Kennzeichen: Kräftig gebauter Hirsch von der Größe unseres → Rothirschs; Fell hell- bis schwarzbraun; Geweih des ♂ gewöhnlich sechsendig, mit langen, dicken Stangen. Kälber ungefleckt.

Vorkommen: Süd- und Südostasien. Tropische Wälder, z. T. auch Grasland, auch im Bergland.

Lebensweise: Dämmerungs- und nachtaktiv; einzelgängerisch oder in kleinen Mutterfamilien; in der Brunft heftige Revierstreitigkeiten unter den ♂. Warnruf klingt wie lautes Hupen.

Fortpflanzung: Gewöhnlich jeweils 1 Kalb, das gut $^{1}/_{2}$ Jahr gesäugt wird und 1 Jahr bei der Mutter bleibt.

Nahrung: Gras, Laub, Früchte.

Sambar

Sandaale

Ammodytidae

Ordnung: Barschartige

Die Sandaale sind kleine, aalartige Fische, die auch unter dem Namen Tobiasfische oder Spierlinge bekannt sind. Sie sind nicht mit den echten Aalen verwandt.

Sandaal

Kennzeichen: Körper aalartig langgestreckt, Haut nackt oder mit winzigen, tief eingebetteten Rundschuppen bedeckt. Kopf lang, mit zugespitztem Maul. Unterkiefer stark verlängert. Kiefer meist zahnlos. Rückenflosse sehr lang, in eine Furche zurücklegbar. Keine Bauchflossen. Silbrig glänzend. 15–30 cm.

Vorkommen: Indischer Ozean, Atlantischer Ozean. Küstengebiete. Im deutschen Küstengebiet 2 Arten: Großer Sandaal (*Ammodytes lanceolatus*) und Kleiner Sandaal (*A. tobianus*).

Lebensweise: Grundfische, die große Schwärme bilden. Können sich mit ihrem spitzen Maul sehr schnell in den Sand eingraben, was sie bei drohender Gefahr auch sofort tun.

Nahrung: Kleine Krebstiere, Weichtiere.

Besonderes: Die Sandaale bilden die Hauptnahrung für → Kabeljau und Heilbutt.

Sandboas

Eryx

Familie: Riesenschlangen

Unter den Sandboas findet man die kleinsten Riesenschlangen. Die Westliche Sandboa (*Eryx jaculus*) und die Wüsten-Sandboa (*E. miliaris*) sind die einzigen Riesenschlangen in Europa.

Kennzeichen: 35–100 cm. Mit 1 m ist die Indische Sandboa (*E. johnii*) die längste aller Sandboas. In der Färbung dem Untergrund angepaßt. Gedrungener Körper, Schwanz kurz. Kopf klein und keilförmig zugespitzt, nicht abgesetzt; Augen klein mit senkrecht geschlitzter Pupille.

Vorkommen: Südosteuropa, Nordwestafrika, Vorder- und Mittelasien bis Indien. Wüsten und Steppen.

Lebensweise: Dämmerungsaktiv. Überwiegend unter der Erde im Sand, graben im lockeren Bodengrund. Auf der Nahrungssuche inspizieren sie die Bauten der Beutetiere. Töten die Beute wie alle Riesenschlangen vor dem Verschlingen durch Erdrosseln. Lebendgebärend.

Nahrung: Kleinnager, Eidechsen.

Sandboa

Sanderling

Calidris alba

Familie: Schnepfen

Calidris ist mit 18 Arten die artenreichste Gattung der Unterfamilie Strandläufer (*Calidridinae*).

Kennzeichen: 20–22 cm. Im Prachtkleid Oberseite und Brust rostrot mit dunkler Fleckung, Unterseite weiß. Im Winter

Sanderlinge

oberseits grau, unterseits weiß. Gerader dunkler Schnabel, dunkle Beine.

Vorkommen: Arktische Tundra von Nordamerika und Asien. Überwintert in Südamerika, Afrika, Südostasien bis Australien.

Lebensweise: Außerhalb der Brutzeit fast weltweit an Küsten. Trippelt bei der Nahrungssuche am Spülsaum entlang, in seiner Bewegung an die Wasserbewegung angepaßt, und sammelt Freßbares. Durchzügler in Mitteleuropa.

Brut: Bei der Balz auch ♀ beteiligt; zeigen ebenfalls Singflug und Werbeverhalten. ♀ zeitigt meist 2 Gelege in kurzem Abstand, wovon eines das ♂, das andere das ♀ bebrütet und die Jungen versorgt. 1 Brut (Juni–Juli). 4 Eier; Brutdauer 23–24 Tage, Junge nach ca. 18 Tagen flügge.

Nahrung: Muscheln, kleine Krebse, Insekten, Würmer.

Sardelle

Engraulis encrasicholis

Familie: Sardellen

Die Europäische Sardelle, auch Anchovis genannt, ist eine Verwandte des Herings. Sie kommt in 5 geographischen Rassen vor.

Kennzeichen: Körper drehrund. Spitze, den Unterkiefer überragende Schnauze, Maul auf der Kopfunterseite weit nach hinten verlagert. Je 1 weichstrahlige Rücken- und Afterflosse, Schwanzflosse

tief gegabelt. Rücken blaugrün, Seiten und Bauch silbrigglänzend. Bis 20 cm.
Vorkommen: Ostatlantik, Mittelmeer, Schwarzes Meer, südliche Nordsee. Im Freiwasser.
Lebensweise: Schwarmfisch. Zieht im Sommer in Küstennähe. Höchstalter 7 Jahre.
Fortpflanzung: Geschlechtsreife mit 2 Jahren. Laichzeit Juni–August (südliche Nordsee). April–September (Mittelmeer). Eier oval, bis 20 000, werden in Portionen abgesetzt. Brutdauer 2–4 Tage.
Nahrung: Tierisches Plankton.
Besonderes: Die Europäische Sardelle wird zu Fischmehl, Fischöl, zu Sauce, Paste und eingesalzenen Filets verarbeitet.

Sardellenschwarm

Sattelrobbe

Pagophilus groenlandicus
Familie: Hundsrobben

Als unsteter Wanderer lebt die Sattelrobbe, einzige Art ihrer Gattung, ganzjährig auf dem Meer.
Kennzeichen: Dem → Seehund ähnlich, aber etwas größer, Fell grau bis gelblichbraun, unterseits silbergrau, erwachsene Tiere mit dunklem Kopf und Rückensattel, letzterer bei ♀ häufig in kleinere Flecken aufgelöst.

Sattelrobbe

Vorkommen: Eismeer und Nordatlantik; Wurfplätze im Weißen Meer, vor Grönland und bei Neufundland. Treibeis und offenes Meer.
Lebensweise: Am Rand des Treibeisgürtels umherziehend; überwiegend in kleinen Trupps; taucht bis 300 m tief und bis 30 Minuten lang; hält sich Atemlöcher in der Eisdecke offen.
Fortpflanzung: Pro Wurf 1 Junges, das weiß behaart ist; wird auf dem blanken Eis geboren, nur etwa 14 Tage gesäugt und muß dann selbständig sein.
Nahrung: Hochseefische, kleine Krebse, Krabben.
Besonderes: Das weiße, seidige Fell der neugeborenen Sattelrobben gilt als wertvoller Modepelz, doch stößt das jährliche barbarische Massenschlachten der 2–3 Tage alten Robbenkinder weltweit auf zunehmende Ablehnung.

Junge Sattelrobbe

Saugschmerlen

Gyrinocheilidae

Unterordnung: Karpfenähnliche

Bei den Aquarianern spielt die Siamesische Saugschmerle oder der Algenfresser (*Gyrinocheilus aymonieri*) eine große Rolle, da sie ein sehr genügsamer Fisch ist, der Scheiben und Pflanzen von lästigen Algen befreit.

Kennzeichen: Körper langgestreckt, flach zusammengedrückt. Maul unterständig mit fleischiger Oberlippe. Zusätzliche Spalte oberhalb der Kiemenspalten. Bis 25 cm.

Vorkommen: Thailand. Fließende Gewässer, meist Gebirgsbäche.

Lebensweise: Bodenfische. Gesellig. Können sich mit Saugmaul an Steinen festhaften, um schnellfließendem Wasser Widerstand zu leisten.

Nahrung: Algenaufwuchs.

Besonderes: Die Saugschmerlen saugen das Wasser nicht mit dem Maul ein und stoßen es durch die Kiemenöffnungen aus, wie das bei den meisten anderen Fischen der Fall ist. Bei ihnen strömt das Wasser über die zusätzliche Spalte und die oberen Kiemenöffnungen in den Schlund und von hier aus durch die unteren Kiemenöffnungen wieder zurück. Dadurch kann der Fisch sich ungestört festsaugen oder Algen abweiden.

Saumfinger → Anolis

Marderhund

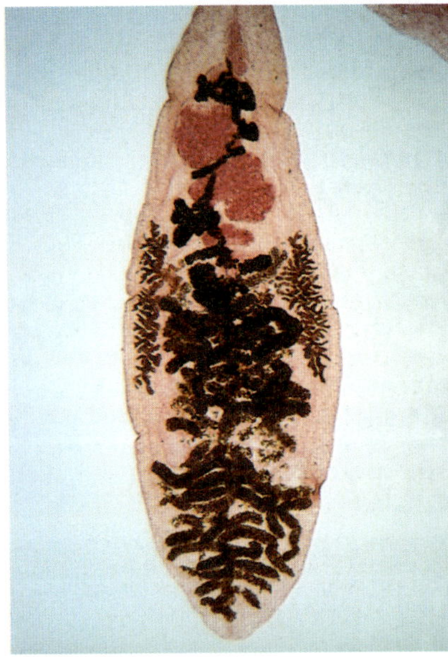

Lanzettegel

Saugwürmer

Trematodes

Stamm: Plattwürmer

Saugwürmer sind ausschließlich parasitisch lebende Würmer, die in 2 Ordnungen unterteilt werden: die *Monogena* (Außenparasiten an Fischen) und die *Digena* (Innenparasiten mit Wirtswechsel), die in Lunge, Leber und Eingeweiden, aber auch im Blutsystem von Wirbeltieren vorkommen und von denen einige auch für den Menschen gefährlich sind, z. B. der Pärchenegel (*Schistosoma*), der Große Leberegel (*Fasciola hepatica*) und der Kleine Leberegel (*Dicrocoelium lanceolatum*).

Kennzeichen: Körper zweiseitig-symmetrisch, ohne Leibeshöhle, mit sich gabelförmig teilendem Darm. *Monogena* mit einem kräftigen Saugnapf am Vorderende, *Digena* mit 2 Saugnäpfen, einem am Vorder- und einem am Hinterende. Weißlich bis durchsichtig. 0,5 mm – 10 cm lang.

Schaben
Blattodea
Klasse: Insekten

Von den derzeit etwa 4000 beschriebenen Schabenarten sind die meisten in den tropischen Zonen, vor allem in Südamerika beheimatet. In Mitteleuropa ist diese Insektenordnung nur mit 10 Arten vertreten. Die meist wärme- und dunkelheitsliebenden Tiere sind Allesfresser und überall unbeliebt. Sie verschmutzen Nahrungsmittel, die den unangenehmen, typischen Schabengeruch, der mit Stinkdrüsen erzeugt wird, annehmen. Auch als Überträger von gefährlichen Krankheiten sind Schaben gefürchtet. Zu den bei uns bekannten Arten gehören die → Küchenschabe, die Deutsche Schabe (*Blatella germanica*) und die Amerikanische Schabe (*Periplaneta americana*).

Amerikanische Großschabe

Schabrackentapir
Acrocodia indica
Ordnung: Unpaarhufer

Von den 4 Arten von Tapiren ist der auffällig gefärbte Schabrackentapir die einzige altweltliche Art.

Kennzeichen: Walzenförmiger, stämmiger Körper, Kopf-Rumpflänge bis zu 2,50 m; Stummelschwanz; kurzes, glattes Fell, schwarz mit scharf abgesetzter silberweißer Schabracke; Oberlippe und Nase zu sehr beweglichem Rüssel ausgezogen. Jungtiere in den ersten Monaten mit weißen oder gelblichen Längsstreifen und Tupfen.
Vorkommen: Südostasien, von Thailand über Malaysia bis Sumatra. Tropischer Regenwald, vorwiegend im Tiefland.
Lebensweise: Überwiegend nachtaktiver Einzelgänger; stets in Wassernähe, badet und suhlt sich gern, schwimmt gut; Reviere mit fest ausgetretenen Wechseln, werden mit Harn markiert.
Fortpflanzung: Tragzeit gut 13 Monate; 1 Junges, das gleich nach der Geburt laufen kann, in der ersten Lebenswoche aber in einer Deckung liegenbleibt; begleitet die Mutter gut 1 Jahr lang.
Nahrung: Laub, junge Triebe, Gras.

Schabrackentapir

Schachbrett
Melanargia galathea
Familie: Augenfalter

Einer der auffälligsten Tagfalter aus der Familie der → Augenfalter ist das Schach- oder Damenbrett.
Kennzeichen: Flügelspannweite 4 bis 5 cm. ♂ grau-weiß, ♀ gelbbraun-weiß. Flügeloberseiten weiß-schwarz schachbrettartig gemustert (Name!), Flügelunterseite weniger kontrastreich gezeichnet.
Vorkommen: Mitteleuropa, Süd- und Südosteuropa (nicht auf der Iberischen Halbinsel). Wiesen und Waldränder.
Flugzeit: Fliegt von Juni–August in 1 Generation.
Lebensweise: ♂ sucht schon frühmorgens dicht über dem Boden die vorzugsweise auf Korbblütlern sitzenden ♀ zur Paarung. Eiablage an Gräsern. Raupe schlüpft nach 2–3 Wochen. Überwintert als Raupe.
Raupe: Hellbraun oder gelblich-grün, Rücken und Seiten mit dunklen Linien. Lebt sehr versteckt und frißt nur nachts an verschiedenen Gräsern. Verpuppt sich am Boden.

Schachbrett

Schwammspinner bei Eiablage

Schadspinner

Lymantridae

Ordnung: Schmetterlinge

Die Familie der Schadspinner umfaßt weltweit etwa 3000 Arten, von denen die meisten in den Tropen und nur 25 in Europa beheimatet sind. Die nachtaktiven Falter sind meist nur mittelgroß, haben breite, an der Spitze gerundete Flügel und einen kleinen Kopf mit verkümmertem oder fehlendem Saugrüssel. Einige Arten fliegen kaum, bei den ♀ anderer Arten sind die Flügel zu Stummeln reduziert, weshalb man die Schadspinner auch als »Trägspinner« bezeichnet. Die Raupen sind stark behaart. Bei vielen Arten enthalten diese Haare ein Gift, das bei Berührung empfindliche Hautentzündungen hervorrufen kann. Zu den bekanntesten und weit verbreiteten Baumschädlingen gehören die → Nonne, der Schwammspinner (*Lymantria dispar*) und der Goldafter (*Euproctis chrysorrhoea*).

Schwammspinner

Schakale

Canis

Familie: Hunde

3 Arten von Schakalen fungieren in den warmen Zonen der Alten Welt gleichsam als »Gesundheitspolizei« der Steppen. In der nordamerikanischen Prärie übernimmt der Kojote (*Canis latrans*) ihre Rolle.

Schabrackenschakal

Kennzeichen: Ähnlich einem kleinen, zierlichen Schäferhund, Fell je nach Art goldbraun oder rötlichbraun bis grau mit dunklem Flankenstreifen oder Rückensattel.

Vorkommen: Der Goldschakal (*C. aureus*) in Nord- und Ostafrika, Südosteuropa sowie Vorder- und Südasien, der Schabrackenschakal (*C. mesomelas*) in Ost- und Südafrika, beide in trockenem, offenem Gelände wie Savanne oder Steppe, der Streifenschakal (*C. adustus*) im tropischen Afrika in eher feuchten Wäldern.

Lebensweise: Tag- und nachtaktiv; langjährige, oft lebenslange Paarbindung; kleine Familiengruppen aus 1 Paar und Nachkommen mehrerer Jahrgänge; jagen einzeln oder auch als Gruppe.

Verhalten: Großes Repertoire an sozialen Ausdrucks- und Verhaltensweisen ähnlich Haushunden.

Fortpflanzung: In einer Erdhöhle Aufzucht von je 3–6 Jungen, die blind und wollig graubehaart geboren werden. Vater beteiligt sich fürsorglich an der Aufzucht.

Nahrung: Mäuse und andere kleine Säugetiere, Reptilien, Insekten, Beeren, Aas.
Besonderes: Obwohl Schakale leicht zahm werden, sind sie am Stammbaum des Haushunds und seiner vielen Rassen nicht beteiligt.

Schan → Schleimfische

Scharlachhonigschmecker
→ Weißaugen-Honigfresser

Scharlachspint
Merops nubicus
Familie: Spinte

Der Scharlachspint ist der farbenprächtigste aller Spinte.
Kennzeichen: 36–38 cm. Leuchtend karminrot, Kopf türkisblau mit schwarzer Binde durch das Auge, Kehle türkis; türkisfarbener Steiß. Mittelschwanzfedern stark verlängert.
Vorkommen: Senegal bis Somalia. Offene Savanne mit Büschen, offenes Waldland, in der Nähe von Flüssen; Mangroven.
Lebensweise: Sehr gesellig. Jagd auf Insekten fliegend; reitet aber auch auf großen Tieren und wartet auf aufgestöberte Insekten. Bei Steppenbränden fängt er vom Feuer aufgescheuchte Insekten. Zieht im Winter Richtung Äquator.
Brut: Koloniebrüter. Gräbt bis 2 m lange Brutröhre in Böschung oder Boden. Bei großer Kolonie kann der Boden regelrecht durchlöchert sein.
Nahrung: Insekten.
Besonderes: Der Scharlachspint und der in Südafrika vorkommende Karminspint (*Merops nubicoides*) mit rosafarbener Kehle werden manchmal auch als eine Art »Karminspint« (*M. nubicus*) mit 2 Unterarten (*M. n. nubicus* und *M. n. nubicoides*) aufgefaßt.

Scharlachspint im Flug

Scharlachtangare
Piranga olivacea
Unterfamilie: Tangaren

Die Tangaren sind eine Unterfamilie der Ammern und kommen mit weit mehr als 200 Arten nur in Amerika vor.
Kennzeichen: 16–18 cm. ♂ im Prachtkleid scharlachrot mit schwarzen Flügeln und schwarzem Schwanz. ♀ mit grüner Oberseite und gelblicher Unterseite, Flügel und Schwanz bräunlich. Außerhalb der Brutzeit ♂ wie ♀, aber mit schwachem rötlichem Anflug.
Vorkommen: Östliches Nordamerika. Überwintert im Norden Südamerikas. Laubwälder, v. a. mit Eichen.
Lebensweise: Nahrungssuche hoch im Laubdach. Außerhalb der Brutzeit sehr unauffällig und still.
Brut: Nest ein offener Napf, im Kronenbereich gebaut. ♀ brütet allein, ♂ hilft beim Füttern der Jungen.
Nahrung: Insekten wie Bienen, Wespen oder Käfer, aber auch Früchte.
Besonderes: Ebenfalls in den Farben Schwarz und Rot zeigt sich die Maskentangare (*Ramphocelus nigrogularis*). Sie lebt von Kolumbien bis Peru und bis ins brasilianische Amazonasgebiet.

Schaufelkröten → Knoblauchkröte

Schaumzikaden → Blutzikade,
→ Zikaden

Scheibenquallen → Nesselquallen

Scharlachtangare

Maskentangare

Scheibenzüngler

Discoglossidae

Ordnung: Froschlurche

Zur recht urtümlichen Familie der Scheibenzüngler gehören auch die → Unken sowie die → Geburtshelferkröte. Die eigentlichen Scheibenzüngler der Gattung *Discoglossus* kommen in Südeuropa in 4 Arten in engbegrenzten Gebieten vor.

Gemalter Scheibenzüngler

Kennzeichen: Kleinere Froschlurche mit kröten- oder froschähnlicher Gestalt. Rückendrüsenleisten häufig vorhanden. Zunge scheibenförmig (Name!), am Mundboden angewachsen, kann deshalb nicht herausgeklappt werden.
Verbreitung: Nordwestafrika, fast ganz Europa, Kleinasien bis Westrußland. Ostasien, Borneo, Philippinen.
Lebensweise: Teils terrestrisch (Geburtshelferkröten), teils in der Nähe oder am Wasser (Scheibenzüngler und Unken).
Fortpflanzung: Zur Paarung umklammert das ♂ das ♀ in der Lendenregion. Eianzahl relativ gering, werden in Klümpchen oder einzeln abgelegt. Ein interessantes Fortpflanzungsverhalten zeigt die → Geburtshelferkröte.
Nahrung: Verschiedene Wirbellose wie Insekten, Spinnen, Schnecken, Würmer.
Besonderes: Auf Sizilien, Malta, in Südfrankreich sowie in Nordostspanien lebt der Gemalte Scheibenzüngler (*Discoglossus pictus*) in offener, steppenartiger Landschaft an Gewässertypen aller Art.

Scherenschnabel → Schwarzmantel-Scherenschnabel

Schermaus

Arvicola terrestris

Unterfamilie: Wühlmäuse

Die beinahe rattengroße Schermaus wird landläufig auch Mollmaus, Wühlratte, Wasserratte oder schlichtweg Wühlmaus genannt. Durch ihre Vorliebe für Wurzeln macht sie sich bei Gärtnern und Landwirten unbeliebt.
Kennzeichen: 14–20 cm groß, Schwanz $^1/_2$ körperlang; Färbung sehr variabel, von Gelblichbraun bis fast Schwarz; im Gegensatz zu Ratten rundlicher Kopf mit stumpfer Schnauze; Ohren weitgehend im Fell verborgen.
Vorkommen: Ganz Europa (außer Irland, Teilen Frankreichs und Spaniens), gemäßigte Zonen Asiens. Dichtbewachsene Ufer ruhiger Gewässer, Feuchtwiesen, auch Äcker und Gärten.
Lebensweise: Tag- und nachtaktiv; schwimmt und taucht gut; gräbt in wasserfernen Wohngebieten ausgedehnte Tunnelsysteme mit Nest- und Vorratskammern, wirft den Aushub ähnlich dem → Maulwurf als Erdhügel auf.

Schermaus

Fortpflanzung: 3–4 Würfe im Jahr mit je 2–10 Jungen, die mit rund 3 Wochen selbständig sind.
Nahrung: Ufer- und Wasserpflanzen, Wurzeln, Feldfrüchte.

Schiffsbohrmuschel

Teredo navalis

Überfamilie: Bohrmuscheln

Die Schiffsbohrmuschel wird fälschlicherweise oft Schiffsbohrwurm genannt, obwohl es sich nicht um einen Wurm, sondern eine Muschel handelt.
Kennzeichen: Schalenklappen zu winzigen Bohrplatten am Kopfende zurückgebildet. Körper lang und wurmartig, mit 2 Anhängen (*Siphone*), die aus den Gängen herausragen.
Vorkommen: Mittelmeer, Atlantik, Nord- und Ostsee. Im Holzwerk von Kaianlagen und Schiffen.
Lebensweise: Lebt in großen Kolonien zusammen. Bohrt bis zu 45 cm lange und 6 mm breite Gänge, die mit weißem, kalkigem Material ausgekleidet sind, das die Muschel ausscheidet. Die Gänge der einzelnen Tiere treffen sich nicht. Siphone werden bei Gefahr blitzschnell eingezogen.
Fortpflanzung: Zwitter. Ungeheure Reproduktionsrate, 1–5 Mio. Eier jährlich. Brutdauer 14 Tage.
Besonderes: Schiffsbohrmuscheln sind gefürchtet, weil sie sehr schnell lange Gänge graben (in 1 Monat etwa 30 cm), sich zudem in ungeheuren Mengen fortpflanzen und dadurch Kaianlagen oder Schiffsrümpfe in relativ kurzer Zeit zerstört werden können.

Schiffsboot → Perlboot

Schiffshalter

Echeneidae

Ordnung: Kopfsauger

Schiffshalter sind hochspezialisierte Fische, deren 1. Rückenflosse zu einer Saugscheibe umgewandelt ist, mit deren Hilfe sich die Tiere an Haien, Meeresschildkröten, in die Kiemenhöhlen von Riesenrochen oder Mondfischen oder an Schiffen festsaugen. Die 8 Arten der Familie unterscheiden sich durch die Anzahl der Lamellen des Saugnapfes, deren Zahl zwischen 10 und 28 schwanken kann. Die größte Art ist der Gestreifte Schiffshalter (*Echeneis naucrates*) mit einer Körperlänge von 1 m.
Kennzeichen: Körper langgestreckt, Kopf abgeplattet. Saugscheibe aus beweglichen, lamellenartigen Querleisten auf Kopf und Vorderkörper. Unterkiefer länger als Oberkiefer. Kleine spitze Zähne.
Vorkommen: Tropische und gemäßigte Meere. Im Freiwasser.

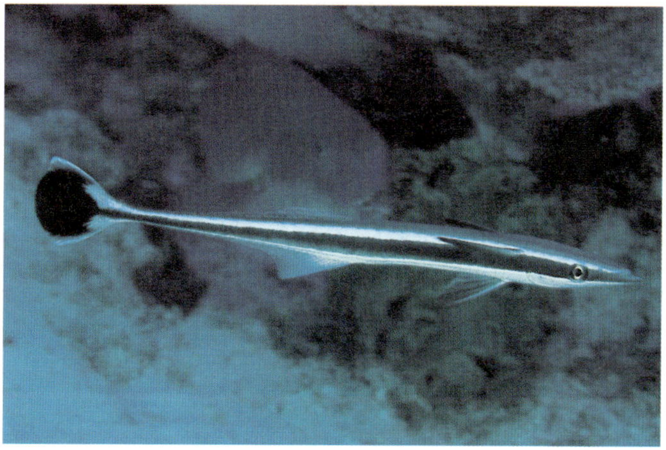

Schiffshalter

Lebensweise: Schneller Schwimmer. Saugt sich zum Fressen oder aber nur zum Transport (*Phoresie*) an den Körper eines anderen Tieres oder an Schiffe an.
Nahrung: Abfälle vom Transporttier, kleine parasitische Krebstiere.
Besonderes: Zum Ansaugen schiebt sich der Schiffshalter am Transporttier vorwärts, so daß sich die Lamellen seiner Saugscheibe aufrichten und einen Unterdruck erzeugen. Zum Lösen muß sich das Tier rückwärts bewegen. Mancherorts werden Schiffshalter zum Fang von Meeresschildkröten eingesetzt. Man befestigt eine Leine am Fischschwanz, sobald die Tiere sich an der Schildkröte festgesaugt haben werden sie eingezogen.

Schildkröten
Testudines
Klasse: Reptilien

Schildkröten kommen nahezu weltweit in ca. 220 Arten v. a. in den Tropen und Subtropen vor. Gemeinsames Merkmal ist der knöcherne, den Rumpf umhüllende Panzer, der Teil des Skeletts ist. Bei den meisten Arten befinden sich auf dem Panzer Hornschilder, bei einigen Arten ist er mit einer lederartigen Haut bedeckt (→ Lederschildkröte). Meistens ist der Panzer so geräumig, daß Kopf, Beine und Schwanz in ihn zurückgezogen werden können.
Landlebende Arten: → Griechische Landschildkröte, → Riesenschildkröten.
Süßwasserbewohner: → Geierschildkröte, → Schlangenhalsschildkröte, → Schmuckschildkröte; Meeresbewohner: → Lederschildkröte, → Suppenschildkröte.
Fortpflanzung: Alle Schildkröten legen Eier, die sie auf dem Land im Sand oder lockeren Erdboden vergraben und durch die Bodenwärme ausbrüten lassen.

Schildturako → Riesenturako

Schimpanse
Pan troglodytes
Familie: Große Menschenaffen

Eine ausdrucksstarke Mimik und oft verblüffend menschenähnliche Verhaltensweisen machen den Schimpansen im Zoo zum beliebtesten Affen. Der nur wenig kleinere, aber feingliedrigere und nach menschlichen Maßstäben hübschere Zwergschimpanse oder Bonobo (*Pan paniscus*) ist dagegen nur selten in Zoos zu sehen.
Kennzeichen: Stehend bis 170 cm groß, schwanzlos; Körper spärlich behaart, schwarz; Gesicht unbehaart, je nach Alter und Herkunft fleischfarben bis

Schimpanse

schwarz; Ohrmuscheln auffällig abstehend. Beim ♀ starke zyklische Schwellung der Genitalregion. Jungtiere mit weißem Haarbüschel am Gesäß.
Vorkommen: Tropisches Afrika. Regenwald und Baumsavanne, im Bergland bis 3000 m Höhe.
Lebensweise: Tagaktiv; gleichermaßen baum- und bodenlebend; fertigt sich für die Nachtruhe ein Baumnest aus Zweigen und Laub; gesellig, lebt in lockeren Verbänden aus einzelnen Mutterfamilien; starke, ältere ♂ führen und verteidigen die ganze Horde. Ausgeprägtes und facettenreiches Sozialverhalten.
Verhalten: Gegenseitige Fellpflege, auch als Ausdrucksmittel des sozialen Wohlgesonnenseins.
Fortpflanzung: Tragzeit etwa $7\,^1/_2$ Monate; in der Regel 1 Junges, das sich zunächst im Fell der Mutter festklammert, später auf ihr reitet. Entwöhnung erst mit 2–4 Jahren. Ein ♀ bekommt nur alle 5–6 Jahre 1 Junges.
Nahrung: Hauptsächlich Früchte, aber auch Blätter, Samen, Mark, Insekten, Vogeleier sowie Fleisch erjagter Beutetiere, vor allem kleinerer Affen.

Besonderes: Was durch vergleichende Beobachtung längst vermutet wurde, haben moderne Serumuntersuchungen und Genanalysen bestätigt: Der Schimpanse ist der nächste Verwandte des Menschen.

Schirmquallen → Quallen

Schlammfisch

Amia calva

Ordnung: Kahlhechte

Der Schlammfisch ist die letzte überlebende Art der Kahlhechte oder Rundschmelzschupper, primitiver Strahlenflosser.
Kennzeichen: Körper langgestreckt, nur wenig abgeflacht. Kopf mit schweren Schuppen gepanzert. Lange, stachellose Rückenflosse. Bräunlich-grün mit mehreren senkrechten, dunklen Streifen, Unterseite heller. Dunkler Fleck an der Basis der Schwanzflosse, der beim ♂ gelb umrandet ist. Bis 1 m.
Vorkommen: Osten von Nordamerika. In warmen, ruhigen Gewässern, an flachen, dichtbewachsenen See- und Flußufern.
Lebensweise: Bildet kleinere Gruppen. Dämmerungs- und nachtaktiv. Im Winter in größeren Gruppen zusammen in tieferen Gewässern zum Winterschlaf.
Fortpflanzung: Laichzeit im Frühsommer. ♂ baut am Gewässergrund ein rundes Nest aus Pflanzenteilen. Paart sich mit mehreren ♀ und bewacht Eier bis die Brut schlüpft und schwimmen kann. Brutdauer 8–10 Tage.
Nahrung: Fische.
Besonderes: Der Schlammfisch hat eine Schwimmblase mit gekammerter, lungenähnlicher Struktur und ist in der Lage, auch atmosphärischen Sauerstoff aufnehmen zu können.

Schlammfisch

Schlammröhrenwurm → Bachröhrenwurm

Schlammspringer

Periophthalmus

Familie: Grundeln

Die Schlammspringer bilden eine sehr artenreiche Gattung kleiner, grundelähnlicher Fische, die amphibisch leben, d. h. sie weichen bei Ebbe nicht mit dem Meer zurück, sondern bleiben auf den trockenfallenden Sand- oder Schlammbänken.
Kennzeichen: Körper verjüngt sich nach hinten. Kopf mit steil ansteigender Stirnpartie. Hoch am Kopf stehende, vorquellende Augen. Brustflossen mit fleischigem Stiel, bei manchen Arten auch Bauchflossen mit fleischigem Stiel oder dicht zusammenstehend und einen Saugnapf bildend. Bis 25 cm.
Vorkommen: Indopazifische Region. Im schlammigen Watt und in Mangrovesümpfen.
Lebensweise: Oft dicht zusammenlebend, jedoch nicht sehr verträglich. Ziehen sich bei Gefahr durch große Sprünge in den nächsten Tümpel zurück.
Fortpflanzung: Bauen trichterförmige »Nester«, die nach unten bis ins Grundwasser reichen und einen Wall besitzen, der bis zur Flutlinie hinaufgeht. Das ♀ bewacht das Gelege und die Brut.
Nahrung: Krebstiere.
Besonderes: Große Schlammspringer vermögen schneller zu springen als ein Mensch laufen kann.

Schlangenhals-schildkröten

Chelidae

Unterordnung: Halswender-Schildkröten

Diese Schildkröten-Familie hat ihren Namen wegen ihres überlangen Halses.
Kennzeichen: Panzerlänge 15–40 cm.

Schlangenhalsschildkröte

Meist unscheinbar dunkel gefärbt. Können den Kopf unter dem Panzer verbergen, indem sie ihn in der Waagerechten S-förmig krümmen.

Vorkommen: Australien, Neuguinea; Südamerika. Am Grund von Süßgewässern.

Lebensweise: Tagaktiv (*Chelodina*) oder nachtaktiv (die meisten südamerikanischen Arten). Selbst bei tieferen Temperaturen noch munter und gefräßig. Lauern am Gewässergrund, sobald Fisch in Reichweite, reißen sie schnell das Maul auf und stoßen in Richtung auf den Fisch; durch den Sog gelangt die Beute ins Maul.

Nahrung: Tierische Kost, v.a. Fische; die Spitzkopfschildkröten Neuguineas auch Pflanzenkost.

Besonderes: Auf Australien beschränkt sind die besonders langhalsigen Australischen Schlangenhalsschildkröten (*Chelodina*) mit der Glattrückigen Schlangenhalsschildkröte (*C. longicollis*) als bekanntester Art.

Schlangenhalsvögel

Anhingidae

Familie: Schlangenhalsvögel

Die 4 Arten der Schlangenhalsvögel gehören zur Ordnung der Ruderfüßer und sind mit den Kormoranen verwandt.

Kennzeichen: 80–90 cm. Überwiegend dunkel gefärbt mit unterschiedlichen Weißanteilen in Flügeln und am Rücken. Langer, dünner Hals und kleiner, langer Kopf; Schnabel dünn und stilettförmig, mit gesägten Schneidekanten. Schwanz lang und keilförmig.

Vorkommen: Je 1 Art in den tropischen und subtropischen Regionen von Amerika (Amerikanischer Schlangenhalsvogel (*Anhingidus anhinga*), Afrika, Australien, Süd- und Südostasien. Flüsse, Seen und Lagunen.

Lebensweise: Zu jeder Zeit sehr gesellig. Müssen nach jedem Tauchgang ihre Flügel trocknen. Beim Schwimmen schaut manchmal nur der S-förmig gehaltene Kopf und Hals aus dem Wasser. Harpunieren ihre Fischbeute durch blitzartiges Zustoßen mit ihrem spitzen Schnabel. Können gut und lang segeln.

Brut: Koloniebrüter, oft zusammen mit Reihern und Kormoranen. Flaches lockeres Nest in Büschen oder Bäumen über dem Wasser oder im Schilf. Nehmen auch alte Reihernester. 3–6 Eier; Brutdauer ca. 4 Wochen, Nestlingszeit etwa 5 Wochen.

Nahrung: Süßwasserfische, andere Wassertiere.

Schlangenhalsvogel

Schlangensterne

Ophiuroidea

Stamm: Stachelhäuter

Es gibt ca. 2000 Arten von Schlangensternen. Ihnen allen gemeinsam ist ein Körper, der aus einer flachen, runden Scheibe von 10–100 mm Durchmesser besteht, von der aus sternförmig 5 schlangenartige, 10 bis 18 cm lange, sehr bewegliche Arme abgehen. Sie sind in 2 Gruppen unterteilt: Schlangensterne mit unverzweigten und Schlangensterne mit verzweigten Armen. Die dünnen Arme brechen bei Berührung sehr leicht ab, was einen guten Schutz vor Freßfeinden bildet. Während sich der Feind mit der vermeintlichen Beute beschäftigt, kann der Schlangenstern sich schnell in Sand- oder Schlickboden eingraben.
Schlangensterne sind sehr gesellig und leben in größeren Gruppen zusammen auf dem Meeresboden, wo sie sich von kleinen Krebstieren, Algen und Abfall ernähren.
Vorkommen: Weltweit. Meeresbodenbewohner von der Strandzone bis in 6000 m Tiefe.

Schlangenstern

Schleie

Tinca tinca

Familie: Weißfische

Die Schleie ist ein beliebter Süßwasserfisch, der aufgrund seines zarten Fleisches vielerorts gezüchtet wird. Die gelbrote Zuchtform, die »Goldschleie«, ist ein häufiger Zierfisch in Teichen und Seen.
Kennzeichen: Körper gedrungen, mit dicker, schleimiger Haut, die mit winzigen Schuppen besetzt ist. Schwanzflosse schwach eingebuchtet, alle anderen Flossen abgerundet. Augen klein, 1 kleiner Bartfaden an jedem Mundwinkel. Rücken dunkelgrün oder braun, Seiten heller, Bauch gelblich-weiß. 20–60 cm.
Vorkommen: Europa bis Sibirien. Langsamfließende Gewässer, flache, wärmere Seen und Teiche mit dichten Pflanzenbeständen und Schlammgrund.
Lebensweise: Lichtscheuer, versteckt lebender Einzelgänger. Nur zur Laichzeit geselliger. Dämmerungs- und nachtaktiv, tagsüber in Bodennähe.
Fortpflanzung: Geschlechtsreife mit 3–4 Jahren. Laichzeit Mai–Juli. Laichdauer 1–2 Monate. 300 000–900 000 Eier, die in Portionen im Abstand von 2 Wochen an Wasserpflanzen abgelegt werden. Brutdauer ca. 3 Tage. Larven heften sich mit einer am Kopf befindlichen Klebedrüse an Pflanzen fest, bis der Dottersack aufgebraucht ist.
Nahrung: Zuerst Plankton, später Würmer, Schnecken, Insektenlarven, Pflanzen und pflanzlicher Abfall.
Besonderes: Die Schleie schließt sich im Winter zu mehreren zusammen und hält im Schlammgrund vergraben eine Winterstarre.

Schleie

Schleiereule

Tyto alba

Familie: Schleiereulen

Kennzeichen dieser Familie ist der herzförmige Gesichtsschleier.
Kennzeichen: 33–38 cm. Oberseits rostgelb und grau gezeichnet, unterseits je nach Unterart von fast weiß über rostgelb

Schleiereule im Flug

bis rostbraun gefärbt mit feinen, dunklen Punkten. Heller, herzförmiger Gesichtsschleier; dunkle Augen.

Stimme: Revierruf des ♂ ein vibrierendes Fauchen. Warnruf ein schriller, messerartiger Schrei; am Brutplatz schnarchende und kreischende Laute.

Vorkommen: Europa ohne Nord- und Nordosteuropa, Nordafrika; Vorder- und Südasien; Australien; Amerika. Offene Landschaft, auch Kulturlandschaft; auch in Siedlungen.

Lebensweise: Jagt v. a. nachts und in der Dämmerung. Flug gaukelnd und langsam. Sehr gutes Gehör. Jahresvogel; Wanderung nur in nahrungsarmen Jahren.

Brut: Brütet in Mitteleuropa in Kirchtürmen, Scheunen oder auf Dachböden, andernorts auch in Baumhöhlen, Felsnischen oder Erdlöchern. Bezieht auch spezielle Nistkästen. Eier liegen direkt auf Untergrund. 1–3 Bruten (April–September). 4–7 Eier; Brutdauer 30–34 Tage, Junge nach ca. 65 Tagen flügge.

Nahrung: Kleine Nagetiere, v. a. Spitzmäuse; auch Kleinvögel, Reptilien oder Insekten.

Besonderes: Der Schleiereulenbestand ist eng mit dem Spitzmausbestand verbunden.

Schleimfische

Blennius

Familie: Schuppenlose Schleimfische

Die Schuppenlosen Schleimfische zählen zu den häufigsten Fischen der Küstenregion des Nordatlantiks. Der Gestreifte Schleimfisch (*Blennius gattorugina*) ist mit 30 cm Länge die größte europäische Art, der Schan (*B. pholis*) die häufigste Schleimfischart an den britischen Küsten. Die Familie wird nach der Ernährungsweise unterteilt in räuberische und algenfressende Schleimfische.

Kennzeichen: Körper langgestreckt, seitlich abgeflacht, mit schleimiger, schuppenloser Haut. Steiles Kopfprofil, bei vielen Arten mit einfachen bis bäumchenartigen Tentakeln, Helm oder Kamm. Augen hoch am Kopf stehend. Sehr lange Rückenflosse. Bis 7 cm.

Vorkommen: Weltweit. Viele Arten im Mittelmeer, Schwarzen Meer und Atlantik.

Schleimfisch

Lebensweise: Räuberische Bodenbewohner. Ziehen sich bei Störungen in Felsspalten zurück. Sehr neugierig, schwimmen jedem sich bewegenden Gegenstand entgegen.

Nahrung: Krebstiere, Borstenwürmer, Weichtiere, Seepocken, auch Pflanzen.

Besonderes: Die Jungfische unterscheiden sich so stark von den Alttieren, daß man sie eine Zeitlang für eine eigene Art gehalten hat.

Schlingnatter

Coronella austriaca

Familie: Nattern

Die Schlingnatter wird wegen ihrer glatten Beschuppung auch Glattnatter genannt.

Schlingnatter

Kennzeichen: 50–70 cm. Grundfarbe variierend, ♀ eher grau oder braun, ♂ mehr rot- oder gelbbraun; auf dem Rükken 2 Fleckenreihen, wobei die Flecken versetzt oder nebeneinander stehen können. Kopf wenig vom Körper abgesetzt, Pupille rund.
Vorkommen: Südskandinavien, südlich bis Südeuropa, kleines Gebiet in Südengland, z. T. Iberische Halbinsel. Ostwärts bis Kleinasien und zum Kaukasus. Offenes sonniges Gelände mit vielen Versteckmöglichkeiten, lichte Wälder; auch in Siedlungsnähe.
Lebensweise: Tagaktiv; recht versteckt lebend. Vorwiegend am Boden, kann aber auch gut im Gebüsch klettern. Erdrosselt größere Beutetiere vor dem Verschlingen (Name!). Verharrt bei Annäherung relativ lange, bevor sie flieht. Zischt bei Gefahr, kann auch zubeißen. Winterruher.
Fortpflanzung: Paarung (April–Mai) mit Nackenbiß des ♂. ♀ lebendgebärend. Im August–September 6–15 Junge in einer transparenten Schleimhülle, aus der sich diese sofort befreien. Bei kalter Witterung kann sich die Entwicklungszeit der Jungen im Körper des ♀ verzögern; die Jungen kommen dann erst im Jahr nach der Paarung zur Welt.
Nahrung: Überwiegend Eidechsen; auch Kleinsäuger oder andere kleinere Reptilien.

Schlitzrüßler

Solenodon

Ordnung: Insektenfresser

Als letzte Überlebende einer in Urzeiten weitverbreiteten Tierfamilie kommen heute nur noch 2 Arten dieser riesigen, Spitzmäusen gleichenden Insektenfresser auf den Großen Antillen vor.
Kennzeichen: Rund 30 cm groß; Fell derb, sehr unterschiedlich gefärbt, von schwarzbraun über rötlich- oder gelblichbraun bis mausgrau; Schwanz annähernd körperlang, beschuppt, fast kahl; winzige Augen und runde, häutige Ohrmuscheln; Nase zu langem, beweglichem Rüssel ausgezogen, der lange Tasthaare trägt.
Vorkommen: In je 1 Art auf Kuba und Haiti. In dichtbewachsenen, feuchten oder trockenen Bergwäldern.
Lebensweise: Überwiegend nachtaktiv; tagsüber in Bodenhöhlen oder Felsspalten; leben in kleinen Familiengruppen. Über Revier- oder Sozialverhalten kaum etwas bekannt.
Fortpflanzung: Jeweils 1–2 Junge, die nackt und blind in einem Laubnest geboren werden.
Nahrung: Insekten, Würmer, Tausendfüßer, Schnecken, bisweilen auch Pflanzenkost.
Besonderes: Schlitzrüßler haben einen giftigen Speichel, der bei einem Biß über Rinnen in den unteren Schneidezähnen in das Beutetier gelangt.

Haiti-Schlitzrüßler

Schmeißfliegen
Calliphoridae
Ordnung: Zweiflügler

Überall dort, wo sich eiweißreiche Stoffe zersetzen (z. B. Fleisch, Kadaver) finden sich sehr bald Schmeißfliegen ein und legen ihre Eier ab. Die am Tage fliegenden, kräftig gebauten Tiere sind auch oft an ihrem »Brummen« zu erkennen, weshalb sie umgangssprachlich auch »Brummfliegen« oder »Brummer« genannt werden. Man unterscheidet u. a. die glänzend grünen bis bronzefarbenen Goldfliegen (Gattung *Lucilia*), die metallisch blauen Blauen Schmeißfliegen (Gattung *Calliphora*) sowie die kornblumenblauen Vogelblutfliegen (Gattung *Protocalliphora*).
Die Larven der Schmeißfliegen beschränken sich nicht nur auf tote Tiere, sondern greifen ebenso lebendes Gewebe an. Auch befallen sie nicht nur Säugetiere, die Vogelblutfliegen z. B. leben parasitär an und in Vögeln.

Goldfliege

Schmetterlingsfisch
Pantodon buchholzi
Ordnung: Knochenzüngler

Der Schmetterlingsfisch ist der einzige Vertreter seiner Familie und einer der wenigen »fliegenden Fische« des Süßwassers.
Kennzeichen: Körper oberseits etwas abgeflacht, unterseits gerundet. Brustflossen flügelartig vergrößert, Bauchflossen auf 4 lange Flossenstrahlen redu-

Schmetterlingsfische

ziert, braun-weiß geringelt. Schwanzflosse mit verlängertem Mittelstrahl. Rücken und Seiten braun mit dunkelgrünen Flecken, Bauchseite weißlich. Bis 15 cm.
Vorkommen: Westafrika. In Seen, Tümpeln und langsamfließenden, dichtbewachsenen Gewässern.
Lebensweise: Gesellig. Hält sich meist an der Wasseroberfläche auf.
Fortpflanzung: Eier treiben frei an der Wasseroberfläche. Brutdauer ca. 3 Tage. Auch die Brut schwimmt an der Wasseroberfläche.
Nahrung: Kleine Fische, Fluginsekten.
Besonderes: Der Schmetterlingsfisch kann sich durch flügelartige Bewegungen der Brustflossen aus dem Wasser erheben und einen Schwirrflug antreten.

Schmetterlingshafte
Ascalaphidae
Ordnung: Netzflügler

Wie die → Ameisenjungfern und → Florfliegen gehören die Schmetterlingshafte zu den → Netzflüglern. Ihr Flug und die großen, bunten Flügel erinnern sehr an Schmetterlinge. Weltweit sind etwa 300 Arten bekannt. Zu den 3 bei uns beheimateten Arten gehört *Ascalaphus libelloides*.
Kennzeichen: 2,5 cm lang. Flügelspannweite bis 5,3 cm. Flügel gelb-schwarz, netzartig geädert. Fühler keulenförmig verdickt.
Vorkommen: Südeuropa, nördlich der Alpen nur noch stellenweise an Wär-

meinseln (z. B. am Kaiserstuhl). Sonnige Hänge, Lichtungen.
Fortpflanzung: Eier werden paarweise an Gräsern abgelegt. Die Larven leben im Boden und haben einen walzenförmigen Körper, kurze Beine sowie auffallende Kieferzangen. Überwintern 2mal und verpuppen sich im Frühsommer.
Nahrung: Vollinsekten jagen im Flug andere Insekten, Larven lauern im Boden auf Beute und saugen sie aus.
Besonderes: *Ascalaphus libelloides* ist sehr gefährdert und steht auf der Roten Liste der vom Aussterben bedrohten Arten.

Schmetterlingshaft

Schmuckschildkröten
Pseudemys
Familie: Sumpfschildkröten

Schmuckschildkröten, wie die Rotbauch-Schmuckschildkröte (P*seudemys rubriventis*) oder die Rotwangen-Schmuckschildkröte (*P. scripta elegans*), sind beliebte Terrarientiere. Alljährlich kommen Hunderttausende von Jungtieren als Wildfänge in den Handel.
Kennzeichen: Panzerlänge 20–35 cm. An Kopf oder Hals je nach Art gelber oder roter Längsstreifen. Rückenpanzer flach, mit auffälligem Flammen- oder Schnörkelmuster; Schwimmhäute zwischen den Zehen gut ausgebildet.
Vorkommen: Süßgewässer Nord- bis Südamerikas, Antillen.

Rotbauch-Schmuckschildkröte

Lebensweise: Tagaktiv. Nehmen gern Sonnenbäder. Gute Schwimmer. Nahrungsaufnahme nur im Wasser. Paarung nach einer Art Balzspiel mit ausgiebiger Geruchskontrolle des ♂ an der Kloake des ♀ im Wasser. Eiablage an Land.
Nahrung: Schnecken, Fische, Insekten, Würmer, Krebse; auch Pflanzliches.

Schnabeligel
Tachyglossidae
Ordnung: Eierlegende Säugetiere

Unter Schnabel- oder Ameisenigel wird gewöhnlich der australische Kurzschnabeligel (*Tachyglossus aculeatus*) verstanden.
Kennzeichen: 35–50 cm groß; Rücken mit langen, kräftigen Stacheln bedeckt; dünne, röhrenförmige Schnauze (»Schnabel«), keine Zähne; Füße mit kräftigen Grabkrallen.
Vorkommen: In mehreren Unterarten in den verschiedensten Gebieten Australiens, von hochalpinen Regionen über Buschland bis zur Halbwüste.
Lebensweise: Überwiegend dämmerungs- und nachtaktiv; Einzelgänger; angelt seine Beutetiere mit der langen, klebrigen Zunge in die Mundröhre; fällt bei Kälte und Nahrungsmangel in eine Art Kälteschlaf mit abgesenkter Körpertemperatur.

Schnabeligel

Verhalten: Gräbt sich bei Gefahr so schnell in die Erde ein, daß es aussieht, als versinke er im Boden. Auf zu hartem Untergrund rollt er sich wie unser Igel zu einer Stachelkugel zusammen.
Nahrung: In erster Linie Ameisen und Termiten, aber auch andere Insekten und Kleintiere.
Fortpflanzung: Das ♀ legt 1 Ei (selten 2 oder 3) mit pergamentartiger Schale und brütet es in einer muskulösen Bruttasche am Bauch aus. Nach 7–10 Tagen schlüpft daraus ein gerade mal 12 mm großes, larvenhaftes Jungtier. Es wird an die 2 Monate in der Bauchtasche getragen, in der begrenzte Hautfelder Milch absondern. Dann wachsen dem Jungtier die Stacheln, und die Mutter legt es in einer Erdhöhle ab, säugt es aber noch weitere 4 Monate.
Besonderes: Der deutlich größere Langschnabeligel (*Zaglossus bruijni*), die zweite Art der Schnabeligel, kommt nur in den Bergwäldern Neuguineas vor. Seine kurzen Stacheln sind weitgehend im dicken Fell verborgen. Der nachtaktive Geselle ernährt sich hauptsächlich von Regenwürmern. Über seine Lebensweise ist kaum etwas bekannt.

Schnabeltier

Ornithorhynchus anatinus

Ordnung: Eierlegende Säugetiere

Nicht nur im Aussehen, sondern auch in der Lebensweise gehört das Schnabeltier wohl zu den merkwürdigsten Geschöpfen der Welt.

Kennzeichen: Kopf-Rumpflänge 40 bis 55 cm; stromlinienförmiger Körper; etwa 15 cm langer, abgeplatteter Schwanz; sehr kurze Beine; Vorderfüße durch Schwimmhäute zwischen den Zehen als flächige Paddel ausgebildet; Kopf mit breitem, knorpeligem »Entenschnabel« ohne Zähne. ♂ mit Giftsporn am inneren Hinterfußgelenk.

Schnabeltier

Vorkommen: Süßgewässer Ostaustraliens und Tasmaniens.
Lebensweise: Einzelgänger; lebt amphibisch, d. h. gleichermaßen im Wasser wie an Land; sehr standorttreu; gräbt lange Wohnröhre in der Uferböschung; Nahrungssuche durch Gründeln mit dem Schnabel, Futterbrocken werden in Backentaschen zur Wasseroberfläche oder ans Ufer getragen und dort gefressen.
Fortpflanzung: In einem Nest aus Gras und Laub, das in einer mehrere Meter langen Bruthöhle liegt, legt ♀ meist 2 Eier. Diese werden rund 10 Tage zwischen Bauch und eingeklapptem Schwanz ausgebrütet. Die geschlüpften Jungtiere ernähren sich monatelang von Muttermilch, die am Bauch des Weibchens in einem Milchdrüsenfeld abgesondert wird. Die Jungen lutschen die Milch aus dem Fell.

Nahrung: Wasserschnecken, Kleinkrebse, Wasserinsekten und deren Larven.
Besonderes: Das Schnabeltier kann über hochsensible Sinneszellen im Schnabel unter Wasser seine Beutetiere nicht nur ertasten, sondern auch über elektrische Reize orten.

Schnaken
Tipulidae
Ordnung: Zweiflügler

Schnaken werden der Unterordnung Mücken zugeordnet, sind aber wesentlich größer als diese.
Kennzeichen: 1,5–3 cm lang, Flügelspannweite bis 7,5 cm. Langgestreckter Hinterleib, auffallend lange Beine. Vorderflügel gut ausgebildet, Hinterflügel zu Schwingkölbchen reduziert.
Vorkommen: Weltweit. Nahezu überall; Wiesen, Hänge, feuchte Niederungen, Waldlichtungen, Gärten, Parks.
Lebensweise: Dämmerungsaktiv, werden abends häufig vom Licht in Wohnräumen angelockt. Keine guten Flieger.
Fortpflanzung: Eiablage im Boden. Larven walzenförmig, graubraun, mit kräftigen Mundwerzeugen. Verpuppen sich im Boden.
Nahrung: Die erwachsenen Insekten können nur Wasser oder Pflanzensäfte saugen, Larven fressen an Wurzeln und Pflanzenteilen.
Besonderes: Schnaken sind zu Unrecht gefürchtet, da sie nicht stechen bzw. Blut saugen können.

Schnake

Gartenschnecke

Schnecken
Gastropoda
Stamm: Weichtiere

Schnecken stellen eine Klasse der Weichtiere dar, die sowohl im Wasser als auch an Land vorkommen. Manche von ihnen bilden ein Kalkgehäuse aus (Gehäuseschnecken), andere nicht (Nacktschnecken). Nach Beschaffenheit der Atmungsorgane unterscheidet man Kiemen- und Lungenschnecken. Der Körper ist unterteilt in Kopf, Eingeweidesack und Fuß.
Die meisten Schnecken bewegen sich auf einer breiten, muskulösen Kriechsohle (Fuß) vorwärts. Der Eingeweidesack wird von einer Hautfalte (Mantel) überdeckt, der auch die Schale formt. Am Kopf sitzen Auge, Fühler und Mund mit Raspelzunge. Manche Schnecken sind getrenntgeschlechtlich, andere Zwitter. → Flügelschnecken, → Hainbänderschnecke, → Kaurischnecke, → Rote Wegschnecke, → Seeohr, → Weinbergschnecke, → Wellhornschnecke.

Schneegans

Anser caerulescens

Unterfamilie: Gänseartige

Von der Schneegans gibt es 2 unterschiedlich große Rassen, die manchmal auch Größere (*Anser caerulescens atlanticus*) und Kleinere Schneegans (*A. c. caerulescens*) genannt werden.

Kennzeichen: Größere Schneegans: 70–84 cm. Reinweiß mit schwarzen Handschwingen. Kleinere Schneegans: 65–78 cm. Neben einem weißen Farbschlag auch ein blaugrauer mit weißem Kopf und Oberhals. Alle Schneegänse mit rosenroten Beinen, Füßen und Schnabel.

Vorkommen: Arktis Nordamerikas. Niedrigwüchsige Tundra, meist in Wassernähe oder auf steinigem Grund.

Lebensweise: Sehr gesellig, oft in riesigen Schwärmen. Nahrungssuche hauptsächlich an Land weidend, auch vom Wasser aus. Zugvogel, der auf dem Zug Entfernungen von 3500 km und mehr ohne Unterbrechung überwindet.

Brut: Koloniebrüter. Nest eine flache Bodenmulde, mit Moos und Gras ausgelegt. 1 Brut. Meist 4–5 Eier; Brutdauer 23–25 Tage, Junge flügge nach 40–50 Tagen.

Nahrung: Überwiegend vegetarisch; Wurzeln, Stengel und Blätter von Gräsern und Kräutern, auch Wasserpflanzen.

Schneegans

Schneehase

Lepus timidus

Familie: Hasenartige

Dieser enge Verwandte des → Feldhasen ist im Gegensatz zu diesem in erster Linie ein Waldbewohner. Auch in Gebieten, in denen beide Arten vorkommen, treffen sie daher kaum zusammen.

Schneehase im Sommerkleid

Schneehase im Winterkleid

Kennzeichen: Ähnlich einem Feldhasen, aber kürzere Ohren; Sommerfell braun bis graubraun mit weißem Bauch und Schwanz, Winterfell zumeist rein weiß, nur Ohrspitzen immer schwarz.

Verbreitung: Nord- und Nordosteuropa, Irland und Schottland; gesamtes nördliches Asien, arktische Breiten Nordamerikas. Eigene Unterart in den Alpen.

Lebensraum: Nordische Wälder, Tundra, Moore; in den Alpen von der Krummholzzone bis zur Schneegrenze.

Lebensweise: Überwiegend dämmerungs- und nachtaktiv; recht gesellig; Lager zwischen Felsen oder Wurzeln, auch in selbstgegrabenen Schneehöhlen; *Kulturflüchter*.

Fortpflanzung: 2–3 Würfe im Jahr mit jeweils 2–5 Jungen, die vollbehaart und sehend geboren werden.

Nahrung: Kräuter und Gräser, Knospen, Laub, Beeren, im Winter Rinde, auch Pilze, Flechten, Moos.

Besonderes: Der Zeitpunkt des Haarwechsels wird von der Umgebungstemperatur bestimmt. Im höchsten Norden sind die Tiere daher z. T. das ganze Jahr über weiß, im klimatisch milden Irland bleiben sie dagegen auch im Winter braun.

Schneeleopard

Uncia uncia

Familie: Katzen

Der prachtvolle, aber sehr seltene Schneeleopard oder Irbis nimmt im System der Tiere eine Mittelstellung ein zwischen Groß- und Kleinkatzen.

Kennzeichen: Kopf-Rumpflänge 1 bis 1,50 m; langgestreckter, relativ kurzbeiniger Körper; sehr langer Schwanz; graubeiges Fell mit schwarzer Punkte- und Rosettenzeichnung.

Vorkommen: Zentralasiatische Gebirge, von etwa 2000 m Höhe bis hinauf zur Schneegrenze in z. T. über 5000 m Höhe. Meist oberhalb der Waldgrenze.

Lebensweise: Tag- und dämmerungsaktiv; außerhalb der Paarungszeit einzelgängerisch; zieht auf Beutesuche sehr weit umher; benützt feste Wechsel und Ruheplätze; Streifgebiet eines einzelnen Tiers wohl weit über 100 km^2.

Fortpflanzung: Pro Wurf meist 2–3 Junge, die in einer Felsspalte oder -höhle zur Welt kommen und aufwachsen. ♀ polstert Nest mit Moos und eigener Bauchwolle aus.

Nahrung: Gebirgshuftiere wie Steinböcke, Schraubenziegen, Wildschafe, Thars oder Moschustiere, auch Murmeltiere, Schneehühner und andere kleinere Wirbeltiere; nicht selten auch Haustiere.

Besonderes: Der sprunggewaltige Schneeleopard kann bis zu 15 m weite Sätze machen, wobei der lange Schwanz als Steuerruder wirkt.

Schneeleopard mit Jungtier

Schneemaus

Microtus nivalis

Unterfamilie: Wühlmäuse

Die wenig scheue Schneemaus, eine nahe Verwandte der verbreiteten → Feldmaus, kommt entgegen ihrem Namen auch in Gebirgen vor, in denen praktisch nie Schnee fällt.

Schneemaus

Kennzeichen: 10–14 cm groß; Fell silbergrau; Schwanz $^1/_2$ körperlang, weißlich, wird beim Laufen frei waagerecht abstehend getragen; Ohren klein und rund.

Vorkommen: Gebirge Mittel- und Südeuropas sowie Vorderasiens. Felsige Berghänge bis in 4700 m Höhe.

Lebensweise: Tag- und nachtaktiv; schlüpft vorwiegend zwischen Steinen und Felsblöcken herum; bewohnt Felsspalten oder gräbt dicht unter der Oberfläche kurze, meist unverzweigte Erdgänge, an deren Ende das Nest liegt; hält auch in kalten Regionen keinen Winterschlaf.

Fortpflanzung: 1–2 Würfe im Jahr mit je 2–4 Jungen, die mit 3 Wochen selbständig sein können, meist aber auch noch lange danach von der Mutter gesäugt werden.

Nahrung: Reine Pflanzenkost.

Schneeziege

Oreamnos americanus

Familie: Hornträger

Die schneeweißen Kletterkünstler sind entgegen ihrem Namen keine Ziegen, sondern Verwandte unserer Gemsen.
Kennzeichen: Einer großen, stämmigen Ziege gleich; dichtes, langhaariges, weißes Fell; beide Geschlechter mit kurzen, nach hinten gebogenen, dolchartigen Hörnern.
Vorkommen: Nördliches Nordamerika. Steile, felsige Berghänge von Meereshöhen (Alaska) bis in hochalpine Regionen der Rocky Mountains (Montana und Idaho).
Lebensweise: Geißen mit Jungtieren in Trupps, Böcke meist einzeln unterwegs; gleich nach der Brunft werden ♂ vehement aus den Winterrevieren der ♀ vertrieben; Muttertiere verteidigen ihre Jungen sehr aggressiv.
Fortpflanzung: Jährlich 1, manchmal auch 2 Kitze, die gleich nach der Geburt ihrer Mutter im Felsgelände folgen können.
Nahrung: Gräser, Kräuter, Laub, Triebe von Nadelbäumen, Flechten.
Besonderes: Mit Dolchstichen ihrer spitzen Hörner können Schneeziegen angreifenden Hunden, Wölfen, ja sogar Bären tödliche Verletzungen beibringen.

Schneeziege mit Jungem

Schneidervogel → Rotstirn-Schneidervogel

Schnurfüßer

Schnurfüßer

Julidae

Klasse: Tausendfüßer

Die Schnurfüßer mit ca. 4000 Arten machen etwa die Hälfte aller Tausendfüßer-Arten aus. Zusammen mit den Pinselfüßern, → Saft- und Riesensaftkuglern und den Bandfüßern bilden sie die Unterklasse der Doppelfüßer, bei denen die Rumpfringe immer paarweise miteinander verschmolzen sind und 2 Beinpaare tragen. Ihr Körper ist drehrund und kann bei tropischen Arten aus bis zu 121 Ringen bestehen. Sie sind meist braun, grau oder schwarz gefärbt, eine Ausnahme bildet *Schizophyllum sabulosum*, der auf dem Rücken rötlich-gelbe Längsstreifen trägt.
Bei Gefahr rollen sich die Schnurfüßer zu einer Kugel zusammen und geben ein stark schleimhaut- und hautreizendes Gift ab.
Vorkommen: Weltweit. Vorwiegend in feuchteren Lebensräumen. An trockenen Standorten unter Steinen versteckt.

Scholle

Pleuronectes platessa
Ordnung: Plattfische

Der bekannteste europäische Plattfisch und ein beliebter Speisefisch ist die Scholle, auch Goldbutt genannt.

Kennzeichen: Körper oval, platt, mit kleinen, glatten Schuppen besetzt. Kopf mit leistenartiger Verdickung zwischen den Augen. Augen rechtsseitig liegend, Mund klein. Oberseite braun mit orangefarbenen Flecken, Unterseite weiß. 25–40 cm.

Vorkommen: Nordostatlantik, Nordsee, westliches Mittelmeer. Über Sand- und Schillgrund, von der Strandzone bis in 400 m Wassertiefe.

Lebensweise: Geselliger Bodenfisch. Unternimmt ausgedehnte Laich- und Nahrungswanderungen.

Fortpflanzung: Geschlechtsreife mit 5–6 Jahren. Laichzeit Januar–März. Je nach Größe 50 000–500 000 Eier. Brutdauer ca. 3 Wochen. Freitreibende Larven, die nach 1–2 Wochen zum Bodenleben übergehen.

Nahrung: Muscheln, Würmer, Weichtiere, Kleinkrebse.

Besonderes: Aus dem kugelrunden Ei schlüpft eine winzige Fischlarve. Im Laufe von 35–40 Tagen wandert ein Auge auf die andere Körperseite und der Körper flacht sich ab. Der Fisch hat nun eine Sehseite mit 2 Augen und eine Blindseite (Unterseite).

Scholle im Sand

Schopffrankolin → Rebhuhn

Schopfgibbon → Weißwangengibbon

Schopfkarakara

Polyborus plancus
Familie: Falken

Innerhalb der Familie werden die 9 Arten der Karakaras als Geierfalken zusammengefaßt, da sie sich überwiegend von Aas ernähren.

Schopfkarakara

Kennzeichen: 51–61 cm. Überwiegend dunkel gefärbt mit weißem Kopf und Hals; Scheitel schwarz, zu buschiger Haube aufstellbar. Wachshaut und nackte Gesichtshaut rosa.

Vorkommen: Südliche USA, Mittel- und ganz Südamerika. Offenes und halboffenes Gelände im Tiefland sowie in mittleren Höhenlagen.

Lebensweise: Paarweise oder in Familientrupps. Nahrungssuche oft zu Fuß oder im niedrigen Suchflug. Häufig mit Geiern an Kadavern versammelt. Sucht Straßenränder nach überfahrenen Tieren ab.

Brut: Großer Horst auf hohen Bäumen. 2–3 Eier; Brutdauer 4–5 Wochen, Nestlingszeit ca. 10 Wochen.

Nahrung: Kleine Säugetiere, Vögel, Fische, Amphibien, auch verletzt oder tot; Insekten und andere Wirbellose.

Besonderes: Der Name »Karakara« leitet sich vom harten knarrenden Ruf des Schopfkarakara ab.

Schraubenziege

Capra falconeri

Familie: Hornträger

Wie der deutsche Name spielt auch der einheimische Name »Markhor« auf das schraubige Gehörn der stattlichen Bockart an: Er bedeutet »Schlangenhorn«.

Schraubenziege

Kennzeichen: Ähnlich einem → Steinbock, ♂ aber mit langen, geraden, spiralig gewundenen Hörnern, z. T. mit Halsmähne; ♀ mit kurzen Hörnern, z. T. mit Kinnbart; Fell fahlbraun, Kopfbereich oft schwärzlich, Läufe schwarz-weiß.
Vorkommen: Gebirge im Norden Indiens in Höhen von 600–4000 m. Felshänge und Schluchten mit lichtem Baumbestand oder Gebüschen.
Lebensweise: Vorwiegend morgens und abends aktiv, ruht tagsüber, oft auf Felsvorsprüngen mit guter Aussicht; das Jahr über Böcke und Geißen (mit Jungtieren) in getrennten Rudeln, zur Brunftzeit gemischte Verbände; hervorragender Felskletterer, klettert zum Äsen sogar auf Bäume.
Fortpflanzung: 1–2 Kitze, die der Mutter sogleich im Berghang folgen können; werden 5–6 Monate lang gesäugt.
Nahrung: Gräser, Kräuter, Laub.

Schreiseeadler

Haliaeetus vocifer

Familie: Habichtartige

Seeadler sind große Greifvögel mit breiten Flügeln und mächtigem Schnabel. Bei uns lebt die Art *Haliaeetus albicilla*, die im Alterskleid einen weißen Schwanz aufweist.
Kennzeichen: 65–75 cm. Braunschwarz gefärbt mit leuchtendweißem Kopf, Hals und Oberrücken sowie weißem Schwanz. Schnabelwurzel auffällig gelb.
Stimme: Lauter, heller, möwenähnlicher Ruf aus 3–4 Silben, wie »käjau-kau-au-au«; oft zu hören und eine der bekanntesten Tierstimmen der afrikanischen Wildnis.
Vorkommen: Afrika südlich der Sahara. Binnengewässer aller Art, auch an der Küste.
Lebensweise: Paarweise oder Einzelgänger. Sitzt häufig auf Bäumen o. ä. exponierten Warten. Ruft von der Sitzwarte aus oder im Flug. Jagt im flachen Sturzflug oder greift Beute aus dem Gleitflug direkt von der Wasseroberfläche. Jagt auch anderen fischenden Vögeln die Beute ab. Sehr gewandter und eleganter Flieger. Beeindruckender Balzflug beider Paarpartner.
Nahrung: Überwiegend Fische, auch Jungvögel, etwa Flamingos, und kleinere Säugetiere; auch Aas.

Schreiseeadler

Schuhschnabel

Balaeniceps rex

Familie: Schuhschnäbel

Der Schuhschnabel gehört wie Störche, Ibisse oder Flamingos zur Ordnung der Schreitvögel (*Ciconiiformes*). Von den Arabern wird er »Abu Markub« genannt, »Vater des Schuhs«.

Schuhschnabel

Kennzeichen: 120 cm. Grau gefärbt, am Hinterkopf eine Holle. Schnabel riesig, unverwechselbar; Ränder scharfkantig.
Vorkommen: Tropisches Afrika vom Sudan bis Sambia. Papyrus- und Miscanthidium-Sumpfgebiete.
Lebensweise: Klappert mit dem Schnabel. In Ruhehaltung und im Flug werden Kopf und Schnabel auf den Hals gelegt. Einzelgänger. Nahrungssuche meist nachts.
Brut: Nest ein Haufen aus Pflanzenmaterial im Binsendickicht. 2 Eier, von beiden Altvögeln ca. 30 Tage lang bebrütet. Junge verlassen im Alter von ca. 2 Wochen das Nest.
Nahrung: Fische, v. a. Lungenfische, Frösche, Reptilien, kleine Vögel, große Schnecken.

Schuppentiere

Manis

Ordnung: Schuppentiere

Die an Tannenzapfen erinnernden Schuppentiere sind mit keinen anderen heute lebenden Tieren näher verwandt. Die 4 afrikanischen und 3 asiatischen Arten stellen die einzige Gattung einer eigenen systematischen Ordnung dar.
Kennzeichen: Kopf-Rumpflänge je nach Art 30–80 cm, Schwanzlänge 35 bis 70 cm; Körperoberseite von der Nasen- bis zur Schwanzspitze dachziegelartig von Hornschuppen bedeckt, Bauchseite behaart; Färbung blaß ockerbraun über oliv bis schwarzbraun; Kopf langgestreckt; weit herausstreckbare, wurmförmige, klebrige Zunge; keine Zähne.
Vorkommen: Äquatorial- und südliches Afrika, Indien, Südostasien, Regenwald, offene Savanne und Steppengebiete.
Lebensweise: Mit Ausnahme einer vorwiegend tagaktiven Art durchweg nachtaktive Einzelgänger; teils reine Bodenbewohner, teils auch in Bäumen kletternd (dann mit Greifschwanz); Ruhelager und Aufzucht des 1 Jungen in selbstgegrabener Erdhöhle, unter Baumwurzeln oder in Baumhöhlen.
Verhalten: Rollen sich zum Schlafen und zur Feindabwehr zu einer Kugel zusammen.
Fortpflanzung: In der Regel nur 1 Junges pro Geburt, dessen noch weiche Schuppen sich noch nicht überlappen; bleibt je nach Art im Lager oder reitet auf der Schwanzwurzel der Mutter.
Nahrung: Termiten und Ameisen.

Vorderindisches Schuppentier

Schützenfisch beim Beutefang

Schützenfisch

Toxotes jaculator

Ordnung: Barschartige

Der Schützenfisch wurde bekannt durch die besondere Art seines Nahrungserwerbs: Er »schießt« seine Beute – Insekten, die auf Pflanzen über dem Wasserspiegel sitzen – mit einem gezielten Strahl aus Wassertropfen ab und verspeist sie dann.

Kennzeichen: Körper länglich, seitlich zusammengedrückt, gerade Rückenlinie. Kopf abgeflacht, Schnauze spitz ausgezogen. Große, bewegliche Augen. Mundspalte schräg nach oben gerichtet, Unterkiefer länger als Oberkiefer. Zähne bürstenartig. Rückenflosse weit nach hinten gerückt mit 4–5 Stachelstrahlen. Rücken braungrün mit 3–4 dicken, schwarzen Querbinden bis etwa zur Körpermitte. Restlicher Körper silbrigglänzend. Bis 24 cm.

Vorkommen: Südostasien. Im Mischwassergebiet der Mangrovensümpfe, in Flußmündungen und reinem Süßwasser.

Lebensweise: Scheu und unverträglich. Großes Revier in oberflächennahem Wasser.

Nahrung: Insekten, vor allem fliegende.

Besonderes: Jungfische tragen auf der Mauloberseite einen auffälligen Leuchtfleck, der bei auftreffendem Licht glänzt und anscheinend als Lockmittel für Insekten gilt.

Schwalbenschwanz

Papilio machaon

Familie: Ritterfalter

Der bekannteste einheimische Vertreter der → Ritterfalter ist der Schwalbenschwanz.

Kennzeichen: Flügelspannweite 6 bis 8 cm. Intensiv gelb-schwarz gezeichnet. Hinterflügel mit blauer Binde, rotbraunem, schwarz umrandetem Augenfleck und zarten Schwanzanhängen.

Vorkommen: Ganz Europa (außer Irland), Nordafrika und gemäßigtes Asien. Blumenwiesen, Gärten, Ödland.

Flugzeit: Fliegt von April–Oktober in 2–3 Generationen.

Lebensweise: Gewandter Tagfalter, der weit umherfliegt; eifriger Blütenbesucher. ♂ sammeln sich oft in kleinen Gruppen auf Hügeln und erwarten dort ♀. Eier werden einzeln an Stengel, Blätter und Blütenstielen der Raupenfutterpflanzen abgelegt. Überwintert als Puppe.

Raupe: Grünlich, schwarz geringelt mit orangen Punkten, unbehaart. Am Nacken mit Drüsen, die bei Gefahr unangenehmen Geruch abgeben. Tagaktiv; lebt auf verschiedenen Doldenblütlern. Verpuppt sich an einem Pflanzenstengel.

Besonderes: Der Schwalbenschwanz steht bei uns auf der Roten Liste der gefährdeten Arten.

Schwalbenschwanz

Schwalmvögel

Podargidae

Ordnung: Nachtschwalben

Zur Ordnung Schwalmvögel gehören 5 Familien, von denen → Eulenschwalm, → Fettschwalm und → Ziegenmelker näher beschrieben werden. Die Familie der Nachtschwalben (*Caprimulgidae*) hat im Vergleich die kürzesten Schnäbel aller Vögel. Zu den größeren Arten zählt mit 55 cm der Papuaschwalm (*Podargus papuensis*).

Kennzeichen: Durch rindenartiges Gefieder hervorragend getarnt. Die meisten Arten sind Insektenfresser mit sehr breitem Mundspalt. Fledermausartiger Flug; bis auf die Fettschwalme eulenartig weiches Gefieder, deshalb Flug sehr leise.

Papuaschwalm

Schwämme

Spongia

Unterreich: Vielzeller

Schwämme sind die einfachsten vielzelligen Tiere. Sie kommen in ca. 2500 Arten sowohl im Meer- als auch im Süßwasser vor. Ihre Größe schwankt von 1 cm–2 m Höhe und Breite, ihre Formen von dünnen Überzügen bis massigen, fächer- oder baumartigen Gestalten. Sie können unscheinbar, aber auch prächtig gefärbt sein. Der Körper besteht aus z. T. beweglichen Zellen, die zu lockeren Verbänden zusammengeschlossen sind. Nur an der Körperoberfläche und im Innern des Hohlraumsystems sind die Zellen zu festen Lagern verbunden. Die Körperwand wird durch nadel- oder sternförmige Gebilde aus Calcid oder Kieselsäure oder aus einem Maschenwerk aus dem Eiweißstoff Spongin verstärkt. Schwämme ernähren sich von kleinsten Planktonorganismen, die sie aus dem Wasser filtrieren.

Man unterscheidet 4 Klassen: Kalkschwämme, Glasschwämme, Gemeinschwämme und Korallenschwämme. → Badeschwamm, → Bohrschwamm.

Schwanzmeise

Aegithalos caudatus

Familie: Schwanzmeisen

Verbreitungsschwerpunkt der Familie ist Asien; in Europa und Amerika ist sie nur durch je eine Art vertreten.

Kennzeichen: 14 cm; mehr als die Hälfte davon entfällt auf den gestuften Schwanz. Kopf je nach Rasse weiß oder schwarz-weiß gestreift. Rücken, Flügel und Schwanz schwarz, je nach Rasse mit weißlichem Flügelfeld, Unterseite weißlich; Bauch und Flanken rötlich überhaucht.

Vorkommen: Gemäßigtes und südliches Europa, Asien bis Japan. Wälder aller Art und Gebüschland.

Lebensweise: Nahrungssuche in kleinen Trupps rastlos im Gezweig hangelnd und turnend. Hüpfender Flug. Verbringt kalte Winternächte zu mehreren dicht zusammengedrängt.

Brut: Kunstvolles Nest; kugel- bis eiförmig, aus weicher Pflanzenwolle, Moos und Gespinsten, außen mit Flechten getarnt, in eine Astgabel oder in Büsche gebaut. Das Nest ist dehnbar und wächst mit den Jungen mit. 1–2 Bruten (April bis Juni). 8–10 Eier; Brutdauer 12 bis 14 Tage, Nestlingszeit 14–16 Tage.

Nahrung: Insekten, Spinnen.

Schwanzmeise

Abendpfauenauge

Schwärmer

Sphingidae

Ordnung: Schmetterlinge

Kennzeichnend für diese Schwärmer ist ihr großer, kräftiger Körper und die schmalen, spitzwinkeligen Flügel. Die Falter sind sehr gute Flieger. Der wissenschaftliche Name dieser Schmetterlingsfamilie bezieht sich auf die ungewöhnliche, an eine Sphinx erinnernde Haltung mancher Schwärmer-Raupen, die sie bei Gefahr einnehmen. Dabei richten sie ihren Vorderkörper auf. Von den weltweit etwa 1000 Arten kommen nur 30 in Europa vor. Unter ihnen gibt es keine nennenswerten Schädlinge. Einige sind Wanderfalter und ausgezeichnete Flieger, die zu uns aus dem Süden zufliegen, wie z. B. der → Totenkopfschwärmer. Die meisten Schwärmer sind nachtaktiv, eine Ausnahme macht der Hummelschwärmer (*Hemaris fuciformis*). Bei manchen Arten nehmen die Falter keine Nahrung auf, z. B. beim Abendpfauenauge (*Smerinthus ocellata*).

Mittlerer Weinschwärmer

Schwarzbär

Ursus americanus

Familie: Großbären

Der Nordamerikanische Schwarzbär oder Baribal ist heute die zahlenmäßig stärkste Art unter den Großbären.

Schwarzbär

Kennzeichen: Körperlänge bis zu 1,80 m, Schulterhöhe etwa 1 m; Fell vergleichsweise kurzhaarig, durchaus nicht immer schwarz, gebietsweise auch silbergrau, rotbraun und sogar weiß.
Vorkommen: Kanada und weite Teile der USA. Laub- und Mischwälder.
Lebensweise: Einzelgänger oder in kleinen Mutterfamilien; klettert auch noch als Erwachsener oft auf Bäume; hält *Winterschlaf.*
Fortpflanzung: Pro Wurf 1–4, in den meisten Fällen 2 Junge, die im Januar/Februar in der Überwinterungshöhle geboren werden; bei der Geburt blind und taub; bleiben $1^1/_2$ Jahre und länger bei der Mutter.
Nahrung: Pflanzenkost aller Art, auch Insekten, Honig, Aas, kleine Wirbeltiere, kaum jemals Huftiere.
Besonderes: In vielen amerikanischen Nationalparks haben Schwarzbären gelernt, in den Besuchern bereitwillige Lieferanten von Leckerbissen zu sehen und betteln entsprechend hartnäckig.

Schwarze Mamba → Grüne Mamba

Schwarze Witwe

Latrodectes mactans

Familie: Kugelspinnen

Die Schwarze Witwe gehört zu den gefürchtetsten Giftspinnen. Ihr Gift ist 15mal so stark wie das einer Klapperschlange, allerdings gibt sie beim Biß nicht im entferntesten so viel Gift ab wie die Schlange.

Kennzeichen: Kugelförmiger Hinterleib. Tiefschwarz mit roten Flecken auf der Oberseite des Hinterleibs, an der Unterseite sanduhrförmiger, leuchtendroter Fleck. ♀ 10–15 mm, ♂ 4–7 mm.

Vorkommen: Nordamerika. Trockenes Ödland, dürre, mit Gräsern bewachsene Gebiete.

Lebensweise: Lebt zurückgezogen, nicht aggressiv. Baut Haubennetz und hält sich im oberen Teil des Netzes in einem nach unten offenen Schlupfwinkel auf.

Fortpflanzung: Das ♂ »fesselt« vor der Paarung das ♀ mit lockeren, um die Beine gespannten Fäden. Kurz nach der Begattung löst sich das ♀ und frißt ihren Partner auf (Name!).

Nahrung: Käfer, Heuschrecken.

Besonderes: In Südeuropa lebt *L. tredecimguttata*, deren Biß starke Schmerzen, Übelkeit und Lähmungen verursacht. Häufig sitzen die Spinnen in freistehenden WC-Anlagen unter dem Sitz!

Schwarze Witwe

Schwarzer Panther → Jaguar, → Leopard

Schwarzer Wasserspringschwanz → Springschwänze

Schwarzfersenantilope → Impala

Schwarzfußiltis

Mustela nigripes

Familie: Marder

Der amerikanische Schwarzfußiltis ist in seiner ganzen Lebensweise stark von → Präriehunden abhängig.

Schwarzfußiltis

Kennzeichen: Ähnlich dem Europäischen → Iltis, mit schwarzen Beinen und kontrastreicher Gesichtsmaske.

Vorkommen: Nordamerikanische Prärie, meist mitten in Präriehund-Kolonien.

Lebensweise: Vorwiegend nachtaktiv; hält sich zumeist in den Gangsystemen der Präriehundbaue auf, wo er jagt und auch sein Quartier hat; Einzelgänger.

Fortpflanzung: Pro Wurf 1–5 (zumeist 3) Junge, die blind und hilflos zur Welt kommen, mit etwa 30 Tagen die Augen öffnen und wahrscheinlich mit rund 4 Monaten selbständig werden und sich dann ein eigenes Revier suchen müssen.

Nahrung: In erster Linie Präriehunde, auch andere kleine Nagetiere und Vögel.

Besonderes: Weil die Präriehund-Kolonien von Farmern und Viehzüchtern konsequent vernichtet wurden, ist der Schwarzfußiltis heute vom Aussterben bedroht.

Schwarzkäfer

Schwarzkäfer
Tenebrionidae
Ordnung: Käfer

Weltweit mit 20 000 Arten vertreten zählen die Schwarzkäfer zu den charakteristischen Tieren der Wüsten und Halbwüsten. Nur 71 Arten sind in Mitteleuropa beheimatet. Die meisten Schwarzkäfer tragen ihren Namen zu Recht, nur einige Wüstenarten sind rot, grün oder auch weiß gefärbt. Die artenreiche Familie zeichnet sich durch eine überaus große Formenvielfalt aus. Die Größe reicht von 1 mm – 5 cm (in den Tropen). Alle Schwarzkäfer sind nachtaktiv und vergraben sich tagsüber im Sand. In Anpassung an extrem trockene Umweltbedingungen tragen die Tiere einen dicken Chitinpanzer. Viele Arten sind Lauftiere mit z. T. rückgebildeten Flügeln. Schwarzkäfer ernähren sich von pflanzlichen sowie faulenden Substanzen. Zu den bei uns heimischen Arten zählen der → Mehlkäfer, der Totenkäfer (*Blaps mortisaga*) und der Reismehlkäfer (*Tribolium destructor*).

Schwarzkehl-Honiganzeiger
→ Honiganzeiger

Schwarzmantel-Scherenschnabel
Rhynchops niger
Familie: Scherenschnäbel

Scherenschnäbel gehören zur Ordnung der Wat-, Möwen- und Alkenvögel (*Charadriiformes*).
Kennzeichen: 40–50 cm. Oberseite schwarz bis auf weißen Flügelhinterrand, Unterseite weiß, Stirn weiß. Füße rot; Schnabelbasis rot, restlicher Schnabel schwarz.
Vorkommen: Südliches Nordamerika über die Karibik bis Südamerika. Landzungen, Sandbänke und Nehrungen an der Küste und in großen Flüssen.
Lebensweise: Nahrungssuche in der Regel nachts und in der Dämmerung. Das Auge ist daran besonders angepaßt; die bei wenig Licht kreisförmig geöffnete Pupille kann bei starker Sonneneinstrahlung zu senkrechtem Spalt verengt werden.

Schwarzmantel-Scherenschnäbel

Brut: Brütet in lockeren Kolonien. Nest eine flache Mulde am Boden. 3–4 Eier, von beiden Altvögeln bebrütet.
Nahrung: Fische und Krebstiere.
Besonderes: Bei allen 3 Scherenschnabel-Arten überragt der abgeflachte Unterschnabel den seitlich zusammengedrückten Oberschnabel um ca. $^1/_3$. Der Vogel fliegt knapp über dem Wasser und durchpflügt mit dem Unterschnabel die Oberfläche; sobald er eine Beute spürt, klappt der Oberschnabel herunter, der Kopf wird unter den Körper gebeugt, dann fliegt der Vogel hoch und verschluckt die Beute.

Schwarzmilan → Rotmilan

Schwarzschnabel-Sturmtaucher
Puffinus puffinus
Familie: Sturmvögel

Sturmvögel gehören zusammen mit Sturmschwalben und Albatrossen zur Ordnung der Röhrennasen (*Procellariiformes*), so benannt nach einem röhrenartigen Nasenaufsatz, der der Salzausscheidung dient.
Kennzeichen: 30–35 cm. Oberseite dunkelbraun, Unterseite weiß mit dunk-

len Flügelspitzen und dunklem Flügelhinterrand.
Vorkommen: Küsten des Mittelmeeres und des Nordatlantiks. Im Winter auf offener See, v. a. im Schelfbereich.
Lebensweise: Gleitet auf starren Schwingen knapp über die Wellenkämme; wirft sich dabei von einer Seite auf die andere. Taucht nach lebender Beute, nimmt Aas schwimmend von der Wasseroberfläche.
Brut: Brütet kolonieweise in Erdhöhlen auf rasenbedeckten oder felsigen Inseln. Gräbt Höhle selbst, legt Ei aber auch in Felsspalte oder unter Felsblöcke. Kommt nur nachts zum Brüten in die Kolonie. 1 Brut (Februar–September). 1 Ei; Brutdauer 52–54 Tage, Nestlingszeit ca. 70 Tage, Altvögel verlassen Junges aber bereits 1–2 Wochen vor Erreichen der Flugfähigkeit.
Nahrung: Fische, Krebs- und Weichtiere, sowohl tot als auch lebendig; ölhaltige Abfälle.
Besonderes: Außerhalb der Brutzeit fliegen Schwarzschnabel-Sturmtaucher oft Tausende von Kilometern über die Meere und gelangen dabei nicht selten auch bis an die Südküste Südamerikas.

Schwarzschnabel-Sturmtaucher

Schwarzspecht
Dryocopus martius
Familie: Spechte

Der Schwarzspecht ist der größte Specht Europas.
Kennzeichen: 45–46 cm. Schwarz gefärbt mit rotem Scheitel (♂) oder rotem Fleck am Hinterkopf (♀), hellem Auge und hellem Schnabel. Schwanz keilförmig.

Schwarzspecht füttert Junges

Stimme: Im Flug weit hörbar »prrü prrü prrü«, nach der Landung abfallend »kliöö«. Reviergesang im Frühling ein schnell gereihtes »Kwikwikwi«.
Vorkommen: Europa bis auf den hohen Norden, Westen und Teile Südeuropas; Asien östlich bis Kamtschatka und Japan, ohne Südwestchina. Hochwald (Nadel- und Mischwald), v. a. aber mit älteren Bäumen; im Gebirge bis zur Baumgrenze.
Lebensweise: Einzelgänger; sowohl ♀ als auch ♂ haben eigenes Revier. Nahrungssuche in Baumstümpfen oder an Bäumen; hackt dabei oft große Löcher oder Spalten. Kraftvoller Flug, im Gegensatz zu anderen Spechten nicht wellenförmig. Schläft auch außerhalb der Brutzeit in Höhlen. Jahresvogel.
Brut: Nur zur Brutzeit paarweise. Meißelt Bruthöhle selbst in dicke Bäume; brütet aber auch mehrere Jahre hintereinander in derselben Höhle. 1 Brut (März–Juni). 3–5 Eier; Brutdauer 12–14 Tage, Nestlingszeit ca. 1 Monat.
Nahrung: Im Holz lebende Insekten und deren Larven; auch Samen und Früchte.

Schweinebandwurm → Bandwürmer

Schweinswal

Schweinswal
Phocoena phocoena
Unterordnung: Zahnwale

Der Schweinswal oder Kleine Tümmler gehört nicht wie sein Namensvetter, der Große → Tümmler, zu den Delphinen, sondern ist ein Vertreter einer eigenen Familie von Kleinwalen. Volkstümlich wird er aufgrund seiner Färbung auch oft »Braunfisch« genannt.
Kennzeichen: Länge 1,40–1,80 m; rundlich-pummeliger Körperbau; graubraune Ober- und weiße Unterseite; kurzer Kopf ohne Delphinschnabel.
Vorkommen: Nordatlantik, Nord- und Ostsee, in einer Unterart im Schwarzen Meer. Überwiegend küstennahe Gewässer, bisweilen in Flußmündungen aufsteigend.
Lebensweise: In kleinen Gruppen von 3–10 Mitgliedern, gelegentlich auch bis zu 100 Tieren; schneller Schwimmer, sehr bewegungsfreudig, daher hoher Nahrungsbedarf.
Fortpflanzung: Nach 9monatiger Tragzeit 1 Junges (manchmal auch Zwillinge), das etwa 7 Monate lang gesäugt wird.
Nahrung: Heringe, Plattfische, Tintenfische.
Besonderes: Das Fleisch des Schweinswals galt früher bei den Küstenbewohnern als Delikatesse.

Schwertfisch
Xiphias gladius
Familie: Schwertfische

Der Schwertfisch wird im Meer schwimmend oftmals mit einem Hai verwechselt, da auch beim ihm die hohe Rückenflosse aus dem Wasser ragt.
Kennzeichen: Körper langgestreckt, torpedoförmig, mit je 1 Längskiel beidseits am Schwanzstiel. Haut schuppenlos, mit Hautzähnen. 1. Rückenflosse kurz, hoch, sichelförmig, 2. sehr klein. 1. Afterflosse groß, halbmondförmig, 2. sehr klein. Lange Brustflossen, keine Bauchflossen, sichelförmige Schwanzflosse. Oberkiefer zu flachem, schwertähnlichem Fortsatz ausgezogen, der $^1/_3$ der Körperlänge ausmacht. Rücken dunkelgrau, Bauch weißlich. 2–3,5 m.
Vorkommen: Warme und gemäßigte Meere. Im Freiwasser von der Küste bis in 800 m Wassertiefe.
Lebensweise: Oberflächenfisch. Einzelgänger. Unternimmt weite Nahrungswanderungen. Schneller Langstreckenschwimmer.
Fortpflanzung: Laichzeit Februar–April. Eier und Larven freischwimmend. Jungfische mit beschuppter Haut, Ober- und Unterkiefer noch gleich lang.
Nahrung: Schwarmfische, Tintenfische.
Besonderes: Der Schwertfisch verwendet sein »Schwert« zum Nahrungserwerb, indem er in einen Fischschwarm schwimmt, mit dem Schwert um sich schlägt und dann die verletzten oder getöteten Fische frißt.

Schwertschnabel → Kolibris

Schwertwal
Orcinus orca
Familie: Delphine

Der schwarz-weiße Schwertwal oder Orca, der größte Vertreter der Delphine, wird gelegentlich auch Mörder- oder Killerwal genannt. Diese Bezeichnung ist jedoch nicht gerechtfertigt, weil er wie alle Raubtiere seine Beutetiere keineswegs böswillig tötet.
Kennzeichen: 6,50–8 m lang, ♀ etwas kleiner als ♂; Rücken und Seiten schwarz, Unterseite weiß, ovaler, weißer Fleck hinter dem Auge; Rückenflosse lang und schmal, beim ♂ bis 1,80 m hoch, schwertartig.
Vorkommen: Weltweit in den Ozeanen

Orca

von der Arktis bis zur Antarktis; regelmäßig auch vor den europäischen Atlantikküsten, bisweilen auch in der Ostsee und im Mittelmeer.
Lebensweise: Lebt in Familiengruppen (sog. Schulen) von 5–20 Tieren; bei der Jagd häufig Zusammenarbeit der Rudelmitglieder; schwimmt bis 55 km/h schnell; orientiert sich durch Echoortung mit Klicklauten, auch im Ultraschallbereich.
Fortpflanzung: Paarungszeit ganzjährig; Tragzeit 14–15 Monate; 1 Kalb, das bei der Geburt etwa 2 m lang ist; wird über 1 Jahr gesäugt.
Nahrung: Große Fische, Pinguine, Robben, auch Delphine und andere Wale.
Besonderes: Ein Rudel Schwertwale vermag – Wölfen im Wasser gleich – sogar einen riesigen Bartenwal zu überwältigen. In Delphinarien erweisen sie sich dagegen als freundliche, friedliche und gelehrige Zöglinge.

Schwimmender Kopf → Mondfisch

Schwimmkäfer
Dytscidae
Ordnung: Käfer

Die heute etwa 3000 bekannten Schwimmkäferarten haben ihr Hauptverbreitungsgebiet in Europa, Nordamerika und Sibirien. Die Tiere sind mit ihrem stromlinienförmigen Körper sehr gut an das Leben im Wasser angepaßt. Sie sind in der Lage, gleichzeitig mit den hinteren Beinen zu rudern. Zur Verstärkung der Ruderwirkung sind diese mit einem Saum von Schwimmborsten besetzt. Viele Arten sind außerdem ausgezeichnete Flieger. Zur Atmung durchstoßen die Schwimmkäfer regelmäßig mit dem Hinterleib die Wasseroberfläche und tauschen Luft zwischen den Flügeldecken und dem Körper aus. Die bei uns bekanntesten Arten sind der → Gelbrandkäfer und der Furchenschwimmer (*Acilius sulcatus*).

Furchenschwimmer

Seebären
Arctocephalus* und *Callorhinus
Familie: Ohrenrobben

Neben dem Nördlichen Seebären (*Callorhinus ursinus*) gehören auch 8 Arten der Südlichen Seebären (Gattung *Arctocephalus*) zu dieser Robbengruppe, die man aufgrund ihres dichten Fells auch Pelzrobben nennt.
Kennzeichen: ♂ bis 2,30 m lang, ♀ bis 1,80 m; je nach Art hell- bis dunkelbraun oder braungrau; ♂ z. T. mit Halsmähne; kleine Ohrmuscheln; Hinterflossen werden, unter den Körper geklappt, als Beine benützt.
Vorkommen: Nördlicher Seebär an Westküste Nordamerikas und vor der nordostasiatischen Küste, weitaus größter Bestand auf den Pribilof-Inseln; Südliche Seebären an Küsten aller südlichen Kontinente sowie um Inselgruppen im Südpolarmeer.
Lebensweise: Kommen meist nur zur Geburt der Jungen und zur Paarung an Land; dann sehr gesellig; ♂ grenzen am Strand Territorien ab, ♀ bilden freiwillig Haremsgruppen.
Fortpflanzung: Wenige Stunden bis Tage nach Ankunft des ♀ an Land Geburt von je 1 Jungen, das zwar sogleich schwimmen kann, aber selten vor der 4. Lebenswoche ins Wasser geht. ♀ wird kurz nach der Geburt ihres Jungen wieder begattet.
Nahrung: Fische, Tintenfische, südliche Arten auch Pinguine und Krill.
Besonderes: Ein Seebärenfell hat auf jedem cm^2 Haut rund 50 000 Haare. Es ist absolut wasserdicht, sehr haltbar und entsprechend geschätzt als wertvoller Pelz.

Nördlicher Seebär

Neuseeland-Seebär

Seeblase → Portugiesische Galeere

See-Elefanten

Mirounga

Familie: Hundsrobben

Der Südliche See-Elefant (*Mirounga leonina*) ist die größte Robbenart überhaupt, der Nördliche See-Elefant (*M. angustirostris*) steht ihm an Masse kaum nach.

Kennzeichen: Enormer Geschlechterunterschied: ♂ 4–6 m lang, bis 4 t schwer; ♀ nur 2–3 m lang und etwa 900 kg schwer; silber- bis dunkelgrau; beim erwachsenen ♂ Nase rüsselartig verlängert, stark aufblasbar; Hinterflossen stets nach rückwärts gerichtet.

Vorkommen: Südlicher See-Elefant in 3 separaten Beständen an den Küsten der Südspitze Südamerikas, um die Kerguelen sowie vor der Südinsel Neuseelands. Nördlicher See-Elefant in Küstengewässern bzw. auf vorgelagerten Inseln vor Kalifornien und der mexikanischen Baja California.

Lebensweise: Kommen nur zum Haarwechsel und zur Fortpflanzungszeit (September–November bei der südlichen, Dezember–Februar bei der nördlichen Art) an die Küsten; bilden dann Haremsgruppen mit bis zu 40 ♀; dazu lautstarke und blutige Duelle der ♂.

Fortpflanzung: Etwa 1 Woche nach Ankunft der ♀ an Land Geburt von jeweils 1 Jungen, das schwarz-wollig behaart ist und etwa 23 Tage lang gesäugt wird; während dieser Zeit erneute Begattung der ♀. Wenn Junges mit 1 Monat selbständig ist, Rückkehr der ♀ ins Meer.

Nahrung: Fische, Tintenfische.

Südlicher See-Elefant

Seeadler → Schreiseeadler

Seefedern

Pennatularia

Klasse: Blumentiere

Seefedern sind in Kolonien lebende Polypen, die einen beweglichen Organismus bilden, dessen Form an eine Vogelfeder erinnert. Die Kolonie gliedert sich in 2 Abschnitte: einen polypenfreien, fleischigen Stiel, der lose im Untergrund steckt und einen polypentragenden Kiel, der gelb, braun, orange oder purpurrot gefärbt ist. Die Polypen sind untereinander durch ein einfaches Nervensystem verbunden, so daß sie wie ein Tier reagieren. Bei Reiz sondert die Seefeder einen leuchtenden Schleim aus, der den Feind erschrecken soll.

Vorkommen: Warme Küstengewässer. Im Mittelmeer und Atlantik leben z. B. *Veretillum cynomorium* und die bis 150 cm hoch werdende Seepeitsche (*Funiculina quadrangularis*).

Gelbe Seefeder

Seeforelle → Forelle

Seefrosch → Wasserfrosch

Seegurke → Seewalze

Seehund

Phoca vitulina

Familie: Hundsrobben

Von der nahe verwandten → Kegelrobbe läßt sich der allbekannte Seehund durch seinen rundlichen Kopf unterscheiden.

Kennzeichen: Körperlänge 1,20–2 m; Fell hellgrau bis graubraun, am Rücken grauschwarz gefleckt. Wie bei allen Hundsrobben Ohrmuscheln fehlend und Hinterflossen stets nach rückwärts gerichtet.

Vorkommen: Küsten des Nordatlantiks und des Nordpazifiks. Sandige Flachküsten, Wattenmeer, Mündungen großer Flüsse, z. T. auch in küstennahen Binnengewässern.

Seehund

Lebensweise: Tagaktiv; lebt meist in Rudeln oder kleinen Herden, doch ohne erkennbare Sozialstruktur; weitgehend ortstreu; an Land schwerfällig auf dem Bauch »robbend«; liegt zum Ruhen und Sonnenbaden gern auf Sandbänken.

Fortpflanzung: Pro Geburt 1 Junges (manchmal auch Zwillinge), das nach wenigen Stunden schwimmen kann, etwa 2 Monate gesäugt wird und dann selbständig ist.

Nahrung: Fische, auch Krabben und Weichtiere.

Besonderes: Verlassene oder vorübergehend verlorengegangene Jungtiere werden zu »Heulern«, so genannt, weil ihr Klagen wie das Weinen eines Kindes klingt.

Seeigel

Echinoidea

Stamm: Stachelhäuter

Seeigel sind kugel-, scheiben- oder herzförmige, armlose Stachelhäuter, deren Mund auf der Körperunterseite liegt und von einem komplizierten Kieferapparat (»Laterne des Aristoteles«) umgeben ist. Die ca. 900 Arten kommen in allen Meeren von der Küste bis in über 5000 m Wassertiefe auf Felsen- oder Weichboden vor. Zu den bekannteren Arten zählt der Eßbare Seeigel (*Echinus eculentus*).

Kennzeichen: Kugelförmig, blaßrot bis rotviolett mit helleren Stacheln. Ca. 16 cm Durchmesser.

Vorkommen: Atlantikküste, Nordsee. Von der oberen Dauerflutzone bis in 50 m Wassertiefe, auf Hartböden.

Lebensweise: Gesellig. Bohren sich zum Schutz vor starken Wasserströmungen in den felsigen Untergrund ein.

Fortpflanzung: Getrenntgeschlechtlich. Äußere Befruchtung. Befruchtete Eier entwickeln sich zu freischwimmenden Larven, die zum Meeresboden sinken und zum Seeigel werden.

Nahrung: Festsitzende Organismen wie Seepocken, Moostierchen, Seescheiden, Pflanzen.

Besonderes: Seeigel besitzen sehr schmackhafte Geschlechtsdrüsen, die mancherorts roh ausgelutscht, gekocht oder gebraten werden.

Herzseeigel

Dugong

Seekuh

Seekühe
Sirenia
Klasse: Säugetiere

Anatomische Merkmale weisen die 4 Arten von Seekühen als die nächsten Verwandten der Elefanten aus. Als perfekte Anpassung an das Wasserleben sind u. a. ihre Extremitäten zu Flossen umgewandelt. Seekühe sind ständig im Wasser lebende, behäbige Schwimmer; einzeln oder in Familienverbänden, z. T. lose Ansammlungen von mehreren hundert Tieren; sehr friedfertig; ausschließlich Pflanzen fressend.
Vorkommen: 3 Arten von Manatis oder Rundschwanz-Seekühe (Gattung *Trichechus*) in Küstengewässern und großen Flüssen Westafrikas, Südamerikas und der Karibik, das Dugong oder die Gabelschwanz-Seekuh (*Dugong dugong*) in Küstenstreifen des Indischen Ozeans und des tropischen Pazifiks von Südostasien bis Australien.

Seeleopard
Hydrurga leptonyx
Familie: Hundsrobben

Seeleopard

Der Seeleopard ist eine der 4 antarktischen Hundsrobbenarten, die man auch als Südrobben bezeichnet. Neben dem → Krabbenfresser und der → Weddell-Robbe gehört noch die Ross-Robbe (*Ommatophoca rossi*) in diese Gruppe.
Kennzeichen: Körpergröße z. T. über 3 m, ♀ etwas größer als ♂; oberseits dunkel-, unterseits hellgrau; Kopf für Robbenverhältnisse ungewöhnlich groß, mit deutlichem Hals vom Rumpf abgesetzt.
Vorkommen: Antarktische Gewässer. Vorwiegend am Rand des Packeises, in der ersten Jahreshälfte auch an den Südküsten Neuseelands, Australiens und Feuerlands.
Lebensweise: Einzelgängerisch, nur zur Paarungszeit (September–November) zu zweit; sehr schneller Schwimmer; einziges echtes »Raubtier« unter den Robben.
Fortpflanzung: Gewöhnlich jeweils 1 Junges, das auf dem Packeis geboren und vermutlich etwa 2 Monate gesäugt wird.
Nahrung: Andere Robben, v. a. junge Krabbenfresser und See-Elefanten sowie Pinguine, auch Fische, Tintenfische und Aas.

Seelöwe
Zalophus californianus
Familie: Ohrenrobben

Der Kalifornische Seelöwe ist zweifellos der bekannteste unter den 5 Seelöwenarten der nördlichen und südlichen Hemisphäre, wird er doch in vielen Zoos gehalten und stellt seine Geschicklichkeit oftmals in Zirkusvorstellungen unter Beweis.
Kennzeichen: ♂ bis 2,20 m groß, ♀ bis 1,80 m; schlanker Körper, Kopf mit schmaler Schnauze, erwachsene ♂ mit Stirnhöcker. Bellende Stimme.

Kalifornischer Seelöwe

Vorkommen: Vor der südkalifornischen Küste und Baja California sowie im Golf von Kalifornien.
Lebensweise: Bildet lockere Verbände; bewegt sich auch an Land flink und gewandt; starke ♂ besetzen während der Fortpflanzungszeit ein Territorium an der Küste, in dem sich die ♀ aber frei bewegen dürfen.
Fortpflanzung: ♀ kommen im Juni an Land, gebären jeweils 1 Junges, das etwa

1 Jahr lang gesäugt wird, zuerst unter intensiver Fürsorge, später kommt die Mutter nur noch einmal am Tag oder seltener zum Säugen, die Jungen scharen sich in der Zwischenzeit zu »Kindergärten« zusammen. Erneute Paarung etwa 2 Wochen nach Geburt des Jungen.
Nahrung: Fische, Tintenfische.

Seeohr

Haliotis lamellosa

Familie: Meerohren

Das Gemeine Seeohr gehört zur Familie der Meerohren, primitiven Meeresschnecken, deren Gehäuse beträchtlich vom bekannten Schneckenhaus abweicht.
Kennzeichen: Gehäuse flach, ohrmuschelförmig, längs- und quergerieft mit knotigen Erhebungen. Außenseite grau bis bräunlich, innen perlmuttartig schimmernd. Am äußeren Rand 5–6 Löcher, durch die das Atemwasser austritt. Bis 18 cm.
Vorkommen: Mittelmeer. Von der Küste bis in 10 m Wassertiefe, über Fels- und Hartböden. Nur in klarem, sauberem Wasser.
Lebensweise: Gesellig. Lichtscheu. Ortstreu.
Fortpflanzung: Getrenntgeschlechtlich. ♂ geben Spermien ab, die die ♀ zur Ablage von Eiern stimulieren. Aus den befruchteten Eiern entwickeln sich freischwimmende Larven, die für die Weiterverbreitung der Seeohren sorgen und sich nach einiger Zeit zu seßhaftem Leben niederlassen.

Seeohr

Nahrung: Pflanzlicher Aufwuchs, pflanzliche Abfallstoffe.
Besonderes: Seeohren können sich mit ihrem breiten Fuß so fest an ihre Unterlagen anheften, daß Hunderte von Kilogramm Zugkraft notwendig sind, die Tiere von der Unterlage zu lösen.

Seeotter

Enhydra lutris

Familie: Marder

Der See- oder Meerotter ist von allen sog. Wassermardern am besten an ein Leben im kühlen Naß angepaßt.
Kennzeichen: 1,20–1,45 m lang, Schwanz etwa 30 cm; Vorderfüße sehr beweglich, Krallen rückziehbar, Hinterfüße als breite Paddel ausgebildet; Ohren sehr klein und verschließbar.
Vorkommen: Nordamerikanische Pazifikküste, von Alaska bis Kalifornien. Küstennahe Gewässer.
Lebensweise: Fast ausschließlich im Wasser; schwimmt und taucht hervorragend; lebt in kleinen oder größeren Gruppen (manchmal bis zu mehreren hundert Tieren), die nach Geschlechtern getrennt sind; sammelt Nahrung vom Meeresgrund oder Küstenfelsen, taucht damit auf, dreht sich auf den Rücken und benützt seine Brustfläche gleichsam als Tisch.
Verhalten: Legt sich zum Ausruhen einfach auf den Rücken und läßt sich an der Wasseroberfläche treiben.
Fortpflanzung: Alle 1–2 Jahre in der Regel nur 1 Junges, das im Wasser oder an Land geboren werden kann; wird in den ersten Wochen auf dem Rumpf der Mutter getragen, lernt im 2. Lebensmonat schwimmen und tauchen.
Nahrung: Muscheln und Meeresschnecken, Krabben, Seeigel, Tintenfische, Fische.
Besonderes: Um harte Schalen oder Panzer von Meeresgetier zu knacken, benutzt der Seeotter einen Stein als Amboß. Er legt ihn sich auf die Brust und schlägt das Beutetier darauf, bis dessen Schale zerbricht.

Seeotter

Seepeitsche → Seefedern

Seepferdchen

S

Seepferdchen

Hippocampus

Unterordnung: Seenadeln

Seepferdchen sind kleine hochspezialisierte Meeresfische, die ihren Kopf winklig zum Körper abgebogen haben und aufrecht durchs Wasser schwimmen. Die Gattung umfaßt ca. 25 Arten.

Kennzeichen: Körper schmal, völlig von einem Panzer aus knöchernen Platten umgeben und mit stumpfen Stacheln besetzt, die oft zu großen Lappen oder fadenartigen Gebilden ausgezogen sind. Kopf mit mehr oder weniger langer, röhrenförmiger Schnauze. Keine Schwanzflosse, Hinterende zu Greiforgan ausgebildet. ♂ mit Bruttasche unter dem Schwanz, die aus Knochenplatten der Bauchseite gebildet wird und fast über die ganze Länge geschlossen ist. Braun bis gelbbraun, mit hellen oder weißen Pünktchen bedeckt. Krönchen-Seepferdchen (*Hippocampus kuda*) mit gelben Querstrichen und schwarzer Längsbinde. 4–30 cm.

Vorkommen: Weltweit in seichten, warmen Gewässern gemäßigter und tropischer Meere. Kurzschnauziges Seepferdchen (*H. hippocampus*) im Mittelmeer, Langschnauziges Seepferdchen (*H. guttulatus*) vom Mittelmeer bis zur Nordsee, Zwergseepferdchen (*H. zosterae*) Karibisches Meer, Krönchen-Seepferdchen im Indopazifik.

Lebensweise: Gesellig. Steht meist unbeweglich im Flachwasser, wobei es sich mit dem Hinterende an Pflanzen festklammert.

Fortpflanzung: Laichzeit Frühsommer. Mehrere ♀ suchen zur Eiablage ein einziges ♂ auf und legen ihre Eier in die Bruttasche ab. Ein großes ♂ kann bis zu 400 Jungtiere ausbrüten. Brutdauer 8–10 Tage.

Nahrung: Plankton.

Besonderes: Seepferdchen können ihre Körperfarbe erstaunlich gut der jeweiligen Umgebung anpassen.

Seepocken

Balanomorpha

Unterklasse: Rankenfüßer

Seepocken sind festsitzende, stark umgewandelte → Krebstiere. Die bekannteste Art ist die Gemeine Seepocke (*Balanus balanoides*).

Kennzeichen: Weichteile von einer Schale aus Kalziumkarbonat umschlossen, die fest mit dem Untergrund verbunden ist. 6 Paar Rankenfüße mit je 2 feinbeborsteten Ästen (Spaltfüße). Schale aus 6 unregelmäßig gelappten Einzelplatten zusammengesetzt, flach kegelförmig, weißlich bis hellgrau, bis 1 cm hoch, ca. 2 cm breit.

Vorkommen: Nordsee. An Felsküsten in der Gezeitenzone. Auf Muschelschalen, Holzpfählen, Steinen, Tangen.

Gemeine Seepocken

Lebensweise: Dichte Kolonien bildend. Bei Ebbe wird das Gehäuse verschlossen, bei Überflutung strecken die Tiere ihre Rankenfüße hervor und strudeln Nahrung herbei.

Fortpflanzung: Zwitter. Aus den befruchteten Eiern schlüpfen freischwimmende Larven, die sich über mehrere Stadien und Häutungen zum festsitzenden Tier entwickeln.

Nahrung: Plankton.

Besonderes: Seepocken können tagelang trockenliegen, da sich ihr Gehäuse absolut dicht verschließen läßt und sie so vor Austrocknung geschützt sind.

Seerosen → Pferdeaktinie, → Wachsrose

Seescheiden
Ascidia
Unterstamm: Manteltiere

Die Seescheiden bilden mit ca. 2000 Arten die größte Klasse der Manteltiere. Seescheiden leben entweder solitär (werden dann bis 10 cm groß und sind oftmals unscheinbar gefärbt) oder in mehr oder weniger großen Kolonien (3–4 cm groß, häufig auffallend bunt gefärbt). Außerhalb des Wassers fallen Seescheiden zu gallertigen Klumpen zusammen. Zu den aufallenderen Exemplaren gehört die Rote Seescheide (*Halocynthia papillosa*).

Kennzeichen: Körper walzenförmig. Oberfläche ledrig hart, mit kleinen Papillen besetzt. Einströmöffnung mit 4 Lappen am Rand, Ausströmöffnung seitlich im oberen Körperdrittel. Orange bis tiefrot. Bis 10 cm.

Vorkommen: Mittelmeer. In der Dauerflutzone auf sandigen Böden, in Seegraswiesen.

Lebensweise: Seßhaft, meist zu mehreren zusammenstehend.

Fortpflanzung: Zwitter. Befruchtung in der Regel im Wasser. Aus dem befruchteten Ei entsteht eine Schwimmlarve, die sich nach ca. 72 Stunden niederläßt.

Nahrung: Plankton.

Besonderes: Die Larvenform der Seescheiden besitzt im Schwanz eine gut entwickelte *Chorda*, eine Art Wirbelsäule. Stört man Seescheiden, so spritzen sie aus beiden Öffnungen Wasser aus. Größere Arten filtrieren täglich 60–80 l Wasser.

Rote Seescheide

Seeschmetterling → Schleimfische

Seeskorpion
Myxocephalus scorpius
Familie: Groppen

Der Seeskorpion ist vielerorts auch als Seeteufel bekannt und kommt in zahlreichen Lokalformen vor.

Seeskorpion

Kennzeichen: Körper kegelförmig, kräftig. Kopf groß und breit, mit Dornen besetzt. Vorkiemendeckel mit 3–4 kurzen Stacheln. Maul weit, endständig. Haut glatt und schuppenlos. 2 Rückenflossen, große, fächerförmige Brustflossen. Je nach Vorkommen grau bis braun mit dunkler Marmorierung. Bauchseite beim ♂ gelblich, beim ♀ orangefarben. Bis 60 cm.

Vorkommen: Nordostatlantik, Grönland bis Biskaya. In Gezeitentümpeln, im Flachwasser der Felsküsten, in Seegras- und Blasentangwiesen.

Lebensweise: Gefräßiger, eher seßhafter Bodenfisch, der sich im Sommer in Ufernähe aufhält, im Winter in tiefere Gewässer zieht.

Fortpflanzung: Laichzeit Oktober bis März. Eiablage in kleinen Klumpen an Steinen oder Tang. Brutdauer ca. 5 Wochen. ♂ bewacht Gelege und Brut.

Nahrung: Krebse, Fischlaich, Kleinfische.

Besonderes: Der Seeskorpion gibt grunzende Laute von sich, wenn er aus dem Wasser genommen wird.

Gemeiner Seestern

Seewalze

Seesterne

Asteroidea

Stamm: Stachelhäuter

Seesterne sind meist 5strahlige, sternförmige, mehr oder weniger bunt gefärbte Meerestiere. Die ca. 1600 Arten sind in 29 Familien aufgeteilt.

Kennzeichen: Körper radial-symmetrisch, von verkalkten, mit Stacheln besetzten Platten umgeben; besteht aus einer Zentralscheibe, die strahlenförmig von 5 und mehr Armen umstanden ist. (Die Art *Heliaster* besitzt 50 Arme!) An der Unterseite der Arme je 100–200 Saugfüßchen, die an ihrer Spitze je einen Saugnapf tragen. Mundöffnung dem Untergrund zugewandt. Bis 30 cm Durchmesser.

Vorkommen: Weit verbreitet. Von der oberen Dauerflutzone bis in ca. 200 m Tiefe, auf Weichböden und Felsgründen.

Lebensweise: Gesellige, am Boden lebende Meerestiere.

Fortpflanzung: Meist getrenntgeschlechtlich, aber auch Zwitter. Äußere Befruchtung. Arten ohne Brutpflege legen zahlreiche, kleine Eier, brutpflegende Arten wenige, große. Aus den befruchteten Eiern entwickeln sich freischwimmende Larven, die mit langen Fortsätzen und Wimpern besetzt sind. Entwicklungszeit vom Ei bis zum erwachsenen Tier ca. 2 Monate.

Nahrung: Plankton, Muscheln, Algen, Würmer, Schwämme, Algen.

Besonderes: Seesterne sind in der Lage, verletzte oder verlorengegangene Arme wieder vollständig zu regenerieren.

Blauer Seestern

Seewalzen

Holothuroidea

Stamm: Stachelhäuter

Seewalzen, auch Seegurken genannt, führen ihren Namen aufgrund ihres walzenförmigen Körpers. Die zahlreichen Arten werden in 3 Ordnungen mit 25 Familien eingeteilt.

Kennzeichen: Körper langgestreckt, ohne festes Skelett. Haut ledrig, dick, aber biegsam, mit eingelagerten kleinen Kalkkörperchen und mit Warzen und Papillen besetzt. An einem Ende der Walze Mund-, am anderen Afteröffnung. Manche Arten mit flacher Kriechsohle. Mundöffnung mit Tentakelkranz umstellt. Bunt gefärbt. Bis 2 m lang und 5 cm dick.

Vorkommen: Weltweit. Von der Küstenzone bis in Tiefseegräben.

Lebensweise: Behäbige, langsame Bodentiere. Graben sich bei Gefahr ein (Eingrabzeit 10–40 Min.), manche Arten leben auch zeitlebens eingegraben. Bewegen sich kriechend, schwimmend oder schwebend vorwärts.

Fortpflanzung: Meist getrenntgeschlechtlich. Äußere Befruchtung. Laichzeit 1–2 Monate jährlich. Aus den befruchteten Eiern entwickeln sich freischwimmende Larven, die in 3 Entwicklungsstufen eingeteilt werden können. Vor allem die antarktischen Arten betreiben Brutpflege.

Nahrung: Plankton, organische Zersetzungsprodukte.

Besonderes: Seewalzen des Indischen und Stillen Ozeans dienen den Einheimischen als Nahrungsmittel. Sie werden hier roh, gekocht, getrocknet oder geräuchert unter dem Namen Trepang angeboten und gelten als besondere Delikatesse.

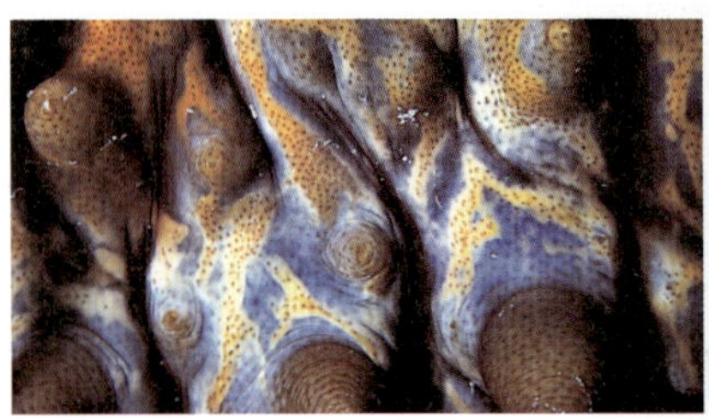

Zipfel-Seegurke

Seewespe → Feuerqualllen

Seewolf

Anarrhichas lupus

Unterordnung: Schleimfischartige

Der Seewolf, auch Kattfisch genannt, gehört zu den 9 Arten der Familie Seewölfe, den größten Vertretern der Schleimfischartigen. Er ist ein geschätzter Speisefisch, der »kopflos« unter dem Namen »Karbonadenfisch« oder »Steinbeißer« auf den Markt kommt.

Kennzeichen: Körper langgestreckt, Rücken- und Bauchflosse lang. Haut ohne Schuppen. Plumper Kopf, breites Maul mit furchterregendem Gebiß. Blau- bis bleigrau, mit 12 dunklen Querbändern. Bis 125 cm.

Gestreifter Seewolf

Vorkommen: Nördliches Eismeer. Ab 20 m Tiefe, auf festem Untergrund.

Lebensweise: Bodenfisch.

Fortpflanzung: Laichzeit September bis Januar. Eiablage in rundlichen Klumpen am Felsgrund oder zwischen Pflanzen. Eier leuchtendgelb, 6 mm groß. Schlüpfende Jungfische leben ca. $3^1/_2$ Monate von ihren Dottervorräten.

Nahrung: Taschenkrebse, Muscheln, Seesterne, Seeigel.

Besonderes: Seewölfe sind sehr angriffslustig. Mit fauchenden Gräuschen greifen sie alles an, was sich ihnen in den Weg stellt, und haben schon so manchen Fischerstiefel durchbissen.

Segelflosser

Pterophyllum scalare

Familie: Buntbarsche

Der Große Segelflosser oder Skalar ist die größte der 3 *Pterophyllum*-Arten. Er kommt in 2 Unterarten vor und ist ein begehrter Aquarienfisch.

Segelflosser

Kennzeichen: Körper seitlich stark zusammengedrückt, hochrückig. Große Flossen, Bauchflossenstrahlen fadenartig verlängert. Seiten hellbraun mit 4 dunkleren Querstreifen. Bis 25 cm hoch und 15 cm lang.

Vorkommen: Südamerika. Stromgebiet des Amazonas. In pflanzenreichen Wasserregionen.

Lebensweise: Gewandter Schwimmer, der sich bei Gefahr in Ritzen und Spalten versteckt.

Fortpflanzung: Eiablage meist auf breitblättrigen Pflanzen, die vorher von beiden Elternteilen gut geputzt werden. Ca. 1000 Eier. Beide Elternteile betreiben Brutpflege und fächeln dem Gelege ständig Frischwasser zu. Jungfische schlüpfen nach ca. 30 Stunden, wobei die Eltern ihnen helfen, indem sie die Eihülle aufbeißen. Nun putzen die Eltern eine andere Stelle, nehmen die Jungfische ins Maul und hängen sie mit Hilfe von Klebfäden, die sich am Kopf der Fischchen befinden, an der geputzten Stelle auf. Nach 4–5 Tagen schwimmen die Jungfische frei.

Nahrung: Insektenlarven, Wirbellose, Algen.

Balzender Seidenlaubenvogel

Seidenlaubenvogel

Ptilonorhynchus violaceus

Familie: Laubenvögel

Diese Familie hat ihren Namen von den »Lauben«, die die Männchen ausschließlich zur Paarung bauen.

Kennzeichen: 30 cm. ♂ einfarbig blauschwarz; ♀ grünlichgrau, Schwanz und Schwingen braun, auf heller Unterseite bräunlich gesperbert.

Vorkommen: Feuchte Wälder an der ostaustralischen Küste.

Lebensweise: Die Laube besteht aus einem alleeförmig errichteten Zweiggeflecht, der Gang verläuft relativ genau in Nord-Süd-Richtung. Boden und Vorplatz der Laube v. a. mit blauen Gegenständen wie Beeren, Blüten, Federn, Kronkorken, Metall- oder Glasstücken geschmückt. ♂ bemalt die Wände der Laube mit dem Saft blauer Beeren oder mit Holzkohle, verwendet dazu manchmal ein zerkautes Rindenstück o. ä. als Pinsel. ♀ kümmert sich allein um das Brutgeschäft.

Nahrung: Insekten, Früchte, Sämereien.

Seidenschwanz

Seidenschwanz

Bombycilla garrulus

Familie: Seidenschwänze

Bei winterlicher Nahrungsknappheit in ihrer Heimat ziehen viele Seidenschwänze südwärts und können dann gelegentlich bei uns an beerentragenden Sträuchern und Bäumen beobachtet werden.

Kennzeichen: 18–20 cm. Überwiegend rötlichbraun, Unterschwanzdecken rotbraun; Kinn und Augenstreif schwarz, Schwanz dunkel mit gelber Endbinde; Flügel braunschwarz mit weißen und gelben Abzeichen; leuchtend rote Hornplättchen an den Armschwingen. Auffällige Federhaube.

Vorkommen: Nördliches Eurasien und Nordamerika. Nadel- und Mischwald.

Lebensweise: Gesellig. Bewegt sich behäbig in den Zweigen. Jagt fliegende Insekten von einer Warte aus. Teilzieher.

Brut: ♂ und ♀ bauen Nest aus Zweigen, Halmen, Moos und Flechten gemeinsam. Bebrüten abwechselnd die 3–5 Eier ca. 14 Tage lang; Nestlingszeit ca. 15 Tage.

Nahrung: Im Sommer fliegende Insekten, im Winter Beeren.

Sekretär

Sagittarius serpentarius

Familie: Sekretäre

Der Name spielt auf die schwarzen Federn hinter den Ohren an, die bei Erregung gespreizt werden und dann an die Schreibfeder am Ohr eines Sekretärs erinnern.

Kennzeichen: 130–150 cm, 70 cm Schwanz. Überwiegend schwarz und hellgrau gefärbt. Beine außergewöhnlich lang, fleischfarben; nackte Gesichtshaut orangefarben. Mittlere Schwanzfedern stark verlängert.

Vorkommen: Savannen und offenes Grasland südlich der Sahara.

Lebensweise: Einzeln oder paarweise. Kann kraftvoll fliegen und ausdauernd segeln, hält sich aber meist am Boden auf, wo er mit weiten, gemessenen Schritten Beute sucht. Tötet größere Beute durch harte Fußtritte.

Brut: Horst sehr umfangreich, meist im Wipfel eines Dornbusches oder -baumes. 2–4 Eier, fast nur vom ♀ bebrütet. Brutdauer 45 Tage, Nestlingszeit 11–12 Wochen.

Nahrung: Hauptsächlich Großinsekten, auch kleinere Wirbeltiere.

Sekretär

Sektorenspinne → Radnetzspinnen

Seriema
Cariama cristata
Familie: Seriemas

Die Seriema wird auch Rotfußseriema genannt. Die Familie Seriemas gehört zur Ordnung Kranichvögel.

Seriema

Kennzeichen: 90 cm. Oberseits gelblich-graubraun gefärbt, unterseits heller; schwarz weiße Bänderung an Schwanz und Handschwingen. Auffällige Stirnhaube. Beine lang, rot.
Vorkommen: Östliches Brasilien bis Argentinien. Hochgrasige, offene Busch- und Waldlandschaft.
Lebensweise: Paarweise oder im Familientrupp. Schlechter Flieger, läuft bei Gefahr eher davon. Nahrungssuche auf dem Boden. Sehr scheu, da sie wegen ihres Fleisches bejagt wird.
Brut: Relativ kleines Baumnest aus Zweigen in 2–4 m Höhe. Meist 2 Eier; Brutdauer ca. 24 Tage.
Nahrung: Beeren, Sämereien, Insekten, Reptilien, Kleinsäuger.
Besonderes: Seriemas werden gern auf Bauernhöfen als »Wachhunde« gehalten, da sie laut bellend und schreiend auf Feinde aufmerksam machen.

Serval
Leptailurus serval
Familie: Katzen

Schlankkatzen lautet die deutsche Bezeichnung der Gattung *Leptailurus*, womit der Serval auch schon treffend beschrieben ist.
Kennzeichen: Kopf-Rumpflänge 70 bis 100 cm, Schwanz 30–40 cm lang; Gestalt schlank und hochbeinig; Fell rötlich bis graugelb mit schwarzer Flecken- und Bänderzeichnung; sehr große Ohren.
Vorkommen: Weite Teile Afrikas. Deckungsreiches Busch- und Grasland, meidet ausgesprochene Wüstengebiete ebenso wie dichten Regenwald.
Lebensweise: Tag- und dämmerungsaktiv, weicht in Gebieten mit häufigen Störungen aber auf die Nacht aus; außerhalb der Paarungszeit einzeln in Revieren bis über 10 km^2, die sich meist stark überlappen.
Fortpflanzung: Pro Wurf 1–3, manchmal auch bis 5 Junge, die rund 5 Monate gesäugt werden.
Nahrung: Kleine Säugetiere bis etwa Hasengröße, gelegentlich auch Bodenvögel oder Reptilien.
Besonderes: Bei manchen Servalen besteht die Fellmusterung aus dichten, sehr kleinen Tüpfeln, so daß die Tiere aus einiger Entfernung grau wirken. Früher hielt man diese Form für eine eigene Art, heute ist bekannt, daß solche Exemplare zusammen mit normal gefleckten Geschwistern in einem Wurf vorkommen können.

Serval

Seychellen-Riesenschildkröte → Riesenschildkröten

Siamang

Hylobates syndactylus

Familie: Gibbons

Siamang

Der Siamang, die größte Art der Gibbons oder Kleinen Menschenaffen ist ein gewandter Kletterer, jedoch nicht so sprungfreudig wie seine kleineren und leichteren Verwandten.

Kennzeichen: Größe im Stehen etwa 80 cm; schwanzlos; Arme deutlich länger als Beine; Fell bis auf einen silbergrauen Bart glänzend schwarz; stark aufblähbarer Kehlsack.

Vorkommen: Sumatra und Malaysia. Immergrüne Regen- und Bergwälder.

Lebensweise: Tagaktiver Baumbewohner; Fortbewegung im Geäst hangelnd, am Boden zweibeinig aufrecht; lebt in Familiengruppen von 3–5 Tieren, Partner mit lebenslanger Paarbindung.

Fortpflanzung: Nach etwa 8 Monaten Tragzeit gewöhnlich 1 Junges (Zwillinge selten), das sich in den ersten Monaten stets – auch bei den akrobatischsten Sprüngen – am Bauch der Mutter festklammert; wird $1^1/_2$–2 Jahre gesäugt, bleibt bis zur Geschlechtsreife mit 6 bis 7 Jahren bei der Familie.

Nahrung: Blätter und Früchte, auch Insekten, Vogeleier und kleine Wirbeltiere.

Besonderes: Weithin tönende Chor- und Duettgesänge geben zum einen den benachbarten Gruppen Kenntnis über die jeweiligen Familienstandorte und dienen zum andern der Paarbindung. Die Tiere sitzen dabei auf den Baumwipfeln und lassen mit aufgeblasenen Kehlsäcken wohlklingende und abwechslungsreiche Strophen erschallen.

Siebenschläfer

Glis glis

Familie: Bilche

Dieses possierliche Nagetier, dessen Schlafvermögen geradezu sprichwörtlich ist, quartiert sich nicht selten in menschlichen Behausungen ein.

Siebenschläfer

Kennzeichen: 15–20 cm groß; Schwanz fast körperlang, sehr buschig; Fell aschgrau, bauchseits weiß; Gesicht mit runden »Mäuseohren« und großen, schwarzen Augen.

Vorkommen: Süd-, Mittel- und Osteuropa, im Osten bis zum Iran. Laub- und Mischwälder, Parks, Obstgärten.

Lebensweise: Nachtaktiv; schläft tagsüber in laubgepolsterten Astlöchern, Spalten oder Vogelnistkästen, nicht selten auch auf Dachböden; klettert geschickt und flink im Geäst umher; *Winterschlaf* meist in selbstgegrabenen Erdlöchern.

Fortpflanzung: Pro Wurf 2–10, meist aber 4–6 Junge, die nackt und blind geboren werden.

Nahrung: Blätter, Knospen, Rinde, Beeren, Nüsse und andere Baumsamen.

Besonderes: In Mitteleuropa dauert der Winterschlaf des Siebenschläfers tatsächlich oft 7 Monate – eine erstaunliche Leistung, wenn man bedenkt, daß das Tierchen in dieser Zeit keinerlei Nahrung zu sich nimmt und allein von den Fettpolstern zehrt, die es sich im Herbst angefressen hat.

Siedleragame

Agama agama

Familie: Agamen

Die Siedleragame ist die häufigste Agame Afrikas, die in der Nähe von Menschen lebt.

Kennzeichen: 30–40 cm, ♀ kleiner als ♂. ♂ mit blauem Körper und Beinen, Schwanz orangerot mit blauer Spitze;

Kopf leuchtendrot, an der Kehle gelbe Flecken. ♀ graubraun mit gelben und dunklen Flecken.
Vorkommen: Tropisches Afrika. In Siedlungen.
Lebensweise: Tagaktiv. Kulturfolger. Lebt in Gruppen aus 2–25 Tieren. Gruppe wird meist von erwachsenem ♂ angeführt. Bei Kämpfen untereinander wird der Schwanz als Waffe eingesetzt.
Fortpflanzung: Paarungszeit an lokale Regenzeiten gekoppelt. Eiablage in selbstgegrabenen Löchern zwischen Steinen oder Bodenbewuchs.
Nahrung: Insekten, andere Wirbellose.
Besonderes: Die Siedleragame paßt ihre Hautfarbe ihrer jeweiligen Stimmung sowie der Umgebungstemperatur an.

Siedleragame

Sikahirsch

Cervus nippon

Familie: Hirsche

Der anmutige fernöstliche Hirsch wurde als geschätztes Gatter- und Jagdwild vom Menschen in vielen Teilen der Welt angesiedelt.
Kennzeichen: Etwas kleiner als der → Rothirsch; Sommerfell rotbraun, bei erwachsenen ebenso wie bei jungen Tieren gelblichweiß getupft; im Winter graubraun, nicht oder nur schwach gefleckt; ♂ mit ausladendem Geweih, Stangen jedoch höchstens mit 4 Enden. In der Brunftzeit durchdringendes Pfeifen des ♂, das mit einem Röhren ausklingt.
Verbreitung: Japan und Nordostchina; an vielen Stellen in West-, Mittel- und Osteuropa sowie in Australien, Neuseeland, Südamerika und auf Madagaskar eingebürgert.
Lebensraum: Laub- und Mischwälder, Parklandschaften.
Lebensweise: Tag- und nachtaktiv; ♀ mit Jungtieren in Rudeln, ♂ Einzelgänger oder in kleineren Junggesellentrupps.
Fortpflanzung: Paarungszeit in Mitteleuropa Oktober/November; Tragzeit $7^1/_2$ Monate; in der Regel 1 Kalb, das in den ersten 3 Lebenswochen im Gebüsch versteckt liegenbleibt, dann im Rudel mitläuft; wird 6–9 Monate gesäugt, bleibt 1 Jahr lang bei der Mutter.
Nahrung: Gräser, Kräuter, Zweige, Baumfrüchte, Beeren.

Junger Sikahirsch

Silberfischchen

Silberfischchen

Lepisma saccharina

Ordnung: Fischchen

Von den 300 bekannten Silberfischchenarten sind nur etwa 5 bei uns heimisch. Man findet sie überall dort, wo Räume etwas feucht sind.

Kennzeichen: Etwa 1 cm lang. Flügellos. Körper ganz mit silbrigen Schuppen bedeckt. Zwischen den Schuppen verschieden geformte Borsten. Lange Fühler. Am Hinterleib 3 kurze Fortsätze.

Vorkommen: Weltweit. Vor allem in Häusern.

Lebensweise: Nachtaktiv und sehr wärmeliebend. Läuft sehr gewandt auf der Suche nach Schlupfwinkeln. Borsten zwischen den Schuppen dienen als Sinnesorgane und zur Abwehr.

Fortpflanzung: ♂ befestigt an einigen Spinnfäden Samenpakete, die vom ♀ gefunden, betastet und in die Geschlechtsöffnung aufgenommen werden.

Nahrung: Allesfresser; alle möglichen organischen (bevorzugt süße) Stoffe.

Silberkarausche → Goldfisch

Silberlöwe → Puma

Silbermöwe

Larus argentatus

Familie: Möwen

Die Silbermöwe ist die häufigste Großmöwe an unseren Küsten.

Kennzeichen: 55–65 cm, ♂ größer als ♀. Weiß mit silbergrauem Rücken und Flügeln, Flügelspitzen schwarz mit weißen Flecken. Schnabel gelb mit rotem Fleck an der Spitze des Unterschnabels.

Stimme: Vielfältiges Lautinventar; meist jauchzende, jaulende, miauende oder gackernde Rufe.

Vorkommen: Meeresküsten Mittel- und Nordeuropas sowie Nordamerikas.

Lebensweise: Sehr gesellig. Kulturfolger; profitiert in jeder Hinsicht vom Menschen. Folgt häufig Schiffen. Im Winter auch an Mülldeponien. Neigt vereinzelt zu Kannibalismus. Teilzieher.

Brut: Meist Koloniebrüter. Nest auf Boden an der Küste, auch auf Hausdächern o. a. Gebäuden. 1 Brut (April–Juli). 2 bis 3 Eier; Brutdauer 25–27 Tage, Junge *Platzhocker*, mit ca. 6–7 Wochen flügge. ♂ und ♀ brüten und kümmern sich um die Jungen.

Silbermöwe

Nahrung: Fische, Krebse, Muscheln u. a. Meerestiere, Vögel, Eier, Kleinsäuger, Abfall und Aas.

Besonderes: Früher als südliche und östliche Rasse der Silbermöwe angesehen, wird heute die Weißkopfmöwe (*L. cachinnans*) als eigenständige Art abgegrenzt.

Singdrossel

Turdus philomelos

Familie: Drosseln

Wegen ihres kurzen, scharfen Flugrufs heißt die Singdrossel mancherorts auch »Zippe«.

Kennzeichen: 22–23 cm. Oberseits braun, unterseits rahmfarben mit dichten, pfeilspitzenförmigen Flecken; Unterflügeldecken gelblich-rostfarben. Große dunkle Augen.

Stimme: Gesang aus melodischen, flötenden und zwitschernden Motiven, die 2- bis 3mal wiederholt werden. Imitiert andere Vogelarten. Zetert weich amselartig.

Vorkommen: Europa bis auf den Süden und den äußersten Norden. Vorder- und

Singdrossel

Westasien. Abwechslungsreiche Wälder, Parks und Gärten mit Unterwuchs.
Lebensweise: Nahrungssuche am Boden. Rennt kurzes Stück, bleibt dann abrupt stehen. Bei uns Sommervogel.
Brut: Nest ein stabiler Napf, Mulde mit Holzmulm ausgestrichen. 2 Bruten (April–Juli). 3–6 Eier; Brutdauer 12 bis 14 Tage, Nestlingszeit ca. 15 Tage.
Nahrung: Insekten, Würmer, Schnecken. Im Herbst auch Beeren und Obst.
Besonderes: Zum Öffnen von Schneckenschalen benutzt die Singdrossel häufig einen Stein als Amboß. Um diese »Drosselschmiede« herum sammeln sich mit der Zeit viele leere Schneckenhäuser.

Skaamoogs → Katzenhaie

Skalar → Segelflosser

Skolopender → Riesenskolopender

Skorpione

Scorpiones

Klasse: Spinnentiere

Die Skorpione, von denen es ca. 600 Arten gibt, sind wegen ihres Giftstachels gefürchtete Tiere. Die meisten von ihnen benützen diese Waffe, deren Giftwirkung von Art zu Art ganz verschieden ist, allerdings nur zur Verteidigung, nicht zum Angriff.
Kennzeichen: Körper flach, Vorderkörper mit einheitlicher Rückenplatte, Hinterkörper aus freien Segmenten bestehend, die 5 letzten Segmente zu Schwanz verschmälert, der in einer scharfen Spitze mit Giftblase ausläuft. Kräftige Greifscheren. Braun, schwarz, beige, grün oder bläulich gefärbt. 5–20 cm.
Vorkommen: In Süd- und Südosteuropa lebt die relativ harmlose Gattung *Euscorpius*, in afrikanischen und amerikanischen Wüstengebieten kommen gefährlichere Arten, z. B. der große Kaiserskorpion (*Pandinus imperator*) vor. Bevorzugt trocken-warme Gebiete.
Lebensweise: Nachtaktive Steppen- und Wüstentiere, tagsüber in Spalten und unter Steinen verborgen. Meist Einzelgänger.
Fortpflanzung: Lebendgebärend. Die Paarung beginnt mit einem auffälligen Balztanz. Danach setzt das ♂ am Boden ein gestieltes Samenpaket ab, das vom ♀ aufgenommen wird. Das ♀ trägt die Jungtiere bis zur 1. Häutung auf dem Rücken.
Nahrung: Käfer, Schaben, Heuschrekken, Grillen, Ameisen, kleine Eidechsen, Mäuse.
Besonderes: Das Gift des Sahara-Skorpions (*Androctanus australis*) ist so stark wie das einer Kobra. Der Stich eines südeuropäischen Skorpions verursacht beim Menschen Schwellungen und Fieber.

Italienischer Skorpion

Skorpionsfische → Drachenfische

Skorpionsfliegen

Panorpidae

Ordnung: Schnabelhafte

Allen Schnabelhaften gemeinsam ist der schnabelförmig verlängerte Kopffortsatz. Zu der etwa 400 Arten umfassenden Ordnung gehören die Familien Winter- und Mückenhafte sowie Skorpionsfliegen. Bei uns heimisch ist die Gemeine Skorpionsfliege (*Panorpa communis*).
Kennzeichen: Etwa 2 cm lang. Flügelspannweite 2,5–3 cm. Flügel ungleichmäßig gefleckt und geädert. ♂ mit steil nach oben ragendem, zangenförmigem Begattungsorgan, einem Skorpionsschwanz ähnlich; ♀ mit Legeapparat.
Vorkommen: Ganz Europa. Feuchte Laubmischwälder und Niederungen, Gärten, Parks.

Gemeine Skorpionsfliege

Fortpflanzung: Bei der Paarung umfaßt das ♂ mit dem Begattungsvorgang den Hinterleib des ♀. Eiablage in dichten Paketen in den Boden. Larven entwickeln sich in Erdgängen und -höhlen.
Nahrung: Insekten und Larven, Kleintiere, tote Insekten, verschiedene pflanzliche Stoffe, vorzugsweise auch den von Blattläusen erzeugten »Honigtau«.
Besonderes: Während der Paarung sondert das ♂ Speichelkügelchen ab, die vom ♀ aufgeleckt werden. Sie enthalten wichtige Aufbaustoffe für die Eier.

Skorpions-Krustenechse → Gila-Krustenechse

Skua
Catharacta skua
Familie: Raubmöwen

Die bussardgroße Skua ist die größte Raubmöwe und lebt großenteils vom »Mundraub«.
Kennzeichen: 50–65 cm. Dunkelbraun gefärbt, weißes Flügelfeld nur im Flug zu sehen; Schnabel schwarz mit Hakenspitze.
Vorkommen: Küsten des arktischen und gemäßigten Nordatlantiks.

Skua

Lebensweise: Sehr unverträglich; bedrängt andere Seevögel so lange, bis diese ihre Nahrung auswürgen. Manche Skuas zwingen Enten zu wiederholtem Tauchen, töten die ermatteten Vögel dann durch einen gezielten Schnabelhieb in den Kopf. Brütet in lockeren Kolonien in küstennahen Sümpfen und Mooren. Verteidigt vehement Nestbereich gegen Eindringlinge, auch gegen Menschen.
Nahrung: Fische, Aas, Abfall, an der Meeresoberfläche treibende Tiere; auf dem Land Insekten, Kleinsäuger, Eier und Vögel.

Skunks → Stinktiere

Somaliweber → Oryxweber

Sonnenfisch → Mondfisch

Sonnenfischchen → Moderlieschen

Sonnenralle
Eurypyga helias
Familie: Sonnenrallen

Die Sonnenralle mit ihrem prächtigen Gefieder ist die einzige Art ihrer Familie.

Sonnenralle

Kennzeichen: 46–48 cm. Oberseits fein schwarz, grau und braun gebändert, unterseits gelblich-braun, an der Brust fein dunkel gestrichelt; Kopf schwarz-weiß gestreift. Schwanz schwarz, grau und weiß gewellt mit breiten rostfarbenen Streifen. Auf den geöffneten Flügeln auffällige rost- und orangefarbene Flecken.
Stimme: Langgezogene, klagende Pfeif- und Trillertöne.
Vorkommen: Südmexiko bis Peru, Bolivien und Mittelbrasilien. Fluß- und Seeufer im lichten Urwald.
Lebensweise: Einzeln oder paarweise. Nahrungssuche am Boden langsam schreitend; stößt wie ein Reiher blitzschnell auf Beute. Baumt bei Gefahr auf. Bei Erregung, zum Drohen und zur Balz öffnet sie Flügel weit, senkt den Kopf

und spreizt den Schwanz. Nest in Bäumen.
Nahrung: Schnecken, Insekten, Krebse, Frösche.

Spanischer Walzenskink → Walzenskinke

Spanner
Geometridae
Ordnung: Schmetterlinge

Von den weltweit etwa 15 000 beschriebenen Arten kommen etwa 750 in Europa vor. Zu den bekanntesten einheimischen Vertretern zählen der Kieferspanner *(Bupalus piniarius)* und der Große Frostspanner (*Erannis defoliaria*) aus der Gruppe der Frostspanner. Den Namen hat diese Schmetterlingsfamilie von der charakteristischen Art, in der sich ihre Raupen fortbewegen. Diesen fehlen die ersten 3 Paar Bauchfüße, nur das letzte Paar und ein Nachschieber sind vorhanden. Mit den Brustfüßen krallt sich die Raupe fest, setzt den Nachschieber dahinter, so daß sich der beinlose Körper nach oben wölbt. Dann wird die Verankerung der Brustbeine gelöst und der Körper nach vorne gestreckt. Diese Art der Fortbewegung nennt man »Spannen«. Sie hat zudem den Vorteil, daß die Tiere bei Gefahr z. B. einen abstehenden Zweig täuschend imitieren können und somit ausgezeichnet getarnt sind.

Birkenspanner

Spechtfink → Darwinfinken

Sperber
Accipiter nisus
Familie: Habichtartige

Zur gleichen Gattung gehört der ebenfalls bei uns heimische Habicht (*A. gentilis*).
Kennzeichen: 30–37 cm; ♂ kleiner als ♀. ♂ oberseits blaugrau, unterseits rostfarben quergebändert, ♀ oberseits dunkel graubraun, unterseits graubraun quergebändert. Relativ lange Beine.

Sperber

Vorkommen: Europa bis auf den äußersten Norden; Nordwestafrika; Asien östlich bis Japan. Einige atlantische Inseln. Abwechslungsreiche Nadel- und Mischwälder; Parks.
Lebensweise: Jagt aus der Deckung heraus. Überraschungsjäger. Durch kurze, abgerundete Flügel und langen Schwanz sehr wendiger Flieger. Verfolgt Kleinvögel auch innerhalb von Ortschaften. Teilzieher.
Brut: Horst 6–12 m hoch in Stangenholz. 1 Brut (April–Juni). 4–6 Eier; Brutdauer 32–35 Tage, Nestlingszeit ca. 30 Tage. Nur das ♀ brütet.
Nahrung: Fast ausschließlich Vögel. ♂ Kleinvögel, ♀ Vögel bis Fasangröße.

Spierlinge → Sandaale

Spießböcke

Oryx

Familie: Hornträger

Die stattlichen Spießböcke oder Oryx aus der Unterfamilie der Pferdeböcke zählen zu den genügsamsten Antilopen.

Kennzeichen: Schulterhöhe bis 1,40 m; beide Geschlechter mit Hörnern, die als zumeist schnurgerade, bis zu 1,20 m lange Spieße nach oben ragen; Fell sandfarben bis weißlich, mit mehr oder weniger ausgeprägter schwarzer Gesichts-, Flanken- und Beinzeichnung; Schwanz mit langer Endquaste.

Vorkommen: Je 1 Art in Ost- und Südwestafrika, der Sahara und auf der Arabischen Halbinsel. Trockensteppe, Buschsavanne, Halbwüste und Wüste.

Lebensweise: Gesellig, lebt in Rudeln von 5–30 Tieren, manchmal in größeren Herden, gern in Gesellschaft von Gazellen oder Zebras; weidet während der Trockenzeit vorwiegend nachts, weil dann die Pflanzen einen höheren Feuchtigkeitsgehalt aufweisen.

Fortpflanzung: Pro Geburt gewöhnlich 1 Kalb, das in den ersten Lebenstagen in einer Deckung liegenbleibt und dann mit dem Rudel mitläuft.

Nahrung: Gräser und Kräuter, Wurzelknollen, Blätter und Knospen. Kommt wochenlang ohne Wasser aus.

Ostafrikanischer Spießbock

Spießflughuhn

Pterocles alchata

Familie: Flughühner

Flughühner sind entfernt mit den Regenpfeifer- und Schnepfenvögeln verwandt.

Spießflughuhn

Kennzeichen: 35–39 cm. ♂ oberseits braun mit großen, gelben Tropfenflecken, Unterseite weißlich; kastanienbraunes Brustband oben und unten dunkel eingefaßt; dunkler Augenstreif, Wangen gelblich; Kinn und Kehle dunkel. ♀ oberseits heller; Kinn und Kehle weiß; orangegelbe Brust mit 3 schmalen, schwarzen Querbändern. Stark verlängerte Schwanzspieße.

Stimme: Flugruf kennzeichnend nasal »kätar-kätar«, auch »gang-gang«.

Vorkommen: Iberische Halbinsel, Crau; Nordafrika und Vorderasien. Schütter bewachsene Steppen und Halbwüsten.

Lebensweise: Rasanter Flug. Meist in großen Schwärmen, die dicht und koordiniert fliegen. Unternimmt oft weite Flüge zu Wasserstellen.

Nahrung: Ausschließlich vegetarisch, Sämereien und grüne Pflanzenteile.

Besonderes: Um die Jungen im Nest auch mit Wasser zu versorgen, tränken die ♂ ihr saugfähiges Brustgefieder mit Wasser.

Spinnen

Araneae

Klasse: Spinnentiere

Die Ordnung der Echten Spinnen umfaßt ca. 30 000 Arten.
Spinnen sind 8beinige Gliedertiere (Insekten 6beinig!). Ihr Körper besteht aus Vorderteil (*Prosoma*) und Hinterteil (*Opisthosoma*), die nur durch einen dünnen Stiel miteinander verbunden sind. Am Vorderkörper sitzen 4 Paar Beine, die Mundwerkzeuge und 6–8 Einzelaugen. Der Hinterleib enthält Atmungs-, Verdauungs- und Geschlechtsorgane und trägt 2 Paar Spinnwarzen.
Spinnen sind meist Einzelgänger. Sie ernähren sich räuberisch von anderen Tieren, die sie entweder in einem eigens angefertigten Netz fangen oder erjagen. Die Beute wird durch Einspritzen von Gift verflüssigt (äußere Verdauung) und dann eingesogen.
Spinnen sind getrenntgeschlechtlich, die ♂ sind kleiner als die ♀ und werden nach der Paarung meist aufgefressen. Im einzelnen werden beschrieben: → Hauswinkelspinnen, → Kreuzspinne, → Radnetzspinnen, → Schwarze Witwe, → Springspinnen, → Tarantel, → Vogelspinne, → Wasserspinne, → Wespenspinne.

Veränderliche Krabbenspinne

Spinnenfische → Leierfische

Spinnentiere

Arachnida

Stamm: Gliederfüßer

Spinnentiere – die wahrscheinlich ältesten landbewohnenden Gliederfüßer – sind weltweit verbreitet und halten sich meist in der niederen Vegetation sowie den oberen Bodenschichten auf. Die ca. 50 000 Arten dieser Klasse gehören zu folgenden Ordnungen: → Skorpione, Skorpionsspinnen, → Spinnen, Afterskorpione, → Weberknechte, → Milben, Schwertschwänze, Kapuzenspinnen, → Walzenspinnen. Die meisten Arten sind in den Ordnungen Spinnen und Milben vertreten.
Spinnentiere ernähren sich entweder räuberisch oder parasitieren an oder in anderen Tieren.

Spitzhörnchen

Tupaia

Ordnung: Spitzhörnchen

Die rattengroßen Spitzhörnchen oder Tupajas wurden früher für eine Art Spitzmäuse gehalten, später sah man in ihnen primitive Halbaffen. Heute räumen ihnen die Zoologen den Rang einer eigenen Ordnung ein, die zwischen Insektenfressern und Affen steht.
Kennzeichen: Eichhörnchenähnliche Tiere mit spitzen Schnauzen und affenähnlichen Ohrmuscheln; Fell olivgrün bis graubraun, unterseits beige.
Vorkommen: Südostasien. Tropische Wälder aller Art, auch Baumplantagen und städtische Parkanlagen.
Lebensweise: Tagaktiv; überwiegend am Boden, Nahrungssuche jedoch auch auf Bäumen und Sträuchern; geschickte Kletterer; Unterschlupf unter Baumwurzeln oder in Bodenhöhlen und -spalten. Monogam, leben paarweise oder mit Jungtieren des letzten Wurfs; verteidigen ihr Revier sehr heftig gegen Artgenossen; Familienmitglieder schlafen stets gemeinsam in einem Nest.

Spitzhörnchen

Fortpflanzung: Pro Wurf 1–4, meist 2 Junge, die nackt und blind zur Welt kommen; werden etwa 30 Tage gesäugt, wobei die Mutter nur alle 48 Stunden für einige Minuten zu den Jungen kommt.
Nahrung: Früchte und andere Pflanzenkost, Insekten, Spinnen, Tausendfüßer, Würmer, auch kleine Wirbeltiere.
Besonderes: Neugeborene Spitzhörnchen werden von der Mutter mit einem speziellen Duftstoff markiert, der sie bzw. ihr Nest für andere Tupajas einschließlich den Vater tabu macht. Ist die Mutter vor der Geburt Streß ausgesetzt (Störungen am Nest, Streitigkeiten mit dem Partner o. ä.) unterläßt sie diese Schutzmarkierung, und die Jungen werden vom Vater oder erwachsenen Geschwistern als Beute betrachtet und gefressen.

Spitzmaulnashorn

Diceros bicornis

Ordnung: Unpaarhufer

Das Spitzmaulnashorn ist um einiges kleiner als das → Breitmaulnashorn. Im Gegensatz zu diesem, das sich gleichsam als »Rasenmäher« betätigt, zupft es mit spitzer Lippe Blätter von den Zweigen.

Spitzmaulnashorn

Kennzeichen: Kopf-Rumpflänge bis 3,20 m, Gewicht 1,5 t; klobiger Kopf mit 2 Nasenhörnern und spitz zulaufender Oberlippe, die als Greiforgan ausgebildet ist; Haut unbehaart, schiefergrau, durch Wälzen im Staub je nach Lebensraum aber auch rotbraun, weißlich oder schwarz eingefärbt.
Vorkommen: Inselartig im östlichen und südlichen Afrika. Dichter Busch, lichter, unterholzreicher Wald, im Bergland bis fast 3000 m Höhe.
Lebensweise: Einzelgängerisch; jedes Tier besetzt ein Territorium, das Weideplätze, Suhlen und schattige Ruheplätze umfaßt und mit Kot und Urin markiert wird; Einzelreviere überlappen sich stark.
Fortpflanzung: Nach 15 Monaten Tragzeit jeweils 1 Kalb, das gleich nach der Geburt aufstehen und dann mit der Mutter mitlaufen kann; wird rund $1^1/_2$ Jahre gesäugt. Geburtenabstand 3 Jahre.
Nahrung: Vor allem Laub und Zweige von Sträuchern, auch Kräuter.
Besonderes: Weil nach einem alten Aberglauben ein Pulver aus Nashornhörnern als potenzsteigerndes Mittel gilt und vor allem in asiatischen Ländern teuer gehandelt wird, brachten profitgierige Großwildjäger und Wilderer das Spitzmaul- ebenso wie das Breitmaulnashorn an den Rand der Ausrottung.

Spitzmäuse

Soricidae

Ordnung: Insektenfresser

Aufgrund ihres mäuseähnlichen Aussehens werden Spitzmäuse oft für Mäuse gehalten, mit denen sie aber überhaupt nicht näher verwandt sind. Neben Igeln und Maulwürfen gehören sie vielmehr zu den Insektenfressern, einer stammesgeschichtlich viel älteren Tiergruppe.
Im einzelnen beschrieben sind: → Etrusker-Spitzmaus, → Feldspitzmaus, → Hausspitzmaus, → Waldspitzmaus, → Wasserspitzmaus und → Zwergspitzmaus.

Sumpfspitzmaus

Spixguan → Guans

Sporentierchen

Sporozoa

Unterreich: Einzeller

Sporentierchen sind einzellige Lebewesen, die in anderen Lebewesen parasitieren. Die Klasse der Sporentierchen wird in die 2 Ordnungen Gregarinen und Kokzidien unterteilt. Die bekanntesten Vertreter sind die Erreger des Wechselfiebers (Malaria) aus der Gattung *Plasmodium*, Parasiten der Gewebe und des Blutes. Die Krankheitserreger werden von blutsaugenden → Stechmücken übertragen und haben zu den verheerendsten Seuchen der Menschheit geführt. Arten der Gattungen *Elmeria* und *Isospora* sind Erreger schwerer Haustierkrankheiten, z. B. der Geflügel- und der Kaninchen-Kokzidiose oder der Roten Ruhr bei Rindern.

Fortpflanzung: Sporentierchen machen einen Generationswechsel durch. Aus ♂ und ♀ Geschlechtsmutterzellen gehen männliche und weibliche Geschlechtszellen hervor, die sich zur sog. *Zygote* vereinigen. Die Zygote vermehrt sich ungeschlechtlich durch Teilung und bildet Sichelkeime. Diese werden auf neue Wirte übertragen, vermehren sich hier erneut auf ungeschlechtlichem Weg, ehe sie wieder eine geschlechtliche Generation folgen lassen.

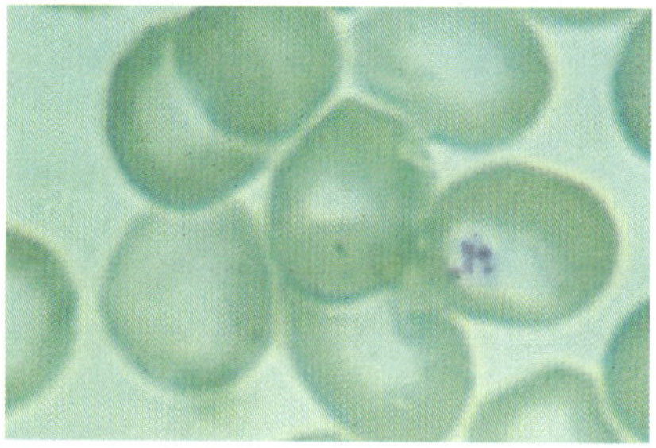

Sporentierchen

Spottdrossel

Mimus polyglottos

Familie: Spottdrosseln

Die Spottdrossel hat ihren Namen zurecht, denn sie ahmt viele Vogelstimmen nach.

Kennzeichen: 25–28 cm. Oberseits graubraun, unterseits weißlich; schwarze Schwungfedern mit 2 weißen Flügelbinden. Im Flug weißes Flügelabzeichen sichtbar. Schwanz lang, schwarz, mit weißen Außenkanten.

Spottdrossel

Stimme: Gesang singdrosselähnlich mit Imitationen vieler Vögel und anderer Geräusche der Nachbarschaft.

Vorkommen: Südkanada bis Mexiko; Karibische Inseln. Eingeführt auf den Bermudas und auf Hawaii. Parkartig offene Landschaft, auch in Siedlungen.

Lebensweise: Verteidigt ein nahrungsreiches Gebiet vehement gegen Eindringlinge. Streckt Flügel hoch, läuft dann kurz und zuckt mit den Flügeln; Bedeutung dieses Verhaltens ist noch unklar. Singt meist im Flug und oft in der Nacht. Brutbeginn bereits Mitte Februar. Nördliche Populationen Teilzieher.

Gartenspitzmaus

Nahrung: Früchte, Beeren und Samen; auch am Boden lebende Insekten u. a. Wirbellose.

Springbock

Antidorcas marsupialis

Familie: Hornträger

Die zierliche, elegante Antilope macht mit auffallenden, meterhohen Imponiersprüngen ihrem Namen alle Ehre.

Kennzeichen: Rückenhöhe etwa 90 cm; Fell gelblichbraun, bauchseits weiß, breite, schwarze Flankenstreifen, Gesicht schwarz-weiß gezeichnet; Hautfalte entlang des Rückgrats, in der eine weiße Mähne verborgen ist. Beide Geschlechter mit leierartig gebogenen Hörnern, beim ♂ 30–50 cm lang, beim ♀ kürzer und dünner.

Vorkommen: Süd- und Südwestafrika. Trockene, offene Ebenen und Hügelland, lichter Busch.

Lebensweise: Tag- wie nachtaktiv, ruht aber über die Mittagszeit; nach Geschlechtern getrennte sowie gemischte Rudel; alte Böcke territorial.

Verhalten: Auf der Flucht oder auch nur aus »Übermut« bzw. als Imponierverhalten hohe Prellsprünge mit stark gekrümmtem Rücken und steifen Beinen, wobei die leuchtendweiße Rückenmähne ausgestülpt wird.

Fortpflanzung: Jeweils 1 Kitz, das in den ersten Lebenswochen in einer Deckung liegenbleibt, dann im Geißenrudel mitläuft; wird 5–6 Monate gesäugt.

Nahrung: Gras, Kräuter, Laub, Wurzelknollen, gelegentlich Erde.

Springbock

Springfrosch

Rana dalmatina

Familie: Echte Frösche

Der Springfrosch kann mit seinen langen Hinterbeinen bis 1 m hoch und 2 m weit springen.

Springfrosch

Kennzeichen: 6–8 cm, ♀ größer als ♂. Oberseite gelb- bis rotbraun gefärbt, dunkle Querbinden auf den Hinterbeinen, 2 hellere Rückendrüsenleisten; Unterseite hell, manchmal gefleckt; großer, dunkler Fleck hinter dem Auge, Pupille waagerecht elliptisch. Keine Schallblasen.

Vorkommen: Europa ohne Iberische Halbinsel, Großbritannien und den ganzen Norden; aber lokale Vorkommen im Norden. Südwestasien bis zum Iran. Lichte Laubwälder, Feuchtwiesen.

Lebensweise: Zur Fortpflanzungszeit eher nachtaktiv, danach tag- und nachtaktiv. Außerhalb der Fortpflanzungszeit oft weit entfernt von Gewässern. Flüchtet in großen Sprüngen. Nahrungssuche im dichten Bewuchs.

Fortpflanzung: Paarung nachts im Gewässer. Laicht in kleineren stehenden Gewässern. Frühlaicher, meist März/April. Nur kurze Zeit im Wasser.

Nahrung: Insekten, Würmer, Schnecken.

Springkrebse → Furchenkrebse

Springschrecken

Saltatoria

Klasse: Insekten

Unter dem Begriff Springschrecken werden die Laub- und Feldheuschrecken sowie die → Grillen zusammengefaßt. Die Bezeichnung »Heuschrecken« ist heute kein gültiger zoologischer Ordnungsbegriff mehr, hat sich aber in einigen Zusammensetzungen erhalten. Die Laubheuschrecken und Grillen bezeichnet man als Langfühlerschrecken (*Ensifera*), die Feldheuschrecken als Kurzfühlerschrecken (*Caelifera*). Die 15 000–17 000 Arten sind überwiegend in den Tropen und Subtropen beheimatet. Der Name bezieht sich auf die zu großen Sprungbeinen ausgebildeten Hinterbeine. Fast alle Springschrecken erzeugen und hören Töne, die zum Finden der Partner bei der Paarung dienen. Im einzelnen werden beschrieben: → Gespenstheuschrecken, → Wanderheuschrecken, → Grashüpfer, → Grünes Heupferd.

Sattelschrecke

Springspinnen

Salticidae

Ordnung: Echte Spinnen

Die Familie der Springspinnen umfaßt ca. 4000 Arten und bringt v. a. in den Tropen eine unerschöpfliche Formen- und Farbenvielfalt hervor.

Kennzeichen: Körperbau gedrungen, etwas abgeflacht, Vorderteil rechteckig. 8 Augen, in 3 Reihen angeordnet: 1. Reihe mit 4 stark vergrößerten, nach vorne gerichteten Augen, 2. und 3. Reihe mit je 2 kleineren Augen. Kurze Beine. Tropische Arten sehr bunt gefärbt. Häufigste europäische Art Zebra-Springspinne (*Salticus scenicus*) mit dunklen und hellen Streifen. Bis 12 mm.

Harlekin-Springspinne

Vorkommen: Weltweit verbreitet. An sonnenbeschienenen, trockenen Stellen.
Lebensweise: Jagdspinnen. Tagtiere, nachts in selbstgesponnenem Unterschlupf verborgen. Ziehen beim Springen auf Beute Sicherheitsfaden hinter sich her, so daß sie sich bei einem evt. Fehlsprung zum Absprungort zurückhangeln können.
Nahrung: Kleine Insekten, v. a. Fliegen, Mücken, Ameisen.
Besonderes: Einige Springspinnen-Arten, z. B. die Ameisenspringspinne (*Myrmarachna formicaria*), ahmen in Aussehen und Verhalten zu ihrem Schutz Ameisen nach.

Springtamarin

Callimico goeldii

Teilordnung: Neuweltaffen

Der etwa eichhörnchengroße Springtamarin vereinigt in sich Merkmale der Krallenaffen, der Halbaffen und der Kapuzinerartigen Affen. Die Zoologen haben ihm deshalb den Rang einer eigenen

Roesels Beißschrecke

Zebraspringspinne

Springtamarin

Familie, eben der Springtamarine, eingeräumt.
Kennzeichen: 20–22 cm groß, mehr als körperlanger Schwanz; Fell glänzend schwarz, seidenweich; krallenartige Nägel an Fingern und Zehen. Vielfältige Lautäußerungen, von leisem Pfeifen bis zu gellenden Schreien.
Vorkommen: Gebiet um den Oberlauf des Amazonas. Zumindest zeitweise trockener Urwald mit dichtem Unterwuchs.
Lebensweise: Tagaktiver Baumbewohner, hält sich aber vorzugsweise im bodennahen Bereich auf; lebt in kleinen Familiengruppen mit engem Zusammenhalt.
Verhalten: Sitzt und springt fast stets in senkrechter Körperhaltung, klammert sich an dünne Baumstämme oder steile Äste, springt in dieser Haltung – anstatt zu laufen – mit mächtigen Sätzen von Baum zu Baum, z. T. auch nur wenige Zentimeter über dem Boden.
Fortpflanzung: Jeweils nur 1 Junges, das in den ersten 2 Wochen von der Mutter, anschließend überwiegend vom Vater und anderen Gruppenmitgliedern herumgetragen wird.
Nahrung: Früchte sowie Insekten und andere tierische Kost.

Spulwurm
Ascaris lumbricoides
Klasse: Fadenwürmer

Der Spulwurm ist einer der größten und am weitest verbreiteten Parasiten des Menschen.
Kennzeichen: Fadenförmiger, heller Wurm. ♂ bis 30 cm, ♀ bis 40 cm.
Vorkommen: Im Dünndarm des Menschen.
Lebensweise: Darmparasit.
Fortpflanzung: Ein ♀ kann täglich bis zu 200 000 Eier legen – und das 9 Monate lang. Eier mit dicker Schale, die nicht von den Darmsäften angegriffen wird. Im Ei entwickelt sich außerhalb des Darmes eine Larve, die innerhalb der Schale jahrelang lebensfähig ist. Wird das Ei vom Menschen aufgenommen (Selbstinfektion z. B. durch mangelnde Hygiene), schlüpft im Dünndarm die Larve. Sie macht dann eine 1wöchige Wanderung im Körper durch, kehrt zum Dünndarm zurück und wächst hier zum erwachsenen Tier heran. Geschlechtsreife nach 2 Monaten.

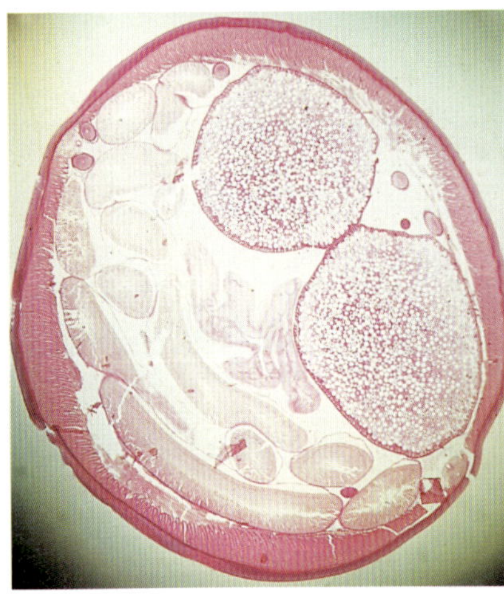

Spulwurm

Nahrung: Speisebrei.
Besonderes: Starker Wurmbefall verursacht Darmschmerzen, Kopfschmerzen und Mattigkeit und kann zum Darmverschluß führen.

Staatsquallen

Siphonophora

Stamm: Nesseltiere

Staatsquallen sind freischwimmende Nesseltierkolonien, die sich aus medusen- und polypenförmigen Einzeltieren zusammensetzen, die zeitlebens zusammenleben und eine strikte Arbeitsteilung haben. Aus befruchteten Eiern schlüpfen freischwimmende Larven (*Planula*-Larven), aus denen sich eine Schwimmglocke mit Fangfäden entwickelt.
Die 155 bekannten Arten sind in 2 Unterordnungen mit 11 Familien aufgeteilt. Am bekanntesten sind die weltweit verbreitete → Portugiesische Galeere und die im Mittelmeer vorkommende tiefblaue oder türkisfarbene Segelqualle (*Velella velella*).

Stabschrecken → Gespenstheuschrecken

Stachelhummer → Languste

Stachelmäuse

Acomys

Familie: Echte Mäuse

Der Rücken der Stachelmäuse ist von (relativ weichen) Stacheln bedeckt, die auch aufgerichtet werden können. Vor allem im Bereich des Hinterrückens sind diese Stachelhaare besonders lang und auffällig.
Kennzeichen: 7–15 cm groß; Schwanz knapp körperlang, fast nackt; Ohren häutig, sehr groß; Fell graubraun bis sandfarben, unterseits weißlich.
Vorkommen: Östliches Afrika von Ägypten bis zum Kap, inselartig in der Sahara, Arabische Halbinsel, Vorderasien; auch auf Kreta und Zypern. Gebiete mit felsigem Untergrund in Wüsten, Halbwüsten und Savannen.
Lebensweise: In der Mehrzahl nachtaktiv; je nach Art eher bodenlebend oder kletternd; leben in Großfamilien mit sozialer Rangordnung; graben keine Baue, Lager vielmehr in Felsspalten und natürlichen Bodenlöchern; oft gemeinsame Jungenaufzucht der ♀ eines Clans.
Fortpflanzung: 2–5 Würfe im Jahr mit meist 2–3 Jungen, die viel weiter entwickelt zur Welt kommen als diejenigen anderer Mäuse: schon behaart und mit bereits offenen oder fast offenen Augen; werden 2–3 Wochen gesäugt.
Nahrung: Sämereien sowie Insekten und andere Wirbellose. Können teilweise ganz ohne zu trinken auskommen.

Ägyptische Stachelmaus

Stachelrochen

Dasyatis

Unterordnung: Rochenartige

Stachelrochen sind rochenartige Fische, die an der Schwanzbasis einen 7–10 cm langen Giftstachel tragen. Die bekannteste der 30 Arten ist der Gewöhnliche Stechrochen (*Dasyatis pastinaca*).

Stachelrochen

Kennzeichen: Körper stark abgeplattet, rautenförmig bis dreieckig. Haut glatt, bei älteren Tieren mit kleinen Höckern und Dornen besetzt. Brustflossen an den Kopfseiten, flügelartig vergrößert. Keine Rücken- und Schwanzflosse. Langer, dünner Schwanzstiel, ca. 1–1½mal so lang wie Körperscheibe, mit 1–2 Stacheln an der Schwanzbasis. Oberseite dunkelgrau bis olivfarben, Unterseite weißlich. Bis 2,5 m.
Vorkommen: Ostatlantik von Norwegen bis Südafrika, Mittelmeer, Schwarzes Meer. Flache Küstengewässer über Sand- und Schlammgrund.
Lebensweise: Nachtaktiver Bodenfisch, tagsüber im weichen Untergrund vergraben, selten freischwimmend.
Fortpflanzung: *Ovovivipar*. 6–9 Junge pro Wurf.
Nahrung: Kleine Bodenfische, Krebse, Weichtiere, Stachelhäuter.
Besonderes: Der Giftstachel der Stachelrochen wird ausschließlich als Verteidigungswaffe benutzt. Er besitzt Widerhaken an der Seite und kann bei großen Tieren bis 40 cm lang werden. Durch peitschenförmiges Hin- und Herschlagen des Schwanzes wird der Stachel gezielt auf den Gegner ausgerichtet. Die Giftstachel wurden lange Zeit von Einheimischen als Speerspitze benutzt.

Stachelschweine
Hystrix
Ordnung: Nagetiere

In 5 Arten bevölkern die Stachelschweine der Gattung *Hystrix* die Tropen und Subtropen der Alten Welt.
Kennzeichen: Kopf-Rumpflänge je nach Art 45–90 cm, Schwanz 5–15 cm lang; Fell borstig, schwarzbraun, teilweise mit langer Nackenmähne; an Rücken und Schwanz lange, schwarz-weiß geringelte Stacheln; am Schwanz außerdem hohle Rasselbecher.
Vorkommen: Süd- und Südostasien, Afrika, das Nordafrikanische Stachelschwein (*Hystrix cristata*) bis nach Süd- und Mittelitalien sowie Sizilien. Trockenes, offenes Wald- und Buschland, bevorzugt mit felsigem Untergrund.

Gewöhnliches Stachelschwein

Lebensweise: Nachtaktive Bodenbewohner; leben in kleinen Familiengruppen; ruhen tagsüber in selbstgegrabenen Erdhöhlen oder von anderen Tieren übernommenen Bauen.
Verhalten: Drohen knurrend und fauchend mit weit gespreizten Stacheln, wobei sie sich schütteln, so daß die Stacheln und vor allem die hohlen Hornbecher am Schwanz laut rasseln.
Fortpflanzung: Pro Wurf 1–2, manchmal auch 3 Junge, die mit offenen Augen und (noch weichen) Stacheln zur Welt kommen. Werden 3–4 Monate gesäugt und von allen Gruppenmitgliedern wohl behütet.
Nahrung: Blätter, Wurzeln und Knollen, Früchte, Rinde, Feldfrüchte, gelegentlich auch Insekten oder Aas.
Besonderes: Beim drohenden Sichschütteln können einzelne »Spieße« meterweit weggeschleudert werden. Darauf ist die fälschliche Behauptung zurückzuführen, das Tier könne seine Stacheln gezielt auf seine Feinde abschießen.

Stadttaube → Felsentaube

Staffelschwänze
Maluridae
Ordnung: Sperlingsvögel

Staffelschwänze sind nah verwandt mit den Südsee-Grasmücken.
Kennzeichen: 13–20 cm. Kleine Vögel mit langen Beinen und langem, meist gestelztem Schwanz; Flügel kurz und gerundet. ♂ der Gattungen *Malurus* und *Stipiturus* im Prachtkleid oft auffällig ge-

färbt; leuchtendblaue Federpartien zeigen z. B. Türkisstaffelschwanz (*Malurus splendens*), Weißbauchstaffelschwanz (*M. lamberti*) und Prachtstaffelschwanz (*M. cyaneus*). ♀ bei diesen Gattungen unscheinbar. Geschlechter der Grasschlüpfer (*Amytornis*) gleichgefärbt.
Vorkommen: 24 Arten in 4 Gattungen in Australien, Neuguinea, Borneo, Java und Sulawesi. Je nach Art Wälder, Grasland, Wüsten.

Prachtstaffelschwanz-Weibchen

Lebensweise: Nahrungssuche am Boden oder niedrig im Gebüsch. Viele Arten gesellig.
Brut: Koloniebrüter. Bei manchen Arten, so beim Prachtstaffelschwanz, helfen Junge der vorigen Brut oder unverpaarte ♂ bei der Aufzucht der Nestlinge mit. Nest entweder kuppelförmig mit seitlichem Eingang oder napfförmig.
Nahrung: Insekten.

Staubläuse
Psocoptera
Klasse: Insekten

Von den etwa 3000 bekannten Arten sind die meisten in den tropischen und subtropischen Gebieten beheimatet. Uns sind vor allem die Bücherläuse bekannt, die versteckt in staubigen und verpilzten Schlupfwinkeln leben.
Kennzeichen: 1–7 (max. 15) mm lang. Die meisten Arten haben 4 dachartig über dem Hinterleib gefaltete Flügel; einige sind flügellos oder schuppenflügelig. Körper kaum oder gar nicht behaart.
Vorkommen: Weltweit. In Wäldern, an Bäumen, Sträuchern und verholzenden Stauden; in Häusern hinter Tapeten, in Papierlagen und verstaubten Büchern.
Lebensweise: Können besser laufen als fliegen. Bewegen sich dabei ruckweise mit Ruhepausen fort; ungeflügelte Tiere gewandter als geflügelte. Fortpflanzung nicht bei allen Arten einheitlich. Manche auch ohne Befruchtung.
Nahrung: Algen, Pilze, Flechten.

Stechmücken
Culicidae
Ordnung: Zweiflügler

Die Stechmücken werden wie die → Schnacken der Unterordnung → Mücken zugewiesen. Eine Unterfamilie der Stechmücken sind die → Fiebermücken. Weltweit verbreitet ist die Gemeine Stechmücke (*Culex pipiens*).
Kennzeichen: Etwa 5 mm lang. Glasige Flügel, lange Beine. 3lappiges Schildchen. Breite Haftlappen zwischen den Fußgliedern. Langer Saugrüssel.
Vorkommen: Weltweit (auch eingeschleppt). Stehende Kleingewässer, feuchte Wiesen, Gartenteiche, kleinste Wasserflächen.
Fortpflanzung: Eiablage im Frühling auf der Wasseroberfläche. Die wasserlebenden Larven hängen mit besonderen Atembüscheln schräg an der Wasseroberfläche.
Nahrung: Die ♂ saugen an Pflanzensäften, ♀ brauchen zur Eireifung Blut; die Larven ernähren sich von Algen und Kleintieren des Wassers.
Besonderes: Die Gemeine Stechmücke wurde per Schiff auch nach Nordamerika eingeschleppt, wo sie unter der Bezeichnung Moskito bekannt ist.

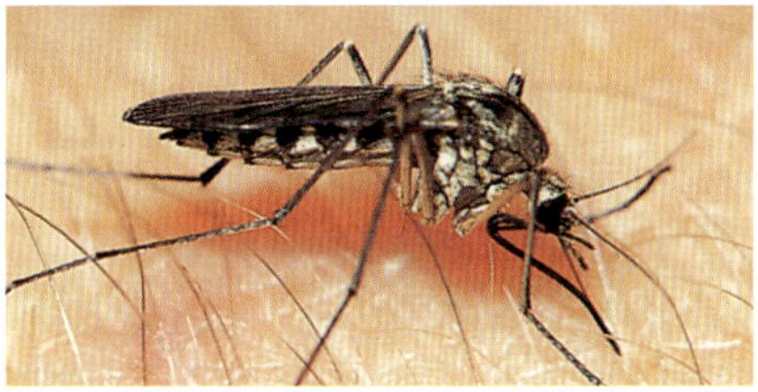

Moskito

Türkisstaffelschwanz

Steinadler

Aquila chrysaetos

Familie: Habichtartige

Der Steinadler ist der häufigste und am weitesten verbreitete Adler der nördlichen Hemisphäre.

Steinadler

Kennzeichen: 75–90 cm, ♀ größer als ♂. Dunkelbraun gefärbt mit goldgelbem Nacken und Oberkopf.
Vorkommen: Europa, Nordasien, Nordamerika, Nordafrika. Ausgedehnte Wälder in der Ebene; waldarme Gebirge mit steilen Felswänden, auch an der Küste.
Lebensweise: Nahrungssuche meist im niedrigen Suchflug unter Ausnutzung jeglicher Deckung. Mitunter jagen 2 Adler gemeinschaftlich und hetzen ein größeres Beutetier zu Tode. Jagdgebiet liegt im Gebirge meist oberhalb des Brutplatzes, dadurch leichterer Transport der Beute abwärtsgleitend zum Horst. Jahresvogel.
Brut: Großer Horst aus Ästen und Zweigen auf Felsbändern, in Felshöhlungen oder auf alten Bäumen. 1 Brut (März bis Juni). 2 Eier; Brutdauer 43–45 Tage, Nestlingszeit ca. 10 Wochen.
Nahrung: Säugetiere bis Hirschkalbgröße und Vögel bis Auerhahngröße, auch Aas.
Besonderes: Der Steinadler ist Sinnbild für Kraft und Kühnheit und deshalb Wappenvogel vieler Länder sowie auf Münzen abgebildet.

Steinbock

Capra ibex ibex

Familie: Hornträger

Der Alpensteinbock, eine von mehreren Unterarten dieser in Eurasien und Nordafrika vorkommenden muskulösen Wildziegenart, ist im Felsklettern selbst der → Gemse überlegen.
Kennzeichen: Kopf-Rumpflänge beim ♂ bis 1,70 m, beim ♀ bis 1,15 m; Fell im Sommer gelblichbraun, im Winter graubraun; Hörner beim ♂ bis 1 m lang, in weitem Bogen nach hinten gekrümmt, mit starken Querwülsten, beim ♀ nur etwa 30 cm lang; ♂ mit kleinem Kinnbart.
Vorkommen: Alpen. Fels- und Mattenregion oberhalb der Baumgrenze.
Lebensweise: Tagaktiv; klettert und springt hervorragend; außerhalb der Brunftzeit Böcke und Geißen in getrennten Rudeln von höchstens 30 Tieren.
Fortpflanzung: Paarungszeit Dezember/Januar; Tragzeit $5^1/_2$ Monate; gewöhnlich nur 1 Kitz, das schon nach wenigen Tagen der Mutter sogar in Steilhängen folgen kann; wird bis zum Herbst gesäugt.
Nahrung: Kräuter, Gras, Laub und frische Triebe von Sträuchern.
Besonderes: In der Volksmedizin galten seit dem Mittelalter Hörner, Blut, Bezoare (im Magen gebildete Kugeln aus Pflanzenteilen, Harz und Haaren) sowie der Herzknorpel des Steinbocks als Wundermittel gegen eine Vielzahl von Krankheiten. Das brachte die Art im vorigen Jh. an den Rand der Ausrottung. Dank strenger Schutzmaßnahmen gilt der Bestand heute wieder als gesichert.

Steinböcke

Steinfisch

Synanceja verrucosa

Ordnung: Panzerwangen

Der Steinfisch, auch Lebender Stein genannt, ist der giftigste Fisch der Welt!

Steinfisch

Kennzeichen: Körper plump, seitlich etwas zusammengedrückt. Haut schuppenlos, dafür mit Warzen und Hautfetzen bedeckt, die den Fisch einem bewachsenen Stein ähnlich machen. Kopf breit und flach. Rückenstachel mit Giftdrüsen. Große Augen. Bräunlich bis olivfarben. Bis 35 cm.
Vorkommen: Indopazifik, v. a. Küstengebiete Australiens und Südafrikas. Über Sand-, Fels- oder Korallengrund.
Lebensweise: Grundfisch. Liegt meist halb im Boden eingegraben und lauert gut getarnt auf Beute.
Nahrung: Bodentiere aller Art.
Besonderes: Das Gift des Steinfisches wirkt sich auf das Nervensystem aus; schon ca. 2 Stunden nach dem Stich kann der Tod eintreten. Wer den Stich überlebt, hat qualvolle Schmerzen zu erleiden, und es dauert bis zu 1 Jahr bis zur vollständigen Genesung.

Steinmarder

Martes foina

Familie: Marder

Der Stein- oder Hausmarder ist anders als der nahe verwandte → Baummarder weitgehend zum Kulturfolger geworden.
Kennzeichen: Körperlänge 45–55 cm, Schwanz 20–30 cm; kurzbeinig; Fell braun, an Kehle und Brust ein weißer, meist nach unten zu gegabelter Fleck.
Vorkommen: Süd- und Mitteleuropa, Mittelasien bis China. Baumfreie, felsige Gebiete, Waldränder, lichte Bergwälder; auch in Dörfern und Städten, Parks und Steinbrüchen.
Lebensweise: Überwiegend nachtaktiver Einzelgänger; klettert gut, hält sich aber vorwiegend auf dem Boden auf; bewohnt Felsspalten, Steinhöhlen, Nischen in Gebäuden, Ruinen u. ä. Unterschlupfe.
Fortpflanzung: Im späten Frühjahr jeweils 3–7 blind geborene Junge, die mit etwa 4 Monaten bereits selbständig sind.
Nahrung: Kleintiere aller Art bis Kaninchen- oder Hühnergröße, häufig Mäuse und Ratten; auch Obst und Beeren.
Besonderes: In den letzten Jahren haben Steinmarder vielerorts eine Vorliebe für Gummimanschetten, Zündkabel und Kühlmittelschläuche geparkter Autos entdeckt, auf denen sie aus Spieltrieb und purer Neugierde herumbeißen, während sie es sich in dem vom Fahren noch war men Motorraum bequem machen.

Steinmarder

Steinpicker

Agonus cataphractus

Familie: Panzergroppen

Zur Familie der Panzergroppen gehören ca. 40 Arten, die hauptsächlich im Nordpazifik vorkommen.

Steinpicker

Kennzeichen: Körper langgestreckt, in dünnen Schwanzteil auslaufend, mit kräftigen, kantigen Knochenplatten bedeckt, die einen regelrechten Panzer bilden. Kopf breit und flach mit unterständigem Maul; zahlreiche Bartfäden an der Kopfunterseite; 2 Paar Stacheln an der Schnauzenspitze. 2. Rücken-, After- und Bauchflossen beim ♀ größer als beim ♂. Hellbraun bis rötlich gefärbt. Bis 20 cm.
Vorkommen: Nord- und Ostsee. In 5–500 m Tiefe über Schlamm-, Sand- und Geröllgrund.
Lebensweise: Bodenfisch, der meist im Untergrund vergraben ist. Im Sommer in mäßiger Tiefe lebend, im Winter in tieferes Wasser ziehend.
Fortpflanzung: Laichzeit April–Mai. Ca. 300 gelbe Eier, die in Haufen an Tang und Wasserpflanzen abgelegt werden. Eihülle dick und gummiartig. Junge schlüpfen 10–11 Monate später aus.
Nahrung: Würmer, Kleinkrebse, Stachelhäuter, kleine Bodenfische.

Steinschmätzer

Oenanthe oenanthe

Familie: Drosseln

Der Steinschmätzer hat innerhalb seiner Gattungsgruppe die größte Verbreitung. Er ist der einzige Steinschmätzer, der auch Nordamerika besiedelt hat.
Kennzeichen: 14–15 cm. Oberseite grau, Unterseite hell ockerfarben, in weißen Bauch übergehend; dunkle Flügel, dunkle Augenmaske; Bürzel weiß. Schwanz mit charakteristischem schwarzem »T« auf weißem Grund, v.a. im Flug sichtbar. ♀ matter gefärbt.
Vorkommen: Europa, Asien, Nordwestafrika; Nordamerika mit Grönland. Offenes, steiniges, spärlich bewachsenes Gelände, Dünen, Moore; im Gebirge bis über 2000 m Höhe.
Lebensweise: Bodenvogel. Singt von einem Stein aus oder im kurzen Singflug. Knickst und wippt mit dem Schwanz. Sommervogel. Nest in Höhlen oder Halbhöhlen aller Art.
Nahrung: Insekten, Spinnen, Würmer.
Besonderes: Trotz ihres riesigen Verbreitungsgebietes überwintern alle Steinschmätzer in trockenen Gebieten Afrikas. Aufgrund der Zugwege vermutet man, daß der Steinschmätzer Nordamerika von 2 Seiten aus besiedelt hat: im Osten über das Beringmeer und im Westen über Grönland.

Steinschmätzer

Steinwälzer
Arenaria interpres
Familie: Schnepfen

Der Steinwälzer hat seinen Namen von der Art der Nahrungsbeschaffung. Er dreht Steine oder Pflanzen um und holt die dort verborgenen Insekten hervor.
Kennzeichen: 22–25 cm. Unverwechselbar schwarz-weiß-rostbraun gefärbt. ♀ etwas matter. Kurzer, kräftiger Schnabel, Beine stämmig, leuchtend korallenrot.

Steinwälzer

Vorkommen: Arktische Küsten von Eurasien, Grönland und Nordamerika. Skandinavien südlich bis zur Ostsee. Überwintert an den Küsten Afrikas, Südamerikas, Australiens und Neuseelands. Küstenebenen und Tundra.
Lebensweise: Zur Nahrungssuche am Spülsaum. ♂ fliegt zur Reviermarkierung mit verlangsamten, weit ausholenden Flügelschlägen; landet anschließend in Imponierhaltung mit hochgerecktem Schnabel und gestelztem Schwanz auf einer Warte innerhalb des Reviers. Nest eine mit Pflanzen ausgelegte Bodenmulde.
Nahrung: Im Brutgebiet Insekten, auf dem Zug v.a. Schnecken, Muscheln, Krebse, Würmer.

Steinwelse → Katzenwelse

Steppenpavian
Papio cynocephalus
Familie: Hundsaffen

Der Steppenpavian wird auch Gelber Pavian genannt, im Unterschied zum westafrikanischen Roten oder Sphinxpavian (*Papio papio*), dessen Fell überwiegend rotbraun ist.
Kennzeichen: Kopf-Rumpflänge beim ♂ 60–80 cm, beim ♀ 40–60 cm; schlank, relativ hochbeinig; körperlanger Schwanz; Fell gelblich olivbraun; schwarzes Gesicht, silberweißer Backenbart; beim ♀ auffällige, rote Brunstschwellung des Genitalbereichs.
Vorkommen: Ost- und zentrales Südafrika. Baum- und Buschsavanne. Steppe mit Galeriewäldern oder Felsgruppen.
Lebensweise: Tagaktiv; überwiegend Bodenbewohner, schläft nachts aber auf hohen Bäumen; lebt in streng hierarchisch gegliederten Gruppen von 30–150 Tieren, stets mit mehreren ♂; Streifgebiet einer Gruppe bis 50 km^2; ♀ bleiben gewöhnlich zeitlebens in ihrer Geburtsgruppe, ♂ wechseln mit Erreichen der Geschlechtsreife zu anderen Gruppen.
Fortpflanzung: Gewöhnlich nur 1 Junges, das in der ersten Zeit von der Mutter vor dem Bauch getragen wird, später auf ihrem Rücken reiten darf; wird 6 bis 8 Monate gesäugt.
Nahrung: Überwiegend pflanzliche, aber auch tierische Kost aller Art.

Steppenpavian

Steppenzebra

Equus quagga

Familie: Pferde

Von allen wilden Pferden ist das Steppenzebra die zahlenmäßig weitaus stärkste Art mit der weitesten Verbreitung.

Steppenzebra mit Jungem

Kennzeichen: Rückenhöhe 1,25 bis 1,35 m; charakteristische Schwarzweiß-Streifung, bei südlichen Unterarten Grundfärbung statt reinem Weiß zunehmend gelblich-bräunlich; Stehmähne und dunkle Nase.
Vorkommen: In 5 Unterarten von Ost- bis Süd- und Südwestafrika. Offenes Grasland, lichte Savanne.
Lebensweise: Tagaktiv, ruht jedoch über Mittag gern im Schatten; bildet stabile Familiengruppen aus 1 Hengst und mehreren Stuten mit Jungtieren sowie reine Hengstgruppen; meist Zusammenschluß solcher Gruppen zu Herden, z. T. bis zu mehreren 10 000 Tieren; oft vergesellschaftet mit → Gnus und anderen Antilopen oder mit → Straußen; häufige Fellpflege durch gegenseitiges Beknabbern, auch Sandbäder.
Fortpflanzung: Nach einjähriger Tragzeit 1 Fohlen, das der Mutter sogleich folgen kann und 6–8 Monate gesäugt wird.
Nahrung: Gras.
Besonderes: Das Streifenmuster eines Zebras ist im Detail ebenso individuell wie z. B. die Fingerabdrücke eines Menschen. So auffällig die Streifung aus der Nähe ist, so gut löst sie, aus einiger Entfernung betrachtet, die Konturen des Tiers optisch auf.

Sterntaucher

Gavia stellata

Familie: Seetaucher

Der Sterntaucher ist der kleinste Seetaucher.
Kennzeichen: 53–60 cm. Rücken braun, Unterseite weiß; Kopf und Halsseiten grau, Hinterhals fein schwarz-weiß längsgestreift, am Vorderhals auffälliger, rotbrauner Fleck; Auge rotbraun; Schnabel schlank, wirkt leicht aufgebogen. Im Schlichtkleid weiße Punkte auf dem Rücken, ohne rotbraunen Fleck am Hals.
Vorkommen: Norden Europas, Asiens, Amerikas; Grönland. Binnenseen und Teiche in Mooren und in der Tundra.
Lebensweise: Außerhalb der Brutzeit gesellig. Hält Kopf beim Schwimmen schräg nach oben. Braucht im Gegensatz zu seinen größeren Verwandten zum Starten nur einen kurzen Anlauf über die Wasseroberfläche. Wenn Brutgewässer fischarm, häufig weite Nahrungsflüge zu fischreichen Gewässern.
Nahrung: Überwiegend Fische; auch Krebse, Frösche oder Wasserinsekten.

Sterntaucher

Stichlinge

Gasterosteidae

Ordnung: Stichlingsfische

Kennzeichnend für die Stichlingsfische sind die scharfen, einzelstehenden Stacheln vor der Rückenflosse. Zu den bekanntesten Arten zählt der Dreistachelige Stichling (*Gasterosteus aculeatus*).

Dreistachlige Stichlinge

Kennzeichen: Körper langgestreckt, seitlich etwas abgeflacht, schuppenlos. Seiten mit schmalen Knochenplatten bedeckt. 3 freistehende, bewegliche Stacheln vor der Rückenflosse. ♂ mit prächtigem Hochzeitskleid: Brust orange- bis kirschrot, Rücken blaugrün.

Vorkommen: Kalte und gemäßigte Zonen der nördlichen Erdhalbkugel, im Süßwasser.

Lebensweise: Schwarmfische, die in manchen Jahren in besonders großen Schwärmen auftreten.

Fortpflanzung: Laichzeit April–Juni. Mehrere Bruten hintereinander. Eizahl einige Hundert. Laichplatz in sandigem Grund. Das ♂ wedelt mit dem Schwanz eine Grube aus und baut aus Pflanzenteilen und einer klebrigen Absonderung seiner Niere ein festes, walnußgroßes Nest mit 2 Öffnungen. Dann führt es einen Zickzacktanz aus und treibt ein oder mehrere ♀ zur Eiablage durchs Nest. Das ♂ betreibt Brutpflege, fächelt den Eiern Frischwasser zu und vertreibt Eindringlinge aus dem Revier. Brutdauer 6–10 Tage. Jungfische werden bei Gefahr vom ♂ ins Maul genommen und ins schützende Nest ausgespuckt.

Nahrung: Insektenlarven, Kleinkrebse, Würmer, Fischlaich, Jungfische.

Besonderes: Der Neunstachelige Stichling oder Zwergstichling (*Pungitius pungitius*) ist mit seinen 4–6 cm Körperlänge der kleinste, heimische Süßwasserfisch.

Stieglitz

Carduelis carduelis

Unterfamilie: Finken

Der Stieglitz hat seinen Namen von seinem klingelnden Flugruf: »stiglitt«. Wegen seiner Vorliebe für Distelsamen wird er auch Distelfink genannt.

Kennzeichen: 12 cm. Unverkennbar durch rotes Gesicht, schwarz-weiße Kopfzeichnung und breite, gelbe Flügelbinde. Rücken zimtfarben, Schwanz und Flügel schwarz, Unterseite und Bürzel weiß.

Vorkommen: Europa bis auf den Norden, Nordafrika, West- bis Mittelasien. Lichte Misch- und Laubwälder, Heckenlandschaft; in Siedlungen in Gärten und Parks mit Laubbäumen.

Lebensweise: Außerhalb der Brutzeit sehr gesellig. Nahrungssuche häufig auf Unkrautfluren mit samentragenden Stauden. Teilzieher.

Brut: Brütet manchmal in lockeren Kolonien. Dickwandiges Nest aus verfilzter Pflanzenwolle, Moos und Gras, meist hoch im Kronenbereich vom ♀ gebaut. 2 Bruten (Mai–August). 4–6 Eier; Brut- und Nestlingsdauer ca. 2 Wochen.

Nahrung: Sämereien von Kräutern und Bäumen; kleine Insekten, v. a. Blattläuse.

Stieglitz

Stinktiere

Mephitis

Familie: Marder

Die nordamerikanischen Stinktiere oder Skunks der Gattung *Mephitis* haben im selben Verbreitungsgebiet und weiter südlich noch »Kollegen« in gefleckter Ausführung, den Fleckenskunk, (*Spilogale putorius*) sowie Vertreter mit rüsselartig verlängerter Nase, z.B. den Ferkelskunk (*Conepatus leuconotus*).

Stinktier

Kennzeichen: Etwa hauskatzengroß mit langem, sehr buschigem Schwanz; Fell langhaarig, schwarz, mit 2 weißen Längsstreifen vom Hinterkopf bis zum Schwanz.
Vorkommen: Ganz Nordamerika mit Ausnahme des höchsten Nordens. In offenen Graslandschaften mit eingestreuten Waldinseln, häufig auch auf Kulturland.
Lebensweise: Bodenbewohner, überwiegend in der Dämmerung und nachts aktiv; bewohnen selbstgegrabene oder von anderen Tieren übernommene Erdbaue; halten in kalten Regionen *Winterruhe*.
Verhalten: Bei Erregung Hochrecken des buschigen Schwanzes, der dann wie ein Staubwedel über den Kopf des Stinktiers ragt.
Fortpflanzung: Pro Wurf 2–10, meist aber 5–7 Junge, die nackt und blind geboren und rund 2 Monate lang gesäugt werden.
Nahrung: Verschiedenste Pflanzenkost, ebenso auch Würmer, Insekten und kleine Wirbeltiere, auch Aas.
Besonderes: Fühlt sich ein Stinktier bedroht, wendet es dem Angreifer blitzschnell mit hochgestelltem Schwanz sein Hinterteil zu und spritzt ihm, mit einer Reichweite bis zu 6 m, gezielt ein widerlich riechendes Sekret seiner Afterdrüsen entgegen.

Stirnlappen-Basilisk → Basilisken

Stockente

Anas platyrhynchos

Unterfamilie: Enten

Die Stockente ist die häufigste einheimische Schwimmente und die Stammform der meisten Hausenten.
Kennzeichen: 50–60 cm. ♂ mit flaschengrünem Hals und Kopf, gelbem Schnabel, weißem Halsring, rostbrauner Brust; Rücken bräunlich-grau, Unterseite und Flanken hellgrau; Schwanz schwarz-weiß, mittlere Schwanzfedern zu »Erpellocken« aufgerollt. ♀ bräunlich tarnfarben, stets dunkler Schnabelfirst, blauer Flügelspiegel.
Vorkommen: Europa, Asien, Nordamerika; in Australien und Neuseeland eingeführt. Stehende und langsam fließende Gewässer aller Art im Binnenland und an der Küste, auch Brackwasser.
Lebensweise: Nahrungssuche v.a. im flachen Wasser gründelnd. Seiht Wasser oder Schlamm mit Lamellenschnabel nach Verwertbarem durch. Sehr anpassungsfähig, brütet sogar mitten in Städten auf Fenstersimsen oder an Gebäuden. Vielerorts halbzahmer Parkvogel. Teilzieher.
Brut: Herbstbalz. Nur ♀ baut Nest, bebrütet die Eier und zieht die Jungen auf. Nest gut getarnt meist in Wassernähe,

Stockentenerpel

mit Dunen ausgelegt. 1 Brut (März–Juli). 5–13 Eier; Brutdauer ca. 4 Wochen, Junge Nestflüchter, mit 8 Wochen flügge.
Nahrung: Allesfresser. Wasserpflanzen, Samen; im Wasser lebende Wirbellose; auch kleine Wirbeltiere. Brot.

Störe

Acipenseridae

Ordnung: Störartige

Die Störe gehören zu den größten Süßwasserfischen und zählen zu den wertvollsten Nutzfischen. Die ca. 25 Arten werden in 4 Gattungen zusammengefaßt.

Stör

Kennzeichen: Körper langgestreckt, mit 5 Längsreihen eckiger Knochenschilder bedeckt. Rückenflosse weit nach hinten verlagert, Schwanzflosse nach oben gebogen. Zahnloses, rüsselförmiges Maul, unterständig mit 4 Bartfäden.
Vorkommen: In europäischen Küstengewässern *Acipenser sturio*, in sibirischen Flüssen *A. baeri*, in der Küstenregion des Adriatischen Meeres *A. naccarii*.
Lebensweise: Träge Bodenfische. Spüren mit ihren Bartfäden Nahrung am Bodengrund auf, die sie dann kräftig einsaugen. Langsame Fresser. Wandern zum Laichen flußaufwärts.
Nahrung: Wirbellose Bodentiere, Fische, Schnecken, Krebse.
Besonderes: Der größte Stör ist der Hausen (*Huso huso*), der in der Adria, im Kaspischen Meer, im Schwarzen Meer und der Wolga vorkommt. Er wird bis 8,5 m lang und 1300 kg schwer. Aus seinen Eiern wird Kaviar hergestellt.

Strauß

Struthio camelus

Familie: Strauße

Der flugunfähige Strauß ist nicht nur der schwerste und höchste Vogel, sondern auch der schnellste Läufer; kurzfristig erreicht er Geschwindigkeiten von knapp 100 km/h.
Kennzeichen: 2–2,5 m; ♂ größer als ♀. ♂ schwarz-weiß gefärbt. Je nach Rasse Hals- und Beinfarbe rosa oder blaugrau. ♀ graubraun. Kräftige Laufbeine mit 2 Zehen. Langer Hals mit kleinem Kopf und großem Auge (mit 5 cm Durchmesser das größte Auge aller Landwirbeltiere).
Vorkommen: Trockene Savannen West-, Ost- und Südafrikas. Früher in ganz Afrika und bis in den Mittleren Osten.
Lebensweise: Paarweise oder in kleinen Trupps. Kann tagelang ohne Wasser auskommen. Badet im Sand. Gebraucht seine Beine als wirkungsvolle Waffe. Oft mit Gnus und Antilopen vergesellschaftet; warnt diese vor Feinden, frißt die von den Herden aufgescheuchten Tiere. Unternimmt nahrungsbedingte Wanderungen.
Brut: Beeindruckender Balztanz, bei dem das ♂ seine Flügel zur Schau stellt. ♂ wählt Nistplatz, 3–5 ♀ legen Eier in das Nest, nur Haupt-♀ und ♂ brüten 42 Tage lang. Junge Nestflüchter.
Nahrung: Großinsekten, Reptilien, Kleinsäuger; Früchte.

Strauß mit Jungen

Streifenhörnchen

Tamias sibiricus

Familie: Hörnchen

Chipmunk

Das Sibirische Streifenhörnchen, mit seinem russischen Namen auch Burunduk genannt, hat im nordamerikanischen Chipmunk (*Tamias striatus*) einen Vetter, der ihm zum Verwechseln ähnlich sieht.

Kennzeichen: 13–15 cm groß, etwa 10 cm langer, buschiger Schwanz; in der Gestalt einem kleinen Eichhörnchen ähnlich, Fell aber gelbbraun mit dunkelbraun-weißer Längsstreifung und weißem Bauch; große Backentaschen.

Vorkommen: Nördliches Eurasien von Finnland bis Ostsibirien, in Mitteleuropa stellenweise eingebürgert. Nadel- und Mischwälder mit dichtem Unterwuchs, Gebüsche an Waldrändern und in Flußauen.

Lebensweise: Tagaktiv; gesellig; lebt in Kolonien, in denen aber jedes Tier ein eigenes Refugium beansprucht; klettert gut, hält sich aber überwiegend am Boden auf; gräbt umfangreiche Erdbaue, in denen kiloweise Wintervorräte eingelagert werden; *Winterschlaf* von Oktober–März/April.

Fortpflanzung: 1–2 Würfe im Jahr mit je 2–6 nackt und blind geborenen Jungen, die rund 2 Monate gesäugt werden.

Nahrung: Samen, Beeren, Baumfrüchte, Pilze, Knospen, auch Insekten.

Sibirisches Streifenhörnchen

Streifenhyäne

Hyaena hyaena

Ordnung: Raubtiere

Hyänen, die Merkmale von Schleichkatzen, von Echten Katzen wie auch von Hunden in sich vereinen, wurden von den Zoologen zu einer eigenen Tierfamilie erklärt.

Streifenhyäne

Kennzeichen: Hundeartig wirkend; Schulterhöhe bis 70 cm, stark abfallende Rückenlinie; halblanger, buschiger Schwanz; Fell ockergelb mit dunkler, senkrecht verlaufender Streifenzeichnung; ausgeprägte Schulter- und Rückenmähne. Weithallende eintönige Rufe und trompetenartige Laute.

Vorkommen: Nord- und Ostafrika, Arabische Halbinsel, Vorderasien bis Indien. Savanne.

Lebensweise: Überwiegend nachtaktiv; einzelgängerisch oder in Familienverbänden; ausgeprägtes Sozialverhalten mit akustischer und mimischer Verständigung, Zusammenwirken der Gruppenmitglieder bei der Jungenaufzucht.

Fortpflanzung: Pro Wurf meist 2–3 Junge, die in einer von der Mutter selbstgegrabenen Erdhöhle zur Welt gebracht werden.

Nahrung: Aas, Früchte, Insekten, jagt aber auch kleine und mittelgroße Wirbeltiere.

Besonderes: In Süd- und Südwestafrika lebt die nahe verwandte Braune Hyäne (*H. brunnea*), die gern an Meeresstränden nach Nahrung sucht und daher auch Strandwolf genannt wird.

Streifenkiwi

Apteryx australis

Familie: Kiwis

Kiwis kommen in 3 Arten nur auf Neuseeland vor.

Kennzeichen: 70 cm; ♂ kleiner als ♀. Rußbraun gefärbt. Gefieder fellartig. Kopf klein mit kleinen Augen; Tastborsten an der Schnabelwurzel. Langer, schlanker Schnabel. Ruft schrill »kiwii«.

Vorkommen: Feuchte Urwälder Neuseelands.

Lebensweise: Flugunfähig, sehr ausdauernder Laufvogel. Nachtaktiv. Nahrungssuche mit dem Schnabel im Boden stochernd. Sieht schlecht, hört und riecht ausgezeichnet.

Brut: Nest in Erdloch oder unter Wurzeln; nur ♂ baut und brütet. 1–2 Eier; Brutdauer bis 85 Tage (längste Zeit aller Vögel!). Junge verlassen mit 7 Tagen das Nest.

Nahrung: Würmer, Insekten, Spinnen, Beeren.

Besonderes: Die Nasenlöcher befinden sich bei den Kiwis an der Schnabelspitze. Damit können sie auch Beute aufspüren, die mehrere Zentimeter tief im Boden verborgen ist.

Streifenkiwi

Streifenkuckuck → Vierflügelkuckuck

Streifenwanze

Graphosoma lineatum

Ordnung: Wanzen

Die Streifenwanze aus der Familie der Schildwanzen ist eine der wenigen bunt gezeichneten Arten.

Streifenwanze

Kennzeichen: Etwa 1 cm lang. Breit rotschwarz längsgestreift, dadurch unverwechselbar. Stechend-saugende Mundwerkzeuge.

Vorkommen: Südeuropa, südliches Mitteleuropa. Sonnige Wiesen und Hänge, vorwiegend auf Doldenblütlern.

Fortpflanzung: Ausgeprägtes Paarungsverhalten. Eiablage in kleinen Paketen auf Blättern. Junglarven werden nach dem Schlüpfen noch eine Zeitlang vom ♀ bewacht. Nach der 5. Häutung sind sie geschlechtsreif.

Nahrung: Saugen an Pflanzensäften, ernähren sich zuweilen auch räuberisch.

Besonderes: Die Streifenwanze scheidet aus ihren Stinkdrüsen ein giftiges Sekret aus. Die Streifenzeichnung warnt Angreifer.

Strichelstirn-Honiganzeiger → Honiganzeiger

Strömlinge → Heringe

Strudelwürmer
Turbellaria
Stamm: Plattwürmer

Strudelwürmer, auch Turbellaria genannt, sind meist kleine, wurmförmige, abgeplattete, freilebende Meeres- und Süßwassertiere mit ungegliedertem Körper, der mit zahlreichen Wimpern besetzt ist. Längere Arten sind bandförmig, kleinere Arten eiförmig. Einige Arten kommen auch an feuchten Stellen an Land vor.
Die Klasse umfaßt ca. 3000 Arten. Ihre bekanntesten Vertreter sind die → Planarien. Die größte Art ist die Gewächshausplanarie (*Bipalium kewense*) mit 60 cm Länge.
Zusammen mit den → Bandwürmern, Kiefermündchen und → Saugwürmern bilden die Strudelwürmer den Stamm der → Plattwürmer.

Strumpfbandnatter
Thamnophis sirtalis
Familie: Nattern

Strumpfbandnattern sind die häufigsten Nattern Nordamerikas und kommen in mehreren, sehr schwer unterscheidbaren Arten vom Süden Kanadas bis Mexiko vor.
Kennzeichen: 50–80 cm, ♀ größer als ♂. Auf dunklem Grund 3 helle Längsstreifen über den ganzen Körper. Entlang der Seiten rötliches Karomuster. Schlank.
Vorkommen: Südliches Kanada bis Arizona. Gärten und Parks.

Braune Strumpfbandnatter

Lebensweise: Ungiftig. Tagaktiv. Weniger an das Wasser gebunden als andere Arten, kann aber gut schwimmen. Überwintert oft gemeinsam mit vielen Artgenossen. Lebendgebärend.
Nahrung: Jungtiere Regenwürmer, Erwachsene Reptilien, Fische, Froschlurche, auch Aas.
Besonderes: Weitere Arten sind *Thamnophis marcianus* in den südlichen USA und *T. cyrtopsis*.

Stubenfliege
Musca domestica
Familie: Echte Fliegen

Die Stubenfliege ist der bekannteste Vertreter der Familie Echte Fliegen und das wohl populärste Insekt überhaupt.

Stubenfliege

Kennzeichen: Etwa 1 cm lang. Dunkel gefärbt. Ohne Stechapparat. Augen stoßen beim ♂ aneinander, beim ♀ nicht.
Vorkommen: Weltweit. Freie Flur, Gärten, Häuser.
Fortpflanzung: ♀ legt wiederholt bis zu 150 Eier auf verwesenden Stoffen, Tierkot, Misthaufen und Müllkippen ab. Bis zu 5 Generationen können sich pro Jahr entwickeln. Die Larven graben sich zur Verpuppung in ihrer letzten Larvenhaut im Boden ein.
Nahrung: Abfallstoffe aller Art.
Besonderes: Da Stubenfliegen an Exkrementen, Müll und verwesenden Stoffen Keime aufnehmen, die millionenfach auf ihrer gesamten Körperoberfläche sitzen können, sind sie auch Überträger von Krankheitserregern.

Stutzechse → Tannenzapfenechse

Sumpfbiber → Nutria

Sumpfrohrsänger → Rohrsänger

Sumpfschildkröte

Emys orbicularis

Familie: Sumpfschildkröten

Die Europäische Sumpfschildkröte ist die einzige Schildkröte Mitteleuropas.

Kennzeichen: 20–25 cm. Panzer flach, auf dunklem Grund fein gelblich gezeichnet. Schwimmhäute zwischen den Zehen. Bauchpanzer hell.

Vorkommen: Süd- und Osteuropa, Teile von West- und Mitteleuropa; westliches Asien. Stehende oder langsam fließende Gewässer mit reichem Wasserpflanzenbewuchs, Feuchtgebiete, auch Brackwasser.

Lebensweise: Sonnt sich gern am Ufer, auf Steinen o. ä. Taucht bei Gefahr sofort ins Wasser. Taucht lange, schwimmt gut. Nahrungssuche nur im Wasser, meist abends und nachts. Verläßt Gewässer häufig nachts, an Land gut zu Fuß. Überwintert im Bodenschlamm des Gewässers eingegraben.

Fortpflanzung: Paarungsspiele und Begattung im Wasser. Eiablage Juni/Juli an Land in selbstgegrabener Grube in feuchtem Boden; Junge der nördlichen Populationen schlüpfen im nächsten Frühjahr, die der südlichen Populationen bereits im Herbst des gleichen Jahres.

Nahrung: Fische, Frösche und Molche, im Wasser lebende Wirbellose.

Europäische Sumpfschildkröte

Suppenschildkröte

Chelonia mydas

Familie: Meeresschildkröten

Die Suppenschildkröte ist die bekannteste der Meeresschildkröten.

Kennzeichen: Panzerlänge bis 1,5 m, bis 185 kg schwer. Panzer flach, im Umriß tropfenförmig, oliv- bis dunkelbraun mit gelblicher Musterung. Vorderbeine lang, flossenförmig, Hinterbeine kurz, breit.

Suppenschildkröte

Vorkommen: Seichte Bereiche warmer und tropischer Meere.

Lebensweise: Fortbewegung im Wasser nur mit den Vorderbeinen, Hinterbeine dienen als Steuerruder. Nur auf dem Weg zu und weg von den Nistständen im tiefen Wasser. Nahrungssuche in flachen Meeresbereichen.

Fortpflanzung: Paarung im Wasser. ♀ geht nur zur Eiablage nachts an Land. Legt ca. 100 Eier in selbstgegrabene Grube am Strand. Entwicklungszeit im Ei 2–3 Monate. Junge schlüpfen nachts.

Nahrung: Erwachsene Tiere rein vegetarisch, Meerespflanzen; Jungtiere zusätzlich Krebstiere und Fische.

Besonderes: Suppenschildkröten suchen zur Eiablage immer wieder die gleichen Strände auf – häufig dort, wo sie selbst geschlüpft sind. An vielen Küsten werden allerdings die Gelege rücksichtslos geplündert. Zum Schutz wurde deshalb die Suppenschildkröte offiziell vom internationalen Küchenzettel verbannt.

Franzosengrunzer

Surikate → Erdmännchen

Süßlippen

Pomadasyidae

Unterordnung: Barschfische

Die Süßlippen sind auch unter dem Namen Grunzer bekannt, da sie grunzende Töne hervorbringen, die durch das Aneinanderreiben ihrer scharfen oberen und unteren Schlundzähne entstehen. Die als Resonanzboden wirkende Schwimmblase verstärkt diese Töne noch. Die Familie umfaßt 15 Gattungen mit insgesamt 250 Arten.

Kennzeichen: Körper seitlich etwas zusammengedrückt, mäßig hoch. Maul klein mit schwachen Kiefer-, und starken Schlundzähnen und dicken, wulstigen Lippen. Abgeflachte Stirn, große Augen. Rückenflosse bei den Gattungen *Plectorhynchus* und *Gaterin* aus einem stacheligen und einem weichen Teil bestehend, die durch eine Membran verbunden sind, *Haemulon* mit 1 langen Rückenflosse, die im vorderen Teil stachelig ist. Bis 65 cm.

Vorkommen: An der amerikanischen Atlantikküste leben Franzosengrunzer (*Haemulon flavolineatum*) und Weißer Grunzer (*H. plimieri*). Im tropischen Atlantik Schweinsfisch (*Anisotremus virginiscus*), an der amerikanischen Pazifikküste Sargo (*A. davidsonii*), im Indopazifik Arten der Gattungen *Plectorhynchus* und *Gaterin*.

Lebensweise: Raubfische, die oftmals in großen Schwärmen leben.

Nahrung: Kleine Fische.

Blaustreifengrunzer

Besonderes: Einige Arten sind für ihr seltsames »Küssen« bekannt, z. B. der Blaustreifengrunzer (*Haemulon sciurus*) aus dem Westatlantik. Ob es sich bei diesem Verhalten, bei dem die Fische mit geöffnetem Maul aufeinander zuschwimmen und dann ihre Lippen aufeinanderpressen, um ein Balz- oder Revierverteidigungsverhalten handelt, ist noch nicht geklärt.

Süßwasseramöbe → Amöben

Süßwasserpolypen

Hydra

Stamm: Nesseltiere

Die Süßwasserpolypen gehören mit ihrem einfachen Körperbau zu den ursprünglichsten Vertretern der → Nesseltiere. Bekanntere Arten sind der Grüne Süßwasserpolyp (*Chlorohydra viridissima*), der Gestielte oder Graue Süßwasserpolyp (*Hydra oligactis*) und der Braune Süßwasserpolyp (*H. vulgaris*).

Süßwasserpolyp

Kennzeichen: Körper schlauchförmig, mit oder ohne Stiel. Um Mundöffnung 6–8 feine, weit austreckbare, mit Nesselzellen besetzte Tentakel. Körperwand aus 2 Zellschichten bestehend, dazwischen dünne Stützlamelle. 1–2 cm.

Vorkommen: Europäische Süßgewässer. In pflanzenreichen Teichen und Seen.

Lebensweise: Meist gesellig an Pflanzen sitzend, aber auch zur Ortsveränderung fähig.

Nahrung: Wasserflöhe, Hüpferlinge.

Besonderes: Süßwasserpolypen besitzen ein hohes Regenerationsvermögen und können verlorengegangene Tentakel, ja sogar ganze Körper nachbilden.

T

Tabakkäfer → Klopfkäfer

Tagpfauenauge

Inachis io

Familie: Fleckenfalter

In der Familie der → Fleckenfalter gehört das Tagpfauenauge zu den Eckenfaltern, deren Flügelkonturen gerundet sind.

Kennzeichen: Flügelspannweite 5,5 bis 6 cm. Flügel braunrot mit jeweils einem blau gekernten Augenfleck. Unverwechselbar.

Vorkommen: Ganz Europa (fehlt im äußersten Norden). Blumenwiesen, Gärten, Parks, sogar mitten in der Stadt.

Flugzeit: Fliegt von Juni bis Oktober und März bis Juni in 2 Generationen.

Lebensweise: Eifriger Blumenbesucher. Saugt bei sonnigem Wetter an verschiedenen Blütenpflanzen. Eiablage in Häufchen an die Blattunterseite der Raupenfutterpflanze. Überwintert als Falter.

Raupe: Schwarz mit vielen weißen Punkten und schwarzen Dornen. Lebt gesellig, vorzugsweise an Großer Brennnessel, auch an Hopfen. Verpuppt sich in Rinden- oder Mauerritzen.

Tagpfauenauge

Besonderes: Mit hochgeklappten Flügeln ähnelt das Tagpfauenauge einem dürren Blatt. Öffnet es die Flügel plötzlich, schrecken die »Augen« Freßfeinde ab.

Tahre

Hemitragus

Familie: Hornträger

Die gewandt kletternden Tahre, Huftiere aus der Steinbockverwandtschaft, sind wahre Überlebenskünstler in unwirtlichen Gebirgsregionen.

Kennzeichen: Etwa steinbockgroß; Fell meist dunkelbraun, erwachsene ♂ je nach Art mit langhaariger silbergrauer Hals- und Schultermähne oder mit grauem Sattelfleck; Hörner bei beiden Geschlechtern kurz und dick, in scharfem Haken nach hinten gekrümmt.

Vorkommen: Jeweils 1 Art im Himalaja (in Neuseeland eingeführt), in Südindien und im Osten der Arabischen Halbinsel. Zerklüftetes Bergland, grasbewachsene, felsige Steilhänge.

Lebensweise: In Rudeln von 20 bis über 100 Tieren, erwachsene Böcke auch oft einzelgängerisch. Wegen ihres Vorkommens in sehr unzugänglichem Gelände ist über das Revier- und Sozialverhalten wie auch über die Aufzucht des meist einzelnen Kitzes kaum etwas bekannt.

Nahrung: Gräser, Kräuter, Laub, Strauchfrüchte.

Himalajatahr

Tamanduas

Tamandua

Familie: Ameisenbären

Die 2 Arten von Kleinen Ameisenbären oder Tamanduas, der Nördliche und der Südliche Tamandua (*Tamandua mexicana* und *T. tetradactyla*) klettern im Gegensatz zum → Großen Ameisenbär überwiegend im Geäst der Bäume umher. Ein noch besserer Kletterer ist der eichhörnchengroße Zwergameisenbär (*Cyclopes didactylus*).

Kennzeichen: Kopf-Rumpflänge 50 bis 65 cm; körperlanger, kräftiger Schwanz; Fell fahl gelblichbraun, z.T. mit schwarz-

Tamandua

brauner, westenartiger Rumpfzeichnung, manchmal ganz dunkelbraun oder schwarz; Kopf lang und schmal ausgezogen; Maul zahnlos, dünne Zunge weit herausstreckbar; Vorderbeine mit kräftigen Grabekrallen.
Verbreitung: Nördlicher Tamandua in Mittelamerika sowie Kolumbien und Ecuador, Südlicher Tamandua im ganzen übrigen tropischen Südamerika.
Lebensraum: Wälder aller Art, auch offene Landschaften mit Baumgruppen.
Lebensweise: Vorwiegend nachtaktiv; einzelgängerisch, Artgenossen gegenüber aber verträglich; bedächtige Bewegungen, sowohl am Boden wie auch im Geäst; beim Klettern Einsatz des Greifschwanzes als Sicherung; Ruhelager meist in Baumhöhlen oder breiten Astgabeln.
Fortpflanzung: Nach halbjähriger Tragzeit je 1 Junges, das sich im Rückenfell der Mutter festklammert und rund 3 Monate herumgetragen wird.
Nahrung: Termiten und Ameisen.

Tamarine
Saguinus
Familie: Krallenaffen

Kaisertamarin

Vertreter dieser formenreichsten Gattung der Neuweltaffen sind häufig in Zoos zu sehen.
Kennzeichen: 20–30 cm groß, Schwanz mehr als körperlang; Fellfärbung und Ausprägung von Mähnen, Fellbüscheln und Bärten sehr unterschiedlich, charakterisiert durch den jeweiligen Artnamen, z. B. Schwarzrückentamarin, Rotbauchtamarin, Kaiserschnurrbarttamarin, Perückenaffe, Weißfußaffe oder Lisztäffchen (letzterer benannt nach der schlohweißen Haarpracht des berühmten Komponisten).
Vorkommen: Nördliches Südamerika. Wälder aller Art, vielfach bevorzugt an dichtbewachsenen Waldrändern, z. T. auch in Siedlungsnähe.
Lebensweise: Tagaktive Baumbewohner; leben in Familiengruppen von 2–15, manchmal bis 20 Tieren; Kontaktlaute der Gruppenmitglieder wie helles Vogelgezwitscher.
Fortpflanzung: Jeweils 1–2, manchmal auch 3 Junge, die nicht nur von der Mutter, sondern zu einem gut Teil auch vom Vater und anderen Familienmitgliedern getragen werden; Säugezeit 2–3 Monate.
Nahrung: Obst, Blüten und Knospen, dazu Insekten und andere tierische Kost, auch Baumsäfte.

Tannenzapfenechse
Tiliqua rugosa
Familie: Glattechsen

Die Stutz- oder Tannenzapfenechse ist die bekannteste Art der Gattung *Tiliqua*; die 10 Arten dieser Gattung werden wegen ihrer blauen Zunge auch Blauzungen genannt.
Kennzeichen: 36 cm. Braun, gelbgefleckt oder -gebändert. Auf dem Rücken große, kegelförmige, stark gekielte Rückenschuppen. Schuppenkleid erinnert an einen Tannenzapfen (Name!). Rumpf abgeplattet; großer, deutlich vom Rumpf abgesetzter Kopf; Schwanz kurz, seitlich abgeplattet, am Ende abgerundet. Da Kopf und Schwanz ähnlich aussehen, wirkt die Echse »zweiköpfig«.
Vorkommen: West- und Südaustralien, Neusüdwales. Trockene Lebensräume wie spärlich bewachsene Dünen, Halbwüsten, Grasland.

Tannenzapfenechse

Lebensweise: Öffnet beim Drohen Rachen weit, so daß sich die blaue Zunge von der roten Mundhöhle abhebt. Schwanz dient als Fettspeicher. Gräbt und wühlt mit scharfen Krallen im Boden. Nimmt zur Unterstützung der Verdauung kleine Steinchen auf.

Fortpflanzung: Lebendgebärend. Die 2–3 Jungen sind knapp halb so groß wie das ♀.
Nahrung: Wirbellose, Pflanzliches.

Tanrek

Tenrec ecaudatus
Ordnung: Insektenfresser

Unter den rund 30 verschiedenen Arten von Tanreks oder Borstenigeln finden sich spitzmausähnliche Formen ebenso wie igelähnliche. Der hier beschriebene Große Tanrek ist nicht nur die größte,

Großer Tanrek

sondern auch eine der häufigsten Tanrekarten. Besonders auffällig ist u.a. der schwarze, weiß oder gelb gestreifte Streifentanrek oder Halbborstenigel (*Hemicentetes semispinosus*).
Kennzeichen: 25–40 cm groß, schwanzlos; dunkel- und gelbbraunes Fell aus borstigen, teils zu Stacheln umgebildeten Haaren, die am Nacken eine Art Kragen bilden.
Vorkommen: Madagaskar, eingebürgert auch auf den Komoren und Seychellen, auf Réunion und Mauritius. Wälder aller Art.
Lebensweise: Dämmerungs- und nachtaktiver Bodenbewohner; Lager unter Baumwurzeln oder Felsblöcken oder in selbstgegrabenem Erdbau; überdauert die jährliche Trockenperiode in einer Körperstarre ähnlich dem Winterschlaf anderer Tiere.
Fortpflanzung: Pro Wurf 10–15, in Ausnahmefällen bis zu 30 (!) Junge, die nackt und blind geboren werden.
Nahrung: Insekten und andere Wirbellose, auch kleine Wirbeltiere sowie Aas.
Besonderes: Der Große Tanrek wird von der einheimischen Bevölkerung stark bejagt, die mit seinem sehr fetten Fleisch ihren Speisezettel bereichert.

Streifentanrek

Tapir → Flachlandtapir, → Schabrackentapir

Tarantel

Lycosa tarentula
Familie: Wolfsspinnen

Die Tarantel gehört zu den Riesen in der artenreichen Familie der Wolfsspinnen.
Kennzeichen: Körper und Beine stark behaart, braun-grau, 2–3 cm.
Vorkommen: Südeuropa. Trockene Wiesen und Weiden, steinige Ödländer.
Lebensweise: Einzelgänger. Baut trichterartige, meist senkrecht oder schräg in den Boden reichende Wohnröhren. Lauert am Eingang der Wohnröhre auf Beute, läßt sich bei drohender Gefahr blitzschnell in die Röhre fallen.
Nahrung: Insekten.
Besonderes: Die Sage behauptet, der Biß einer Tarantel würde eine rasende Tanzsucht verursachen. Der Biß europäischer Arten ist zwar schmerzhaft, jedoch nicht tödlich. Achtung, als Taranteln werden oft auch die großen, stark behaarten tropischen → Vogelspinnen bezeichnet!

Südeuropäische Tarantel

Taschenkiemer → Rundmäuler

Taschenkrebs

Cancer pagurus

Ordnung: Zehnfußkrebse

Der Taschenkrebs gehört zur Unterordnung der Echten Krabben und hat seinen Namen aufgrund seines taschenförmigen Körpers bekommen.

Kennzeichen: Körper kompakt gebaut,

Taschenkrebs

queroval. 3 stumpfe Zähne zwischen den Augen, seitlich der Augen 9 Kerben im Rückenschild. 1. Laufbeinpaar mit kräftigen Scheren, die eine schwarze Spitze tragen. Kurze Antennen. Oberseite braun- bis ziegelrot, Unterseite gelblich. Bis 30 cm breit.

Vorkommen: Nordsee bis Mittelmeer. In 10–20 m Wassertiefe, an Felsküsten und auf Sandböden.

Lebensweise: Einzelgänger. Zieht bei Gefahr Füße unter den Körper.

Fortpflanzung: Geschlechtsreife mit ca. 5 Jahren und einer Körperbreite von 10 cm. Paarung im Herbst. Erst 1 Jahr später Eiablage. 500 000–3 Mio. Eier, die das ♀ unter seinem Hinterleib trägt. Brutdauer 7–8 Monate.

Nahrung: Krebse, Fische, Muscheln, Stachelhäuter.

Besonderes: Der bei der Paarung aufgenommene Samenvorrat reicht dem Taschenkrebs-Weibchen noch für eine 2. Eiablage 1 Jahr später.

Turteltaube

Taschenspringer → Känguruhratten

Tauben

Columbidae

Ordnung: Tauben

Tauben kommen in 300 Arten fast weltweit vor, in Mitteleuropa leben 5 Arten. Ihre Größe reicht von 15 bis 80 cm (→ Krontaube). Die Geschlechter sind meist gleich gefärbt. Beine und Füße kurz.
Baum- und/oder bodenlebend. Kraftvoller, gerader Flug. Saugen beim Trinken Wasser unter pumpenden Bewegungen der Zunge auf, müssen Kopf nicht heben. Körnerfressende Arten mit stark entwickeltem Kropf und Muskelmagen.
Dauerehe. Meist 2 Eier. Die Jungen aller Arten werden in den ersten Tagen mit einer Kropfmilch ernährt, einer milchartigen Absonderung der Kropfinnenwand. Beschrieben im einzelnen: → Felsentaube, → Ringeltaube, → Türkentaube, → Palmtaube.

Hohltaube

Teichmolch

Triturus vulgaris

Familie: Salamander

Der Teichmolch ist bei uns der häufigste Molch.

Kennzeichen: 8–11 cm. Wassertracht ♂ auf gelblichbraunem Grund dunkle Flecken, am Kopf dunkle Längsstreifung, Unterseite orangerot mit dunklen Tupfen; auf dem Rücken und Schwanz ein hoher gezackter und gewellter Kamm,

Teichmolch

der ohne Unterbrechung ineinanderübergeht; Schwanzunterseite gesäumt von blau-orangefarbenem, dunkelgeflecktem Band. Landtracht ähnlich, aber nicht so farbig. ♀ insgesamt unscheinbarer, ohne Kamm.

Vorkommen: Europa bis auf Nordskandinavien, Island, die Iberische Halbinsel, Teile Frankreichs und Italiens. Zur Fortpflanzungszeit seichte, auch temporäre, stehende oder langsamfließende, pflanzenreiche Gewässer. Außerhalb der Fortpflanzungszeit Laubwälder, Parks und Wiesen, auch trockeneres Gelände.

Lebensweise: Nur kurze Zeit im Wasser, dort tag- und nachtaktiv. An Land nachtaktiv. Wendiger Schwimmer. Versteckt sich bei Beunruhigung im Bodenschlamm oder zwischen Wasserpflanzen. Winterruher.

Fortpflanzung: Laichwanderung ab Februar. Auffälliges Balzspiel der ♂. ♀ wickelt bis 300 Eier einzeln in Wasserpflanzen ein. Entwicklungszeit der Larven ca. 2 Monate.

Nahrung: Insekten, kleine Wasserwirbellose.

Teichmuschel

Anodonta cygnaea

Familie: Flußmuscheln

Die Teichmuschel bildet ganz unterschiedlich geformte und gefärbte Standortformen aus. Leider ist sie durch zunehmende Gewässerverschmutzung stark gefährdet und steht deswegen unter Schutz.

Kennzeichen: Schale breit-eiförmig, dünnrandig, gelblich bis dunkelbraun, mit konzentrischen, parallel zu den Zuwachsstreifen verlaufenden Runzeln; Innenseite perlmuttartig glänzend. Schloß ohne Zähne. Bis 26 cm.

Vorkommen: Nord- und Mitteleuropa. Stehende, saubere Süßgewässer.

Lebensweise: Bodentiere, die den Bodengrund aufwühlen, den hochgewirbelten Bodensatz aufsaugen und Nahrung ausfiltrieren.

Fortpflanzung: Zwitter. Befruchtung in den Kiemen. Ca. 300 000 Eier. Brutpflege in den Spalträumen zwischen den äußeren Kiemen. Die schlüpfenden Larven werden den Winter über in den Kiemen zurückgehalten und erst im zeitigen Frühjahr ausgestoßen.

Nahrung: Algen, kleine Schwebeteilchen, Kleinstlebewesen aus dem Bodengrund.

Teichmuschel

Besonderes: Die Larven der Teichmuschel leben parasitisch in Haut und Kiemen von Süßwasserfischen. Sie sind mit kräftigen Haken und einem bis 15 mm langen Haftfaden ausgestattet. Sie bilden nach dem Ausstoßen aus dem Kiemenraum schleimige Klumpen, die leicht

Termitenhügel

an Fischen haftenbleiben. Danach lösen sich die einzelnen Larven voneinander und besiedeln ihren Wirt.

Termiten

Isoptera

Klasse: Insekten

Termiten, auch Weiße Ameisen genannt, sind vor allem als Holzschädlinge bekannt und gefürchtet. Von den 2000 bekannten Arten wurden nur einige wenige, z. B. die Gelbfußtermite (*Reticulitermes flavipes*) nach Europa eingeschleppt und tauchte 1937 sogar in Hamburg auf.
Kennzeichen: Etwa 1 cm lang. Körper abgeflacht und zarthäutig. Geschlechtstiere geflügelt.
Vorkommen: Tropische und subtropische Gebiete der Erde. Im Boden in feuchtem, aber auch in totem Holz (Gebäude).
Lebensweise: Die lichtscheuen Tiere leben unterirdisch in oft nach Millionen zählenden Kolonien in einem gemeinsamen Nest. Einige Arten bauen riesige, 6–20 m hohe Erd-Hügelnester mit einem System von Kammern, Tunneln und Entlüftungsschächten. Im Termitenstaat leben 1 geflügeltes Königspaar sowie augenlose, ungeflügelte Soldaten (Verteidigung der Kolonie) und Arbeiter (Fütterung und Brutpflege).
Nahrung: Es gibt Holz- und Humusfresser sowie Allesfresser.
Besonderes: Die holzfressenden Termiten gehören zu den gefürchtetsten Schädlingen heißer Länder. Sie unterhöhlen und zerfressen Holzbauten bis auf dünne Außenflächen. Andere Arten wiederum sind gefährliche Ernteschädlinge.

Termiten

Texas-Klapperschlange → Klapperschlangen

Thermometerhuhn

Leipoa ocellata

Familie: Großfußhühner

Die Großfußhühner lassen ihren Nachwuchs in einer Art Brutschrank ausbrüten.

Buschhuhn

Kennzeichen: 60 cm. Rücken und Flügel kontrastreich grau, braun, schwarz und weiß gezeichnet, Unterseite hellgrau; von der Kehle bis zur Brust dunkel gestrichelt; Schwanz schwarz-weiß-braun quergewellt.
Vorkommen: Mallee-Buschlandschaft mit niedrigem Eukalyptus- und Akazienbestand im Süden Australiens.
Lebensweise: Ausgesprochener Bodenvogel, fliegt nur bei Gefahr oder zum Aufbaumen. Scharrt mit kräftigen Füßen im Boden nach Nahrung.
Brut: ♂ und ♀ türmen einen ca. 1 m hohen Bruthügel aus Pflanzenmaterial und Erde auf. Durch Fäulnisprozesse im Hügelinneren entsteht Wärme, die das ♂ mit seinem temperaturempfindlichen Schnabel konstant auf 33°C hält, indem es den Hügel je nach Bedarf öffnet oder mit weiteren Lagen Erde abdeckt. Die Jungen schlüpfen nach ca. 50 Tagen bereits so weit entwickelt, daß sie sofort selbständig sind und sogar schon kurze Strecken fliegen können.
Nahrung: Insekten u. a. Wirbellose; Früchte, Samen.
Besonderes: Im Gegensatz zum seltenen Thermometerhuhn ist das Buschhuhn (*Alectura lathami*) im Osten Australiens weit verbreitet.

Thomsongazelle
Gazella thomsoni
Familie: Hornträger

»Tommies« werden die graziösen Gazellen in Ostafrika liebevoll genannt. Sie treten in den dortigen Nationalparks, v. a. in der Serengeti, zumeist in großen Scharen auf.

Kennzeichen: Schulterhöhe etwa 60 cm; zierlich und hochbeinig; Fell rötlichbraun, unterseits weiß, dazwischen breite, schwarze Flankenstreifen, Gesicht kontrastreich schwarz-weiß gezeichnet. Hörner beim ♂ 25–40 cm lang, steil nach oben gerichtet, leicht S-förmig gekrümmt, beim ♀ kurz und dünn.

Vorkommen: Ostafrika. Kurzgrassteppe, lichte Savanne.

Lebensweise: Gesellig, lebt in kleineren Trupps oder auch in Herden bis zu einigen hundert Tieren, nach Geschlechtern getrennt oder gemischt; ältere, starke Böcke zeitweise territorial, kennzeichnen ihr Revier mit Duftmarken.

Wanderungen: Mit dem Wechsel von Trocken- und Regenzeit ziehen die Thomsongazellen in der Serengeti über Hunderte von Kilometern vom Waldland im Nordwesten zur Steppe im Südosten und wieder zurück. Auf den Wanderungen nicht selten Ansammlungen von mehreren tausend Tieren.

Fortpflanzung: Nach 5–6 Monaten Tragzeit gewöhnlich 1 Kitz, das in den ersten Lebenstagen in einer Deckung liegenbleibt, später in der Herde mitläuft; wird etwa 3 Monate gesäugt. Geburten kommen ganzjährig vor.

Thomsongazelle mit Jungem

Nahrung: Gras und Kräuter, Laub, gelegentlich Erde.

Thorshühnchen → Odinshühnchen

Thunfische
Thunnus
Familie: Makrelen

Die 6 bekannten Thunfisch-Arten sind weltweit verbreitet. Die großen Meeresfische haben einen hohen wirtschaftlichen Wert als Speisefische. An europäischen Küsten verbreitet ist der Gemeine oder Rote Thunfisch (*Thunnus thynnus*).

Thunfisch

Kennzeichen: Körper kräftig, torpedoförmig. 2 Rückenflossen, hinter der 2. 9–10 kleine Flossen, hinter der Bauchflosse 8–9 Stachelstrahlen. Schwanzflosse halbmondförmig. Rücken- und Bauchflosse können in furchenartige Vertiefungen angelegt werden. Haut glatt, nur noch kleine Schuppen um Brustflossenbasis. Rücken dunkelblau, Bauch weiß, Seiten grau mit helleren Flecken. Bis 5 m und 800 kg.

Vorkommen: Atlantik, Mittelmeer, Nord- und Ostsee.

Lebensweise: Räuberischer Hochseefisch. Ruheloser und gewandter Schwimmer. Schwarmfisch. Führt ausgedehnte Nahrungs- und Laichwanderungen durch. Kommt zum Laichen in Küstennähe.

Nahrung: Heringe und Makrelen, Tintenfische.

Besonderes: Der Thunfisch speichert in seinem Körper eine Menge Öl, was ihm einen vermehrten Auftrieb verleiht. Erstaunlicherweise ist sein Körper stets einige Grad wärmer als das ihn umgebende Wasser.

Tiefenbarsch → Goldbarsch

Tierläuse → Läuse

Tiger

Neofelis (Panthera) tigris

Familie: Katzen

Indischer Tiger

Früher wurde die prachtvolle Großkatze in die Gattung *Panthera* und damit in die engste Verwandtschaft von → Löwe und → Leopard gestellt, doch lassen eine Reihe von anatomischen Merkmalen vermuten, daß sie viel näher mit dem → Nebelparder (Gattung *Neofelis*) verwandt ist.

Kennzeichen: Kopf-Rumpflänge je nach Unterart 1,40–2,80 m; rötliche oder ockergelbe Grundfärbung mit individuellem schwarzem oder grauem Streifenmuster.

Vorkommen: Südliches und östliches Asien. Deckungsreiches Gras- und Waldland jeder Art, im Gebirge bis in 4000 m Höhe.

Lebensweise: Tag- und dämmerungsaktiv, weicht bei Bejagung in die Nacht aus; überwiegend einzelgängerisch; Jagdrevier des ♂ (bis 180 km^2) umfaßt zumeist die Reviere mehrerer ♀; wenig ausdauernder Läufer, lauert im Hinterhalt und schleicht sich an Beutetiere bis auf kurze Distanz heran, bevor er sie anspringt.

Königstiger mit Jungen

Fortpflanzung: Pro Wurf in der Regel 2, manchmal bis 4 Junge, die von der Mutter allein aufgezogen und später in Jagdtechniken unterwiesen werden.

Nahrung: Vorwiegend große Huftiere, zur Not auch kleinere Tiere, sogar Frösche oder Heuschrecken, ebenso Aas.

Besonderes: Mit seiner sibirischen Unterart ist der Tiger die größte aller Katzen. Einige Unterarten, z. B. der rötliche Chinesische Tiger, sind akut vom Aussterben bedroht, andere, etwa der Java- und der Balitiger, wurden bereits ausgerottet.

Tigerpython → Pythons

Tintenfisch

Sepia officinalis

Ordnung: Zehnarmige Tintenschnecken

Die Familie der Sepien umfaßt ca. 80 Arten. Die bekannteste ist der Gemeine Tintenfisch, der in mehreren standortabhängigen Unterarten vorkommt.

Tintenfische

Kennzeichen: Körper abgeflacht, eirund, Mantel mit seitlichen Flossen. Mit deutlich abgesetztem Kopf. 10 mit je 4 Reihen besetzte Fangarme, davon 2 verlängert mit kurzer Endkeule. Mit innenliegender großer verkalkter Schale (Schulp), die aus zahlreichen dünnen Plättchen aufgebaut ist. Große, hervorstehende Augen. Oberseite braunviolett, Bauchseite blau-grün schimmernd. Körper bis 65 cm, Fangarme bis 30 cm.

Vorkommen: Atlantik. Von 5–120 m Wassertiefe.

Lebensweise: Tagsüber im Sand eingegraben, nachts freischwimmend. Räuber.
Fortpflanzung: Der 4. Arm der rechten Seite ist beim ♂ zum Geschlechtsarm entwickelt und besonders schön gefärbt. Ca. 500 zitronenförmige, braune bis schwarze Eier. Eiablage in Trauben. Brutdauer ca. 50 Tage.
Nahrung: Fische, Krebse.
Besonderes: Der Tintenfisch kann sich seinem Untergrund durch Änderung seiner Farbe sehr gut anpassen. Hat ihn dennoch ein Feind entdeckt, so schwimmt er im Rückstoßprinzip davon und stößt dabei eine tintenartige Flüssigkeit aus, die den Feind verwirrt. Der Tintenfischschulp ist ein beliebtes Kalkmittel für Käfigvögel.

Tobiasfische → Sandaale

Tokee
Gekko gecko
Familie: Geckos

Der Tokee wird in seiner Heimat als Insektenvernichter und Glücksbringer gern in Häusern gehalten. Er ist auch ein beliebtes Terrarientier.
Kennzeichen: 35–40 cm. Grau mit orangefarbenen Punkten. Gedrungener Körper. Große Augen mit senkrechter Pupille.
Stimme: Ruf des ♂ ein bellendes »Tokeh« oder »Gek-ooh«, wird nur während der Paarungszeit geäußert.
Vorkommen: Südostasien. Feuchte Urwälder. Hat sich als Kulturfolger eng dem Menschen angeschlossen.

Tokee

Lebensweise: Einzelgänger. Nachtaktiv. Kann mit Hilfe der Haftlamellen auf den Zehenunterseiten auch senkrechte Wände hochlaufen. Wehrt sich mit seinen spitzen Zähnchen kräftig zubeißend, wenn er ergriffen wird. ♂ zur Fortpflanzungszeit sehr territorial.
Nahrung: Große Insekten, kleine Mäuse und Echsen.

Töpfervogel → Rosttöpfer

Totengräber
Necrophorus vespilloides
Familie: Aaskäfer

Der Name dieser Käferfamilie ist nicht für alle Arten zutreffend. Einige leben auch räuberisch oder von faulenden, aber auch pflanzlichen Stoffen. Der bei uns bekannteste und häufigste Vertreter ist der Gemeine Totengräber.

Totengräber

Kennzeichen: 1–2 cm lang. Flügeldecken leicht verkürzt, orange-schwarz gezeichnet (Warnfärbung!). Füße 5gliedrig. Fühler gekeult.
Vorkommen: In allen gemäßigten Klimazonen. Mischwälder, Gärten, Parks.
Lebensweise: Vergräbt tote kleine Wirbeltiere (Name!). Ist auf der Körperunterseite häufig mit Milben besetzt, mit denen er in *Symbiose* lebt. Scheidet bei Berührung ein übelriechendes Sekret aus.
Fortpflanzung: Totengräber betreiben eine hochentwickelte, für Insekten ungewöhnliche Brutpflege. Um eine Frühnahrung für die Larven zu gewinnen, »beerdigen« sie Kadaver. Diese werden mit einer Höhle umgeben, zu einer

Kugel geformt und mit Verdauungssäften versetzt. Eiablage in einem Seitengang. ♀ füttert anfangs die Junglarven.
Nahrung: Aas.

Totenkopfäffchen

Saimiri sciureus

Familie: Kapuzinerartige Affen

Seinen unheimlich klingenden Namen verdankt das reizende Äffchen der kontrastreichen, entfernt an einen Totenkopf erinnernden Gesichtszeichnung.
Kennzeichen: 25–35 cm groß; mehr als körperlanger, nicht greiffähiger Schwanz; dichtes, kurzes Fell, graugrün bis olivbraun, Arme und Beine orangebraun, Schädel meist dunkelgrau, weiße Gesichtsmaske. Vielfältige, zwitschernde Laute.

Totenkopfäffchen

Vorkommen: Nördliches Nordamerika. Tropischer Regenwald, Flußwälder, Mangroven, auch Trockenwälder.
Lebensweise: Tagaktiver Baumbewohner; lebt in Sozialverbänden von 10–50, manchmal bis zu mehreren hundert Mitgliedern; innerhalb der Gruppe feste Rangordnung, die durch z. T. recht heftige Kämpfe festgelegt wird. Gruppe nächtigt auf gemeinsamem Schlafbaum, löst sich tagsüber zur Futtersuche in einzelne Trupps auf, die zumeist nach Geschlechtern getrennt sind.
Fortpflanzung: Nach gut 5 Monaten Tragzeit jeweils 1 Junges, das vom ersten Lebenstag an auf dem Rücken der Mutter getragen und 5–10 Monate gesäugt wird. Ältere Junge dürfen auch auf »Tanten« reiten.
Nahrung: Früchte sowie Insekten, Spinnen und andere tierische Kost.

Totenkopfschwärmer

Acherontia atropos

Familie: Schwärmer

Der Name dieses → Schwärmers bezieht sich auf die totenkopfähnliche Zeichnung auf seinem Rückenschild.
Kennzeichen: Flügelspannweite 11 bis 13 cm. Vorderflügel mit rindenähnlicher Zeichnung. Hinterflügel und Hinterleib gelb-schwarz geringelt.
Vorkommen: Afrika und Südeuropa; wandert alljährlich über die Alpen nordwärts. Geschützte Täler, warme Gebirgshänge.
Flugzeit: Fliegt von Mai bis Juli sowie August bis Oktober in 2 Generationen.
Lebensweise: Dämmerungs- und nachtaktiv. Schneller, reißender Flug, saugt an Blüten und austretendem Baumsaft. Eier werden einzeln an die Blattunterseiten der Raupenfutterpflanzen abgelegt. Überwintert als Puppe oder Falter. Überlebt jedoch in Mitteleuropa den Winter nicht.

Totenkopfschwärmer

Raupe: Anfangs bräunlich, weiß gesprenkelt, später grün bis gelb, blau gestreift, unbehaart. Lebt auf Kartoffel, Tollkirsche, Liguster oder Sommerflieder.
Besonderes: In Ruhestellung ist der Totenkopfschwärmer kaum von einer Baumrinde zu unterscheiden. Nähert sich ein Feind, klappt er seine Flügel auseinander und zeigt die grelle Zeichnung, was den Angreifer zögern läßt. Dies nutzt der Falter zur Flucht. Falter und Larven können bei Gefahr piepsende Laute ausstoßen.

Totenuhr → Klopfkäfer

Trägspinner → Schadspinner

Trampeltier
Camelus ferus
Familie: Kamele

Das Trampeltier oder Zweihöckrige Kamel speichert ebenso wie sein einhöckriges Pendant, das → Dromedar, Fett in

Trampeltier

seinen charakteristischen Höckern. Bei einem kräftigen, wohlgenährten Tier stehen die Höcker aufrecht, bei ausgezehrten oder alten Kamelen erschlaffen sie und kippen seitlich um.
Kennzeichen: Gedrungener, wuchtiger Körper, bis 3 m lang, Rückenhöhe 1,80–2,30 m; 2 Fetthöcker am Rücken; Fell langhaariger als beim Dromedar, dunkelbraun bis falbfarben.
Vorkommen: Restbestände in der Mongolei und Innerchina. Wüsten- und Steppengebiete.
Lebensweise: Bildet Familienverbände aus 1 Hengst, mehreren Stuten und deren Nachkommen.
Fortpflanzung: Nach rund 13 Monaten Tragzeit gewöhnlich 1 Fohlen, das 1 bis 2 Jahre gesäugt wird.
Nahrung: Laub, Kräuter, Gras. Kommt tagelang ohne Wasser aus.
Besonderes: Bereits im 3.–4. Jahrtausend v. Chr. wurde das Wildkamel domestiziert. Damals wie heute ist das Kamel in großen Gebieten Zentralasiens das wichtigste Haustier. Es liefert Wolle, Milch, Dung, Fleisch und Leder und trägt Lasten bis zu 500 kg.

Trauerdrongo
Dicrurus adsimilis
Familie: Drongos

Drongos sind schwarz oder grau gefärbte Baumbewohner und kommen in 22 Arten von Afrika über Indien, Südostasien, die angrenzende Inselwelt bis Australien vor.
Kennzeichen: 25 cm. Glänzend schwarz mit rötlichem Auge. Schwanz gegabelt, wie die Schwanzflosse eines Fisches geformt.
Vorkommen: Afrika südlich der Sahara. Alle Arten von offenem Wald- und Buschland, Savanne.
Lebensweise: Meist paarweise auf Sitzwarte; jagt von dort aus Insekten. Fängt durch weidende Tiere oder Buschfeuer aufgescheuchte Insekten. Frißt große Beute, indem er sie mit Fuß festhält und mit dem Schnabel zerteilt. Sehr wendiger Flieger durch lange zugespitzte Flügel und langen Schwanz.

Trauerdrongo

Brut: Flaches Baumnest. Meist 3 Eier. ♂ und ♀ kümmern sich um das Brutgeschäft.
Nahrung: Insekten, auch Kleinvögel.

Trauerschnäpper

Ficedula hypoleuca
Familie: Fliegenschnäpper

Die Familienbezeichnung stammt von der Art der Nahrungsbeschaffung: Die Vögel fangen von einer Sitzwarte aus Insekten im Flug.

Trauerschnäpper

Kennzeichen: 13 cm. ♂ oberseits schwarz (südliche und östliche Rassen graubraun), mit weißem Flügelfeld und weißem Stirnfleck; unterseits weiß. ♀ graubraun, immer ohne Stirnfleck.
Vorkommen: Europa, gebietsweise im Süden und Westen sowie im äußersten Norden fehlend; westliches Asien. Lichte Wälder aller Art, Parks und Gärten.
Verhalten: Zuckt mit den Flügeln und schlägt mit dem Schwanz. Liest Insekten auch vom Boden auf.
Brut: Höhlenbrüter, geht auch in Nistkästen. 1 Brut (Mai–Juni). 5–7 Eier; Brut- und Nestlingsdauer ca. 15 Tage.
Nahrung: Meist fliegende Insekten; im Herbst auch Beeren.

Trichine → Fadenwürmer

Triel

Burhinus oedicnemus
Familie: Triele

Die 9 Arten der Triele gehören zur Ordnung der Wat-, Möwen- und Alkenvögel.
Kennzeichen: 40–44 cm. Auf bräunlichem Grund schwärzliche Strichelmusterung. Gelbliche Beine, große, gelbe Augen, kräftiger, an der Basis gelber Schnabel.
Vorkommen: West- und Südeuropa, Nordafrika; Südwest- und Südasien. Offenes, trockenes, schütter bewachsenes Gelände mit sandigem oder steinigem Boden.
Lebensweise: Überwiegend nachtaktiv. Fliegt mit schnellen, flachen Flügelschlägen niedrig über den Boden. Läuft mit Unterbrechungen. Kauert tagsüber gut getarnt am Boden. Sommervogel.
Brut: Nest eine einfache Bodenmulde mit guter Rundumsicht. 1 Brut (April bis August). 2–3 Eier; Brutdauer 25–27 Tage, Junge mit ca. 5 Wochen flügge.
Nahrung: Insekten und Spinnen, Schnecken, Würmer, kleine Wirbeltiere.

Triel

Trompeterschwan

Cygnus buccinator
Unterfamilie: Gänseartige

Anfang dieses Jahrhunderts stand der Trompeterschwan kurz vor der Ausrottung. Durch ein konsequentes Schutzprogramm wuchs der Bestand wieder auf über 2000 Vögel an.
Kennzeichen: 150–180 cm. Weiß mit schwarzem Schnabel.

Trompeterschwäne

Stimme: Tiefer, volltönender Trompetenton, hervorgerufen durch eine besonders lange Luftröhrenschleife.
Vorkommen: 2 große Brutkolonien im Süden Alaskas und in den nördlichen Rocky Mountains sowie in den östlich davon liegenden Ebenen. Seen, Weiher, langsam fließende Flüsse. Im Winter an schnellfließenden, eisfreien Gewässern.
Lebensweise: Nach der Brutzeit gesellig. Nahrungssuche gründelnd oder an Land weidend. Nördliche Populationen sind Zugvögel.
Brut: Dauerehe. Zur Brutzeit sehr territorial. Nesthaufen aus Pflanzenstengeln, an seiner Basis oft 3 m im Durchmesser. Mulde mit Gras und Dunen gepolstert. 1 Brut. 4–6 Eier; Brutdauer ca. 35 Tage, Junge nach 3–4 Monaten flügge.
Nahrung: Überwiegend Wasserpflanzen.

Tropikvögel → Rotschnabel-Tropikvogel

Truthuhn

Meleagris gallopavo
Familie: Truthühner

Das Truthuhn oder der Puter ist der schwerste Hühnervogel der Welt und die Stammform des Haustruthuhns.
Kennzeichen: ♂ 100–125 cm, ♀ 85 bis 90 cm. Rumpf metallisch bronzefarben schillernd, dunkle Flügel mit weißer Bänderung; Schwanz rostfarben, fein dunkel gebändert, mit heller Endbinde. Nackte, warzige Haut an Kopf und Nacken blau, rote Hautlappen an Stirn und Kehle. Schwarzer Federbart auf der Brust. ♀ insgesamt matter, ohne Federbart.
Vorkommen: USA von Pennsylvania und Oklahoma südlich bis Mexiko. Lichtes Waldland, Dickicht, Lichtungen.
Lebensweise: Nahrungssuche am Boden. Kraftvoller Flug; guter Läufer. Schläft gesellig auf Bäumen. ♂ sammelt morgens kollernd seinen Harem um sich.
Verhalten: Während der Balz spreizt das ♂ den Schwanz zum Rad, läßt die Flügel schleifen und bläst die nackten Hautanhängsel auf; so stolziert er schnaufend und kollernd um die ♀.
Brut: Brutgeschäft obliegt nur den ♀. Gut getarntes Bodennest. 8–15 Eier; Brutdauer ca. 28 Tage.
Nahrung: Früchte, Samen, grüne Pflanzenteile; Insekten und andere Wirbellose, auch kleine Eidechsen.
Besonderes: Der Truthuhnmagen kann die harten Hickory-Nüsse zerquetschen. Dazu muß er einen Druck von 75 kg erzeugen.

Truthuhn

Trypanosomen → Geißeltierchen

Tsetsefliegen

Glossinidae

Ordnung: Zweiflügler

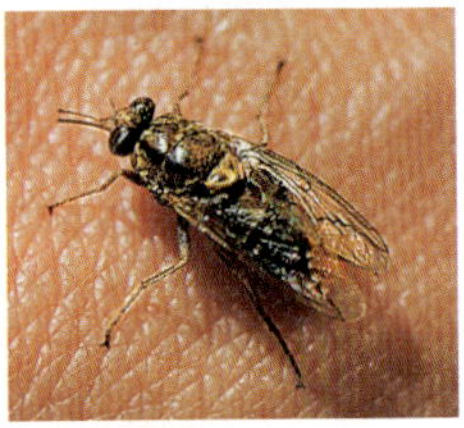

Tsetsefliege

Fossile Funde in Nordamerika zeigen, daß diese gefährlichen Blutsauger früher weiter verbreitet waren als heute.

Kennzeichen: 8–14 mm lang, graubraun bis bräunlichschwarz. Waagerecht vorgestreckter Stechrüssel. Flügel zungenförmig, in Ruhestellung übereinanderliegend.

Vorkommen: Ausschließlich im tropischen Afrika.

Lebensweise: Steigen vor Sonnenuntergang von ihren Ruheplätzen auf, um Wirtstiere (Säugetiere) zu suchen. Fliegen diese pfeilschnell an und nehmen innerhalb von 1–2 Min. das 2–6fache ihres Körpergewichts an Blut auf.

Fortpflanzung: Larven entwickeln sich in einem gebährmutterähnlichen Organ im Hinterleib des ♀ und werden mit Sekreten aus einer besonderen »Milchdrüse« ernährt. Verpuppung sofort nach der Geburt.

Besonderes: Tsetsefliegen nehmen bei ihrer Blutnahrung auch krankheitserregende Trypanosomen (→ Geißeltierchen) auf und sind somit Überträger gefährlicher Krankheiten (z. B. der Schlafkrankheit).

Tukanbartvogel → Aztekenbartvogel

Tümmler

Tursiops truncatus

Familie: Delphine

Großer Tümmler

»Flipper«, der berühmte Fernseh-Delphin, hat den Großen Tümmler in aller Welt bekannt gemacht.

Kennzeichen: 3–4 m lang; einfarbig grau mit etwas hellerer Unterseite; Kopf mit kräftigem »Schnabel«.

Vorkommen: Beinahe weltweit mit Ausnahme der Polargebiete, bevorzugt jedoch in wärmeren, küstennahen Gewässern.

Lebensweise: Gesellig; lebt in Trupps (sog. Schulen) von meist rund einem Dutzend Tieren, gelegentlich auch Zusammenschlüsse zu großen Herden; starker sozialer Zusammenhalt der Gruppenmitglieder mit gegenseitiger Hilfestellung. Orientierung durch Ultraschallortung.

Verhalten: Dem Menschen gegenüber ohne Scheu, sehr neugierig und kontaktfreudig.

Fortpflanzung: Nach einjähriger Tragzeit Geburt von jeweils 1 Jungen, das $1-1^1/_2$ Jahre gesäugt wird.

Nahrung: Fische, Tintenfische.

Besonderes: Die spielfreudigen und gelehrigen Großen Tümmler sind »die« Delphine der publikumswirksamen Delphin-Shows, aber auch der Delphin-Forschung.

Tupaja → Spitzhörnchen

Tüpfelbeutelmarder

Dasyurus viverrinus

Familie: Raubbeutler

»Native cat«, einheimische Katze, wird der Tüpfelbeutelmarder oder Quoll von den Australiern genannt. Die Ähnlichkeit besteht dabei weniger im Aussehen als darin, daß sich der unverwechselbare Beutelmarder auf Farmland durch Vertilgen von Mäusen, Ratten und jungen Kaninchen nützlich macht.

Kennzeichen: Etwa 35 cm groß, Schwanz gut 20 cm lang, buschig behaart; Fell rehbraun, grau oder schwarz mit weißen Tupfen; spitz dreieckiges Gesicht mit rosa Schnauzenspitze und großen, häutigen Ohren.

Vorkommen: Einst weitverbreitet in

Südost-Australien, heute nur noch auf Tasmanien. Trockenwälder, Heide, Kulturland.
Lebensweise: Dämmerungs- und nachtaktiv; verbringt den Tag in einem hohlen Baumstamm oder unter Steinen; klettert gut, bleibt aber meist am Boden; einzelgängerisch.
Fortpflanzung: Jährlich bis zu 6 Junge, die 4 Monate lang im mütterlichen Bauchbeutel getragen werden.
Nahrung: Insekten und deren Larven, kleine Reptilien, Bodenvögel und Kleinsäuger.
Besonderes: Das Weibchen des Quolls hat 6 Zitzen, gebiert aber regelmäßig viel mehr Junge (bis zu 30!). Von den winzigen Neugeborenen überleben immer nur diejenigen 6, die eine Zitze ergattern können.

Tüpfelbeutelmarder

Tüpfelhyäne

Crocuta crocuta

Ordnung: Raubtiere

Die Tüpfel- oder Fleckenhyäne ist dank des ostafrikanischen Safari-Tourismus, z. B. in der Serengeti, und auch vieler Tierfilme heute weit bekannter als die → Streifenhyäne.
Kennzeichen: Hundeartige Gestalt, Schulterhöhe bis 90 cm; Rückenlinie stark abfallend; Fell gelblich- oder rötlichbraun mit schwärzlicher Tüpfelung. Laute Rufe, die an menschliches Lachen erinnern.
Vorkommen: Afrika südlich der Sahara. Trockengebiete wie Savannen, Steppen bis hin zur Halbwüste.

Tüpfelhyäne mit Jungem

Lebensweise: Dämmerungs- und nachtaktiv; lebt einzeln oder in Familiengruppen, meist aber in großen gemischten Rudeln mit bis zu 100 Tieren, unter denen eine strenge Rangordnung herrscht. Überwältigt größere Beutetiere durch Hetzjagd des ganzen Rudels.
Fortpflanzung: Pro Wurf 1–2 Junge, die mit dunkelbraunem Fell und bereits offenen Augen zur Welt kommen. Werden $1\frac{1}{2}$ Jahre und länger gesäugt.
Nahrung: Tierische Kost von Insekten bis hin zu Antilopen und Zebras, auch Aas, Früchte und Knollen.

Tüpfelkuskus

Phalanger maculatus

Ordnung: Beuteltiere

Die langsamen Bewegungen des Tüpfelkuskus, der zur Familie der Kletterbeutler zählt, erinnern an die eines Faultiers.
Kennzeichen: Etwa hauskatzengroß; körperlanger, weitgehend unbehaarter Greifschwanz; rundliches Gesicht mit kleinen Ohren und großen Augen; dichtes, samtiges Fell, beim ♂ oberseits unregelmäßig grau-weiß oder braun-weiß gefleckt, bauchseits weiß, ♀ oft ungefleckt weiß oder hellgrau.

Junger Tüpfelkuskus

Vorkommen: Nordaustralien und Neuguinea. Mangroven-, Regen- und Hartlaubwälder.
Lebensweise: Überwiegend nachtaktiver Baumbewohner; schläft tagsüber auf selbstgebauter Laubplattform in einer Astgabel; Einzelgänger, vor allem ♂ bei Begegnungen sehr unverträglich.
Fortpflanzung: 1–3 Junge, die im mütterlichen Bauchbeutel heranwachsen und diesen erst mit 6–7 Monaten verlassen.
Nahrung: Früchte, Blätter und Blüten, gelegentlich auch tierische Kost.
Besonderes: In Neuguinea treten gehäuft Weißlinge auf. Hier wird der Tüpfelkuskus seines Fleisches wegen gejagt, ist aber trotzdem nicht selten.

Turbellaria → Strudelwürmer

Türkentaube
Streptopelia decaocto
Familie: Tauben

Die Türkentaube hat in diesem Jahrhundert explosionsartig ihr Verbreitungsgebiet von Südosten nach Nordwesten und Nordosten ausgedehnt. Bei uns erschien sie erstmals vor etwa 50 Jahren.
Kennzeichen: 28–32 cm. Insgesamt hell graubraun mit dunklen Flügelspitzen und dunklem Ring im Nacken.
Stimme: Revierruf das typische monotone dreisilbige »Guguh-gu«, auf der 2. Silbe betont, oft von einer Antenne o. ä. aus vorgetragen.
Vorkommen: Ursprünglich Südasien, heute weite Teile Europas und Asiens. In ihrer Heimat trockenes, steiniges Gelände, Steppen; in Europa innerhalb und am Rande von Siedlungen.
Lebensweise: Nahrungssuche am Boden. Unternimmt oft weite Nahrungsflüge. Besucht Kleinvogelfütterungen. Jahresvogel.

Türkentaube

Brut: Balzflug des ♂ erst steil aufwärts, dann mit nach unten gebogenen Flügeln, laut girrend, abwärtsgleitend. 4–5 Bruten (März–Oktober).
Nahrung: Grüne Pflanzenteile, Samen aller Art, Beeren, Früchte, Brot.

Türkisstaffelschwanz → Staffelschwänze

Turmfalke
Falco tinnunculus
Familie: Falken

Der Turmfalke ist der häufigste Falke bei uns. Seine hell trillernden Rufe sind sogar mitten in Großstädten zu vernehmen.
Kennzeichen: 32–35 cm. ♂ mit rostbraunem, schwarzgepunktetem Rücken, grauem Kopf mit dunklem Bartstreif, Schwanz grau mit schwarzer Endbinde

Turmfalken

und sandfarbener, dunkel gefleckter Unterseite. ♀ einheitlich rotbraun mit kräftiger, dunkler Fleckung und Querbänderung, unterseits stärker gefleckt als ♂. Langer Schwanz und lange, schmale Flügel.
Verbreitung: Europa und Asien bis auf den äußersten Norden, große Teile Afrikas.
Lebensraum: Vielfältig. Offene Landschaftstypen aller Art wie Gebirge, Moore, Grasland und Städte. Meidet dichte Wälder und Wüsten.
Lebensweise: Beutesuche von Sitzwarte wie Strommasten aus oder im charakteristischen Rüttelflug mit gespreiztem Schwanz. Nistet in Höhlungen von Felsen, Bäumen, auf hohen Gebäuden, auch in alten Nestern von Krähen oder Greifvögeln.
Brut: 1 Brut (April– Juni). 4–6 Eier, vom ♀ bebrütet. Brutdauer 28–29 Tage, Nestlingsdauer 28–32 Tage.
Nahrung: Überwiegend Kleinsäuger; auch große Insekten und Kleinvögel.
Besonderes: Wie alle Falken hat auch der Turmfalke große dunkle Augen und an der Schneidekante des Oberschnabels eine Ausbuchtung, den sog. Falkenzahn.

U

Uakari

Cacajao calvus
Familie: Kapuzinerartige Affen

Nach menschlichen Maßstäben ist der Uakari mit seinem greisenhaften Gesicht wahrlich keine Schönheit. Er kommt in 2 Unterarten vor, dem Weißen und dem Roten Uakari.
Kennzeichen: 40–50 cm groß; Schwanz nur etwa 15 cm lang, sehr buschig; Fell zottig langhaarig, weißlich bzw. orangebraun; Gesicht und Stirn bis über den Scheitel so gut wie unbehaart, rosa bis grell scharlachrot gefärbt.
Vorkommen: Nördliches Südamerika. Sumpfige Urwälder am Oberlauf des Amazonas.
Lebensweise: Tagaktiv; lebt in Gruppen von 15–30 oder mehr Mitgliedern, darunter mehrere ♂. In der Gruppe scheint es keine ernsten Streitigkeiten zu geben,

Roter Uakari

weder um Futter noch um Rang oder Geschlechtspartner.
Fortpflanzung: Alle 2 Jahre jeweils 1 Junges, das in den ersten Lebensmonaten auf der Hüfte, dann auf dem Rücken der Mutter getragen wird; wird erst im 2. Lebensjahr entwöhnt, enger Mutter-Kind-Kontakt bleibt aber darüber hinaus erhalten.
Nahrung: Früchte, Blätter.

Rotbauchunke

Uferasselspinne → Küstenasselspinne

Uhu

Bubo bubo

Familie: Eulen

Der Uhu ist die größte Eule der Welt.
Kennzeichen: 65–75 cm, ♂ kleiner als ♀. Braun-schwarz-rostfarbenes Tarngefieder. Großer Kopf mit seitlich abstehenden Federohren und großen, orangefarbenen Augen. Ruft v. a. in der Dämmerung laut »hu-huh«.
Vorkommen: Europa, nicht im äußersten Norden und z. T. in Mittel- und Westeuropa; Asien und Nordafrika. Abwechslungsreiche Landschaft mit Waldflächen, Fels- oder Steilwänden und offenem Gelände; auch in Siedlungsnähe.
Lebensweise: Dämmerungs- und nachtaktiv. Jagt v. a. auf offenen Flächen, von einem Ansitz aus oder im niedrigen Suchflug. Jahresvogel.
Brut: ♀ legen im Abstand von 2–4 Tagen 2–3 Eier in flachen Bodenmulden, Felsennischen oder Baumhöhlen, brüten allein. Brutdauer 31–37 Tage.

Uhu, fliegend

Nahrung: Säugetiere bis Hasengröße, Vögel bis Auerhahngröße; v. a. Mäuse und Ratten; gebietsweise viele Igel oder Wasservögel.
Besonderes: Der Uhu braucht ein weites, ruhiges Jagdgebiet und ist in West- und Mitteleuropa aufgrund der dichten Besiedelung selten geworden.

Unken

Bombina

Familie: Scheibenzüngler

In Mitteleuropa kommen von den weltweit 4 Unken-Arten die Gelbbauch-Unke (*B. variegata*) und die Rotbauch-Unke (*B. bombina*) vor.
Kennzeichen: 3–6 cm. Oberseite grauschwarz bis grünlich, Unterseitenfärbung gelb bis rot, mit dunkler Fleckung. Abgeplatteter Körper. Rücken mit vielen Warzen besetzt. Pupillen bei Licht herzförmig. Je nach Art mit inneren oder ohne Schallblasen.

Gelbbauchunke

Stimme: Ruf der europäischen Arten dumpf »u-u-u«.
Vorkommen: Eurasien. Klein- und Kleinstgewässer, auch temporär.
Lebensweise: Tagaktiv. Leben die meiste Zeit im oder am Rand des Gewässers. Abwehrstellung die sog. Kahnstellung mit aufwärtsgebogenem Vorder- und Hinterende, dabei wird die auffällige Bauchfärbung präsentiert.
Fortpflanzung: Paarung im Wasser. ♂ umklammert ♀ in der Lendenregion. Eiablage im Wasser einzeln oder in kleinen Ballen.
Nahrung: Insekten, Würmer und andere Wirbellose.

Unzertrennliche

Agapornis

Familie: Papageien

Zur Gattung *Agapornis* gehören 9 Arten. Sie werden Unzertrennliche, englisch Love-birds (Liebesvögel), genannt, weil die Paare eng zusammenhalten.
Kennzeichen: 13–17 cm. Überwiegend grün gefärbt. Die einzelnen Arten lassen sich anhand der Kopf- und Schnabelfärbung unterscheiden. Schwanz kurz.
Vorkommen: Afrika südlich und östlich der Sahara; 1 Art, das Grauköpfchen (*A. cana*), auf Madagaskar. Offene Landschaften aller Art, auch in Anbaugebieten; manche Arten auch in Siedlungen.
Lebensweise: Einige Arten Ernteschädlinge, da sie an guten Nahrungsstellen oft zu Hunderten auftreten. Sonst in kleineren Trupps. Gegenüber fremden Artgenossen oder anderen Vögeln mitunter aggressiv. Nest je nach Art in Höhlungen in Felsen, Gebäuden, Bäumen oder Termitenhügeln; manche Arten Untermieter in Webernestern oder Nachmieter in Nestern anderer Vogelarten.
Nahrung: Sämereien, Beeren, Früchte.
Besonderes: Die Unzertrennlichen, z. B. das Erdbeerköpfchen (*A. lilianae*) oder das Pfirsichköpfchen (*A. fischeri*), sind beliebte Käfigvögel.

Unzertrennliche

Ur → Auerochse

Urwildpferd

Equus przewalskii

Ordnung: Unpaarhufer

Nach seinem Entdecker, dem russischen Naturforscher Przewalski, wird das asiatische Urwildpferd oder Östliche Steppenwildpferd auch Przewalski-Pferd genannt.

Urwildpferd

Kennzeichen: Kleines, gedrungen gebautes Pferd, Widerristhöhe 1,20 bis 1,45 m; Fell gelblichbraun, dunkler Aalstrich entlang des Rückens, Maul und Bauch weiß, Beine unten schwarz; dunkle Stehmähne, seitlich von hellen Haaren eingefaßt, ohne Stirnschopf; Schwanz im oberen Drittel nur kurz behaart.
Vorkommen: Steppen und Halbwüsten im Gebiet der mongolisch-chinesischen Grenze. Wildlebende Tiere wahrscheinlich ausgestorben, mittlerweile aber erfolgreiche Wiederausbürgerungsprogramme mit Zoonachzuchten.
Lebensweise: Tagaktiv; schneller, sehr ausdauernder Läufer; bildet kleine Stutenrudel unter der Führung eines Leithengstes; übrige Hengste in separaten Trupps oder einzeln.
Fortpflanzung: Tragzeit rund 340 Tage; gewöhnlich 1 Fohlen, das vom ersten Tag an mit der Mutter mitläuft und 6 bis 8 Monate lang gesäugt wird; wenige Tage nach der Geburt wird die Stute wieder gedeckt.
Nahrung: Gras und Kräuter.

V

Vampire

Desmodontidae

Unterordnung: Fledermäuse

Die Familie der Vampire umfaßt 3 Arten von Fledermäusen, die sich in ihrer Ernährung auf das Blut warmblütiger Tiere spezialisiert haben. Die häufigste und verbreitetste ist der Gemeine Vampir (*Desmodus rotundus*).

Kennzeichen: Körperlänge 7–9 cm, Gewicht rund 30 g. Schwirrender Flug; bewegen sich flink laufend und hüpfend, auch auf dem Boden sehr geschickt.

Vorkommen: Tropen und Subtropen Amerikas. Sowohl in feuchtwarmen Wäldern als auch in trockenen Gegenden.

Lebensweise: Nachtaktiv; tagsüber in Schlafkolonien in Felshöhlen, hohlen Baumstämmen oder alten Gebäuden. Fliegen gewöhnlich in die Nähe schlafender Tiere, meist Weidetiere, aber auch Menschen, und »pirschen« sich vorsichtig an; beißen an gut durchbluteter Stelle mit messerscharfen Zähnchen ein winziges Hautstück ab und lecken das ausfließende Blut auf.

Besonderes: Der (praktisch schmerzlose) Biß eines Vampirs an sich ist harmlos. Eine indirekte Gefahr geht jedoch von nachträglichen Infektionen der Wunde und der Übertragung von Krankheitserregern aus.

Vari

Vari

Varecia variegata

Unterordnung: Halbaffen

Dieser größte der madagassischen Lemuren wird durch die Rodung der Wälder immer mehr seines Lebensraums beraubt.

Kennzeichen: Größe 60 cm, Schwanz körperlang; dichtes, weiches Fell mit langhaariger Halskrause; Färbung kontrastreich schwarz-weiß, manchmal auch braun-weiß, Farbverteilung individuell sehr verschieden. Laut hallende nächtliche Rufe: aneinandergereihte Brüllaute, gefolgt von glucksenden Tönen.

Vari

Vorkommen: Regenwälder im Nordosten Madagaskars.

Lebensweise: Überwiegend dämmerungs- und nachtaktiv; hält sich vor allem im Kronenbereich der Bäume auf; lebt in kleinen Familiengruppen.

Fortpflanzung: Jeweils 1–3 Junge, die in einem von der Mutter gebauten Nest aus Zweigen und Blättern geboren und aufgezogen werden.

Nahrung: Blätter und Früchte.

Besonderes: Der Vari nimmt am frühen Morgen gern ein Sonnenbad, wobei er mit ausgebreiteten Armen der Sonne zugewandt dasitzt. Den Eingeborenen galt er daher früher als heiliges Tier, das die Sonne anbetet.

Vielborster

Polychaeta

Stamm: Gliederwürmer

Vielborster sind langgestreckte aus bis zu 700 Segmenten bestehende Meerestiere. An jedem Körpersegment sitzt 1 Paar Stummelfüße, die sich in 2 Äste teilen und mit Borstenbüschel besetzt sind. Der Kopfabschnitt besteht aus 1–3 Segmenten mit Fühlern und manchmal einer Tentakelkrone. Die meisten Arten sind leuchtend bunt gefärbt (z. B. die Sabellen). Man unterscheidet zwischen freilebenden (→ Palolowurm) und in Gängen und selbstgebauten Röhren festsitzenden Vielborstern (→ Posthörnchenwurm, → Pfauenfederwurm).

Fortpflanzung: Vielborster sind getrenntgeschlechtlich. Die Befruchtung findet im Wasser statt. Aus dem befruchteten Ei entwickelt sich eine freischwimmende Larve.

Vielborster

Vielfraß

Vielfraß

Gulo gulo

Familie: Marder

Der Vielfraß oder Järv ist der größte Vertreter der Marder. Von seinem kurzen, buschigen Schwanz einmal abgesehen, ähnelt er eher einem kleinen Braunbären.

Kennzeichen: Körperlänge 70–90 cm, Schwanz 15–20 cm; Fell dunkelbraun mit einem breiten, helleren Band von der Schulter über die Seiten bis zur Schwanzwurzel.

Vorkommen: Taiga und Tundra Eurasiens und Nordamerikas.

Lebensweise: Tag- und nachtaktiver Einzelgänger; klettert gut, aber überwiegend bodenlebend. In Gegenden mit wenig Beutetieren kann das Revier eines einzigen Järvs bis zu 2000 km^2 groß sein.

Fortpflanzung: Pro Wurf 2–3 blind geborene Junge, die in einer Erd- oder Felshöhle aufgezogen werden; bleiben über 1 Jahr bei der Mutter.

Nahrung: Im Sommer Vögel, Eier, Lemminge, Insektenlarven, Beeren; im Winter geschwächte Rentiere und Elche, Schneehasen, Füchse, Schneehühner; oft auch Aas.

Besonderes: Der Name Vielfraß deutet nicht etwa auf einen übergroßen Appetit des Tieres hin, sondern leitet sich vom altnordischen »fjellfras« ab, was »Felsenkatze« bedeutet.

Vierflügelkuckuck

Tapera naevia

Unterfamilie: Erdkuckucke

Der Vierflügelkuckuck wird auch Streifenkuckuck genannt.

Vierflügelkuckuck

Kennzeichen: 25–28 cm. Lerchenähnlich braun mit dunklen Streifen. Daumenfittich (Nebenflügel) aus 5–6 Federn (bei anderen Vögeln nur aus 3 bis 4 Federn); Oberschwanzdecken stark verlängert, dadurch wirkt Schwanz »doppelt«. Kopffedern zu kleiner Haube aufrichtbar.

Vorkommen: Mittel- und Südamerika, von Mexiko bis Argentinien. Sowohl feuchtes als auch trockenes, buschbestandenes Gelände.

Lebensweise: Sehr scheu, versteckt lebend. Bodenbewohner, schläft auf Bäumen. Spreizt bei der Balz die Flügel und die großen Daumenfittiche ab; erscheint dadurch vierflügelig (Name!). Brutschmarotzer bei verschiedenen Töpfervogelarten.

Nahrung: Insekten, kleine Wirbeltiere.

Vierhorn-Kofferfisch → Kofferfisch

Vierzähner → Kugelfische

Vikunja

Lama vicugna

Familie: Kamele

Das schlanke, hochbeinige Vikunja ist das kleinste der südamerikanischen Kleinkamele.

Kennzeichen: Schulterhöhe etwa 90 cm, langer Hals, kurzer Kopf mit großen Augen; weiches, sehr dichtes Fell, rötlichbraun, unterseits weißlich. Hoher, pfeifender Laut als Warnruf.

Vorkommen: Zentrale Anden. Hochflächen in 3700–5500 m Höhe.

Lebensweise: Tagaktiv; lebt in festen Familienverbänden von 10–20 Tieren unter der Führung eines starken ♂, überzählige ♂ in Junggesellenrudeln, ältere ♂ z. T. Einzelgänger; getrenntes Weide- und Schlafrevier.

Fortpflanzung: Tragzeit 11–12 Monate; je 1 Junges, das gleich nach der Geburt laufen kann, aber oft in einer Deckung liegenbleibt und dort auf die Mutter wartet; wird 6–8 Monate gesäugt.

Nahrung: Gras und Kräuter.

Besonderes: In der Inkazeit wurden wildlebende Vikunjas zur Gewinnung feinster Wolle genutzt. Man trieb sie alle paar Jahre in Gatter, schor sie und ließ sie wieder laufen.

Vikunja

Virginiahirsch → Weißwedelhirsch

Vogelflügler

Vogelflügler

Ornithoptera

Ordnung: Schmetterlinge

Die Vogelflügler sind eine Gattung der Familie → Ritterfalter. Diese großen und wunderschönen Tagfalter sind in der indoaustralischen Region beheimatet, die meisten von ihnen auf den Melanesischen Inseln. ♂ und ♀ unterscheiden sich deutlich voneinander. ♂ samtschwarz mit leuchtender, gelber, blauer oder grüner Zeichnung. ♀ eintönig grau, braun und schwarz. Die Falter kreisen meist hoch um die Baumkronen und sind schwer zu fangen. Die Eingeborenen züchten deshalb die Raupen, um die begehrten Falter an Liebhaber zu verkaufen. Die größte und schönste Art ist *Ornithoptera priamus*. Das ♀ von *Papilio alexandrae* gilt als der größte Tagfalter überhaupt.

Vogelspinnen

Aviculariidae

Ordnung: Echte Spinnen

Vogelspinnen sind in den Tropen lebende, große, meist stark behaarte Spinnen, die trotz ihres Namens nur in Ausnahmefällen Vögel als Hauptnahrung ausersehen haben.

Kennzeichen: Hinterleib sackförmig, gesamter Körper dicht braun bis schwarz behaart. Mit dichten Haarbüscheln am Ende der Beine, die wie ein Saugnapf wirken. Bis 9 cm. ♂ kleiner als ♀. ♂ mit längeren Beinen und kleinerem Hinterleib.

Vorkommen: Tropische Länder; in Südamerika die zahlreichsten und farbenprächtigsten Vertreter.

Lebensweise: Nachtaktive Bodentiere. Tagsüber unter Holz, Steinen oder in selbstgegrabenen Wohnröhren versteckt. Orientieren sich mit Tasthaaren an Beinen und Mundteilen, die selbst auf leiseste Luftbewegungen ansprechen. Sehr wehrhaft, jedoch selten angriffslustig.

Nahrung: Große Insekten, Wirbellose, Frösche, Eidechsen.

Besonderes: Vogelspinnen streichen sich bei drohender Gefahr mit den Beinen über den haarigen Hinterleib, so daß die feinen Haare absplittern und dem Angreifer entgegenwehen, was starke Schleimhautreizungen bewirkt. Das Gift der Vogelspinnen kann auch dem Mensch gefährlich werden.

Vogelspinne

W

Wachsrose

Anemonia sulcata

Ordnung: Seerosen

Die Wachsrose besitzt sehr stark nesselnde Tentakel, die sie vor vielerlei Freßfeinden schützen und dem Nahrungserwerb dienen.

Kennzeichen: Körper zylinderförmig, mit bis zu 200 langen Tentakeln. Tentakelspitzen klebrig, violett gefärbt. Körper je nach Standort blaßgrau bis tiefgrün. Körperlänge ausgestreckt 7 cm, Durchmesser 18 cm.

Vorkommen: Europäischer Atlantik, Mittelmeer. Von der oberen Dauerflutzone bis in 6 m Wassertiefe an lichtdurchfluteten Standorten.

Lebensweise: Meist in kleineren Gruppen zusammenstehend.

Fortpflanzung: Geschlechtlich oder ungeschlechtlich durch Längsteilung.

Nahrung: Kleine Fische, kleine Krebstiere, Wirbellose.

Besonderes: Wachsrosen lagern in die innere Zellschicht symbiontische, gelbbraune oder grüne Algen ein.

Wachsrose

Wadenstecher

Stomoxys calcitrans

Familie: Echte Fliegen

Der Wadenstecher ist die häufigste einheimische Stechfliege und läßt sich nur bei genauem Hinsehen von der → Stubenfliege unterscheiden.

Kennzeichen: 5–8 mm lang. Gedrungener Körper. Waagerecht vorgestreckter Stechrüssel. Sitzt an der Wand – im Gegensatz zur Stubenfliege – mit dem Kopf nach oben.

Wadenstecher

Vorkommen: Weltweit. In der Nähe landwirtschaftlicher Anwesen. Dringt auch in Wohnräume ein.

Fortpflanzung: Paarung bereits 4 Tage nach dem Schlüpfen. Eier werden in Rinder- oder Pferdemist abgelegt. Anzahl der Eier (bis zu 600) wächst bei hohen Temperaturen. Entwicklungszeit 2 Wochen.

Nahrung: Verrottende organische Stoffe, Säugetierblut.

Besonderes: Auch der Wadenstecher kann gefährliche Krankheitserreger übertragen.

Waldbaumläufer

Certhia familiaris

Familie: Baumläufer

Der Waldbaumläufer ist in freier Flur von seiner Zwillingsart, dem Gartenbaumläufer (*Certhia brachydactyla*), eindeutig nur anhand der Stimme zu unterscheiden.

Kennzeichen: 12–13 cm. Oberseits dunkelbraun mit graubrauner Fleckung, unterseits weiß. Deutlicher, weißer Überaugenstreif. Schnabel lang, leicht abwärts gebogen.
Stimme: Gesangsstrophen aus 2 Trillern, die hoch beginnen und dann abfallen (Gesangsstrophe der Zwillingsart steigt an!). Ruft hoch »sriie«, Flugruf »tititi«.
Vorkommen: Europa ohne den Südwesten, Westen und äußersten Norden; Asien östlich bis Japan. Überwiegend Nadelwald, auch Mischwald.
Lebensweise: Klettert ruckartig am Stamm hoch, sucht in Rindenspalten nach Nahrung, stützt sich dabei auf steife Schwanzfedern. Besucht Kleinvogelfütterungen. Außerhalb der Brutzeit umherstreifend, häufig mit Meisen vergesellschaftet. Jahresvogel.
Brut: Nest meist hinter abstehender Rinde oder in Baumspalten. Bezieht auch spezielle Baumläufer-Nistkästen. 1 bis 2 Bruten (April–Juli). 4–7 Eier; Brutdauer 13–15 Tage, Nestlingszeit 17 Tage.

Waldbaumläufer

Nahrung: Insekten und deren Larven, Spinnen; feine Sämereien. An Fütterungen Talg.

Waldbirkenmaus

Siscita betulina

Familie: Hüpfmäuse

Die Waldbirkenmaus ist eine von 5 Birkenmausarten, die von Mitteleuropa bis Ostasien vorkommen. Sie sind mit den Springmäusen, etwa der → Wüstenspringmaus, viel näher verwandt als mit den Echten Mäusen.
Kennzeichen: 5–7 cm groß, Schwanz $1^{1}/_{2}$mal so lang wie der Körper, spärlich behaart; Fell gelblichbraun-grau meliert, schwarzer Aalstrich entlang des Rükkens.

Waldbirkenmaus

Vorkommen: Nord- und Osteuropa, vereinzelt auch in Mitteleuropa. Feuchte Laub- und Nadelwälder mit dichtem Unterwuchs, Waldwiesen, Hochmoore, Bergmatten bis in 2000 m Höhe.
Lebensweise: Überwiegend dämmerungs- und nachtaktiv; klettert gut, benutzt dabei ihren Schwanz als Balancierstange und zum Festhalten im Gezweig; flicht kugelförmiges Sommernest aus Pflanzenteilen, meist frei an Zweigen befestigt; *Winterschlaf* (September bis Mai) in selbstgegrabener Erdhöhle.
Fortpflanzung: Nur 1 Wurf im Jahr mit meist 2–6 Jungen, die nackt und blind geboren werden; öffnen erst nach 25 Tagen die Augen, werden 5 Wochen gesäugt.
Nahrung: Sämereien, Beeren, Baumfrüchte, Insekten.
Besonderes: Von allen Säugetieren hält die Waldbirkenmaus den längsten Winterschlaf. Er kann bis zu 8 Monate dauern. Auch mitten im Sommer verfällt sie an kalten Tagen in einen Starrezustand.

Waldkauz

Strix aluco

Familie: Eulen

Der Waldkauz ist die häufigste Eule in Mitteleuropa.

Kennzeichen: 38 cm. Auf braunem bis graubraunem Grund dunkel längsgestreift. Großer, runder Kopf mit großen schwarzen Augen.

Stimme: Reviergesang des ♂ tief »huu hu-hu-huuh«, als Lautuntermalung von vielen Filmen bekannt, wenn es schaurig wird; ♀ antwortet meist mit »kuwitt«, wird häufig mit »komm mit« gedeutet und soll den Tod eines Familienmitglieds ankündigen.

Vorkommen: Europa bis auf Irland und den Norden; Nordwestafrika; westliches und südliches Asien. Wälder, Parks und Gärten mit alten Bäumen.

Lebensweise: Dämmerungs- und nachtaktiv. Jagt von Sitzwarte aus; ortet Beutetier v. a. mit Gehör. Sonnt sich häufig vor seiner Baumhöhle. Jahresvogel.

Brut: Dauerehe, zeitlebens im gleichen Revier. Baumhöhlenbrüter, bezieht auch Nistkästen. 1 Brut (Februar–Mai). 3 bis 5 Eier; Brutdauer 28–30 Tage, Nestlingszeit etwas länger.

Nahrung: Überwiegend Kleinsäuger, auch Vögel und Amphibien.

Waldkauz

Waldmaus

Apodemus sylvaticus

Familie: Echte Mäuse

Entgegen ihrem Namen kommt die Waldmaus vorwiegend in offenem Gelände vor und meidet den tiefen, geschlossenen Wald.

Waldmaus

Kennzeichen: 8–11 cm groß, Schwanz körperlang, spärlich behaart; Fell gelblichbraun mit grauem Anflug, unterseits hellgrau, Füße weißlich; Ohren häutig, rund, sehr groß.

Verbreitung: Ganz Europa mit Ausnahme Nordskandinaviens; Nordwestafrika, Kleinasien.

Lebensraum: Felder, Wegböschungen, Waldränder und -lichtungen, Parks, im Winter auch gern in Gebäuden.

Lebensweise: Dämmerungs- und nachtaktiv; klettert gut, bleibt aber meist in Bodennähe; gräbt tiefe Erdgänge mit Nest- und Vorratskammern oder benutzt verlassene Wühlmausbauten, bisweilen Nest auch in Baumhöhlen.

Fortpflanzung: 3–4 Würfe im Jahr mit je 3–8 Jungen, die nackt und blind geboren werden.

Nahrung: Samen von Gräsern, Kräutern und Bäumen, Knospen, Triebe, Beeren, Pilze; auch Insekten, Würmer, Schnecken.

Besonderes: Die kleine Maus macht sich bei Gefahr mit großen Sprüngen davon, z. T. wie ein Känguruh auf den Hinterbeinen hüpfend. Sie schafft dabei Sätze bis zu 80 cm Weite, was ihr im Volksmund auch den Namen »Springmaus« eingetragen hat.

Waldschnepfe

Scolopax rusticola

Familie: Schnepfen

Die Waldschnepfe hat sich als eine der wenigen Watvogelarten den Wald als Lebensraum auserkoren.

Kennzeichen: 33–35 cm. Fallaubartiges Tarngefieder; breite schwarze Querbinden am Kopf. Gedrungener Körperbau, kurze Beine, langer Schnabel; große, hochliegende Augen.

Vorkommen: Europa ohne den Süden und äußersten Norden; Asien ostwärts bis Sachalin und Japan. Isolierte Vorkommen im Himalaja, Kaukasus und auf einigen Atlantischen Inseln. Abwechslungsreiche Wälder aller Art.

Lebensweise: Einzelgänger. Dämmerungs- und nachtaktiv. Tagsüber versteckt in Deckung. Nahrungssuche im Boden stochernd; Schnabelspitze mit Nerven durchsetzt, kann dadurch Beute im Boden ertasten. Bei uns Sommervogel.

Brut: Gaukelnder Balzflug über den Wipfeln am Abend; ♂ äußert dabei dumpfes tiefes »Quorren« und helles hohes »Puitzen«. Verstecktes Bodennest. 1–2 Bruten (März–Juni). Nur ♀ bebrütet die 4 Eier ca. 20 Tage lang. Junge nach ca. 20 Tagen flügge.

Nahrung: Würmer, Insekten, deren Larven und Spinnen.

Besonderes: Bei Gefahr klemmt das ♀ die Jungen zwischen Beine und gesenktem Schwanz ein und bringt sie so im Flug an eine sichere Stelle.

Waldschnepfe

Waldspitzmaus

Sorex araneus

Ordnung: Insektenfresser

Diese Art ist in Mitteleuropa die häufigste und damit wohl auch bekannteste aller → Spitzmäuse.

Waldspitzmaus

Kennzeichen: 6–8 cm groß; Schwanz etwa $^1/_2$ körperlang, spärlich behaart; Fell oberseits dunkelbraun, unterseits gelblich- bis silbergrau; Schnäuzchen zu einem spitzen Rüssel verlängert; winzige Augen; Ohren rund, kaum aus dem Fell ragend.

Verbreitung: Ganz Europa mit Ausnahme der Iberischen Halbinsel, der Mittelmeerinseln, Irlands und Islands.

Lebensraum: Feuchtes, sumpfiges Gelände, Wald, Gärten, Parkanlagen, im Winter auch oft in Gebäuden.

Lebensweise: Tag- und nachtaktiver Einzelgänger; Nahrungssuche in der Mulchschicht und dichten Bodenvegetation, klettert bisweilen auch an Baumstämmen hoch; Nest in selbstgegrabenen Bauen oder in Mäusegängen.

Fortpflanzung: 2–4 Würfe im Jahr mit je 5–9 blind und nackt geborenen Jungen, die 3 Wochen gesäugt werden und dann selbständig sind.

Nahrung: Insekten, Spinnen, Schnecken, Würmer, junge Mäuse, Aas.

Besonderes: Wie alle Spitzmäuse wird die Waldspitzmaus hauptsächlich von Eulen und Greifvögeln gejagt. Füchse, Marder und andere Raubtiere verschmähen sie zumeist, weil sie in Hautdrüsen ein nach Moschus riechendes Sekret produziert, das offenbar sehr unangenehm schmeckt.

Delphine

Wale

Cetacea

Klasse: Säugetiere

Die Wale haben sich von allen Säugetieren am deutlichsten an das Wasserleben angepaßt. Ihre Vordergliedmaßen sind zu Flossen umgestaltet, die Hintergliedmaßen bis auf kleine, funktionslose Skelettstücke völlig rückgebildet. Man unterscheidet 2 Unterordnungen: Zahnwale, zu denen neben den Delphinen (→ Delphin, → Flußdelphine, → Jacobita, → Tümmler) u. a. auch → Entenwal, → Narwal, → Pottwal, → Schweinswal, → Schwertwal und → Weißwal zählen, sowie die riesigen Bartenwale (→ Blauwal, → Buckelwal, → Finnwal, → Grauwal, → Nordkaper).
Besonderes: Während Zahnwale in ihrer Ernährung insgesamt sehr vielseitig sind, haben sich Bartenwale auf den Verzehr von Krill, massenhaft vorkommender winziger Schwimmkrebschen, spezialisiert. Die Barten, vom Oberkiefer herabhängende, bürstenartig ausgefranste Hornplatten, dienen ihnen als Seihvorrichtung, mit der sie den Krill aus dem Wasser filtrieren.

Schwertwale

Waller → Wels

Walroß

Odobenus rosmarus

Unterordnung: Robben

Das unverwechselbare Walroß ist die einzige Art einer eigenen Familie. Nach den männlichen See-Elefanten sind die Walroß-Bullen die größten Robben der Welt.

Walroß

Kennzeichen: ♂ bis 4,50 m lang und 1500 kg schwer, ♀ nur bis 3,50 m lang und 800 kg schwer. Jungtiere mit dichtem, rotbraunem Fell, erwachsene Tiere zunehmend kahler, gelbbraun; Oberlippe mit steifen Bartborsten; obere Eckzähne bei beiden Geschlechtern zu mächtigen Hauern verlängert.
Verbreitung: Küstengewässer des nördlichen Eismeers und des Nordatlantiks, in einer eigenen Unterart auch im Nordpazifik; in Europa vor Spitzbergen, Island, Nordnorwegen und Rußland.
Lebensraum: Flachküsten, küstennahes Treibeis, im Winter in Gebieten mit möglichst geringer Eisbildung.
Lebensweise: Lebt in Haremsgruppen

(1 ♂, 2–3 ♀ und deren Junge) sowie Bullenherden; guter, ausdauernder Schwimmer, an Land jedoch sehr schwerfällig; ruht am Strand oder auf Eisschollen gern in engem Körperkontakt mit den übrigen Gruppenmitgliedern.
Fortpflanzung: Paarungszeit April bis Juni; Tragzeit rund 1 Jahr; alle 2 Jahre 1 Junges, das schon gleich nach der Geburt schwimmen kann; wird $1\frac{1}{2}$–2 Jahre gesäugt.
Nahrung: Muscheln, Meereswürmer und -schnecken, Seeigel, gelegentlich auch Fische oder Robbenkadaver.
Besonderes: Mit seinen zeitlebens wachsenden Hauern stochert das Walroß im Meeresboden nach Nahrung. Schon im Jugendalter fallen ihm die meisten übrigen Zähne aus.

Walzenskinke
Chalcides
Familie: Skinke

Zu den Walzenskinken, Gattung *Chalcides*, gehören ca. 10 Arten.
Kennzeichen: 20–42 cm. Körper kräftig bis schlangenförmig. Kopf nicht vom Körper abgesetzt. Zehenzahl variiert je nach Art. Oberseite glattschuppig und glänzend.
Verbreitung: Südeuropa; Afrika südlich bis in den Sudan und Somalia; Vorder- bis Südasien. Ausschließlich auf der Iberischen Halbinsel kommt der Spanische Walzenskink (*C. bedriagai*) vor.
Lebensraum: Sonniges Gelände sowohl mit freien Stellen zum Sonnen als auch mit deckungsbietendem Bewuchs.

Gefleckter Walzenskink

Lebensweise: Tagaktiv. Wühlen im Boden oder schlüpfen durch den Bewuchs; ruhen aber während der größten Hitze.
Fortpflanzung: Lebendgebärend. Meist 3 Junge, die bei der Geburt bereits knapp halb so lang wie Alttiere sind.
Nahrung: Insekten, Spinnen und andere Wirbellose.
Besonderes: Der Gefleckte Walzenskink (*C. ocellatus*) ist ein beliebtes Terrarientier.

Walzenspinnen
Solifuga
Ordnung: Spinnentiere

Die Walzenspinnen bilden eine Ordnung der Spinnentiere. Die ca. 800 Arten sind in 10 Familien zusammengefaßt.
Kennzeichen: Hinterleib länglich walzenförmig (Name!), segmentiert, ohne Spinnwarzen. Vorderleib mit 1 Paar großer Scheren und 4 Paar Beinen, 1. Beinpaar lang und dünn, wird wie Fühler vorgestreckt. Letztes Beinpaar trägt ganz bestimmte Sinneshaare. Stark behaart. Bis 7 cm.

Walzenspinne in Drohstellung

Vorkommen: Tropisches und subtropisches Amerika, Afrika, Asien, Mittlerer Osten, Mittelmeerraum. Wüsten- und Steppengebiete.

Lebensweise: Bodentiere, bis auf die südamerikanischen Arten nachtaktiv. Sehr schnell. Tagsüber und während der Winterruhe in Höhlen versteckt, die sie selbst graben. Gefräßige Räuber; die Beute wird zerquetscht, zerkaut und dann aufgesaugt.
Fortpflanzung: Bei der Paarung packt das ♂ das ♀, wobei dieses in eine totale Starre fällt. Jetzt legt das ♂ es auf den Rücken und begattet es. Sofort nach der Begattung läuft das ♂ davon, da das ♀ sehr schnell aufwacht und das ♂ fressen würde.
Nahrung: Insekten, Asseln, Spinnen, Skorpione, Eidechsen, kleine Mäuse und Vögel.
Besonderes: Walzenspinnen sind sehr wehrhafte Tiere. Ihr Biß ist zwar sehr schmerzhaft, jedoch ungiftig.

Wandelnde Blätter → Gespenstheuschrecken

Wanderalbatros
Diomedea exulans
Familie: Albatrosse

Der Wanderalbatros hat mit 3,6 m die größte Flügelspannweite aller Vögel.
Kennzeichen: 110–135 cm. Weißer Rumpf, Flügel unterseits mit schwarzer Spitze, oberseits fein schwarz gesprenkelt. Undeutliche, schwarze Schwanzendbinde. Beine und Schnabel blaßrosa.
Vorkommen: Subantarktische Inseln rund um die Antarktis. Außerhalb der Brutzeit Meere rund um den Südpol.
Lebensweise: Eleganter Flieger, verbringt die meiste Zeit auf dem Meer. Legt segelnd bis 500 km an einem Tag zurück. Schwimmt bei Windstille. Nahrungsaufnahme von der Wasseroberfläche.
Brut: Geht nur zum Brüten an Land. Dauerehe. Brutdauer (bis 85 Tage) und Nestlingszeit (bis 12 Monate) sind die längsten im Vogelreich.
Nahrung: Überwiegend Tintenfische, auch Fische, Krebse und auf dem Wasser schwimmender Abfall.

Wanderalbatros am Brutplatz

Wanderdrossel
Turdus migratorius
Familie: Drosseln

Die Wanderdrossel ist die größte Drossel Nordamerikas.
Kennzeichen: 23–28 cm. Oberseite schiefergrau, Unterseite rostfarben, leicht geschuppt; Kehle schwarz-weiß gestreift. Dunkles Auge des ♂ weiß eingefaßt. ♀ insgesamt matter.
Stimme: Gesang aus klangvollen, jubilierenden Motiven, ansteigend und abfallend, werden 2–3mal wiederholt.
Vorkommen: Nordamerika südlich bis Guatemala. Lichte Wälder, Parks und Gärten.
Lebensweise: Hohe Bestandsdichte innerhalb von Siedlungen, ähnlich wie bei uns die → Amsel. Nahrungssuche auf kurzgrasigen Flächen. Auf dem Zug und an winterlichen Rastplätzen in großen Schwärmen. Heftige Revierkämpfe der ♂ im Frühjahr. Teilzieher.
Brut: Napfnest aus Stengeln und Gras, innen mit Schlamm ausgekleidet und gut gepolstert. 2 Bruten (Mai–August). 3 bis 5 Eier; Brut- und Nestlingsdauer ca. 14 Tage. ♂ versorgt die Jungen der 1. Brut, während ♀ bereits wieder brütet.
Nahrung: Würmer, Schnecken, andere Wirbellose; im Winter Früchte.

Besonderes: Der Rückgang der Wanderdrossel durch indirekten Verzehr von DDT in Regenwürmern veranlaßte Rachel Carson zu ihrem aufrüttelnden Buch »Der stumme Frühling«.

Wanderdrossel

Wanderfalke

Falco peregrinus
Familie: Falken

Der Wanderfalke ist der schnellste Vogel. Im Sturzflug erreicht er bis 300 km/h.
Kennzeichen: 38–50 cm, ♀ größer als ♂. ♂ mit grauem Rücken, heller Unterseite und Schwanz mit dunkler Querbänderung, charakteristische Kopfmaske. ♀ oberseits dunkelbraun, unterseits stärker quergebändert, mit dunklen Tropfenflecken auf der Brust.

Wanderfalke

Vorkommen: Fast weltweit bis auf Antarktis, Sahara, mittleres Asien und große Teile Südamerikas. Offenes und felsiges Gelände, Mittel- und Hochgebirge, Meeresküste.
Lebensweise: Kraftvoller, zügiger Flug. Greift Beute in der Luft. Stößt aus großer Höhe im senkrechten Sturzflug auf die Beute. Teilzieher. Horst in Felswänden oder auf Bäumen, bezieht auch alte Greifvogelnester.
Nahrung: Vögel bis Reihergröße, v.a. aber Tauben.

Wanderheuschrecken

Caelifera
Ordnung: Springschrecken

Wanderheuschrecken gehören zur Familie der Feldheuschrecken, die alle Pflanzenfresser mit großem Appetit sind. Treten sie in großen Scharen auf, richten sie erheblichen Schaden an. Bereits in der Bibel wird bei den 7 Plagen Ägyptens von einer Heuschreckenplage berichtet.
Wanderheuschrecken wandern in unregelmäßigen Abständen in bestimmte Gebiete ein und fressen ganze Landstriche kahl. Der »Wandertrieb« ist abhängig von dem Nahrungsangebot des Lebensraums. Folgen nach günstigen Jahren Trockenperioden und reduziert sich dadurch der Lebensraum, wird der Bestand der Tiere zu dicht, der Kontakt untereinander zu eng. Die Erregung nimmt zu, bis schließlich ein ganzer Schwarm auffliegt. Das Wandern dauert das ganze Leben lang an. Richtung und Strecken werden vom Wind, der Witterung und den geographischen Gegebenheiten der Gebiete bestimmt. Von den 10 Arten ist *Locusta migratoria* die weitest verbreitete. Weitere Arten sind die Wüstenheuschrecke (*Schistocerca gregaria*) und die Marokkanische Wanderheuschrecke (*Dociostauros maroccanus*).

Wanderheuschrecke

Wanderratte

Rattus norvegicus

Familie: Echte Mäuse

Die größere Verwandte der → Hausratte verbreitete sich wie jene von Asien aus über die ganze Welt.

Kennzeichen: 20–25 cm groß; Schwanz fast körperlang, mit Schuppenringen besetzt; Fell graubraun bis fast schwarz, unterseits weißlichgrau; Füße fleischfarben; Ohren klein und rund.

Verbreitung: Ursprünglich nur Ostasien, als Siedlungsfolger des Menschen heute weltweit.

Lebensraum: Dörfer und Städte, Keller, Kanalisationsschächte, Müllplätze, gern in Wassernähe, z. B. an Gräben oder Deichen.

Lebensweise: Überwiegend dämmerungs- und nachtaktiver Bodenbewohner; klettert, schwimmt und taucht aber gut; lebt in Familienrudeln von manchmal über 60 Mitgliedern; darin feste Rangordnung; verteidigt Familienterritorium vehement gegen rudelfremde Eindringlinge. Außerhalb von menschlichen Gebäuden Quartiere in selbstgegrabenen Bauen mit langen Gängen, Wohn- und Vorratskammern.

Fortpflanzung: 4–6 Würfe im Jahr mit je 6–12 Jungen, die nackt und blind geboren werden; sind mit 6–7 Wochen selbständig.

Nahrung: Gleichermaßen tierische wie pflanzliche Kost: Mäuse, Vögel, Eier, Fische, Aas, Grünpflanzen, Samen, Früchte, menschliche Nahrungsmittel.

Besonderes: Zuchttiere der Wanderratte (vor allem Albinoformen) dienen als Laborratten und erfreuen sich seit einigen Jahren auch großer Beliebtheit als zutrauliche und gelehrige Heimtiere.

Wanderratte

Raubwanze

Wanzen

Hetoptera

Klasse: Insekten

In der Ordnung Wanzen sind 40 000 Arten zusammengefaßt, die verschiedenen Familien zugewiesen werden. Zur Familienreihe Landwanzen (*Pentatomomorpha*) gehören z. B. die → Streifenwanze und die → Feuerwanze. Der Familienreihe Wasserwanzen (*Nepomorpha*) wird der → Rückenschwimmer zugeordnet. Wanzen haben einen abgeplatteten Körper, der meist schwarz, braun-gelblich oder grün gefärbt ist. An der schnabelartig vorgezogenen Kopfspitze sitzen zu einem Stech-Saugrüssel umgebildete Mundwerkzeuge. Eine ganze Reihe von Arten kann mit dem Rüssel empfindlich stechen. Die meisten Wanzen sind Pflanzensauger, nur sehr wenige Blutsauger, z. B. die gefürchtete Bettwanze (*Cimex lectularius*), einige leben räuberisch.

Wapiti → Rothirsch

Warane
Varanidae
Unterordnung: Echsen

Alle 31 Waran-Arten sind trotz beträchtlicher Größenunterschiede im Körperbau so einheitlich, daß sie in eine einzige Gattung (*Varanus*) gestellt werden.
Kennzeichen: 20 cm bis 3 m (→ Komodowaran). Körper meist recht massig; 4 kräftige Beine mit 5 scharfkralligen Zehen. Schwanz rundlich (Wüstenbewohner), als Greifschwanz (Baumbewohner) oder seitlich abgeplattet (im oder am Wasser, z. B. Bindenwaran, *V. salvator*).
Vorkommen: Afrika, Südasien, Südostasien bis Australien. Alle Lebensräume von Wüsten bis Urwälder.
Lebensweise: Tagaktiv. Benutzen Krallen und Zähne zur Feindabwehr. Überwiegend Bodenbewohner. Stemmen sich zum Laufen vom Boden ab. Dank der Krallen geschickte Kletterer. Viele Arten wendige Schwimmer, heben dabei Kopf über die Oberfläche und bewegen sich schlängelnd vorwärts; tauchen gut, riechen mit Hilfe der langen tiefgespaltenen Zunge und des Jacobsonschen Organs.

Gouldswaran

Fortpflanzung: Eierlegend. Über das Fortpflanzungsverhalten ist nicht viel bekannt. ♀ vergraben die Eier.
Nahrung: Räuberisch; Beutetiergröße richtet sich nach Körpergröße. Auch Aas, Eier.
Besonderes: Die meisten Waran-Arten kommen in Australien vor. Der häufigste Waran dort ist der Gouldswaran (*V. gouldii*). Trotz seiner Länge von über 2 m klettert der Buntwaran (*V. varius*) hervorragend.

Warzenschwein
Phacochoerus aethiopicus
Ordnung: Paarhufer

Als ausgesprochene Tagtiere und Bewohner offener Landschaften sind Warzenschweine bei Safaris leicht zu beobachten.

Warzenschwein

Kennzeichen: Größe eines kleinen Wildschweins; schütteres, borstiges, grau- oder rötlichbraunes Fell, lange Nacken- und Rückenmähne; langer Schädel mit großen, knorpeligen Gesichtswarzen; Keiler mit langen, nach oben ragenden, stark gekrümmten Eckzähnen. Jungtiere dicht behaart, ungestreift.
Vorkommen: Afrika südlich der Sahara. Steppe und Savanne.

Lebensweise: Tagaktiv; ruht nachts in verlassenen Bauen von → Erdferkeln; bildet kleine Gruppen aus 1–2 ♀ und deren Jungen der letzten 2 Jahre; ♂ meist Einzelgänger oder in Junggesellentrupps.
Verhalten: »Knien« zum Trinken oder Äsen auf die Handgelenke nieder. Turnierkämpfe der Keiler durch Drücken und Schieben Stirn gegen Stirn, ohne Einsatz ihrer gefährlichen Eckzähne als Waffen.
Fortpflanzung: Meist 1–4 Junge, die in einem Erdbau geboren werden; verlassen diesen erstmals nach 1 Woche, werden 3–4 Monate gesäugt, bleiben $1\frac{1}{2}$ bis 2 Jahre bei der Mutter.
Nahrung: Gras, Wurzeln, Samen, gelegentlich Früchte, tierische Kost, Erde.

Waschbär

Procyon lotor
Familie: Kleinbären

Die hübschen Kleinbären, die ihres Pelzes wegen vor gut 60 Jahren nach Europa gebracht und ausgesetzt wurden, haben sich hier mittlerweile auf schätzungsweise 100 000 Exemplare vermehrt und gehören nunmehr wohl zur heimischen Fauna.

Waschbär

Kennzeichen: 50–70 cm groß, Schwanzlänge 20–30 cm; Fell graubraun, schwarz-weiße Gesichtsmaske, schwarz geringelter Schwanz.
Verbreitung: Nord- und Mittelamerika; in Deutschland und Rußland eingebürgert, heute bis Nordwestfrankreich und den Niederlanden verbreitet.
Lebensraum: Laub- und Mischwälder, auch Parkanlagen; stets in Gewässernähe.
Lebensweise: Nachtaktiver Einzelgänger; klettert und schwimmt ausgezeichnet; Tagesaufenthalt und Jungenaufzucht in Baumhöhlen, oft in über 10 m Höhe; hält in kalten Gebieten Winterruhe.
Verhalten: Bei der Nahrungssuche tastet der Waschbär im flachen Wasser mit geschickten Vorderpfoten unter Steinen oder im Schlick nach Beutetieren. Das sieht aus, als wasche er seine Nahrung, und trug ihm seinen Namen ein.
Fortpflanzung: Pro Wurf 1–7 (im Durchschnitt 4) blind geborene Junge mit dünnem Fellchen, die gut 4 Monate gesäugt werden und nach $\frac{1}{2}$ Jahr selbständig sind.
Nahrung: Wasserlebende Kleintiere, Insekten, Regenwürmer, Vogeleier und -nestlinge; im Herbst überwiegend Beeren, Baum- und Feldfrüchte.

Wasseramsel

Cinclus cinclus
Familie: Wasseramseln

Wasseramseln sind die einzigen Singvögel, die schwimmen und tauchen können.
Kennzeichen: 18–20 cm. Dunkelbraun mit weißer Kehle und Brust. Bauchfärbung variiert je nach Rasse. Kurzer Schwanz.
Stimme: ♂ und ♀ singen. Rauher, zwitschernder und schwätzender Gesang, auch im Winter. Flugruf scharf, kratzend »zit«.
Vorkommen: Europa, Mittelasien. Schnellfließende, klare Bäche und Flüsse vom Tiefland bis in 2000 m Höhe.
Lebensweise: Sitzt knicksend auf einem Stein im Wasser; stürzt sich von dort ins Wasser. Fliegt schnell mit schwirrendem

Wasseramsel

Flügelschlag niedrig über der Wasseroberfläche, pickt von dort die Nahrung schwimmend. Taucht gut, schwimmt unter Wasser mit den Flügeln, läuft am Gewässergrund und dreht Steinchen u. ä. um. Erbeutet an Land fliegende Insekten wie Fliegenschnäpper. Großes überdachtes Moosnest, Eingang meist direkt über dem Wasser. Jahresvogel.
Nahrung: Wasserinsekten, deren Larven, Kleinkrebse, Würmer, Fischchen und deren Brut.

Wasserbock

Kobus ellipsiprymnus

Familie: Hornträger

Die stattliche Antilope ist in etlichen Unterarten über einen großen Teil Afrikas verbreitet.
Kennzeichen: Rückenhöhe bis 1,30 m; Fell je nach Unterart hell graubraun, rot- oder schwarzbraun, weißer Spiegel oder weißer Kringel um die Schwanzwurzel, ebenso weißes Maul und Kehlband; Haare durch ein Hautdrüsensekret fettig; ♂ mit bis zu 1 m langen Hörnern, die leicht sichelförmig nach außen und vorn geschwungen sind; ♀ hornlos.
Vorkommen: Afrika südlich der Sahara. Buschreiches Grasland in der Nähe von Flüssen und Seen, Galeriewälder.
Lebensweise: Tagaktiv, ruht über Mittag aber im Schatten oder im flachen Wasser bzw. Sumpf; schwimmt gut, flüchtet bei Gefahr meist ins Wasser; ♀ mit Jungtieren in Rudeln, ♂ in Junggesellentrupps oder als territoriale Einzelgänger; ♀ besuchen den Bock in seinem Revier.
Fortpflanzung: Jeweils 1 Junges, das in den ersten 3–4 Lebenswochen in einer Deckung liegenbleibt, dann mit dem Rudel mitläuft.
Nahrung: Vorwiegend Gras, auch Wasserpflanzen und Laub. Muß täglich trinken.

Ellipsen-Wasserbock

Defassa-Wasserbock

Wasserbüffel

Bubalus arnee

Familie: Hornträger

Alle 6 verschiedenen Unterarten des wilden Asiatischen Wasserbüffels sind heute selten geworden.
Kennzeichen: Schulterhöhe 1,60 bis 1,90 m; massig gebautes Rind, ♂ größer und schwerer als ♀; Fell meist spärlich,

Indische Wasserbüffel mit Jungem

schieferfarben bis schwarz, Beine mit schmutzigweißen »Strümpfen«; Hörner mit dreieckigem Querschnitt, in flachem Bogen seitwärts und nach hinten ragend.
Vorkommen: Früher ganz Süd- und Südostasien, heute nur noch inselartig, zumeist in Schutzgebieten. Sumpfige Flußniederungen, Seeufer und Küstenstreifen.
Lebensweise: Vorwiegend dämmerungsaktiv; verbringt tagsunter viele Stunden im Wasser oder in einer Schlammsuhle; guter Schwimmer; bildet kleine Herden von 20–30 Tieren; Streifgebiet von festen Trampelpfaden durchzogen.
Fortpflanzung: Nach 11 Monaten Tragzeit in der Regel 1, manchmal auch 2 Kälber.
Nahrung: Gräser und Kräuter, Sumpf- und Wasserpflanzen.
Besonderes: Der wilde Asiatische Büffel wurde um etwa 3000 v. Chr. domestiziert. Hausbüffel oder Kerabaus dienen in Süd- und Südostasien auch heute noch einerseits als Zugtiere unter dem Joch, andererseits als Milch- und Fleischlieferanten.

Wasserfledermaus

Myotis daubentoni
Familie: Glattnasen

Die Wasserfledermaus hält mit ihrem unersättlichen Appetit u. a. die Mücken an Teichen und Seen kurz.
Kennzeichen: Körpergröße 4–5 cm, Flügelspannweite 20–25 cm; Fell braun oder graubraun, unterseits silbergrau; Ohren schmal-oval; nur schütter behaartes Gesicht mit spitzem Schnäuzchen.
Verbreitung: Ganz Europa außer Nordskandinavien und Island, in Südosteuropa aber selten.
Lebensraum: Bewaldete Gegenden mit größeren Wasserflächen, See- und Flußufer, auch Kulturland.
Lebensweise: Dämmerungs- und nachtaktiv; jagt oft über Wasserflächen; schwirrender Flug, meist in rund 2 m Höhe; Sommerquartier in Baumhöhlen oder Gebäudenischen; ♀ schließen sich zur Geburt und Aufzucht der Jungen in »Wochenstuben« mit oft über 100 Tieren zusammen. *Winterschlaf* (in Mitteleuropa Oktober–März) in Felshöhlen oder Kellern, wobei die Tiere nicht von der Decke hängen, wie die meisten anderen Fledermäuse, sondern auf Steinen oder Vorsprüngen sitzen.
Fortpflanzung: Paarung im Frühjahr; Tragzeit knapp 2 Monate; jeweils 1 Junges, das nach 6–7 Wochen selbständig ist.
Nahrung: In erster Linie Mücken, Schnaken, Nachtfalter.

Wasserfledermaus

Wasserflöhe

Cladocera

Ordnung: Krallenschwänze

Es gibt ca. 420 verschiedene Wasserfloh-Arten. Die winzigen Krebstiere haben ihren Namen aufgrund ihrer hüpfenden Schwimmweise erhalten. Die bekanntesten Vertreter sind die Daphnien, die vielerorts als Zierfischfutter verwendet werden.

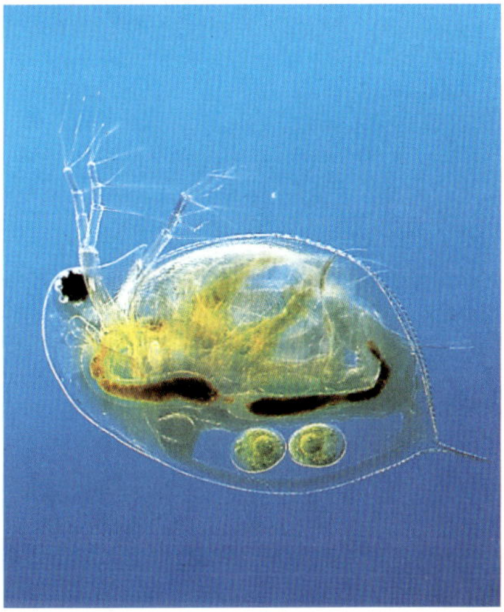

Wasserfloh

Kennzeichen: Körper von zweiklappiger Schale umgeben, die vom Hinterkopf über den Rücken reicht und auch die Gliedmaßen umschließt. Der mit Dörnchen besetzte Hinterrand der Schale endet in einem stachelförmigen Fortsatz. Gliedmaßen an der Innenseite mit feinen Borsten besetzt, an denen Nahrungspartikel hängenbleiben können. 4–6 Paar Blattbeine. Hinterende mit kräftigem Krallenpaar besetzt. ♀ bis 6 mm, ♂ bis 2 mm.
Vorkommen: Europa, Afrika, Asien, Nordamerika. Nährstoffreiche Kleingewässer, einige Arten auch im Meer.
Lebensweise: Oft in Massen vorkommend. Freischwimmende Arten müssen ständig schwimmen, da sie sonst zu Boden sinken. Einige Arten haben sich auf ein Leben im Schlick umgestellt.
Fortpflanzung: ♀ tragen die Eier in einer Bruttasche zwischen Schale und Rumpf mit sich herum. Junge schlüpfen aus unbefruchteten Eiern! Innerhalb von 2–3 Tagen bis zu 20 mal schlüpfende Jungtiere. Bei schlechten Umweltbedingungen entwickeln sich ♂ aus einigen Eiern, und es setzt eine geschlechtliche Generation ein, denn die befruchteten Eier haben eine besonders widerstandsfähige und harte Schale und können ungünstige Umstände lange Zeit überstehen.
Nahrung: Schwebeteilchen, Algen, Bakterien.
Besonderes: Daphnien verändern jahreszeitlich bedingt ihre Körperform. Im Sommer z. B. ist ihr Kopf deutlich länger als im Winter. In sauerstoffreichem Wasser ist ihr Blut farblos, in sauerstoffarmem hellrot.

Wasserläufer

Gerromorpha

Ordnung: Wanzen

Die auf der Wasseroberfläche gewandt dahingleitenden Wasserläufer werden zu den Landwanzen gerechnet.
Kennzeichen: Etwa 1 cm lang. Halten beim Laufen über das Wasser den Körper schräg aufgerichtet. Unterseits dicht fein behaart.
Vorkommen: Vorwiegend in Mittel- und Südeuropa. Teiche, Tümpel, ruhige Bachzonen.

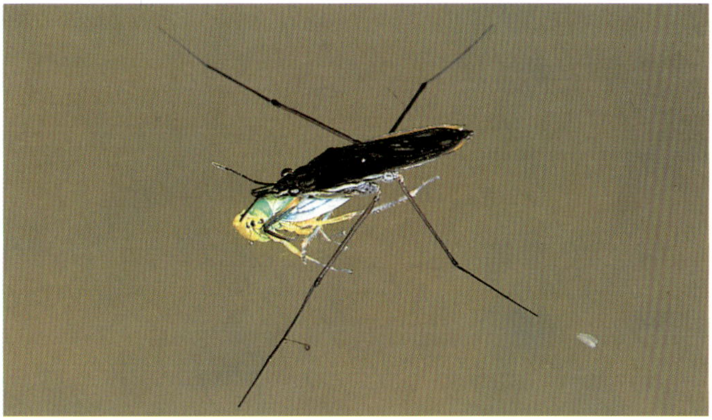

Wasserläufer mit Beute

Fortpflanzung: Paarung im Frühjahr. ♀ legen über mehrere Monate Eier dicht unter der Wasseroberfläche an Pflanzen ab. Junglarven sinken zunächst zum Grund ab, rudern nach einiger Zeit zur Oberfläche und leben dort.
Nahrung: Auf die Wasseroberfläche gefallene Insekten und kleine Wirbeltiere.
Besonderes: Die Fußenden der Wasserläufer sinken auf der Wasserhaut ein, bilden dort rundliche Dellen, durchstoßen sie jedoch nicht. Sie sind mit fettigen Härchen besetzt, zwischen denen sich Luft fängt. So können die Wasserläufer wie Schlittschuhläufer über die Wasserfläche dahingleiten.

Wasserschwein

Hydrochaeris hydrochaeris
Ordnung: Nagetiere

Das Wasserschwein oder Capybara ist keineswegs ein Schwein, sondern ein Nagetier, und zwar das größte der Welt.
Kennzeichen: Erinnert an ein überdimensionales, hochbeiniges Meerschweinchen; Rückenhöhe etwa 50 cm, Gewicht bis 50 kg; derbes, gelblichbraunes Fell; Zehen durch Schwimmhäute verbunden.

Wasserschwein

Vorkommen: Nördliches und mittleres Südamerika mit Ausnahme der Andenregion. Wälder aller Art, Savanne, Grasland, stets aber in Wassernähe.
Lebensweise: Überwiegend tagaktiv, ruht über Mittag aber gern im Wasser; schwimmt und taucht ausgezeichnet, flüchtet bei Gefahr laut quiekend ins Wasser. Lebt in Familientrupps, die sich meist zu kleinen Herden zusammenschließen; zieht bei täglichen Weidegängen weit umher, kehrt abends zu gewohntem Ruheplatz zurück; Lager in einer Bodenkuhle oder Pflanzendeckung.
Fortpflanzung: Pro Wurf meist 3–4, manchmal bis 8 Junge, die fertig entwickelt zur Welt kommen und der Mutter sogleich folgen können. Knabbern schon bald Gras, werden aber 2 Monate gesäugt. Die ♀ einer Gruppe ziehen ihre Jungen meist gemeinsam groß.
Nahrung: Vor allem Gras und Wasserpflanzen, aber auch andere Pflanzenkost.
Besonderes: Als Konkurrent des Weideviehs, ihres Fleisches und insbesondere ihres angeblich heilkräftigen Fettes wegen wird das Capybara gebietsweise stark bejagt.

Wasserspinne

Argyroneta aquatica
Familie: Trichterspinnen

Die Wasserspinne gehört zu den faszinierendsten heimischen Spinnen, ist aber leider wegen zunehmender Wasserverschmutzung sehr selten geworden.
Kennzeichen: Vorderkörper dunkelbraun, Hinterkörper grau. Bauchseite und gesamter Hinterleib des ♀ mit feinen Härchen besetzt und unter Wasser von silbriger Lufthülle umgeben. ♂ 10 bis 15 mm, ♀ 8–9 mm.
Vorkommen: Nord- und Mitteleuropa, Asien. Verkrautete, saubere Gewässer, Tümpel, Moorweiher.
Lebensweise: Baut unter Wasser »Wohnglocke« zwischen Wasserpflanzen. Webt dazu zunächst waagerechte Gespinstdecke unter Wasser, taucht dann auf, streckt Hinterleib und Hinterbeine aus dem Wasser und nimmt beim Abtauchen große Luftblase mit, die sie unter

Wasserspinne

der Gewebedecke losläßt. Wiederholt das Ganze, bis eine geräumige Luftblase entstanden ist. Sitzt tagsüber in der Wohnglocke, geht nachts auf Jagd.
Fortpflanzung: Begattung Frühjahr bis Frühsommer. 50–100 Eier, die in einem Kokon abgelegt werden, der die Hälfte der Wohnglocke einnimmt. Zweijährige Art.
Nahrung: Insektenlarven, Wasserasseln, Kaulquappen, Jungfische.

Wasserspitzmaus

Neomys fodiens

Ordnung: Insektenfresser

Die auffällig zweifarbige Wasserspitzmaus ist die größte unserer heimischen Spitzmäuse. Nur die in Mittel-, Ost- und Südeuropa vorkommende, etwas kleinere Sumpfspitzmaus (*Neomys anomalus*) sieht ihr ähnlich, kann im Gegensatz zu ihr aber auch ohne offenes Wasser auskommen.
Kennzeichen: 7–9,5 cm groß; Schwanz 5–7 cm lang; Fell oberseits dunkelgrau bis schwarz, unterseits silbergrau bis weiß mit scharfer Farbgrenze; Hinterfüße groß, durch Borstensäume zu regelrechten Paddeln verbreitert; Ohren weitgehend im Fell verborgen.
Vorkommen: Ganz Europa außer Irland, Island und Teilen des Mittelmeerraums. Klare fließende und stehende Gewässer mit dichtbewachsenen Ufern.
Lebensweise: Tag- und nachtaktiver Einzelgänger; schwimmt und taucht ausgezeichnet, läuft z. T. am Gewässergrund entlang; jagt vorwiegend im Wasser, aber auch an Land. Gräbt Erdbaue in die Uferböschung, deren Eingangsröhren so eng sind, daß sich die nasse Spitzmaus beim Durchschlüpfen schon das meiste Wasser aus dem Pelz drückt.
Fortpflanzung: 2–3 Würfe im Jahr mit meist 4–8 nackt und blind geborenen Jungen, die 4–5 Wochen gesäugt werden und mit 6 Wochen selbständig sind.
Nahrung: Wasserinsekten, Schnecken, Würmer, Kleinkrebse, auch Frösche, Molche, kleine Fische. Die kleine Spitzmaus fängt Beutetiere bis zum 60fachen (!) ihres eigenen Körpergewichts.
Besonderes: Der Speichel der Wasserspitzmaus enthält ein Gift, das ausreicht, Frösche oder kleine Fische zu lähmen. Zum Fressen zerrt sie die Beute an Land, wo sie auch regelmäßig Vorräte anlegt.

Tauchende Wasserspitzmaus

Weberknechte

Opiliones

Klasse: Spinnentiere

Weberknechte, auch Kanker genannt, unterscheiden sich von echten Spinnen dadurch, daß sie keine »Taille« haben und sehr lange, leicht abbrechbare Beine besitzen. Sie werden daher im englischen Sprachraum »daddy long leg« genannt. Bisher sind ca. 2300 Arten bekannt.

Weberknecht

Kennzeichen: Körper elliptisch, Hinterleib breit am Vorderkörper ansetzend. 4 Paar 7gliedrige Beine, bis 6 cm lang; kleine Scheren, Augen erhöht auf einem Hügel sitzend. 1–20 mm.
Vorkommen: Weltweit verbreitet, die meisten Arten jedoch im tropischen Bereich.
Lebensweise: Meist nachtaktiv. Überwintert je nach Art als Ei, Larve oder erwachsenes Tier.
Fortpflanzung: Eiablage in feuchten Boden, leere Schneckenhäuser, unter Holz – entweder einzeln oder in Klumpen. 40–600 Eier jährlich.
Nahrung: Kleine Würmer, geflügelte Insekten, Insektenlarven, Tausendfüßer, Spinnen.
Besonderes: Weberknechte können bei Gefahr Teile ihrer Beine abwerfen und so Freßfeinden entkommen. Zur Feindabwehr setzen sie Stinkdrüsen ein.

Wechselkröte

Bufo viridis

Familie: Kröten

Die Wechselkröte wird auch Grüne Kröte genannt.
Kennzeichen: 8–12 cm, ♂ kleiner als ♀. Auf weißlichem Grund scharfbegrenztes unregelmäßiges, olivgrünes Fleckenmuster, z. T. Warzen mit rötlichen Spitzen. Waagerechter Pupillenspalt. Große innere Schallblase.
Stimme: Hohes Trillern, wie »ürrrrr«.
Vorkommen: Ost- und Mitteleuropa, Südosteuropa und Italien. Asien. Trockene, v. a. sandige Böden, Wüsten und Steppen mit Wasserstellen zumindest im Frühjahr. Auch in landwirtschaftlich genutzten Flächen, Steinbrüchen o. ä.
Lebensweise: Nachtaktiv. Außerhalb der Fortpflanzungszeit an Land, oft weit entfernt vom Laichgewässer. Tagsüber im Versteck. Kann gut laufen und klettern. Winterruher.

Wechselkröte

Fortpflanzung: Laicht von April–Juni in Flachgewässern, auch in Salz- oder Brackwasser. ♀ wickelt Eischnüre um Wasserpflanzen.
Nahrung: Insekten und Spinnen, Würmer und Schnecken.
Besonderes: Werden Wechselkröten gefangen, sondern sie ein charakteristisch riechendes weißliches Hautsekret ab; darüber hinaus geben sie leise Abwehrlaute von sich.

Weddell-Robbe

Leptonychotes weddelli
Familie: Hundsrobben

Von den sog. Südrobben, zu denen auch der → Krabbenfresser und der → Seeleopard gehören, hat die Weddell-Robbe das südlichste Verbreitungsgebiet.

Weddell-Robbe

Kennzeichen: Bis über 3 m lang; oberseits schwärzlich, unterseits eisgrau mit unregelmäßigen Flecken; Hinterflossen nach hinten gerichtet; keine Ohrmuscheln. Säuglingsfell wollig graubraun.
Vorkommen: Antarktische Gewässer an der Grenze des südpolaren Festlandseises, einzelne Tiere auch an Küsten subpolarer Inseln.
Lebensweise: Einzelgänger; hält Atemlöcher in der Eisdecke seines Jagdgewässers frei; kommt nur zum Ruhen und zur Geburt der Jungen aufs Eis; Muttertiere mit Jungen in z. T. größeren Ansammlungen, doch jeweils mit sorgfältig eingehaltenem Abstand zur Nachbarin; Bullen verteidigen unter dem Eis Territorien im Umfeld der Atemlöcher oder Kolonien der ♀.
Fortpflanzung: Nach 11 Monaten Tragzeit jeweils 1 Junges, das 5–6 Wochen gesäugt wird. Erneute Begattung gegen Ende der Säugezeit.
Nahrung: Vorwiegend Fische, auch Tintenfische und am Meeresgrund lebende Wirbellose.
Besonderes: Die Weddell-Robbe hält unter den Robben den Rekord im Tauchen: Tauchgänge von 600 m Tiefe und 70 Minuten Länge sind verbürgt.

Wegameise → Rote Waldameise

Wegekuckuck

Geococcyx californianus
Unterfamilie: Erdkuckucke

Der Wegekuckuck wird in seiner Heimat wegen seiner rennenden Fortbewegungsweise »Roadrunner« genannt.
Kennzeichen: 50–60 cm. Oberseite dunkelbraun mit weißen Längsstricheln; Bauch und Unterschwanzdecken rahmfarben; hinter dem Auge blaue und rote Abzeichen. Schwanz sehr lang.
Vorkommen: Südwestliche und südlich-zentrale USA südwärts bis Südmexiko. Halbwüsten und Grasland.
Lebensweise: Bodenbewohner; bewegt sich kaum fliegend, sondern rennend fort. Kann auf der Flucht und bei der Jagd bis 30 km/h erreichen. Senkt in kalten Nächten zur Energieeinsparung Körpertemperatur (Kältestarre); läßt zum Aufwärmen morgens die Sonne auf die nackten, dunklen Rückenpartien scheinen. Jahresvogel.
Brut: Dauerehe. Napfnest, meist in 2 bis 5 m Höhe in Büschen, Bäumen oder Kakteen. ♂ und ♀ kümmern sich um die Jungen.
Nahrung: Insekten, v. a. Heuschrecken, andere Wirbellose, kleine Wirbeltiere, sogar kleine Klapperschlangen.
Besonderes: Die zweite Art der Gattung *Geococcyx*, der Rennkuckuck (*G. velox*), unterscheidet sich durch dunkelbraune Unterschwanzdecken vom Wegekuckuck.

Wegekuckuck

Wegschnecke → Rote Wegschnecke

Weichkäfer

Cantharidae

Ordnung: Käfer

Weichkäfer werden wegen ihrer bunten, uniformartigen Färbung auch Soldatenkäfer genannt. Von weltweit 5000 Arten kommen in Mitteleuropa 75 vor; zu ihnen gehört der Eichenweichkäfer (*Cantharis obscura*).

Kennzeichen: 1–1,2 cm lang. Schmal und langgestreckt. Mit gelben Flecken auf dem Halsschild. Fein schwarz behaarte Flügeldecken.

Vorkommen: Fast ganz Europa. Eichenwälder, Lichtungen, Waldränder.

Fortpflanzung: Eiablage einige Zentimeter tief im Boden, wo auch die schwarzen, samtig behaarten Larven überwintern. Verpuppen sich im Frühjahr; 1 Woche später schlüpfen die Käfer.

Nahrung: Käfer fressen an jungen Eichentrieben. Larven leben räuberisch von Schnecken.

Besonderes: An warmen Wintertagen kommen die halb erwachsenen Larven mancher Weichkäfer aus dem Boden und werden deshalb auch »Schneewürmer« genannt.

Eichenweichkäfer

Weinbergschnecke

Helix pomatia

Familie: Hain- oder Schnirkelschnecken

Die Weinbergschnecke ist die größte heimische Landlungenschnecke.

Weinbergschnecke

Kennzeichen: Gehäuse hellgrau bis hellbraun, unregelmäßig gerippt. 30–50 mm im Durchmesser. Fuß kräftig, hellbeige. Größe und Farbe variieren je nach Standort.

Vorkommen: Südost- und Mitteleuropa. Lichte Wälder, Hecken, Gebüschsäume.

Lebensweise: Wärmeliebend. Ortstreu. Hält Winterschlaf, gräbt sich dazu bis 30 cm tief in den Boden ein, verstärkt den Mundsaum ihres Gehäuses und verschließt es mit einem Kalkdeckel.

Fortpflanzung: Zwitter. Geschlechtsreife mit 2–5 Jahren. Paarung einige Wochen nach Erwachen aus dem Winterschlaf bis in den Juli hinein. Stundenlanges Vorspiel mit Ausstoßen sog. »Liebespfeile« (spitze Kalkkörperchen). Wechselseitige Begattung. Nach der Begattung graben die Tiere eine bis 4 cm tiefe Legehöhle, in die sie 40–60 kugelige, ledrig-weichhäutige Eier ablegen. Brutdauer 3–4 Wochen. Jungschnecken halten sich noch ca. 10 Tage in der Legehöhle auf, ehe sie ihre eigenen Wege gehen.

Nahrung: Abgestorbenes Pflanzenmaterial, Algenaufwuchs.

Besonderes: Die Weinbergschnecke ist die bekannteste und wirtschaftlich wichtigste Speiseschnecke. Sie steht allerdings in vielen Ländern unter Schutz und darf nur noch mit einer Genehmigung, nicht jedes Jahr und auch nur in bestimmten Gehäusegrößen, gesammelt werden.

Weißaugen-Honigfresser

Phylidonyris novaehollandiae

Familie: Honigfresser

Als Anpassung an ihre Nektarnahrung ist die Zungenspitze der Honigfresser borstenförmig aufgespalten.

Kennzeichen: 17–19 cm. Oberseits dunkel, unterseits weißlich mit grober Fleckung auf der Brust; Kopf schwarzweiß mit weißem Auge (Name!). Auffälliger, gelber Flügelfleck. Schnabel lang, schlank.

Weißaugen-Honigfresser

Vorkommen: Südwesten, Südosten und Osten Australiens sowie die im Südosten vorgelagerten Inseln. Heide und Waldland im Küstenbereich.

Lebensweise: Nahrungssuche an Blüten. Spielt durch Pollenübertragung eine große Rolle bei der Besamung vieler Pflanzen. Fängt auch fliegende Insekten. Sehr aggressiv bei Nahrungs- und Nistplatzmangel. Brütet in lockeren Kolonien.

Nahrung: Überwiegend Nektar und Honigtau, auch Insekten.

Besonderes: Ebenfalls im Osten Australiens lebt der viel kleinere Scharlachhonigfresser (*Myzomela sanguinolenta*). Die ♂ sind mit ihrem rot-schwarz-weißen Gefieder besonders auffällig.

Scharlachhonigfresser

Weißbauchstaffelschwanz → Staffelschwänze

Weißgesicht-Scheidenschnabel

Chionis alba

Familie: Scheidenschnäbel

Scheidenschnäbel gehören zur Ordnung Wat-, Möwen- und Alkenvögel. Es gibt nur 2 Arten.

Kennzeichen: 40–42 cm. Rein weiß. Nackte Haut um Schnabel und Auge mit weißlichen Warzen besetzt.

Vorkommen: Antarktis und vorgelagerte Inseln. Außerhalb der Brutzeit bis Patagonien und Falklandinseln.

Lebensweise: Kann gut schwimmen. Bewegt beim Laufen den Kopf rhythmisch vor und zurück. Durch zentimeterdicke Fettschicht unter der Haut gut an extreme Kälte angepaßt.

Weißgesicht-Scheidenschnabel

Rapsweißling

Brut: Nest in Felsspalten und Höhlungen. 1 Brut. 2–4 Eier; Brutdauer ca. 4 Wochen, Junge nach 9 Wochen flügge; selten werden mehr als 1–2 Junge groß.
Nahrung: Aas, Kot, Abfälle; Flechten, Seetang; Krebs- und Weichtiere, Fische, Eier und Junge von Pinguinen und anderen Vögeln. In Robbenkolonien auch Nachgeburten.

Weißhandgibbon

Hylobates lar

Familie: Kleine Menschenaffen

Weißhandgibbon (Schwarze Variante)

Der Weißhandgibbon oder Lar kommt in einem großen Verbreitungsgebiet und mit den unterschiedlichsten Fellfärbungen vor. Einige Experten halten auch den Silbergibbon von Java, den Grauen Gibbon von Borneo und den Kappengibbon aus Thailand und Kambodscha für Unterarten des Lars.
Kennzeichen: Kopf-Rumpflänge 40 bis 60 cm; schwanzlos; Arme viel länger als Beine; Fell je nach Unterart, Geschlecht und Alter von schwarz über dunkelbraun bis semmelgelb oder silbergrau, Hand- und Fußrücken meist weißlich; Gesicht unbehaart, schwarzhäutig, von hellen Haaren eingerahmt.
Vorkommen: Thailand, malaiische Halbinsel, Indonesien. Regenwald, tropische Bergwälder.

Weißhandgibbon

Lebensweise: Tagaktiver Baumbewohner; hangelnde Fortbewegungsweise, akrobatisches Kletter- und Sprungvermögen, »fliegt« geradezu von Ast zu Ast; wasserscheu, kann nur sehr schlecht schwimmen; lebt in kleinen Familiengruppen, lebenslange monogame Paarbindung.
Verhalten: Morgens und abends gemeinsame Gesänge, die die Paar- bzw. Gruppenbindung festigen und Nachbarfamilien den jeweiligen Standort kundtun.
Fortpflanzung: Nach 7 Monaten Tragzeit gewöhnlich 1 Junges, das sich am Bauchfell der Mutter festklammert und $1^1/_2$–2 Jahre gesäugt wird.
Nahrung: Früchte, Knospen, Blüten, Insekten, Vogeleier, kleine Wirbeltiere.

Aurorafalter

Weißlinge

Pieridae

Ordnung: Schmetterlinge

Von den etwa 1500 Weißlingarten kommen 15 in Mitteleuropa vor. Sie sind im Frühjahr die ersten Schmetterlinge (z.B. der → Zitronenfalter). Von den anderen Tagfaltern unterscheiden sie die gut entwickelten Vorderbeine. Weißlinge haben ein großes Wasserbedürfnis und stillen oft in Scharen ihren Durst an Flußufern oder Feuchtflächen. Der häufigste Weißling bei uns ist der Große Kohlweißling (*Pieris brassicae*), der schönste ist der Aurorafalter (*Anthocharis cardamines*).

Weißnestsalanganen → Salanganen

Weißstorch

Ciconia ciconia

Familie: Störche

Als »Kinderbringer« ist Adebar, der Weißstorch, jedem Kind ein Begriff.

Weißstörche am Horst

Kennzeichen: 100–115 cm. Weiß mit schwarzen Arm- und Handschwingen, langen, roten Beinen und langem, rotem Schnabel.
Stimme: Das bekannte Schnabelklappern wird zur Partnerbegrüßung bei der Brutablösung und während der Balz geäußert.
Vorkommen: Südwest-, Ost- und Südosteuropa; Nordwestafrika, Südwest- und Ostasien. Offene, feuchte Niederungen mit einzelnen Bäumen; häufig in der Nähe von Gebäuden.
Lebensweise: Nahrungssuche langsam schreitend auf Feuchtwiesen und anderen niedrigwüchsigen Flächen. Segelt hoch und ausdauernd. Sommervogel.
Brut: Großer Horst aus Reisig auf Bäumen und Felsklippen, bei uns v. a. auf Gebäuden. Kehrt jedes Jahr zum gleichen Nistplatz zurück. 1 Brut (April–Juni). 3–5 Eier; Brutdauer 31–34 Tage, Nestlingszeit 55 Tage.
Nahrung: Kleinsäuger, Schlangen, Frösche, auch Würmer, Insekten.
Besonderes: Als Segelflieger ist der Weißstorch auf Thermiken angewiesen, die er nur über dem Land findet. Deshalb umfliegen die europäischen Störche auf dem Zug von und nach Afrika das Mittelmeer in 2 Zugrouten: Die östlichen Populationen ziehen über den Bosporus, die westlichen über Gibraltar.

Weißwal

Delphinapterus leucas

Unterordnung: Zahnwale

Wegen seiner vollständig weißen Körperfärbung ist der Weißwal oder Beluga mit keinem anderen Wal zu verwechseln. Weil er sich zu einem gut Teil von Tieren des Meeresbodens ernährt, wird er zusammen mit dem → Narwal zur Familie der Gründelwale gezählt.
Kennzeichen: 4–6,50 m lang; keine Rückenflosse; auf der Stirn eine aus Fett und Bindegewebe bestehende »Melone«; erwachsene Tiere am ganzen Körper milchig weiß; Kälber bei der Geburt dunkelbraun, später stahlgrau, dann fleckig und allmählich immer heller.

Weißwal

Vorkommen: Arktische und subarktische Meere. Küstengewässer, Buchten, Fjorde, Flußmündungen.
Lebensweise: Gesellig; lebt in Trupps von meist 5–10 Tieren, die sich zeitweise zu großen Herden zusammenschließen; langsamer Schwimmer; Orientierung und Beutefang mit Hilfe von Echopeilung.
Fortpflanzung: Tragzeit rund 12 Monate; alle 3 Jahre 1 Kalb (Zwillinge selten), das bis zu 2 Jahren gesäugt wird.
Nahrung: Plattfische und Wirbellose des Meeresbodens, Krebse, Tintenfische, auch Schwarmfische.

Weißwangengibbon

Hylobates concolor

Familie: Kleine Menschenaffen

Beim Weißwangen- oder Schopfgibbon zeigen die Geschlechter einen frappierenden Färbungsunterschied.
Kennzeichen: Kopf-Rumpflänge 40 bis 60 cm; schwanzlos; Fell bei ♂ und Jungtieren schwarz, bei erwachsenen ♀ semmelfarben mit oft dunkler Scheitelkappe, je nach Unterart mit oder ohne weißliche Wangenflecken.
Vorkommen: Indochina. Immergrüne Regen- und Bergwälder.

Weißwangengibbons

Lebensweise: Tagaktiver Baumbewohner; lebt in Familiengruppen, monogame Paarbindung. Aus Freilandbeobachtungen ist bisher kaum Konkretes über das Revier- und Sozialverhalten bekannt. Es dürfte im wesentlichen mit dem des → Weißhandgibbons übereinstimmen.
Fortpflanzung: Nach etwa 8 Monaten Tragzeit gewöhnlich 1 Junges, das sich vom ersten Tag an am Bauchfell der Mutter festklammert; wird 1½–2 Jahre gesäugt, bleibt bis zum Alter von 6 bis 7 Jahren in der Familie.
Nahrung: Früchte, Blätter, Blüten, auch Insekten.

Weißwedelhirsch

Odocoileus virginianus

Familie: Hirsche

Weißwedelhirsch

Der Weißwedel- oder Virginiahirsch steht ebenso wie der nahe verwandte Schwarzwedel- oder Maultierhirsch (*Odocoileus hemionus*) unserem → Reh näher als etwa dem Rothirsch.
Kennzeichen: Etwa damhirschgroß; Schwanz an die 30 cm lang, buschig behaart, unterseits leuchtendweiß; ♂ mit relativ kleinem, vielendigem, nach vorn gebogenem Geweih; Fell im Sommer gelbbraun, im Winter graubraun. Kälber mit weißen Tupfen.
Vorkommen: In zahlreichen Unterarten in Nordamerika (mit Ausnahme des höchsten Nordens), Mittelamerika sowie im nördlichen Südamerika. Sehr unter-

schiedliche Lebensräume, vorzugsweise lichtes Waldland mit eingestreuten Dickichten; als Kulturfolger auch auf Farmland und in Stadtrandbereichen.
Lebensweise: Tag- und dämmerungsaktiv; schneller, wendiger Läufer; lebt im Winter in größeren Herden, die sich im Sommer zu kleinen Mutterfamilien und einzelnen ♂ auflösen.
Verhalten: Auf der Flucht Hochstellen des Schwanzes als Folgesignal für Artgenossen.
Fortpflanzung: Jeweils 1–2 Kälber, die in den ersten Lebenswochen im Dickicht liegenbleiben.
Nahrung: Vorwiegend Kräuter, Knospen, frische Triebe, weiches Laub, auch andere Pflanzenkost.
Besonderes: Der berühmteste Weißwedelhirsch ist zweifellos Walt Disneys »Bambi«.

Wellenastrild
Estrilda astrild
Familie: Prachtfinken

Wegen ihrer hübschen Färbung und der problemlosen Haltung sind viele Prachtfinken beliebte Käfig- und Volierenvögel.
Kennzeichen: 10–11 cm. Oberseits fein graubraun quergewellt; Schnabel und Augenstreif leuchtendrot; Kehle weißlich, Unterseite mit rötlichem Hauch.
Vorkommen: Afrika südlich der Sahara. Eingeführt auf vielen Inseln der Tropen. Feuchtgebiete, Grasland, Anbauflächen; auch in Gärten.
Lebensweise: Lebhaft. Ständiges seitliches Schwanzschlagen. Nahrungssuche am Boden oder niedrig im Bewuchs. Nach der Brutzeit sehr gesellig, häufig abends in großen Trupps an gemeinsamen Schlafplätzen. Nest ein kunstvoller Kuppelbau aus Gras mit seitlichem Eingang; oft direkt darüber ein eigenes Schlafnest.
Nahrung: Sämereien, v. a. Gras, auch Termiten.
Besonderes: Bei vielen afrikanischen Prachtfinkenarten sind Witwenvögel Brutschmarotzer. So zieht der Wellenastrild die Jungen der → Dominikanerwitwe auf, der Buntastrild (*Pytilia melba*) die Jungen von Schmalschwanz- und Sahelparadieswitwen.

Buntastrild

Wellensittich
Melopsittacus undulatus
Familie: Papageien

Der Wellensittich kam erstmals 1840 nach Europa. Seitdem ist er einer der beliebtesten Käfigvögel.

Wellensittiche

Kennzeichen: 18 cm. Grün mit gelbem Kopf, auf den Wangen blaue und schwarze Punkte; Kopf und Rücken dunkel quergebändert; Schwanz lang, spitz und blau. ♂ mit blauem, ♀ mit bräunlichem Nasenwulst. In vielen verschiedenen Farbschlägen gezüchtet.
Stimme: Plauderndes Zwitschern und Trällern.
Vorkommen: Trockenes Busch- und Grasland im Inneren Australiens.
Lebensweise: Flug schnell, schwirrend, in Wellenlinien. Streift auf der Nahrungs- und Wassersuche oft weit umher, in kleinen bis großen lautstarken Trupps. Nahrungsaufnahme morgens und abends, ruht tagsüber im Schatten.
Brut: Brutzeit richtet sich nach Regenfällen. Brütet gesellig, z. T. brüten mehrere Paare in Höhlen des gleichen Baums. 4–8 Eier; Brutdauer 18 Tage, Nestlingszeit ca. 30 Tage.
Nahrung: Sämereien.

Welse
Siluridae
Ordnung: Welse

Welse sind weltweit verbreitete, große, hauptsächlich im Süßwasser lebende Fische mit bartelumstandenem Maul. Der einheimische Flußwels oder Waller (*Silurus glanis*) spielt in der deutschen Sage eine große Rolle. Der gewaltige Fresser soll angeblich sogar Kinder mit in die Tiefen gezogen und gefressen haben.

Flußwels

Kennzeichen: Körper langgestreckt mit kräftigem Vorderkörper. Kopf breit, abgeplattet, am Oberkiefer 1 Paar lange Barteln, an der Unterlippe 4 kleinere Barteln. Schwanzstiel seitlich stark abgeflacht. Lange Afterflosse, die in Schwanzflosse übergeht. Kleine, nur aus 4 Strahlen bestehende Rückenflosse. Haut schuppenlos und schleimig. Rücken schwärzlich bis grünlich, Seiten heller marmoriert, Bauch rötlich-weiß. 2,5–3 m.
Vorkommen: Mittel- und Osteuropa. Größere Flüsse und wärmere Seen.
Lebensweise: Träger, nachtaktiver Bodenfisch; tagsüber in selbstgegrabenen Höhlungen versteckt. Alttiere einzelgängerisch lebend. Sucht im Winter tiefere Wasserschichten auf und ruht am Boden ohne zu fressen.
Fortpflanzung: Geschlechtsreife mit 4–5 Jahren. Laichzeit Mai–Juli. ♂ reinigt Laichplatz und umgibt ihn mit einem Wall aus Pflanzenteilen. Ein oder mehrere ♀ laichen darin ab. Pro Kilogramm Körpergewicht ca. 30 000 Eier. Brutdauer ca. 3 Tage.
Nahrung: Fische, Frösche, kleine Wasservögel.

Wendehals
Jynx torquila
Familie: Spechte

Der Wendehals hat seinen Namen von der Fähigkeit, seinen Kopf um 180° drehen zu können.
Kennzeichen: 16–17 cm. Baumrindenartig gefärbt mit dunkelbraunem Augenstreif und dunkelbraunem Längsband am Rücken; hellbraune Unterseite fein dunkel quergebändert. Zunge leimrutenartig. Kein Stützschwanz.
Vorkommen: Europa, Asien; im Winter Zentralafrika und Südasien. Lichte Wälder, Parklandschaft.
Lebensweise: Bei der Nahrungssuche v. a. am Boden; gräbt auf der Suche nach

Wendehals

Ameisen und -puppen deren Nester auf. Klettert manchmal wie ein Specht am Stamm. Wiegt bei Bedrohung Kopf schlangenartig hin und her. Sommervogel.
Brut: Baumhöhlenbrüter; entfernt häufig Gelege oder Junge eines bereits brütenden Vogels aus der Höhle. 1–2 Bruten (Mai–August). 6–10 Eier; Brutdauer ca. 2 Wochen, Nestlingszeit 20–22 Tage.
Nahrung: Überwiegend Ameisen und deren Puppen, auch andere Insekten.

Wenigborster

Oligochaeta

Klasse: Gürtelwürmer

Wenigborster haben einen langgestreckten, leicht kantigen, deutlich gegliederten Körper ohne Stummelfüße, der nur mit wenigen Borsten besetzt ist (Name!). Die über 3000 Arten sind in 3 Unterordnungen aufgeteilt, die sich vor allem durch die Lage ihrer Geschlechtsöffnungen unterscheiden. Sie sind Zwitter, wobei sich die Geschlechtsorgane auf nur wenige Glieder des Körpers beschränken. Die Hoden liegen immer vor den Eierstöcken.
Wenigborster leben im Süßwasser, Meer und in feuchter Erde. → Bachröhrenwurm, → Regenwurm.

Wespen

Vespidae

Ordnung: Hautflügler

Unter dem Begriff »Wespen« werden eine ganze Reihe von oft sehr artenreichen Familien zusammengefaßt (u. a. Falten-, Weg-, Grabwespen), die sich in Gestalt und Lebensweise voneinander unterscheiden. Zu den sozial lebenden Faltenwespen gehört die Deutsche Wespe (*Paravespula germanica*), die bei uns bekannteste und häufigste Art.
Kennzeichen: 1–2 cm lang. Vorderflügel in Ruhe längs zusammengefaltet (Name der Familie!). Gelb-schwarze Zeichnung. Hinterleib stielartig eingeschnürt (»Wespentaille«). Legebohrer zu einem giftigen Wehrstachel umgebildet.
Vorkommen: Gemäßigte Zonen Europas und Asiens, Nordamerika. Wald, Wiesen, Gärten.

Gemeine Wespe (Schwarm)

Fortpflanzung: Nest meist unterirdisch oder in Gebäuden. Dort bauen überwinternde ♀ einige Waben und ziehen die 1. Generation Arbeiterinnen groß. Im Herbst etwa 3000 Tiere im Nest.
Nahrung: Insekten und Kleintiere, die im Flug erbeutet werden; saugen auch an Pflanzen- und Baumsäften, bevorzugt an Obst, Wein und Marmelade.

Wespenspinne
Argiope bruennichii
Familie: Radnetzspinnen

Die Wespenspinne, auch Zebraspinne genannt, ist aufgrund ihrer Körperzeichnung unverwechselbar.

Wespenspinne

Kennzeichen: Vorderkörper glänzend behaart, Hinterleib gelb, schwarz und weiß gestreift. ♀ in Mitteleuropa bis 15 mm, in Südeuropa bis 2 cm; ♂ 4 bis 6 mm.
Vorkommen: Mittel- und Südeuropa. Sonnige Wiesen und Weiden, Ödland.
Lebensweise: Baut senkrechtes Radnetz dicht über dem Boden in niedriger Vegetation zwischen Gräsern und Büschen. Netz mit senkrechtem, weißglänzendem Zickzackband versehen, in dem die Spinne gut getarnt ist. Bei Störungen versetzt die Spinne das Netz in Bewegung, so daß das Band unscharf erscheint und den Feind verwirrt.
Fortpflanzung: Eiablage August/September in großen, ballonförmigen Kokons. Die Jungspinnen schlüpfen im Herbst, verbringen den Winter jedoch noch im Schutz des Kokons.
Nahrung: Insekten, Heuschrecken.
Besonderes: Im Frühjahr verlassen die Jungspinnen den schützenden Kokon, klettern auf höhere Pflanzen, senden einen langen Spinnfaden aus, hängen ihren Hinterleib in den Wind und lassen sich von diesem davontragen, um neue Gebiete zu besiedeln.

Westliche Sandboa → Sandboas

Wickelbär
Potos flavus
Familie: Kleinbären

In mehreren, recht verschieden gefärbten Unterarten klettern die ansprechend wirkenden Kleinbären gleich einer Affenhorde durch den Urwald.
Kennzeichen: Etwa hauskatzengroß mit kräftigem, körperlangem Wickelschwanz; dichtes, samtartiges Fell, rotbraun bis honiggelb; Kopf rundlich mit kleinen Ohren und großen Nachttieraugen.
Vorkommen: Mittel- und nördliches Südamerika. Dichte, tropische Feuchtwälder.
Lebensweise: Nachtaktiver Baumbewohner, der sich fast ausschließlich im Kronenbereich der Urwaldriesen aufhält; bedächtiges Klettern unter Zuhilfenahme des Greifschwanzes. Vorwiegend einzelgängerisch, größere Ansammlungen fast nur auf fruchttragenden Bäumen, wo un-

Wickelbär

ter erheblichem Getöse um Futter gestritten wird.

Fortpflanzung: Das ganze Jahr über Geburten von jeweils 1, seltener 2 Jungen, die blind und silbergrau behaart in einer Baumhöhle zur Welt kommen.

Nahrung: Hauptsächlich weiche, reife Früchte, auch Insekten, Bienenhonig, Vogeleier und -nestlinge.

Apfelwickler

Wickler

Tortricidae

Ordnung: Schmetterlinge

Der Name dieser Schmetterlings-Familie bezieht sich auf die Eigenart einiger Raupen, die Blätter ihrer Futterpflanzen zusammenzurollen. Die meist kleinen Falter sind wenig auffällig, um so deutlicher sind die Fraßschäden ihrer Raupen zu sehen, die sich auf die verschiedensten Futterpflanzen spezialisiert haben. Ein gefürchteter Obstbaumschädling ist der Apfelwickler (*Laspeyresia pomonella*). In Weinbaugebieten kann der Einbindige Traubenwickler (*Eupoecilia ambiguella*) zur Plage werden. Zu den Forstschädlingen gehören der Eichenwickler (*Tortrix viridana*) und der Kiefernknospenwickler (*Blasthetia turionella*).

Widderchen

Zygaenidae

Ordnung: Schmetterlinge

Widderchen oder Blutströpfchen sind sonnenliebende Tagfalter mit einem stark variierenden Fleckenmuster auf den Flügeln. Eine in Europa häufige Art ist das Gemeine Widderchen oder Blutströpfchen (*Zygaena filipendulae*).

Kennzeichen: Flügelspannweite 3 bis 4 cm. Vorderflügel schwarz mit blaugrünem Metallglanz und je 6 roten Flecken. Hinterflügel rot, schwarz gesäumt.

Vorkommen: In ganz Europa. Magerwiesen, Brachland, auch Moor- und Heideland.

Flugzeit: Fliegt in einer Generation von Juni bis September.

Lebensweise: Tagaktiv. Schwirrender Flug. Fällt bei Gefahr zu Boden und stellt sich tot. Abends häufig in Schlafgemeinschaften an Blüten oder Pflanzenstengeln. Eiablage in Häufchen auf den Blattoberseiten der Raupenfutterpflanzen.

Raupe: Kurz, gedrungen und dünn behaart; gelbgrün, schwarz und gelb gefleckt. Lebt auf Wildkräutern, bevorzugt auf Hornklee.

Besonderes: Die roten Flügelflecken sind eine Warnfärbung. Widderchen scheiden eine übelschmeckende Flüssigkeit aus.

Gemeines Widderchen

Wiedehopf

Upupa epops

Familie: Wiedehopfe

Der Wiedehopf ist die einzige Art seiner Familie.

Kennzeichen: 28 cm. Unverkennbar durch zimtfarben-schwarz-weiß gemustertes Gefieder. Am Kopf aufstellbare Haube. Schnabel lang, dünn, abwärtsgebogen.

Wiedehopf mit Beute

Stimme: Gesang ein weit zu hörendes dumpfes »Hub-hub-hub«. Ruft rauh krächzend.

Vorkommen: Europa ohne den Norden und Großbritannien, Afrika, Mittel- und Südasien. Lichtes Waldland, Parklandschaft und große Gärten, Savanne.

Lebensweise: Unregelmäßiger Flug, wirkt wie großer Schmetterling durch kontrastreich schwarz-weiß gefärbte Flügel. Fängt von weidendem Vieh aufgescheuchte Insekten oder stochert im Boden. Nest in Höhlungen, Spalten oder Erdlöchern. Nestlinge produzieren zur Feindabwehr ein übelriechendes Sekret in der Bürzeldrüse; spritzen außerdem Eindringling dünnflüssigen Kot entgegen. Sommervogel.

Nahrung: Große Insekten, Würmer, Schnecken; auch kleinere Wirbeltiere.

Wiesel → Hermelin

Wildesel

Equus africanus

Familie: Pferde

Wildesel sind überaus genügsame Huftiere, die sogar in den trockensten Wüstenregionen zu überleben wissen.

Kennzeichen: Rückenhöhe 1,20 bis 1,40 m; Fell graubraun, dunkler Aalstrich entlang des Rückens, Bauch und Maul weißlich, Beine beim Somali-Wildesel mit Zebrastreifung; dunkle, kurze Stehmähne; lange Eselsohren.

Vorkommen: Der Nubische Wildesel in trockenen Küstengebirgen des Roten Meeres (Eritrea und Sudan), der Somali-Wildesel in der äthiopischen Wüste und Somalia.

Lebensweise: Starke Hengste besetzen ein Territorium, das sie mit z. T. sehr großen, vor allem in flachem Wüstenterrain weithin sichtbaren Misthaufen markieren; Stuten und Jungtiere ziehen in mehr oder weniger großen Trupps ohne feste Gruppenbindung umher, bestimmt durch das spärliche Nahrungsangebot; Streifgebiet mehrere 1000 km^2.

Fortpflanzung: Nach einjähriger Tragzeit 1 Fohlen, das sogleich mit der Mutter mitlaufen kann und 6–8 Monate gesäugt wird.

Nahrung: Gräser, Kräuter, Laub, Rinde.

Besonderes: Hausesel stammen in erster Linie vom Nubischen Wildesel und von einer heute schon ausgestorbenen nordafrikanischen Unterart, dem Atlas-Wildesel, ab.

Somali-Wildesel

Wildhund

Lycaon pictus

Familie: Hunde

Beim buntgescheckten Afrikanischen Wildhund gleicht kein Tier dem anderen. Der schnelle und erfolgreiche Jäger verhält sich gegenüber seinen Rudelgenossen ausgesprochen freundlich und rücksichtsvoll.

Afrikanischer Wildhund

Kennzeichen: Gestalt ähnlich einem hochbeinigen, schlanken Schäferhund; Schulterhöhe rund 70 cm; Fell unregelmäßig schwarz, ockergelb, braun und weiß gescheckt; Schwanzspitze stets weiß; sehr große, rundliche Ohren.
Vorkommen: Afrika, südlich der Sahara. Savanne, Steppe, lichte Trockenwälder.
Lebensweise: Überwiegend dämmerungsaktiv; lebt in Gruppen von meist 5–20, manchmal aber auch wesentlich mehr Tieren; jagt grundsätzlich im Rudel, wobei Beutetiere z. T. über weite Strecken gehetzt werden. Hochentwickeltes Sozialverhalten mit vielfältigen Lautäußerungen (Bellen, Winseln, Keckern) sowie differenzierter Mimik und Gestik.
Fortpflanzung: Pro Wurf 2–16, im Durchschnitt 7 Junge, die in einem Erdbau geboren und etwa 3 Monate gesäugt werden. Später beteiligen sich alle erwachsenen Rudelmitglieder an der Jungenbetreuung und schleppen für diese Fleisch herbei.
Nahrung: Vor allem mittelgroße Gazellen und Antilopen, z. T. auch Gnus und Zebras.

Wildkaninchen

Oryctolagus cuniculus

Familie: Hasenartige

Das Europäische Wildkaninchen sieht dem größeren → Feldhasen zwar recht ähnlich, unterscheidet sich in der Lebensweise aber erheblich von ihm.
Kennzeichen: 35–45 cm groß; Fell sandfarben bis dunkel graubraun, Bauch und Schwanzunterseite weiß; Ohren langgezogen, aber viel kleiner als beim Feldhasen.
Verbreitung: Europa mit Ausnahme der Balkanhalbinsel, nördlich bis Südskandinavien; außerdem Nordwestafrika. Eingebürgert in Australien, Neuseeland und Südamerika.
Lebensraum: Trockenwarme Gebiete mit sandigem Boden und niedrigem Bewuchs, Heideflächen, Viehweiden, Parks, Gärten, sogar mitten in Großstädten.
Lebensweise: Überwiegend dämmerungs- und nachtaktiv; läuft hoppelnd oder springend, flüchtet hakenschlagend; lebt in Großfamilien, die sich zu Kolonien zusammenschließen; strenge Rangordnung innerhalb der Sippe; Familienterritorium wird gegen gruppenfremde Artgenossen aggressiv verteidigt; bewohnt selbstgegrabene, ausgedehnte Erdbaue.

Wildkaninchen vor dem Bau

Verhalten: Warnt bei Gefahr die übrigen Koloniebewohner durch trommelndes Klopfen mit den Hinterbeinen.
Fortpflanzung: 4–6 Würfe im Jahr mit meist 4–7 nackt und blind geborenen Jungen, die 4 Wochen gesäugt werden und dann selbständig sind.
Nahrung: Ausschließlich Pflanzenkost.
Besonderes: Das Wildkaninchen ist die Stammform aller Hauskaninchenrassen, der sog. »Stallhasen«, einschließlich der »Zwergkaninchen« genannten Kleinrassen. Mit dem amerikanischen Zwergkaninchen (*Sylvilagus idahoensis*) aus der Gattung der → Baumwollschwanz-Kaninchen haben letztere nichts zu tun.

Wildkatze
Felis silvestris
Familie: Katzen

Afrikanische Wildkatze

Noch vor 150 Jahren war die Europäische Waldwildkatze in den Wäldern Mitteleuropas allgemein verbreitet. Heute ist sie bei uns bis auf kleine Restvorkommen ausgerottet.
Kennzeichen: Einer graubraun getigerten Hauskatze ähnlich, Schwanz aber buschiger und mit stumpfem, stets schwarzem Ende.
Vorkommen: Ursprünglich ganz Europa (außer Skandinavien, Island und Irland), im Südosten bis zum Kaukasus und Kleinasien. Größere, geschlossene Laub- und Mischwälder.
Lebensweise: Überwiegend dämmerungs- und nachtaktiver Einzelgänger; klettert gut, jagt aber gewöhnlich am Boden; festes Jagdrevier, das mit verschiedensten Duftmarken gekennzeichnet wird; Lager in hohlen Baumstämmen oder Felsspalten.
Fortpflanzung: Paarungszeit Februar/März; Tragzeit rund 2 Monate; pro Wurf 2–6 Junge, die blind und mit dünnem gelblichbraunem, dunkel gesprenkeltem Fell zur Welt kommen; werden mit 3 bis 4 Monaten selbständig.
Nahrung: Überwiegend Mäuse, auch Vögel und andere kleine Wirbeltiere bis Hasengröße.
Besonderes: Unsere Hauskatzen stammen allerdings in erster Linie von der nahe verwandten nordafrikanischen Falbkatze (*Felis lybica*) ab.

Wildkatze

Wildmeerschweinchen
Cavia aperea
Ordnung: Nagetiere

Die wildlebende Stammform des heute weitverbreiteten Hausmeerschweinchens ist in Südamerika ein häufiges Tier.
Kennzeichen: 20–30 cm groß, schwanzlos; schlanker als das Hausmeerschweinchen; Fell derb, einheitlich dunkel graubraun.
Vorkommen: Weite Teile Südamerikas. Trockensavannen und Buschland, in den Anden bis in 5000 m Höhe.
Lebensweise: Dämmerungs- und nachtaktiver Bodenbewohner; lebt in Gruppen von etwa 20–50 Tieren mit komplexer Rangordnungsstruktur; Verständigung durch Duftmarkierungen und vielseitige Lautäußerungen (Quieken, Pfeifen, Knurren, Zähneklappern); grenzt offenbar kein Territorium ab; Lager der einzelnen Tiere im Pflanzendickicht.
Fortpflanzung: Pro Wurf 1–4 Junge, die fertig entwickelt zur Welt kommen und sogleich laufen und sogar schon Gras

Wildmeerschweinchen

fressen können (Nestflüchter); werden aber etwa 3 Wochen gesäugt.
Nahrung: Reine Pflanzenkost.
Besonderes: Von den Andenvölkern wurde das Wildmeerschweinchen bereits vor über 3000 Jahren domestiziert. Das Hausmeerschweinchen diente vor allem als Fleischlieferant. Im 16. Jh. schließlich gelangte es auch nach Europa, wo es heute besonders bei Kindern als Heimtier sehr beliebt ist.

Wildschafe

Ovis orientalis, O. ammon

Familie: Hornträger

Die eurasischen Wildschafe mit ihren zahlreichen Unterarten und regionalen Rassen hielt man früher für eine einzige Art. Nach neueren Erkenntnissen unterteilt man sie in das Riesenwildschaf oder Argali (*O. ammon*) und das Orientalische Wildschaf (*O. orientalis*), zu dem u. a. auch der → Mufflon gehört.
Kennzeichen: Standhöhe 1–1,20 m, ♀ kleiner als ♂; Fell dunkelbraun bis strohfarben, mit weißen Partien; ♂ mit ausgeprägter Halsmähne; Hörner beim ♂ über 1 m lang, entweder schneckenförmig gewunden oder halbkreisförmig gebogen, beim ♀ nur etwa 30 cm lang.
Verbreitung: Südwestliches Asien sowie einige Mittelmeerinseln (Orientalisches Wildschaf), Zentralasien (Riesenwildschaf).
Lebensraum: Offenes, hügeliges Gelände vom Tiefland bis in 4000 m Höhe, das Riesenwildschaf vor allem im Hochgebirge und in Hochlagen kalter Wüsten.
Lebensweise: Tagaktiv; sehr gesellig; außerhalb der Paarungszeit Widder und Geißen in getrennten Rudeln; während der Brunftzeit (Oktober/November) heftige Kämpfe der Widder um die Geißen durch Aufeinanderprallen mit den Hörnern.
Fortpflanzung: Nach 5 Monaten Tragzeit jeweils 1–2 Lämmer, die rund 4 Monate gesäugt werden.

Orientalische Wildschafe

Nahrung: Gras und Kräuter, auch Laub.
Besonderes: Die verschiedenen Hausschafrassen stammen zum überwiegenden Teil von Orientalischen Wildschafen ab.

Wildschwein

Sus scrofa

Ordnung: Paarhufer

Von allen Schweinen hat das Wildschwein das größte Verbreitungsgebiet. Größe und Gewicht seiner verschiedenen Unterarten nehmen von wärmeren nach kälteren Gebieten deutlich zu.
Kennzeichen: Kopf-Rumpflänge 1–2 m, Rückenhöhe 50–100 cm; massiger Körper; borstiges Fell, im Winter mit dichter Unterwolle, Färbung schwarzbraun bis ockerfarben, Jungtiere (Frischlinge) mit hell-dunkler Längsstreifung. Beim erwachsenen ♂ lange, nach oben ragende, außen sichtbare Eckzähne.

Wildschweinkeiler

Verbreitung: Ganz Europa außer Skandinavien und den Britischen Inseln; mittleres und südliches Asien bis Japan, afrikanische Mittelmeerländer. Eingebürgert in Nord- und Südamerika sowie Australien.
Lebensraum: Laub- und Mischwälder mit Wiesen und Sumpfgebieten, als Kulturfolger auch im Forstwald.
Lebensweise: Gleichermaßen tag- wie nachtaktiv; ♀ und Jungtiere in Familienverbänden (Rotten) aus meist 6–10 Tieren, erwachsene ♂ (Keiler) außerhalb der Paarungszeit Einzelgänger oder in Junggesellentrupps; Streifgebiet bis 20 km^2 groß; badet und suhlt sich gern.
Fortpflanzung: Paarungszeit in Mitteleuropa November–Januar; nach 4 bis 5 Monaten Tragzeit kommen zumeist 4–6 (bis zu 12!) Junge zur Welt, die in einer mit Moos und Laub gepolsterten Mulde im Dickicht zur Welt kommen, nach 1 Woche das Wurflager verlassen und der Mutter folgen.
Nahrung: Gleichermaßen tierische wie pflanzliche Kost: Wurzeln, Knollen, Baum- und Feldfrüchte, Blätter; Würmer, Insekten, Vogeleier, Mäuse, Aas.
Besonderes: Das Wildschwein ist die Stammform aller Hausschweinrassen.

Wilsonwassertreter → Odinshühnchen

Wimpertiere

Ciliata

Unterreich: Einzeller

Die Klasse der Wimpertiere, auch Infusorien oder Aufgußtierchen genannt, gehört zu den höchstentwickelten Einzellern. Ihre Zellwand ist elastisch bis fest und entweder ganz oder teilweise mit vielen feinen Fortsätzen (Wimpern) besetzt, durch deren schlagende Bewegung die Fortbewegung des Körpers und das Herbeistrudeln der Nahrung bewirkt wird. Bei manchen Arten sind mehrere Wimpern miteinander verschmolzen oder mit einem Plasmamantel umgeben, so daß stärkere, steifere Fortsätze entstehen, mit denen ruckartige Schreitbewegungen ausgeführt werden können. Bei anderen sind in Reihen stehende Wimpern zu Membranen miteinander verklebt. Die Nahrung (Bakterien, andere einzellige Lebewesen) wird zu einer in einer muldenartigen Einsenkung (Mundfeld) liegenden Mundöffnung gestrudelt. Die Verdauung erfolgt in sog. Nahrungsvakuolen, Reste werden über den Zellafter ausgeschieden. Ein Großkern regelt den Ablauf von Bewegung und Ernährung. Neben ihm liegen 2 bis mehrere Kleinkerne, die die geschlechtliche Vermehrung regulieren. Wimpertierchen können sich geschlechtlich oder ungeschlechtlich durch Teilung oder Knospung vermehren. → Pantoffeltierchen.
Vorkommen: Weltweit im Meer und Süßwasser.

Winkerkrabben

Uca

Familie: Winkerkrabben

Zur Familie Winker- oder Rennkrabben zählen ca. 70 Arten. Ihren Namen haben die Krabben von der Scherenbewegung der Männchen, die einem lockenden Winken ähnlich sieht.

Kennzeichen: Körper rechteckig, Augen langgestielt, können flach am Vorderkopf angelegt werden. Beim ♂ eine der beiden Scheren stark vergrößert (dient als Signal bei der Paarung und der Revierverteidigung). ♀ mit 2 kleinen Nahrungsscheren.

Vorkommen: In tropischen Zonen. An Sandstränden oder in Mangrovensümpfen.

Lebensweise: In Mengen zusammenlebend. Graben Höhlen in Sand und Schlick, in denen sie leben. Verschließen bei Flut die Eingänge ihrer Höhlen. Nehmen zur Nahrungsaufnahme Sand auf, filtern Eßbares heraus und formen aus dem Rest Kugeln, die sie um sich herum verteilen, so daß man schon anhand der Sandkugeln auf das Vorhandensein von Winkerkrabben schließen kann.

Nahrung: Organisches Material aus dem Sandboden.

Winkerkrabbe

Besonderes: Die Männchen der Winkerkrabben können relativ laute Geräusche erzeugen, indem sie mit ihren großen Scheren auf den Boden klopfen. Ob diese Geräusche zur Balz oder zur Revierverteidigung dienen, ist noch nicht bekannt. Zur Paarungszeit legen die Männchen ein prächtiges Balzkleid an; v. a. die »Winkerschere« fällt auf.

Wintergoldhähnchen

Regulus regulus

Familie: Zweigsänger

Das Wintergoldhähnchen ist eine der kleinsten und leichtesten Vogelarten Europas.

Wintergoldhähnchen

Kennzeichen: 9 cm. Oberseits olivbräunlich, unterseits weißlich; Flügel dunkel, 2 weißliche Flügelbinden. Scheitel leuchtend orange (♂), gelb (♀), schwarz eingefaßt.

Vorkommen: Europa ohne den Norden, Asien. Nadelwald, im Gebirge bis zur Baumgrenze; Nadelbäume im Mischwald.

Lebensweise: Gesellig, außerhalb der Brutzeit oft mit Meisen in gemischten Trupps. Meist hoch in der Baumkrone. Nahrungssuche an Zweigspitzen, auch an der Unterseite von Zweigen turnend; bisweilen vor Zweigspitzen rüttelnd. Teilzieher.

Brut: Kugeliges Hängenest, von ♂ und ♀ in 3wöchiger Arbeit in dünne Zweige gewoben, aus Gespinsten, Moos und Flechten. 2 Bruten (April–Juni). 8 bis 10 Eier; Brut- und Nestlingsdauer ca. 15 Tage.

Nahrung: Winzige Insekten, deren Larven, Spinnen.

Wisent

Bison bonasus

Familie: Hornträger

Das mächtige Wildrind ist das größte Landsäugetier Europas und das europäische Gegenstück zum amerikanischen → Bison.

Kennzeichen: Schulterhöhe 1,80–2 m; ♀ deutlich kleiner und leichter als ♂; Fell rötlich- bis ockerbraun, im Winter schwarzbraun; Kopf und Vorderkörper lang und wollig behaart; beide Geschlechter mit kurzen Hörnern, deren Spitzen nach oben-innen gekrümmt sind.

Verbreitung: Früher gemäßigte Klimazonen ganz Eurasiens, heute nur noch in einem Waldgebiet bei Bialowieza (Polen) und einigen isolierten Gebieten in Rußland.

Lebensraum: Laub- und Mischwälder mit offenen Flächen und Sumpfgebieten.

Lebensweise: Tagaktiv, ruht im Sommer jedoch über die heißen Stunden; lebt in kleinen Herden aus Kühen und Jungtieren, Bullen außerhalb der Brunftzeit meist Einzelgänger.

Fortpflanzung: Tragzeit 9 Monate; alle 2 Jahre 1 Kalb (Zwillinge selten), das nach wenigen Stunden laufen kann und 6 Monate gesäugt wird.

Wisent

Nahrung: Gras, Kräuter, Zweige, Baumfrüchte, Rinde.

Besonderes: Zu Beginn dieses Jh. wurde der Wisent in Europa ausgerottet. Das letzte freilebende Exemplar fiel 1921 in Polen durch die Kugel eines Wilderers. Glücklicherweise gab es in Zoos und privaten Wildparks noch einige Tiere. Deren Nachzucht war so erfolgreich, daß durch eine Wiederaussiedlung im polnischen Nationalpark Bialowieza der Grundstock für einen heute dort gesicherten Bestand und die Gründung einiger neuer Bestände in Rußland gelegt werden konnte.

Wolf

Canis lupus

Familie: Hunde

Wolf

Kaum ein anderes Raubtier liefert den Stoff für so viele Märchen und Mythen wie der Wolf, der wohl bekannteste wilde Vertreter der Hundeartigen.

Kennzeichen: Ähnlich einem großen, massig gebauten Schäferhund. Augen schräggestellt, wirken leicht zugekniffen. Färbung sehr variabel, von grau über graubraun bis schwarz und sogar weiß.

Verbreitung: Früher ganze Nordhalbkugel, heute fast nur noch in Kanada und Alaska, Mexiko, Teilen Asiens und Osteuropas, vereinzelt in Skandinavien und Südeuropa.

Lebensraum: Ursprünglich so gut wie

überall, von nordischer Tundra über Wald- und Gebirgsregionen bis hin zu trockenheißen Steppen, heute größtenteils nur noch in vom Menschen wenig besiedelten Gegenden.
Lebensweise: Dämmerungs- und nachtaktiv; lebt und jagt außerhalb der Fortpflanzungszeit in Rudeln. Hochentwickeltes Sozialverhalten, Verständigung neben Lautäußerungen auch mit vielfältiger Gestik und Mimik. Oft lebenslange Paarbindung.
Fortpflanzung: Paarungszeit im Winter, Tragzeit 9–10 Wochen. Pro Wurf meist 4–6 Welpen, graubraun behaart, anfangs noch blind; werden in einer Höhle geboren und großgezogen; sind nach rund 6 Monaten selbständig.
Nahrung: Überwiegend mittelgroße bis große Säugetiere, meist Huftiere.
Besonderes: Der Wolf ist der Stammvater aller heutiger Haushunderassen.

Wollaffe

Lagothrix lagotricha
Familie: Kapuzinerartige Affen

Die gemütlich wirkenden Wollaffen gehören zu den größeren Vertretern der Neuweltaffen.
Kennzeichen: Körpergröße 40–60 cm; mehr als körperlanger Greifschwanz; Fell dicht und wollig, je nach Unterart von ockerbraun oder olivbraun bis grau oder schwarz, Kopf generell sehr dunkelbraun oder schwarz.
Vorkommen: Nördliches Südamerika. Regenwälder am Amazonas und seinen Nebenflüssen, feuchte Bergwälder.
Lebensweise: Tagaktiver Baumbewohner; kommt fast nie auf den Boden herab; lebt in sozialen Gruppen bis zu 70 Tieren, darunter mehrere erwachsene ♂; untereinander sehr friedfertig; häufiges gegenseitiges Putzen.
Verhalten: Erwachsene ♂, die ihre Gruppe verteidigen, drohen laut bellend mit heftigem Ästeschütteln gegen den Feind.
Fortpflanzung: Je 1 Junges, das in den ersten Lebensmonaten am Bauch, später auf dem Rücken der Mutter getragen wird.
Nahrung: Blätter, Blüten und Früchte.

Wollaffe

Wombat → Nacktnasenwombat

Würfelquallen → Feuerquallen

Wüstenfuchs

Fennecus zerda
Familie: Hunde

Der Fennek, wie der Wüstenfuchs auch genannt wird, ist der kleinste Vertreter der Hundeartigen.
Kennzeichen: Nur kaninchengroß, Gewicht bis 1,5 kg; buschiger Fuchsschwanz; Fell hell sandfarben, Gesicht weiß gezeichnet, Schwanzspitze schwarz; spitze Schnauze, große Nachttieraugen, enorm große Ohren.
Vorkommen: Nordafrika, Sinai und Arabische Halbinsel. Trockenes Bergland, Halbwüsten und Wüsten.
Lebensweise: Nachtaktiv; lebt gesellig, jagt aber allein; gräbt verzweigte unterirdische Baue, in die er sich während der Tageshitze zurückzieht und in denen die Jungen großgezogen werden.
Fortpflanzung: Pro Wurf meist 2–4 Junge, die blind geboren und rund 3 Mona-

Wüstenfuchs

te gesäugt werden. Der Vater und oft auch ältere Geschwister beteiligen sich an der Aufzucht, indem sie Futter herbeitragen.
Nahrung: Insekten, kleine Reptilien, Mäuse, auch Pflanzenkost. Kommt lange Zeit ohne Wasser aus.
Besonderes: Die übergroßen Ohren dienen in der Wüstenhitze als wirksame Wärmeabstrahler.

Wüstenigel

Paraechinus aethiopicus
Ordnung: Insektenfresser

Wie viele Tiere heißer Regionen zeichnen sich die 3 Wüstenigel-Arten ebenso wie die Ohrenigel (*Hemiechinus*) der asiatischen Wüsten- und Steppengebiete durch übergroße, dünnhäutige Ohren aus, über die der Körper wirkungsvoll Wärme abgeben kann.
Kennzeichen: Etwas kleiner als der Europäische → Igel; Körperoberseite mit braun-weiß gebänderten Stacheln besetzt; auf der Kopfmitte deutlicher Scheitel im Stachelkleid; Ohren häutig, sehr groß, rundlich, überaus beweglich.
Vorkommen: Nördliches Afrika, Arabische Halbinsel bis Irak. Trockensteppen, Halbwüsten, trockenes, heißes Bergland.
Lebensweise: Nachtaktiver Einzelgänger; verbirgt sich tagsüber in einer Felsspalte oder anderen Deckung; hält *Winterschlaf*.
Fortpflanzung: Pro Wurf meist 2–4 Junge, die blind und nackt in einer Sandmulde geboren sowie rund 2 Monate gesäugt und betreut werden.
Nahrung: Insekten und andere Wirbellose, auch kleine Wirbeltiere.
Besonderes: Bei dieser Igelart ist eine verstärkte Neigung zu Albinismus (Weißfärbung) wie auch zu Melanismus (Schwarzfärbung) zu beobachten.

Wüstenigel

Wüstenluchs → Karakal

Wüsten-Sandboa → Sandboas

Wüstenspringmaus

Jaculus jaculus
Familie: Springmäuse

Die drollige Wüstenspringmaus macht ihrem Namen alle Ehre. Sie springt wie ein Känguruh auf den Hinterbeinen, bei Gefahr mit meterlangen Sätzen.
Kennzeichen: 10–12 cm groß; Schwanz 15–20 cm lang, dünn, mit Endquaste; Hinterbeine stark verlängert (allein Fußlänge 6 cm); Kopf mit großen, häutigen Ohren, sehr langen Tasthaaren und großen, schwarzen Nachttieraugen; Fell sandfarben, unterseits weißlich.
Vorkommen: Nordafrika bis zum Südrand der Sahara, Arabische Halbinsel,

Wüstenspringmaus

Vorder- und Kleinasien. Wüsten und Halbwüsten, vorzugsweise mit sandigem Untergrund.
Lebensweise: Einzelgängerisch; ausschließlich nachts aktiv; verbringt den Tag in einem selbstgegrabenen, einige Meter langen und bis 2 m tiefen Bau im Wüstenboden, dessen Zugang gegen die Hitze mit Erde verstopft wird. Im heugepolsterten Wohnkessel auch Geburt und Aufzucht der jeweils 2–5 Jungen, die nackt und blind zur Welt kommen.
Verhalten: Nimmt zur Fellpflege gerne ausgiebige Sandbäder.
Nahrung: Samen, Gräser, Blätter, auch Insekten.

Y

Yak
Bos mutus
Familie: Hornträger

Ihren grunzenden Lautäußerungen verdanken die seltenen Wildrinder den deutschen Namen Grunzochsen.
Kennzeichen: Schulterhöhe beim ♂ bis 2 m, beim ♀ bis 1,60 m; starker Schulterbuckel, gesenkt getragener Kopf; zottig-langhaariges Fell dunkelbraun bis schwarz; Hörner beim ♂ bis 90 cm lang, breit ausladend, beim ♂ viel kleiner.
Vorkommen: Hochland von Tibet, in 4000–6000 m Höhe. Baumlose Bergtundra und eisige Steinwüsten.
Lebensweise: Kühe und Jungtiere in Herden von 20–200 Tieren, Bullen außerhalb der herbstlichen Brunftzeit in kleineren, getrennten Trupps. Im Hochsommer zieht sich der wärmeempfindliche Yak bis in höchste Schneeregionen zurück.
Fortpflanzung: In jedem 2. Jahr 1 Kalb, das 1 Jahr lang gesäugt wird.
Nahrung: Kräuter, Gräser, Moose, Flechten.
Besonderes: Der Yak ist seit über 5000 Jahren domestiziert und das wichtigste Haustier der zentralasiatischen Bergvölker. Hausyaks sind viel kleiner als die Wildart und heute in ganz Zentralasien verbreitet. Reinhold Messner hat die genügsamen Grunzochsen versuchsweise auch in den Südtiroler Alpen (Nationalpark Stilfser Joch) angesiedelt.

Yak

Z

Zahnbrasse → Meerbrassen

Zahnspinner
Notodontidae
Ordnung: Schmetterlinge

Der Name dieser nachtaktiven Schmetterlingsfamilie bezieht sich auf einen Schuppenzahn, den viele Arten am Hinterrand der Vorderflügel tragen und der in Ruhestellung zackenartig vorspringt. In Europa kommen etwa 40 Arten vor. Auffälliger als die meist grauweiß oder braunweiß gezeichneten Falter sind ihre Raupen. Ein besonders eindrucksvolles Exemplar ist die leuchtendgrüne Raupe des Großen Gabelschwanzes (*Cerura vinula*). Bei Gefahr richtet sie ihren Vorderkörper auf und spritzt aus dem 1. Brustsegment bis zu 20 cm weit ein ätzendes Sekret. Dabei zeigt sie ein abschreckendes »Gesicht« – eine fleischige Gabel mit züngelnden, roten Schläuchen – und krümmt gleichzeitig ihre große Schwanzgabel (Name!).

Großer Gabelschwanz

Raupe vom Großen Gabelschwanz

Zapfenguan → Guans

Zauneidechse

Lacerta agilis

Familie: Eidechsen

Die Zauneidechse ist eine der häufigsten einheimischen Eidechsen.

Zauneidechse

Kennzeichen: 15–20 cm. ♂ am Rücken bräunlich, an den Flanken grünlich mit dunkler Fleckung. ♀ braun mit dunkler Musterung. Plumper Körper mit kurzen Beinen, relativ langer Schwanz.
Vorkommen: Europa bis auf den Norden und die Iberische Halbinsel; westliches Asien bis zum Baikalsee. Steppenlandschaft, Waldränder, Feldraine, Dünen; im Süden auch im Gebirge bis in 2000 m Höhe.
Fortpflanzung: Paarungszeit im April, Eiablage im Juni meist in selbstgegrabene Erdhöhle. 4–13 Eier; Junge schlüpfen nach ca. 8 Wochen, sind sofort selbständig. Winterruher.
Nahrung: Insekten und Spinnen, Schnecken.

Zaunkönig

Troglodytes troglodytes

Familie: Zaunkönige

Der Zaunkönig ist der einzige Vertreter seiner 69 Arten umfassenden Familie, der die Alte Welt besiedelt hat.
Kennzeichen: 8–10 cm. Oberseits rötlichbraun, unterseits heller; schwach dunkel gebändert; heller Überaugenstreif.
Stimme: Gesang eine sehr laute Schmetterstrophe mit trillernden und flötenden Abschnitten, am Ende mit langem Roller; fast das ganze Jahr zu hören. Ruf hart »teck teck«.
Vorkommen: Europa bis auf den Norden, Asien; Nordamerika. Unterholzreiche Wälder, Parks und Gärten, oft in Gewässernähe; Heiden, Felsküsten.
Lebensweise: Stelzt den Schwanz bei Erregung. Huscht mausähnlich in Bodennähe. Nahrungssuche am Boden oder niedrig im Gestrüpp. Jahresvogel.
Brut: ♂ fertigt in Höhlungen oder Spalten mehrere kugelige Moosnester mit seitlichem Eingang, ♀ vervollständigt eines davon. 2 Bruten (April–Juli). 5 bis 7 Eier; Brutdauer 14–16 Tage, Nestlingszeit ca. 20 Tage. Während sich das ♀ allein um die Jungen kümmert, wirbt das ♂ um neues ♀.
Nahrung: Kleine Insekten, deren Larven, Spinnen; Würmer.

Zaunkönig

Zebra → Bergzebra, → Steppenzebra

Zebrabärbling

Brachydanio rerio

Unterfamilie: Bärblinge

Der Zebrabärbling ist ein karpfenartiger Tropenfisch, der aus heimischen Aquarien nicht mehr wegzudenken ist.
Kennzeichen: Körper schlank, langgestreckt. Am Kopf 2 Paar Barteln. Seiten mit blauen und gelben Längsstreifen. Bis 5 cm.
Vorkommen: Ostindien. Flache Süßgewässer.
Lebensweise: Friedlicher Schwarmfisch, der sich meist in den oberen Wasserschichten aufhält.

Zebrabärblinge

Nahrung: Plankton, Insektenlarven, kleine Wirbellose.
Besonderes: Der Zebrabärbling ist ein anspruchsloser Aquarienfisch, der sich leicht züchten läßt. Ähnliche Arten sind der Inselbärbling (*Brachydanio kerri*) und der Tüpfelbärbling (*B. nigrofasciatus*).

Zebrafink

Poephila guttata

Familie: Prachtfinken

Der Zebrafink, ein beliebter Käfigvogel, ist einer der häufigsten Vögel Inneraustraliens.

Zebrafink

Kennzeichen: 10 cm. ♂ oberseits graubraun, unterseits weißlich, Kopf grau mit orangefarbenen Wangen, rotem Schnabel, rötlichem Auge; Schwanz schwarzweiß quergebändert; an den Flanken weißes Perlmuster auf rostbraunem Grund. Kehlmuster variiert je nach Rasse. ♀ matter.
Vorkommen: Offene, baumbestandene Flächen, trockenes Grasland von Inneraustralien und den Kleinen Sundainseln; meist in Gewässernähe.
Lebensweise: Sehr gesellig. Nahrungssuche am Boden; hüpft hoch, um Grasrispen herunterzuziehen. Zum Trinken in großen Schwärmen an Wasserstellen. Baut kleine Schlafnester.
Brut: Dauerehe. Brutbeginn richtet sich nach Regenfällen. Brütet in lockeren Kolonien. Beutelnest niedrig in dornigen Büschen, bezieht auch Baumhöhlen, Erdlöcher oder Nischen an Gebäuden.
Nahrung: Sämereien, Insekten.

Zebramanguste

Mungos mungo

Familie: Schleichkatzen

Ein nach Nahrung stöbernder Trupp dieser charakteristisch gefärbten Schleichkatzen straft ihren Familiennamen Lügen. Statt zu schleichen wieseln sie emsig und recht geräuschvoll umher.

Zebramanguste

Kennzeichen: Bis 40 cm lang, gedrungen, kurzbeinig, mit halbkörperlangem, dünnem Schwanz; Fell derb, graubraun, am Rücken mit senkrecht verlaufender Hell-Dunkel-Streifung; spitzer Kopf mit runden Ohrmuscheln.
Vorkommen: Weite Teile Afrikas südlich der Sahara. Savanne.
Lebensweise: Tagaktiver, geselliger Bodenbewohner; vagabundiert ohne festes Revier umher; bewohnt während kurzzeitiger Aufenthalte sowie zur Jungenaufzucht von anderen Tieren übernommene, manchmal auch selbstgegrabene Erdbaue oder oben offene Termitenhügel. Bei gemeinsamer Nahrungssuche ständiges, hohes Trillern als Stimmfühlungslaut.
Fortpflanzung: Pro Wurf 3–6 Junge, die blind geboren werden und mit $^1/_2$ Jahr erwachsen sind.
Nahrung: Insekten, Spinnen, Würmer und andere Wirbellose, kleine Reptilien, Vogeleier, auch Früchte.
Besonderes: Beobachtungen nach werden die Jungen einer Gruppe Zebramangusten von ihren Müttern offenbar gemeinschaftlich gesäugt und großgezogen.

Zebraspinne → Wespenspinne

Zecke → Holzbock

Ziegenmelker

Caprimulgus europaeus

Familie: Nachtschwalben

Die Nachtschwalben haben mit 8 bis 10 mm die kürzesten Schnäbel aller Vögel.
Kennzeichen: 28 cm. Rindenartiges Tarngefieder. Große, schwarze Augen. Eulenartig weiches Gefieder. ♂ im Flügel und am Schwanz weiße Flecken. Schnabelborsten. Sehr lange Flügel und langer Schwanz.
Stimme: Gesang ein langanhaltendes, ab- und anschwellendes Schnurren, meist in der Dämmerung und nachts vorgetragen. Ruft sonor »kritt kritt«.
Vorkommen: Europa bis auf den Norden, Nordafrika, West- und Mittelasien. Lichte trockene Kiefernwälder, Heiden, Moore, Dünen.
Lebensweise: Dämmerungs- und nachtaktiv; sitzt tagsüber gut getarnt mit geschlossenen Augen entweder in Längsrichtung auf einem Ast oder auf dem Boden. Lautloser, gaukelnder Flug. Jagt von niedriger Warte aus; Schnabelborsten wirken wie Kescher. Senkt bei Nahrungsmangel Körpertemperatur ab und verfällt vorübergehend in »Hungerschlaf«. Sommervogel.
Brut: Auffälliger Balzflug des ♂ mit klatschenden Flügelgeräuschen. Eier werden direkt am Boden abgelegt.
Nahrung: Fliegende Insekten.

Ziegenmelker

Ziesel

Citellus

Familie: Hörnchen

Antilopenziesel

Ziesel wirken wie eine Kreuzung aus Murmeltier und Eichhörnchen. Auf landwirtschaftlichen Flächen machen sie sich v. a. durch ihr eifriges Graben recht unbeliebt.

Kennzeichen: Je nach Art 20–40 cm groß; halblanger, mehr oder weniger buschiger Schwanz; Fell erdfarben, z. T. mit Längsstreifen oder Flecken; Augen sehr hoch am Kopf; Ohren winzig.

Vorkommen: In zahlreichen Arten und Unterarten in den Steppengebieten Eurasiens (von Osteuropa bis zur Mongolei) und Nordamerikas.

Lebensweise: Tagaktive Bodenbewohner; gesellig; legen große Kolonien weit verzweigter Erdbaue an; bei Gefahr schrille Warnpfiffe, woraufhin alle Mitglieder der Kolonie blitzartig in ihren Wohnröhren verschwinden. Die meisten Arten halten *Winterschlaf*.

Verhalten: Häufiges »Männchenmachen«, um zu sichern.

Fortpflanzung: Pro Wurf 2–10 Junge, die nackt und blind geboren werden.

Nahrung: In erster Linie Gras, ebenso Kräuter, Sämereien, Feldfrüchte und andere Pflanzenkost, teilweise auch Insekten und andere Kleintiere.

Zikaden

Cicadina

Ordnung: Pflanzensauger

Von den bislang 30 000 bekannten Zikadenarten sind die meisten in den Tropen und Subtropen beheimatet, nur etwa 500 kommen in Mitteleuropa vor. Die meist kleinen Tiere tragen kurze Fühler, ihre dünnhäutigen Flügel sind gut ausgebildet und werden in Ruhe dachartig über dem Rücken gefaltet. Alle Zikaden saugen an Pflanzensäften, die sie in großen Mengen aufnehmen, um ihren Stickstoffbedarf zu decken. Der Überschuß an mit dem Pflanzensaft aufgenommenen Kohlenhydraten wird wieder ausgeschieden und bei den Schaumzikaden (*Cercopidae*), z. B. der Wiesenschaumzikade (*Philaenus spumarius*) und der → Blutzikade, als Material für ihren Schutzschaum wiederverwertet. Singzikaden (*Cicadidae*) machen durch ihre charakteristischen Gesänge auf sich aufmerksam. Die Laute werden durch ein Trommelorgan hervorgerufen und bei einigen Arten noch durch Tracheenblasen am Hinterleib verstärkt.

Wiesenschaumzikade

Zilpzalp

Phylloscopus collybita

Familie: Zweigsänger

Zilpzalp und Fitis (*P. trochilus*) sind sog. Zwillingsarten, die man hauptsächlich an der Stimme unterscheiden kann.

Kennzeichen: 10–11 cm. Oberseite olivbraun, Unterseite weißlich; undeutlicher, heller Überaugenstreif und dunkler Augenstreif; Beine dunkel.

Stimme: Singt, wie er heißt: »Zilp-zalp-zilp-zelp-zalp«. Ruf einsilbig »hui«.

Vorkommen: Fast ganz Europa und Asien; Nordafrika. Unterholzreiche Laub- und Mischwälder, Gebüsche, Parks und Gärten.

Lebensweise: Nahrungssuche rastlos im Kronenbereich flatternd und hüpfend; rüttelt auch vor Blättern. Sommervogel.

Brut: ♀ baut kugeliges, überdachtes Nest, sog. Backöfchennest, mit seitlichem Eingang aus Gras, Moos und Blättern bodennah im dichten Bewuchs. 1 bis 2 Bruten (April–Juli). 5–7 Eier; Brut- und Nestlingsdauer ca. 14 Tage.

Nahrung: Insekten, Spinnen.

Besonderes: Im Gegensatz zum Zilpzalp ist der Fitis ein Weitstreckenzieher. Als Anpassung daran hat er längere, spitzere Flügel.

Zilpzalp

Zirpfrösche

Crinia

Familie: Südfrösche

Die Zirpfrösche haben den Namen von ihrer zirpenden Stimme.

Kennzeichen: Bis 2 cm. Pupille waagerecht.

Zirpfrosch

Vorkommen: Australien, Tasmanien, Neuguinea. Klare Gebirgsbäche.

Lebensweise: Je nach Art mehr oder weniger stark an Wasser gebunden, manche Arten in der Erde eingegraben.

Fortpflanzung: Einige Arten legen Eier in Bodenmulden ab, wo sich die Kaulquappen ohne Wasser entwickeln; andere Arten kleben Eier an Wasserpflanzen direkt über dem Wasser, die schlüpfenden Kaulquappen fallen ins Wasser. Der Australische Zirpfrosch (*C. signifera*) legt die Eier direkt ins Wasser. Die Kaulquappen der Arten, die in Gebirgsbächen aufwachsen, benutzen den Mund als Saugorgan, um nicht weggeschwemmt zu werden.

Nahrung: Insekten.

Zitronenfalter

Gonepteris rhamni

Familie: Weißlinge

Der Zitronenfalter ist der erste Schmetterling, den die Frühjahrssonne hervorgelockt.

Kennzeichen: Flügelspannweite 5 bis 6 cm. Flügel mit kleinen, spitzen Zipfeln.

♂ zitronengelb, ♀ blasser, grünlichweiß. Beide mit orangerotem Punkt in der Flügelmitte.
Vorkommen: Europa (außer Nordirland, Schottland und Nordskandinavien), gemäßigtes Asien, Nordafrika. Wälder, buschbestandenes Gelände, Gärten, Parks.
Flugzeit: Fliegt von Juli bis Oktober, nach der Überwinterung von Februar bis Juni.
Lebensweise: ♂ gehen im Frühjahr entlang von Waldrändern und Lichtungen ausdauernd auf »Brautschau«. Beim Hochzeitsflug folgt das ♂ dem ♀ im gleichbleibenden Abstand. Eiablage an den Blättern der Raupenfutterpflanzen. Überwintert als einziger mitteleuropäischer Falter ohne geschütztes Versteck und wird durch eine spezielle Körperflüssigkeit vor dem Erfrieren bewahrt.
Raupe: Grün, seitwärts weiß gestreift, unbehaart. Lebt auf Faulbaum und Kreuzdorn.

Zitronenfalter

Besonderes: Der Zitronenfalter hat nicht nur eine außergewähnlich lange Flugzeit, sondern ist mit einer Lebenserwartung von 10–11 Monaten der langlebigste einheimische Falter.

Zitteraal

Electrophorus electricus

Familie: Zitteraale

Der Zitteraal gehört neben den → Piranhas, den Parasitenwelsen und dem Süßwasser-Stechrochen zu den gefürchtetsten Fischen der südamerikanischen Gewässer.

Zitteraal

Kennzeichen: Körper walzenförmig, nackt. Keine Bauchflosse, kleine Brustflossen, unscheinbare Schwanzflosse, auffällig verlängerte Afterflosse mit ca. 350 Flossenstrahlen. Großes Maul mit kegelförmigen Zähnen. Bis 1,8 m.
Vorkommen: Südamerika. Trübe, schlammige Süßgewässer.
Lebensweise: Nachtaktiver Jäger. Schwimmt durch wellenförmige Bewegungen der Afterflosse vor- und rück-, auf- und abwärts. Muß alle 15 Min. an die Wasseroberfläche, um atmosphärischen Sauerstoff aufzunehmen.
Nahrung: Fische, Süßwassergarnelen.
Besonderes: Zu beiden Seiten der Wirbelsäule liegen paarweise elektrische Organe, die etwa $^4/_5$ des Körpers einnehmen. Der Zitteraal kann Stromstöße von 600 Volt und einer Stromstärke von 0,5–0,75 Ampere ausstoßen. In Ruhe gibt er 20–30 Stromstöße ab, in Erregung 50 pro Sekunde. Die elektrischen Organe dienen dem Beuteerwerb und der Feindabwehr.

Zitterrochen

Torpedo

Familie: Echte Zitterrochen

Die Gattung *Torpedo* umfaßt 14 Arten. Die auffälligste ist der Augenfleck-Zitterrochen oder Gefleckte Zitterrochen (*Torpedo torpedo*).

Kennzeichen: Körper abgeplattet, fast kreisrunde Scheibe mit kurzem, kräftigem Schwanzstiel. Haut glatt. 2 Rückenflossen auf dem Schwanzstiel, breite, fleischige Brustflossen, die den Außenrand der Körperscheibe bilden, gut entwickelte Schwanzflosse. Kleine Augen, große Spritzlöcher, kleiner Mund auf der Bauchseite, 5 Kiemenspalten. Elektrisches Organ in den schwingenartigen Flossen in Kopfnähe. Oberseite hell- bis dunkelbraun mit 1–7 blauen, schwarz oder gelbumrandeten Flecken, Unterseite weißlich. Bis 1,5 m.

Vorkommen: Ostatlantik, Mittelmeer. Von der Gezeitenzone bis in 50 m Wassertiefe. Auf Sand- und Schlammböden, in Seegraswiesen.

Lebensweise: Einzelgänger. Nachtaktiv, tagsüber im Boden eingegraben.

Fortpflanzung: Lebendgebärend. 3 bis 20 Junge. Entwicklungszeit 5–6 Monate.

Nahrung: Kleine Bodenfische, Krebstiere.

Besonderes: Der Zitterrochen bringt Stromstöße von durchschnittlich 75 bis 80 Volt hervor, kann bei Erregung aber auch mehr als 200 Volt Spannung entladen. Er braucht dann aber mehrere Tage, um wieder die normale Spannung zu erreichen. Der Fisch ist auf seiner Oberseite positiv geladen, auf der Unterseite negativ.

Augenfleck-Zitterrochen

Zobel

Martes zibellina

Familie: Marder

Sein Pelz, der als einer der kostbarsten unter den Edelpelzen gilt, wurde dem Zobel beinahe zum Verhängnis. In Europa starb er infolge starker Bejagung aus, die russischen Bestände konnten kurz vor der Ausrottung durch strenge Schutzmaßnahmen gerettet werden und gelten heute wieder als gesichert.

Zobel

Kennzeichen: Dem → Baummarder ähnlich; Körperlänge 40–55 cm, Schwanz 10–15 cm; ♂ größer als ♀; Fell dunkelbraun, im Sommer kurz und derb, im Winter langhaariger und sehr seidig.

Vorkommen: Nördliches Asien. Unberührte Nadelwälder der Taiga, auch Waldtundra und Moore. Kulturflüchter.

Lebensweise: Tag- und nachtaktiver Einzelgänger; kann klettern, hält sich aber meist am Boden auf; Lager meist unter Baumwurzeln, weich mit Pflanzen und Federn gepolstert.

Fortpflanzung: Pro Wurf 1–7, meist aber 3–4 Junge, die blind und hilflos zur Welt kommen.

Nahrung: Mäuse und Hörnchen, Vögel, Eidechsen, auch Beeren und Früchte der Zirbelkiefer.

Besonderes: In Rußland wird der Zobel heute vielfach in Pelztierfarmen gehalten und gezüchtet.

Zorilla
Ictonyx striatus
Familie: Marder

Der afrikanische Zorilla oder Banditlis ist nahe mit unserem → Hermelin verwandt. Er ähnelt aber nicht nur im Aussehen, sondern auch im Verhalten den amerikanischen → Stinktieren.

Kennzeichen: Körperlänge 30–40 cm, Schwanz 20–30 cm; kurzbeinig; Fell schwarz mit weißen Flecken am Kopf und kontrastreichen Streifen entlang des Rückens. Schwanz weißlich und sehr buschig. Ohren klein und rund, mit schmalem, weißem Saum.

Vorkommen: Afrika, südlich der Sahara. Unterschiedlichste Lebensräume, meidet nur dichten Regenwald.

Lebensweise: Nachtaktiver Einzelgänger; trottet meist gemächlich dahin, kann aber auch sehr schnell laufen, klettert auch auf Bäume. Quartier in Felsspalten, selbstgegrabenen oder von anderen Tieren übernommenen Erdhöhlen; darin auch Aufzucht der meist 2–3 blind und hilflos geborenen Jungen.

Nahrung: Kleine Nagetiere, Vögel, Eier, Frösche, Eidechsen, kleine Schlangen, Insekten.

Besonderes: Zur Verteidigung sprüht der Zorilla ein bestialisch stinkendes Sekret (wobei der Zorilla sogar die amerikanischen Stinktiere noch weit über trifft!) aus seinen Afterdrüsen dem Angreifer entgegen, und zwar mit erstaunlicher Treffsicherheit. In großer Bedrängnis stellt er sich häufig auch tot und regt sich erst wieder, wenn die Gefahr vorüber ist. Diese Taktik wird ihm allerdings im Straßenverkehr sehr oft zum Verhängnis.

Zweifinger-Faultier
Choloepus didactylus
Unterordnung: Faultiere

Ebenso wie das Dreifinger-Faultier fasziniert das Zweifinger-Faultier oder Unau durch sein Zeitlupentempo. Neben der hier beschriebenen recht häufigen Art lebt in den neuweltlichen Tropenwäldern auch noch das seltenere, insgesamt sehr ähnliche, jedoch etwas kleinere Hoffmann-Zweifinger-Faultier *(Choleopus hoffmanni)*.

Kennzeichen: 60–85 cm groß, Stummelschwanz ebenso wie die kleinen Ohren im Fell verborgen; zottig-derbes, graubraunes Fell; Zehen mit 3, Finger mit 2 langen, sichelförmigen Krallen.

Vorkommen: Tropischer Regenwald im Norden Südamerikas.

Lebensweise: Vorwiegend nachtaktiver Einzelgänger; hängt mit Hilfe der Krallen bauchoben an Ästen, hangelt sich so mit überaus trägen Bewegungen durch die Baumkronen; kriecht am Boden sehr unbeholfen; kann, wenn es sein muß, recht gut schwimmen. Schläft etwa 15 von 24 Stunden, am Ast hängend, den Kopf auf die Brust gesenkt; die übrige Zeit verbringt er mit der Aufnahme von Nahrung.

Fortpflanzung: Geburten übers ganze Jahr verteilt; nach einer Tragzeit von 8–9 Monaten jeweils 1 voll entwickeltes Junges, das im Hängen geboren wird. Klammert sich unverzüglich am Fell der Mutter fest, wird 5 Monate gesäugt und ein $^{3}/_{4}$ Jahr von ihr herumgetragen.

Nahrung: Vorwiegend Blätter, auch Blüten und Früchte.

Besonderes: Algenbewuchs verleiht dem Fell oft eine grünliche Tönung.

Hoffmann-Zweifinger-Faultier

Zweiflügler

Diptera

Klasse: Insekten

In der mit etwa 120 000 Arten umfang- und individuenreichen Insektenordnung der Zweiflügler werden die → Fliegen und → Mücken zusammengefaßt. Gemeinsame Merkmale sind die zu Schwingkölbchen reduzierten Hinterflügel, die wenig geäderten Vorderflügel und die zu Leck- oder Stechrüsseln umgebildeten Mundwerkzeuge. Zweiflügler haben sich auf die unterschiedlichste Nahrung spezialisiert: pflanzliche Stoffe aller Art, Fäulnis- und Abfallstoffe, Kadaver, Tierexkremente und Blut von Warmblütern. Eine Reihe von Zweiflüglern gilt als Überträger gefährlicher Krankheitserreger (z. B. → Fiebermücken, → Tsetsefliegen, → Schmeißfliegen).

Zwergameisenbär → Tamandua

Zwergfadenfisch → Fadenfische

Zwergfledermaus

Pipistrellus pipistrellus

Familie: Glattnasen

Die Zwergfledermaus ist die kleinste europäische Fledermausart und zugleich die häufigste in unserer Kulturlandschaft.
Kennzeichen: Körpergröße 3,5–5 cm, Flügelspannweite etwa 20 cm, Gewicht 3–8 g; Fell oberseits meist rötlich- oder dunkelbraun, unterseits gelblich- oder graubraun, Gesicht, Ohren und Flughäute schwärzlich; Ohren kurz und rundlich. Bei Beunruhigung schrilles Zetern.
Verbreitung: Ganz Europa (außer Nordskandinavien, Nordrußland und Island), Nordwestafrika, Vorder- und Zentralasien.
Lebensraum: Offenes Gelände mit einzelnen Bäumen, lichte Wälder, Gärten, Parkanlagen; aber auch inmitten von Großstädten.

Zwergfledermaus

Lebensweise: Dämmerungs- und nachtaktiv; Flug schnell, mit vielen Wendungen; Tagesruhe in engen Rinden- oder Felsspalten, auch häufig an oder in Gebäuden; sehr gesellig; ♀ versammeln sich oft zu Hunderten in sog. Wochenstuben, um ihre Jungen großzuziehen. *Winterschlaf* (in Mitteleuropa Oktober bis März) in Kirchendachstühlen, alten Bergwerken, Felshöhlen, Kellern.
Fortpflanzung: Pro Wurf 1–2 nackt und blind geborene Junge (Geburtsgewicht 1 g), die nach 3 Wochen flugfähig und mit 2 Monaten selbständig werden.
Nahrung: Kleine Fluginsekten wie Mücken, Schnaken, Motten.

Zwergflußpferd

Choeropsis liberiensis

Ordnung: Paarhufer

Wie auch das ungleich größere → Flußpferd gehört das Zwergflußpferd zu den Nichtwiederkäuern unter den Huftieren.
Kennzeichen: Körperlänge bis 1,60 m, Rückenhöhe 70–80 cm; walzenförmiger Körper mit sehr großem Kopf; Haut schwarzbraun, unbehaart, bleibt durch

Absonderung eines klaren Schleims stets feucht.
Vorkommen: Regenwälder Westafrikas. Sumpfige Areale, dichtbewachsene Ufer von Flußläufen, Bächen oder Seen.
Lebensweise: Vorwiegend dämmerungsaktiv; einzelgängerisch; verteidigt sein Revier nicht, Begegnungen mit Artgenossen werden außerhalb der Brunft möglichst vermieden; ruht die meiste Zeit des Tages an angestammten Ruheplätzen in seinem Streifgebiet; Weidegänge auf festen, breit ausgetretenen Pfaden.
Fortpflanzung: Pro Geburt gewöhnlich nur 1 Junges, das an Land oder im Flachwasser geboren wird; kann erst mit 1 Woche schwimmen; wird 6–8 Monate gesäugt.
Nahrung: Wasserpflanzen, Laub und Jungtriebe von Sträuchern und kleinen Bäumen, Früchte, Gräser und Kräuter.

Zwergflußpferd mit Jungem

Zwerggrundel → Grundeln

Zwerghamster

Cricetulus migratorius
Familie: Wühler

Zwerghamster kommen in 8 Arten in ganz Innerasien bis China vor. Der beschriebene Graue Zwerghamster hat von allen das größte Verbreitungsgebiet und ist die einzige auch in Europa heimische Art.
Kennzeichen: 9–11 cm groß, 2–3 cm langes Schwänzchen; wühlmausähnlich; Fell oberseits mausgrau, unterseits heller.
Vorkommen: Von den Balkanländern und Griechenland ostwärts bis zur Mongolei. Steppen und Halbwüsten.

Dsungarischer Zwerghamster

Lebensweise: Nachtaktiver Einzelgänger; gräbt verzweigte Erdbaue, deren Gänge bis in 1 m Tiefe reichen. Obgleich regional recht häufig und oft sogar in Häusern anzutreffen, ist über Sozial- und Revierverhalten sowie Fortpflanzung kaum etwas bekannt. Hält wahrscheinlich keinen Winterschlaf.
Nahrung: Sämereien, auch Insekten.
Besonderes: Bei den vielfach im Tierhandel als Heimtier angebotenen Zwerghamstern handelt es sich größtenteils um Dsungarische Zwerghamster (*Phodopus sungorus*), die in den Kältesteppen Zentralasiens beheimatet sind.

Zwergkaninchen → Wildkaninchen

Zwerglaube → Moderlieschen

Zwerghamster

Zwergmangusten

Helogale

Familie: Schleichkatzen

Die Zwergmangusten, auch Zwergichneumons genannt, kommen in 2 Arten vor. Sie sind nicht nur die Zwerge, sondern mit ihrem einzigartigen Sozialleben wohl auch die interessantesten unter den Schleichkatzen.

Zwergmanguste

Kennzeichen: Kopf-Rumpflänge etwa 20 cm, Schwanz fast körperlang; derbes, graubraunes Fell; Gesicht mit spitzer Schnauze und runden Ohrmuscheln.
Vorkommen: Ost- und Südafrika. Offene Grassavannen mit Bäumen und Buschwerk.
Lebensweise: Tagaktive Bodenbewohner; leben in Großfamilien aus 30 Mitgliedern und mehr, in denen nicht nur ein kompliziertes Rangordnungssystem, sondern auch weitgehende Arbeitsteilung herrscht. Sehr enger Zusammenhalt der Familie, der sich auch in der gemeinschaftlichen Verteidigung eines angegriffenen Gruppenmitglieds gegen einen Raubfeind oder der Fütterung und Betreuung eines erkrankten Tiers zeigt.
Verhalten: Nehmen gern ein morgendliches Sonnenbad.
Nahrung: Überwiegend Insekten, aber auch kleine Wirbeltiere.
Besonderes: In der Sozialordnung der Zwergmangusten-Gesellschaft dominieren die Weibchen über die Männchen. Nur die »Chefin« der ganzen Gruppe darf Junge bekommen (meist 2–4 pro Wurf), bei deren Aufzucht dann aber alle anderen mithelfen.

Zwergmaus

Micromys minutus

Familie: Echte Mäuse

Obwohl die Zwergmaus, das kleinste Nagetier Europas, bei uns gar nicht so selten vorkommt, kann man sie nur schwer beobachten, weil sie überaus scheu ist.
Kennzeichen: 5–7 cm groß; körperlanger, fast nackter Schwanz; kleine, runde Ohren; Fell gelb- bis rostbraun, unterseits weiß.
Verbreitung: Mittel- und Osteuropa, gemäßigte Breiten Asiens.
Lebensraum: Feuchte Wiesen mit hohem Gras, dichtbewachsene Ufer von Flüssen und Seen, Gräben, Buschwerk, Getreidefelder; im Winter oft in Ställen und Scheunen.
Lebensweise: Tag- und nachtaktiv; klettert geschickt an Grashalmen und Zweigen herum, hält sich dabei zusätzlich mit dem Schwanz fest; baut im Sommer aus Grashalmen geflochtene Kugelnester, die in 20–100 cm Höhe an Halmen befestigt sind; Winternester am oder im Boden sowie in Gebäuden.
Verhalten: Verharrt bei Gefahr regungslos in einer senkrechten Tarnstellung zwischen den Halmen.
Fortpflanzung: 2–4 Würfe im Jahr mit je 4–7 Jungen, die nackt und blind geboren werden; sind mit 5 Wochen selbständig und ihrerseits bereits geschlechtsreif.

Zwergmaus

Nahrung: Samen von Gräsern und Kräutern, Getreide, Beeren, Knospen, Triebe, Insekten.

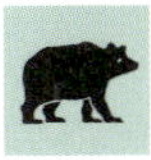

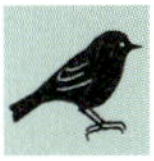

Zwergmeerschweinchen
Microcavia australis
Ordnung: Nagetiere

Zwergmeerschweinchen sind die kleinsten Vertreter der Meerschweinchenfamilie. Das beschriebene Südliche Zwergmeerschweinchen kommt in seiner Heimat häufig vor und ist leicht zu beobachten.

Zwergmeerschweinchen

Kennzeichen: Ein kleines, schlankes Meerschweinchen; Fell graubraun meliert; auffälliger weißer Ring um die großen Augen.
Vorkommen: Trockenbuschgebiete und Savannen Argentiniens und Boliviens.
Lebensweise: Überwiegend tagaktives Bodentier, das bei der Nahrungssuche aber auch im niedrigen Geäst herumklettern kann; lebt in losen Kolonien bis zu 50 Tieren; überlappende individuelle Streifgebiete, die mit Duftmarken gekennzeichnet werden; unter den ♂ der Gruppe strenge Rangordnung; ♀ häufig zu zweit oder dritt; Lager meist im Pflanzendickicht.
Fortpflanzung: Pro Wurf 1–4 Junge, die voll entwickelt zur Welt kommen. ♀ wird unmittelbar nach der Geburt erneut gedeckt. (Die Bewerber warten meist schon vor dem Wurflager!) Die Jungen werden rund 3 Wochen gesäugt, danach von der Mutter nicht mehr lange in ihrer Nähe geduldet.
Nahrung: Gras und Blätter.

Zwergsäger
Mergus albellus
Unterfamilie: Enten

In Europa leben 3 Sägerarten; der Zwergsäger ist der kleinste, der Gänsesäger (*M. merganser*) mit 65 cm der größte Säger.
Kennzeichen: 35–44 cm. ♂ unverwechselbar schwarz-weiß gefärbt. ♀ mit schiefergrauer Oberseite, rostbraunem Kopf und Hinterhals, weißer Kehle und Wangen, hellgrauen Flanken und weißer Unterseite.
Vorkommen: Nordeuropa ostwärts bis Ostsibirien, Japan. Waldumsäumte Süßwasserseen und -teiche, Flüsse und überschwemmte Waldgebiete der Taiga. Im Winter an der Meeresküste und auf großen Binnenseen.
Lebensweise: Nahrungssuche aus dem Schwimmen heraus tauchend. Schneller Flug mit raschen Flügelschlägen. Außerhalb der Brutzeit in kleineren Trupps, oft mit anderen Enten vergesellschaftet. Brütet paarweise; Gelege in Baumhöhlen, bezieht auch Nistkästen. Bei uns Wintergast.
Nahrung: Wasserlebende Wirbellose, Amphibien und Fische; auch Wasserpflanzen.

Zwergsäger-Männchen

Besonderes: Die Schnabelkanten aller Säger sind als Anpassung an ihre glitschige Fischbeute gezähnt (Name!).

Zwergsäger-Weibchen

Zwergscharben
Phalacrocoracidae
Familie: Kormorane

Zwergscharben gehören zur Familie der → Kormorane und sind in Europa deren kleinste Vertreter. Zu ihnen gehört die Krähenscharbe (*Phalacrocorax aristotelis*).

Kennzeichen: Bis 50 cm lang; 700 bis 800 g schwer. Gefieder grün-schwarz schillernd. Rücken mit kleinen, weißen Flecken. Kleiner Federschopf auf der Stirn. In der Brutzeit Kopf bei ♀ und ♂ braun.

Verbreitung: Felsenküsten des Atlantik, Mittelmeeres und Schwarzen Meeres.

Lebensraum: Flache Küstengewässer, Binnengewässer mit Schilf und dichtem Bewuchs, Sumpfgebiete.

Brut: Nester in Kolonien auf Bäumen, Sträuchern oder im Schilf. ♀ und ♂ bauen gemeinsam vorjähriges Nest weiter aus. Gelege 3–5 (4–6) Eier. Brutzeit 27–30 Tage. Nestlingszeit 6 Wochen. Jungvögel werden noch weitere 4 Wochen von den Altvögeln versorgt, bis sie ganz selbständig sind.

Nahrung: Hauptsächlich Fische.

Krähenscharbe

Zwergschimpanse → Schimpanse

Zwergseidenäffchen
Cebuella pygmaea
Familie: Krallenaffen

Dieser kleinste Vertreter der Krallenaffen steht in vielen körperlichen Merkmalen, aber auch im Verhalten den → Marmosetten nahe.

Zwergseidenäffchen

Kennzeichen: Körpergröße 12–15 cm, Schwanz mehr als körperlang; Kopf mit dichter »Löwenmähne«; Fell gleichmäßig gelb-braun meliert, Schwanz undeutlich dunkel geringelt.

Vorkommen: Regenwälder am oberen Amazonas; vorzugsweise in periodisch überschwemmten Waldgebieten.

Lebensweise: Tagaktiver Baumbewohner; hält sich meist in mittleren und unteren Baumschichten auf; lebt in Familiengruppen von 2–15 Tieren.

Fortpflanzung: Nur das ranghöchste ♀ der Gruppe gebiert Junge. Meist 2, seltener 1 oder 3 Junge, die etwa 3 Monate gesäugt werden; übrige Gruppenmitglieder helfen bei der Betreuung der Jungen mit. Geburtenabstand nur 5–7 Monate.

Nahrung: Vor allem Baumsäfte, auch Insekten und Früchte.

Besonderes: Das Leben dieses Affenzwergs dreht sich um einige wenige Bäume, die er als Nahrungsquelle anzapft. Er krallt sich an den Stamm, nagt ein Loch in die Rinde und leckt den ausfließenden Saft auf.

Zwergspitzmaus

Sorex minutus

Ordnung: Insektenfresser

Die Zwergspitzmaus ist eines unserer kleinsten Säugetiere, nur die in Nordeuropa vorkommende Knirpsspitzmaus (*Sorex minutissimus*) sowie die → Etrusker-Spitzmaus sind noch winziger.

Kennzeichen: Der → Waldspitzmaus ähnlich, aber nur 4–6 cm groß; Fellfärbung variabler, oberseits dunkelgrau bis hellbraun.

Verbreitung: Ganz Europa außer den Mittelmeerinseln und Island; gemäßigte Zonen West- und Zentralasiens.

Lebensraum: Waldränder, Hecken, feuchte Grasflächen, Gärten, Parks, im Winter auch oft in Gebäuden.

Lebensweise: Gleichermaßen tag- wie nachtaktiv; Einzelgänger; Nahrungssuche meist oberirdisch in der Bodenvegetation, manchmal auch in Mäusegängen; gräbt nicht selbst; hält auch in kalten Regionen keinen Winterschlaf, sondern sucht unter der Schneedecke nach Nahrung.

Fortpflanzung: 1–2 Würfe im Jahr mit jeweils 4–8 blind und nackt geborenen Jungen, die nach 3 Wochen bereits selbständig werden.

Nahrung: Insekten, Spinnen, Würmer, Schnecken, auch gelegentlich Pflanzensamen.

Besonderes: Aufgrund ihrer Winzigkeit verliert die Zwergspitzmaus über die Körperoberfläche viel Wärme, ein Energieverlust, den sie ständig durch Fressen ausgleichen muß. Nach nur 9 Stunden ohne Nahrung ist sie schon verhungert.

Zwergspitzmaus

Zwergstichling → Stichlinge

Zwergwal

Balaenoptera acutorostrata

Unterordnung: Bartenwale

Bartenwale tragen anstelle von Zähnen im Oberkiefer und Gaumen Barten (Name!). Das sind hornige, plattenartige, quergestellte Oberhautgebilde, die am unteren Ende in borstenartigen Fasern aufgeschlissen sind. Der kleinste Vertreter ist der Zwergwal aus der Familie der Furchenwale.

Kennzeichen: 6,5–9 m lang.

Vorkommen: Alle Ozeane.

Lebensweise: Zieht im Frühjahr in die planktonreichen Gewässer der Polgebiete, im Winter in wärmere Gewässer der gemäßigten Breiten.

Fortpflanzung: Paarung Januar–Mai im Atlantik sowie Februar–März und August–November im Pazifik. Tragzeit 10–11 Monate. Jungtier bereits 2,8 m lang. Nach $^1/_2$ Jahr selbständig. Geschlechtsreif mit $2-2^1/_2$ Jahren und einer Körperlänge von 6–8,5 m.

Nahrung: Krill.

Besonderes: Aufgrund der rücksichtslosen Bejagung der großen Bartenwale erlangten auch die kleinen Arten, unter ihnen der Zwergwal, für den Walfang Bedeutung.

Zwergwildschwein

Sus salvanius

Familie: Schweine

Dieser absolute Winzling unter den wilden Schweinen hat im Gegensatz zu seinen Verwandten nur 40 Zähne, 6 Zitzen und 13 Rippenpaare.

Kennzeichen: Widerristhöhe 30 cm, Gesamtlänge knapp 65 cm. Schwarz-braune Decke. Helle Binde über dem Nasenrücken. Kurzer Stummelschwanz.

Vorkommen: Südhänge des Himalaja von Nepal bis Assam. Unterholzreiche Wälder, Grasdschungel.

Lebensweise: Rotte aus 5–6 (selten 15–20) Tieren. Keiler bleiben das ganze Jahr über bei der Rotte. Verteidigen

diese vehement gegen Angreifer. Bewegen sich sehr flink und wendig.
Fortpflanzung: Durch die Unzulänglichkeit des Lebensraumes nur wenig bekannt. Paarung (Rauschzeit) vermutlich zweimal jährlich. ♀ und ♂ leben dann paarweise. Wurf mit bis zu 4 Jungen.
Nahrung: Tierische wie pflanzliche Kost.
Besonderes: Das Zwergwildschwein zählt zu den meist bedrohten Tierarten und ist in Indien total geschützt. Seine Überlebenschancen sind jedoch durch die zunehmende Einengung des Lebensraumes relativ gering.

Zylinderrose

Cerianthus membranaceus
Klasse: Blumentiere

Obwohl Zylinderrosen wie Seerosen aussehen, gehören sie zur Klasse der Blumen- oder Korallentiere, denn sie bilden keine echte Fußscheibe aus. Die Mittelmeer-Zylinderrose ist eine der schönsten Zylinderrosen.
Kennzeichen: Körper zylinderförmig, am oberen Ende um die Mundöffnung herum zahlreiche zarte Tentakel, um die herum bis zu 15 bis 20 cm lange Fangarme stehen. Färbung und Musterung sehr verschieden. Tentakelkrone meist rot-violett, Körper erdfarben. Bis 40 cm.
Vorkommen: Mittelmeer. Auf Sand- und Schlickböden.

Zylinderrose

Lebensweise: Bildet rund um den Körper eine schleimige, mit Sand und Schill verstärkte Wohnröhre von bis 1 m Länge, aus der nur noch Mund und Tentakelkrone herausschauen. Kann sich in dieser Röhre frei bewegen. Zieht sich bei Gefahr blitzschnell in ihre Röhre zurück. Meist in Gruppen zusammenstehend.
Nahrung: Kleinkrebse, kleine Medusen, Würmer.
Besonderes: Eine Zylinderrose von ca. 2 cm Dicke kann mit ihrer Tentakelkrone einen Durchmesser von fast 60 cm abdecken und nach Beute absuchen.